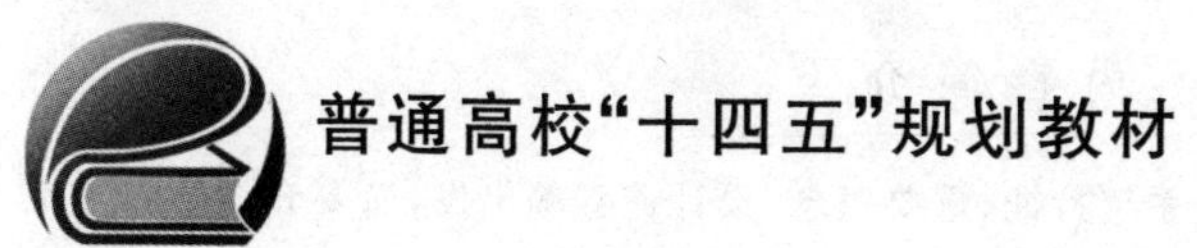

高速数字系统设计与分析教程

——基础篇

郭利文　邓月明　李哲涛　编著

北京航空航天大学出版社

内 容 简 介

本书从高速数字电路的发展历程、系统特征、重要概念、设计流程等出发，简要介绍了目前流行的各种高速数字系统架构，详细介绍了数字系统中各种主要被动元件、逻辑门、接口类型的基本特性、参数以及设计，同时针对时钟时序、总线技术的设计分析和注意事项进行了详细说明，并重点针对高速数字系统中特有的互连以及互连传输线的基础知识进行了说明，最后简要介绍了高速数字系统中的电源设计以及电源监控与管理技术等。

本书可作为高等院校电子信息类和计算机类的高年级本科生和研究生的新工科教材。

图书在版编目(CIP)数据

高速数字系统设计与分析教程：基础篇 / 郭利文，邓月明，李哲涛编著. -- 北京 ：北京航空航天大学出版社，2022.12

ISBN 978-7-5124-3720-3

Ⅰ. ①高… Ⅱ. ①郭… ②邓… ③李… Ⅲ. ①数字系统－系统设计－高等学校－教材 Ⅳ. ①TP271

中国版本图书馆 CIP 数据核字(2022)第 006669 号

高速数字系统设计与分析教程——基础篇

郭利文　邓月明　李哲涛　编著

策划编辑　胡晓柏　　责任编辑　杨　昕

*

北京航空航天大学出版社出版发行

北京市海淀区学院路 37 号(邮编 100191)　http://www.buaapress.com.cn

发行部电话：(010)82317024　传真：(010)82328026

读者信箱：emsbook@buaacm.com.cn　邮购电话：(010)82316936

有限公司印装　各地书店经销

*

开本：710×1 000　1/16　印张：25　字数：533 千字

2022 年 12 月第 1 版　2022 年 12 月第 1 次印刷　印数：3 000 册

ISBN 978-7-5124-3720-3　定价：89.00 元

前 言

自1946年2月15日ENIAC在美国举行了揭幕典礼以来，人类便进入了计算机时代。20世纪60年代，Gordon Moore提出了著名的“摩尔定律”；其后，Intel公司首席执行官David House做了进一步修正和补充。自此以后，芯片发展规律一直遵循该定律并飞速发展。到目前为止，台积电已经在2 nm芯片工艺制程方面取得了重大突破，1 nm甚至1 nm以下的工艺节点已经开始在布局。科学技术进步如此之快，以致在过去短短的六七十年里，人类便历经了大型主机年代、小型计算机年代、微型计算机年代、Internet年代，进入今天的云计算和工业互联网时代。相应地，电子线路也从过去手工焊接时代，进入自动化设计和制造阶段，从最原始的模拟电路时代，渐渐进入数字电路时代，从低速电路时代，渐渐进入高速电路时代。伴随而来的是，信号的传输速度越来越快，芯片集成度越来越高，功耗越来越高，系统越来越复杂，传统的数字系统设计和分析方法受到挑战，需要采用更多新的设计与分析方法，比如信号完整性领域开始引入射频领域的S参数等概念，散热方面开始引入液冷等前沿技术，测试方面开始引入BERT等先进的测试设备等。

为了降低硬件设计的难度和硬件成本，统一设计的标准，全球领先的厂商都在不遗余力地定义各种数字系统规范。目前，全球领先的系统主要包括以Intel/AMD为代表的CISC x86系统和以Arm为代表的RISC Arm系统；国内则以x86、Arm、龙芯等系统为主，同时RISC-V也在快速崛起。近年来，随着软件系统的不断成熟，以软件定义硬件的架构不断出现，各种旨在打破跨硬件系统的隔阂、统一硬件架构的硬件开源组织不断发展壮大。以云计算为例，以Meta领衔的OCP和以BAT领衔的ODCC已经在公有云数据中心落地发芽，并在一定程度上成为数据中心和服务器的事实标准。随着国内新基建的开展、国际芯片巨头的整合兼并，以及5G时代的到来，这一趋势变得越来越明朗且更加深入。

硬件系统是一个知识面广且需要深度沉淀的领域。目前，这个领域内的书籍几乎都是讲述高速数字系统设计与分析的某一个具体领域，比如信号的完整性、电磁辐射等，有些书籍比较侧重于实际应用而缺乏理论支撑，而有些书籍又具体到某个应用领域的产品，等等，鲜见能够涵盖硬件设计与分析各个领域（包括但不限于从元件选型到线路设计，从 PCB 设计到 PCBA 设计，从电磁辐射到散热等知识全覆盖）的书籍。究其原因是这些内容涉及的知识面广，如小公司的工程师接触的理论知识不够；大公司的工程师分工过细，所接触的知识面太窄，从而造成了市场上优秀的硬件架构师和系统架构师稀缺。

本套书基于时代背景和现实状况，旨在通过作者十多年在这个领域的深耕细作，从高速数字系统设计与分析的各个方面、各个层次进行阐述分析。将数字系统划分为元件、接口、板级和系统，分别从理论和实际应用方面进行阐述：不仅涉及线路和接口设计，而且涉及芯片封装布局以及 PCB、PCBA 布局；不仅涉及板内设计，而且涉及板间设计；不仅涉及电磁兼容（EMC），而且涉及系统散热等。全书图文并茂，深入浅出，理论结合实际，由易入难详细地介绍了如何进行高速数字系统设计与分析。这是一本指导系统工程师和硬件工程师如何从硬件系统的观念来进行数字系统设计与分析的教程，适合从事硬件和系统相关的工程实践人员，包括散热、结构设计等人员参考，避免其在设计领域所要走的弯路；同时，也非常适合作为在校电子信息类和计算机类的高年级本科生、研究生的新工科教材，有助于学生了解和掌握目前工程实践所需的知识结构和理论支撑，弥补校企之间知识结构的代沟。

本套书包括《高速数字系统设计与分析教程——基础篇》（简称《基础篇》）和《高速数字系统设计与分析教程——进阶篇》（简称《进阶篇》）。《基础篇》和《进阶篇》各 8 章，其中，《基础篇》侧重于基础元件和线路设计，《进阶篇》侧重于高速数字系统的信号和电源设计与分析以及系统领域的设计。

《基础篇》的第 1 章主要介绍了数字电路的发展历程、系统特征、重要概念，并简要介绍了高速数字系统的设计流程等。第 2 章主要介绍了目前全球流行的各种高速数字系统架构。第 3 章主要介绍了数字系统中电阻、电容、电感三个基础被动元件在理想状态下的基本特性，以及实际元件在低频和高频时的各种特性及等效模型，并具体分析了各自的应用领域和应用场景，同时介绍了两类特殊的被动元件——0 欧姆电阻和磁珠，以及其在数字系统的具体应用。第 4 章主要介绍了数字电路技术中的数值描述、逻辑门的基本特性和电气参数，重点介绍了如 CMOS、TTL 的基础逻辑门的原理和电气参数，并就数字电路的 I/O 标准规范以及互连的设计分析与注意事项进行了详细说明与阐述。第 5 章主要针对时钟和时序方面的基础知识进行阐述，并就时钟和时序电路的设计分析与注意事项进行了详细说明。第 6 章重点针对总线技术的基础知识进行详细阐述，并就现代数字电路中常见的总线类型进行简单说明。第 7 章主要对高速数字系统中的互连进行了阐述和介绍，重点介绍了互连传输线，包括单端以及差分传输线的基础知识和传输线模型等。第 8 章主要讲述了如何从 AC 到 DC 对高速数字电路中的电源进行设计，以及如何进行电源监控与管理等。

《进阶篇》的第 1 章主要介绍了高速数字系统中的信号完整性基础，重点是反射和串扰两个概念，同时介绍了 S 参数的概念及应用。第 2 章主要介绍了高速数字系统中的抖动,并就抖动的成因、分类以及如何基于抖动来进行高速数字系统设计。第3章重点介绍了电源完整性基础、电源分布网络,以及如何进行基于电源完整性的电源分布网络设计。第4章主要研究PCB过孔、封装、连接器与线缆的原理以及设计指南。第5章重点研究电子产品如何从元件选择、电路设计、PCB设计、接地处理、机构设计等各个不同层次进行电磁兼容设计,以及如何预防电磁干扰。第6章主要介绍PCB的基本结构及生产过程、PCB的CORE与介质的材料属性、环境对PCB材质的影响,以及材质对信号传输和损耗的影响,并专门针对PCB的信号和电源分布的仿真原理,结合制造、测试、价格等各个方面如何设计进行探讨。第7章主要介绍了热的基础知识、系统级散热的几种方式及原理,以及从芯片、硬件线路、OS等不同层级如何进行动态热监控和管理。第8章主要介绍了高速数字系统中的几个重要概念:验证、调试、测试以及它们之间的区别与联系,包括与设计制造之间的关系。

与其他教材相比,本套书的主要特点如下:

1. 内容新颖。结合目前最前沿的高速数字系统所需要的知识,图文并茂,特别是在x86领域方面。

2. 技术实用。以夯实基础为出发点,结合目前最前沿的技术知识,做到每个设计都能够找到各自的理论依据;加强理论与实践的结合,书中很多实例都来自工程实践。

3. 知识点丰富。内容涵盖了从硬件最底层元器件到上层应用系统各个层次,全面覆盖了硬件领域各主要知识点,这在国内书籍中比较少见。

4. 适应面广。所涉及的知识和大部分实例均可用作不同平台硬件系统的参考,大到手机、服务器等复杂系统,小到智能家居的传感器等。对立志于硬件系统设计的工程师和架构师而言,都可以从书中找到适合各自入门的章节并且迅速得到提高,同时对在校高年级本科生和研究生的专业学习以及职业生涯选择也大有裨益。

书中的实例代码可在北京航空航天大学出版社网站(http://www.buaapress.com.cn)的"下载专区"下载获取,其多媒体课件可发邮件至emsbook@buaacm.com.cn索取。

《基础篇》由电子科技大学郭利文、湖南师范大学邓月明以及湘潭大学李哲涛编写,其中李英参与了第8章电源设计与管理的部分编写。高芳莉、黄亚玲、陆文校、陈亮、林韦成、黄发生、蒋修国、张骏、吴佳鸿等资深工程师,电子科技大学邹见效教授、周雪教授及何杰、章文俊同学,以及湖南师范大学曾文俊、刘治彬、李小军等同学都为本书的编写提供了许多详细的建议和意见,付出了诸多努力,促成了本书的迅速问世,在此一并表示感谢。同时还要感谢湖南省普通高等学校教学改革研究项目(HNJG-2021-0393)、湖南省学位与研究生教育改革研究项目(2020JGZD025)、湖南湘江人工智能学院教学改革研究项目(202031B04)、湖南省新工科研究与实践项目(湘教通〔2020〕90)、湖南省智能计算与感知创新创业教育中心(湘教通〔2019〕333)、湖南省研究生培养创新实践基地(湘教通〔2019〕248)对本书编写工作的资助。

为编写本套书，作者参考了大量的国内外著作和资料，吸取了最近几年来高速数字系统发展的最新成果，听取了多方面的宝贵意见和建议，并且根据具体的建议对某些章节进行了调整，在此对文献原作者及给予本书作者帮助的同仁致以衷心的感谢。

在本套书的编写过程中，家人的宽容和帮助一直是作者前行的动力，感谢家人在作者挑灯夜战时默默的奉献，感谢女儿每晚默默的陪伴。

由于作者水平有限，书中难免存在错误和不足，敬请各位读者批评指正。

郭利文

2022 年 10 月 1 日

目　录

第 1 章

概 述

本章重点介绍了数字电路的发展历程、系统特征以及几个重要概念，并简要介绍了高速数字系统的设计流程等。

本章的主要内容如下：

- 数字电路基础及其发展；
- 高速数字系统特征；
- 高速数字系统的几个重要概念；
- 高速数字系统的设计流程。

1.1 数字电路的发展历程

20 世纪初，随着英国科学家弗莱明(John Ambrose Fleming)为自己发明的电子管弗莱明“阀”申请了专利(见图 1-1)，人类开始迈入电子时代。紧接着，美国科学家德·福雷斯特(Lee De Forest)在此基础上发明了三极管，电子器件开始蓬勃发展。

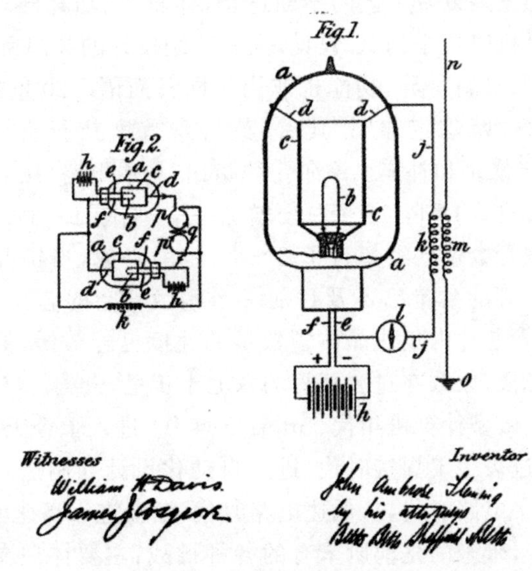

图 1-1 弗莱明的电子二极管专利图节选(1905 年)

各式各样的电子设备开始问世，并服务于人们的生产生活。

到了20世纪40年代中期，由美国宾夕法尼亚大学电工系莫利奇和艾克特领导，为美国陆军军械部阿伯丁弹道研究实验室研制了一台用于炮弹弹道轨迹计算的“电子数值积分和计算机”（Electronic Numerical Integrator and Calculator，简称ENIAC），并于1946年2月15日在美国举行了揭幕典礼。与现在的计算机相比，ENIAC计算机显得无比笨重，它占地150 m^2，总质量30 t，使用了18 000只电子管、6 000个开关、7 000只电阻、10 000只电容以及50万根线，其耗电量140 kW，但仅能进行5 000次/s的加法运算。ENIAC的诞生宣告了世界进入计算机时代。ENIAC主控制面板如图1-2所示。

图1-2　ENIAC主控制面板

随着科学技术的发展以及工艺的不断进步，体积小、功耗低、集成度高、速度快、功能丰富成为了计算机时代小到IC设计，大到系统设计的共同目标。系统的规模与逻辑复杂度与日俱增、日新月异，功能也非当年同日而语。20世纪60年代，Gordon Moore提出了著名的“摩尔定律”。其后，英特尔首席执行官大卫·豪斯（David House）又做了进一步修正和补充。摩尔定律指出，集成电路（Integrated Circuit，IC）上可容纳的晶体管数目，约每隔18个月便增加一倍（见图1-3）。累计到现在，芯片内最多可集成的晶体管数量已经超过了 2^{35} 个，也就是说，当年占地150 m^2 的第一代计算机所用的电子管的数量已不及目前一个稍微复杂的芯片中晶体管数量的零头。到目前为止，尽管芯片内集成晶体管数量的速度已经放缓，但该定律依旧成立。科学技术进步如此之快，以致在过去短短的六七十年里，人类已经历经了大型主机年代、小型计算机年代、微型计算机年代、Internet年代，进入了今天的云计算年代。相应的，电子线路也从过去手工焊接时代，进入自动化设计和制造阶段，从最原始的模拟电路时代，进入数字电路时代，从低速电路时代，渐渐进入高速电路时代。

科技的不断进步，带来的是前所未有的各种挑战，主要体现在芯片的工艺、功耗以及速度上。目前，前沿的芯片工艺已经进入3 nm级别；芯片内集成的功能和总线

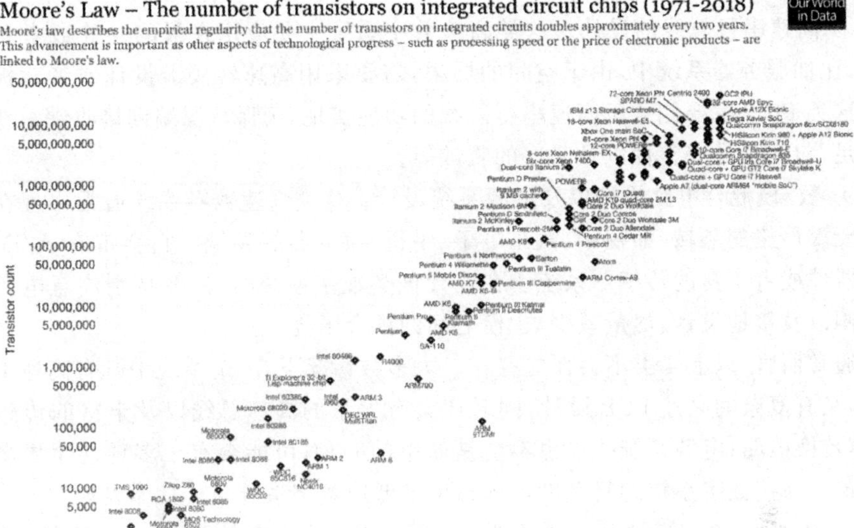

图 1-3　摩尔定律——IC 内集成晶体管数量趋势图(1971—2018 年)

越来越丰富,总线频率也在飞速增长,GHz,甚至 10 GHz 的总线已经成为主流。伴随着工艺的进步以及速度的不断提升,功耗成为芯片设计和电路设计的主要挑战。过去在低速数字系统能够稳健运行的系统,在高速数字系统中可能就运行不了。同样的芯片,不同的工艺,可能会导致系统崩溃。因此,高速数字系统设计与低速数字系统设计的侧重点将完全不同,需要有不同的设计和分析方法。

1.2　高速数字系统特征

随着总线技术的发展,高速数字系统正走进人们的生活中,并改变着人们的生活习惯,几乎所有领域都有高速数字系统的身影,特别是在计算机系统、通信系统、数字广播等领域。板级的高速数字系统主要有以下几类:

① 高速 FPGA 板级设计。这类高速数字系统主要存在于通信领域以及高端视讯领域。由于 FPGA 是可编程芯片,所以这类高速数字系统设计侧重于 FPGA 的接口设计、输入与输出引脚分配、时序约束、I/O 缓冲的选择等。除此之外,FPGA 还会集成高速的 SERDES 以及高速总线接口,比如 PCIe、DDR 系统总线等,这就要求 FPGA 和 PCB 协同设计,以确保系统功能能够稳定。

② 复杂的高速 PCB 设计。这类高速数字系统主要涉及一些软板的设计等。它主要侧重于 PCB 堆叠设计、芯片互连拓扑、板材设计、器件封装、时序以及端接等

方面。

③ 高速串行总线的设计。这类高速数字系统主要应用在板间互连或者系统互连中，比如服务器系统中，由于空间的局限，需要采用高速转接卡设计或者背板设计等。这类 PCA 主要侧重于高速串行总线的功能实现，确保从源端到接收端总线规范的满足，包括信号完整性以及时序的收敛等。

④ 数/模混合电路设计以及电源系统设计。这类高速数字系统通常出现在对传感器要求严格的领域，如视频、汽车电子、手机、服务器等领域。它会带有 A/D、D/A 转换器件或者丰富的传感器系统。在设计该类数字系统时，需要特别注意电源的合理分割以及接地设计，尽量减少数/模之间的耦合干扰。

通常而言，以上 4 类不会孤立存在。大多数情况下，一个系统中既有高速 FPGA 设计，又有复杂的高速 PCB 设计，同时还会有大量的高速总线以及丰富的传感器和数/模转换电路；电源系统往往也不会是简单的一种，可能会有十多种甚至更多。这就注定了高速数字系统的复杂度远远超出了低速数字系统。其具体表现如下：

① 高速数字系统是分布式系统，也就是说，系统中的任何一个元器件，包括 PCB、主动元件（如芯片）、被动元件（如电阻），甚至走线、封装等都会相互影响，而不会孤立存在。因此，高速数字系统设计需要认真考虑信号完整性、电源完整性、电磁干扰，甚至包括热设计等问题，从芯片封装、器件选择、PCB 材质、堆叠、走线拓扑、电源切割与接地设计等方面加以保证。

② 在低速数字系统中，逻辑“0”和“1”可以简单标示，无须考虑信号的品质问题以及数字系统中的模拟属性。但是，随着系统速度不断提升、布线密度不断增加、系统复杂度不断加大，数字系统越来越表现出某些模拟特性，比如信号完整性（Signal Integrity，SI）、电源完整性（Power Integrity，PI）、数/模干扰、EMC（Electromagnetic Compatibility，电磁兼容）等问题。这些都是高速系统必须面对和要解决的问题，并且这些问题往往相互关联、互相影响和制约。对于高速数字系统的设计者来说，需要从模拟角度研究数字系统的特性，包括信号的阈值范围、过冲、抖动等模拟量，从而全盘考虑确保芯片之间能够正确配合、稳定工作；同时，在系统各项指标，如 SI、PI、EMC 之间发生冲突时，根据系统的具体设计目标和要求进行权衡和折中。

③ 高速数字系统的稳定度还需要考虑系统的时序要求。高速数字系统对于高速总线的时序要求越来越严格，严格的时序要求系统的抖动需要严格约束。同时提高芯片的抗干扰性也能改善信号的传输质量，降低对时序的要求。总之，时序失配将会导致系统工作紊乱，正确的时序匹配可以解决大部分 SI 问题。

④ 高速数字系统 PCB 的布局布线是高速数字系统设计成败的关键。同一个线路原理图，不同的 PCB 布局布线会影响到系统的工作性能，严重时可能导致系统根本无法正常工作。比如，匹配电阻的布局、去耦电容的放置、高速信号与开关电源走线过近等，都会影响系统的性能，而这些是无法通过原理图来标注的。

1.3　高速数字系统的几个重要概念

1.3.1　时域与频域

在高速数字系统中，时域与频域是绕不开的两个概念，在高速数字系统的分析过程中，需要经常进行相互转换。

所谓的时域，就是我们所经历的真实世界，也是唯一实际存在的域。如果使用坐标轴来表示，自变量为时间，即横轴表示时间，纵轴表示信号的整体变化。可以采用函数 $y=x(t)$ 来描述信号在不同时刻的取值。因为我们的经历都是在时域中发展和验证的，所以已经习惯于事件按照时间的先后顺序发生。评估高速数字产品的性能也不例外，通常都是在时域中进行分析，通过仪器等在时域中进行量测。

时域会涉及许多参数，比如电压峰值、电压均方根值、信号幅度、频率和相位等。对于时钟信号而言，最重要的参数是时钟周期和上升时间，如图 1-4 所示。

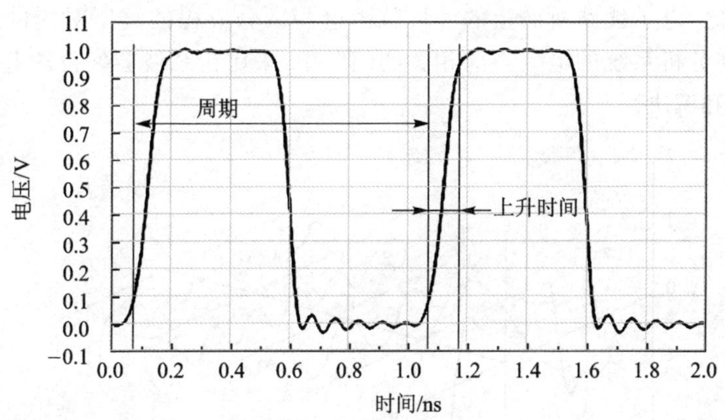

图 1-4　时钟信号图形

时钟周期就是时钟信号循环重复一周的时间间隔，在高速数字系统中，通常以纳秒(ns)或者皮秒(ps)度量。与周期相对的是时钟频率，即单位时间内时钟信号重复的次数。因此，时钟周期与时钟频率互为倒数关系，即

$$f_{\text{CLOCK}}=\frac{1}{T_{\text{CLOCK}}}$$

上升时间是指信号从低电平跃升至高电平所需的时间。目前有两种方式来描述上升时间：一种是信号从信号幅值的 10%跃升到 90%所需的时间，另一种是信号从幅值的 20%爬升至 80%所需的时间。从这两种定义来看，显然，第二种方式定义的上升时间比第一种方式定义的上升时间要短。如果对上升时间描述不统一，则可能会导致系统建模出现错误。理想信号的上升时间为零。

在高速数字系统中，上升时间直接影响着信号的质量。后续章节将针对此参数进行详细论述。

与上升时间相对应的，还有下降时间。通常而言，上升时间并不会等于下降时间。在 CMOS 输出系统中，由于空穴的电导率小于电子的电导率，因此下降时间一般会比上升时间短。在时序要求严格的系统中，特别是 FPGA/CPLD 设计中，建议只采用时钟的某一个边沿对信号进行触发，而不建议同时采用两个边沿进行。这是因为双边沿采样会导致信号的采样窗口减小，周期抖动增加，系统保持时间和建立时间不足，从而最终导致时序紊乱，系统功能错误。

与时域相对应的是频域。频域并不是实际存在的域，而是对应时域的一个数学构造。人们之所以构造一个新的域，主要是为了更快得到满足要求的答案。因此，频域中的参数不会凭空产生，也不会凭空消失，而是会与时域相对应。

在频域中，人们通常采用正弦波来对信号进行描述。这是因为在时域中，任何波形都可以使用正弦波来合成，如图 1－5 所示。电子系统通常都由电阻、电容和电感组合而成，在进行电路分析时，可以采用二阶线性微分方程来描述这些电路方程的解。换而言之，电子线路所产生的波形就由这些微分方程的解所对应的波形组合而成。因此，在分析系统的电气效应相关的问题中，采用正弦波会使得这些问题变得更加容易理解和解决。

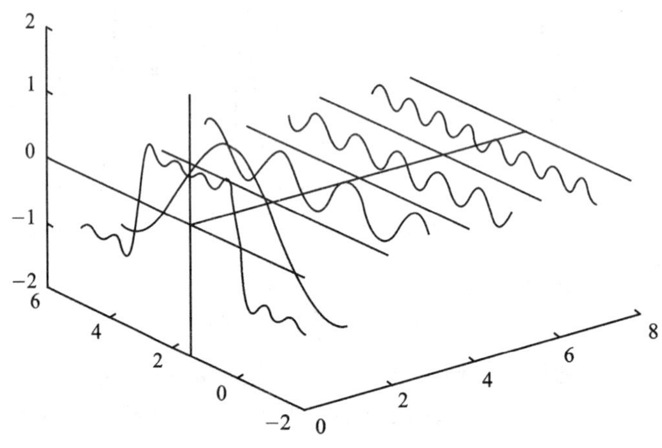

图 1－5　正弦波叠加形成矩形波示意图

1.3.2　傅里叶变换

傅里叶变换是一种线性积分变换，用于信号在时域和频域之间的变换。在高速数字系统的分析与设计中，经常需要采用傅里叶变换把信号从时域转换到频域进行分析，或者采用傅里叶逆变换把信号从频域转换到时域进行分析。

傅里叶变换主要有以下 3 种变换类型：

◆ 傅里叶变换(Fourier Transform，FT)；

◆ 离散傅里叶变换(Discrete Fourier Transform，DFT)；

◆ 快速傅里叶变换(Fast Fourier Transform，FFT)。

所谓傅里叶变换，通常情况下是指连续傅里叶变换，是一种将时域的理想数学表示变换为频域描述的数学技术，其数学表达式为

$$F(\mathrm{j}\omega)=\int_{-\infty}^{+\infty} f(t)\,\mathrm{e}^{-\mathrm{j}\omega t}\,\mathrm{d}t \tag{1-1}$$

从表达式中可以看出，傅里叶变换就是在整个时间轴上把一个时域中的信号从负无穷大到正无穷大进行积分——因此，也称为傅里叶积分(Fourier Integral，FI)，从而可以确保变换后的频域函数为一个从零频率到正无穷大频率上的一个连续函数，每个频率都会对应一个频域幅值。相应的，傅里叶逆变换的数学表达式为

$$f(t)=\frac{1}{2\pi}\int_{-\infty}^{+\infty} F(\mathrm{j}\omega)\,\mathrm{e}^{\mathrm{j}\omega t}\,\mathrm{d}\omega \tag{1-2}$$

通过傅里叶逆变换，在满足特定的条件下，可以把信号从频域变换为时域的函数。式(1-1)和式(1-2)又称为傅里叶变换对。

然而，实际波形并不一定由连续点组成，而这些离散点也是在有限的时间内所测得的。比如一个周期为1 ns，幅值为3.3 V的时钟信号，可以采用100或者1 000个离散的均匀数据点来表示其中的一个周期。这样，使用离散傅里叶变换便可以将该波形转换到频域中。离散傅里叶变换采用的是求和的方式，通过简单的数学方法对信号进行数据处理，从而得到频域频谱。当然，它也需要进行假设，就是假设原始的时域波形是周期的。

设 $x(n)$ 是一个长度为 M 的有限长序列，则 $x(n)$ 的 N 点离散傅里叶变换为

$$X(k)=\mathrm{DFT}[x(n)]_N=\sum_{n=0}^{N-1}x(n)\,\mathrm{e}^{-\mathrm{j}\frac{2\pi}{N}kn},\quad 0\leqslant k\leqslant N-1$$

式中：N 为DFT变换区间长度，$N\geqslant M$。

令 $W_N=\mathrm{e}^{-\mathrm{j}\frac{2\pi}{N}}$，则离散傅里叶变换与逆变换对为

$$X(k)=\mathrm{DFT}[x(n)]_N=\sum_{n=0}^{N-1}x(n)W_N^{kn}$$

$$x(n)=\mathrm{IDFT}[X(k)]=\frac{1}{N}\sum_{n=0}^{N-1}X(k)W_N^{-kn}$$

式中：$0\leqslant k\leqslant N-1$。

直接采用离散傅里叶变换来进行频谱分析，其计算量将非常大，计算复杂度为 $O(n^2)$。快速傅里叶变换在数学算法上对离散傅里叶变换进行了一些技巧优化，其原理和离散傅里叶变换完全一样，主要采用蝶形运算，其计算复杂度仅为 $O(n\log n)$，计算速度一般要比普通的离散傅里叶变换快100～10 000倍，特别适合采用辅助计算机软件，如MATLAB等，来进行系统分析。

【例1-1】 采用MATLAB生成一个脉冲为0.1 s的脉冲信号，采样频率 $f_s=$

150 Hz,采用 FFT 求出其频谱图,并绘制 $N=1\ 024$ 点幅频图。

相应的 MATLAB 代码如下:

```
clc
clf
fs = 150; % 采样频率
t = -1:1/fs:1; % 2 s
w = 0.1; % 脉宽
f = 10 * rectpuls(t,w); % 生成一个脉冲宽度为 0.1 s 的方波
n = 1024; % FFT 长度
F = fft(f,n); % FFT 变换
F = F(1:n/2); % FFT 是对称的,截取一半
mx = abs(F); % 获取各频率点幅值
fn = (0:n/2 - 1) * fs/n; % 频率向量
subplot(2,1,1),plot(t,f);
title('Square Pulse Signal')
xlabel('Time(s)');
ylabel('Amplitude');
subplot(2,1,2), plot(fn,mx);
title('Power Spectrum of a Square Pulse');
xlabel('Frequency(Hz)');
ylabel('Power');
```

时域和频域的波形如图 1-6 所示。

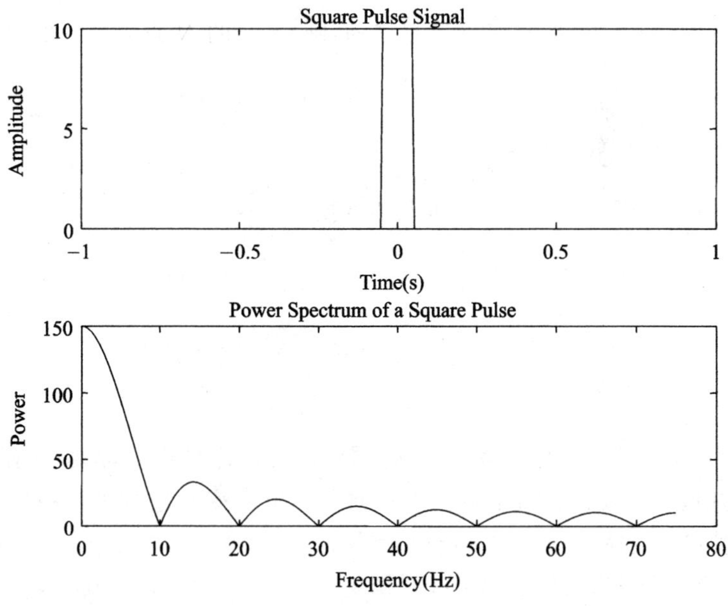

图 1-6　例 1-1 波形图

在高速数字系统中，会经常用到 FT、DFT、FFT，尽管它们之间有区别，但是都能将时域波形转换成频域频谱，从而实现时域与频域的统一。

1.3.3　转折频率与信号带宽

带宽是信号频谱中所包含的谐波的最高频率分量值和最低频率分量值之差，即该信号所拥有的频率范围，所有高于带宽的频率分量都可以忽略不计。对于数字系统领域，信号的最低频率是直流，因此，带宽对应于最高的有效正弦波频率分量值。

理想方波的上升时间为0，其占空比为50%，对理想方波进行快速傅里叶变换可知，理想方波的频率分量为无穷大，因此，理想方波的信号带宽为无穷大。这个在现实世界中是不存在的，但可以通过观察理想信号的频率来估计实际波形。

假设理想方波的幅值为1 V，相应的时域和频域波形如图1-7所示。

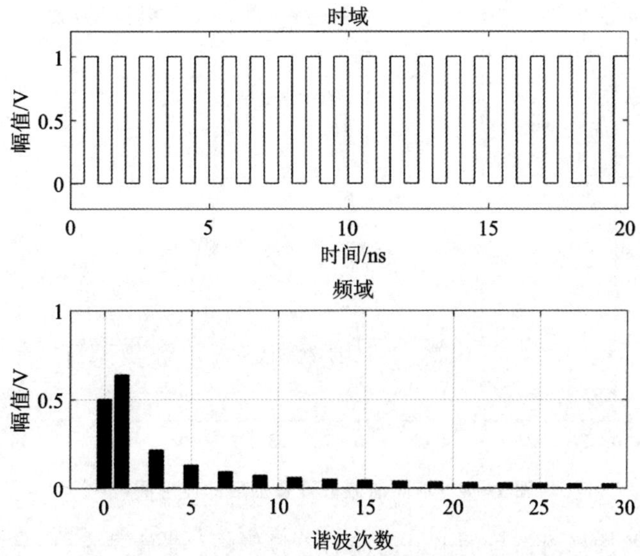

图1-7　理想方波的时域波形图和频域频谱图

从图1-7中可以看出，理想方波的所有偶次谐波的幅值为0，而奇次谐波的幅值可以由如下公式得到：

$$A_n=\frac{2}{n\pi},\quad n\text{ 为正奇数}$$

从公式中可以看出，奇次谐波的次数越高，该频率分量对应的幅值就越小，其幅值随着 $1/f$ 的减小而减小。当小到一定程度时，实际波形的谐波分量幅值会比 $1/f$ 下降得更快，该频率点以后的更高次的谐波分量对合成得到的理想方波的贡献就越来越小，因此该点的频率称为转折频率。转折频率的表达式如下：

$$f_{\text{knee}} = \frac{0.5}{T_r}$$

式中：f_{knee} 为转折频率；T_r 为上升时间。

转折频率不是一个精确的值，它不能替代成熟的傅里叶分析，也不能估计电磁辐射——电磁辐射取决于转折频率以上的频谱特性。

观察如图 1-8 所示的图形，叠加了不同数量的谐波分量后生成的时域波形的上升时间不同。叠加的谐波分量越多，上升沿越陡峭，上升时间越短，则信号的带宽越宽。红色波形是基频+3 次谐波+5 次谐波+7 次谐波后的上升边沿，黑色波形则是叠加到 299 次谐波后的上升边沿。

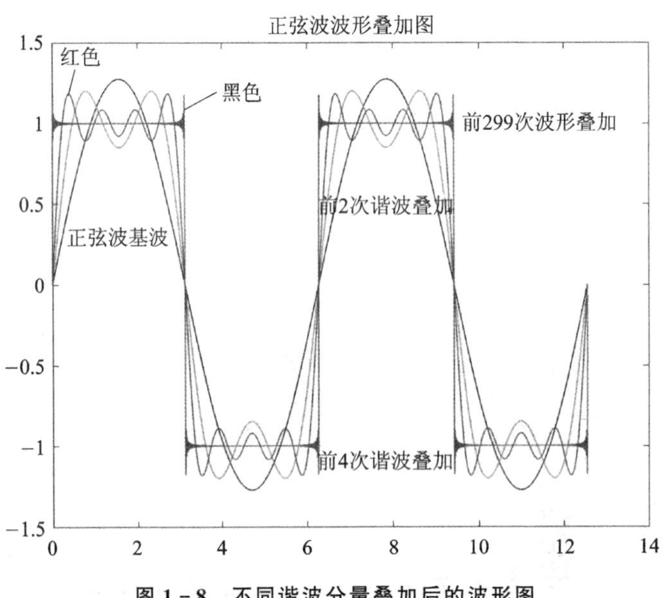

图 1-8　不同谐波分量叠加后的波形图

显然，带宽的选择对信号的上升时间有直接影响。带宽越宽，信号的上升时间就越短，上升时间越短，就越接近理想波形。

上升时间和带宽之间的关系可以量化。量化方式既可以采用 3 dB 带宽，也可以采用 RMS 带宽（等效噪声带宽或者均方差带宽）。不管采用哪种方式，带宽和上升时间的转换都取决于具体频率响应曲线的形状。其基本表达式如下：

$$\text{BW} = \frac{K}{T_r}$$

式中：BW 表示带宽（单位 GHz）；T_r 表示 10%～90%的上升边的时间（单位为 ns）；K 表示不同波形的比例常数。

注意：需要确保单位的一致性。

当采用 3 dB 带宽时，高斯脉冲的 K 值为 0.338，单极性指数衰减波形 K 值为 0.35，非特别强调，一般采用 0.35 来表示 3 dB 带宽，其表达式如下：

$$BW_{3dB}=\frac{0.35}{T_r}$$

当采用 RMS 带宽时，高斯脉冲的 K 值为 0.361，单极性指数衰减波形 K 值为 0.549，非特别强调，一般采用 0.5 来表示 RMS 带宽，其表达式如下：

$$BW_{RMS}=\frac{0.5}{T_r}$$

例如：假设信号的上升时间为 1 ns，则该信号的 3 dB 带宽为 0.35 GHz，RMS 带宽为 0.5 GHz。

以上这两种定义方式都可以使用，但使用 RMS 带宽定义时，对设计的要求会严格一点。

实际电路的上升时间不会是 0。对于一个推挽式输出电路来说，PMOS 和 NMOS 的状态转换都需要一定的时间，其典型波形如图 1－9 所示。

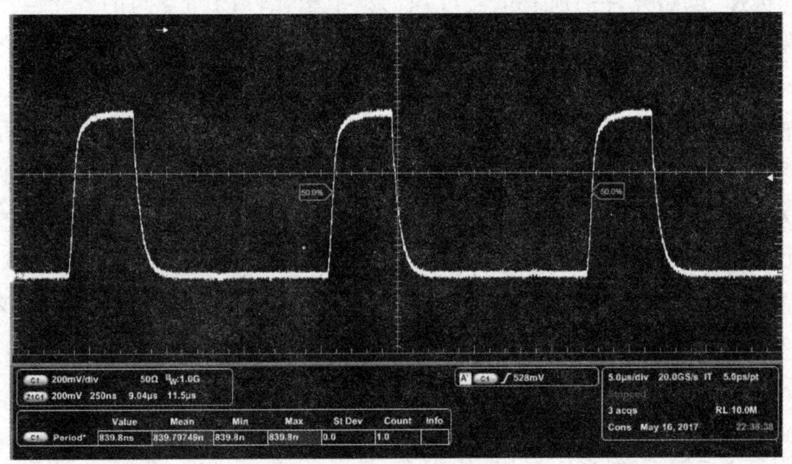

图 1－9 实际信号波形图

因此，同样频率下的两个信号，如果上升时间不同，信号的带宽也不同。比如同样 1 GHz 的时钟信号，上升沿分别是时钟周期的 10%和 8%，也就是 0.1 ns 和 0.08 ns，其 3 dB 带宽分别是 3.5 GHz 和 5 GHz。后者的带宽高于前者。

所以，信号的带宽与信号频率没有必然的联系，或者说，信号的上升时间和信号周期没有直接的联系。二者之间只有唯一的约束，上升时间不大于信号周期的 50%。但是在高速数字系统设计时，往往很难确定时钟的上升时间和时钟周期的比值，因此，一般合理地推测时钟的上升时间为时钟周期的 7%～10%。从而可知，时钟的带宽为时钟频率的 5 倍，即

$$BW_{clock}=\frac{0.35}{T_r}=\frac{0.35}{0.07T_{cycle}}=5f_{clock}$$

例如：假设时钟频率为 200 MHz，则信号带宽为 1 GHz。

当信号被传输到目的端时，信号在传输过程中会出现损耗。如何确保有效的信号能够被接收端顺利接收，则需要考虑互连的带宽。如果互连带宽是 1 GHz，则所能传输的最短信号上升沿为 350 ps，这是互连的本征上升边。如果一个上升沿为 400 ps 的信号通过该互连传输，则输出上升沿的上升时间可以近似为

$$T_{\text{rout}} = \sqrt{T_{\text{rin}}^2 + T_{\text{rinterconn}}^2} = \sqrt{400^2 + 350^2} \approx 531.5 \text{ (ps)}$$

信号的上升边会退化延长 131.5 ps 的时间。因此，如果需要确保互连带宽对信号的上升沿影响不超过 10%，则互连带宽应至少小于信号上升沿的 50%，也就是说，互连带宽至少是信号带宽的 2 倍。

1.3.4 集总式系统与分布式系统

集总式系统是由电源、电阻、电容、电感等集总元件所组成的系统。各点之间的信号瞬间传递，电路元件的所有电流过程都集中于元件内部空间的各个点上。每个集总元件的基本现象都可以用数学方式来表示，并可以建立多种实际元件的理想模型。

分布式系统则是必须考虑电路元件参数分布性的电路。参数的分布性是指电路中同一瞬间的相邻两点的电位和电流都不相同。也就是说，分布式系统中的电压和电流不仅仅是时间的函数，也是空间坐标的函数。

一个系统应该作为集总系统还是分布式系统，取决于系统与信号的电磁特性的最高频率的有效长度之间的关系。而电磁特性的有效长度，如上升时间，取决于信号的时长及其传播延时。其具体关系为

$$l = \frac{T_r}{D}$$

式中：l 表示上升沿的有效长度，单位为 in（英寸），T_r 表示上升时间，单位为 ps（皮秒）；D 表示传播延时，单位为 ps/in（皮秒/英寸）

从上述公式可以更进一步看出，判断一个系统是集总式系统还是分布式系统，取决于流经该系统的信号的上升沿。其具体的关系是系统尺寸与上升时间之间的比例。具体来说，如果 PCB 走线长度小于上升边沿的有效长度的 1/6，则该系统可以看成集总系统，否则就是分布式系统。

1.3.5 电子的传输速度

信号在系统传播的速度有多快？是不是等于导体中电子的速度？很多人会有如此认识，从而认为可以通过减小互连线的电阻来提高信号的传播速度。但事实并非如此。

根据电流的定义，单位时间内通过导体单一横截面的电量称为电流，而横截面的电量取决于其面积以及电子密度。其具体公式如下：

$$I=\frac{\Delta Q}{\Delta t}=\frac{q \cdot n \cdot A \cdot v \cdot \Delta t}{\Delta t}=q \cdot n \cdot A \cdot v$$

从而可以得出电子速度的公式如下：

$$v=\frac{I}{q \cdot n \cdot A}$$

式中：I 表示导体中流过的电流，单位为 A(安培)；ΔQ 表示时间段内流过的电量，单位为 C(库伦)；Δt 表示时间段，单位为 s(秒)；q 表示一个电子所带的电量，大小为 1.6×10^{-19} C；n 表示电子密度；A 表示导体的横截面积，单位为 m^2；v 表示导体中电子的速度，单位为 m/s。

铜原子之间的距离为 1 nm，一个铜原子可以提供两个在导体中运动的自由电子，从而可以算出自由电子的密度为 $10^{27}/m^3$。

假设导线的直径为 1 mm，横截面积为 $A=10^{-6}$ m^2，通过的电流为 1 A。代入上述公式，可知导体中的电子速度约为

$$v=\frac{I}{q \cdot n \cdot A}=\frac{1}{1.6 \cdot 10^{-19} \cdot 10^{27} \cdot 10^{-6}}=6.25 \cdot 10^{-3}\,(\mathrm{m/s})$$

与光速相比，导体的电子运动速度不到 1 cm/s，可以忽略不计，所以导线中的电子速度与信号的传播速度没有任何关系，低电阻不意味着信号的速度快。信号的传播速度取决于导线周围的材质以及走线的拓扑结构，其单位为 in/ps。信号的传输延时则为传播速度的倒数，其单位为 ps/in。

1.3.6 信号完整性

信号完整性(Signal Integrity，SI)涉及信号从产生到传输再到正确接收的整个过程，因此信号完整性模型需要包括完整的信号源、信号传输的物理通道以及信号完整接收三个部分。完整的信号源主要是指保证产生信号的完整性——包括稳定的电源供应、噪声滤除、输出阻抗控制等；信号传输的物理通道主要是指信号互连，确保信号在传输过程中不会发生畸变和失真，包括各类噪声、串扰、反射、阻抗突变、衰减、谐振以及带宽等；信号完整接收主要是确保信号无失真高效地接收，包括输入阻抗匹配、滤波、接地等处理。

在高速数字系统设计过程中，信号源和信号接收通常是各类集成芯片或者逻辑芯片，这些参数都已经被芯片所固化，因此，针对信号源和信号接收器的信号完整性，设计工程师主要需要根据芯片的设计手册来进行线路设计。更多的信号完整性问题主要是由于信号互连所引起的各类问题，而这些问题通常与互连时的噪声问题和时序问题相关，从而使信号接收端被误触发或者误码。因此高速数字系统设计主要是解决设计线路的信号互连传输以及线路响应问题，包括：①单一网络的信号失真，包括信号的衰减、振铃、反射、端接、上升沿退化等问题；②两个及其以上网络之间的串扰，串扰引起的地弹和电源弹，信号传输的符号间串扰(ISI)以及模态变化等问题。

而这些问题往往占据了电子工程师和SI工程师90%以上的精力。因此,有句话戏称:"世界上只有两类工程师:一类是正在遇到SI问题的工程师,另一类是即将遇到SI问题的工程师!"

追求高质量、无失真的信号完整性,是每一位工程师的追求。但是,越高保真的信号,其花费的代价就越大,这方面不仅包括产品费用,还包括产品开发周期、人力等。如何恰如其分地实现信号完整性,必须根据产品设计目标、产品性能、产品开发周期、接收端对信号的敏感度、电磁辐射等各个方面综合考虑。换而言之,信号完整性不是测试出来的,而是设计出来的。

信号完整性问题示意图如图1-10所示。

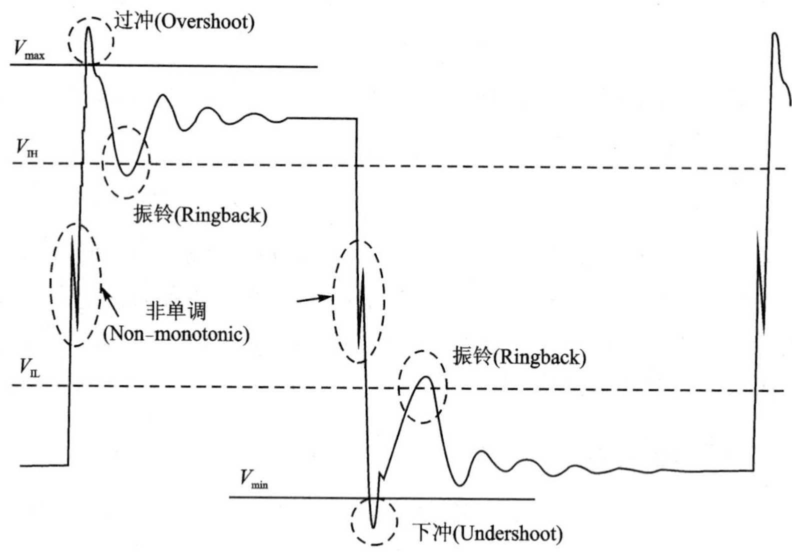

图1-10 信号完整性问题示意图

1.3.7 电源完整性

信号完整性设计主要是解决信号从生成到传输再到接收的质量问题,而电源完整性(Power Integrity,PI)则是解决有源器件供电电源分布网络(Power Distribution Network, PDN)的电源质量问题。完整的电源分布网络包含PCB部分和芯片封装部分,如图1-11所示。因此,PDN系统主要由如下几部分组成:VRM(电源芯片或电源模块)、PCB上的电容、PCB的电源和地平面、芯片内封装的电容、芯片内的电源和地网络、裸芯片(Die)上的电容。PDN在整个高速数字系统中主要有两个作用:一是为负载提供干净的供电电压,二是为信号提供低噪声的返回路径。高速数字系统设计工程师一般拿不到芯片内部PDN的详细信息,因此,如何对电源分布网络进行设计是目前高速数字系统设计的一个难点。

现代电路集成的芯片越来越多,芯片开关速度越来越快,高频瞬态电流的需求越来越大，芯片的功耗也越来越大，而芯片的引脚数量却有限，外部PDN系统只能通过芯片的外部引脚电源提供给芯片内晶体管一个公共的供电节点。这样，当各个晶体管的状态转换不同步时，电源噪声就容易被传导放大，甚至引起逻辑错误。同时，电源的噪声会影响晶振、PLL的抖动特性，造成时钟信号含有很大的低频噪声。因此，在进行高速数字系统设计时，必须谨慎进行电源完整性设计。

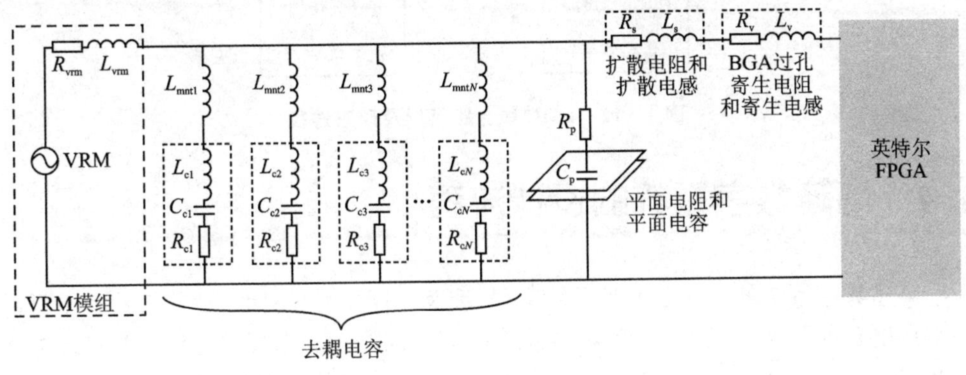

图1-11 Intel FPGA PDN 示意图

1.3.8 EMC

现代高速数字系统存在着各种高频时钟，通常都在100～500 MHz之间，该频段的前几次谐波分量在各种电视和通信频段范围内，因此，这些电子产品极有可能干扰通信，必须采取措施把电磁辐射限制在允许的范围内。

产品的EMC设计主要包含两个方面：产品自身产生的电磁辐射以及由外场导入产品的电磁干扰。产品的EMC解决方案就是既要把产品自身产生的电磁辐射限制在要求的范围内，同时又要确保产品不易受到外界电磁辐射的影响。

EMI(Electromagnetic Interference，电磁干扰)主要包括三个方面：噪声源、辐射传播路径以及受扰设备。噪声源通常是PCB上的振荡电路、塑料壳内的辐射部件、不恰当的印刷线、电路中的地弹以及共模电流等；辐射传播路径主要是自由空间或者互连部件，如阻抗耦合等；受扰设备主要是那些容易从I/O电缆或辐射途径接收电磁干扰的部件。

如图1-12所示，要实现最佳化的EMC设计，必须在电路和结构等方面同时进行：从电路方面，减小差分信号转换成共模信号的可能性，同时减小轨道塌陷噪声；从结构方面，采用屏蔽盒将电路的高频噪声可能要逃逸的路径隔断，同时在满足散热的前提下，采用对应的机箱设计使箱体内逃逸发射的射频能量和进入的射频能量最小。如果需要线缆进行连接，则应在线缆接头正确采用铁氧体来减小天线效应。

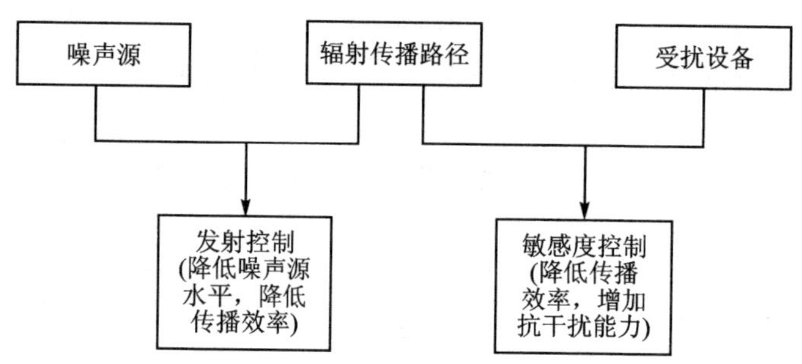

图 1-12 EMC 耦合路径以及改善途径

1.4 高速数字系统的设计流程

高速数字系统的设计是一个系统工程，涉及不同学科、不同专业。设计者不仅需要掌握电路的各类知识，包括数字、模拟、高频等知识，而且需要掌握机构与热传方面的知识，还需要理解电磁兼容和辐射的知识；同时，设计者不仅需要掌握以上各种硬件知识，而且需要掌握各种固件以及软件开发的知识，还需要拥有针对相应的硬件、固件、软件以及整机系统功能进行仿真、测试与除错的能力，因此高速数字系统的设计往往不是某一个工程师或者某一类工程师能够独立完成的工作，而是需要来自不同学科背景的专业工程师来共同完成。另外，由于不同的应用场景，高速数字系统的设计有着不同的侧重点，可能在某种场景中游刃有余的数字系统在另外一种场景中完全不适应，因此高速数字系统是一个复杂的系统工程，需要有一定的设计流程。

与传统的硬件设计采用“自底向上”的设计方法不同，高速数字系统的设计采用“自顶向下”的设计方式，从系统的整体功能和需求出发，自上而下逐步将具体要求模块化，借助各种 EDA 工具和仿真软件来进行设计和仿真，完成系统的整体设计，最后通过测试和除错完成产品功能检查以及产品迭代。相比于传统的设计方式，自顶向下的方法不仅仅节约了大量的设计时间，同时也节省了大量的人力与物力，大大减少了后期的调试和验证时间，加速了产品的上市。图 1-13 所示为高速数字系统的设计与验证的整体流程。当然，有些步骤可以根据设计任务和功能的复杂程度进行适当的修剪和省略。

市场调研阶段主要是根据目前的市场需求进行产品的定位分析，确定产品的基本属性、产品定位、目标市场、目标客户、价格策略、产品的预期成长规模等。根据这些信息，确定产品的市场规格。当然，有些产品仅仅只是需要做到样品阶段，而无须做特别的市场调研，只需要根据特别的要求进行规格确定就好。

规格确定阶段主要是根据产品的市场规格调研、现有产品分析、内部研发团队经验和能力、现有高速数字系统平台架构以及第三方的产品信息、调研报告等，把产品的市场规格转化为产品的系统规格，换句话说，就是转化为研发规格，确定哪些是产品规格的必需项，哪些是产品的可选项或者加分项，并根据产品规格的必需项和可选项来选择最佳的平台架构，同时根据平台架构确定产品支持的固件、软件和OS类型以及支持的方式等，最后还需要确定产品整体属性，如产品尺寸、电源功耗、外设接口等。

市场调研和规格确定这两个阶段可以持续很长时间，并且在产品设计过程中，产品规格依旧可以根据市场的变化而进行变化，也可以根据后期产品具体达成的设计效果来对规格进行微调。

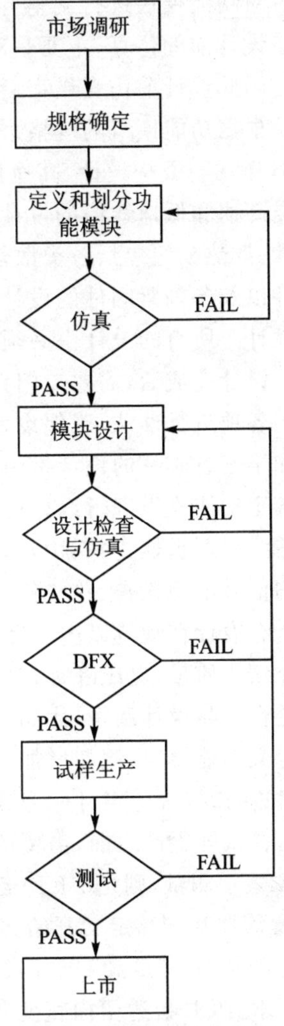

图1-13 高速数字系统设计流程

一旦确定好了产品规格，包括平台架构和产品尺寸，就需要对产品的整体规格进行功能划分和定义。从广义上来说，产品的功能划分可以分为软件、固件和硬件三个层级。比如Intel x86系统，硬件系统包括各种PCBA、线缆、机构、导风罩、散热器、风扇等；固件包括各个PCBA上的BIOS、BMC、ME、存储控制固件、网络芯片固件、CPLD/FPGA，甚至还包括VR固件等；软件系统包括各种操作系统（如Windows、Linux）以及在这些操作系统上运行的各种应用软件。硬件、固件和软件的划分需要明确功能界限和接口定义，同时确保系统的可扩展性和可维护性，确保各个层级各司其职。从狭义上来说，高速数字系统设计主要阐述系统的硬件设计。针对硬件设计部分，产品规格和平台确定后，需要根据产品规格和尺寸来确定如何进行PCBA设计和划分。通常来说，复杂的高速数字系统都无法采用一块PCBA来实现所有的功能，因此需要根据具体的产品要求来进行PCBA划分。PCBA划分一般会根据PCBA功能集中化原则来进行，比如一个2 U(1 U=4.445 cm，U表示服务器外部尺寸的单位）标准服务器系统，PCBA可以根据功能划分为主板、电源背板、风扇背板、硬盘背板、存储控制卡、Riser转接卡、扩展网卡模组等。各个PCBA需要严格定义PCBA产品规格，并进行接口信号定义、时钟域和电源域设计以及信号连接——板对板连接器直连还是通过线缆连接等。

功能模块定义完成后，需要对系统和硬件进行整体评估，确保方案的可行性。在此阶段，主要针对整体电源和散热进行仿真评估，对PCBA跨板的高速走线拓扑以及走线信号进行设计前的仿真评估，确保系统散热、功耗、SI都在设计的允许范围之内，如果仿真失败，但经相关工程师确认是由仿真误差所引起的，则可以通过风险管控清单来有条件通过，在后续设计仿真以及测试中重点关注，否则需要调整产品规格或者对功能模块进行调整。

设计前的仿真，主要是对系统设计风险的初步评估，实际还需要进行系统整体设计。因此设计前仿真结束后，在系统架构师评估产品设计风险在可控范围之内，便可开始根据功能模组的规格进行模块设计。PCBA 模组设计包括线路设计、电源设计、PCB 布局与叠构设计、高速信号约束以及布线、EMC 设计、时钟设计；线缆部分包括各类高速和低速线缆的设计，主要是长度、接口定义、线缆类型、衰减、特性阻抗等的设计；散热模组包括各类散热器、风扇模组、导风罩设计等；机构部分主要是机构件、塑件以及各种紧固件的设计；固件设计包括 BIOS、BMC、CPLD/FPGA、ME、Storage 等设计。所有的设计都必须有设计规格、改动记录等。

设计完成后，需要专门针对设计进行检查与仿真，特别是针对前仿真风险管控清单的各项进行确认，确保设计结果在风险管控范围之内。在此期间，需要根据平台架构和第三方芯片的设计指南、数据手册、设计检查清单以及公司内部的产品研发要求对各个功能模组进行设计检查，必要时可以要求相应的供应商交叉检查。这些检查包括线路逻辑检查、GPIO 设定检查、复用引脚功能检查、高速信号接线检查、跨电源域的信号电源检查、总线长度和等距检查、高速走线叠层检查、EMC/EMI 检查等，确保所有设计在规范以内。针对高风险性部分，需要进行 SI 和 PI 仿真以及散热仿真，确保信号质量、电压降都在可控范围之内，确保系统散热满足设计需求，否则需要重新进行产品设计调整，比如增加重驱动器(Redriver)来提高信号质量，严重时需要重新定义功能模块，比如增加一张 PCBA 板卡等。这些检查和仿真可以在模块设计时同时进行，以加速设计的完成。

在试样生产之前，需要落实 DFX(Design for X)检查。其中 X 有多重意思表示。若 X 表示测试，则是 DFT；若 X 表示生产，则是 DFM；若 X 表示价钱，则是 DFC 等。DFX 需要从产品定义开始，到产品上市前都需要一直进行。在试样生产之前，主要针对产品的 DFT 和 DFM 进行检查设计，这些部分包括但不限于 PCB 上的测试点数量要求、PCB 板边留白宽度、PCB 阻抗检测板边、PCB 连板尺寸和数量、连接器的位置、条码位置等的检查。若发现违规，则需要对模块设计进行调整。如果调整不了，系统架构师、电子工程师与工厂工程人员就需要商讨对策，确认是否可以放行。

试样生产主要是对设计完成的产品进行工厂生产、测试、组装，确保设计的产品与设计的一致性。

最后需要进行产品的测试，从而确保产品的质量满足产品的规格。产品测试有不同层次的测试，包括硬件、固件、软件以及系统方面的测试。其中，硬件方面主要是对信号质量、电源质量、零件质量、散热系统、机构方面的测试认证；固件方面主要是对各种固件的全面性和兼容性的测试；软件方面主要对软件的兼容性、性能进行测试；系统方面主要是针对组成系统后的产品的整体性能的测试，包括 I/O 测试、OS 测试、EMC 测试、压力测试等。有任何问题，都需要及时发现根源并解决。如果是硬件方面的问题，则需要重新对 PCBA 进行设计、洗板，再次进行新一轮的设计流程；

对于软件和固件,需要及时更改代码,并进行测试,直到各个层次的问题都解决完毕,产品方可上市。

1.5 本章小结

本章主要概述了数字电路的基础和发展历程,介绍了高速数字系统的特征以及重要概念,并阐述了高速数字系统的设计流程。接下来,后面各章将分别从元件、接口、总线、时钟、传输线、信号完整性、电源完整性、EMC、散热等各个方面重点阐述如何进行高速数字系统的设计。由于篇幅有限,本书对高速数字系统的机构、固件以及软件部分将不做重点介绍。

1.6 思考与练习

1. 什么是时域、频域?
2. 傅里叶变换的概念以及分类,DFT 和 FFT 之间的区别是什么?
3. 什么是转折频率、信号带宽?
4. 什么是信号的上升时间?信号的上升时间与带宽之间的关系如何表述?
5. 电子的传输速度等于信号的传输速度吗?为什么?
6. 什么是集总式系统、分布式系统?它们之间的区别和联系是什么?
7. 什么是信号完整性?信号完整性包括哪些方面?
8. 电磁辐射的路径有哪些?如何防止电磁辐射?
9. 请简述如何进行高速数字系统设计。
10. 采用 MATLAB 生成一个 1 GHz 的方波信号,占空比为 50%,采用 FFT 求出其频谱图,并绘制前 50 次谐波幅频图。

第 2 章

常见的高速数字系统

现代电子技术发展至今，在摩尔定律的指引下，以芯片技术为基础，发展出了各种典型的高速数字系统。本章将重点介绍包括 x86 系统在内的几种常见的高速数字系统。

本章的主要内容有：

- x86 系统；
- Arm 系统；
- POWER 系统；
- MIPS 及龙芯系统；
- GPU 系统；
- DSP 系统；
- FPGA 系统；
- RISC - V 系统。

2.1 概 述

现代电子技术经过 20 世纪的飞速发展，特别是在芯片方面的快速发展，引领了工业化和信息化的潮流。芯片的集成度越来越高，功能越来越复杂，工艺越来越先进，设计越来越高度自动化，形成了一个高度垂直细分的行业生态，诞生了许多知名的公司，如专注于 CPU 研发的 Intel、AMD、Arm、IBM、海思等公司，专注于 GPU 研发的 NVIDIA 等公司，一直从事 FPGA/CPLD 技术研发创新的 AMD、Intel、Lattice 等公司，还有各类专攻存储、网络、计算的 Broadcom、Marvell、TI、Toshiba、NXP 等公司，同时也诞生了如台积电、中芯国际等芯片代工巨头。在互连方面，产生了 Molex、FCI、Amphenol、TE、富士康、立讯等连接器和线缆巨头。在操作系统方面，Microsoft 和 Apple 公司持续在闭源操作系统方向引领潮流，分别诞生了 Windows 系统和 IOS 系统，而 Unix 和 Linux 则一开始就宣布开源，并诞生了以 Linux 为基础的 Google Android 系统和华为的鸿蒙系统。正因为如此迅猛的技术发展，以计算、通信、存储为核心的高速数字系统层出不穷，各领风骚。其中涵盖了以 HPE、Dell、浪潮、华为等为代表的服务器、存储设备产品，以 H3C、华为、思科为代表的网络解决方案，以 HP、联想为代表的 PC 类产品，以三星、Apple、华为、小米为代表的手机通信类产品，以及以 Seagate、WD 等为代表的存储类产品。

全球著名数字系统细分领域部分公司如图 2-1 所示。

图 2-1　全球著名数字系统细分领域部分公司

2.2　x86 系统

1978 年 6 月 8 日，x86 架构由 Intel 公司正式推出，并以 8086 CPU 的方式首度出现。3 年后，IBM 公司正式采用 8086 CPU 进行 PC 设计，从而使 x86 作为 PC 的标准平台成为历来最成功的 CPU 架构。最初的 x86 架构是 32 位系统。2003 年，AMD 对其进行了 64 位扩展，开启了 x86 的 64 位时代。

x86 架构采用可变指令长度的 CISC（Complex Instruction Set Computer，复杂指令集计算机）指令集。字组以低位字节在前的方式顺序被存储在存储器中，字组长度的存储器访问允许不对齐存储器地址。x86 架构保持向前兼容性，同时在较新的微架构中，x86 处理器会把 x86 指令转换为更像 RISC（Reduced Instruction Set Computing，精简指令集计算机）的微指令再予以执行，从而获得可与 RISC 比拟的超标量性能。x86 架构的处理器一共有 4 种执行模式，分别是真实模式、保护模式、系统管理模式以及虚拟 V86 模式。

Intel 和 AMD 一直是 x86 架构的领导者，其中 Intel 的产品包括至强、酷睿、赛扬、奔腾等多款面向不同市场的 x86 架构 CPU，AMD 的产品包括 EPYC、锐龙、速龙等面向服务器和 PC 市场的 x86 架构 CPU。在过去的 30 多年，x86 架构的计算机由微软及 Intel 构建的 Wintel 联盟一统天下，形成了巨大的用户群体，培养和固化了用户的使用习惯，并在软硬件开发方面形成了统一的标准，目前市面上的 PC、工作站、服务器等绝大部分都是 x86 架构系统。

x86 架构的硬件主要采用 CPU＋桥芯片的方式。刚开始推出时，其采用 CPU＋

北桥+南桥的方式。由于CPU的集成度越来越高,北桥被集成到CPU内,形成了CPU+南桥或者CPU SoC的方式。其中,CPU负责数据计算、处理以及内存管理;南桥负责I/O扩展(如USB、音视频接口等)以及存储(如硬盘等)。x86架构扩展的设备种类多,硬软件兼容性好,因此其产品有大量的第三方软件和硬件可供选择。Intel x86架构示意图如图2-2所示。

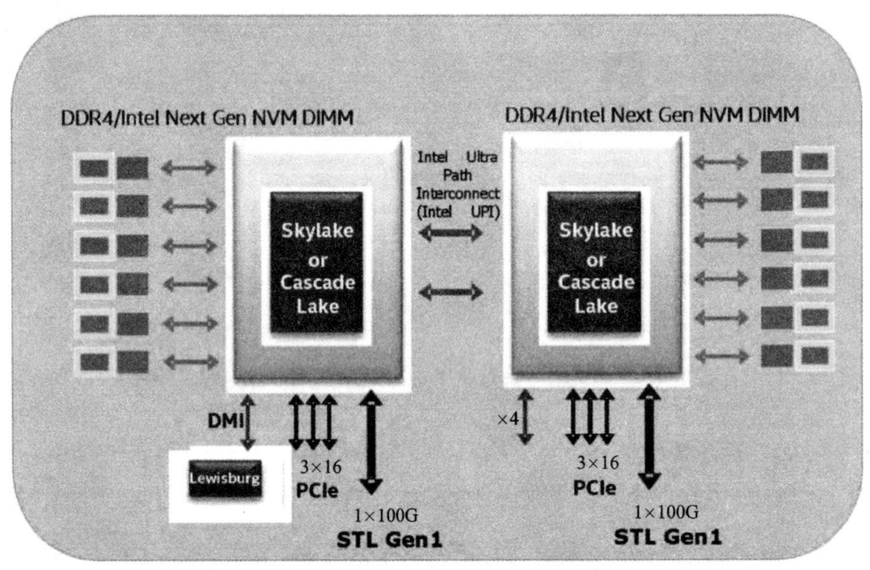

图2-2 Intel x86架构示意图

x86架构追求的是性能和速度。x86 CPU集成度高,运行速度在1 GHz以上,内核丰富。至强CPU甚至集成了数十个内核,采用最新的芯片工艺制程;AMD第二代EPYC CPU ROMA采用了最新的7 nm工艺制程。由于追求性能和速度,相应的,x86 CPU的功耗一直居高不下,根据不同的应用场景,其功耗可以高达数百瓦,最低也会超过数十瓦。

以SuperMicro的双路基于Intel Purley平台的至强Cascade Lake-SP CPU服务器主板为例,其主板架构如图2-3所示。该主板采用双路第二代Intel Xeon Scalable处理器,每个处理器的引脚数量为3 647个,采用Socket P(LGA 3647)插槽;CPU TDP高达205 W,支持3个UPI进行CPU互联,每个UPI速度高达10.4 GT/s;每个CPU最大可以支持6路12个DDR4 2 933 MHz内存。在该主板上,最多可以支持16个DIMM插槽,最大可以支持4 TB 3DS ECC RDIMM/LRDIMM内存,或者2 TB Intel Optane NVDIMM。采用Intel C621作为南桥芯片,最大支持10个SATA3 (6 Gb/s)接口,并支持RAID0、1、5、10存储模式。该主板扩展丰富,最大可以支持11个PCIe3.0扩展槽。支持一个PCIe3.0 X4 2280/22110 M.2 SSD,2个板载RJ45 10GBase-T网口,以及5个USB3.0和4个USB2.0接口。

图2-3　SuperMicro X11DPX-T主板

2.3　Arm系统

与x86系统采用CISC指令集不同，ARM——其全称是高级精简指令集机器(Advanced RISC Machine)，采用的是RISC指令集，属于RISC处理器家族，1985年由Acorn计算机公司成功研发。1990年，Arm从Acorn公司独立出来，成为一个专门负责Arm架构处理器及相应外围组件电路设计方案的半导体设计与软件公司。2016年，被日本软银集团收购。Arm的设计目标就是低成本、高性能、低功耗，因此被广泛应用于嵌入式系统，特别是工业控制、消费类电子产品、移动通信领域产品等。Arm公司本身不制造和销售CPU，而是将处理器架构透过IP授权的方式给有兴趣的厂家。透过该方式，Arm架构处理器已经占有市面上所有32位RISC处理器90%以上的市场份额。2018年基于Arm公司授权的芯片出货量达到229亿颗，在全球的市场份额达到33%，基于Arm公司授权的芯片累计保有量达到1 460亿颗。

在Armv7之前，Arm架构只支持32位定长Arm指令集以及16位变长Thumb指令集，而2011年发布的Armv8架构拓展了现有的32位指令集架构，引入了64位处理器技术，形成了全新指令集A64，并扩展了虚拟寻址，同时保留并进一步拓展了传统Arm的主要特性，包括TrustZone技术、虚拟化技术及NEONTM advanced SIMD技术，从而使Arm架构能够横跨从微型传感器到大型基础设施设备以及电子设备仪器的整个领域。近年来，由于服务器、超级计算机等领域的能耗越来越高，

64位Arm的诞生也使基于Arm架构的CPU得以尝试进入相应领域，相应的公司都推出了不同的Arm服务器处理芯片，如Ampere的Altra和Altra Max，Marvell的ThunderX2，CEC的飞腾处理器，以及华为的鲲鹏处理器等。但由于系统软件生态有待完善，同时性能并没有达到预期，因此在高性能服务器领域依旧有相对较长的路要走。

Arm架构有多种CPU模式，但是在任何时刻都只能处于其中某一种模式，这可以通过外部中断或者编程来实现模式切换。具体CPU模式如表2-1所列。

表2-1　Arm CPU的工作模式

工作模式	具体描述
用户模式	非特权模式
系统模式	无须例外进入的特权模式。仅以执行明确写入CPSR的模式位的指令进入
Supervisor (svc)模式	在CPU被重置或者SWI指令被执行时进入的特权模式
Abort模式	预读取中断或数据中断异常发生时进入的特权模式
未定义模式	未定义指令异常发生时进入的特权模式
干预模式	处理器接受一条IRQ干预时进入的特权模式
快速干预模式	处理器接受一条IRQ干预时进入的特权模式
Hyp模式	Armv7-A为Cortex-A15处理器提供硬件虚拟化引进的管理模式

Arm CPU IP主要有4大类，分别是Cortex、Neoverse、SecurCore和Machine Learning等。其中，Cortex又细分为3类，包括以最佳功率实现最高性能的Cortex-A系列、提供可靠的关键任务性能的Cortex-R系列和用于以节能优先的嵌入式设备的Cortex-M系列。Nevoerse系列用于提供灵活的可扩展的云和边缘基础架构。SecurCore系列主要用于物理安全应用解决方案。Machine Learning系列的Project Trillium具有无与伦比的多功能性和可扩展性。

许多半导体公司持有Arm授权，比如移动通信领域的高通、三星，汽车电子领域的NXP，存储和网通领域的Broadcom、LSI，单片机领域的TI、ST、Microchip，服务器领域的Marvell、Ampere等公司，甚至包括以x86系统为主导的Intel和AMD公司。

在中国，华为海思推出的鲲鹏处理器和CEC旗下推出的飞腾服务器都是基于Arm架构的处理器。其中，CEC飞腾处理器FT-2000+/64芯片集成64个自主开发的Armv8指令集并兼容处理器内核FTC662，采用片上并行系统(PSoC)体系结构。通过集成高效处理器核心、基于数据亲和的大规模一致性的存储架构、层次式二维Mesh互连网络，优化存储访问延时，提供业界领先的计算性能、访存带宽和I/O扩展能力。在Armv8指令集兼容的现有产品中，FT-2000+/64在单核计算能力、单芯片并行性能、单芯片Cache一致性规模、访存带宽等指标上处于国际先进水平。

FT－2000+/64 主要应用于高性能、高吞吐率服务器领域，如对处理能力和吞吐能力要求很高的行业大型业务主机、高性能服务器系统和大型互联网数据中心等。FT－2000+/64 的主要技术指标如表 2－2 所列。

表 2－2　FT－2000+/64 的主要技术指标

类　别	参　数
工艺特征	16 nm 工艺
核心	集成 64 个 FTC662 处理器核
主频	工作主频 2.2～2.4 GHz
缓存	集成 32 MB 二级 Cache
存储器接口	集成 8 个 DDR4 存储控制器，可提供 204.8 GB/s 访存带宽
PCIe 接口	集成 33 个 PCIe 3.0 接口
功耗	典型功耗 100 W
封装	FCBGA 封装，引脚个数 3 576

目前基于 FT－2000+/64 CPU 的产品已经量产。长城公司研发的擎天 CF520 是一款基于 FT－1500A CPU 平台的 2 U 机架式服务器，主要面向企业级数据中心的磁盘阵列产品。它最大支持 32 GB ECC DDR3 内存，支持 2 块 2.5 英寸(1 in＝2.54 cm)SATA 硬盘用于系统存储，同时支持 16 块 2.5 英寸 SAS/SATA 硬盘，可为对信息安全级别较高的重点行业机构提供存储、应用服务等功能。支持 RAID0、1、5、10 多种阵列选择，并配置智能管理系统，提供丰富的数据保护功能，轻松实现远程的数据管理和保护。最多支持 4 个 USB 接口、1 个 VGA 接口和 4 个千兆以太网接口，满足服务器的管理和数据传输交换需求。长城擎天 CF520 服务器如图 2－4 所示。

图 2－4　长城擎天 CF520 服务器

2.4　POWER 系统

RISC 处理器架构家族的另外一大重要成员就是 IBM POWER(Performance Optimization With Enhanced RISC，增强 RISC 性能优化处理器)以及派生的 Power-

PC(Performance Optimization With Enhanced RISC - Performance Computing,有时简称 PPC)。POWER 架构和 PowerPC 架构均源自 POWER 架构。其中,POWER 系列处理器作为主 CPU 被广泛应用于 IBM 服务器、超级计算器、小型计算器及工作站中。而 PowerPC 系列 CPU 则曾广泛应用于苹果麦金塔计算机、部分 IBM 的工作站以及各式各样的嵌入式系统中,如各类游戏机等。但从 2005 年起,苹果计算机转而采用 Intel CPU。

IBM 公司不仅自行设计 POWER 架构 CPU,同时也亲自设计服务器硬件系统,并且还拥有专门运行于 POWER 架构的 AIX 系统。因此,相比于 x86 架构,POWER 架构在高端服务器领域拥有相对领先的技术优势——不仅表现在硬件层面的可靠性、可用性、可维护性,而且表现在系统层面的稳定性,同时还体现在软件方案集成度方面。基于此,POWER 架构产品被广泛应用于金融、电信等关键任务领域。

1990 年 2 月,IBM RS/6000 计算机第一次采用 POWER 架构,宣告了 POWER 架构计算机体系正式诞生。随后,POWER3 处理器全部采用 64 位 PowerPC 架构,同时不兼容之前的 POWER 指令集,并延续至今。

图 2-5 所示为 IBM POWER9 处理器的基本介绍。POWER9 处理器嵌入 POWER ISA v3.0 指令集,采用 14 nm SOI FinFET 工艺,芯片规模达 695 mm^2,集成了超过 80 亿个晶体管。POWER9 最多拥有 24 核,每核支持四线程 SMT4,支持增强的缓存层次,共有 120 MB 的 L3,即非一致缓存(NUCA)架构,拥有 12 块 20 路组相连的区域,片上的带宽最高可以达到 7 TB/s,拥有全球首发的 PCIe4.0 总线接口,最多支持 48 路 PCIe4.0,同时在对称多互联中,本地对称多处理系统(SMP)单通道也有高达 16 GB/s 的接口。在云和虚拟化中,采用更多新的中断架构和策略,包括应用负载平衡上所带来频率优化策略以及受强制保护的硬件执行。支持多种硬件加

处理器	Sforza	LaGrange	Monza
接口形态			
应用场景	面向云计算和I/O密集型计算场景	面向内存应用计算场景	面向AI和HPC计算场景，最强NVLink互连体系
特色设计	8x DDR4 DIMM, 48 PCI-4链路，1个Xbus互连接口	16x DDR4 DIMM 42 PCI-4链路，2个Xbus互连接口，1个NVLink接口	16x DDR4 DIMM 34 PCI-4链路，1个Xbus互连接口，3个NVLink接口
典型服务器	FP5280G2/FP5466G2	FP5290G2	FP5295G2

图 2-5 POWER9 处理器基本概貌

速解决方案，包括增强的片上加速，CAPI 2.0 以及 OpenCAPI，提升数据吞吐量，减少延时。特别值得一提的是，POWER9 嵌入了 NVIDIA NVLink2.0 接口（见图 2-6），不仅提升了物理传输速度（从原来的 16 Gb/s 到现在的 25 Gb/s），同时也在整个内存一致性和地址转换方面得到了很大的提升，这也是 POWER 处理器和其他处理器的不同之处。

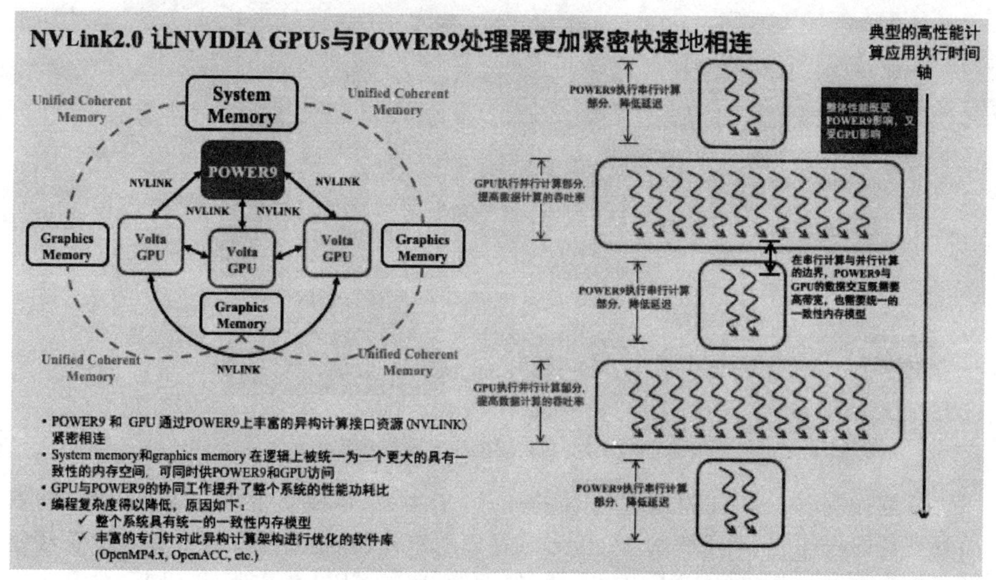

图 2-6　POWER9 处理器 NVLink2.0 接口示意图

2021 年，IBM 正式推出了新一代处理器 POWER10 系列产品。作为 IBM 首款商用的 7 nm CPU，其处理效率是 POWER9 的 3 倍，同时提供了更多的工作负载和容器密度。POWER10 的芯片面积为 600 mm^2，具有 180 亿个晶体管；每个芯片具有 15 个活跃的 CPU 核，每个 CPU 可以支持 8 个线程；采用下一代 PCIe Gen5 协议，具有 64 条通路，传输速度高达 32 GT/s。

虽然 POWER CPU 性能强悍，但是 POWER CPU 价格昂贵，同时 POWER 架构相对闭环，因此对其他厂商的吸引力不足。最关键是，随着分布式系统逐渐成熟，特别是云计算时代，系统对小型机的依赖度开始降低，转为采用集群方式来弥补不足，整体性能也可实现分布式处理。

为应对转型，2013 年 8 月 6 日，IBM 宣布成立 OpenPOWER 基金会组织，Google、Tyan、NVIDIA 和 Mellanox 是 OpenPOWER 基金会的创始成员，对 POWER 架构产品进行技术开放。在硬件方面，IBM 将在 OpenPOWER 计划下提供 POWER8 芯片技术以及未来的技术迭代，合作伙伴也将通过提供知识产权来获得更高等级的身份。在软件方面，OpenPOWER 计划将涵盖固件、KVM Hypervisor 以及小端 Linux 操作系统等，目前包括 SUSE、Ubuntu 等在内的 Linux 对 POWER CPU 进行支持，但 IBM 还没有打算开源 AIX 系统。OpenPOWER 计划的目标就是重建 POWER 架构服务器供应商生态系统，从而使服务器供应商能够应用未来数据中心和云计算构建自己定制的服务器、网络和存储硬件。2019 年 8 月 20 日，IBM 宣布 OpenPOWER 基金会将成为 Linux 基金会的一部分。POWER 处理器路线图如图 2 - 7 所示。

POWER 处理器路线图

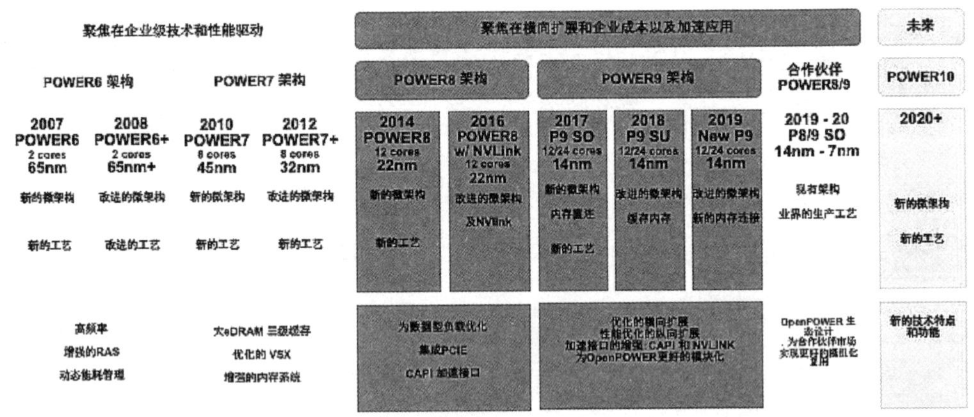

图 2 - 7　POWER 处理器路线图

浪潮作为 OpenPOWER 基金会的一员，于 2019 年成功推出基于 POWER9 双路处理器的高性能、高可靠的 4U 分布式存储型服务器，主要用于温存储和冷存储领域。主板上安装两颗 POWER9 Sforza 处理器，单颗 CPU 最大支持 22 核，最高主频高达 2.75 GHz，支持单核四线程，最高功耗 190 W，主板支持单 CPU 工作模式。主板上最大支持 16 根 2 666 MHz DDR4 内存插槽，单根内存最大容量可达 64 GB，总容量高达 1 TB。主板同时支持两个 M.2 SSD 作为系统快速启动盘，最大支持 8 个标准 PCIe4.0 插槽。支持 1/10/25/40/100GE 接口或者 56/100 Gb IB 接口，支持 OCP 10GE、25GE 或者 40GE 接口。存储方面，该系统支持多达 40 个 3.5 英寸 HDD 存储，提供超过 480 TB 的存储能力，同时支持 4 个 2.5 英寸 HDD，满足额外存储需求。浪潮 FP5466G2 4U 服务器外观图和主板架构俯视图如图 2 - 8 所示。

(a) FP5466G2 4U外观图　　(b) FP5466G2主板俯视图

图 2 - 8　浪潮 FP5466G2 4U 服务器外观图和主板架构俯视图

2.5 MIPS 及龙芯系统

MIPS(Microprocessor without Interlocked Piped Stages)处理器是 20 世纪 80 年代中期最为流行的 RISC 处理器之一,也是卖得最好的 RISC 处理器。它广泛应用于消费型电子、路由器、工作站以及服务器中。但在移动互联网时代到来之际,由于种种原因,MIPS 处理器被 Arm 弯道超车,从而失去了在移动互联网时代的霸主地位。

1981 年,斯坦福大学教授 Hennessy 及其团队成功研发出第一个 MIPS 架构的处理器,随后专门成立 MIPS 公司来进行 MIPS 指令集的开发与授权。从一开始 MIPS 的系统结构及设计理念就比较先进。在系统架构方面,它包含了大量的寄存器、指令数、字符以及可视的管道延时时隙,从而使 MIPS 架构能够提供最高的每平方毫米性能和与同类 SoC 相比最低的功耗。在设计理念方面,强调系统软硬件系统设计来提高性能。在软件方面,强调无内部互锁流水级设计,也就是说,尽量采用软件的方式来避免流水线中的数据相关问题,从而避免在流水线中多个处理模块同时使用同一资源而产生竞争冒险的问题。因此 MIPS 处理器一经发布,便成为世界上最流行的处理器之一。

MIPS 公司一直追求性能卓越,因此一开始定位就是 x86 的竞争者,所涉猎的行业非常广泛,包括消费娱乐、家庭网络和基础设施设备、LTE 调制解调器和嵌入式应用等产品。MIPS 也是越来越多的物联网设备、ADAS 以及包括自动驾驶汽车在内的新兴智能应用的核心。MIPS 的指令集也是不断丰富,是最早推出 32 位和 64 位 RISC 指令集的公司。和 Arm 只对自己的 IP 进行授权不同,MIPS 对自己的架构进行授权。换句话说,Arm 不允许被授权的公司对 Arm 架构进行修改,否则可以强制收回授权——当然对于高通、苹果和 NVIDIA 例外。这样的结果就是——Arm 每升级一点产品架构和 IP,被授权的公司都需要重新缴纳授权费。而 MIPS 允许被授权的公司对 MIPS 的架构进行修改,不受约束。

2018 年 6 月,Wave Computing 公司从 Imagination Technologies 公司手中成功收购 MIPS 业务,并作为其 IP 许可业务部门运营。2018 年底,Wave Computing 公司正式宣布即将开放 MIPS 架构,包括最新的 32 位和 64 位 MIPS 架构,且不产生架构授权费和版权费,为全球的半导体公司、开发人员及高校提供免费的 MIPS 架构,供其开发下一代 SoC。

最新的 MIPS 提供全面的低功耗、高性能 32 位和 64 位处理器 IP 内核产品组合,从高端移动应用处理器到深度嵌入式微处理器的极小内核等,如表 2-3 所列。

表 2-3　MIPS 架构类别与特征

类　别	产品与 IP	应用领域	特　征
Warrior M-Class	M51xx	主要应用于 IoT，可穿戴设备以及其他嵌入式及实时应用	MIPS microAptiv 系列的超集扩展，具有 5 级流水线架构，MIPS DSP R2 模块，快速中断处理能力，高级调试/分析功能，全面的电源管理
	M62xx	主要应用于微控制器和嵌入式应用	MIPS microAptiv 系列的超集扩展，是第一款实现最新 MIPS Release 6 架构的 M-Class 处理器。采用 6 级流水线设计，并继续支持 MIPS32 和 microMIPS ISA
	I7200	专为下一代高性能无线通信和网络设计	MIPS 系统中第一个实现 nanoMIPS 指令集架构的核心，这是 MIPS ISA 的新版本，旨在提供同类最佳的小代码，但不会牺牲应用所需要的高性能。当基于性能而编译时，nanoMIPS 可以比标准 MIPS32 节省约 40%的代码
Warrior I-Class	I6500-F	专为自主时代的安全关键系统设计	MIPS CPU 产品线中的最新 IP 内核，基于 MIPS64 架构，扩展了现有可授权内核的多样性和可扩展性，以满足新兴自治的功能安全性和性能要求应用
	I6500	为异构计算应用不断增长的各种需求的理想选择，包括 ADAS 和自动驾驶、高性能网络、机器学习、无人机、工业自动化、安全和视频分析	基于 MIPS64 架构，扩展了现有可授权内核的多样性和可扩展性，为异构计算提供引人注目的解决方案
	I6400	—	基于 MIPS64 架构，并集成了同步多线程(SMT)、硬件虚拟化、128 位 SIMD、高级电源管理、多上下文安全性以及连贯多集群操作的可扩展性等功能
Warrior P-Class	P5600	专为主流消费电子产品(包括联网电视和机顶盒)所需的性能和功能而设计，适用于从住宅网关到网络设备的各种网络应用以及作为嵌入式应用程序中的高性能计算	具有业界领先的 32 位性能，在硅片尺寸方面具有同类领先的低功耗特性，远远低于业界同类产品。在单个集群中支持多达 6 个内核，具有高性能缓存一致性。该内核还包括 128 位整数和浮点 SIMD 处理、硬件虚拟化以及物理和虚拟寻址增强功能

续表 2-3

类 别	产品与 IP	应用领域	特 征
Warrior P-Class	P6600	最高效的主流高性能CPU选择,可实现功能强大的多核64位SoC,具有最佳的面积效率。可应用于各个领域,包括家庭娱乐、网络、汽车、嵌入式高性能计算等	64位处理器内核,为未来几代高性能64位MIPS处理器铺平了道路。采用利用MIPS64架构的最新版本R6,在单个集群中支持多达6个内核,具有高性能缓存一致性。该核心包括128位整数和浮点SIMD处理、硬件虚拟化以及来自MIPS64架构的更大物理和虚拟寻址空间
Aptiv Generation	microAptiv	尺寸小、低功耗场合	最小,功耗最低的CPU系列。与同类竞争融合微控制器/DSP解决方案相比,microAptiv内核的性能更高,在microMIPS模式下提供1.7 DMIPS/MHz和3.44 CoreMark/MHz。microAptiv可以通过两种配置获得许可:带有存储器管理单元(MMU)和高速缓冲存储器的微处理器(MPU);带有存储器保护单元(MPU)的微控制器(MCU)
	InterAptiv	多线程且需要支持服务质量(QoS)的应用程序的理想解决方案	多核,多线程32位处理器。是同类产品中性能最高,功能最丰富的CPU内核之一。设计人员可以访问两个虚拟处理元件(VPE)或硬件线程,这两个虚拟处理元件或硬件线程显示为SMP(对称多处理)操作系统的两个完整处理器。这些线程有效地使用共享执行管道,相对于同类中的竞争核心,在面积和功率方面具有非常高的效率
	proAptiv	一系列微处理器IP内核,旨在为连接的消费电子产品(包括联网电视和机顶盒)以及嵌入式应用中的高性能计算提供所需的顶级性能	proAptiv CPU可用于支持多达6个内核的单核和多核产品版本。proAptiv系列利用先进的微体系结构、升级的浮点单元(FPU)和增强的多核互连,与上一代MIPS Classic CPU IP核相比,性能大幅提升,但其内核只相当于同一进程竞争节点内核面积的一半大小
Classic	Classic Processor Cores	针对嵌入式设计、数字消费者、宽带接入和网络以及最先进的通信,从入门级到高性能的每个设计需求	MIPS32 1074K是高性能缓存相干多处理器系统(CPS),最多支持4个MIPS32 1074K处理器内核。1074K CPS采用基于相干多处理技术和超标量15级流水线无序高性能技术结合的MIPS3274处理器内核作为基本CPU。多CPU一致性由一致性管理器单元(Coherence Manager Unit)实现,单核具有1.93 DMIPS/MHz和3.49核心标记/MHz的性能

MIPS架构一直在不断地演进,是业界最高效的RISC架构之一,其可在给定的

硅片面积内提供最佳的性能和最低功耗。根据不同的应用场景,MIPS 又诞生了不同的架构。其中,nanoMIPS 架构专为嵌入式设备设计,是一种可变长度指令集架构,可在大幅减少代码大小的情况下提供性能,同时降低功耗。目前 MIPS 架构的版本 R6 支持 nanoMIPS 架构,并在 MIPS7200 中实现。MIPS32 架构是一种高性能的行业标准架构,是微型控制器和高端网络设备等数十亿电子产品的核心。它提供了基于固定长度、定期编码的强大指令集、与 64 位 MIPS64 架构的无缝向上兼容性、广泛的软件开发工具以及众多合作伙伴和被许可方的广泛支持。MIPS64 架构有着广泛的应用,包括游戏机、办公自动化以及机顶盒等,在网络和电信基础设施应用中仍然很受欢迎,并且是下一代服务器、ADAS 和自动驾驶 SoC 的核心。未来也可以用于连接消费设备、SOHO 网络产品以及新兴智能应用。MIPS64 架构集成了强大的功能,标准化特权模式指令,支持过去的 ISA 以及提供 MIPS32 架构的无缝升级路径,为未来基于 MIPS 处理器的开发提供了坚实的高性能基础。MIPS32 和 MIPS64 架构包含了 SIMD(单指令多数据)和虚拟化。这些技术与多线程(Multi Thread,MT)、DSP 扩展和 EVA(增强型虚拟寻址)等技术相结合,丰富了架构,适用于需要更大内存、更高计算能力和安全执行环境的现代软件工作负载。microMIPS 专为微控制器和其他小型嵌入式设备设计,是一种代码压缩指令集架构,可为大多数指令提供 16 位代码大小的 32 位性能。它保持 98%的 MIPS32 性能,同时将代码大小减少高达 25%,从而节省了大量的硅成本。通过更小的内存访问和指令缓存的有效使用,microMIPS 还有助于降低系统功耗。MIPS 架构的版本 R3、R5 和 R6 支持 microMIPS。它采用 MIPS CPU 实现,包括 M14K、microAptiv 以及 Warrior M51xx 和 M62xx 系列内核。MIPS 还提供各类专用架构模组,包括多线程架构模组、MIPS 虚拟化架构模组、MIPS SIMD 架构模组、DSP 架构模组、MCU 架构模组以及 MIPS 16e 架构模组等。

MIPS P6600 方框图如图 2-9 所示。

中国龙芯是中国科学院计算所自主研发的通用 CPU。龙芯 2 和前代产品采用的都是 64 位 MIPS 指令架构。后续在 MIPS64 架构 500 多条指令的基础上,在基础指令、虚拟机指令、面向 x86 和 Arm 的二进制翻译指令以及向量指令 4 个方面增加了近 1 400 条新指令,形成了龙芯指令系统 LoongISA,从而在发展方向上可以自主选择。

目前,龙芯拥有自行研发的 CPU 和桥芯片,并在服务器、网络安全以及移动智能终端领域均有部署。在软件生态方面,龙芯中科发布了面向通用领域的龙芯 64 位社区版操作系统以及面向嵌入式领域的实时操作系统平台。

龙芯 3A3000/3B3000 是龙芯 3 号系列处理器的升级产品。它基于龙芯 3A2000 设计,进行了结构上的少量改进,增加处理器核关键队列项数,扩充片上私有/共享缓存容量等,有利于同主频性能的提升。在新工艺下,3A3000 实现了芯片频率的提升,实测主频突破 1.5 GHz 以上,访存接口满足 DDR3-1600 规格,芯片整体性能得

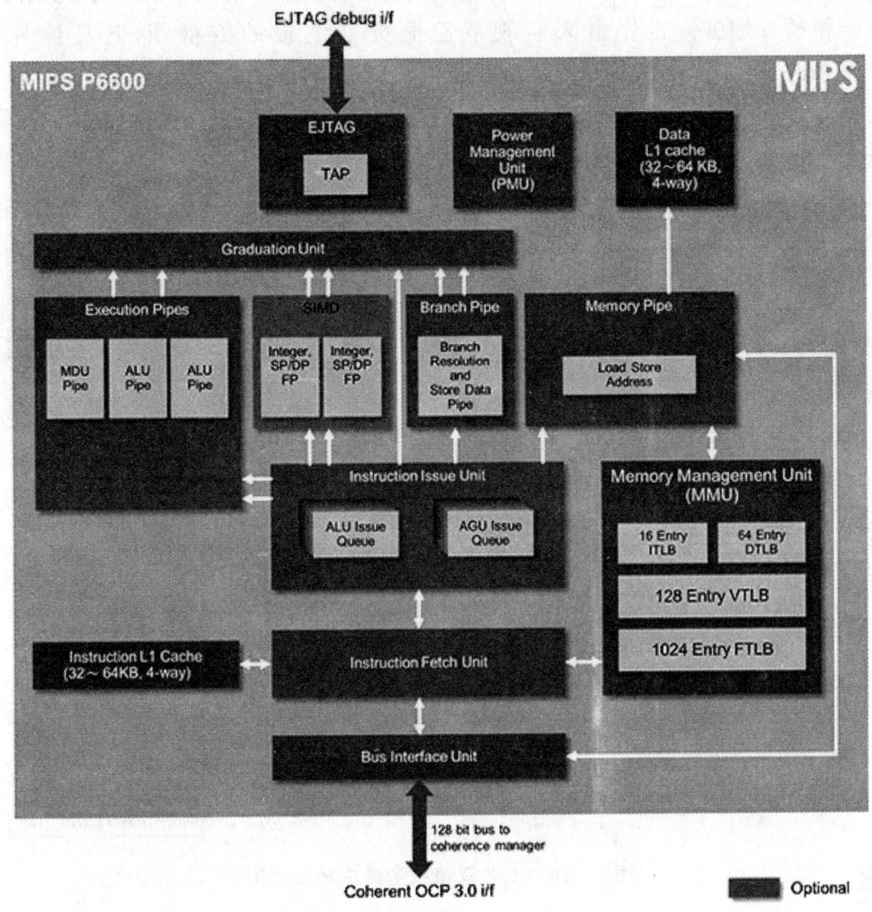

图 2-9　MIPS P6600 方框图

以大幅提高。同时,加入了芯片衬底偏压的调节支持,更好地在性能与功耗的矛盾间平衡,拓宽了芯片的适用面。3A3000 继续维持了芯片封装引脚的向前兼容性,可直接替换原龙芯 3A1000/3A2000 芯片,升级 BIOS 和内核,即可获取更佳的用户体验提升。龙芯 3B3000 在龙芯 3A3000 的基础上支持多达四片全相连结构的多路一致性互连。

龙芯 7A1000 桥芯片是面向龙芯 3 号处理器的芯片组。龙芯 7A1000 桥芯片通过 HT3.0 接口与处理器相连,集成 GPU、显示控制器和独立显存接口,外围接口包括 32 路 PCIe2.0、2 路 GMAC、3 路 SATA2.0、6 路 USB2.0 和其他低速接口,可以满足桌面和服务器领域对 I/O 接口的应用需求,并通过外接独立显卡的方式支持高性能图形应用需求。

龙芯架构既可以支持单路架构，也可以支持双路架构。图 2-10 所示为采用龙芯 3B3000 和桥 7A1000 芯片组来实现双路服务器主板的方框图，其具体规格如表 2-4 所列。

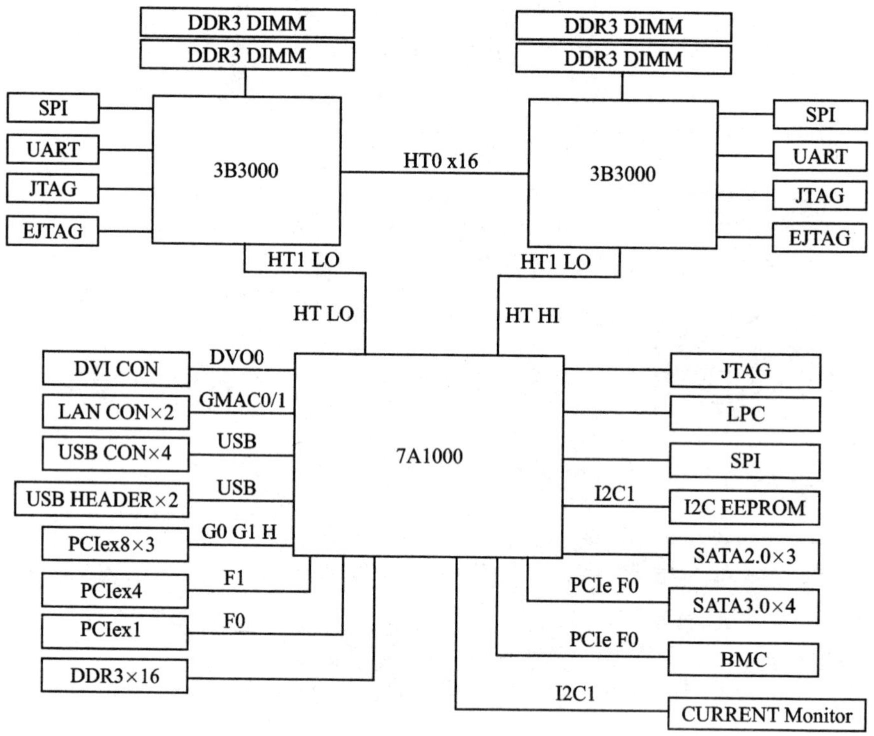

图 2-10 龙芯双路服务器主板方框图

表 2-4 龙芯双路服务器主板规格表

功　能	说　明
CPU	两颗龙芯 3B3000
桥片	龙芯 7A1000
内存	4 根 DDR3 DIMM 插槽，最大支持 32 GB 内存
显存	1 颗 16 位 DDR3 显存，容量 128 MB
显示	VGA 接口
网络	两路 GMAC 扩展双千兆网口，1 路 BMC 控制网口
存储	3 个 SATA2.0 接口，4 个 SATA 3.0 接口
启动	SPI/LPC
PCIe	3 个 PCIex8 插槽，1 个 PCIex4 插槽，1 个 PCIex1 插槽

续表 2-4

功　能	说　明
USB	4个后置USB2.0接口，2个前置USB2.0接口
远程	BMC卡插槽，用于远程管理
电源	ATX电源
尺寸	304.8 mm×330.2 mm

2.6 GPU系统

1999年，NVIDIA公司首次提出GPU(Graphics Processing Unit)概念，并应用于其产品。从此，GPU作为一个独立的概念而存在于现代电子产品中，并迅速发展。事实上，在之前已经有类似产品面世，1985年，ATI公司使用ASIC技术开发了第一款图形芯片和图形卡，接着在1992年又发布了集成了图形加速功能的Mach32。但一直以来，ATI都把该图形处理器称为VPU，直到被AMD收购，才正式采用GPU的名字。硬件T&L(Transform and Lighting，多边形转换与光源处理)是GPU的标志。除此之外，GPU采用的核心技术还包括：立方环境材质贴图和顶点混合、纹理压缩和凹凸映射贴图、双重纹理四像素256位渲染引擎等。GPU自问世以来，被广泛应用于嵌入式系统、移动电话、个人计算机、工作站、服务器、HPC以及电子游戏解决方案中。

与CPU不同，GPU一开始就是为绘图服务的。在GPU内，对数据的处理一般都是先读取3D图形外观的顶点数据并根据顶点数据确定3D图形的形状及位置关系，建立3D图形的骨架，接着进行光栅化计算，把顶点映射出来的点线矢量图形通过一定的算法转化为对应的像素点，然后开始对骨架内的图形进行处理，通过纹理映射将多边形的表面贴上相应的图片，从而生成“真实”的图形，最后GPU对像素进行计算和处理，从而确定每个像素的最终属性。因此，如何高效完成对图像的不失真处理是GPU追求的目标。

在GPU出现之前，CPU一直负责计算机中主要的计算工作，包括多媒体的处理工作。但CPU内大部分晶体管主要用于构建控制电路和Cache模组，只有少部分的晶体管用于实际的计算工作。这种架构适合于x86指令集的串行结构，通过高效的单指令完成某一个任务。但是多媒体计算需要较高的计算密度、多并发线程和频繁的存储器访问，这一特点注定CPU的效能无法高效满足其计算需求。

GPU专门针对此类数据而开发，它的目标就是同时对数百万个像素的图形进行合成以及并行处理，从而在最短时间之内得出计算结果。因此，CPU和GPU的架构差异很大，在GPU内部，大部分晶体管用于实现各类专门电路和流水线，形成流处理器和显存控制器，从而使GPU的计算速度突飞猛进，特别是对浮点计算的处理方面。同时相对于CPU来说，GPU的控制逻辑相对简单，而且对Cache的需求小。

图 2-11 所示为 CPU 和 GPU 的逻辑架构对比。其中，Control 是控制器，ALU 是算术逻辑单元，Cache 是 CPU 内部缓存，DRAM 是内存。从图 2-11 中可以看出，GPU 的设计者将更多的晶体管用作算术逻辑单元，而不是像 CPU 那样用作复杂的控制单元和缓存。从实际来看，CPU 芯片空间的 5%是 ALU，而 GPU 空间的 40%是 ALU。这也是导致 GPU 计算能力超强的原因。

基于 GPU 在数据密集型计算中的独特优势，NVIDIA 提出了 GPGPU(General Purpose GPU)的概念，即基于 GPU 的通用计算。由图 2-11 可知，CPU 的内核数量有限，且只能串行处理各种指令，更多的是在处理分支控制指令，而 GPU 拥有数以千计的更小、更节能的内核，这些内核可以同时进行数据处理，也就是并行计算，从而可以提供强大的计算处理能力。这样，可以通过 CPU+GPU 的方式来实现数据加速——让程序的串行部分在 CPU 上运行，而并行部分在 GPU 上运行。目前，主要有三大流行的技术来最大化利用 GPGPU 的通用计算的能力——CUDA、OpenCL 以及 AMD Fusion 技术。CPU+GPU 异构计算示意图如图 2-12 所示。

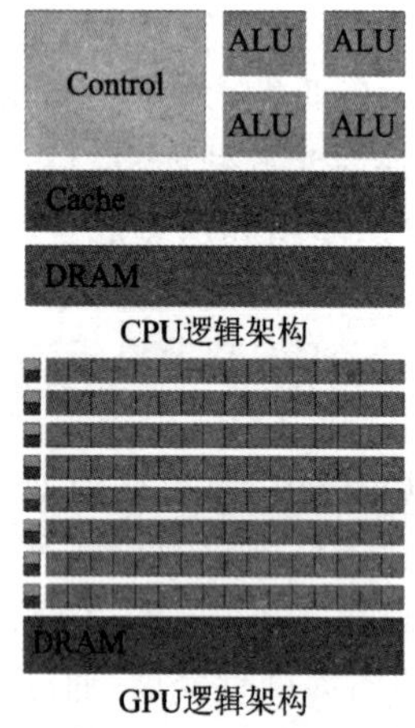

图 2-11　CPU 与 GPU 逻辑架构示意图

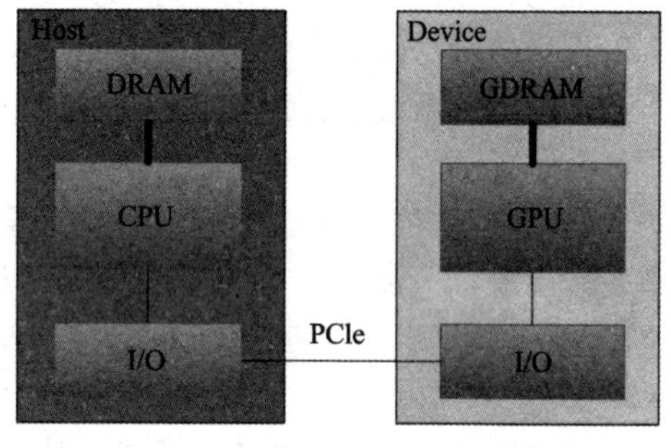

图 2-12　CPU+GPU 异构计算示意图

2006 年，NVIDIA 推出了 CUDA(Compute Unified Device Architecture，统一计算设备架构)这一通用并行计算架构编程模型，它包含了 CUDA 指令集架构(ISA)以及 GPU 内部的并行计算引擎。通过该技术，用户可利用 CUDA 技术，将 NVIDIA 的 GeForce 8 以后的 GPU 和较新的 Quadro GPU 内的内处理器串通起来，形成线程处理器来解决数据密集的计算，各个内处理器能够交换、同步和共享数据。

CUDA 体系结构包含了 3 个部分：开发库、运行期环境和驱动。其中，开发库是基于 CUDA 技术所提供的应用开发库。开发人员既可以利用开发库进行数据的计算应用，也可以自行开发更多的开发库。运行期环境提供了应用开发接口和运行期组件——包括基本数据类型的定义、各类计算、类型转换、内存管理、设备访问和执行调度等函数，基本上囊括了所有在 GPGPU 开发中所需要的功能和能够使用到的资源接口，开发人员可以通过运行期环境的编程接口实现各种类型的计算。驱动部分则提供硬件设备的抽象访问接口。

OpenCL(Open Computing Language,开放式计算语言)是第一个为异构系统的通用并行编程而产生的统一的、免费的标准。最早由苹果公司研发,其规范是由Khronos Group推出的。OpenCL由用于编写内核程序的语言和定义并控制平台的API组成,提供了基于任务和基于数据的两种并行计算机制,支持由多核的CPU、GPU、Cell类型架构以及信号处理器(DSP)等其他的并行设备组成的异构系统,使GPU的计算不仅能用于图形领域,而且能进行更多的并行计算。但目前在性能和代码效率方面,还有很长的路要走,比如在NVIDIA GPU运行的效率远没有CUDA高。

与NVIDIA不同,AMD将CPU和GPU融为一体,打造了AMD Fusion,即APU(Accelerated Processing Unit)。APU提出了“异构系统架构”(Heterogeneous System Architecture,HSA),即单芯片上两个不同的架构进行协同运作,彼此加速,最终目标是实现CPU和GPU深度集成和完全融合,根据数据类型和系统任务自动分配不同的运算单元,大幅提高运算速度和效率。

在GPU发展史上,主要是NVIDIA、AMD和Intel为主要领导者。其中,Intel主要以集成显卡为主,AMD则是唯一掌握CPU和GPU技术的公司,NVIDIA在GPGPU方面优势明显,特别是在深度学习等高性能计算方面。图2-13所示为NVIDIA GPU发展路线图(未含Turling架构和Ampere架构)。

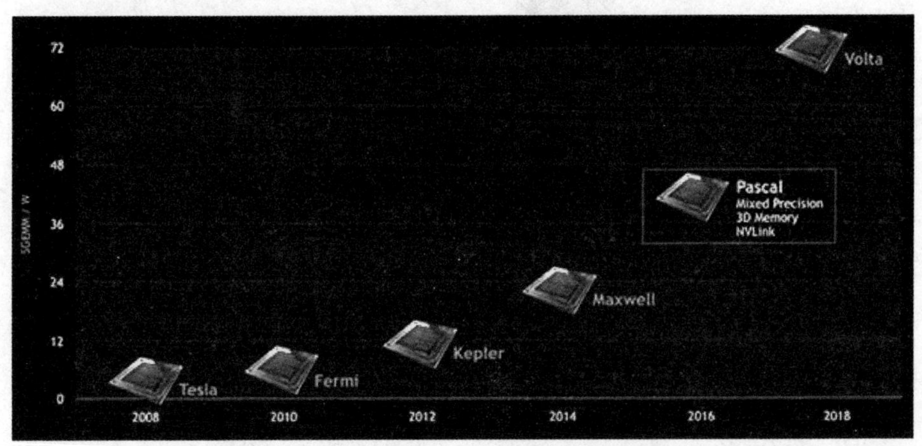

图2-13 NVIDIA GPU产品发展路线图

从2012年的Kepler显卡至今,NVIDIA的显卡已经推出了五代架构,这些显卡的制程工艺也从28 nm一路升级到16 nm、12 nm。其中,2017年NVIDIA Volta是一款真正为计算而生的显卡架构。与Pascal相比,GV100采用了12 nm FFN工艺,其核心面积达到815 mm^2,共有211亿个晶体管,能够实现15TFLOPS浮点性能。

GV100依旧采用大核心机制,但是Tesla V100跟Tesla P100并不完全相同,V100启用了56组SM(Streaming Processor,流处理器)单元,而P100启用了80组SM单元,总计80×64=5 120个CUDA核心。另外还有FP64单元,FP32∶FP64维持2∶1的比例,每个SM单元中有32个FP64单元,理论上有80×32=2 688个FP64

单元，但实际启用的是 2 560 个。为了更加深度适应深度学习和 AI 运算等场景，Volta 架构还增加了专用 Tensor Core 张量单元，在整个 SM 单元中，FP32∶FP64∶Tensor＝64∶32∶8，Tesla P100 的 Tensor 计算能力高达 120TFLOPS，号称性能是 Pascal 架构的 12 倍。

2018 年下半年，NVIDIA 推出 Turling 架构。Turling 架构 GPU 采用 RTX 品牌名，采用实时光线追踪技术，同时支持 Volta 的 Tensor Core，可用于 AI 加速，在 SM 单元架构中，RTX 2080 Ti 使用 TU102 核心，共有 4 352 个 CUDA 流处理器，而 RTX 2080 使用 TU104 核心，共有 2 944 个流处理器。

当今正处于智能化的新时代，深度学习、机器学习和高性能计算（HPC）正在改变世界。从自动驾驶汽车，优化零售物流到全球气候模拟，都面临着巨大的计算资源的挑战。如图 2－14 所示，NVIDIA HGX－2 采用 16 个 Tesla V100 GPU 和 NVSwitch 加速，16 个 Tesla V100 GPU 作为一个统一的 2－Peta Flop 加速器，具有半 TB 的总 GPU 内存，采用混合精度计算设计，使其能够处理计算量最大的工作负载并实现“世界上最大的 GPU”，具有前所未有的计算能力，可加速每项工作量，更快、更高效地训练海量模型，分析数据集和解决模拟问题，从而有效地解决这些挑战。

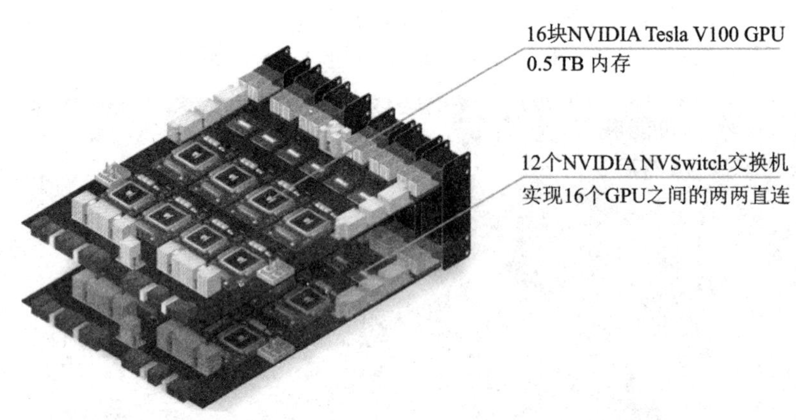

图 2－14　NVIDIA HGX－2 架构示意图

如图 2－15 所示，通过 NVSwitch 连接所有 GPU 和统一内存，HGX－2 可以加速高级 AI 的培训。单个 HGX－2 取代了 300 台 CPU 供电的服务器，节省了数据中心的大量成本、空间和能源。凭借 16 TB/s 的带宽可访问 0.5 TB 统一内存以及与 NVSwitch 进行全面的 GPU 通信，HGX－2 可以加载和执行大量数据集的计算。单个 HGX－2 取代了 544 个基于 CPU 的服务器，节省了大量成本和空间。NVSwitch 使每个 GPU 能够以 2.4 TB/s 的全带宽与其他所有 GPU 通信，以解决最大的问题。通过启用统一服务器节点，NVSwitch 可显著加速复杂的 AI 深度学习、AI 机器学习和 HPC 应用程序。

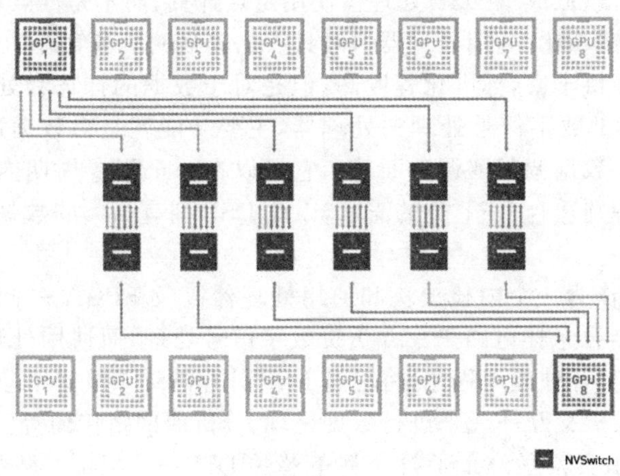

图 2-15　NVSwitch 拓扑示意图

2.7　DSP 系统

数字信号处理(Data Signal Processing, DSP)主要研究的是将现实世界中的真实信号转换为计算机能够识别并处理的信息的过程。这些信号先通过 A/D 转化变成二进制数字信号,然后送给专用的数字信号处理器进行数据分析处理,处理结果经 D/A 转换成连续信号,并送给目的端。在此过程中,需要确保专用处理器对数据的处理速度,同时确保功耗足够低且价格便宜。因此,采用通用的处理器一般很难满足这些需求,于是便诞生了专用的数字信号处理器(Data Signal Processor,DSP)。数字信号处理流程如图 2-16 所示。

图 2-16　数字信号处理流程

DSP 拥有自己的完整指令系统,它内部包括控制单元、计算单元、各种寄存器以及一定数量的存储单元等,外部拥有存储器接口以及通信接口,用于连接外部存储器以及通信设备进行通信,可以实现软件和硬件全面功能。DSP 采用指令、数据空间独立的哈佛结构。在 DSP 内部内嵌高速 RAM,数据和程序先加载到高速片内 RAM 才能运行,但 DSP 几乎都不具备数据高速缓存,也就是说,DSP 处理器对数据进行处理后,就会被丢弃。为了支持计算能力,DSP 采用专门的硬件来实现单周期乘法,并采用累加寄存器来处理多个乘积的和。DSP 支持零开销循环,即不会花额外的时间去检查循环计数器的值、各种循环边界等。因为在信号处理的一般实际应用中不需要使用浮点运算那部分额外的精度范围,而使用定点算法牺牲了不需要的精度,却能大大提高速度，所以低成本 DSP 处理器使用定点计算，而不是浮点计算。

与专用处理器相比，通用处理器一般具有比较强的事务管理功能，特别是在事务控制方面，外围接口丰富，标准化程度高，但是对于数据的计算和处理能力一般。而 DSP 作为专门用于数字信号处理的处理器，主要功能就是对数据进行计算处理，特别是在算法方面、数据调制解调方面等。它可以在一个指令周期内同时完成一次乘法和一次加法，特别适合 FFT 类的需求，因此 DSP 拥有强大的数据处理能力和计算速度。

DSP 也可以作为一个内核模块和通用处理器以及 FPGA 一同工作。在这种模式下，DSP 内核结合采样电路采集并负责数字信号处理，而通用处理器作为平台，运行各类操作系统和各种应用程序，将经过 DSP 计算的结果发送给应用程序并进一步处理，最后通过人机交互环境来进行数据呈现、分析或网络传输等。

1979 年，贝尔实验室公布了第一款单芯片 DSP——Mac 4 型微处理器，标志着 DSP 作为一个独立的微处理器形态而发展存在。接着，各个厂商在 DSP 技术上大量投入，包括 NEC 的 μPD7720 处理器和 AT&T 的 DSP1 处理器等。时至今日，TI(德州仪器)公司已经成为 DSP 市场的龙头，在移动通信、电网控制、工业自动化等领域拥有广泛的市场。TI 公司的 DSP 产品布局图如图 2-17 所示。

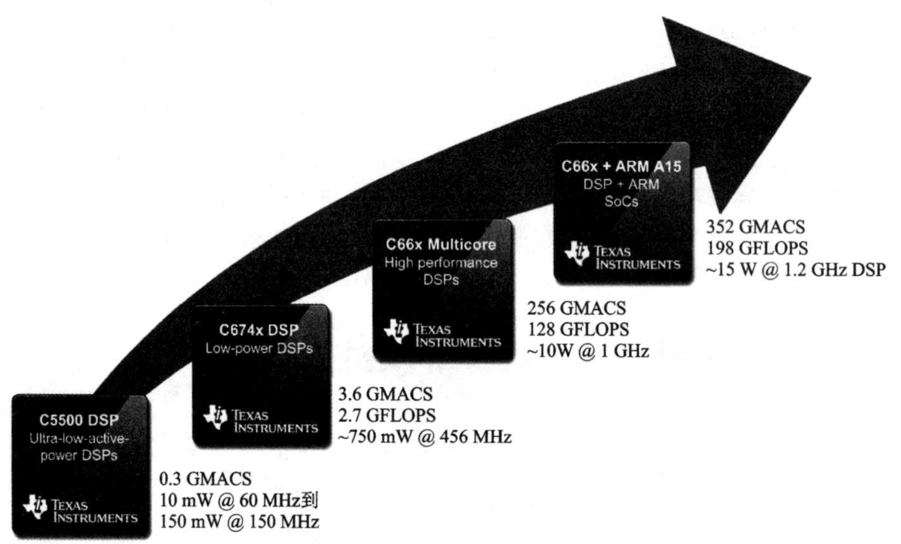

图 2-17　TI 公司的 DSP 产品布局图

TI 公司 DSP 支持从传感器到服务器的各种应用，包括视觉、电网自动化、航空电子设备、国防、音视频编解码、生物识别以及汽车电子等。其中，单核解决方案支持从传感器和可穿戴设备到便携式无线设备的各种应用，多核解决方案支持的产品应用更加广泛，包括服务器等各种高性能产品。TI 公司的 DSP 提供业界性能领先的浮点 DSP 产品，其中 C66x DSP 内核可在 1 GHz 时提供每个内核 32GMACS 和 16GFLOPS 的性能，并拥有业界领先的高浮点 BDTImark2000 分数。在低功耗方面，TI DSP 具有业界领先的小于 0.20 mW/MHz 的低工作功耗解决方案，在应用级别，提供大于 12GFLOPS/W 的性能功耗比，C55x DSP 内核是全球功耗极低的 DSP。在提供硬件产品的同时，TI 也提供全面的编程和调试工具套件来快速创建各种与众不同的产品，同时支持多种 OS 选项，支持 OpenCL 和 OpenMP。

C6000 多核 DSP＋Arm SoC 集成了 DSP 和 Arm 内核，可实现系统级成本、功耗和面积节省。它适用于嵌入式系统，着重于节能和实时性能，并包含 OMAP－L1x 和 66AK2x 器件。OMAP－L1x 器件适合需要高效定点、浮点处理以及低功耗的应用，66AK2x 器件适合高性能应用。此外，这些器件还包含针对多核同构和异构编程的 OpenCL 和 OpenMP 支持。C6000 DSP＋Arm 器件如表 2－5 所列。

表 2－5　C6000 DSP＋Arm 器件

类　型		OMAP－L138	66AK2G12	66AK2E05	66AK2L06	66AK2H14
内核数（最大频率）	Arm 内核	1x Arm9 (456 MHz)	1x Cortex－A15 (1 GHz)	4x Cortex－A15 (1.4 GHz)	2x Cortex－A15 (1.2 GHz)	4x Cortex－A15 (1.4 GHz)
	DSP 内核	1x C647x (456 MHz)	1x C66x (1 GHz)	1x C66x (1.4 GHz)	4x C66x (1.2 GHz)	8x C66x (1.2 GHz)
内核数（最大频率）	DMIPS	456	3 500	19 600	8 400	19 600
	GFLOPS	2.75	24	67.2	69.0	198.4
	GMACS	3.65	32	44.8	153.6	307.2
共享 SRAM		128 KB	1 MB	2 MB	3 MB	6 MB
以太网		1x 10/100	1x 100/1 000	8x 100/1 000	4x 100/1 000	4x 100/1 000
万兆位以太网		—	—	2 通道	—	2 通道
Serial Rapid I/O		—	—	—	—	是
独特的外设		McASP	PRU－ICSS McASP	超链接 USB3.0	JESD204B DFE FFT	双 DDR－3 EMIF 超链接 USB3.0
温度/℃		－40～100	－40～125	－40～100		

TI 66AK2H 评估模块（EVM）是一款功功能强大的嵌入式高性能计算系统开发工具。EVM 具有单个 66AK2H14 片上系统（SoC）、LCD 显示器和板载仿真，可帮助开发人员快速开始设计支持多个 Arm A15 和 C66x DSP 内核的 66AK2H14、66AK2H12 或 66AKH06 SOC。EVM 具有两个 10 GB 以太网接口，可实现 20 Gb/s 带宽的背板连接和高密度系统中的光纤交换。66AK2H EVM 附带的软件是 TI 的

处理器 SDK(PSDK),可实现软件快速开发。TI 66AK2Hx EVM 评估板如图 2-18 所示。

图 2-18 TI 66AK2Hx EVM 评估板

2.8 FPGA 系统

在芯片发展过程中,出现了两个不同的芯片发展方向:一个方向是通过不断集成各种不同的功能模块,采用专用的集成电路设计,集成电路一旦设计完成并流片,则整个芯片的功能固定,没办法进行修改,这种芯片称为 ASIC(Application Specific Integrated Circuit,专用集成电路),比如前面所说的 Intel/AMD 的 CPU 和桥芯片,Arm、POWER、MIPS 等处理器芯片、网络芯片、GPU 芯片等,均属于此范畴;而另外一个方向则是半定制化芯片,这种芯片弥补了定制芯片的不足,设计者可以根据自己产品的具体需要来对该芯片进行编程,从而实现所需要的功能。这样的芯片主要有 CPLD(Complex Programmable Logic Device,复杂可编程逻辑器件)和 FPGA(Field Programmable Gate Array,现场可编程门阵列)两大类。其中,传统的 CPLD 采用乘积项结构。乘积项结构实际上是一个"与或"结构,通过对乘积项进行编程来实现具体的芯片逻辑功能。乘积项结构的最大优势在于信号从输入到输出之间的时延可以预测,缺点是不能做到更低的时延。而 FPGA 则是基于 RAM 的查找表结构。查找表结构实际上是一个 4 输入、16 输出的 RAM 内存,也有极少数采用 5 输入或 6 输入的查找表。这个 RAM 里面存储了所有可能的结果,然后根据输入来选择哪个结果应该输出。输入信号相当于 RAM 的地址线,对输入信号进行逻辑运算,相当于对 4 输入的 RAM 进行查表访问。RAM 根据相应的地址找到对应的内容并输出给下一级的 D 触发器或者直接旁路输出,从而实现相应的时序逻辑或者组合逻辑。查找表结构可以很好地解决高延时的问题,因此现代 CPLD 和 FPGA 大部分均采用查找表结构。ispMACH 4000 系列乘积项结构示意图如图 2-19 所示,查找表实现方式如

图 2－20 所示。

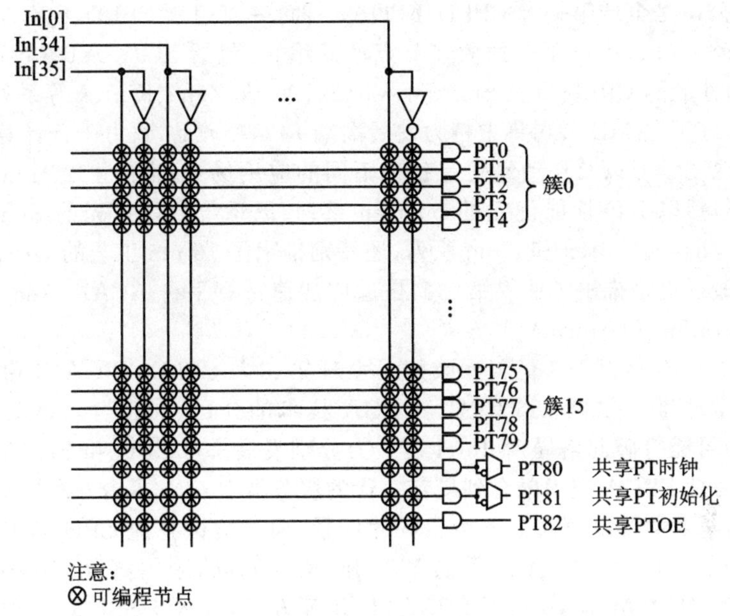

图 2－19　ispMACH 4000 系列乘积项结构示意图

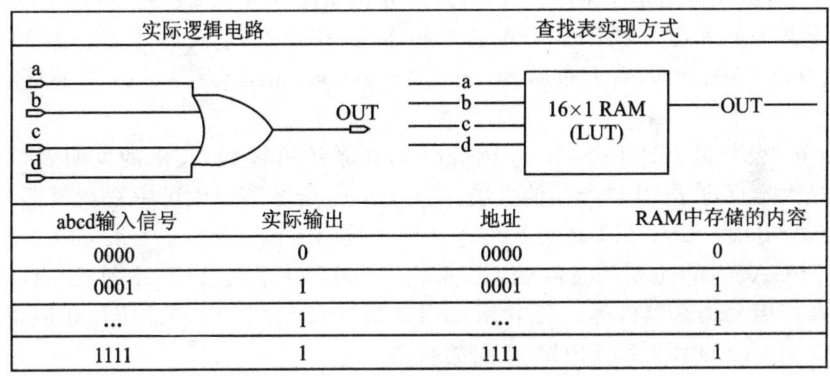

abcd输入信号	实际输出	地址	RAM中存储的内容
0000	0	0000	0
0001	1	0001	1
…	1	…	1
1111	1	1111	1

图 2－20　查找表实现方式

1985 年，Xilinx 公司推出了全球第一款 FPGA 产品 XC2064，采用 2 μm 制造工艺，包含 64 个逻辑模块和 85 000 个晶体管，不超过 1 000 个逻辑门。随着制造工艺的进步以及 CPLD/FPGA 可编程设计以及可定制的优点，CPLD/FPGA 等设计公司在 20 世纪 90 年代如雨后春笋般出现，最后又通过市场兼并整合，形成了 AMD、Intel、Lattice 三大阵营公司。与通用的 CPU/GPU 等 ASIC 不同，CPLD/FPGA 是基于硬件的编程，拥有无可匹敌的数据处理带宽和数据计算速度，而这种硬件架构在云计算和大数据时代具有决定性的优势，特别是在深度学习、机器学习以及人工智能领域。各大云计算服务器商纷纷部署基于 FPGA 的异构系统，来应对关键任务的处理需求。

AMD公司是全球第一大CPLD/FPGA厂商，一直引领CPLD/FPGA领域的技术变革和市场方向，推出了全面的多节点产品组合，包括XC9500XL、CoolRunner-Ⅱ等低功耗高性能的CPLD以及Spartan、Virtex、Artix、Zynq、Kintex等系列的FPGA产品。最近五年，AMD公司集中精力发展高端FPGA产品，致力于云计算、大数据、人工智能、深度学习以及自动驾驶等各种不同的应用场景，推出了28 nm的7系列产品，其中包括以I/O性能优先的Spartan系列、以系统性能优先的Zynq系列等。另外，针对Virtex、Kintex和Zynq系列，还特别推出了16 nm工艺的UltraSCALE+系列产品，最近更是推出了业界第一款自适应加速计算平台ACAP(Adaptive Compute Acceleration Platform)。

Intel自2015年以167亿美元收购了全球第二大CPLD/FPGA公司Altera以后，便成为全球唯一掌握x86 CPU＋FPGA技术的公司(2020年，AMD宣布收购Xilinx，从而可能打破此格局)。Intel在全力分别发展x86 CPU和FPGA技术的同时，也在着力把FPGA技术融合到最新一代的服务器Purley平台并布局新一代云计算、大数据、深度学习以及人工智能领域的场景，通过尝试打通CPU和FPGA之间的连接，实现CPU和FPGA之间的UPI和PCIe互联，采用离散(Stratix 10系列FPGA)或者MCP(Arria 10系列FPGA)封装等方式，嵌入HSSI等高吞吐量接口，针对CPU和FPGA不同的优势，实现任务分类，关键任务并行进行，有效提升服务器处理性能，从而打造基于CPU＋FPGA的异构系统和异构CPU。传统上，Intel依旧致力于发展并完善CPLD/FPGA的产品布局，在CPLD方面，重点打造MAX系列产品，在FPGA方面，着力布局Stratix、Arria、Cyclone以及Agilex等不同等级的产品。

Lattice公司是ISP(In System Program，在系统可编程)技术的发明者，而这一项技术极大地促进了PLD产品的发展。Lattice是全球第三大可编程逻辑器件领导厂商，与AMD和Intel发展高端FPGA策略不同，Lattice着力于发展CPLD产品以及低端FPGA产品，主要产品包括iCE系列、MachXO系列、ECP系列CPLD/FPGA产品以及可编程仿真器件等。其中MachXO系列和MAX 10产品定位相似，弥补了市场上高端CPLD和低端FPGA之间的空白。

2018年，Microchip公司收购了Microsemi公司，同时将Microsemi旗下的FPGA业务囊括旗下，从而一跃成为全球第四大FPGA玩家。Microchip公司的FPGA主要集中在中端FPGA和SoC FPGA领域，推出了PolarFire、IGLOO2、RTG4以及SmartFusion2等面向不同领域及应用的产品。

作为关键核心技术，中国也在努力布局FPGA。目前主要有京微雅格、紫光同创等FPGA公司在进行国产FPGA的研发。不过在短时间内，还无法与上述几家公司相匹敌。

最新Virtex UltraScale+系列FPGA基于16 nm工艺制程，采用UltraScale+架构。它们可在FinFET节点上提供最高的性能及集成功能，包括58 Gb/s的最高串行I/O以及DSP计算性能，21.2TeraMAC的最高信号处理带宽，支持高达500 Mbit的片上集成型内存以及高达 8 GB 的封装内集成 HBM Gen2，可提供 460 GB/s 的内存带宽。Virtex UltraScale+器件还提供包括适用于 PCIe 的集成型 IP、Interlaken、支持前向纠错的 100G 以太网，以及加速器高速缓存相干互联（CCIX）等重要功能。作为目前业界功能最强的 FPGA 系列之一，UltraScale+器件主要应用于 1+Tb/s 网络、智能 NIC、机器学习、数据中心互连、测试与测量仪器以及全面集成的雷达/警示系统等关键领域。Virtex UltraScale+FPGA 基本参数表如表 2-6 所列。

表 2-6　Virtex UltraScale+FPGA 基本参数表

FPGA 型号	VU3P	VU5P	VU7P	VU9P	VU11P	VU13P	VU31P	VU33P	VU35P	VU37P
系统逻辑单元(K)	862	1 314	1 724	2 586	2 835	3 780	962	962	1 907	2 852
CLB 触发器(K)	788	1 201	1 576	2 364	2 592	3 456	879	879	1 743	2 607
CLB LUT(K)	394	601	788	1 182	1 296	1 728	440	440	872	1 304
最大分布式RAM/Mbit	12.0	18.3	24.1	36.1	36.2	48.3	12.5	12.5	24.6	36.7
块 RAM 总量/Mbit	25.3	36.0	50.6	75.9	70.9	94.5	23.6	23.6	47.3	70.9
UltraRAM/Mbit	90.0	132.2	180.0	270.0	270.0	360.0	90.0	90.0	180.0	270.0
DSP Slice	2 280	3 474	4 560	6 840	9 216	12 288	2 880	2 880	5 952	9 024

为了更好地为云计算时代的各种应用场景提供相应的解决方案，更好地构建云计算时代的异构系统，AMD 公司提供了基于 FPGA 的加速卡方案。Alveo 系列是 AMD 推出的第一款高性能加速卡，如图 2-21 所示。它采用 AMD UltraScale+架构，用于加速各种负载，包括高性能计算、网络传输、计算存储加速、数据分析和视频处理等。根据不同的应用场景，可以采用不同的 Alveo 加速卡，具体规格如表 2-7 所列。

图 2-21　AMD Alveo 加速卡外观图

表 2-7　AMD Alveo 规格参数表

产品名称		Alveo U200	Alveo U250	Alveo U280	Alveo U50
尺寸	宽度	Dual Slot	Dual Slot	Dual Slot	Single Slot
	形状,被动型	全高,3/4 长	全高,3/4 长	全高,3/4 长	半高半长
	形状,主动型	全高全长	全高全长	全高全长	半高半长
逻辑资源	查找表	1 182K	1 728K	1 304K	872K
	寄存器	2 364K	3 456K	2 607K	1 743K
	DSP Slices	6 840	12 288	9 024	5 952
DRAM 内存	DDR 类型	4×16 GB 72 bit DIMM DDR4	4×16 GB 72 bit DIMM DDR4	4×16 GB 72 bit DIMM DDR4	—
	DDR 总容量	64 GB	64 GB	32 GB	—
	DDR 最高速率	2 400 MT/s	2 400 MT/s	2 400 MT/s	—
	DDR 总带宽	77 GB/s	77 GB/s	38 GB/s	—
	HBM2 总容量	—	—	8 GB	8 GB
	HBM2 总带宽	—	—	460 GB/s	460 GB/s
内部 SRAM	总容量	43 MB	57 MB	43 MB	28 MB
	总带宽	37 TB/s	47 TB/s	35 TB/s	24 TB/s
接口	PCIe	Gen3 x16	Gen3 x16	Gen3 x16, 2x GEN4 x8, CCIX	Gen3 x16, 2x Gen4 x8, CCIX
	网络接口	2x QSFP28	2x QSFP28	2x QSFP28	U50 - 1x QSFP28, U50DD - 2x SFP - DD
功耗与散热	散热类型	主动/被动	主动/被动	主动/被动	被动
	典型功耗	100 W	110 W	100 W	50 W
	最大功耗	225 W	225 W	225 W	75 W
时间戳	时钟精度	—	—	—	IEEE Std 1588

2.9　RISC - V 系统

CISC 指令集和 RISC 指令集在发展过程中并没有停止脚步,特别是 RISC 指令集方面。尽管接连产生了 MIPS、Arm 等 RISC 指令集,并且成为目前主流的高速数字系统架构之一。但是，随着数字系统的发展，依旧会出现对应的短板和缺点。CISC 的设计目的就是采用最少的机器语言指令来完成所需的计算任务。这种架构可以快速提升性能，也有利于编译器的开发。但是随着 CISC 的发展，复杂的指令系统的缺点也日益显现，大部分的运算指令不会被使用，反而会增加 CPU 结构的复杂性，也会提升对 CPU 工艺的要求，增加了设计的时间与成本，还容易导致设计失误。Arm 等 RISC 指令集的设计目的就是为了打破 CISC 指令集的限制，但是 Arm 是一种封闭的指令集架构。经过数十年的发展，CPU 架构已经变得极为复杂和冗繁，架构文档长达数千页，指令复杂，版本众多，互不兼容，且不支持模块化，并且还有高昂的专利和架构授权问题。

2010 年，伯克利大学研究团队在面临 x86、Arm、MIPS、SPARC、OpenPOWER 等指令集需要授权等限制下，决定自行研究设计一套全新的指令集，并用了仅 3 个月的时间就完成了相应的指令集的开发——这就是 RISC－V 指令集。

RISC－V 架构一开始的设计目标就是大道至简及完全开源，其特点如表 2－8 所列。与其他指令集相比，由于是新的指令集架构，不需要考虑向后兼容，其架构短小精悍，基本的 RISC－V 指令数目仅有 40 多条，加上其他的模块化扩展指令总共几十条指令。指令架构文档相当简单，分为 *RISC－V Unprivileged ISA*（238 页）和 *RISC－V Privileged Architectures*（91 页）两卷。RISC－V 易于进行 Unix 系统移植，具有完整工具链，同时支持模块化设计。模块化设计是 RISC－V 架构相比其他成熟的商业架构的一个最大的不同。RISC－V 通过将不同的功能模块化，从而试图通过一套统一的架构来满足各种不同的应用，因此根据具体场景，可以选择合适的 RISC－V 指令集的指令架构来实现，从而使得 RISC－V 指令集架构可以用于设计服务器 CPU、PC CPU、家用电器 CPU、工控 CPU 和传感器中的 CPU 等。

表 2－8　RISC－V 指令集架构特点总结

特　性	x86 和 Arm 架构	RISC－V
架构篇幅	数千页	约 300 页
模块化	不支持	支持模块化可配置的指令子集
可扩展性	不支持	支持可扩展定制指令
指令数目	指令数目多	一套指令集支持所有架构。基本指令集仅 40 余条指令

RISC－V 指令集的设计没有对特定的微架构做过度的设计。与大多数指令集相比，RISC－V 指令集可以自由地用于任何目的，允许任何人设计、制造和销售 RISC－V 芯片和软件而不必支付给任何公司专利费。目前伯克利研究团队已经完成了基于 RISC－V 指令集的 64 位处理器核心（代号为 Rocket），并前后基于 45 nm 与 28 nm 工艺进行了 12 次流片。Rocket 芯片主频 1 GHz，根据实测结果，其性能、面积效率以及功耗，都较 Cortex－A5 有着大幅度的提升。

自2011年5月RISC-V第一版指令集正式发布以来，RISC-V便得以长足发展。2015年，为了凝聚全世界的力量来打造RISC-V生态系统，成立了非盈利组织RISC-V基金会。包括谷歌、华为、IBM、镁光、NVIDIA、高通、三星、西部数据等国际领军企业，以及加州大学伯克利分校、麻省理工学院、普林斯顿大学、印度理工学院、ETH Zurich、洛伦兹国家实验室、新加坡南洋理工大学以及中科院计算所等学术机构共100多个单位加入了RISC-V基金会。2020年3月17号RISC-V基金会将总部迁往瑞士。RISC-V发展历程（截至2019年）如图2-22所示。

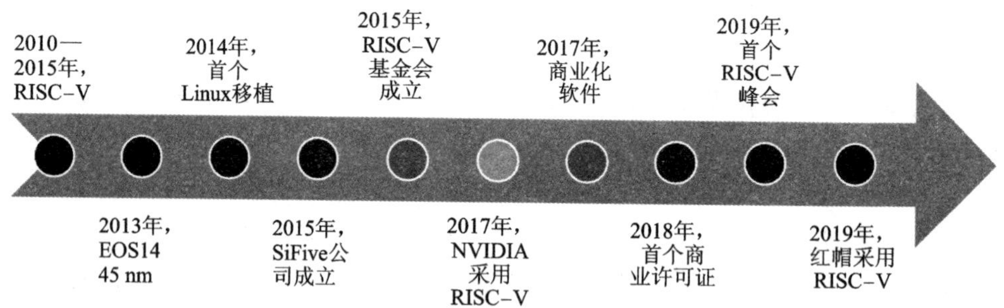

图2-22　RISC-V发展历程（截至2019年）

SiFive公司是一家位于美国的专注于实现定制硅芯片设计的初创公司，其创始人发明了RISC-V，2020年完成了由SK海力士领投的6 100万美元的E轮融资。SiFive内部有不同的产品定位。其中E系列核心着眼于32位嵌入式场景，64位S系列核心着眼于算力需求更大的场景，U系列核心是性能最强的定位，面向高端计算。目前SiFive最高端的核心IP是U84，其功能丰富，采用32 KB L1 I缓存，具有ECC检查能力，带有ECC的32 KB L1 D缓存，具有8个区域物理内存保护，支持Sv39虚拟内存，集成的L2具有ECC的缓存，如图2-23所示。U84具有高性能/面积或功耗的架构，能够支持Linux等功能齐全的操作系统，覆盖了包含边缘、企业、网络以及消费等各个市场。

SiFive发布的HiFive Unmatched公板由SiFive Freedom U740 RISC-V SoC提供支持，旨在创建RISC-V应用程序，具有8 GB的64位DDR4内存（运行速度为2 400 MT/s），支持PCIe Gen3 x8（运行速度为7.8 GB/s）的高速互连、千兆以太网和USB 3.2 Gen1。SiFive的Freedom U-SDK支持软件开发，该软件提供了快速便捷的软件环境，可以快速构建和修改此RISC-V PC的自定义Linux发行版。其模块图如图2-24所示。

SiFive Freedom U740采用高性能64位指令集，具有超标量RISC-V U7内核复合体。该复合体配置有4个U74内核和一个S7核，一个集成的高速DDR4内存控制器，根复合体PCI Express Gen3 x8和标准配置。公板实物图如图2-25所示。

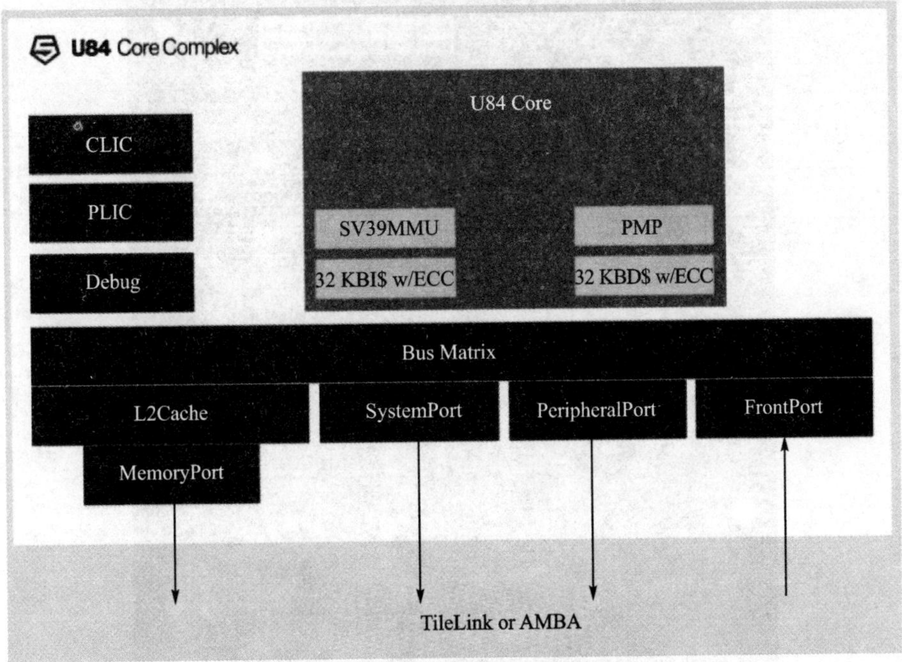

图 2－23　SiFive U84 核 IP 的架构示意图

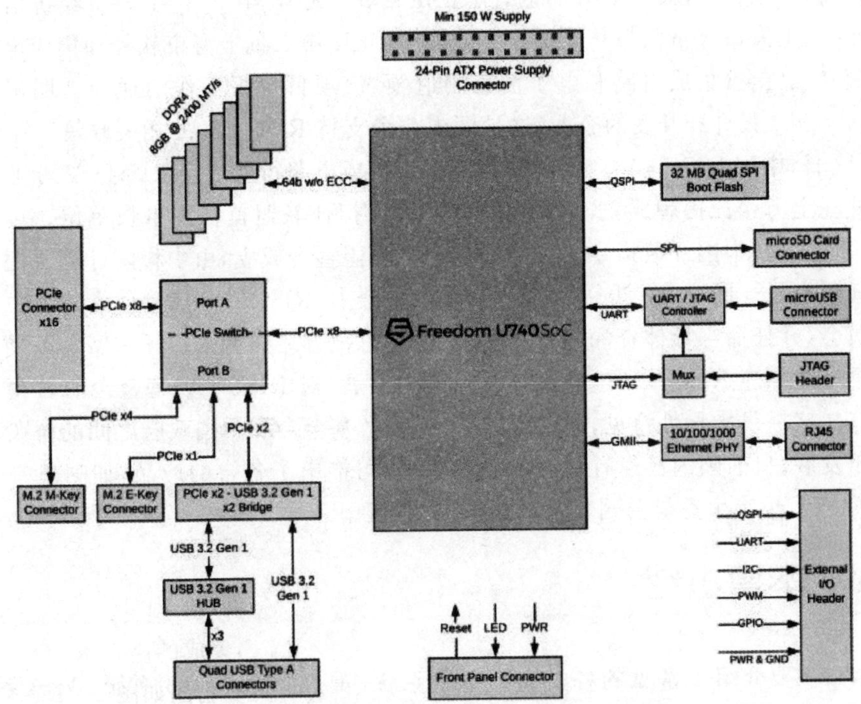

图 2－24　HiFive Unmatched 公板功能模块图

图 2-25 HiFive Unmatched 公板实物图

目前，中国在 RISC-V 方面也有了长足发展。2018 年 7 月，上海市经济信息化委发布了《上海市经济信息化委关于开展 2018 年度第二批上海市软件和集成电路产业发展专项资金(集成电路和电子信息制造领域)项目申报工作的通知》，明确支持 RISC-V 相关设计和开发的企业，这是国内首个支持 RISC-V 的相关政策。2018 年 10 月 17 日，中国 RISC-V 产业联盟和上海市集成电路行业协会 RISC-V 专业委员会正式在上海张江揭牌成立，芯原控股有限公司担任联盟首任理事长单位。接着在不到一个月内，中国开放指令生态(RISC-V)联盟宣告成立，由中科院计算所倪光南院士任理事长。同时，在 2018 年世界互联网大会上，RISC-V 基金会成立了中国顾问委员会，并任命半导体资深人士、英特尔前副总裁方之熙博士担任主席。该委员会旨在进一步加速 RISC-V 生态系统在中国的发展，对 RISC-V 基金会的教育与应用推广战略提供指导性意见，同时作为 RISC-V 基金会和中国政府之间的桥梁。经过数年发展，目前国内已经有多家 RISC-V 公司推出了各自的产品，如阿里平头哥的玄铁 910、小米生态链公司华米科技推出的“黄山一号”等。

2.10 本章小结

本章主要介绍了常见的各类高速数字系统，重点介绍了 x86 系统、Arm 系统、POWER 系统、MIPS、龙芯系统、GPU 系统、DSP 系统、FPGA 系统，以及目前正在兴起的 RISC－V 系统等。除了以上各种常见的高速数字系统以外，在高速数字系统发展进程中还有曾经红极一时的 Oracle 的 SPARC 架构等，但因为篇幅有限，就不一一赘述。

2.11　思考与练习

1．什么是 RISC、CISC？RISC 和 CISC 之间的主要区别有哪些？

2．x86 系统的代表企业有哪些？其系统的主要特征有哪些？

3．Arm CPU 的工作模式有哪几种？Arm CPU IP 主要有哪几类？分别面对什么场景？

4．POWER 系统是由哪家公司发明的？其主要特征有哪些？

5．MIPS 的主要特点有哪些？其商业化逻辑与 Arm 之间的区别在哪儿？

6．什么是 GPU？GPU 和 CPU 之间的区别与联系有哪些？

7．什么是 DSP？试描述 DSP 的主要工作原理。

8．DSP 与通用 CPU 之间的区别和联系有哪些？

9．什么是 CPLD、FPGA？CPLD/FPGA 与 ASIC 之间的区别和联系有哪些？

10．什么是 RISC－V？与 CISC 和 RISC 相比，RISC－V 的主要特点有哪些？

第3章

被动元器件基础

本章主要介绍了高速数字系统中电阻、电容、电感三个基础被动元件在理想状态下的基本特性，以及实际元件在低频和高频时的各种特性以及等效模型，并具体分析了各自的应用领域和应用场景，同时介绍了两类特殊的被动元件——0欧姆电阻以及磁珠在高速数字系统中的具体应用。

本章的主要内容有：

- 阻抗；
- 电阻；
- 0欧姆电阻；
- 介质；
- 电容；
- 电感；
- 导线；
- 磁珠。

3.1 阻　抗

阻抗的定义是施加在该段元件两端的电压与流经元件的电流之比，用大写字母Z表示，单位是欧姆(Ω)，公式如下：

$$Z=\frac{V}{I}$$

式中：V表示元件上的电压；I表示流经元件的电流。

尽管阻抗的定义由电压和电流的比值来定义，但是阻抗本身是由元件的几何结构和材料特性本身所决定的，是描述互连电路的重要电气特性的一个关键参数。任何阻抗突变都会引起电压信号的反射和失真，导致信号质量出现问题。而信号线之间的互耦电容和互耦电感将引起信号的串扰、地弹、EMI等问题。阻抗也是导致电源供电轨道坍塌的根源。因此，阻抗是解决信号SI和电源PI的核心。理解了阻抗以及传播时延，就几乎掌握了电路的所有电气特性。

阻抗不等于电阻。阻抗是面向任意元件的一种物理概念，包括电阻器、电容器、电感器、封装引线、传输线等。它可以在时域和频域中应用。

电阻是电阻器的固有品质参数，当阻抗用于描述理想电阻器时，其电阻 R 与阻抗相等。

阻抗和电阻都满足欧姆定律。阻抗还适合电压和电流不是直流的情况。

阻抗有两种特殊情况：当电路开路时，如果在元件两端加上任意电压，则由于开路，电路中没有电流流过，根据阻抗的定义，此时元件的阻抗是∞ Ω；当电路短路时，如果在元件两端加上任意电流，则其两端的电压将永远为零，此时元件的阻抗是 0 Ω。

3.2 电　阻

3.2.1 理想电阻

根据欧姆定律，理想电阻两端的电压随着电流的增加而增加。在时域中，其基本表达式如下：

$$Z=\frac{V}{I}=\frac{IR}{I}=R$$

在频域中，流经的信号为正弦波，需要考虑信号的幅度之比和相移。电压和电流的幅度之比为阻抗的幅值（单位为 Ω），阻抗的相位就是电压和电流两波形之间的相移，单位是弧度或度。

频域中，如果在理想电阻器两端施加正弦波电流，则在电阻两端会得到正弦电压，其表达式如下：

$$V=I_0\sin(\omega t)R$$

因此，频域中理想电阻器的电阻值仍旧等于阻抗值，与频率无关，且相移为零。其表达式如下：

$$Z=\frac{V}{I}=\frac{I_0\sin(\omega t)R}{I_0\sin(\omega t)}=R$$

理想电阻的幅频特性和相频特性如图 3-1 所示。

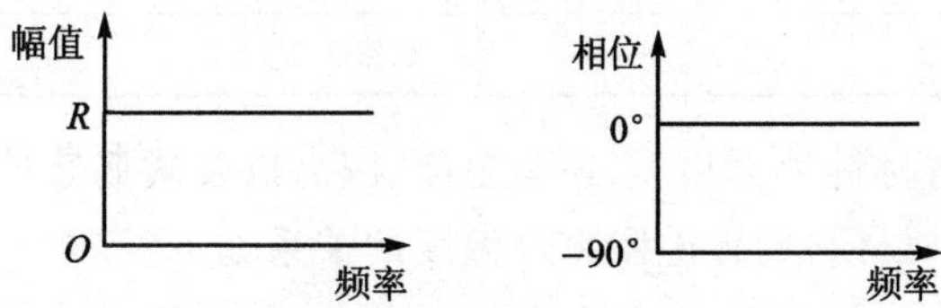

图 3-1　理想电阻的幅频特性和相频特性示意图

3.2.2 电阻器

在电磁学中，电阻是一个物体对电流通过的阻碍能力，不会因为外部流经的电流

和两端的电压的改变而改变。如果横截面均匀，如图 3－2 所示，则该物体的电阻值可以采用下式近似得出，即

$$R=\rho\frac{L}{A}$$

式中：R 表示电阻的阻值（单位为 Ω）；ρ 表示体电阻率（单位为 Ω·cm）；L 表示电阻的长度（单位为 cm）；A 表示横截面面积（单位为 cm^2）。

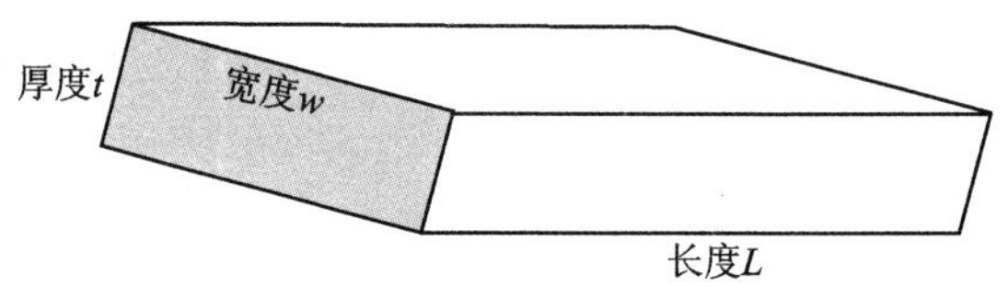

图 3－2　均衡横截面的电阻示意图

从上式可知，电阻的阻值与体电阻率和长度成正比，与横截面面积成反比。以键合线为例，若键合线采用的导体材质为体电阻率为 2.5 μΩ·cm 的合金，则直径为 1 mil（1 mil＝2.54×10^{-3} cm），长度为 80 mil 的键合线的电阻阻值为

$$R=\rho\frac{L}{A}=2.5\ \mu\Omega\cdot\text{cm}\frac{80\ \text{mil}}{\pi\times(0.5\ \text{mil})^2}$$

$$=2.5\times10^{-6}\frac{80\times0.0025}{\pi\times(0.5\times0.0025)^2}\ \Omega\approx0.1\ \Omega$$

体电阻率是电阻的基本材料特性，与物体的尺寸无关，它是用来衡量阻止电流流动的内在阻力。体电阻率越高，电阻阻值就越高。常见材质的体电阻率如表 3－1 所列。

表 3－1　常见材质的体电阻率值（温度 20 ℃）

材　料	体电阻率/(μΩ·cm)	材　料	体电阻率/(μΩ·cm)
银	1.6	铁	10
铜	1.7	锰铜合金	44
铝	2.9	镍铜合金	50
钨	5.3	镍铬合金	100

体电阻率不仅与材料种类相关，还与温度、压力以及磁场等外界因素相关。在温度不高的情况下，金属材料的体电阻率与温度的关系如下：

$$\rho_t=\rho_0(1+at)$$

式中：ρ_0 和 ρ_t 分别表示 0 ℃和 t ℃时对应的材料体电阻率；a 表示电阻率的温度系数，与材料相关；t 表示温度。如果材质的体电阻率与温度的变化相关度不大，则可以用作恒温电阻或者标准电阻；如果相关度较大，且知道温度与体电阻率的规律，则可以采用相关材质实现电阻式温度计来进行温度测试。如果材料的体电阻率随磁场或

压力的变化而变化，则可以用来设计磁敏电阻或压力电阻，测试磁场或者机械应力。

假设电阻的长度为单位长度，则可以把均衡横截面的电阻公式修改如下：

$$R_L = \frac{\rho}{A}$$

该电阻也称为单位长度电阻。单位长度电阻与横截面的形状相关。以电缆为例，目前的导线线径都有标准规范，其中最为通用的是 AWG 标准规范。常见的 AWG 导线型号和对应的直径如表 3-2 所列。只要知道导线采用的材质，就很容易计算出导线的单位长度电阻的阻值。如常见的信号线采用 28AWG 的铜导线，其直径为 0.32 mm，根据表 3-1 可知铜的体电阻率为 1.7 μΩ·cm，则可得 28AWG 的铜导线的单位长度电阻为

$$R_L = \frac{\rho}{A} = \frac{1.7\ \mu\Omega \cdot \text{cm}}{\pi \times R^2} = \frac{1.7\ \mu\Omega \cdot \text{cm}}{3.14 \times \left(\frac{0.032\ \text{cm}}{2}\right)^2} = 2.115 \times 10^{-3}\ \Omega/\text{cm}$$

表 3-2 常见 AWG 导线型号与对应的直径表

AWG 编号	直径/mm	直径/in
10	2.59	0.010 19
12	2.05	0.080 8
14	1.63	0.064 1
16	1.29	0.050 8
18	1.02	0.040 3
20	0.813	0.032
22	0.643	0.025 3
24	0.511	0.020 1
26	0.404	0.015 9
28	0.320	0.012 6
30	0.254	0.01

注：1 in=2.54 cm。

只要知道导线的长度和单位长度电阻的值，就可以计算导线和键合线的电阻，公式如下：

$$R = R_L \times L$$

以 1 000 ft(1 ft=0.304 8 m) 28AWG 的铜导线为例，其电阻阻值为

$$R = R_L \times L = 2.115 \times 10^{-3}\ \Omega/\text{cm} \times 30.48\ \text{cm} \times 1\ 000 = 64.47\ \Omega$$

如果导线的横截面是长方形，则电阻公式可以修改为

$$R = \rho\frac{L}{A} = \rho\frac{L}{A} = \rho\frac{L}{t \times w} = \frac{\rho}{t} \cdot \frac{L}{w}$$

一旦厚度确定，则不论导线的长和宽，$\frac{\rho}{t}$为常数。因此，定义该常数为方块电阻，用 R_{sq} 表示，即

$$R_{sq}=\frac{\rho}{t}$$

这个值在 PCB 设计时是一个重要的参数。在 PCB 中，铜的厚度以每平方英尺的铜的质量来表示。所以 1 盎司(1 盎司=28.349 9 克)铜表示每平方英尺铜的质量为 1 盎司，其厚度约为 1.4 mil 或者 35 μm。如果铜的质量减半，铜厚也会减半，根据方块电阻的定义，则方块电阻的阻值增倍。

【例 3-1】 试计算温度为 20 ℃时，1 盎司铜的方块电阻阻值和单位长度电阻。

解：根据表 3-1 可知，铜的体电阻率为 1.7 μΩ · cm，根据方块电阻的公式可知，1 盎司铜的方块电阻阻值为

$$R_{sq}=\frac{\rho}{t}=\frac{1.7\ \mu\Omega\cdot\text{cm}}{3.5\times10^{-3}\ \text{cm}}\approx0.5\ \text{m}\Omega$$

单位长度电阻为

$$R_{L}=\frac{\rho}{A}=\frac{\rho}{t\times w}=\frac{\rho}{t}\times\frac{1}{w}=R_{sq}\times\frac{1}{w}=\frac{0.5\ \text{m}\Omega}{w}$$

从例 3-1 中可知，单位长度电阻和方块电阻之间取决于导线的宽度。宽度越宽，则单位长度电阻越小，否则就越大。这个公式可以用于粗略计算铜导线的电阻阻值。

常见的电阻以分立元件出现，如图 3-3 所示，既有 SMT 贴片分立电阻，也有排阻，还有各种形态的压敏插件电阻等。

贴片排阻

贴片电阻

压敏电阻

自复保险正温度系数热敏电阻(自复保险丝)

图 3-3　各种常见的电阻类型

电阻主要由电阻体、骨架与引脚组成。电阻的封装多种多样，目前主要的封装是SMT 封装，包括 0603、0402、0201 等。在低频的情况下，决定电阻阻值的是电阻体。但是在高频的作用下，需要考虑电阻的骨架以及引脚的寄生效应，其高频等效电路如图 3-4 所示。

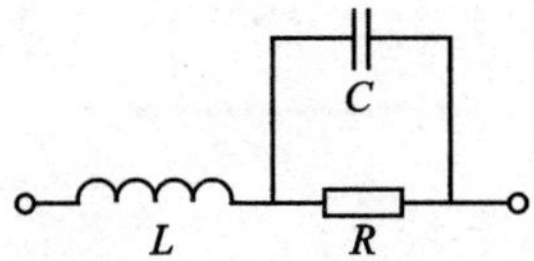

图 3-4　高频情况下电阻的等效电路示意图

根据图 3-4 可知，电阻在高频情况下的阻抗为

$$Z = \mathrm{j}\omega L + \frac{1}{\mathrm{j}\omega C + 1/R}$$

$$f_1 = \frac{1}{2\pi RC}$$

$$f_2 = \frac{1}{2\pi\sqrt{LC}}$$

式中：f_1 和 f_2 分别表示电阻阻抗变化的临界频率。

从阻抗的表达式可以看出，在低频时，电阻的阻抗由电阻阻值 R 决定；当频率升高并超过 f_1 时，寄生电容将起主导作用，电阻呈现容抗的特性，电阻的阻抗降低；当频率继续升高到 f_2 时，由于引线电感的影响，电阻呈现感抗的特性，总的阻抗将升高，其幅频特性和相频特性示意图如图 3-5 所示。

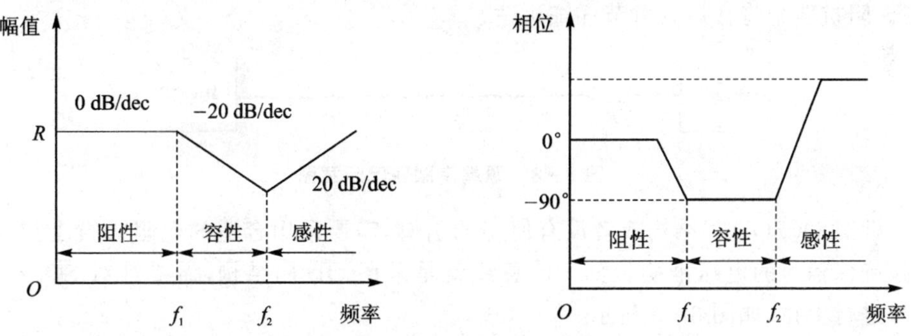

图 3-5　实际电阻的高频等效电路的幅频特性和相频特性示意图

在实际电子线路中，电阻有着不同的作用。首先，由于电阻本身对电流有限制作用，因此电阻在电路中可以很好地起到限流的作用。如图 3-6 所示，在电路中串联一个合适阻值的电阻，可以确保流经发光二极管（LED）和芯片引脚的电流保持在额定电流之下，保证电路的正常工作。

通过调整串联电阻的阻值比例，可以采用电阻进行分压，这种电路特别适合于DDR的VTT和VDDQ电压。由于在任何时候，|VDDQ－VTT|的绝对值不能超出VTT电压，因此采用电阻分压的方式可以确保VDDQ和VTT的电压幅值和边沿斜率保持一致，如图3-7所示。

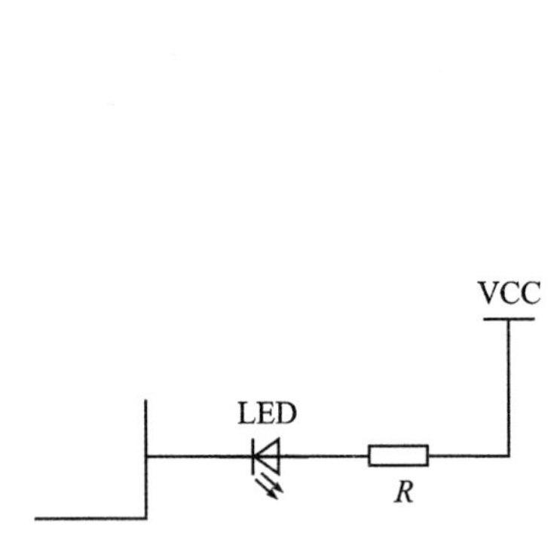

图3-6　限流电阻在LED电路中的工作原理图

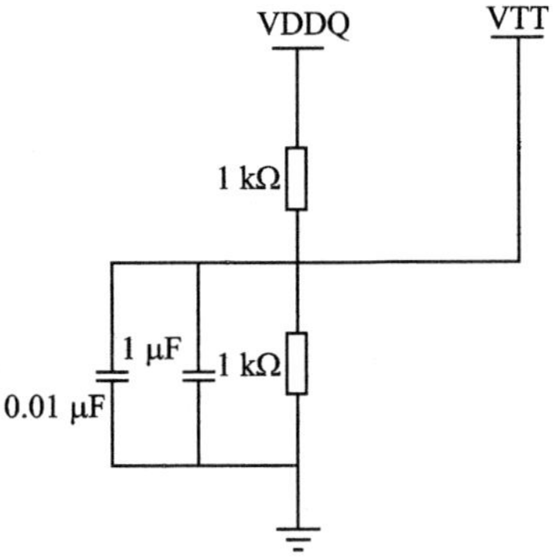

图3-7　分压电路示意图

在高频电路中，需要确保信号线的阻抗连续，但是驱动端的输出阻抗较小，而接收端的输入阻抗较大，需要进行阻抗匹配。采用电阻可以较好地解决高速传输线的阻抗匹配问题。图3-8所示为采用源端串联匹配的电路示意图。由于驱动端的输出阻抗很低，一般为10～20 Ω，而传输线的特性阻抗一般为50 Ω，在驱动IC的输出引脚附近串联一个电阻，使输出阻抗与电阻阻值之和等于传输线的阻抗，从而确保信号在传输线上的阻抗一致，消除反射。通常，该电阻阻值一般设为22～33 Ω，精度1%。阻抗匹配将在后续章节详细讲述。

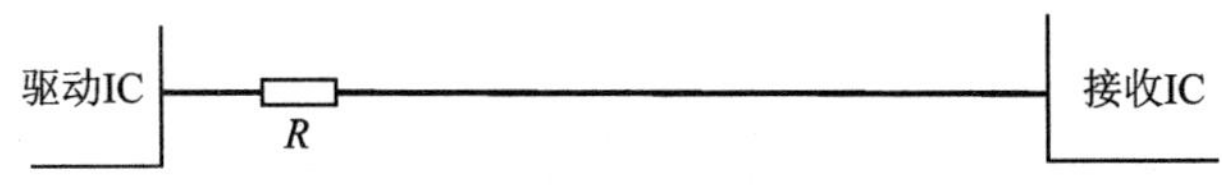

图3-8　源端串联匹配示意图

针对OC/OD门结构或者没有使用的引脚，需要采用合适的电阻进行上拉或者下拉确保信号的电压准确。如I^2C总线就是采用OD门结构，需要针对SCL/SDA信号进行上拉，如图3-9所示。

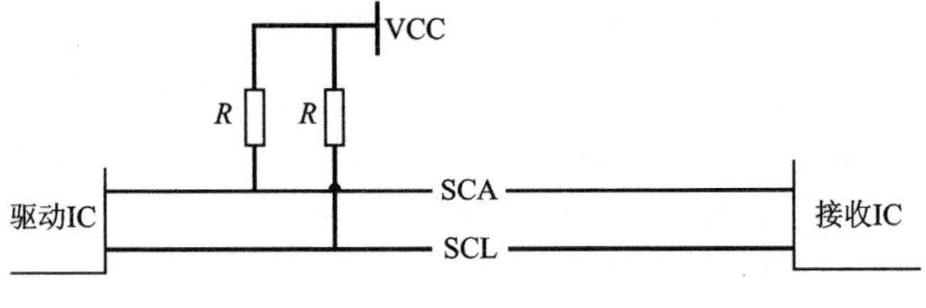

图3-9　I^2C总线连接示意图

3.3　0 欧姆电阻

在电路设计中，有一类特殊的电阻——0 欧姆电阻，也称跨接电阻。0 欧姆电阻并不是真正的 0 欧姆，而是指阻值非常小的电阻，因此与普通电阻一样，它也有精度，封装也与普通电阻相同。在电路设计中，0 欧姆电路有着非常广泛的应用。

在数字系统中，也存在着模拟电路，如电源部分。相应的，在数字系统中就存在着模拟地和数字地的区别。但是，需要确保数字地和模拟地处于统一的零电平电位，否则在数字地和模拟地之间就存在着压差，导致逻辑错误。另外，如果把数字地和模拟地直接相连，则会造成相互干扰。采用 0 欧姆电阻来连接数字地和模拟地，可以确保数字地和模拟地之间有限的连接，有效地限制环路电流，使噪声得到抑制，同时确保数字地和模拟地之间的电位相同，如图 3－10 所示。

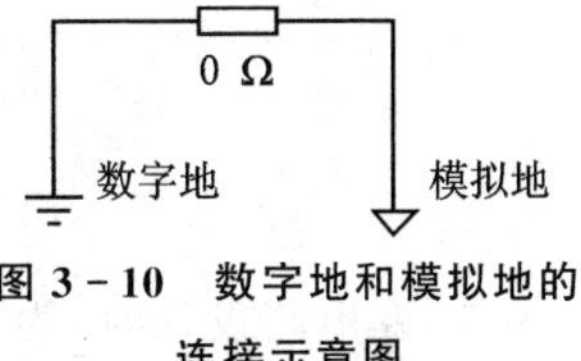

图 3－10　数字地和模拟地的连接示意图

复杂的数字系统有多种不同的电源域，比如在服务器系统中，就存在着各种不同的辅助电源，如 3.3V_Stby、2.5V_Stby、1.8V_Stby、1.2V_Stby 等，也存在着各种主电源，如 12 V、3.3 V、1.8 V、1.2 V、1 V、0.6 V 等。信号跨电源域进行传输是常态。另外，在复杂的数字系统中，由于各种连接器以及过孔的存在，将导致参考地平面被破坏。这两种情形都会造成电源和地平面的分割，信号的最短返回路径断裂，形成很大的环路面积，信号线的串扰增加，信号的参考平面的地弹也会增加，导致信号完整性问题和 EMI 问题。因此，在分割的参考平面之间的合适位置放置 0 欧姆电阻，可以为信号提供较短的返回路径，减小串扰，如图 3－11 所示。

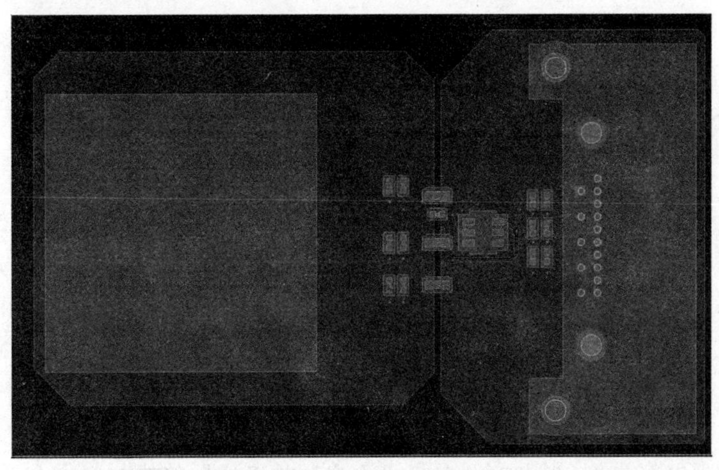

图 3－11　采用 0 欧姆电阻实现最短的信号返回路径

在高频时，可以采用 0 欧姆电阻来充当电感，这样既可以有效地降低 BOM 成本，也可以很好地解决 EMI 问题。这种方法经常在 USB 电路中使用，如图 3－12 所示。从图 3－12 中可以看出，PCB 设计时保留了电感的焊盘，但是不上件，同时用 0 欧姆替代电感的作用。这样，如果0 欧姆电阻解决不了 EMI 问题，就可以采用电感来实现。这样既节省了成本，同时又加速了系统量产、缩短了时间。

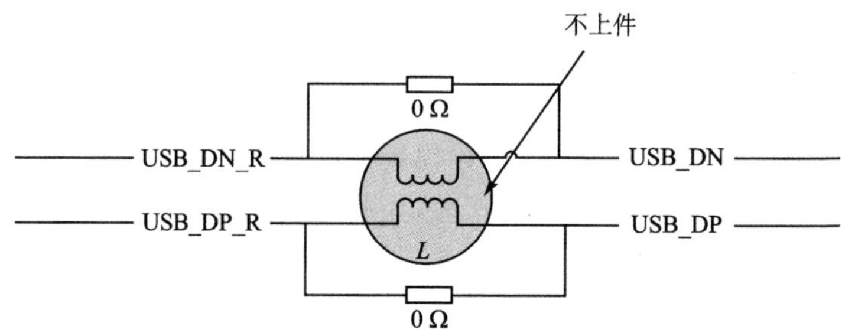

图 3－12　USB 总线 EMC 电路示意图

另外，在电路设计时，为了调试方便，或者兼容设计，抑或者是不能确定电阻阻值，可以在电路中串联一个 0 欧姆电阻来实现灵活设计。如图 3－13 所示，在电路设计时，经常会在 I^2C 总线上串联一个 0 欧姆电阻来进行信号完整性调试，确保信号的反射最小。

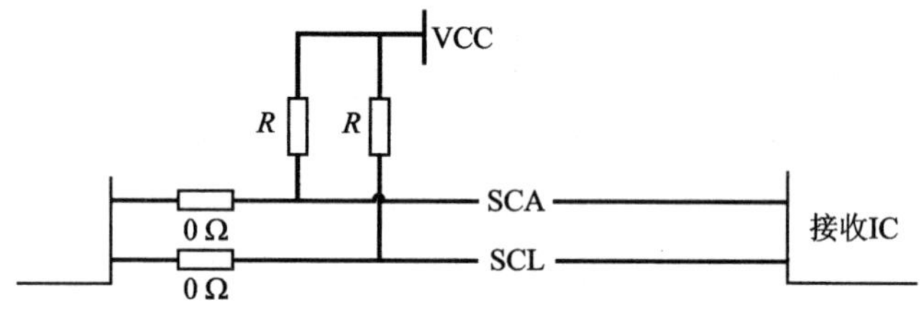

图 3－13　0 欧姆电阻调试功能示意图

3.4　介　质

介质主要用于导体之间绝缘物质的填充。在数字电路中，介质一般是指导体之间的绝缘材料。介质主要有三大固有电气特性——体电阻率、介电常数与磁导率。

在 3.2.2 小节中已经介绍过体电阻率。任何物质都有体电阻率。相对来说，绝缘材料的体电阻率较导体的体电阻率高，因此导电性能非常差，但是并不意味着绝缘材料不存在漏电流。另外，由于体电阻率与频率相关，频率越高，体电阻率越低，漏电流也就越大。

以平行板电容为例，当电容两电极平面之间填充实际绝缘材料做介质，并施加直流电流时，将会有直流电流经过——这就是漏电流。其漏电阻的阻值可以近似用下式进行计算：

$$R_{\text{leakage}}=\rho\frac{l}{t\times w}=\frac{1}{\sigma}\frac{l}{t\times w}$$

式中：R_{leakage} 表示漏电阻；ρ 表示体电阻率；σ 表示材料的电导率，与体电阻率互为倒数；l 表示平面的长度；w 表示平面的宽度；t 表示两平面之间的高度。

因此，采用欧姆定律，可知漏电流为

$$I_{\text{leakage}}=\frac{V}{R_{\text{leakage}}}=\frac{V}{\rho}\frac{t\times w}{l}=V\sigma\frac{t\times w}{l}$$

漏电流与电容两端施加的电压的相位一致，因此介质将会消耗能量，造成损耗。如果施加恒压，则其功耗如下：

$$P=\frac{V^2}{R_{\text{leakage}}}=\frac{V^2}{\frac{1}{\sigma}\frac{l}{t\times w}}=V^2\sigma\frac{t\times w}{l}\sim\sigma=\frac{1}{\rho}$$

从式中可以看出，介质消耗的能量与材料的电导率成正比，与体电阻率成反比。通常来说，大多数介质的体电阻率非常高，一般为 $10^{12}\ \Omega\cdot\text{cm}$，因此消耗的直流功耗为 nW 级别，微不足道。

电导率（体电阻率的倒数）与频率成正比，频率越高，体电阻率越低，电导率越高。这是由于在低频时，介质的漏电流主要与离子运动相关，但是由于绝缘材料的运动电荷载体密度太小，迁移率低，直流电流较小，因此在低频时可以把漏电阻看成是一个常数。但是，当频率高于某一转折频率时，材料中的偶极子将重取向。当在电容两端施加电压时，就会产生电场，电场将使介质中随机取向的偶极子取向发生改变，偶极子的负端将向正极运动，而正端将向负极运动。当在外部施加正弦电压时，偶极子也会像正弦曲线一样左右旋转，从而产生交流电流。频率越高，电导率越大，电流越大。电导率可以用下式表示：

$$\sigma=2\pi f\times\varepsilon_0\varepsilon_r\times\tan\delta$$

式中：f 表示正弦波频率（单位为 Hz）；ε_r 表示相对介质常数（无单位），$\tan\delta$ 表示材料的耗散因子（无单位）；ε_0 表示自由空间或者真空的介电常数，根据麦克斯韦方程组，真空介电常数的表达式如下：

$$\varepsilon_0=\frac{1}{\mu_0 c^2}$$

式中：μ_0 表示真空磁导率；c 表示光波在真空的传输速度。在国际单位制中，真空介电常数的数值约等于 8.85 pF/m。

相对介电常数是相对于真空介电常数的倍数，采用 ε_r 表示，也可以采用 Dk 来表示。空气的相对介电常数近似等于 1。因此，度量绝缘材料的相对介电常数的方式可以采用比较介质为空气的电容容值与介质为要度量的绝缘材料的电容容值之比来实现，其定义如下：

$$\varepsilon_r=\frac{C}{C_0}$$

式中：C 表示介质为绝缘材料的电容容值；C_0 表示介质为空气的电容容值。

相对介电常数越大，电容容值越大。相对介电常数与材料中的偶极子数量以及偶极子的大小相关。材料中的偶极子数量越多，介电常数就越大。因此，不同的绝缘材料的相对介电常数也不同，常见绝缘材料的相对介电常数如表 3-3 所列。

表 3-3　常见绝缘材料的相对介电常数

材　料	相对介电常数
空气	1
真空	1
变压器油（矿物性）	2.2
石英	4.5
环氧树脂	3.6
聚四氟乙烯	2
酚醛树脂	8

耗散因子是损耗角的正切，有时也简写成 Df。它是对材料中偶极子数目和偶极子在电场中旋转幅度大小的量度，其关系表示如下：

$$\tan\delta \propto np\theta_{\max}$$

式中：n 表示偶极子数目的密度；p 表示偶极矩，是对偶极子间距及电荷的度量；$\theta_{\max}$ 表示偶极子的旋转角度。

当频率不同时，偶极子移动的情况也不可能完全一样。$\theta_{\max}$ 会随着频率的改变而改变。在足够高的频率下，偶极子不如低频率时响应得那么快，耗散因子反而会变小。

事实上，可以通过复介电常数来统一相对介电常数和耗散因子。当外部交流电压施加到平行板电容时，电容上将会产生电场，电容内的介质的偶极子将会重新排列，如图 3-14 所示。由于漏电流的存在，所以电容中将存在两部分电流：一部分电流与施加的电压正交，也就是流经理想无损电容的电流，可以采用理想电容的电流表达式表示；另外一部分与施加的电压同相，这就是漏电流。因此，可以采用电容和电导并联来等效此电路。

根据基尔霍夫电流定律，设外加电压为

$$V = V_0 e^{i\omega t}$$

可知：

$$I = I_C + I_R = i\omega CV + VG = V(i\omega C + G)$$

采用真空介电常数来变形，并令 $G = \omega C_0 \varepsilon''_r$，则

$$I = V(i\omega C_0)(\varepsilon'_r - i\varepsilon''_r) = V(i\omega C_0)\varepsilon_r$$

复介电常数 ε_r 由实部 ε'_r 和虚部 ε''_r 组成。其中实部，也就是常说的相对介质常

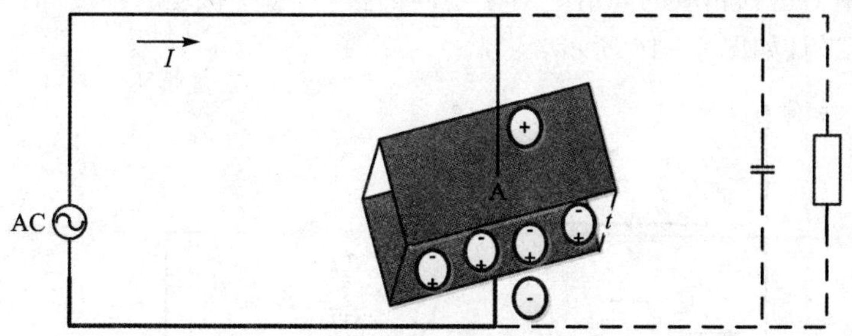

图 3-14 交流作用下的平行板电容示例

数，表示存储电荷，也就是容性电流；虚部表示损耗电荷，也就是漏电流。容性电流和漏电流的相位相差 90°，表示如下：

$$\varepsilon_r = (\varepsilon'_r - i\varepsilon''_r)$$

损耗角的正切，也就是耗散因子，就是复介电常数的虚部与实部之比，即

$$\tan\delta = \frac{\varepsilon''_r}{\varepsilon'_r} = \frac{1}{Q} = \frac{\text{每个周期损耗的能量}}{\text{每个周期存储的能量}}$$

从式中可以看出，耗散因子是品质因素的倒数，也是每个周期损耗的能量和存储的能量之比，对于损耗非常低的材料，$\tan\delta = \frac{\varepsilon''_r}{\varepsilon'_r} \approx \delta$。因此耗散因子也可以用角度单位毫弧度或者微弧度来表示。

如果采用简单的矢量图表示复介电常数，则其矢量与实轴形成的夹角为 δ，如图 3-15 所示。

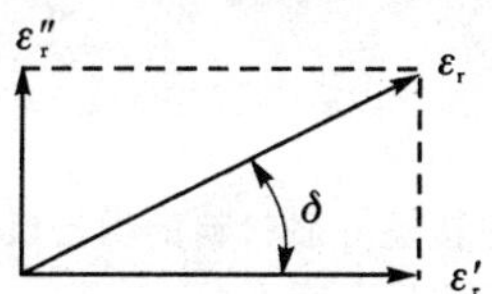

图 3-15 复介电常数矢量图

若采用耗散因子来表示交流漏电阻，则公式如下：

$$R_{\text{leakage}} = \frac{V}{\text{imag}(I)} = \frac{V}{V\omega C_0 \varepsilon''_r} = \frac{1}{\omega C_0 \varepsilon'_r \tan\delta} = \frac{1}{\omega C \tan\delta}$$

而电导率则可以表示为

$$\sigma = \varepsilon_0 \varepsilon'_r \omega \tan\delta$$

事实上，从微观角度来看，有多种介电机理会对介电特性产生影响。偶极子取向和离子传导在微波频率上会发生强烈的相互作用。原子和电子机理相对较弱，在微波范围内通常是恒定不变的。每种介电机理都具有特定的“截止频率”。随着频率的增加，较慢的机理会依次退出，只剩下较快的机理，用 ε' 表示。耗散因子(ε'')将会在

每个临界频率上达到相应的峰值。对于不同的材料，每个机理的幅度和“截止频率”都是独一无二的，如图 3-16 所示。

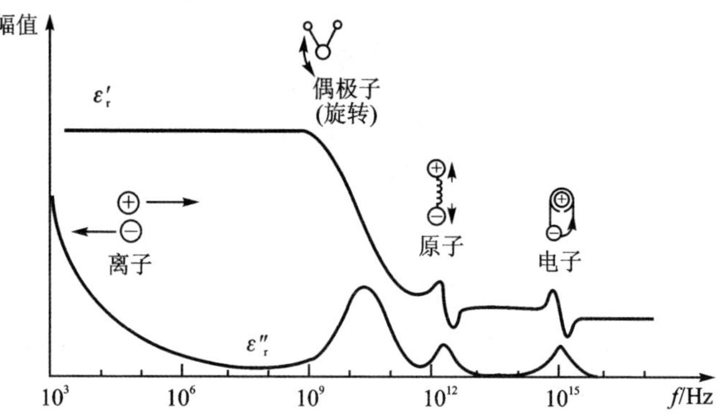

图 3-16 介电机理的频率响应示意图

当导体被同种介质完全包围时，导体的电力线将感受到相同的介质常数。但是像微带线、双绞线等，导线周围的介质不相同，一部分电力线将穿过空气，而另外一部分电力线将穿过介质，如图 3-17 所示。

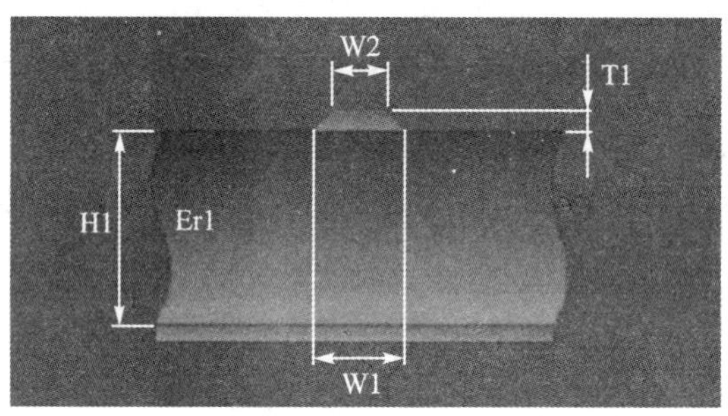

图 3-17 未覆盖介质材料的微带线结构示意图

在这种情况下，需要采用有效介电常数来进行计算。如图 3-17 所示，微带线周边存在着空气与 FR4(介电常数为 Er1，高度为 H1)介质，因此空气与 FR4 材料的组合就形成了有效节点常数。与相对介电常数类似，有效介电常数也是导体之间的填充材料后的电容量与导体之间仅有空气的电容量的比值。其公式如下：

$$\varepsilon_{\text{eff}} = \frac{C_{\text{filled}}}{C_0}$$

式中：ε_{eff} 表示有效介电常数；C_{filled} 表示填充材料后的电容容值；C_0 表示真空的电容容值。

如果需要精确计算，可以采用二维场求解器来实现。

空气的相对介电常数比 FR4 小，微带线所感受的有效介电常数比带状线小。由于介质会影响信号传输线的阻抗，因此在实际 PCB 设计时会在微带线上加上介质材料，使微带线的电力线尽量穿过同样的介质，这样的微带线也称为嵌入式微带线，如图 3-18 所示。如果确定完全覆盖的介质厚度，则需要使用场求解器进行计算求解。

介质的另外一个特性是磁导率。磁导率采用 μ 表示，用来描述材料与磁场的相互作用。为了分析磁导率，可以用一个电感串联一个电阻来进行等效。其中，电阻用来表示磁性材料中的磁芯损耗，如图 3-19 所示。

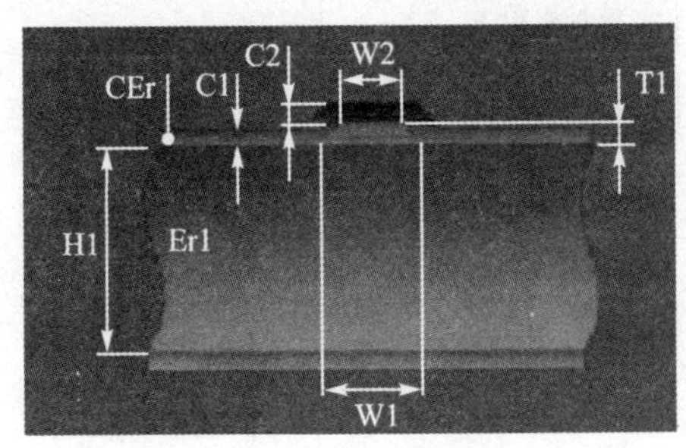

图 3-18 嵌入式微带线示意图

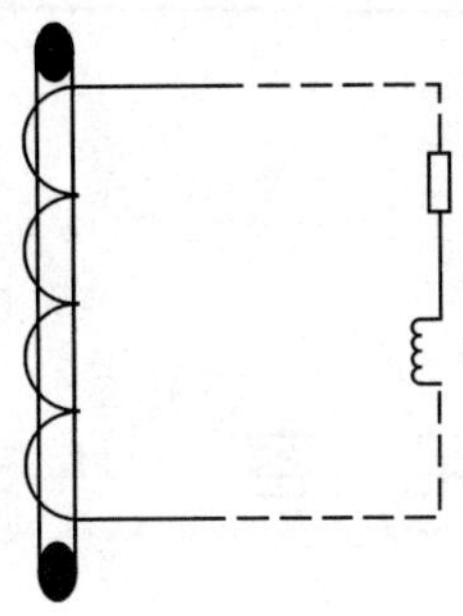

图 3-19 电感器示例

根据电磁学理论可知，自由空间的磁导率 μ_0 为常数，其数值为 $4\pi\times10^{-7}$ H/m。材料的相对磁导率就是材料相对于自由空间的磁导率之比，即

$$\mu_r=\frac{\mu}{\mu_0}$$

类似的，如果考虑磁芯损耗，则需要采用复磁导率。复磁导率由表示电能存储的实部和表示电能消耗的虚部组成。其中，实部采用相对磁导率，而虚部则与磁芯损耗相关，公式如下：

$$\mu_r=\mu'_r-i\mu''_r$$

一般来说，除了铁（铁氧体）、钴、镍及其合金等材料具有较大磁性外，其余大多数材料都没有磁性，其相对磁导率近似等于 1。

在时变条件下，电场和磁场都会存在。电磁波在自由空间的传播速度为光速，而在材料中的传播速度就会慢很多。信号的波长与频率成反比，频率越高，波形越小。在介质中传播的电磁波，其速度很大部分是由介质的介电常数和磁导率来决定的。假设自由空间中有一个平面板，一个 TEM 波入射其表面，就会产生入射波、反射波以及发射波，如图 3-20 所示。可以发现，由于材料始终有损耗，因此波会出现衰减，幅度会变小。

TEM 波在平面板中的波长和传播速度计算如下：

$$\lambda_d=\frac{\lambda_0}{\sqrt{\varepsilon'_r}},\quad v=\frac{c}{\sqrt{\varepsilon'_r}}$$

式中：λ_d 表示 TEM 波在平面板中的波长；λ_0 表示 TEM 波在自由空间的波长；v 表示 TEM 波在平面板中的传输速度；c 表示光速；ε'_r 表示平面板材料的相对介电常数。

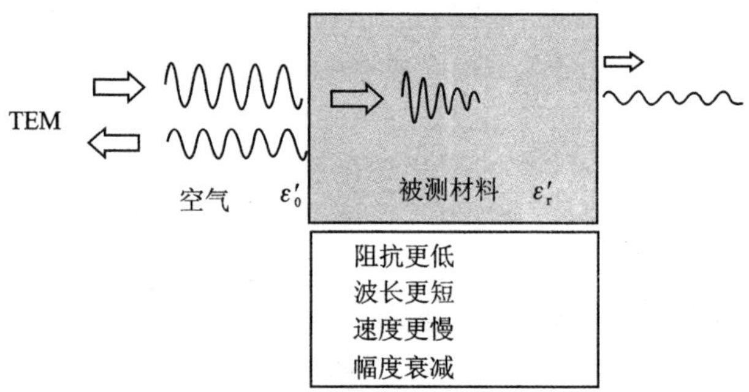

图 3-20 电磁波传播示意图

3.5 电 容

3.5.1 理想电容

电容是两个导体之间具有一定电压时，对其存储电荷效率的量度。电容器内的电容容值定义如下：

$$C=\frac{Q}{V}$$

实际电容器是由中间填充了绝缘介质的两块导体组成的。根据阻抗的定义，电容器的阻抗同样需要根据电容器两端的电压和流过的电流来获得。显然，如果电容两端采用固定的电压，则是无法产生电流的。但是根据麦克斯韦方程组可知，变化的电场将产生等效的电流，其电流表达式如下：

$$I=\frac{\mathrm{d}Q}{\mathrm{d}t}=C\ \frac{\mathrm{d}V}{\mathrm{d}t}$$

因此，在时域中理想电容的阻抗为

$$Z=\frac{V}{I}=\frac{V}{C\ \frac{\mathrm{d}V}{\mathrm{d}t}}$$

从式中可以看出，当电压不变时流经理想电容器的电流就为零。电压变化越快，电容的阻抗就越小。

在频域中，如果在电容两端加上一个正弦波电压，则流经电容器的电流如下：

$$I=C\ \frac{\mathrm{d}V}{\mathrm{d}t}=C\ \frac{\mathrm{d}}{\mathrm{d}t}V_0\sin(\omega t)=C\omega V_0\cos(\omega t)$$

相应的，理想电容的阻抗表达式如下：

$$Z=\frac{V}{I}=\frac{V_0\sin(\omega t)}{C\omega V_0\cos(\omega t)}=\frac{1}{C\omega}\ \frac{\sin(\omega t)}{\cos(\omega t)}=\frac{-\mathrm{i}}{C\omega}$$

从式中可以看出，理想电容器的阻抗幅值为 $C\omega$，而相位为$-90°$。在特定的电容容值下，随着频率的增加，电容阻抗会相应减小。在特定的频率下，电容容值越大的理想电容的阻抗越小。这个与时域的理想电容描述一致。

理想电容的幅频特性和相频特性如图 3-21 所示。

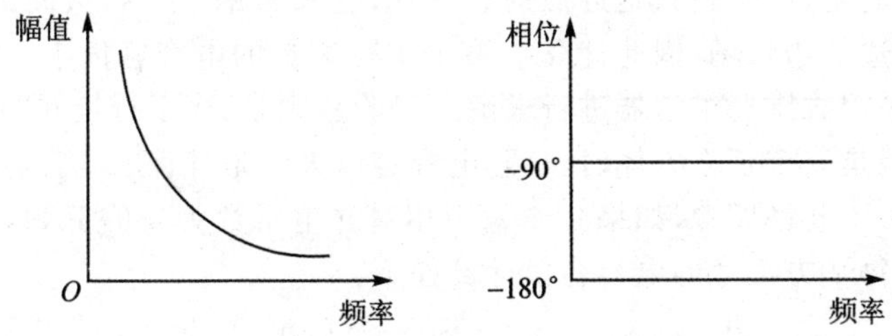

图 3-21 理想电容的幅频特性和相频特性示意图

任意两个导体之间都存在着一定的电容量，而电容则是表征导体之间在一定电压下存储电荷的能力。电容容值是电容器的一个基本属性，取决于电容器的几何结构以及介质的材料属性，与导体之间的电压无关。几何结构不同，则电容容值的计算也不同。介质的材料不同，则介电常数不同，导致的电容容值也不同。在数字系统中，常见的电容有各种分立元件，也可以双绞线、同轴电缆、平行板、球面等不同的结构出现。

3.5.2 平行板电容

在多层 PCB 设计结构中，电源和地平面一般会以成对、对称的方式出现，类似于平行板结构，如图 3-22 所示，平行板的面积为 A，距离为 h，介质为空气。大多数分离电容元件都采用平行板结构。

图 3-22 平行板结构示意图

根据经验法则，自由空间的平行板电容容值的计算公式如下：

$$C_0 = \varepsilon_0 \frac{A}{h}$$

式中：C_0 表示平行板间电容；ε_0 表示自由空间的介电常数。

如果把介质换成其他材料，结合相对介电常数的定义，则平行板的电容容值计算如下：

$$C = C_0 \times \varepsilon_r = \varepsilon_0 \varepsilon_r \frac{A}{h}$$

式中：C_0 表示平行板间电容；ε_0 表示自由空间的介电常数；ε_r 表示介质的相对介电

常数；A 表示平行板的重叠面积；h 表示平行板间距离。

从式中可以看出，平行板电容的容值与介质的相对介电常数、平行板的重叠面积以及板间距离相关。板间距离越大，电容容值越小；重叠面积越大，电容容值越大；相对介电常数越大，电容容值也越大。

需要注意的是，本公式只是近似的表达式，它只考虑了平行板间的垂直场线，没有考虑平行板边的边缘场，因此计算结果比实际测量的电容容值小。如果需要精确求解，则需要采用二维场求解器进行求解。经验法则是，当平行板间距离与平行板边长度相等，也就是一个正立方体时，实际电容容值大约是计算的电容容值的两倍。

在多层 PCB 电路板中，如果介质采用相对介电常数为 4 的 FR4，则电源平面和地平面提供的每平方英寸的电容容值计算如下：

$$C=\varepsilon_0\varepsilon_r\frac{A}{h}=0.225\ \text{pF/in}\times 4\times\frac{1\ \text{in}^2}{h}=\frac{900}{h}\ \text{pF}\cdot\text{mil}$$

如果电源平面和地平面之间的距离为 4 mil，则每平方英寸的电容容值为

$$C=\frac{900}{h}\ \text{pF}\cdot\text{mil}=\frac{900}{4\ \text{mil}}\ \text{pF}\cdot\text{mil}=225\ \text{pF}$$

以 Micro－ATX PCB 为例，其尺寸为 9.6 in^2，假设电源平面和地平面各占满一层，相距 4 mil，且不考虑过孔、连接器等方面的影响，则该 PCB 的电源平面和地平面之间的电容容值为

$$C=225\ \text{pF}\times 9.6=2.16\ \text{nF}$$

这个容值与电源去耦的要求相差甚远，当然，也可以提高介质的相对介电常数或者降低板间距离来提升平面电容容值。但是如上一节提到的，提高介质的相对介电常数将降低信号的传输速度，而降低板间距离的效应不大。因此，需要采用额外的去耦电容进行电源去耦。这将在电源完整性章节具体讲述。

3.5.3 球面电容

另外一种电容的拓扑结构是球面电容结构，如图 3－23 所示，两个球面为同心球面，内球面的半径为 r_a，外球面的半径为 r_b。根据经验公式，两个球面间的电容容值计算如下：

$$C=4\pi\varepsilon_0\varepsilon_r\frac{r_ar_b}{r_b-r_a}$$

如果外球面的半径是内球面半径的 10 倍以上，则球面电容的容值可以近似为

$$C=4\pi\varepsilon_0\varepsilon_r r_b$$

图 3－23 球面结构平面投影示意图

3.5.4 均衡横截面的单位长度电容

在数字电路系统中，大多是具有各种均衡横截面面积的导线结构，如同轴型、双圆杆型、微带线、带状线等，其横截面如图 3－24 所示。

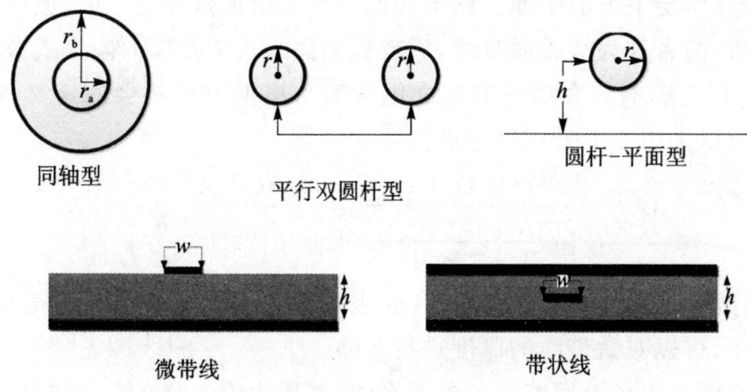

图 3-24　均衡横截面导线结构示意图(未加长度)

同轴电缆采用同轴型结构，其内导体为信号路径，外导体为信号的返回路径，内导体和外导体之间采用介质填充。根据经验公式，其导体之间的单位长度电容为

$$C_L = \frac{2\pi\varepsilon_0\varepsilon_r}{\ln\frac{r_b}{r_a}}$$

式中：C_L 表示单位长度电容。

如果已知导线长度，则根据单位长度电容，可以计算整个导线的电容容值，公式如下：

$$C = L \times C_L$$

平行双圆杆型结构的特点是，两根导体的横截面相同，且互相平行，导体之间采用介质填充。根据经验法则，可得其单位长度电容公式如下：

$$C_L = \frac{\pi\varepsilon_0\varepsilon_r}{\ln\left\{\frac{s}{2r}\left[1+\sqrt{1-\left(\frac{2r}{s}\right)^2}\right]\right\}}$$

如果导线之间的距离远远大于导线的半径，如空气中的键合线结构，则可以采用如下表达式来近似计算单位长度电容：

$$C_L = \frac{\pi\varepsilon_0\varepsilon_r}{\ln\frac{s}{r}}$$

在圆杆-平面型架构中，圆杆位于平面以上，且与平面一直保持平行的距离，平面和圆杆之间采用介质填充。当平面与圆杆之间的距离远远大于圆杆的半径时，可以采用如下表达式来近似计算单位长度电容：

$$C_L = \frac{2\pi\varepsilon_0\varepsilon_r}{\ln\frac{2h}{r}}$$

在多层 PCB 结构中，最常见的是微带线和带状线结构。微带线位于介质层的上方，并平行于介质层下方的平面。微带线的上方可以裸露在空气中，也可以在上面覆盖相应的介质，前者称为裸露微带线，后者称为嵌入式微带线。嵌入式微带线上方的介质厚度不同，会影响到介质的有效介电常数。根据 IPC 协会的定义，微带线的单位长度电容可以采用如下公式进行近似：

$$C_L = \frac{0.67(1.41+\varepsilon_r)}{\ln \dfrac{5.98 \times h}{0.8 \times w + t}} \approx \frac{0.67(1.41+\varepsilon_r)}{\ln\left(7.5 \times \dfrac{h}{w}\right)}$$

式中：h 表示微带线到参考平面的高度；w 表示微带线的宽度；t 表示微带线的厚度。在近似计算中，可以对微带线的厚度进行忽略。

带状线有两个提供返回路径的参考平面，其周边均匀分布着介质材料，因此带状线的电力线均在同一介质中传播，遇到的介电常数相同。根据 IPC 的定义，带状线的单位长度电容可以采用如下公式近似计算：

$$C_L = \frac{1.4\varepsilon_r}{\ln \dfrac{1.9 \times h}{0.8 \times w + t}} \approx \frac{1.4\varepsilon_r}{\ln\left(2.4 \times \dfrac{h}{w}\right)}$$

式中：h 表示参考平面之间的距离；w 表示带状线的宽度；t 表示带状线的厚度。在近似计算中，可以忽略带状线的厚度。

【例 3-2】 当微带线的线宽是介质厚度的两倍时，也就是 $w=2h$，且介质为相对介电常数为 4 的 FR4，或者当带状线的线宽是介质厚度的一半时，也就是 $w=h/2$，且介质为相对介电常数为 4 的 FR4，该传输线的特性阻抗大约为 50 Ω，试分别求出该传输线为微带线和带状线时的单位长度电容容值。

解：当该传输线为微带线时，利用微带线的单位长度电容公式，可得

$$C_L \approx \frac{0.67(1.41+\varepsilon_r)}{\ln\left(7.5 \times \dfrac{h}{w}\right)} = \frac{0.67(1.41+4)}{\ln\left(7.5 \times \dfrac{h}{2h}\right)} = \frac{3.6247}{\ln 3.75} \approx 2.74\ \text{pF/in}$$

当该传输线为带状线时，利用带状线的单位长度电容公式，可得

$$C_L \approx \frac{1.4\varepsilon_r}{\ln\left(2.4 \times \dfrac{h}{w}\right)} = \frac{1.4 \times 4}{\ln\left(2.4 \times \dfrac{2h}{h}\right)} = \frac{5.6}{\ln 4.8} \approx 3.57\ \text{pF/in}$$

3.5.5 电容器

在电路设计中，电容更多的是以分立电容元件的形态出现，如图 3-25 所示。以电容的制造工艺来分，主要可以分为三类，即薄膜电容（Film Capacitor）、电解电容（Electrolytic Capacitor）和陶瓷电容（Ceramic Capacitor）；另外还有一类超级电容。

薄膜电容是通过将两片带有金属电极的塑料膜卷绕成一个圆柱体，然后封装成型，其介质一般是塑料，也称为塑料薄膜电容。根据其电极的制作工艺，薄膜电容又分为金属箔薄膜电容（Film/Foil）以及金属化薄膜电容（Metallized Film）。根据塑料

贴片电解电容　　贴片钽电容

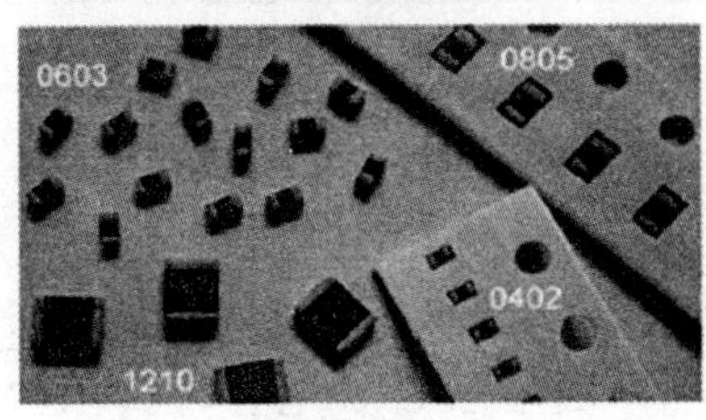

贴片电容　　电解电容

图 3-25　常见电容的形态和类型

薄膜介质的不同,薄膜电容又可以分为聚酯电容、聚乙酯电容(又称为 Mylar 电容)、聚丙烯电容(又称为 PP 电容)、聚苯乙烯电容(又称 PS 电容)和聚碳酸电容。目前应用最多的是聚酯薄膜电容,其价格低且介电常数高、尺寸小。薄膜电容的特点是容量大、耐高压,但尺寸很难做小,常用于强电电路。

电解电容采用金属作为阳极(Anode),并在表面采用金属氧化物作为介质,然后采用电解质和金属作为阴极(Cathode)。电解质有湿式和固态之分。电解电容大部分都有极性,除非在阴极的金属上也有对应的氧化膜,为无极性的电解电容。根据金属的不同,电解电容一般分为三类:铝电解电容(Aluminum Electrolytic Capacitor)、钽电解电容(Tantalum Electrolytic Capacitor)和铌电解电容(Niobium Electrolytic Capacitor)。其中,铝电解电容是目前应用最为广泛的电解电容,也最便宜,通常使用湿式电解质,这样的设计优缺点都很明显。其优点是电容容值大、额定电压高、便宜;缺点是寿命短、温度特性不好、ESR/ESL 大,在数字电路设计中,需要非常谨慎。铝电解电容也可以采用二氧化锰、导电高分子聚合物等固态材料做电解质。相较于湿式铝电解电容,其容值更稳定、ESR 更小,可以采用较小的 SMD 封装。钽电解电容一般采用二氧化锰做固态电解质,与铝电解电容相比,钽氧化物的介电常数更高,因此,在同样的体积下,钽电解电容容值更大,寿命更长,性能更稳定。钽电解电容也可以采用导电高分子聚合物或者湿式电解质,如果是湿式电解质,则一般用于军事和航天领域。铌电解电容和钽电解电容类似,但铌氧化物的介电常数更高,性能更稳定,可靠性更高。

陶瓷电容则是以陶瓷材料作为介质。根据陶瓷材料的不同,一般主要分为瓷片电容(Ceramic Disc Capacitor)和多层陶瓷电容(Multi-layer Ceramic Capacitor,

MLCC)。瓷片电容的主要优点是可以耐高温,一般用于安规电容,可以耐 250 V 交流电压。MLCC 是目前世界上使用量最大的电容类型,采用标准化封装、尺寸小,适合自动化高密度贴片生产。MLCC 通常采用 SMD 封装,其尺寸从 0201 到 2220 不等,目前最为流行的是 0201 和 0402 两种封装。在封装方面,MLCC 统一了参数说明,特别是针对精度部分,如表 3-4 所列。

表 3-4 MLCC 精度描述说明

描 述	F	J	K	L	M	Z	P	C	D
精 度	±1%	±2%	±5%	±10%	±20%	+80%/-20%	+100%/-0%	±0.25 pF	±0.5 pF

根据 EIA-198-1F-2002,MLCC 内的陶瓷材料介质也可以分为几类。其中 Class Ⅰ具有温度补偿特性,介电常数较低且稳定,不超过 200,电容容值也较小,损耗也小,耗散因子不超过 0.01,性能最为稳定,一般用于 C0G 电容,也就是 NP0 电容。NP0 电容一般用于补偿电路和时钟振荡电路中。Class Ⅱ和 Class Ⅲ的温度特性相对 Class Ⅰ较差。其中温度特性 A-S 属于 Class Ⅱ,介电常数大概是几千。温度特性 T-W 属于 Class Ⅲ,介电常数最高可达 20 000。Class Ⅱ和 Class Ⅲ都属于高介电常数介质。Class Ⅱ比 Class Ⅲ性能更稳定。X5R 和 X7R 属于 Class Ⅱ电容,这类电容在各类主板上被大量应用,特别是去耦电路。而 Y5V 属于 Class Ⅲ电容,一般较少使用,可用于滤波、旁路和去耦电路等。Class Ⅳ的性能不稳定、损耗高,现在基本被淘汰。图 3-26 所示为 MLCC 几类主要电容的温度曲线,由图可知,NP0 最为稳定,Y5V 最不稳定。

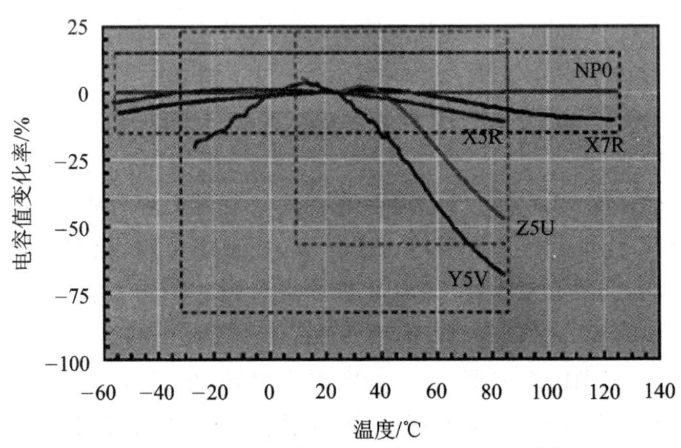

Y5V—Y: -25 ℃, 5: +85 ℃, V: -80% ~ +30%;
Z5U—Z: +10 ℃, 5: +85 ℃, U: -56% ~ +22%;
X7R—X: -55 ℃, 7: +125 ℃, R: ±15%;
X5R—X: -55 ℃, 5: +85 ℃, R: ±15%;
NP0—30×10^{-6}/℃(-55~+125 ℃)

图 3-26 MLCC 电容稳定度与温度曲线图

在低频的情况下，决定电容容值的还是电容本体。但是在高频的作用下，由于电容的引脚以及电容本身介质的特性，会产生各种寄生效应，包括 ESR 和 ESL。电容的高频等效电路示意图如图 3－27 所示。其中 L 为引脚的寄生电感，R 为引脚和电容介质的寄生电阻。

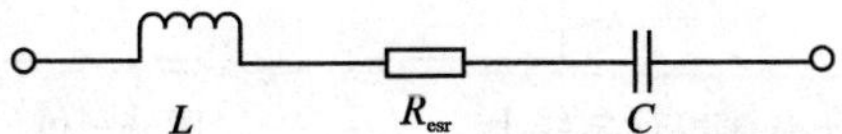

图 3－27　电容的高频等效电路示意图

在低频时，电容器的电容占主导地位，器件行为和理想电容的行为相同。随着频率的增加，电容的阻抗将越来越低，直到谐振频率点 f_0，此时电容的容抗和感抗幅度相等，方向相反，因此此时的电容阻抗就等于 ESR，随着频率的继续增大，此时电容的 ESL 起主导作用，电容呈现感性特性，从而失去了电容的容抗特性，电容的阻抗增大。实际电容的特性阻抗和临界频率点可以采用如下公示表示，其中 f_0 为电容的谐振频率。

$$Z = R_{\text{esr}} + \mathrm{j}\left(\omega L - \frac{1}{\omega C}\right)$$

$$f_0 = \frac{1}{2\pi\sqrt{LC}}$$

实际电容的幅频特性和相频特性如图 3－28 所示。

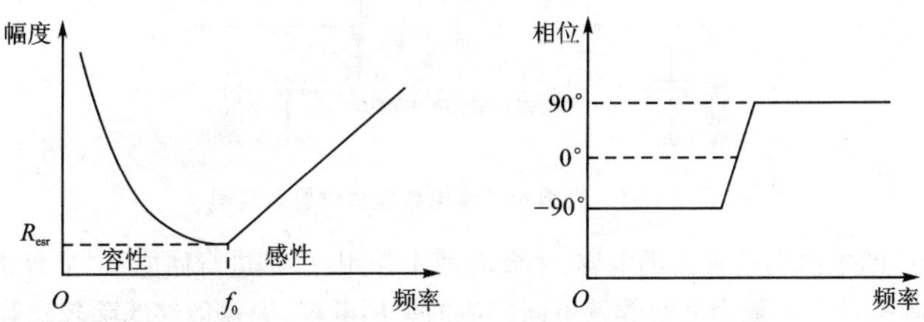

图 3－28　实际电容的高频等效电路的幅频特性和相频特性示意图

在实际电子线路中，电容有着各种广泛的作用，是电路设计不可以缺乏的元件。

首先，根据电容的基本特性，可知电容可以“隔直流、通交流”，在高速串行总线上，需要剔除直流耦合的影响。因此，可以通过在高速串行总线上相应的位置串联电容来实现“隔直流、通交流”的作用，如图 3－29 所示。PCIe、SATA 等系列总线都需要使用到此设计。不过，在线路 PCB 设计时，需要注意电容的摆放位置，有些需要摆放在源端，有些需要摆放在目的端，有些需要摆放在第一个连接器附近的位置。具体设计需要根据相应的总线以及 IC 的数据手册进行。

电容可以用来滤波。由于电容具备存储电容的功能，因此对于不稳定的输入电压，可以通过电容充放电来维持相对稳定的输出电压，完成滤波的动作。电容滤波可以结合电阻或者电感或者有源器件进行各种形式的滤波，如 LC 滤波、LC π 型滤波、RC π 型滤波、有源 RC 滤波等。图 3-30 所示为简单的 RC 滤波示意图。

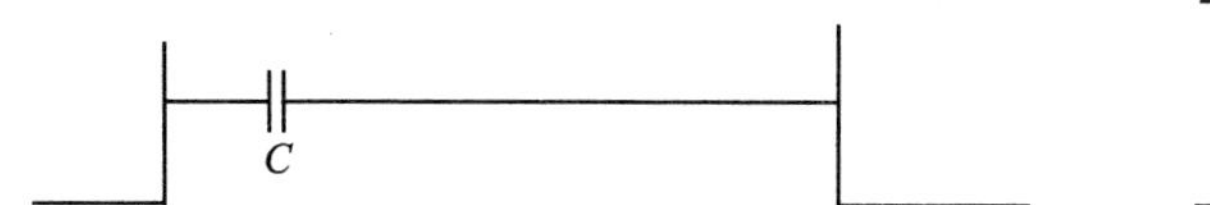

图 3-29　串联电容在高速串行总线上“隔直流、通交流”示意图

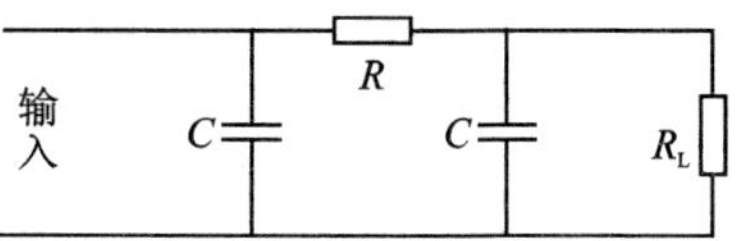

图 3-30　C-R-C 滤波电路示意图

去耦和旁路是电容的另外两个重要的作用。两者都具有抗干扰的作用，都可以看作滤波，但是所处的位置不同，如图 3-31 所示。旁路电容主要是利用电容阻抗的幅频特性来进行滤波，把输入信号中的高频噪声进行滤波，消除前级携带的高频杂讯。而去耦电容，也称为退耦电容，主要是对输出信号进行抗干扰滤波，是滤纹波，防止电流突变而使电压下降，一般来说，电容容值相对较大，具体需要根据电流大小以及设计对纹波的要求进行具体计算，通常对更高频率的噪声无效。

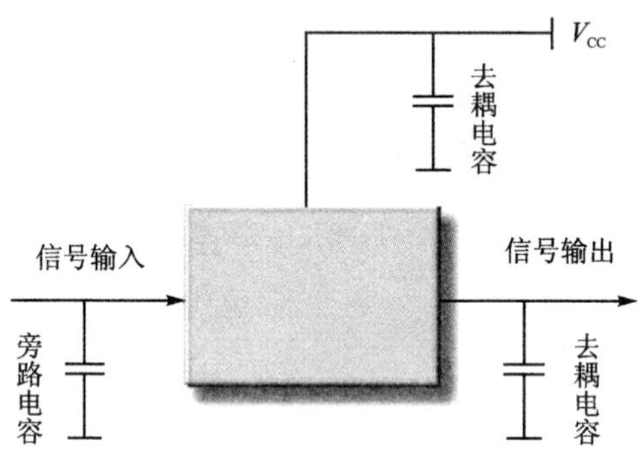

图 3-31　去耦和旁路电容摆放位置示意图

在 IC 的电源端放置去耦电容，主要有两个作用：一是进行储能；二是旁路掉来自 IC 的高频噪声。一般会并联数颗不同容值的去耦电容，确保能够滤除较宽频率的噪声，同时保持 IC 的电源稳定，如图 3-32 所示。

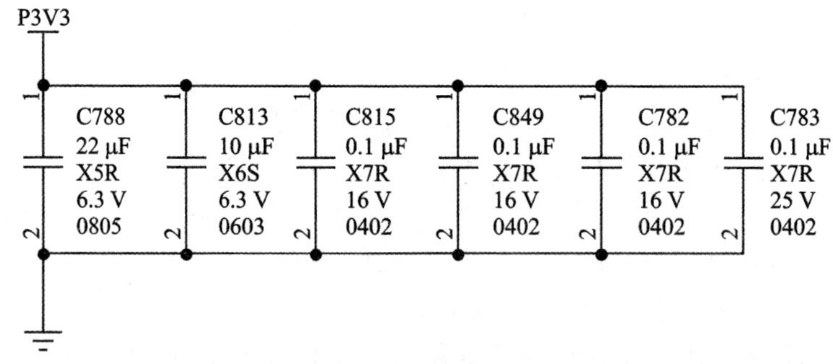

图 3-32　IC 电源去耦电容线路示意图

电容也可以用于电源 IC 的补偿、反馈以及自举电路，如图 3-33 和图 3-34 所示。随着电源 IC 的集成化程度越来越高，越来越多的电源 IC 把补偿、反馈甚至自举电路集成到电源内部，通过外部软件进行数字化调整，降低 BOM 成本，提高 PCB 的集成度，缩小 PCB 的面积。

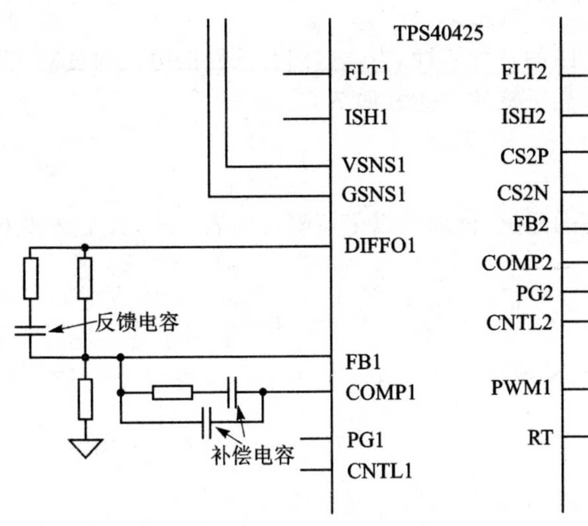

图 3-33　电源 IC 中的反馈电容和补偿电容线路设计示意图

利用电容的充放电属性，可以采用电阻和电容形成延时电路，其时间常数为电阻和电容的乘积，实现逻辑延时的功能，同时也可以实现一定的滤波。在数字电路中，可以采用此电路来实现复位功能。图 3-35 所示为一个最简单的 RC 延时电路，根据 VCC 和 RESET 之间的时序关系，可以调整电容值的大小。必要时，可以并联数颗电容来提高延时的时间常数，但是如果对复位信号有上升时间的要求，则该电路不适合。

电容还有很多功能，如 LC 振荡电路调谐等，也可以采用超级电容进行储能等，在此不一一列举。

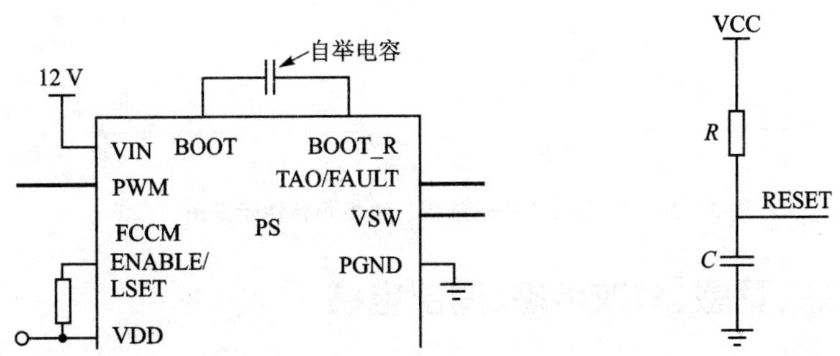

图 3-34　电源 IC 中的自举电容线路设计示意图　　**图 3-35　RC 延时电路应用示意图**

3.6 电　感

3.6.1 理想电感

电感是闭合回路的一种属性，当通过闭合回路的电流改变时，会出现电动势来抵抗电流的改变。理想电感的表达式如下：

$$V = L\ \frac{\mathrm{d}I}{\mathrm{d}t}$$

对于理想电感的阻抗，依旧可以采用阻抗的表达式，其定义如下：

$$Z = \frac{V}{I} = L\ \frac{\frac{\mathrm{d}I}{\mathrm{d}t}}{I}$$

在频域中，设流经电感器两端的电流为正弦波信号，则其感应电压为

$$V = L\ \frac{\mathrm{d}I}{\mathrm{d}t} = L\ \frac{\mathrm{d}}{\mathrm{d}t} I_0 \sin(\omega t) = L I_0 \omega \cos(\omega t)$$

根据电压和电流的关系，可得理想电感的阻抗为

$$Z = \frac{V}{I} = \frac{L I_0 \omega \cos(\omega t)}{I_0 \sin(\omega t)} = L\omega\ \frac{\cos(\omega t)}{\sin(\omega t)} = \mathrm{i}L\omega$$

从阻抗的表达式中可以看出，理想电感的阻抗幅值为 $L\omega$，相位为 90°。当频率为 0 时，也就是直流的情况下，电感器的阻抗为 0。而在电感感值一定的情况下，电流变化的频率越高，电感器的阻抗就越大。在同一个频率点上，电感感值越大的电感器阻抗也就越大。

理想电感的幅频特性和相频特性如图 3－36 所示。

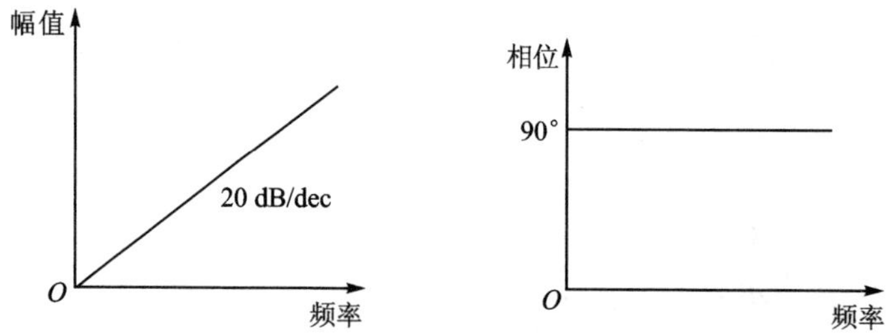

图 3－36　理想电感的幅频特性和相频特性示意图

3.6.2 自感、互感、有效电感、局部电感

根据麦克斯韦方程组可知，流经电流的导线周围会形成以导线为中心的闭合的同心磁力线圈。离导线越远，磁力线圈的匝数越少。根据右手法则，可以判断磁力线

圈环绕的方向,如图 3-37 所示。

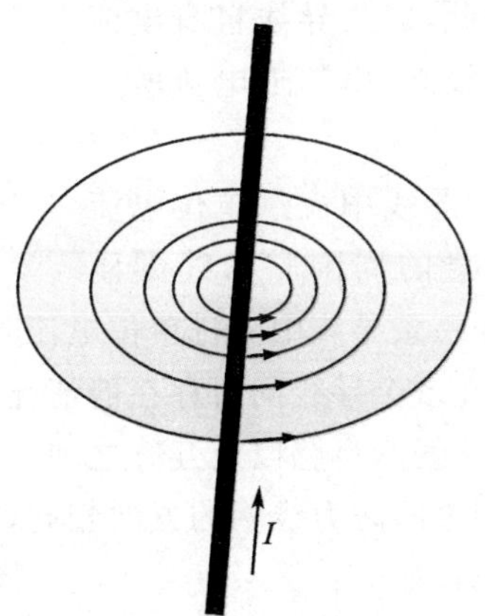

图 3-37　导线周围的磁力线圈以及方向示意图

当导线流过 1 A 的电流时,导线周围所产生的磁力线匝数就是该导线的电感。可以采用如下公式进行描述:

$$L=\frac{N}{I}$$

式中:L 表示导线的电感(单位为 H);N 表示导线周围的磁力线匝数(单位为 Wb);I 表示导线中流经的电流(单位为 A)。

电感是导体固有的电气特性,与导体流经的电流大小无关,而是与导体的几何结构以及磁导率(如果是铁磁金属)相关。当导体上流经的电流加倍时,导体周围的磁力线圈匝数也会加倍。

根据法拉第电磁感应定律,当导体内的电流发生变化时,如注入交流电流,则导体周围的磁力线匝数也会随之改变,从而在导线周围产生感应电压。感应电压的大小与导体内电流变化的快慢相关,其表达式如下:

$$V=\frac{\Delta N}{\Delta t}=\frac{\Delta LI}{\Delta t}=L\ \frac{\mathrm{d}I}{\mathrm{d}t}$$

式中:V 表示感应电压(单位为 V),也称为感应电动势;N 表示导体周围的磁力线匝数(单位为 Wb);L 表示导体的电感(单位为 H);I 表示导体内流经的电流(单位为 A);t 表示时间(单位为 s)。

当导体内电流发生改变时,相当于在导体内产生了新的电压源,该电压源就像电池一样引发了从负端流向正端的电流,其极性就是使得产生的感应电流阻碍原电流的变化。由于存在感应电压,在高速数字系统中,如果设计不慎,就会造成各种串扰、开关噪声、轨道塌陷、地弹等信号完整性问题。

由于磁力线的存在,当多个导线相互靠近且通有电流时,其中任何一根导线既可以被自身所产生的磁力线包围,也可以被其他导线所产生的磁力线包围,如图 3-38

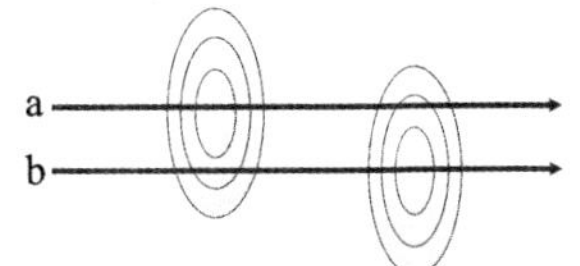

图 3-38 导线周围的磁力线分布示意图

所示。导线 a 不仅有自身的磁力线，而且还被来自导线 b 的磁力线所包围。因此，定义导线自身电流所产生的磁力线圈为自磁力线圈，由邻近电流所产生的磁力线圈为互磁力线圈。

这样，导线的自感就是指导线中流过单位电流时，所产生的环绕在导线自身的周围磁力线圈匝数，导线的互感是指当其中的一条导线中流过单位电流时，所产生的环绕在另外一条导线周围的磁力线圈匝数。在多个导线同时存在的情况下，根据导线中的电流方向，任何一条导线的电感都等于导线的自感以及互感之和，或者之差。具体来说，当导线的电流方向相同时，导线所产生的磁力线圈的方向相同，因此任何一条导线的电感都等于导线自感和互感之和，公式如下：

$$L = L_s + L_m$$

式中：L 表示导线的电感；L_s 表示导线的自感；L_m 表示导线的互感。

当导线的电流方向相反时，导线所产生的磁力线圈的方向相反，因此任何一条导线的总电感都等于导线自感和互感之差，公式如下：

$$L = L_s - L_m$$

式中：L 表示导线的电感；L_s 表示导线的自感；L_m 表示导线的互感。

需要注意的是，互感具有对称性。如图 3-38 所示，当导线 a 注入单位电流后，导线 b 上的互感与当导线 b 注入单位电流后，导线 a 上的互感大小相等。同时，在任何情况下，两条导线之间的互感都小于任何一条导线的自感。

任何信号路径都有返回路径，在多层 PCB 堆叠结构中，信号的返回路径往往是在最靠近信号路径的返回平面中，并且电流的流向与信号路径相反。因此，返回路径上的净电感为

$$L_r = L_{rs} - L_{rm}$$

式中：L_r 表示返回路径上的净电感，也称为有效电感或总电感；L_{rs} 表示返回路径的自感；L_{rm} 表示返回路径的互感。

相应的，返回路径上的感应电压为

$$V = L_r \frac{dI}{dt} = (L_{rs} - L_{rm}) \frac{dI}{dt}$$

该感应电压为返回路径上的地弹。地弹会影响信号的完整性以及电源的完整性。因此，需要尽量减小地弹的幅值。根据以上公式，如果需要减小地弹，只有两条路径：一是尽量减小回路电流的变化速率；二是尽量减小返回路径的电感。

电流的变化速率是由信号本身以及设计需求定义所决定的，一般很难改变。但是可以减少共有同一个返回路径的信号路径的数目，比如连接器上的接地引脚的定义等，以及采用差分信号。

减小返回路径的电感可以通过减小返回路径的自感以及增大互感来实现。根据

电感的特性，减小返回路径的自感可以通过缩短返回路径并且尽量把返回路径变宽来实现，如在多层 PCB 设计中，一般会采用整层的电源和地平面来充当信号的返回路径。而增大互感则可以通过拉近信号路径和返回路径的距离来实现，从而使信号路径和返回路径尽可能接近。在多层 PCB 堆叠结构中，信号层往往会与电源或地层相邻。

由于电流的产生需要一个完整的电流回路，而采用电流回路进行分析往往会使问题变得复杂化，因此可以采用局部电感来进行数学模型抽象。局部电感是假设电路回路中仅仅某一部分有电流，其他部分不存在电流。局部电感可以近似地求解圆杆的局部电感。圆杆结构示意图如图 3-39 所示。

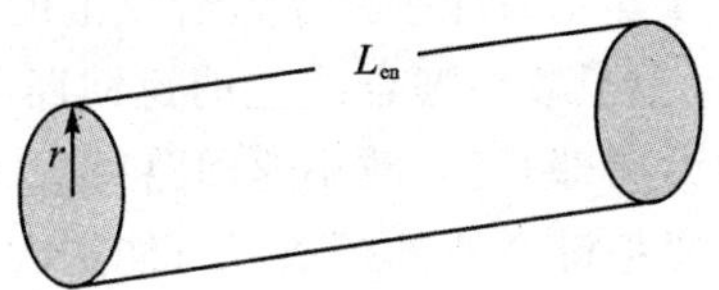

图 3-39　圆杆结构示意图

圆杆的局部自感公式如下：

$$L_s = 5L_{en}\left(\ln\frac{2L_{en}}{r} - \frac{3}{4}\right)$$

式中：L_s 表示局部自感（单位为 nH）；L_{en} 表示圆杆长度（单位为 in）；r 表示圆杆横截面的半径（单位为 in）。

从公式中可以看出，圆杆的局部自感与圆杆的长度和横截面积相关，长度越长，圆杆的局部自感越大。如果圆杆长度加倍，根据公式可知，圆杆的局部自感的增长将远大于两倍；而导线的横截面面积增大，其局部自感将减小。以 1 in 28AWG 的铜导线为例，其局部自感为

$$\begin{aligned} L_s &= 5L_{en}\left(\ln\frac{2L_{en}}{r} - \frac{3}{4}\right) \\ &= 5\times 1\times\left(\ln\frac{2\times 1}{0.006\,3} - \frac{3}{4}\right) \\ &\approx 25\ (\text{nH}) \end{aligned}$$

多层 PCB 拓扑结构中存在着大量的信号过孔，可以采用局部自感的公式来近似计算过孔的局部自感。如假设 PCB 的板厚为 96 mil，则在不考虑盲埋孔的前提下，信号过孔的局部自感为

$$L_{via} = 25\ \text{nH/in}\times 96\ \text{mil} = 2.4\ \text{nH}$$

两段导线之间的局部互感可以采用如下公式近似计算：

$$L_m = 5L_{en}\left[\ln\frac{2L_{en}}{s} - 1 + \frac{s}{L_{en}} - \left(\frac{s}{2L_{en}}\right)^2\right]$$

式中：L_m 表示导线的局部互感（单位为 nH）；L_{en} 表示导线的长度（单位为 in）；s 表示

两导线的圆心距(单位为 in)。

如果两导线的长度远远超过它们之间的圆心距，则可以采用如下公式进行简化：

$$L_m = 5L_{en}\left(\ln\frac{2L_{en}}{s} - 1\right)$$

从公式中可知，导线的长度越长，导线之间的局部互感越大；导线之间的圆心距越小，导线之间的局部互感越大。

键合线模型、封装模型、连接器模型、过孔模型都可以采用局部电感来加以描述。如假设有两条 100 mil 长的键合线，其各自的局部自感约为 2.5 nH，而当它们相距 10 mil 时，它们之间的局部互感约为 1 nH。因此，假设两条键合线上的电流方向一致，则任一导线的总电感为 3.5 nH；如果两条键合线上的电流方向相反，则任一导线的总电感为 1.5 nH。所以，为了减小键合线上的返回路径上的地弹，需要把返回路径和信号路径尽量靠拢，增大局部互感，减小返回路径的净电感。为了减少流经电源电流的键合线上的地弹，需要把键合线的距离尽可能扩大，尽可能减小导线之间的局部互感，把导线的净电感尽量降低。理论上，当局部互感约为局部自感的 10%时，局部互感可以忽略不计。

3.6.3 趋肤效应

当电流流经导线时，导线的内部和外部的都会有相应的磁力线圈，导线的自感由导线的内部自感和外部自感组成，如图 3-40 所示。

当导体流过单位电流时，导体外部的磁力线圈的分布不会发生改变，但是在导体内部，越靠近导体的中心，则会有越多的磁力线，从而会有更大的导线自感。

当单位电流为直流时，导线中的阻抗以电阻为主，电流均匀分布，电流沿着阻抗最低的路径进行传播。随着电流频率的增加，导线的感性阻抗将起主导作用，电感越大的电流路径，其阻抗也越大。因此电流的频率越高，电流将越倾向于选择电感较低的路径，也就是趋向于导体表面的路径——这就是趋肤效应，如图 3-41 所示。

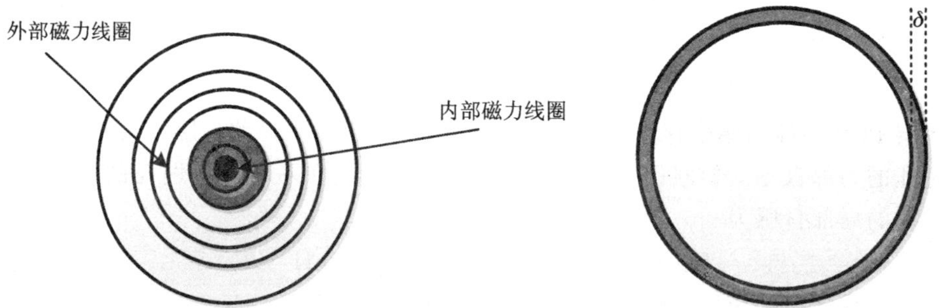

图 3-40　实心导体的磁力线圈分布示意图　　**图 3-41　趋肤效应下的电流分布示意图**

图 3-41 中，δ 表示导体的趋肤深度。在一定的频率下，导线从内部到表面有着

特定的电流分布——这取决于导线的阻性阻抗和感性阻抗的相对大小。趋肤深度取决于导线的几何结构、频率、金属的电导率和磁导率。如圆柱体的导线的趋肤深度可以近似采用以下公式表示：

$$\delta = \sqrt{\frac{1}{\sigma \pi \mu_0 \mu_r f}}$$

式中：δ 表示趋肤深度(单位为 m)；σ 为导线的体电导率(单位为 S/m)；μ_0 表示自由空间的磁导率，是常数 $4\pi \times 10^{-7}$ H/m；μ_r 表示相对磁导率；f 表示正弦波频率(单位为 Hz)。

由 3.4 节可知，除了铁等磁性金属材料外，绝大部分材料的相对磁导率为 1，因此趋肤深度的公式可以简化为

$$\delta = \sqrt{\frac{1}{\pi \mu_0}} \sqrt{\frac{1}{\sigma f}}$$

以 1 盎司铜导体为例，铜的体电导率为 5.6×10^7 S/m，铜厚为 35 μm，则铜导线的趋肤深度为

$$\delta = \sqrt{\frac{1}{\sigma \pi \mu_0 \mu_r f}} = \sqrt{\frac{1}{5.6 \times 10^7 \times \pi \times 4 \times \pi \times 10^{-7} \times 1 \times f}} = 66 \sqrt{\frac{1}{f}}$$

式中：δ 表示趋肤深度(单位为 μm)；f 表示正弦波频率(单位 MHz)。

当电流频率为 1 MHz 时，其趋肤深度为 66 μm，此时不存在趋肤深度。随着频率增加到 10 MHz，此时的趋肤深度为 20 μm，此时趋肤效应相对明显。电流将不会在整个铜导体中均匀分布，而是集中在靠近铜表面的 20 μm 以内，其余部分的电流几乎为零。

随着频率的增加，导体的体电阻率几乎不变，但是由于趋肤效应的影响，流过电流的导体的横截面将随着频率的平方根变小，从而使导线的单位长度电阻随着频率的平方根而成比例增大。

以横截面为长方形为例，当导线在直流的情况下时，其单位长度电阻表示如下：

$$R_{DC} = \rho \frac{1}{A} = \frac{\rho}{t \times w}$$

式中：R_{DC} 表示单位长度电阻，也称为直流电阻；ρ 表示体电阻率；A 表示导线的横截面面积；t 表示导线的厚度；w 表示导线的宽度。

在高频的情况下，导线中电流流过的区域厚度约等于趋肤深度，此时，导线的单位长度电阻表示如下：

$$R_{HF} = \rho \frac{1}{A} = \frac{\rho}{\delta \times w}$$

式中：R_{HF} 表示单位长度电阻，也称为交流电阻；ρ 表示体电阻率；A 表示导线的横截面面积；δ 表示导线的厚度；w 表示导线的宽度。

以 1 盎司铜为例，其在 1 GHz 频率下的交流电阻和直流电阻之比为

$$\frac{R_{\mathrm{HF}}}{R_{\mathrm{DC}}}=\frac{\dfrac{\rho}{\delta\times w}}{\dfrac{\rho}{t\times w}}=\frac{t}{\delta}=\frac{35}{66\sqrt{\dfrac{1}{1\ 000}}}\approx 17$$

频率的增加也会影响导线的自感。在低频的情况下，导线的自感等于导线内部自感和外部自感之和，但是随着频率的增加，导线的电流几乎全部集中在导线的表面，因此导线的自感几乎等于导线的外部自感。换句话说，导线的自感会随着频率的增加而减小。

要减小导线的趋肤效应的影响，可以从以下几个方面着手：

一是减小导线的线径，也就是减小导线的横截面面积，使导线的横截面的半径与导线的趋肤深度相同。但是，这样将导致导线能够传输的电流强度有限。为了满足信号的电流强度，可以采用多股细线并联代替单根导线。对于直径为 D 的圆铜导线，如果电流的频率为 f(MHz)，则采用多股细线替换，每股细线的直径为

$$D_{\mathrm{f}}=2\times\delta=2\times 66\times\sqrt{\frac{1}{f}}=\frac{132}{\sqrt{f}}$$

式中，D_{f} 表示每股细线的直径(单位为 μm)。

细线的股数为

$$N=\frac{\pi\times\left(\dfrac{D}{2}\right)^2}{\pi\times\left(\dfrac{D_{\mathrm{f}}}{2}\right)^2}=\frac{D^2}{D_{\mathrm{f}}^2}$$

二是采用带状导线来降低趋肤效应的影响。在可能的情况下，尽量把导线的厚度减小，宽度增加，使导线变成带状，带状导线的最佳厚度是趋肤深度的两倍，即

$$t=2\times\delta=2\times 66\times\sqrt{\frac{1}{f}}=\frac{132}{\sqrt{f}}$$

式中：t 表示带状导线的最佳厚度(单位为 μm)；f 表示电流频率(单位为 MHz)。

三是采用空心导线或者箔状导体来降低趋肤效应的影响。在频率很高时(至少大于 1 kHz)，趋肤深度很小，电流基本集中在导体的表面，内部的导体部分基本上没有电流，采用空心导线可以保证电流传输的同时，又可以大大减轻导体的重量。与带状导线的原理相似，可以将带状线压成箔状，既保证其对电流的传送，又可以减轻其重量。例如，高频大功率的传输线和高频天线的振子就可以使用铜管或铝管来制作，如果在铜管或铝管的表面加镀一层高导电的金属膜(银或金)，效果就会更好。

3.6.4 邻近效应

当两导体相互靠近，且流经的电流相反时，两导体之间的场向量将相加。在两导体相邻之间，由于磁力线圈的方向相同，因此导体之间的互感增加。而两导体的外

侧,由于磁力线圈的方向相反,因此磁力线圈相互抵消,磁场减弱。在导体内部,磁场将由两导体外侧向内逐渐增强,在导体的内表面时磁场最强。

在导体上传输高频电流时,与趋肤效应一样,电流将选择阻抗最低的回路进行流通。导体的内表面的磁场最强,因此使电流集中在两导体相邻内侧表面流通,导体外侧没有电流流过,这种现象就是邻近效应。

如果两导体相距 w,且导体宽度 b 远远大于 w,如图 3-42 所示,则单位长度上的电感为

$$L = 4\pi \frac{w}{b}, \quad \text{nH/cm}$$

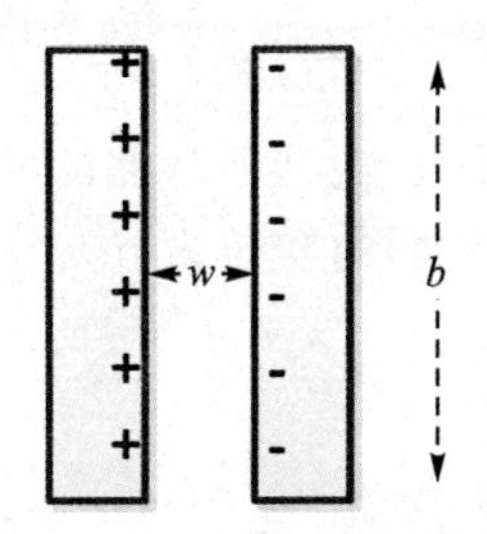

图 3-42 相邻导体示意图

从公式中可知,导体之间的距离越短,重叠的长度越长,则单位长度上的电感越小,邻近效应也就越明显。因此,在进行多层 PCB 设计时,高速信号路径与返回路径需要采用上下层结构,如图 3-43(a)所示。图 3-43(b)和(c)放置在同一层,其中图(b)中的两根导线呈垂直方向放置,图(c)中的两根导线并排放置。不论何种方式,两根导线的重叠长度均为窄边的长度,根据公式,在导线距离相等的情况下,其产生的邻近效应也相同,其效果远不如图(a)的摆放。

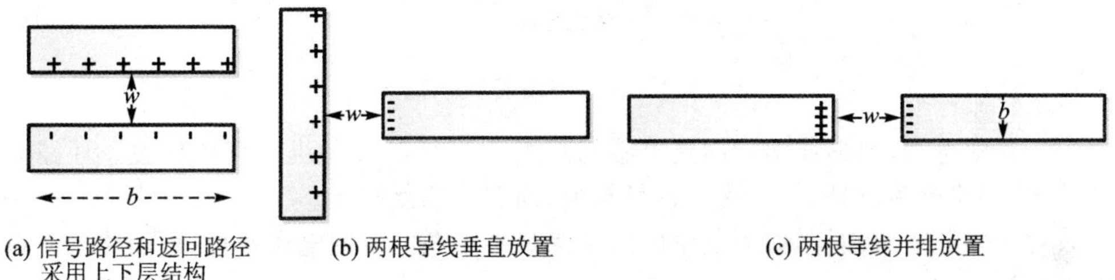

图 3-43 导体摆放位置示意图

3.6.5 回路电感

电流必须在闭合的回路中流动,整个回路的总电感称为回路电感。如图 3-44 所示,信号从支路 a 流过然后返回到支路 b,最后又回到支路 a。支路 a 就像信号路径,而支路 b 则像返回路径。

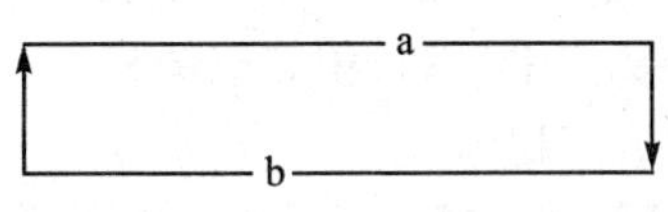

图 3-44 电流回路示意图

回路电感是指当回路流过单位电流时,环绕在回路周围的磁力线圈的匝数。因此,整个回路电感既有支路 a 的局部自感,也有支路 b 的局部自感,还有支路 a 和 b 之间的局部互感。将这些参数全部考虑进来就是回路电感,即

$$L_{\text{loop}} = L_{\text{a}} + L_{\text{b}} - 2 \times L_{\text{ab}}$$

式中:L_{loop} 表示回路电感;L_{a} 和 L_{b} 分别表示支路 a 和支路 b 的局部自感;L_{ab} 表示

支路 a 和支路 b 之间的互感。

因此，回路电感与回路的几何结构相关。回路的周长越长，回路电感越大。当返回路径靠近信号路径并减小回路面积时，就可以增大两条路径的局部互感，从而减小回路电感。

对于环形线圈，如图 3-45 所示。其回路电感可以近似为

$$L_{\text{loop}} = 32 \times R \times \ln \frac{4R}{D}$$

式中：L_{loop} 表示环路的回路电感（单位为 nH）；R 表示线圈半径（单位为 in）；D 表示导线直径（单位为 in）。

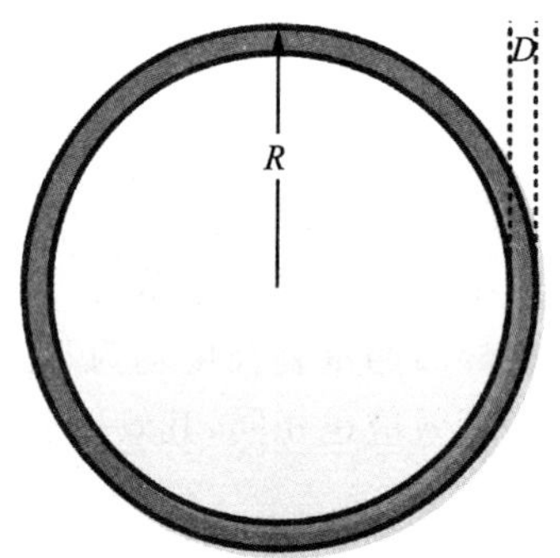

图 3-45 环路线圈示意图

从式中可知，环形线圈的回路电感与线圈的半径以及导线的直径相关。环路半径越大，回路电感就越大；导线的直径越大，回路电感就越小。

对于相邻的双圆杆，如果其中的一条为另外一条的返回电流路径，则回路电感可以近似为

$$L_{\text{loop}} = 10 \times L_{\text{en}} \times \ln \frac{s}{r}$$

式中：L_{loop} 表示回路电感（单位为 nH）；L_{en} 表示圆杆长度（单位为 in）；r 表示圆杆的半径（单位为 in）；s 表示圆杆之间的圆心距（单位为 in）。

从式中可知，相邻双圆杆结构的回路电感与圆杆长度成正比，同时也与中心距的对数成正比。

【例 3-3】 假设键合线的长度为 50 mil，直径 1 mil，线间距为 5 mil，求键合线之间的回路电感。

解：键合线间的回路电感可以采用相邻双圆杆拓扑结构，因此，根据公式可得

$$\begin{aligned} L_{\text{loop}} &= 10 \times L_{\text{en}} \times \ln \frac{s}{r} \\ &= 10 \times 0.05 \times \ln \frac{5}{0.5} \\ &= 1.15,\quad \text{nH} \end{aligned}$$

两个宽平面的回路电感如图 3－46 所示。

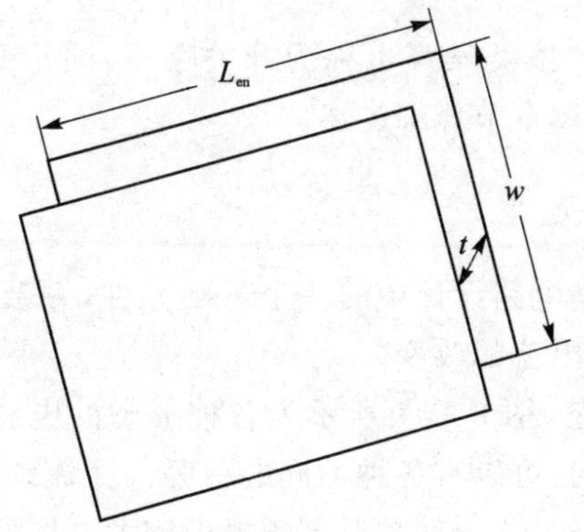

图 3－46　宽平面拓扑结构示意图

在该拓扑结构中，平面的宽度远远大于平面之间的距离，也就是 $w \gg t$。根据此前提，当电流均衡地从一个平面的一边流入，并从另外一个平面的一边均匀流出时，宽平面的回路电感近似如下：

$$L_{\text{loop}} = \mu_0 \mu_r t \frac{L_{\text{en}}}{w}$$

式中：L_{loop} 表示回路电感（单位为 nH）；μ_0 表示自由空间的磁导率；μ_r 表示介质的相对磁导率，绝大多数介质的相对磁导率为 1；t 表示平面之间的距离（单位为 mil）；L_{en} 表示平面的长度（单位为 mil）；w 表示平面的宽度（单位为 mil）。

当平面的长和宽相等时，也就是平面为正方形时，平面对拓扑结构的回路电感与平面的长和宽无关，也就是

$$L_{\text{loop}} = \mu_0 \mu_r t$$

这就是方块回路电感。从公式中可知，平面对上的任何一个正方形区域的回路电感都相同。因此，要减小平面对之间的回路电感，需要尽量使平面对互相靠近，缩短平面之间的距离，比如多层 PCB 堆叠结构中的电源和地平面。

实际电路中，电流并不是从宽平面的一边均匀流向另外一边的，而是通过封装引脚或者过孔与平面进行点接触。由于过孔和封装引脚限制了电流的流过，因此会形成很高的电流密度，导致局部自感和回路电感的增大。这种回路电感的增加通常称为扩散电感（Spreading Inductance）。接触过孔到平面的扩散电感通常要比方块回路电感要大。在进行平面的回路电感预估时，需要充分考虑扩散电感。比如让去耦电容靠近高功耗芯片，让返回路径的高频电流局限在芯片附近等。

回路电感也存在着回路互感。所谓的回路互感，就是第一个回路中流过单位电流时，所产生的环绕在另外一个回路的磁力线圈匝数。当第一个回路流过的电流发生变化时，另外一个回路上的磁力线匝数就会发生变化改变，从而产生感应电动势，其公式如下：

$$V_{\text{noise}} = L_{\text{m}} \frac{\mathrm{d}I}{\mathrm{d}t}$$

这就是串扰的由来。该类噪声也称为开关噪声、同步开关噪声(SSN)或者 ΔI 噪声等,这些内容将在后续章节详细讲述。

3.6.6 电感器

电感器,简称电感,是电路设计中的一个基础元件,它会因为通过的电流的改变而产生电动势,从而抵抗电流的改变。

电感元件有各种形态,图 3－47 所示为各种形态的电感,有 SMT 贴片,也有插件。依据外观和功用不同,可以有各种不同的称呼。扼流线圈(Choke),也称为抗流圈,用来实现低通滤波的作用,也就是对高频提供较大电抗阻碍高频分量通过。线圈(Coil),常用在电磁铁和变压器中,用漆包线绕制多圈状。绕组(Winding)一般用于变压器、电动机和发动机中,电感较大,常配合铁磁性材料。

图 3－47　分立电感类型和实物图

在低频的情况下,电感器主要用来实现电感的作用。但是随着频率的增加,由于电感器本身所存在的各种寄生效应,因此,电感除了考虑本身的感性特性以外,还需要考虑导线的电阻以及相邻线圈之间的分布电容,其高频等效电路示意图如图 3－48 所示。

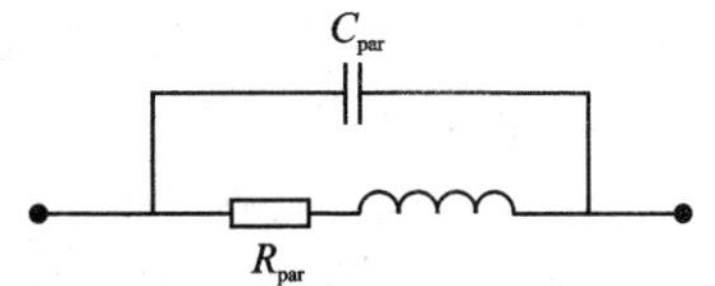

图 3－48　实际电感的高频等效电路示意图

图 3－48 中,寄生旁路电容 C_{par} 和串联电阻 R_{par} 分别是分布电容和电阻所带来的综合效应。其特性阻抗和临界频率点采用如下公式进行近似计算。其中,f_1 为阻性阻抗和感性阻抗的临界频率,f_2 为感性阻抗和容性负载阻抗的临界频率。

$$Z_{\text{L}} = \frac{R_{\text{par}} + \text{j}\omega L}{1 + \text{j}\omega R_{\text{par}} C_{\text{par}} - \omega^2 L C_{\text{par}}}$$

$$f_1 = \frac{R_{par}}{2\pi L}$$

$$f_2 = \frac{1}{2\pi\sqrt{C_{par}L}}$$

实际电感的幅频特性和相频特性如图 3-49 所示。

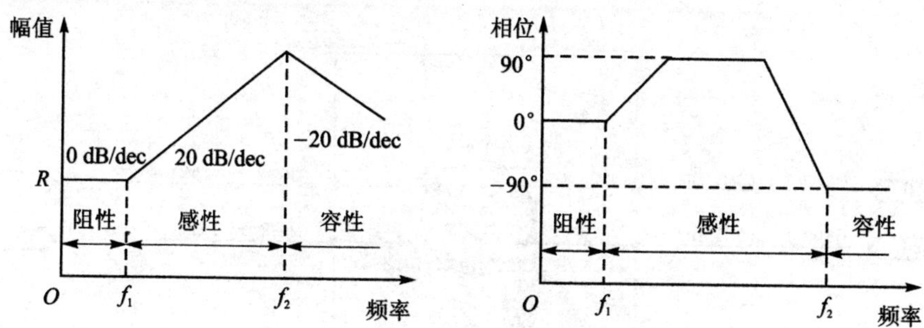

图 3-49　实际电感的幅频特性和相频特性示意图

从图 3-49 中可以看出，在达到 f_1 临界频率之前，电感呈现阻性阻抗特性，电感的阻抗保持不变。随着频率的继续升高，电感主要呈现感性阻抗的特性，电感的阻抗随着频率的升高而不断增加，直到 f_2 临界频率点。一旦过了 f_2 临界频率，整个电感以容性阻抗为主要特征，随着频率的增加，电感的阻抗随之降低。

电感是一个储能元件，其主要特性是通直流、隔交流。因此，PWM 电路经常采用电感来实现储能和高频滤波，如图 3-50 所示。CSD95491 内部集成 PWM 开关电路和推挽式 MOSFET 电路，并通过 SW 引脚进行输出，输出的信号通过 L53 电感进行储能和高频滤波，从而获得稳定的 DDR4 VDDQ 电压。

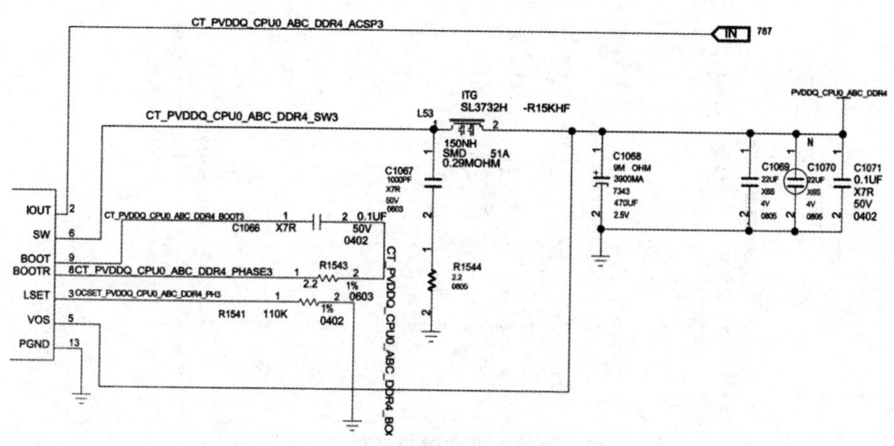

图 3-50　PWM 电路中的电感线路示意图*

* 此类图均为应用软件自动生成的电路图。

在进行差分外接接口设计时，需要使用共模电感来扼制共模电流，从而抑制 EMI 的产生。大多数的高速电缆的接头都会嵌入共模电感来实现。由于 USB 接口是一个通用接口，可以热插拔，既可以采用电缆连接，也可以直接连接 USB 设备，因此，在 USB 的主板线路设计时也往往会预留共模电感的位置。如果在后续 EMC 等测试方面确认不需要共模电感，则可以采用 0 欧姆电阻来替代，相关线路如图 3－51 所示。

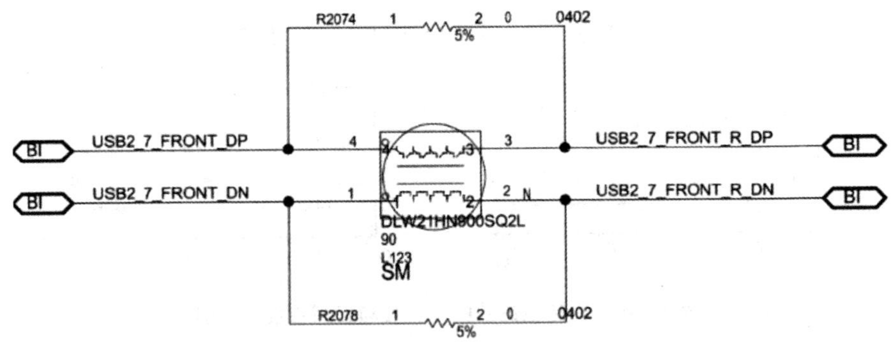

图 3－51　USB 线路中共模电感的线路设计图[*]

电感还可以在 LC 电路中进行滤波，常见的 LC 滤波电压有 T 型 LC 滤波电路和 π 型 LC 滤波电路。如图 3－52 所示，L115 和前后电容构成一个 π 型 LC 滤波电路，实现了对 1.05 V 电压的滤波功能。

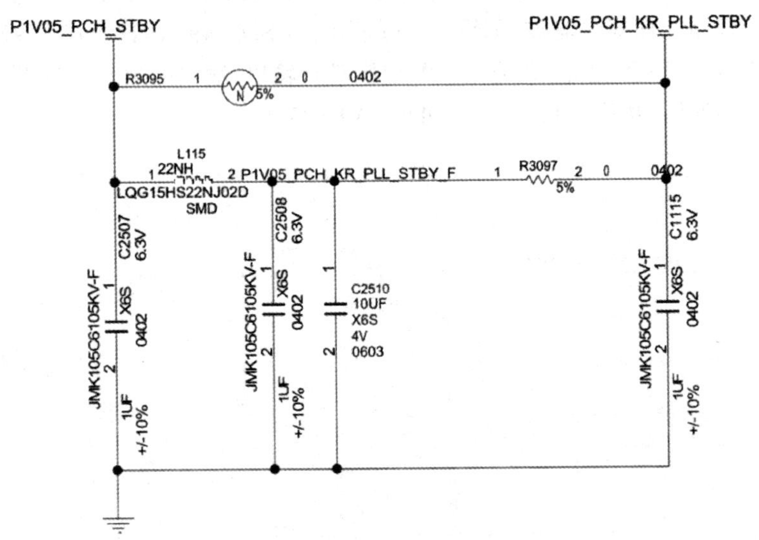

图 3－52　滤波电路中的电感使用示意图[*]

数字系统需要有高速接口与外界相连，比如网络接口 RJ45 等。RJ45 接口一般都会集成变压器——尽管理论上不需要变压器也可以正常工作。但是集成了变压器以后，网络的传输距离将更长，而且可以兼容不同的电平接口，如图 3－53 所示。

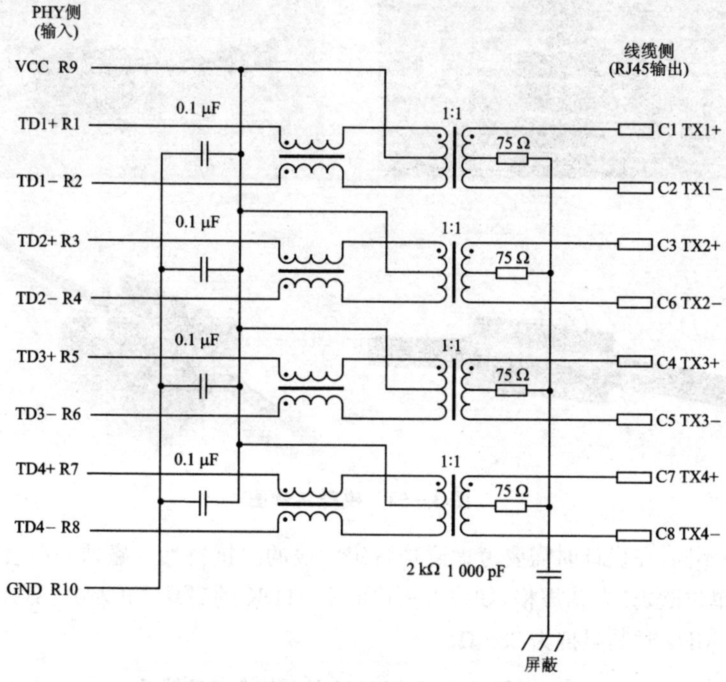

图 3－53 RJ45 内部网络变压器电路示意图(以 UDE RM3－FN－0009 为例)

网络变压器的主要作用是用于信号电平耦合，使芯片端与外部隔离，从而可以实现电气隔离和共模抑制，兼容不同的电压接口，保护芯片，同时增强信号，扩展信号的传输距离。

3.7 磁 珠

磁珠是一种被动元件，用来抑制电路中的高频噪声和 EMI。磁珠的主要成分为铁氧体，其主要原理是利用其高频电流所产生的热耗散来抑制高频噪声。

磁珠的形态多种多样，最简单的磁珠是铁氧体的环状电感，导线可以绕在上面，也有夹扣型的磁珠或直接包围在信号线缆上的磁珠。在主板上也可以是插件式或 SMT 封装的磁珠，如图 3－54 所示。

磁珠和电感相似，但又有不同。理想的电感是一个储能元件，不消耗能量，但是电感的阻抗会随着频率的升高而升高，阻碍电流的流动。而磁铁的铁氧体会使磁场集中，增加电感，因此磁珠的阻抗会使噪声滤掉，同时铁氧体本身的能量逃逸会把噪声的能量转化为热能耗散掉，因此磁珠本身是一个耗能元件。当然，一般情况下，磁珠产生的热能是可以忽略的。

与电感的计量单位不同，磁珠的计量单位是欧姆，这是因为磁珠在不同的频率下工作

图 3-54 磁珠实物图

的噪声特性不同，在设计时需要考虑磁珠特定频段的阻抗特性。磁珠一般会以特定频率下的阻抗(单位欧姆)为其规格，如表 3-5 所列。TDK 的磁珠 MPZ2012S331A 的标称阻抗为在 100 MHz 时其阻抗为 330 Ω。

表 3-5 TDK MPZ2012 类型的电气参数表

型 号	阻抗/Ω(100 MHz)	最大 DC 阻抗/Ω	最大额定电流/A
MPZ2012S300A	30(1±10%)	0.01	5
MPZ2012S3101A	100(1±25%)	0.02	4
MPZ2012S221A	220(1±25%)	0.04	3
MPZ2012S331A	330(1±25%)	0.05	2.5
MPZ2012S601A	600(1±25%)	0.1	2

在高频的情况下，磁珠的等效电路如图 3-55 所示。与电感的等效电路不同，电感由于线圈之间存在电容，因此电感的等效电路需要并联一个寄生电容，但是由于磁珠的铁氧体本身存在的高磁导率和高体电阻率，其内部的寄生电容非常小，因此无须考虑寄生电容的效应。

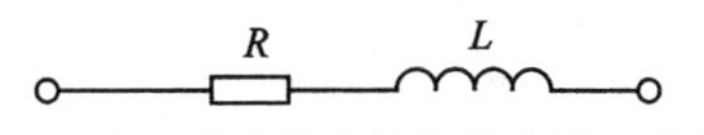

图 3-55 磁珠的高频等效电路示意图

电感一般用于电源滤波路径，其工作频率一般不会超过 50 MHz，磁珠用于信号路径的高频滤波和 EMI 辐射。在信号路径中，磁珠一般要防止来自两个方向的噪声：一是由设备本身辐射出来的噪声，也就是电磁干扰 EMI；二是外界的噪声进入设备，从而伤害设备，这就是电磁耐受(Electromagnetic Susceptibility，EMS)。如图 3-56 所示，VGA 总线对 EMI/EMS 非常敏感，在 VGA 总线上串联磁珠 FCM1608CF-

470T05，该磁珠在 100 MHz 时的特性阻抗为 47 Ω，可以很好地实现 EMC。

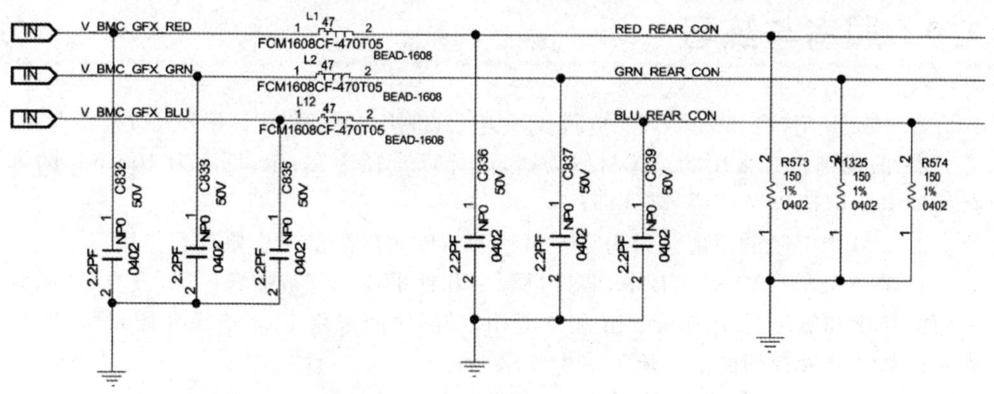

图 3－56　磁珠在 VGA 线路中防止 EMI 和 EMS 示意图*

在电缆中集成磁珠可以形成一个被动低通滤波器，从而在电缆上实现高频滤波，衰减高频的 EMI/RFI，如图 3－54 中 USB 电缆中突出的部分就是磁珠安装的位置。

在主板电源线路中，特别是 PLL 等高频元件的电源，需要防止高频噪声反馈到电源，从而造成电源完整性问题，通常会采用在电源和高频元件的电源引脚之间串联一颗磁珠，滤掉来自高频元件的高频噪声，如图 3－57 所示。

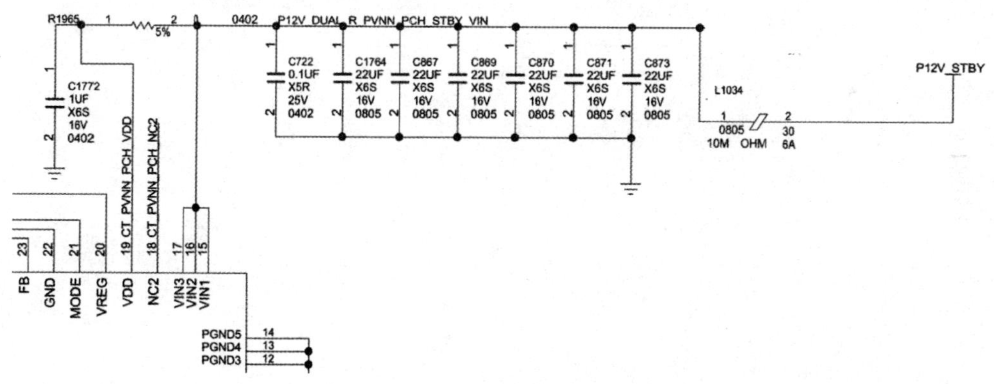

图 3－57　磁珠用于滤除高频元件的高频噪声示意图*

3.8　本章小结

本章主要对数字电路中的被动元器件的基本知识进行阐述，重点介绍了阻抗的概念、电阻、电容以及电感的理想特性、实际工作机制以及在高频和低频下各自的工作原理以及寄生效应，并详细说明了被动元件在电路中的作用，同时也阐述了几种特殊元件，即 0 欧姆电阻、磁珠和导线在高频数字电路中的基本原理和作用。由于篇幅有限，针对其他的一些被动元件，就没有一一阐述。

3.9 思考与练习

1. 什么是阻抗？试说明理想电阻、理想电容、理想电感的阻抗计算公式以及特点。

2. 假设键合线采用的导体材质为铜，试计算直径为 2 mil，长度为 100 mil 的键合线的电阻阻值以及单位长度电阻。

3. 0 欧姆电阻的阻值是否为零？试说明 0 欧姆电阻的工作原理和作用。

4. 在 Micro－ATX PCB 中，假设电源面和地平面全部被铺满一层，没有分隔，则平面的长度和宽度分别为 9.6 in 和 9.6 in，平面之间采用 FR4 绝缘介质材料，距离为 4 mil，请计算板间的漏电流为多少安培。

5. 根据题 4 的条件，计算板间电容容值。

6. 试说明电容高频等效电路的特性，并说明电容在数字电路中的具体作用。

7. 什么是趋肤效应？如何减小趋肤效应的影响？

8. 试计算 2 盎司铜，在频率为 10 GHz 的电流下，其趋肤深度为多少？

9. 什么是邻近效应？如何减小邻近效应的影响？

10. 什么是回路电感？如何减小回路电感？

11. 试说明磁珠和电感的异同点。

第4章

数字电路与接口技术

本章主要介绍了数字电路技术中的数值描述、逻辑门的基本特性和电气参数，重点介绍了如CMOS、TTL基础逻辑门的原理和电气参数，并就数字电路的I/O接口规范以及互连设计分析的注意事项进行了详细说明与阐述。

本章的主要内容如下：

- 数字电路的数值描述；
- 数字电路逻辑门的基本特性说明；
- CMOS的门闩效应；
- 数字电路的基础逻辑门原理和特性；
- 数字电路的I/O标准规范；
- 数字电路的I/O接口互连设计；
- 数字电路的电平转换。

4.1 数值描述

电子技术从诞生开始，相继经历了从模拟技术时代到数字技术时代。高速数字系统主要由模拟电路系统和数字电路系统构成。模拟电路系统处理的是模拟信号，而数字电路系统处理的是数字信号。模拟信号在时间上是连续变化的，幅值也是连续取值的。它可以采用数学表达式或者波形图来描述。在工程技术上，通常采用传感器将模拟量转化为电压和电流信号，并送入电子系统进一步分析处理。数字信号是在一系列离散的时刻取值，数值大小也是离散的信号。数字信号的表示方式一般采用二值数字逻辑或者逻辑电平描述。

理论上，所有的信号都是在时间和幅值上连续取值。然而，随着半导体器件材料、结构以及生产工艺的不断改进、提升，TTL、MOS、砷化镓的数字技术不断演进，数字电路可以很方便地采用基于TTL以及MOS的电子器件的开关特性来实现二值数字逻辑，以TTL电路为例，其二值逻辑与对应的电压关系如表4-1所列。

表 4-1 电压范围与逻辑电平的对应关系

电压/V	二值逻辑	逻辑电平
2.4～5	1	H(高电平)
0～1.5	0	L(低电平)

逻辑电平并不是真正的物理量,而是对物理量的相对表示。需要注意的是,表 4-1 采用的是正逻辑的表示方式,如果采用负逻辑来描述,则与电压的对应关系刚好相反,这也从另外一个方面说明逻辑电平只是对物理量的一种描述。通常情况下,都采用正逻辑表示。

4.1.1 逻辑门的基本特性

由数字电路的数值表示可知,数字电路中逻辑门需要像电子开关一样来判断输入和输出信号的高低电平逻辑。对于逻辑门来说,生产厂商会为用户提供各种逻辑门的基本特性,包括但不限于输入高电平 V_{IH}、输入低电平 V_{IL}、输出高电平 V_{OH}、输出低电平 V_{OL}、噪声容限(Noise Margin,NM)、传输延时以及功耗等。

4.1.2 输入/输出电平和电流阈值

如图 4-1 所示,最小输入高电平 V_{IH} 是指确保逻辑门的输入为高电平时所允许的最小输入电压,当信号电平大于该电平值时,逻辑门均判断该输入为高电平。最大输入低电平 V_{IL} 是指确保逻辑门的输入为低电平时所允许的最大输入电压,当信号

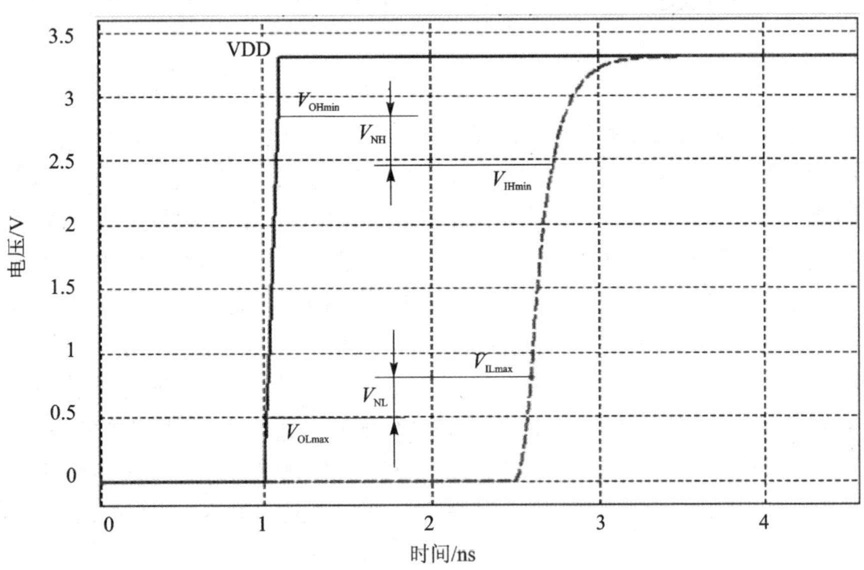

图 4-1 V_{IH}、V_{IL}、V_{OH}、V_{OL} 以及噪声容限示意图

电平小于该电平值时,逻辑门均判断该输入为低电平。最小输出高电平 V_{OH} 是指确保逻辑门的输出为高电平时所允许的最小输出电压,当信号电平大于该电平值时,逻辑门均判断该输出为高电平。最大输出低电平 V_{OL} 是指确保逻辑门的输出为低电平时所允许的最大输出电压,当信号电平小于该电平值时,逻辑门均判断该输出为低电平。

以 NXP 74ALS02 4 路 2 输入或非门为例,其 V_{IH}、V_{IL}、V_{OH}、V_{OL} 如表 4-2 所列。

表 4-2　NXP 74ALS02 输入和输出高低电压值

参　数	测试条件		电压/V		
			最小值	典型值	最大值
V_{CC}			4.5	5	5.5
V_{IHmin}			2		
V_{ILmax}			0.8		
V_{OHmin}	$V_{CC}(1\pm10\%)$, $V_{IL}=MAX$, $V_{IH}=MIN$	$I_{OH}=-0.4$ mA	$V_{CC}-2$		
V_{OLmax}	$V_{CC}=MIN$, $V_{IL}=MAX$, $V_{IH}=MIN$	$I_{OL}=4$ mA	0.4		
		$I_{OL}=8$ mA	0.5		

除了以上 4 个电平参数,逻辑门还有一个阈值电平 V_t。该电平是指电路刚刚勉强能够进行翻转动作的电平,该电平介于 V_{IH} 和 V_{IL} 之间。对于 CMOS 电路来说,V_t 基本上等于芯片电源的 1/2。要保证电路能够正常工作,需要确保驱动门的输出和负载门的输入电平的关系如下:

$$V_{OH} > V_{IH} > V_t > V_{IL} > V_{OL}$$

相应的,I_{OH} 是指逻辑门输出为高电平时的负载电流(拉电流);I_{OL} 是指逻辑门输出为低电平时的负载电流(灌电流);I_{IH} 是指逻辑门输入为高电平时的电流(灌电流);I_{IL} 是指逻辑门输入为低电平时的电流(拉电流)。

同样以 NXP 74ALS02 4 路 2 输入或非门为例,其 I_{IH}、I_{IL}、I_{OH}、I_{OL} 如表 4-3 所列。

表 4-3　NXP 74ALS02 输入和输出高低电压时的电流值

参　数	测试条件	最小值	典型值	最大值	单　位
V_{CC}		4.5	5	5.5	V
I_{IH}	$V_{CC}=MAX$, $V_I=2.7$ V			20	mA
I_{IL}	$V_{CC}=MAX$, $V_I=0.5$ V			−0.1	mA
I_{OH}				−0.4	mA
I_{OL}				8	mA

I_{IH}、I_{IL}、I_{OH}、I_{OL} 与门电路的扇入和扇出数直接相关。

要保证电路互连能够正常工作，就需要确保驱动门的输出和负载门输入的电流关系如下：

$$I_{\mathrm{OHmax}} > n \times I_{\mathrm{IHmax}}$$

$$I_{\mathrm{ILmax}} > n \times I_{\mathrm{OLmax}}$$

式中：n 表示负载电流中 I_{IH} 和 I_{IL} 的个数。

4.1.3 扇入和扇出

门电路的扇入数指的是门电路的输入端的数量，比如一个二输入的与门，其扇入数 $N=2$。门电路的扇出数指的是在正常工作情况下，能够驱动同类门电路的最大数量。如图 4－2 所示，由于门电路驱动负载，会出现拉电流和灌电流情形，因此在计算扇出数时相对复杂。在推挽式输出结构中，当输出高电平时，I/O 输出 PMOS 导通，NMOS 截止，电流从驱动门的输出 PMOS 流出，传送至负载的输入端，驱动端的电流就好像被负载端给拉出来，因此称为拉电流；而当输出低电平时，I/O 输出 PMOS 截止，NMOS 导通，驱动端的输出直接拉到地端，电流从负载端流向驱动端，驱动端的电流就好像是被负载端灌进来，因此称为灌电流。

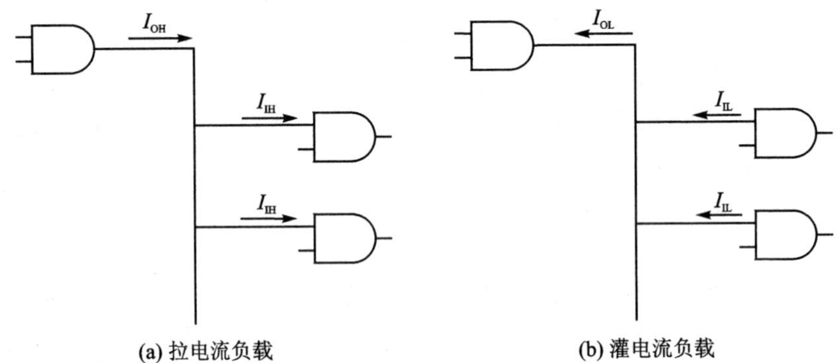

图 4－2　拉电流和灌电流图

总体来说，负载拉电流总量不能超过驱动门 I_{OH}，负载灌电流总量不能超过驱动门的 I_{IL}。利用公式来表示如下：

$$N_{\mathrm{OH}} = \frac{I_{\mathrm{OH}}(\text{驱动门})}{I_{\mathrm{IH}}(\text{负载门})}$$

$$N_{\mathrm{OL}} = \frac{I_{\mathrm{OL}}(\text{驱动门})}{I_{\mathrm{IL}}(\text{负载门})}$$

通常 N_{OH} 不等于 N_{OL}。当二者不相等时，取二者的较小值。考虑实际设计中的具体情形以及负载的输入容抗对信号品质的影响，需要有设计余地，因此会取一个相对于二者最小值更小的值来设计线路。

【例 4－1】 Fairchild DM74LS02 TTL 四路 2 输入或非门所带负载为 DM74LS02，其

中相应的参数如下：$I_{OH}=0.4\ mA$，$I_{OL}=8\ mA$，$I_{IH}=0.02\ mA$，$I_{IL}=4\ mA$，求最大可以连接多少个输入端？

解：根据题意，计算高电平输出时的扇出数：

$$N_{OH}=\frac{I_{OH}}{I_{IH}}=\frac{0.4\ mA}{0.02\ mA}=20$$

计算低电平输出时的扇出数：

$$N_{OL}=\frac{I_{OL}}{I_{IL}}=\frac{8\ mA}{0.4\ mA}=20$$

$N_{OH}=N_{OL}$。因此 DM74LS02 最大可以支持 20 个扇出连接，最多可以同时连接到 20 个输入端。

4.1.4　噪声容限

逻辑门驱动信号到负载的过程中，信号可能受到各种噪声的干扰，比如来自传输线阻抗不连续造成的反射以及来自邻近信号的串扰等，这些噪声会叠加到原来要传输的信号上并一同传输，如果叠加后的信号超过逻辑电平允许的范围，则负载端不能准确侦测到信号的逻辑电平，从而造成电路工作错误，反之则不受影响。通常把这个噪声范围称为噪声容限。电路噪声容限越大，抗干扰能力就越强。

如图 4－1 所示，噪声容限有输入高电平噪声容限和输入低电平噪声容限之分。输入高电平噪声容限的定义为

$$V_{NMH}=V_{OHmin}-V_{IHmin}$$

输入低电平噪声容限的定义为

$$V_{NML}=V_{ILmax}-V_{OLmax}$$

在高速数字接口中，由于数据传输速度越来越快，信号的摆幅越来越小，上升时间越来越短，因此对于高速数字系统的 SI 设计来说，需要确保信号传输过程中的噪声幅值在噪声容限之内。

【例 4－2】　根据表 4－2，求 NXP 74ALS02 芯片输入高、低电平的噪声容限。

解：根据题意，可知高电平的噪声容限为

$$V_{NMH}=V_{OHmin}-V_{IHmin}=V_{CC}-2\ V-2\ V=5\ V-2\ V-2\ V=1\ V$$

低电平的噪声容限为

$$V_{NML}=V_{ILmax}-V_{OLmax}=0.8\ V-0.4\ V=0.4\ V,\quad I_{OL}=4\ mA$$

$$V_{NML}=V_{ILmax}-V_{OLmax}=0.8\ V-0.5\ V=0.3\ V,\quad I_{OL}=8\ mA$$

4.1.5　传输延迟

逻辑门从侦测到输入信号并进行内部处理然后传输出来，需要一定的时间，这个时间称为传输延迟时间。传输延迟时间用来表示逻辑门开关切换速度，如图 4－3 所示。其中 t_r 和 t_f 分别表示输入信号的上升时间和下降时间，t_{THL} 和 t_{TLH} 分别表示

输出信号的下降时间和上升时间，t_{PHL} 和 t_{PLH} 分别用于表示信号的传输延迟时间。从图 4-3 中可以看出，t_{PHL} 和 t_{PLH} 分别是输出信号的下降沿、上升沿的中点与输入波形对应沿的中点之间的时间间隔。对于 CMOS 电路来说，由于输出级的互补对称性，t_{PHL} 和 t_{PLH} 相等。一般还可以采用平均传输延迟时间来表示，其公式为

$$t_{pd}=\frac{(t_{PHL}+t_{PLH})}{2}$$

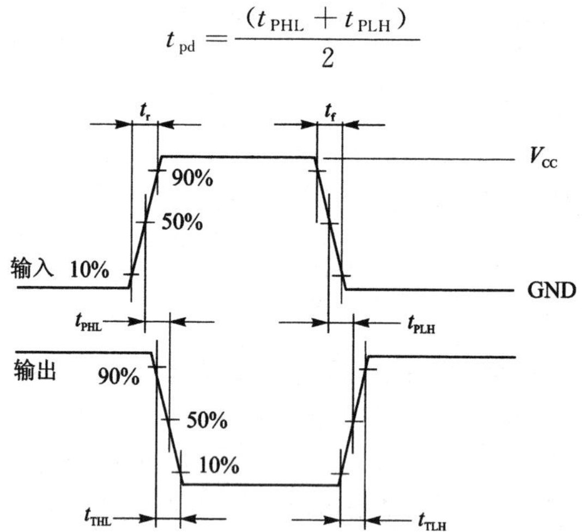

图 4-3　NXP 74HC 家族器件上升时间、下降时间、传输延迟时间示意图

表 4-4 所列为 NXP 74AUC1G00 两输入与非门的传输延迟时间。

表 4-4　NXP 74AUC1G00 两输入与非门的传输延迟时间

参　数	测试条件			T_{amb}(−40～+85 ℃)		
	V_{CC}/V	C_L/pF	R_L/kΩ	最小值/ns	典型值/ns	最大值/ns
t_{PHL}/t_{PLH}	0.8	15	2	—	4.7	—
	1.1～1.3	15	2	0.9	1.8	3.2
	1.4～1.6	15	2	0.5	1.4	2.2
	1.65～1.95	30	1	0.7	1.4	2.2
	2.3～2.7	30	0.5	0.5	1.2	2.0

传输延迟时间在数字时序逻辑中非常重要，设计不当容易造成系统逻辑紊乱——特别是会影响逻辑器件的建立时间和保持时间。

4.1.6　功耗和延时-功耗积

逻辑门在信号传输过程中会产生功耗。功耗可以分为静态功耗和动态功耗。静态功耗是指当电路处于稳态时的功耗。通常来说，CMOS 电路的静态功耗非常小。

当电路发生状态转换时，转换过程中产生的功耗称为动态功耗。动态功耗由两部分构成——短路功耗和开关功耗。短路功耗是指由于输入信号并不是理想的阶跃

信号，使得在信号的上升或下降过程中，某个电压输入范围会迫使输出 NMOS 和 PMOS 管同时导通，产生较大的电源到地的直流导通电流，从而引起开关过程中的短路功耗。如图 4－4 所示，MOS 管同时导通的时间越小越好，否则功耗会增大，严重时会烧坏逻辑门。短路功耗可以采用如下公式表示：

$$P_T = C_{PD} V_{DD}^2 f$$

式中：V_{DD} 表示逻辑门供电电源；C_{PD} 表示耗散电容（可在芯片的数据手册中查到）；f 表示输入信号的频率。如当 $V_{DD}=1.8$ V 时，NXP 74AUC1G100 的 C_{PD} 为 14 pF。

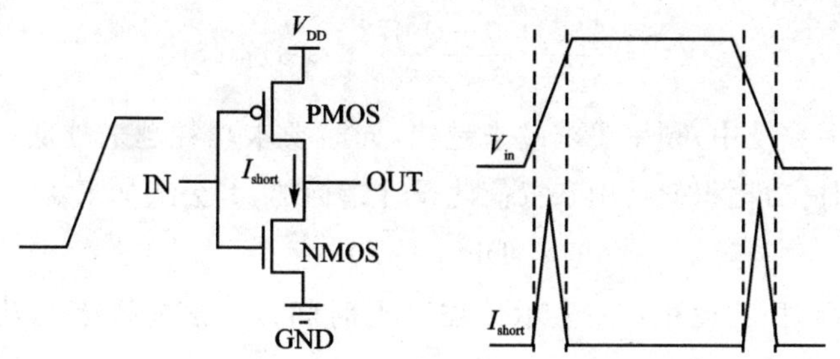

图 4－4　短路功耗示意图

另外一部分功耗称为开关功耗，是指电路在开关过程中对输出节点的负载电容进行充放电，从而产生的功耗，如图 4－5 所示。这部分的功耗用公式表示为

$$P_L = C_L V_{DD}^2 f$$

式中：C_L 表示负载电容；f 表示输出信号的频率；V_{DD} 表示芯片的供电电压。

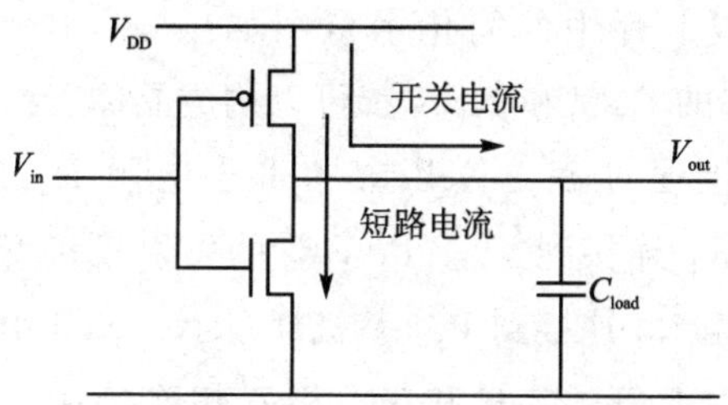

图 4－5　逻辑门功耗产生示意图

由此可知，逻辑门动态功耗为

$$P_D = P_T + P_L = C_{PD} V_{DD}^2 f_i + C_L V_{DD}^2 f_o$$

因此，逻辑门的整体功耗与电容、供电电源以及输入/输出频率相关。现代逻辑电平的发展趋势是在频率要求越来越快的前提下，设计越来越低的逻辑电平器件来降低功耗。在芯片的数据手册中，通常会给出动态总功耗以及耗散电容的规格，从而可知在一定的频率和供电电源下负载电容的最大范围，进而可知逻辑门能够驱动的负载的数量。

【例 4-3】 当 $V_{DD}=1.8\ \text{V}$，$f_i=f_o=50\ \text{MHz}$ 时，根据 NXP 74AUC1G100 的数据手册，求该逻辑门最大支持的负载电容值是多大？

解： 根据题意，从数据手册可知，NXP 74AUC1G100 的 C_{PD} 是 14 pF，P_D 的最大值为 250 mW，根据公式可得

$$P_D = C_{PD}V_{DD}^2 f_i + C_L V_{DD}^2 f_o$$

$$250\ 000 = 14 \times 1.8^2 \times 200 + C_L \times 1.8^2 \times 200 = 9\ 072 + 648C_L$$

从而可得

$$C_L = \frac{250\ 000 - 9\ 072}{648} \approx 317\ (\text{pF})$$

在高速数字系统中，频率要求越来越快，同时要求功耗越来越低，在工程中需要进行权衡。延时-功耗积就是用来权衡此设计指标的，其公式如下：

$$DP = t_{pd}P_D$$

式中：DP 表示延时-功耗积；t_{pd} 表示传输延迟时间；P_D 表示动态总功耗。DP 值越小，越接近理想情况。

4.2 CMOS 的门闩效应

门闩效应(Latch Up)是 CMOS 必须注意的现象，若处理不当，则会导致整个芯片失效，而且与 ESD(静电保护)紧密相关。

CMOS 电路在集成芯片中的简化示意图如图 4-6 所示，从图中可以看出，CMOS 电路中任何相邻的 PNP 和 NPN 都可以构成晶体管。其中 NPN 管的发射极接 V_{ss}/IN/OUT，集电极通过 N-well 中的寄生电阻 R_1 连接到 V_{dd}，基极通过 P-sub 上的寄生电阻 R_2 连接到 V_{ss}。PNP 管的发射极接 V_{dd}/IN/OUT，集电极通过 P-sub 上的寄生电阻 R_2 连接到 V_{ss}，基极通过 N-well 中的寄生电阻 R_1 连接到 V_{dd}。因此，PNP 管和 PNP 管的基极和集电极互相连接在一起，形成了一个 PNPN

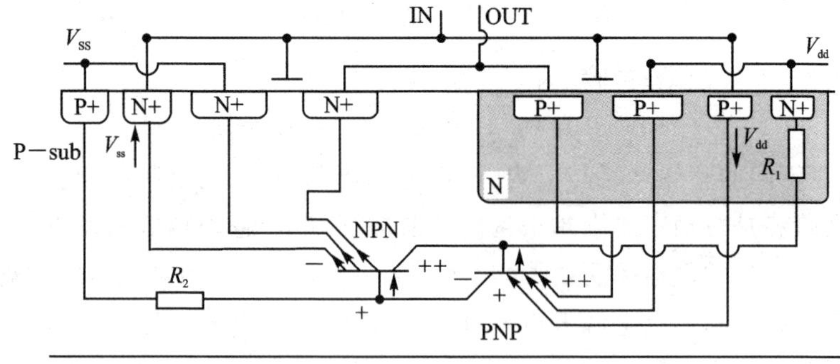

图 4-6 CMOS 门闩效应示意图

结构。其等效示意图如图4-7所示。

由于寄生电阻R_1的存在，PNP的基极电压可能小于发射极电压，从而使PNP的发射极和基极正偏，同时，由于寄生电阻R_2的存在，NPN的基极电压可能高于发射极电压，从而使NPN的发射极和基极正偏。另外，由于R_1、R_2的存在，PNP和NPN的集电极和基极之间存在反偏的可能。根据晶体管电流放大特性，PNP和NPN将同时被触发导通，在电源和地之间将形成一个低阻抗大电流通路。由于PNP和NPN的集电极和基极相互连接，在满足某种情况下，将形成正反馈回路，电流将迅速增大，从而烧毁整个芯片。

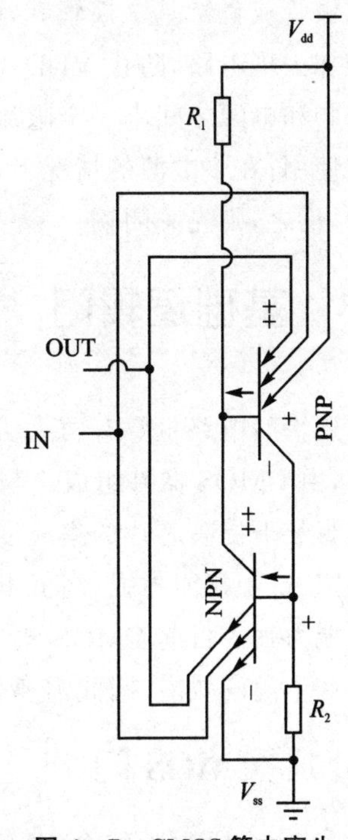

图4-7 CMOS管内寄生晶体管连接示意图

产生门闩效应的条件如下：

$$(I_{b(NPN)}\beta_{NPN}-I_{R_1})\beta_{PNP}-I_{R_2}>I_{b(NPN)}$$

式中：$I_{b(NPN)}$表示NPN的基极电流；I_{R_1}和I_{R_2}分别表示流过寄生电阻R_1和R_2的电流；β_{NPN}和β_{PNP}分别表示NPN和PNP的电流放大倍数。

随着IC制造工艺的发展，封装密度和集成度越来越高，产生门闩效应的可能性越来越大。需要在IC设计以及板级设计两方面对CMOS的门闩效应进行防护。从IC设计的角度来看，可以改变基体的金属掺杂来降低晶体管的电流放大倍数、避免源端和漏端正偏、在重掺杂的基体上增加一个轻掺杂层、使用Guard ring等来实现。

在板级设计中，主要有如下几方面会引起芯片的门闩效应：芯片供电电源的上电太快、I/O信号变化太快、ESD静电加压、负载过大等。如图4-8(a)和(b)所示，在

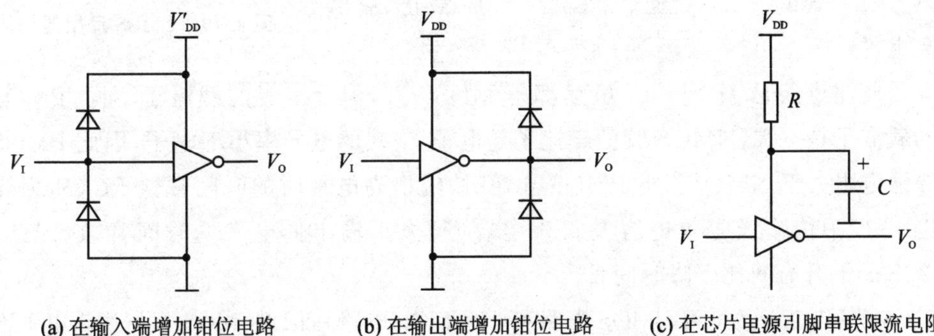

(a) 在输入端增加钳位电路　(b) 在输出端增加钳位电路　(c) 在芯片电源引脚串联限流电阻

图4-8 输入端增加钳位电路、输出端增加钳位电路、电源引脚增加RC电路

实际板级电路设计时，可以采用在输入端和输出端增加钳位电路，如导通压降较低的锗二极管或肖特基二极管等，确保输入和输出不超过规定电压；同时在芯片的电源引脚增加去耦电路，防止 VDD 端出现瞬间的高压；在小电流的情况下，可以在芯片电源引脚和电源之间串一个限流电阻，如图 4-8(c)所示，但会降低电源的利用率，需慎重使用；在多电源的情况下，先开启 COMS 芯片的电源，再开启输入信号和负载的电源，反之，则先关闭输入信号和负载电源，再关闭 CMOS 芯片的电源。

4.3 基础逻辑门

逻辑门电路主要有两大类：一类是 TTL 电路，由晶体管组成；另一类是 CMOS 电路，由 CMOS 器件组成。与 TTL 电路相比，CMOS 电路静态功耗低，有利于在特定的封装下提高芯片的集成度，输入阻抗高、输出阻抗低、扇出能力强、供电电源电压范围宽、抗干扰能力强、高低电平噪声容限基本相等、逻辑摆幅大、温度稳定性高、抗辐射能力强。目前 CMOS 集成逻辑电路比 TTL 电路应用更为广泛。CMOS 电路容易产生门闩效应，因此需要特别注意。

4.3.1 CMOS 门

图 4-9 所示为一个 CMOS 反相器。该反相器由一个 P 沟道 MOS 管 T_1 和一个 N 沟道 MOS 管 T_2 组成，T_1 和 T_2 的栅极相连并作为信号的输入，T_1 和 T_2 的漏极相连并作为信号的输出，T_1 的源极接电源 V_{DD}，T_2 的源极接地。

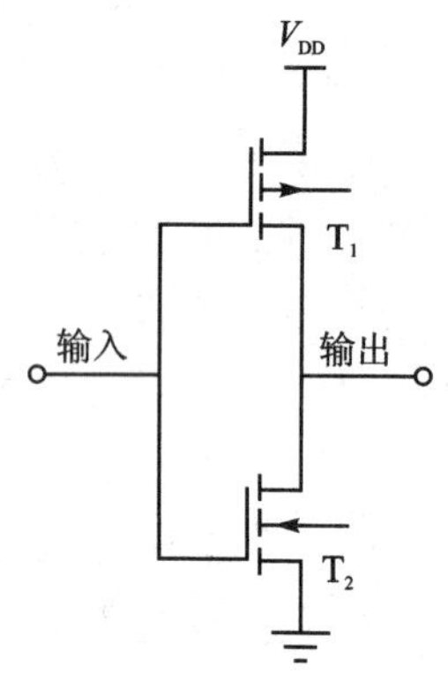

图 4-9 CMOS 反相器

当输入信号为高电平 V_{DD} 时，$V_{GS(T1)}=0$，T_1 截止，$V_{GS(T2)}>0$，T_2 导通，输出为低；而当输入信号为低电平时，$V_{GS(T1)}=-V_{DD}$，T_2 导通，$V_{GS(T2)}=0$，T_2 截止，输出为高电平。

需要注意的是，T_1 和 T_2 虽然都是 MOSFET，但是二者的载流子不同，PMOS 管的载流子是空穴，NMOS 管的载流子是电子，空穴的电导率小于电子，因此 PMOS 的导通电阻大于 NMOS。当 PMOS 导通时，输出高电平时的时间常数 RC（R 为导通电阻、C 为传输线等效电容及寄生电容等）大于输出低电平的时间常数，因此，CMOS 的上升时间比下降时间长。

CMOS 电路分为 5 V CMOS 电路和 LVCMOS 电路，而 LVCMOS 根据逻辑电平不同，可分为 3.3 V LVCMOS、2.5 V LVCMOS、1.8 V LVCMOS、1.5 V LVCMOS、1.2 V LVCMOS、0.8 V LVCMOS 等，其基本参数如表 4-5 所列。

表 4-5　CMOS 电路的基本参数表

CMOS 电路	V_{DD}/V	V_{OH}/V	V_{IH}/V	V_T/V	V_{IL}/V	V_{OL}/V	GND/V
5 V CMOS	4.5～5.5	5	4.44	3.5	2.5	1.5	0.5
3.3 V LVCMOS	2.7～3.6	3.3	2.4	2	1.5	0.8	0.4
2.5 V LVCMOS	2.3～2.7	2.5	2.3	1.7	1.2	0.7	0.2
1.8 V LVCMOS	—	1.8	1.35	1.17	0.9	0.63	0.2
1.5 V LVCMOS	—	1.5	—	—	—	—	—
1.2 V LVCMOS	—	1.2	—	—	—	—	—
0.8 V LVCMOS	—	0.8	—	—	—	—	—

CMOS 器件是电压控制器件。当输入端悬空时，悬空的输入端电压将靠近 CMOS 的门槛电压，使芯片内部寄生二极管做不必要的开关动作，增加了噪声干扰和系统功耗。同时 CMOS 器件输入阻抗高，微小的电流变化很容易被 CMOS 器件捕捉到，悬空的输入端容易造成 CMOS 器件误操作。因此，在保证 CMOS 器件功能的前提下，需要使用上拉或者下拉电阻把悬空的输入端与电源或者地相连，确保其输入为一个稳定值。如或门 CMOS 器件的悬空的输入端需要通过下拉电阻拉到地，与门 CMOS 器件的悬空输入端需要通过上拉电阻与电源相接。

4.3.2　TTL 门

图 4-10 所示为 TTL 反相器逻辑示意图。相较于 CMOS 反相器，TTL 反相器显得更为复杂，它采用了 4 个 BJT 晶体管，分为输入级、倒相级以及输出级。

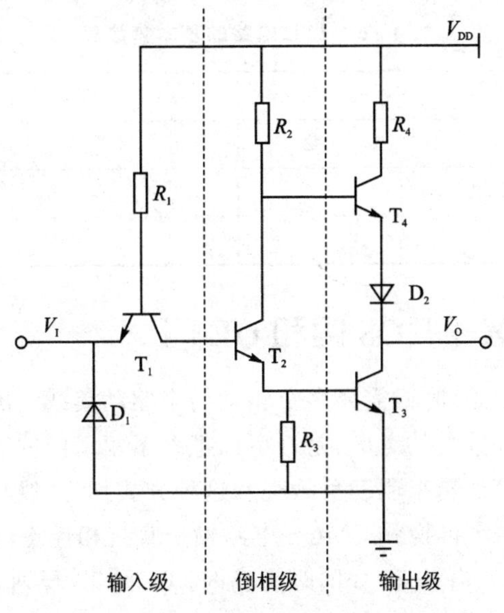

图 4-10　TTL 反相器逻辑示意图

假设 V_{DD}=5 V,当输入 V_I=0 V 时,也就是输入低电平时,T_1 处于深度饱和状态,T_1 的基极电压等于 1 V,此时,T_2、T_3 截止,忽略流过 R_2 的电流,则 T_4 管的基极电压约等于 V_{DD} 电压,也就是 5 V,则 T_4 管导通,同时 D_2 管也会导通,输出 $V_O \approx V_{DD} - V_{BE}(T_4) - V_{D_2} = 5 - 0.7 - 0.7 = 3.6$ (V)。

当输入 V_I=3.6 V 时,也就是输入高电平时,只要 T_2、T_3 的存在,当 T_2 的基极电压为 1.4 V 时,T_2 和 T_3 将全部导通,因此 T_2 的基极电压将钳位在 1.4 V,同时若 T_1 的集电极正偏,则 T_1 的基极电压将被钳位在 2.1 V,因此当输入 3.6 V 时,T_1 将处于倒置状态。由于 T_2 饱和导通,因此 T_2 的集电极电压是 1 V,也就是 T_4 的集电极电压为 1 V。同时 T_3 饱和导通,则输出电压 V_O 约等于 T_3 的集电极电压,也就是 0.3 V。由此可知,T_4 和 D_2 同时截止。

在输入级,可以采用多发射极的 T_1 管来实现与非门,在提高集成度的同时,可以加快存储电荷的耗散过程。但输入级的输入阻抗不高,对外界噪声不敏感,可以把不用的输入端悬空(相当于高电平)或者根据输入和输出逻辑把输入信号通过上拉电阻或者下拉电阻与电路电源或者地相连。在输出级,采用推挽式输出级,输出阻抗比较小(大约 15 Ω),可迅速给负载电容充放电。但采用 TTL 电路驱动时,信号电平一般过冲都会比较严重,这是由于 TTL 电路输出阻抗小,一般可以在源端串联一个 22~33 Ω 电阻来实现阻抗匹配,消除过冲。

与 CMOS 电路类似,TTL 电路也分为 5 V TTL 电路和 LVTTL 电路,而 LVCMOS 根据逻辑电平不同,可分为 3.3 V LVCMOS 和 2.5 V LVCMOS 等,其基本参数如表 4-6 所列。对照表 4-5 和表 4-6 可知,3.3 V LVCMOS 和 3.3 V LVTTL 的各项参数相同,可以互连,甚至在 FPGA/CPLD 设计时,可以互换。

表 4-6 TTL 电路的基本参数表

TTL 电路	V_{DD}/V	V_{OH}/V	V_{IH}/V	V_T/V	V_{IL}/V	V_{OL}/V	GND/V
5 V TTL	4.5~5.5	5	2.4	2	1.5	0.8	0.4
3.3 V LVTTL	3~3.6	3.3	2.4	2	1.5	0.8	0.4
2.5 V LVTTL	2.3~2.7	2.5	2	1.7	1.2	0.7	0.2

4.3.3 OD 门、OC 门、OS 门和 OE 门

在数字线路设计中,有时候需要多个驱动门来驱动负载。出于 PCB 布局布线以及减少系统中整体零件数量的考虑,是否可以把多个驱动门的输出直接连接在一起,形成一个“与”或者“或”逻辑来驱动负载呢?这种方式称为“线与”或者“线或”逻辑。

图 4-11 所示为两个推挽式 CMOS 电路输出直接相连逻辑示意图,A 和 B 为输入信号,Y 为输出信号。当 A 和 B 同时为高时,T_2 和 T_4 导通,Y 被拉到地,输出低电平。当 A 和 B 同时为低时,T_1 和 T_3 导通,Y 被上拉到 V_{DD},输出高电平。这些逻

辑均可以有效反映出正确的输出逻辑。但是，当A和B输入不同的电平逻辑时，比如A为高电平，B为低电平，此时T_2和T_3导通，T_1和T_4截止。由于T_2和T_3的导通，从而形成了一个从V_{DD}到地的低阻抗的大电流路径，这个电流会远远超过逻辑门的工作范围，从而把逻辑门给烧毁。因此，推挽式CMOS电路不能直接相连驱动负载。

相比于图4－11，图4－12中以虚线为界，左边拿掉PMOS管，只留下NMOS管，NMOS的源极接地，漏极悬空，该逻辑门称为漏极开漏门(Open Drain，OD)。从图中可以看出，当A和B有任何一个为高电平时，T_2或者T_4至少有一个导通，则输出Y为低；当A和B同时为低电平时，T_2和T_4同时截止，则输出Y为悬空，也就是高阻状态——这个逻辑准确。采用OD门逻辑可以实现“线与”逻辑。

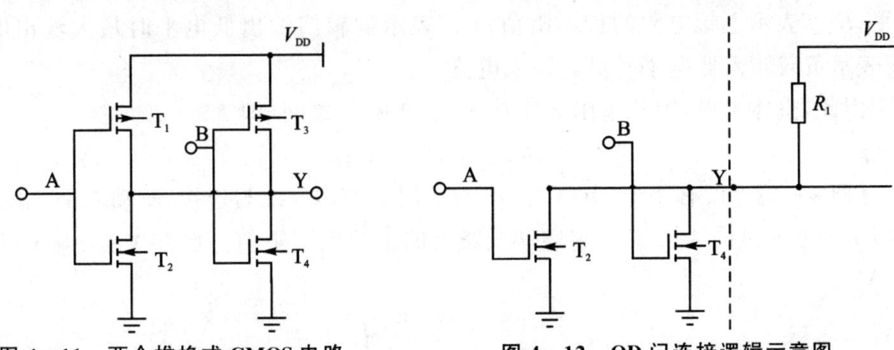

图4－11　两个推挽式CMOS电路输出直接相连逻辑示意图

图4－12　OD门连接逻辑示意图

除非有特别需要，一般需要在OD逻辑门外部透过电阻上拉到一个特定的电源，形成一个特定的高电平逻辑。该电源可以和逻辑门电源相同，也可以不同。因此，OD门可以实现电平转换和信号的跨电源域传输。同时，推挽式输出结构的PMOS有最大的电流限制，采用OD门＋上拉电阻的模式，可以通过调整上拉电阻的阻值来满足负载对较高驱动电压和较大负载电流的需要，具有一定的灵活性。

但OD门也有缺点，最明显的就是上升时间的增加以及功耗的增大。因为上升沿是通过外接上拉电阻对负载充电来实现，因此当电阻阻值小时，延时小，但功耗大。当电阻阻值大时，延时大，但功耗小。因此，如果对延时有要求，则建议用下降沿输出。

外接上拉电阻的阻值需要特别设计，不能过小，也不能过大——其基本原则是，满足逻辑门的基本参数要求。

当输出高电平时，上拉电阻为最大值时需要保证逻辑门的输出电压为V_{OHmin}。根据基尔霍夫电流定律，可知R_1上的电压值为

$$V_{DD}-V_{OHmin}=(n\times I_{OZ}+m\times I_{IH})\times R_{max}$$

$$R_{max}=\frac{V_{DD}-V_{OHmin}}{n\times I_{OZ}+m\times I_{IH}}$$

式中：n 表示驱动门的个数；m 表示负载的数量；V_{DD} 表示上拉电压；V_{OHmin} 表示驱动逻辑门的最小输出高电平；R_{max} 表示上拉电阻的最大阻值；I_{OZ} 表示全部驱动门输出高电平时的漏电流总和；I_{IH} 表示负载输入高电平时最大输入电流。

当输出低电平时，上拉电阻为最小值时需要保证逻辑门的输出电压为 V_{OLmax}。根据基尔霍夫电流定律，可知 R_1 上的电压值为

$$I_{OL} = \frac{V_{DD} - V_{OLmax}}{R_{min}} + m \times I_{IL}$$

$$R_{min} = \frac{V_{DD} - V_{OLmax}}{I_{OL} - m \times I_{IL}}$$

式中：m 表示负载的数量；V_{DD} 表示上拉电压；V_{OLmax} 表示驱动逻辑门的最大输出低电平；R_{min} 表示上拉电阻的最小阻值；I_{OL} 表示逻辑门输出低电平时最大输出电流；I_{IL} 表示负载输入低电平时最大输入电流。

因此，整体来说，上拉电阻必须在 R_{min} 和 R_{max} 之间，即

$$R_{min} \leqslant R \leqslant R_{max}$$

【例 4-4】 设有 4 个 OD CMOS 与非门 74HC03 线与连接，驱动 1 个 3 输入与非门 74LS10（见图 4-13）。求驱动线路上的上拉电阻阻值。已知 $V_{DD}=5\ \text{V}$，$I_{OZ}=5\ \mu\text{A}$。

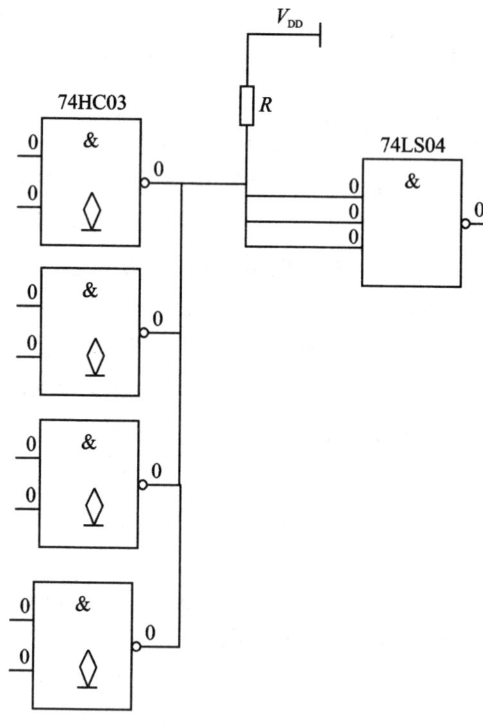

图 4-13　例 4-4 电路示意图

解：查数据手册，可知 74HC03 的参数为 $V_{OHmin}=3.84\ V$，$V_{OLmax}=0.33\ V$，$I_{OLmax}=4\ mA$，74LS10 的参数为 $I_{IH}=20\ \mu A$，$I_{IL}=0.4\ mA$。

当 OD 门输出高电平时，根据公式，可知：

$$R_{max}=\frac{V_{DD}-V_{OHmin}}{n\times I_{OZ}+m\times I_{IH}}=\frac{5\ V-3.84\ V}{(4\times 5\times 10^{-3}+3\times 20\times 10^{-3})\ mA}$$

$$=\frac{1.16\ V}{0.08\ mA}=14.5\ k\Omega$$

当 OD 门输出低电平时，根据公式，可知：

$$R_{min}=\frac{V_{DD}-V_{OLmax}}{I_{OL}-m\times I_{IL}}=\frac{5\ V-0.33\ V}{4\ mA-0.4\ mA}=\frac{4.67\ V}{3.6\ mA}\approx 1.3\ k\Omega$$

所以，上拉电阻的取值应该大于 1.3 kΩ，小于 14.5 kΩ。考虑上升时间的情况，可以采用 2 kΩ 来作为上拉电阻的取值。

类似的，采用推挽式输出的 TTL 电路输出不能直接连接在一起，否则 TTL 电路将会被烧毁。如果拿掉 PNP 管，只剩下 NPN 管，则 NPN 管的射极连接到地，集电极悬空，如图 4－14 所示，这样的电路称为集电极开路门（Open Collector，OC）。与 OD 门一样，OC 门同样可以实现线与逻辑，其特性与 OD 门相同。

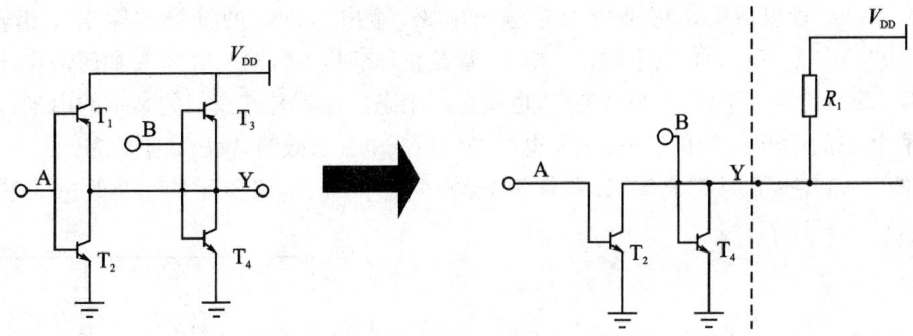

图 4－14　TTL 推挽式输出直连（左）与 TTL OC 门输出直连（右）示意图

如果修改 CMOS 推挽式输出电路，保留 PMOS 管，而拿掉 NMOS 管，则 PMOS 管的漏极与电源直接相连，源极悬空，此时，输入为低，则 PMOS 管导通，输出为高；如果输入为高，则 PMOS 截止，输出为悬空，即高阻态，此电路称为源极开路门（Open Source，OS）。多个 OS 门输出也可以直连，形成一个线或逻辑。

与 OS 类似，对 TTL 电路进行同样处理，称为射极开路门（Open Emitter，OE）。多个 OE 门输出也可以直连，形成一个线或逻辑。

除非有特别设计，一般情况下，OS 和 OE 门的输出都需要进行下拉设计，以确保输出逻辑电平的正确性。下拉电阻的取值和上拉电阻的取值类似，都需要基于逻辑门的参数，根据基尔霍夫电流定律进行计算，并确认取值。

OS 门和 OE 门的逻辑示意图如图 4－15 所示。

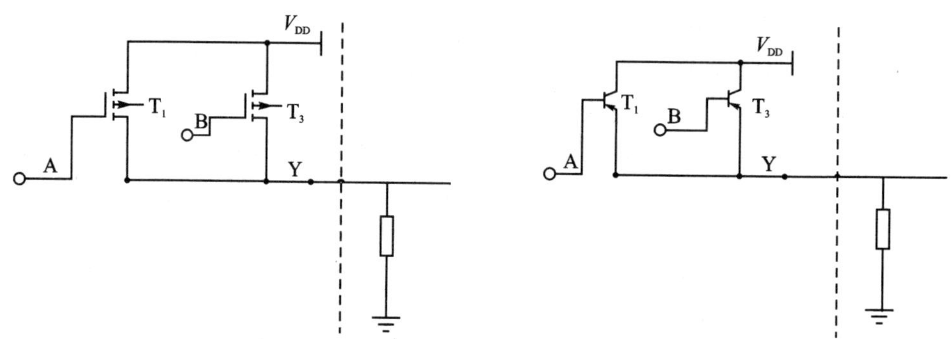

图 4-15 两个 OS 门直连输出(左)和两个 OE 门直连输出(右)逻辑示意图

4.3.4 三态门

推挽式输出电路和 OD/OC 门输出电路各有优缺点。如何把推挽式输出电路和 OD/OC 的优点结合起来，并节省 PCB 布板面积，同时节省上拉电阻，这个就需要三态门(Tristate Logic)结构。三态门既保留了推挽式输出电路结构，同时又可以实现多个输出直接进行线与逻辑。

图 4-16 所示为基于 CMOS 逻辑的三态门。当 EN 为低电平时，T_1 和 T_4 管导通，T_2 和 T_3 管组成一个标准推挽式输出电路，输出和正常的推挽式输出反相器相同，Y=！A。当 EN 为高电平时，T_1 和 T_4 管截止，此时，不管输入信号 A 如何动作，输出 Y 悬空，既不是高电平，也不是低电平，也就是高阻态。这就是三态门的名字的由来，该门有三种状态的输出：0、1 和 Z 态。EN 也可以采用低电平有效时，输出高阻状态。

图 4-17 所示为基于 TTL 器件组成的三态门。该电路实际是一个改进的三输

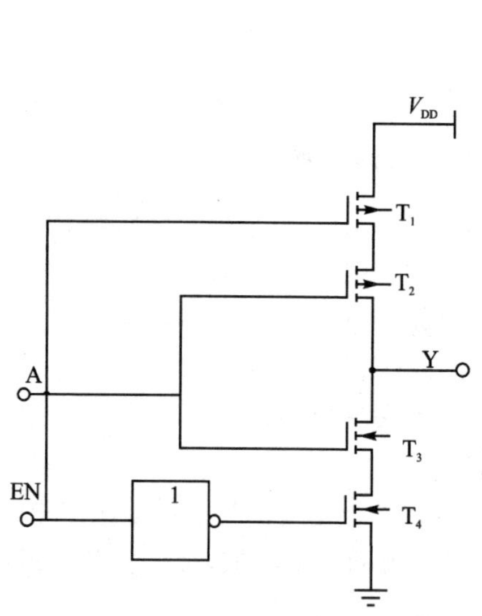

图 4-16 基于 CMOS 器件组成的三态门

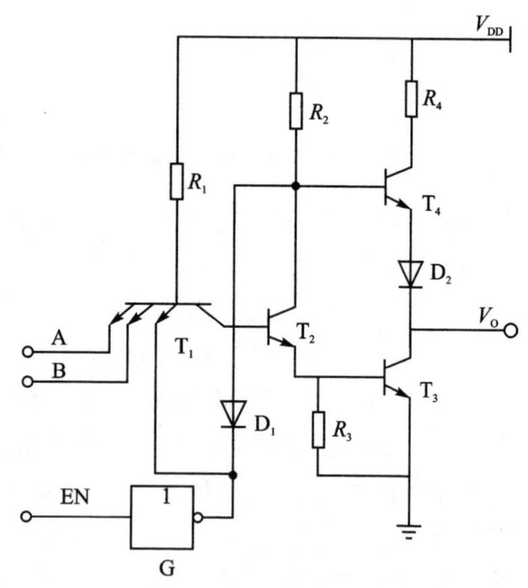

图 4-17 基于 TTL 器件组成的三态门

入与非门，其中 T_1 为多发射极 NPN 管，发射极之一接输入使能信号 EN，其余发射极接输入信号。当 EN 为高电平时，G 输出为低电平，T_1 饱和导通，T_2 和 T_3 截止，同时 T_4 基极电压被二极管 D_1 钳位在 0.7 V，因此 T_4 和 D_2 截止，输出 V_O 开路，既不是高电平，也不是低电平，为高阻态。当 EN 为低电平时，G 输出为高电平，整个电路和普通的三输入与非门无异，输出 V_O 输出根据输入信号 A 和 B 的逻辑状态而输出高电平或者低电平。因此，采用 TTL 器件也可以实现三态门逻辑。

三态门电路主要应用于总线结构中，如图 4－18 所示。当有多个器件共享同一个总线时，在任何时刻只有一个器件作为总线的发起者，通过三态输出电路使能，把要传输的信号传送到总线上，其他器件的三态输出电路均处于高阻状态。

三态门也可以用于端口进行信号双向传输，如图 4－19 所示。采用两个三态门，其中一个三态门的使能高有效，另外一个使能低有效。端口采用同一个使能信号，当使能信号为高时，端口作为输出，把要传输的信号传送到总线上；当使能信号为低时，端口作为输入，端口接收来自总线上的信号。

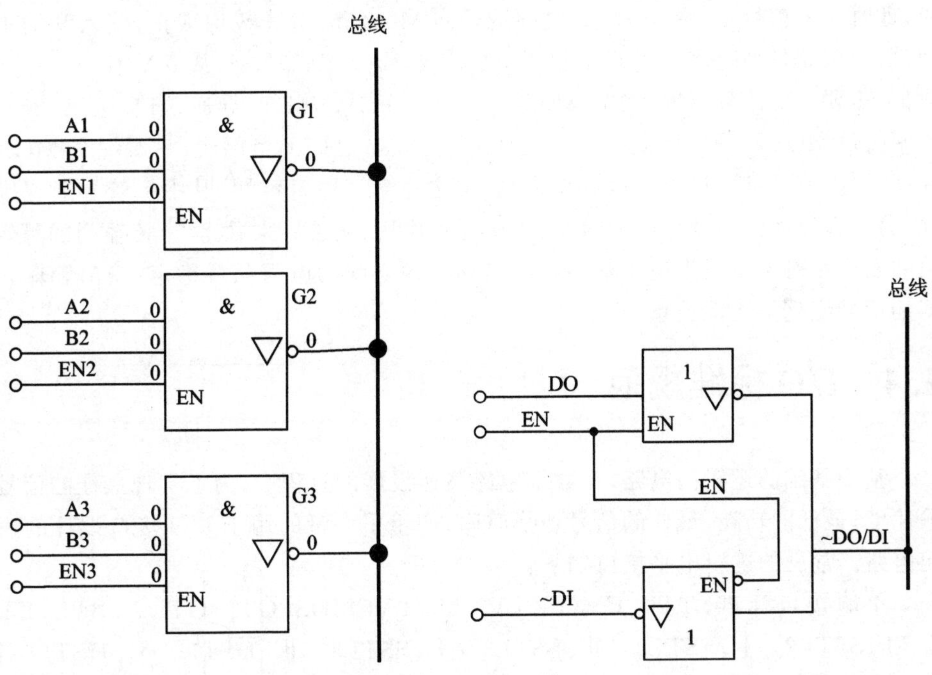

图 4－18　三态输出电路用于总线结构示意图　　图 4－19　三态门用于双向端口逻辑示意图

4.3.5　传输门

传输门是一类特殊的 CMOS 器件，通常用于双向信号的开关电路控制，其基本结构如图 4－20 所示。

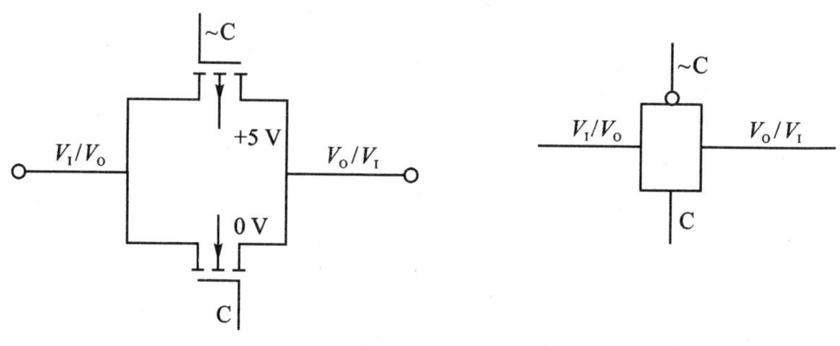

图 4-20　传输门电路(左)及符号(右)

该传输门采用一个结构对称的 PMOS 和 NMOS 组成,漏极和源极可以互换,其中 PMOS 的衬底接 5 V,NMOS 的衬底接 0 V(数字电路)或者 −5 V(模拟电路)。PMOS 和 NMOS 的栅极接入一对互补的控制信号。

假设 PMOS 和 NMOS 的开启电压 $|V_T|=2$ V,则当 C 端接 0 V,~C 端接 +5 V 时,此时输入信号 V_I 在 0～5 V 之间取值,PMOS 和 NMOS 均截止,输入和输出之间端口,也就是高阻态。当 C 端接 +5 V,~C 端接 0 V 时,V_I 从 0 V 往 +5 V 之间取值,需要考虑两种情况,当 V_I 处于 0～3 V 之间时,NMOS 导通;当 V_I 处于 2～5 V 之间时,PMOS 导通。因此,当 V_I 处于 0～+5 V 之间的范围时,只有一个 MOS 管导通,输入信号可以自由传送到输出端,反之亦然。同时可知,其中一管导通程度愈深,另一管导通程度就相应的减小,由于互补作用,从外界来看,整个传输门的等效电阻的变化相对于单管来说小很多。输出和输入之间的电阻相对稳定,输出和输入之间的信号变化呈线性关系。

4.4　I/O 标准规范

基于基础的逻辑门电路,在数字电路飞速发展的过程中,为了实现最佳的信号传输速度、最低的功耗、最佳的信号切换时间,产生了大量的用于 I/O 接口设计的逻辑门电路。常见的逻辑电平接口如下:

单端接口标准:TTL、CMOS、LVTTL、LVCMOS、GTL/GTL+、BTL、ETL、SSTL、SSTL2-Ⅰ、SSTL2-Ⅱ、SSTL3-Ⅰ、SSTL3-Ⅱ、HSTL-Ⅰ、HSTL-Ⅱ、HSTL-Ⅲ、HSTL-Ⅳ、HSUL_12、POD12、POD10 等。

差分接口标准:ECL/PECL/LVPECL、LVDS/BLVDS/MLVDS/LP-LVDS、CML、DIFF_HSTL、DIFF_SSTL、DIFF_HSUL、TMDS、PPDS、RSDS 等。

以上常见的逻辑电平接口有一些已经纳入了各种行业标准,成为各个行业共同遵循的规范,如表 4-7 所列。

表 4-7 逻辑电平接口的行业标准

逻辑接口电平	行业标准规范
RS232	ANSI/TIA/EIA-232-F-1997
RS422	ANSI/TIA/EIA-422-B
RS485	ANSI/TIA/EIA-485-A
LVTTL/LVCMOS	JESD8-5,JESD8-B
SSTL	JESD8-8,JESD8-9B,JESD8-15
HSTL	JESD8-6
POD12	JESD8-24
LVDS	ANSI/TIA/EIA 644
SCI-LVDS	IEEE 1596.3
MLVDS	ANSI/TIA/EIA 899—2001

随着芯片的集成度越来越高,在同一个芯片内集成各种不同的功能模块,相应地也会集成各种不同的 I/O 标准。比如,Intel 最新的至强 Xeon SP 服务器 CPU 集成了 DDR4 内存控制器、PCIe 控制器、DMI 控制器、QPI 控制器以及各种 GPIO 和低速总线,如 I^2C、PECI 等。各种不同功能模块采用的 I/O 标准接口各不相同,比如 DDR4 采用的是 SSTL 标准,PCIe 时钟采用的是 LPHCSL 标准等。

在 FPGA/CPLD 设计中,必须认真准确地进行 I/O 设计,否则即使代码正确,系统还是实现不了不同目标功能,甚至可能导致芯片或者电路毁坏。比如:Intel Cyclone 10 GX 系列 FPGA 支持的 I/O 标准规范包括:

单端 I/O 标准规范——LVTTL/LVCMOS(3.0 V/2.5 V/1.8 V/1.5 V/1.2 V)、SSTL-18、SSTL-15、SSTL-135、SSTL-125、SSTL-12 Class Ⅰ、SSTL-12 Class Ⅱ、HSTL-18、HSTL-15、HSTL-12 Class Ⅰ、HSTL-12 Class Ⅱ、HSUL-12、POD12。

差分 I/O 标准规范——DIFF SSTL-18、SSTL-15、SSTL-135、SSTL-125、SSTL-12 Class Ⅰ、SSTL-12 Class Ⅱ、DIFF HSTL-18、HSTL-15、HSTL-12 Class Ⅰ、HSTL-12 Class Ⅱ、DIFF HSUL-12、DIFF POD12、LVDS、RSDS、mini-LVDS、LVPECL。

在采用此 FPGA 进行设计时,需要准确选择对应的 I/O 标准。

4.4.1 常见的单端 I/O 标准规范

1. SSTL 标准

SSTL(Stub Series Terminated Logic,短截线串联端接逻辑)是 JEDEC 所认可的标准之一。该标准主要用于高速内存接口,根据 V_{CCIO} 电压不同,SSTL 又细分为 SSTL_3(3.3 V)、SSTL_2(2.5 V)、SSTL_18(1.8 V)、SSTL_15(1.5 V)、SSTL_135

(1.35 V)、SSTL_125(1.25 V)和 SSTL_12(1.2 V),后缀表示 V_{CCIO} 电压,对应的参考电压 V_{REF} 为 V_{CCIO} 的一半,也就是 1.5 V、1.25 V、0.9 V、0.75 V、0.675 V、0.625 V 和 0.6 V。

在驱动端,SSTL 和 LVTTL/LVCMOS 标准都是采用推挽式输出电路结构,但是在输入端的设计不同。SSTL 采用一个差分比较电路作为输入,其中一端为输入信号,另外一端为参考电压 V_{REF},如图 4-21 所示。采用差分比较电路可以为输入级提供较好的电压增益和稳定的阈值电压,从而对较小的输入电压摆幅具有高可靠性。

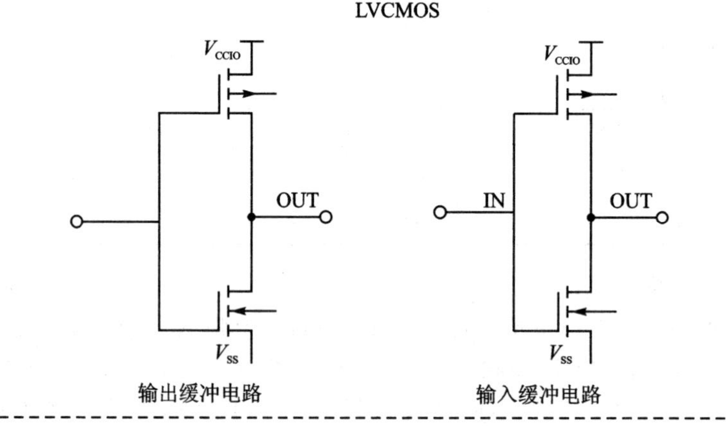

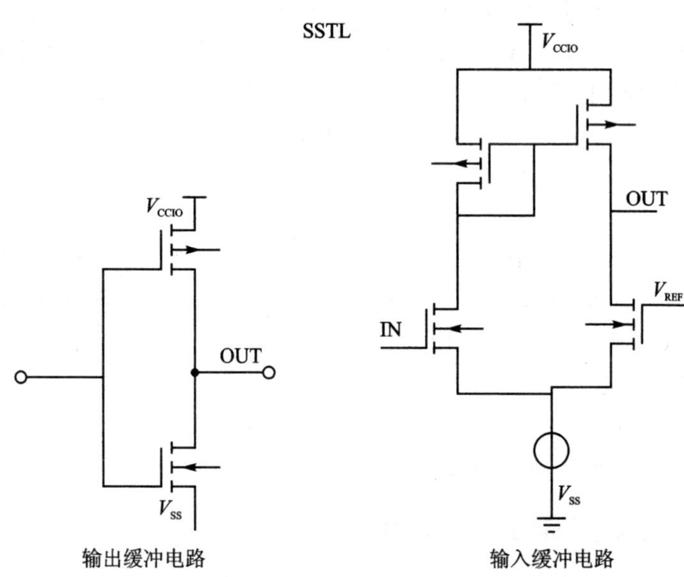

图 4-21　LVCMOS(上)与 SSTL(下)输入/输出缓冲电路的异同

SSTL 标准定义了两类不同的驱动器。驱动器不同,终端匹配方案也不同。这是 SSTL 与 LVTTL 和 LVCMOS 标准的一个重要区别——SSTL 要求传输线终端匹配。通过终端匹配可以保证信号完整性，减少反射和EMI，同时改善信号时序，对于高速信号来说，这是非常重要的方面。

在实际电路中，有些终端匹配已经在接收端芯片内实现，在线路设计时，不需要终端匹配，只要保证传输线的阻抗连续；如果没有在片内实现，则需要在线路设计时进行终端匹配。大部分FPGA/CPLD芯片都会预留芯片内终端匹配功能，如在Cyclone 10 GX芯片内，该项功能称为OCT（On Chip Termination，片上终端匹配）。OCT又分为片上串行匹配R_S OCT和片上并行匹配R_T OCT两类，R_S OCT在源端芯片内进行匹配，R_T OCT在目的端芯片内匹配。图4-22所示为Intel Cyclone 10 GX FPGA芯片内针对两类不同SSTL的终端匹配方式，其既可以采用片外线路电阻上拉匹配，也可以采用片内OCT方式进行匹配。

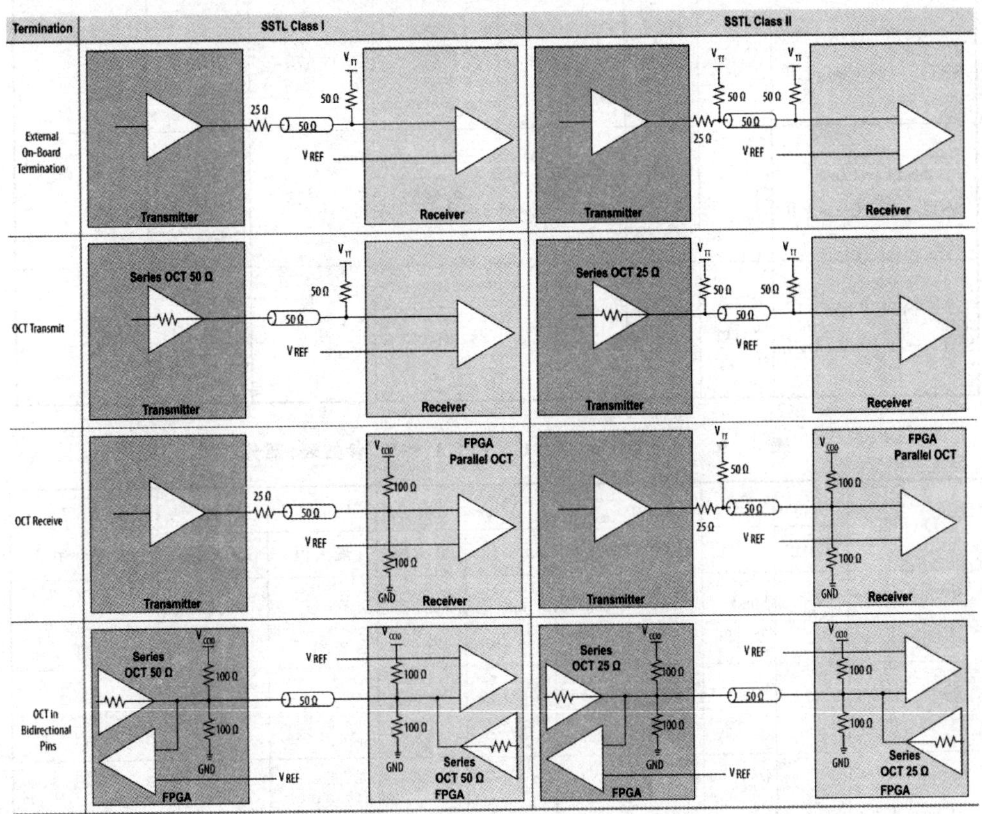

图4-22　Intel Cyclone 10 GX FPGA内SSTL接口的终端匹配方式示意图[*]

在Intel Cyclone 10 GX FPGA中，SSTL用来实现DDR3接口以及其他高速通用接口功能，部分参数如表4-8和表4-9所列，具体参数请参考以下链接：https://www.intel.com/content/www/us/en/programmable/documentation/muf1488511478825.html#fdr1488510877608。

表 4-8 Intel Cyclone 10 GX FPGA SSTL 参数表(部分一)

I/O 标准	V_{CCIO}/V		V_{CCPT}/V（预驱动电压）	V_{REF}/V（输入参考电压）	V_{TT}/V（板级匹配电压）	应用场景	标准
	输入	输出					
SSTL-18 Class Ⅰ,Ⅱ	V_{CCPT}	1.8	1.8	0.9	0.9	通用接口	JESD8-15
SSTL-15 Class Ⅰ,Ⅱ	V_{CCPT}	1.5	1.8	0.75	0.75	DDR3	—
SSTL-15	V_{CCPT}	1.5	1.8	0.75	0.75	DDR3	JESD79-3D
SSTL-135/ SSTL-135 Class Ⅰ,Ⅱ	V_{CCPT}	1.35	1.8	0.675	0.675	DDR3L	—
SSTL-125/ SSTL-125 Class Ⅰ,Ⅱ	V_{CCPT}	1.25	1.8	0.625	0.625	DDR3U	—
SSTL-12/ SSTL-12 Class Ⅰ,Ⅱ	V_{CCPT}	1.2	1.8	0.6	0.6	通用接口	—

表 4-9 Intel Cyclone 10 GX FPGA SSTL 参数表(部分二)

I/O 标准	$V_{IL(DC)}$/V		$V_{IH(DC)}$/V		$V_{IL(AC)}$/V		V_{OL}/V	V_{OH}/V	I_{OL}/mA	I_{OH}/mA
	最小值	最大值	最小值	最大值	最小值	最大值	最大值	最小值		
SSTL-18 Class Ⅰ	−0.3	$V_{REF}-0.125$	$V_{REF}+0.125$	$V_{CCIO}+0.3$	$V_{REF}-0.25$	$V_{REF}+0.25$	$V_{TT}-0.603$	$V_{TT}+0.603$	6.7	−6.7
SSTL-18 Class Ⅱ	−0.3	$V_{REF}-0.125$	$V_{REF}+0.125$	$V_{CCIO}+0.3$	$V_{REF}-0.25$	$V_{REF}+0.25$	0.28	$V_{CCIO}-0.28$	13.4	−13.4
SSTL-15 Class Ⅰ	—	$V_{REF}-0.1$	$V_{REF}+0.1$	—	$V_{REF}-0.175$	$V_{REF}+0.175$	$0.2\times V_{CCIO}$	$0.8\times V_{CCIO}$	8	−8
SSTL-15 Class Ⅱ	—	$V_{REF}-0.1$	$V_{REF}+0.1$	—	$V_{REF}-0.175$	$V_{REF}+0.175$	$0.2\times V_{CCIO}$	$0.8\times V_{CCIO}$	16	−16

续表 4-9

I/O 标准	$V_{IL(DC)}$/V		$V_{IH(DC)}$/V		$V_{IL(AC)}$/V		V_{OL}/V	V_{OH}/V	I_{OL} mA	I_{OH} mA
	最小值	最大值	最小值	最大值	最小值	最大值	最大值	最小值		
SSTL-135/SSTL-135 Class Ⅰ,Ⅱ	—	$V_{REF}-0.09$	$V_{REF}+0.09$	—	$V_{REF}-0.16$	$V_{REF}+0.16$	$0.2\times V_{CCIO}$	$0.8\times V_{CCIO}$	—	—
SSTL-125/SSTL-125 Class Ⅰ,Ⅱ	—	$V_{REF}-0.09$	$V_{REF}+0.09$	—	$V_{REF}-0.15$	$V_{REF}+0.15$	$0.2\times V_{CCIO}$	$0.8\times V_{CCIO}$	—	—
SSTL-12/SSTL-12 Class Ⅰ,Ⅱ	—	$V_{REF}-0.10$	$V_{REF}+0.10$	—	$V_{REF}-0.15$	$V_{REF}+0.15$	$0.2\times V_{CCIO}$	$0.8\times V_{CCIO}$	—	—

2. GTL/GTL+标准

GTL(Gunning Transceiver Logic)标准是 Xerox 公司发明的一种高速总线 I/O 接口标准，具体电路示意图如图 4-23 所示。

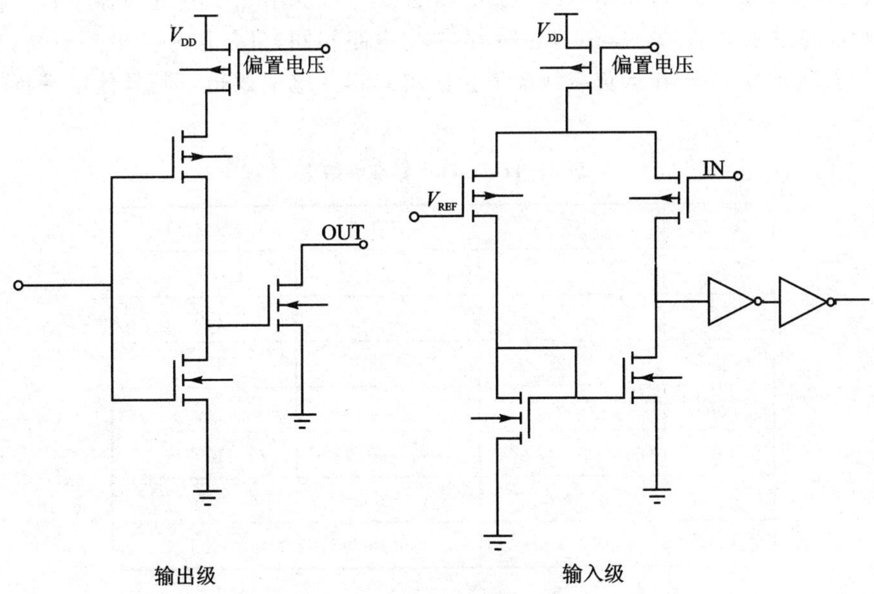

图 4-23　GTL 输出级和输入级示意图

从图 4-23 中可以看出，GTL 电路的输出级采用漏极开路逻辑，因此输入和输出逻辑被设计为与 V_{DD} 电路独立的方式，可在 5 V、3.3 V、2.5 V 的电压下工作。当电路闭合时，输出为高阻态，输出电压由外部电路匹配电压 V_{TT} 决定，当输出电路打开时，器件的最大电流为 40 mA，最大输出电压为 0.4 V，器件的输出电阻为 25 Ω。

GTL 的输入电路采用电压比较器，其中比较器的一端接外部参考电压，另外一端接输入信号。外部参考电压为信号上拉电平的 2/3，GTL 信号的低电平一般设为上拉电平的 1/3 左右，因此输入门限为一个精准的窗口电压，可以提供最大的抗噪性能，具有较好的信号完整性，可以实现最佳的传输效果。GTL 标准参数如表 4-10 所列。

表 4-10　GTL 标准参数表

参　数	最小值/V	典型值/V	最大值/V
V_{CCO}	—	NA	—
V_{TT}	1.14	1.2	1.26
V_{REF}	0.74	0.8	0.86
V_{IH}	0.79	0.83	—
V_{IL}	—	0.77	0.81
V_{OH}	—	—	—
V_{OL}	—	0.2	0.4

GTL+(Gunning Transceiver Logic Plus)是在 Pentium Pro 处理器中首先使用的一种高速总线电平标准，与 GTL 输入/输出电路相同，只是信号的电平更高，具有更大的驱动能力，一般在重负载情况下会使用 GTL+电平逻辑。其具体电平标准参数如表 4-11 所列。

表 4-11　GTL+标准参数表

参　数	最小值/V	典型值/V	最大值/V
V_{CCO}	—	—	—
V_{TT}	1.35	1.5	1.65
V_{REF}	0.88	1.0	1.12
V_{IH}	0.98	1.1	—
V_{IL}	—	0.9	1.02
V_{OH}	—	—	—
V_{OL}	0.3	0.45	0.6

由于 GTL/GTL+电平逻辑是 OD 门输出，因此在输出端需要进行上拉，同时在终端进行电阻匹配和提供输入参考电压，其具体的输入和输出电路连接方式如图 4-24 所示。

在 GTL/GTL+标准上，还衍生了一个 GTL_DCI 标准。该标准在芯片输入/输出缓冲电路上集成上拉电阻，从而免去了在芯片外线路进行上拉，节省了主板空间和

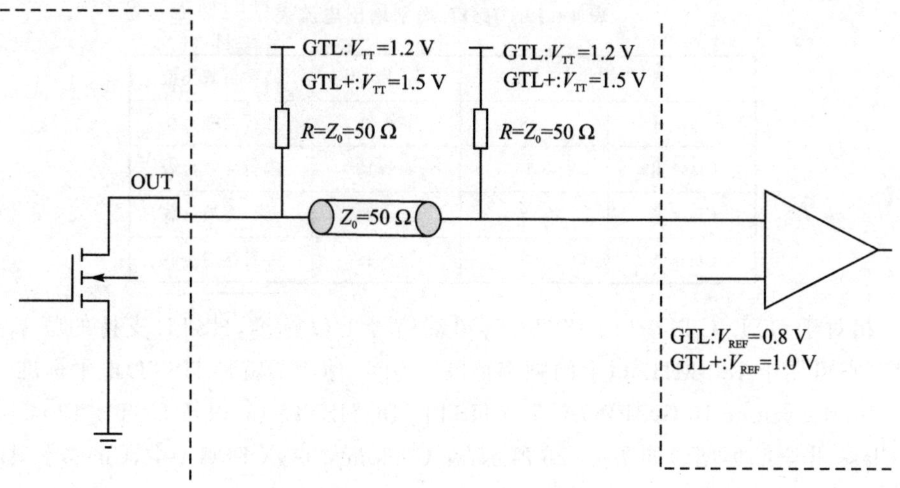

图 4-24　GTL/GTL+电路连接示意图

零件数量，其电路连接示意图如图 4-25 所示。

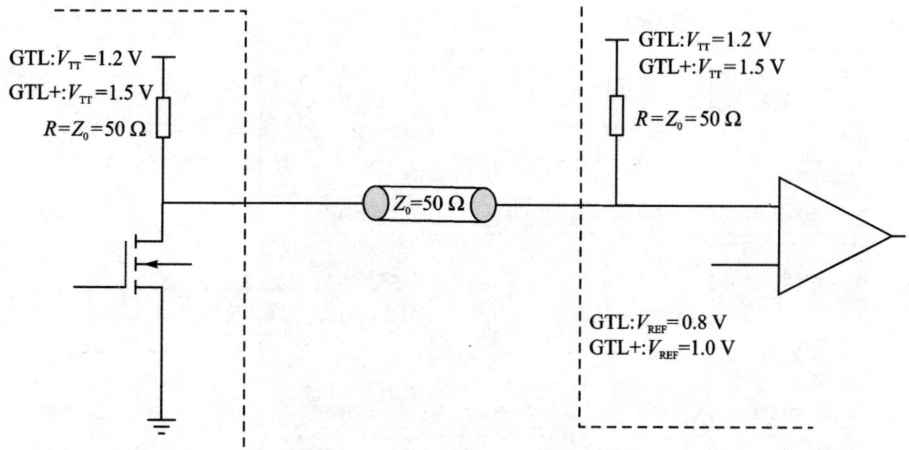

图 4-25　GTL_DCI/GTL+_DCI 电路连接示意图

3. HSTL 标准

HSTL(High Speed Transceiver Logic，高速收发逻辑)电平标准是 JEDEC 所认可的高速传输标准之一，主要用于通用目的的高速总线数据传输，经常被用于高速存储器读/写操作。该标准由 IBM 首先提出，根据不同的驱动模式，衍生了不同版本的 HSTL，包括 HSTL_Ⅰ、HSTL_Ⅱ、HSTL_Ⅲ、HSTL_Ⅳ等，其差别仅在于输出电流的不同，如表 4-12 所列。

表 4-12　HSTL 类别输出电流表

类　别	I_{OH}/mA	I_{OL}/mA	终端负载类型
Class Ⅰ	≥8	≥−8	并行终端负载
Class Ⅱ	≥16	≥−16	串行终端负载
Class Ⅲ	≥8	≥−24	并行终端负载
Class Ⅳ	≥8	≥−48	并行终端负载

相对于 GTL/GTL+和 LVTTL 等单端信号 I/O 标准，HSTL 支持的频率范围更广，它可用于 180 MHz 以上的频率范围。QDR 使用的就是 HSTL 电平标准。

Intel Cyclone 10 GX FPGA 支持 HSTL_18、HSTL_15，以及 HSTL_12 Class Ⅰ和 Class Ⅱ全部类型。如图 4-26 所示，在 Cyclone 10 GX FPGA 中，Class Ⅰ只需要在目的端采用阻值等于传输线特性阻抗的上拉电阻到端接电压，另外一个输入端口外接参考电压就行。而 Class Ⅱ则需要在源端和目的端同时上拉到端接电压，从而提高源端的驱动能力，另外一个输入端口外接参考电压。

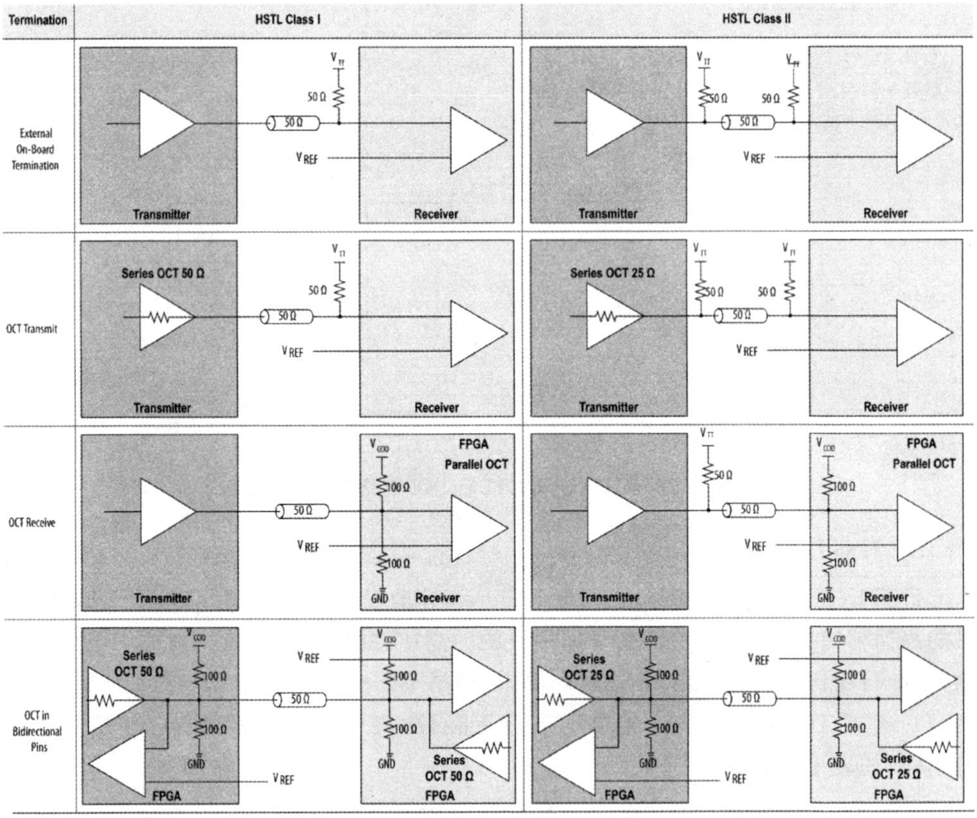

图 4-26　Intel Cyclone 10 GX FPGA HSTL 电路连接方式及端接方式 *

在FPGA内,可以通过内部设置OCT的方式来免于外部上拉,这样既可以节省PCB面积,同时又可以有效减少零件数量。

在Intel Cyclone 10 GX FPGA中,HSTL主要用来实现高速通用接口,部分参数如表4-13和表4-14所列,具体参数请参考以下链接:https://www.intel.com/content/www/us/en/programmable/documentation/muf1488511478825.html#fdr1488510877608。

表4-13 Cyclone 10 GX FPGA HSTL参数表(部分一)

I/O标准	V_{CCIO}/V		V_{CCPT}/V(预驱动电压)	V_{REF}/V(输入参考电压)	V_{TT}/V(板级匹配电压)	应用场景	标准
	输入	输出					
HSTL-18 Class Ⅰ,Ⅱ	V_{CCPT}	1.8	1.8	0.9	0.9	通用接口	JESD8-6
HSTL-15 Class Ⅰ,Ⅱ	V_{CCPT}	1.5	1.8	0.75	0.75	通用接口	JESD8-6
HSTL-12 Class Ⅰ,Ⅱ	V_{CCPT}	1.2	1.8	0.6	0.6	通用接口	JESD8-16A

表4-14 Cyclone 10 GX FPGA HSTL参数表(部分二)

I/O标准	$V_{IL(DC)}$/V		$V_{IH(DC)}$/V		$V_{IL(AC)}$/V		V_{OL}/V	V_{OH}/V	I_{OL}/mA	I_{OH}/mA
	最小值	最大值	最小值	最大值	最小值	最大值	最大值	最小值		
HSTL-18 Class Ⅰ	—	$V_{REF}-0.1$	$V_{REF}+0.1$	—	$V_{REF}-0.2$	$V_{REF}+0.2$	0.4	$V_{CCIO}-0.4$	8	−8
HSTL-18 Class Ⅱ	—	$V_{REF}-0.1$	$V_{REF}+0.1$	—	$V_{REF}-0.2$	$V_{REF}+0.2$	0.4	$V_{CCIO}-0.4$	16	−16
HSTL-15 Class Ⅰ	—	$V_{REF}-0.1$	$V_{REF}+0.1$	—	$V_{REF}-0.2$	$V_{REF}+0.2$	0.4	$V_{CCIO}-0.4$	8	−8
HSTL-15 Class Ⅱ	—	$V_{REF}-0.1$	$V_{REF}+0.1$	—	$V_{REF}-0.2$	$V_{REF}+0.2$	0.4	$V_{CCIO}-0.4$	16	−16
HSTL-12 Class Ⅰ	−0.15	$V_{REF}-0.08$	$V_{REF}+0.08$	—	$V_{REF}-0.15$	$V_{REF}+0.15$	$0.25\times V_{CCIO}$	$0.75\times V_{CCIO}$	8	−8
HSTL-12 Class Ⅱ	−0.15	$V_{REF}-0.08$	$V_{REF}+0.08$	—	$V_{REF}-0.15$	$V_{REF}+0.15$	$0.25\times V_{CCIO}$	$0.75\times V_{CCIO}$	16	−16

4. POD 标准

POD(Pseudo Open Drain,伪 OD 门)标准是 JEDEC 组织认定的一项单端高速 I/O 接口标准。其输入和输出电路与 SSTL 非常相似,最大的区别在于接收端的终端电压——POD 采用 V_{CCIO} 电压,而 SSTL 采用 V_{CCIO} 电压的一半。如图 4－27 所示,当输出为低电平时,电流通过上拉电阻流向输出端的 NMOS 管,而当输出为高电平时,由于输入和输出电路为同一电源电压,因此回路上没有电流经过,就好像是漏极开路一样,所以称为伪 OD 门。

由于输出高电平时,回路中没有电流经过,因此这样的设计减少了电路功耗,降低了寄生引脚电容,并且即使在 V_{DDIO} 电压降低时也能稳定工作。

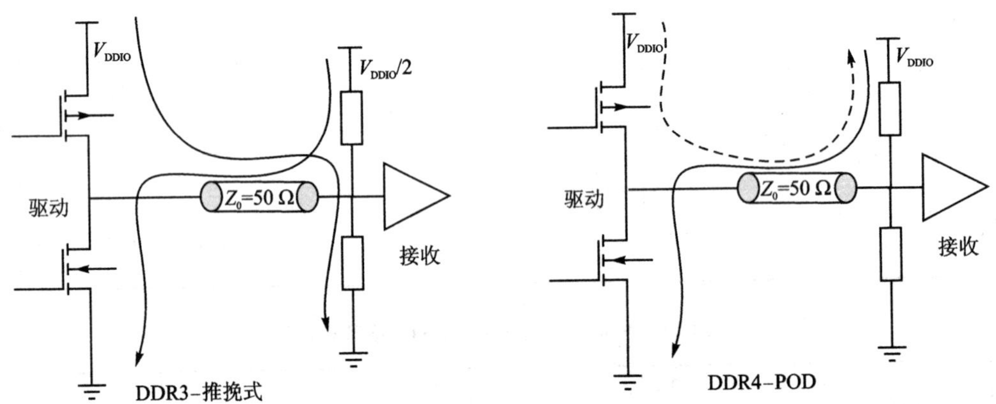

图 4－27　SSTL 与 POD 电路的区别和联系示意图

DDR4 采用 POD12 I/O 标准规范。Intel Cyclone 10 GX FPGA 支持 POD12 接口。接收电路的一个输入端口外接参考电压,另外一个输入端口接收来自驱动电路的信号,并在输入端口附近把信号上拉至和驱动端相同的电源电压。同时在 FPGA 内,可以通过内部设置 OCT 的方式来免于外部上拉,这样既可以节省 PCB 面积,同时又可以有效减少零件数量,具体设计如图 4－28 所示。

在 Intel Cyclone 10 GX FPGA 中,POD12 主要用来实现高速通用接口,部分参数如表 4－15 和表 4－16 所列,具体参数请参考以下链接:https://www.intel.com/content/www/us/en/programmable/documentation/muf1488511478825.html#fdr1488510877608。

表 4－15　Cyclone 10 GX FPGA POD12 参数表(部分一)

I/O 标准	V_{CCIO}/V		V_{CCPT}/V(预驱动电压)	V_{REF}/V(输入参考电压)	V_{TT}/V(板级匹配电压)	应用场景	标　准
	输入	输出					
POD12	V_{CCPT}	1.2	1.8	0.84	1.2	通用接口	JESD8－24

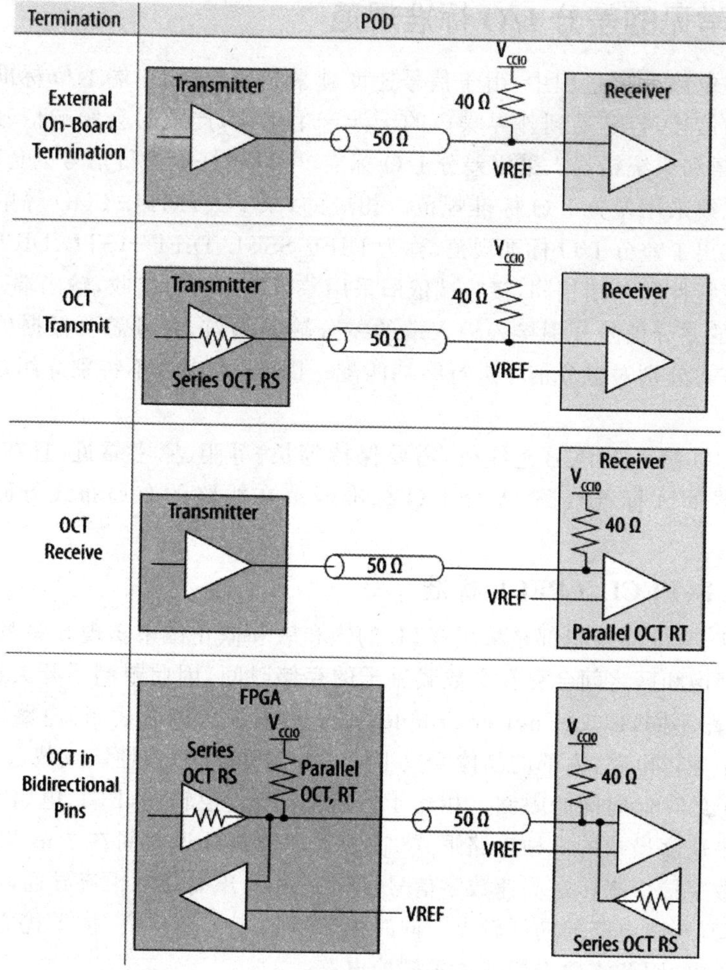

图 4-28　Intel Cyclone 10 GX FPGA POD12 电路连接方式及端接方式 *

表 4-16　Cyclone 10 GX FPGA POD12 参数表(部分二)

I/O 标准	$V_{IL(DC)}$/V		$V_{IH(DC)}$/V		$V_{IL(AC)}$/V		V_{OL}/V	V_{OH}/V	I_{OL}/mA	I_{OH}/mA
	最小值	最大值	最小值	最大值	最小值	最大值	最大值	最小值		
POD12	−0.15	$V_{REF}-0.08$	$V_{REF}+0.08$	$V_{CCIO}+0.15$	$V_{REF}-0.15$	$V_{REF}+0.15$	$(0.7-0.15)\times V_{CCIO}$	$(0.7+0.15)\times V_{CCIO}$	—	—

现代电路中，还有许多单端 I/O 标准规范，比如 HSUL、ETL、BTL 等，但限于篇幅，在此不一一赘述，详细内容可以查看相关标准。

4.4.2 常见的差分 I/O 标准规范

在数字电路发展过程中，由于信号速度越来越快，采用单端 I/O 标准接口进行数据传输的信号，容易受到外界噪声的干涉产生串扰，严重时会影响信号的正确接收，导致逻辑和系统错误。采用差分 I/O 标准，可以较好地进行信号的传输，因此越来越多的总线采用差分 I/O 标准规范。相应的，SSTL、HSTL、POD 等单端 I/O 标准也相继推出了差分 I/O 标准规范，称为 DIFF SSTL、DIFF HSTL、DIFF POD 等。其信号电气特性和单端相同，接收端依旧采用差分输入进行接收，输出端采用差分输出，输出端的差分信号分别接入输入端的差分输入端口，并且需要根据单端 I/O 接口标准的方式分别对差分信号进行终端匹配。因此，本小节不特别介绍这几类信号标准。

差分 I/O 信号在 PCB 走线时，需要保持等长、等距、紧密靠近，且在同一层面。相对于单端 I/O 标准线路，差分 I/O 标准规范在线路的布局布线方面要求更为严格。

1. ECL、PECL、LPECL 标准

传统 TTL 电路逻辑都是采用 TTL 的饱和区和截止区来实现开关逻辑的，由于从截止区到饱和区之间会存在少数载流子的存储时间，因此限制了开关速度。与传统 TTL 电路不同，ECL(Emitter Coupled Logic，发射极耦合逻辑)电路是一种非饱和型的数字逻辑电路，内部的晶体管只工作在非饱和状态(线性区或截止区)，消除了少数载流子的存储时间的限制。相比于传统的 TTL 逻辑门，ECL 电路是现有各种逻辑电路中速度最快的一种电路形式，它的平均传输延迟时间在 2 ns 以下，因此常用于高速数字接口来传送高速数字信号。但是由于开关管对轮流导通，电流会一直流过三极管，所以电路的功耗较大。同时由于制造工艺要求高，抗干扰能力弱，且采用负电压供电，因此需要专门的电平转换电路。

典型的 ECL 基本门电路的结构由三部分组成：差分放大器输入电路、带温度-电压补偿的基准源电路和射极跟随器输出电路，如图 4 - 29 所示。

对 ECL 电路进行分析，差分管对主要的作用是提供电流开关，由 T_{1A}、T_{1B}、T_2、R_{c1}、R_{c2} 以及 R_e 组成，完成“或”或者“或非”功能。R_p 用于给输入 A 和 B 信号提供下拉。从图 4 - 29 中可以看出，$V_e=V_{bb}-V_{be2}$。当输入 A 和 B 任何一个为高电平时，$V_e=V_{OH}-V_{be1}$，V_e 电压上升，T_2 管截止，V_{c1} 为低电平，V_{c2} 为高电平。当输入 A 和 B 全部为低电平时，此时 T_{1A} 和 T_{1B} 截止，T_2 管导通，V_{c1} 高电平，V_{c2} 输出低电平。整个输入逻辑为一个“或非”逻辑，并且 T_{1A}、T_{1B} 和 T_2 管轮流导通。

射随输出电路由 T_3、T_4、R_{o1} 和 R_{o2} 组成，主要用来解决负载能力问题以及前后级的耦合问题。由于 ECL 是工作在非饱和区，集电极电位总高于基极电位，如果 $V_{OH}=0$ V，驱动下级门电路，此时 $V_{c1}<0$ V，使得 T_1 管进入饱和，这样就会与 ECL 非饱和相矛盾。因此，加入射极跟随器驱动可以有效解决负载能力问题，同时降低了

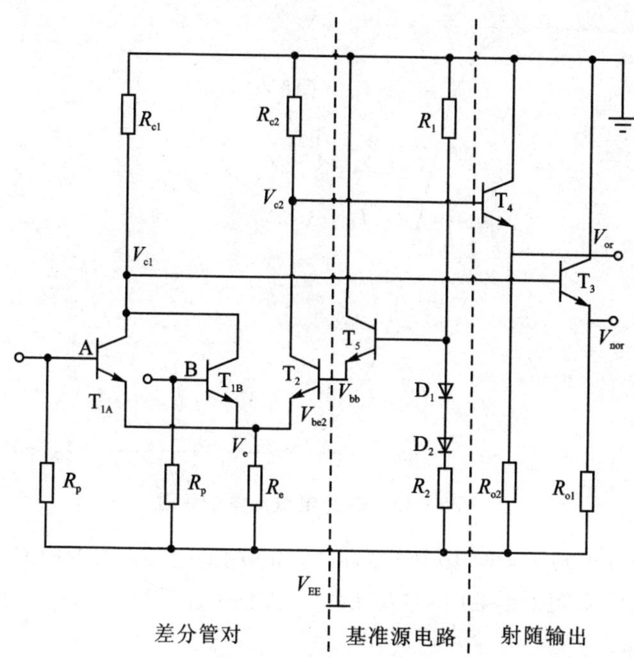

图 4-29　ECL 电路逻辑图

输出电平，使得 ECL 的输出电路逻辑摆幅小于一个 PN 结电压。

带温度补偿的基准源电路由 T_5、R_1、R_2、D_1、D_2 组成。当输入信号 A 或者 B 与 V_{bb} 相等时，T_{1A} 或者 T_{1B} 与 T_2 的导通能力相当，此时 $V_{c1}=V_{c2}$，$V_{or}=V_{nor}$。输入信号 A 或者 B 微弱的变化将会使输出电平变化。因此，

$$V_{NML}=V_{bb}-V_{OL}$$

$$V_{NMH}=V_{OH}-V_{bb}$$

从而可得

$$V_{bb}=V_{OH}-\frac{1}{2}V_{OL}$$

当温度变化时，V_{OH} 和 V_{OL} 都会变化，于是 V_{bb} 也会跟着变化。

ECL 电路采用－5.2 V 电源供电，V_{DD} 接地，其具体参数如图 4-30 所示。ECL 采用差分管对输入和射极跟随器输出的结构设计，使该电路具有较高的输入阻抗和较低的输出阻抗，同时对逻辑信号具有缓冲作用。集电极输出电压的变化小，因此可以采用很小的集电极电阻，使输出回路的时间常数比一般饱和型电路小，有利于提高开关速度。

为了降低功耗，出现了 LVECL(Low Voltage ECL)电路，该电路的电气特性与 ECL 电路相同，区别为 V_{EE} 电源从－5.2 V 调整为－3.3 V 或者－2.5 V。这样既降低了功耗，也有利于电子元件的互连。负电源逻辑在设计过程中需要采用电平转换电路来实现电路互连，因此为了实现和系统内其他电路共用一个正电源，在 ECL 标

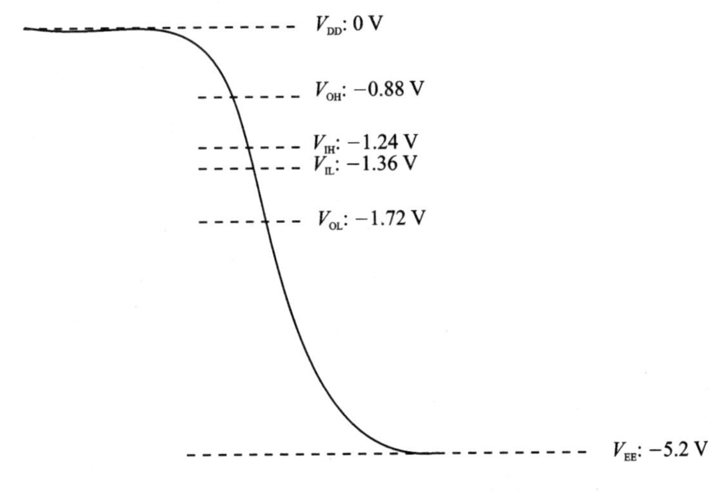

图 4-30　ECL 电路具体参数图

准的基础上，相继出现了 PECL(Positive/Pseudo ECL)以及 LVPECL(Low Voltage PECL)标准。其中，PECL 采用+5 V 供电，LVPECL 采用 3.3 V 供电。其电气特性如图 4-31 所示。

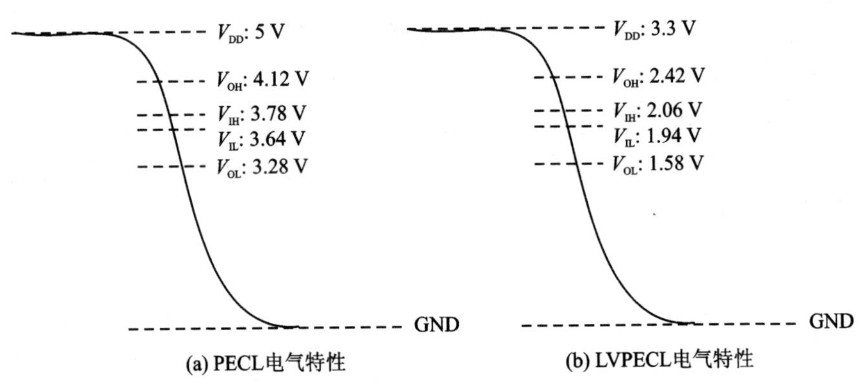

(a) PECL电气特性　　(b) LVPECL电气特性

图 4-31　PECL 和 LVPECL 电气特性图

PECL/LVPECL 和 ECL 的电路原理基本相同，都是采用一个具有高输入阻抗的差分对来实现信号的输入，同时采用射极跟随器来实现对信号的输出。其基本原理图如图 4-32 所示。

输入电路的共模输入电压需偏置到 $V_{DD}-1.3$ V，这样允许输入信号的电平动态最大。有些芯片在片内直接内置偏置电路，如图 4-32 左图所示，有些芯片没有此电路，因此需要在外部线路进行直流偏置。

输出电路包含一个差分对和一对射极跟随器，如图 4-32 右图所示。射随输出电压和差分对集电极电压相差一个 PN 结电压并始终工作在正电压范围之内。输出电流为 14 mA，输出负载为 50 Ω，并连接至 $V_{DD}-2$ V 的电平，因此输出信号 OUT+

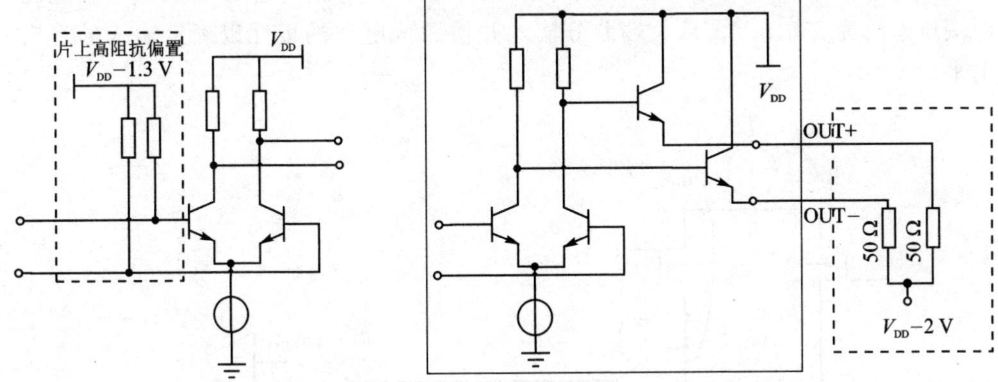

图 4-32　PECL/LVPECL 输入(左)和输出(右)电路示意图

和 OUT−的静态电平为 $V_{DD}-1.3$ V($V_{DD}-2$ V+14 mA×50 Ω),在这种负载条件下,OUT+与 OUT−输出电流为 14 mA。PECL 结构的输出阻抗很低,典型值为 4～5 Ω,这表明它有很强的驱动能力。

相比于 LVDS,LVPECL 支持更高的速率和更好的抗抖动性能,常被用作高速时钟和数据的电平,如百兆、千兆 PHY 芯片的 MDI 接口、PLL 时钟信号等。但由于外部端接电路复杂,导致线路中出现分叉,影响信号的 SI 质量。对于极高速的信号,一般采用 CML 标准,而不是 LVPECL 标准,如 10 Gb/s 以太网的 MDI 接口。

PECL/LVPECL 的信号返回路径是高电平平面,因此采用 PECL/LVPECL 标准的器件,对电源的 PI 质量要求比较高,特别是当 LVPECL 用于时钟信号时,需要防止电源纹波耦合到时钟信号上。同时,需要注意的是,尽管 ECL/LVECL/PECL/LVPECL 等都是同源的 I/O 接口标准规范,但它们之间采用的是不同的电平标准,因此不同的标准的接口不能直接相连,需要采用交流耦合或者专用芯片来进行电平转换。

2. LVDS 标准

LVDS 标准,其行业标准规范名为 ANSI/TIA/EIA-644,是由 National Semiconductor 公司发展起来的一种高速传输 I/O 接口标准。它采用 CMOS 工艺,电压摆幅只有 400 mV,只相当于 ECL 标准的一半,输出电流 3～5 mA,在相同的数据传输量的前提下,LVDS 的动态功耗只是 ECL 电路的 1/7,可以实现更低的 EMI。AISI/TIA/EIA-644 由 TR30.2 制定,主要定义了 LVDS 收发器的电气特性标准,比如输入/输出阻抗等,推荐最大传输速率为 655 Mb/s,理论最大使用速率是 1.923 Gb/s,但不涉及功能和协议规格。

如图 4-33 所示,LVDS 是一个差分信号系统,在驱动端采用一个电流为 3.5 mA 的恒流源,降低对电源去耦的要求,进行信号驱动,通过对输出差分 MOS 管进行控制实现电流的方向控制,从而确定数字逻辑电平。在接收端并联一个 100～

120 Ω 的终端电阻,该电阻用于特性阻抗匹配以及实现电流向电压的转化,可得电压两端压差约为 350 mV。接收端差分输入并检测该电压的极性以确定输入的逻辑电平。

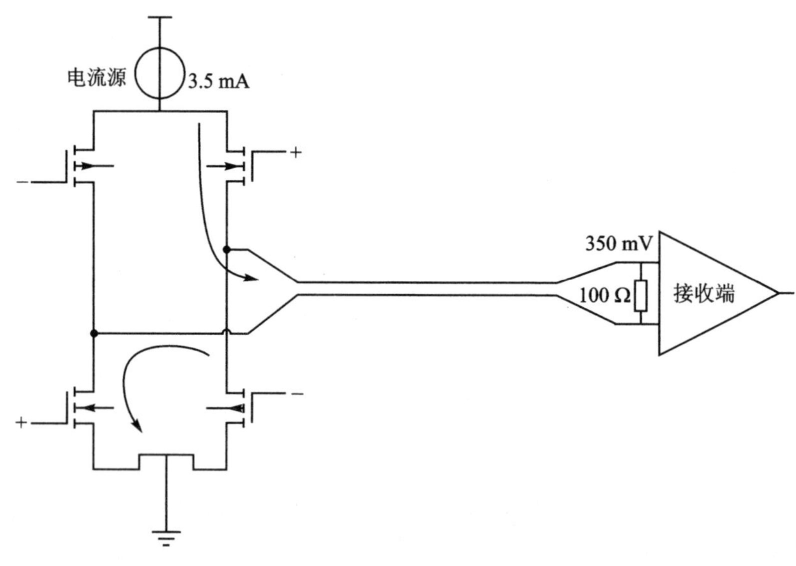

图 4-33 LVDS 输入结构示意图

LVDS 的传输采用差分传输线进行信号传输。差分传输线紧密耦合,由于差分传输线上的电流相等但方向相反,因此将会产生相互抵消的电磁场,从而降低对电磁噪声干扰的敏感性。LVDS 接收端不受共模噪声的影响,不受共模电压的变化的影响。

为适应共模电压宽范围内的变化,LVDS 的输入级采用了自动电平调整电路、施密特触发器电路以及差分放大器电路等多级网络结构。自动电平调整电路能够适应直流电平的变化,将共模电压调整为一个固定电压,使输入直流电平变化可以很宽(0.2～2.2 V),然后传送给施密特触发器。施密特触发器特有的回滞特性可以防止输入信号的不稳定。因此 LVDS 相比于其他 I/O 标准具有更强的共模抗干扰能力。其具体输入结构如图 4-34 所示。

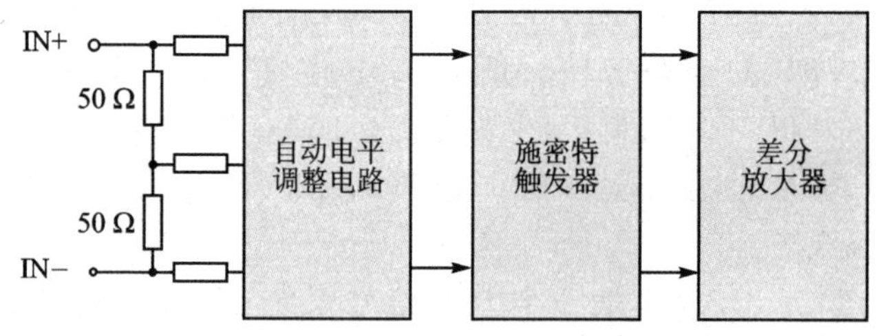

图 4-34 LVDS 输入结构示意图

LVDS 标准规范的电气特性如表 4－17 所列。在该表中，有三种不同的 TIA/EIA 标准规范，分别对应点对点（Point－to－Point）通信、点对多点（Multidrop）通信以及多点（Multipoint）通信。

表 4－17　LVDS 标准规范的电气参数表

电气参数		TIA/EIA－644 (LVDS)	TIA/EIA－644－A (LVDS REV A)	TIA/EIA－899 (M－LVDS)	单　位
驱动器特性	偏移电压：V_{os}(max)	1 375	1 375	2 100	mV
	偏移电压：V_{os}(min)	1 125	1 125	300	mV
	差分输出电压：V_{od}(max)	454 (100 Ω)	454 (100 Ω)	650 (50 Ω)	mV
	差分输出电压：V_{od}(min)	247 (100 Ω)	247 (100 Ω)	480 (50 Ω)	mV
	偏移电压偏差值：V_{ospp}	150	150	150	mV
	短路电流：I_{os}	12/24	12/24	43	mA
	差分电压变化值：ΔV_{od}	50	50	50	mV
	偏移电压变化值：ΔV_{os}	50	50	50	mV
	转换时间：T_r/T_f(min)	260	260	1 000	ps
接收器特性	地差分：V_{gd}	±1	±1	±1	V
	输入漏电流：I_{in}	20	20	20	μA
	差分输入漏电流：I_{id}	NS	6	4	μA
	输入电压范围：V_{in}	0～2.4	0～2.4	－1.4～3.8	V
	输入阈值电压：V_{ith}	100	100	50	mV
NS：没有规定					

最初的 LVDS 应用主要是点对点通信，其基本的拓扑结构如图 4－35 所示。在点对点通信中，只有一个驱动器和一个接收器，避免了在传输线上出现短桩线的现象。理论上，可以实现传输线的均衡布线，不会出现阻抗不连续的现象。这种拓扑结构非常适合单工高速通信的领域。即使具有 20 μA 的输入漏电流，在此点对点通信中也可以忽略不计。

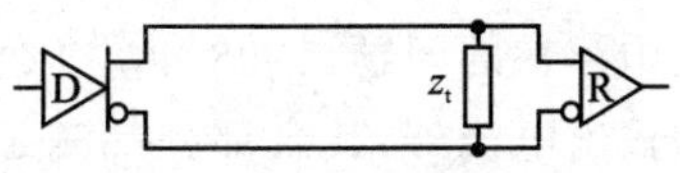

图 4－35　点对点通信示意图

点对点通信的 LVDS 应用非常广泛，特别是在一些具体的总线协议的物理层中被直接使用，或者采用局部电气特性改善设计，实现高速数据传输，比如 Camera Link、HyperTransport、FireWire、SCSI、SATA、RapidIO、SpaceWire 以及 PCIe 总线等。

现实电路设计中，除了点对点通信以外，还有点对多点通信和多点通信。在点对多点通信拓扑结构中，只有一个驱动器，但是存在多个接收器。多个接收器通过短桩线连接到主传输线上，在传输线的最远端采用一个终端匹配电阻实现阻抗匹配和电流向电压的转化。点对多点通信的拓扑结构如图 4－36 所示，从拓扑结构中可以看出，点对多点通信拓扑和点对点通信拓扑相同，都是单工高速通信。

如上所述，在点对点通信中，接收器的 20 μA 的输入漏电流可以忽略不计。但是在点对多点通信中，20 μA 的输入漏电流对于驱动端的影响就需要考虑在内。因此，为应对此通信场景，2001 年 LVDS 标准规范升级为 LVDS Rev A，对应的行业标准为 TIA/EIA－644－A。与 TIA/EIA－644 标准一样，新标准的接收端同样有 20 μA 输入漏电流的要求，这也暗示着输入电阻为 120 kΩ。LVDS Rev A 最多允许 32 个接收器连接到主传输线上。其具体电气参数如表 4－17 所列。

与点对点通信和点对多点通信不同，多点通信拓扑结构中存在多个驱动器和接收器，拓扑结构中的任何一个节点既可以是驱动器，也可以是接收器，也可以同时是驱动器和接收器，因此多点对多点通信既可以在一对传输线上实现全双工通信，也可以半双工通信。该拓扑结构与前两种的通信场景完全不同，需要在传输线上采用双终端匹配结构，如图 4－37 所示。

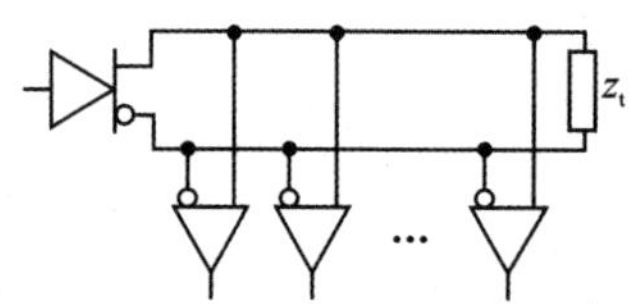

图 4－36　点对多点通信拓扑结构示意图

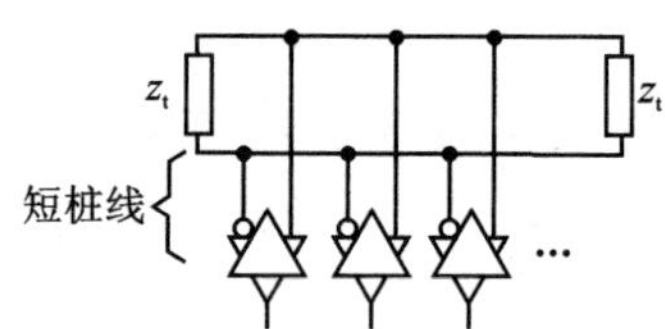

图 4－37　多点对多点通信拓扑结构示意图

多点通信引入一些新的问题。首先，主传输线需要采用双重终端匹配结构，LVDS 只需要一个 100 Ω 的终端匹配电阻，而在多点通信拓扑中，采用 100 Ω 的传输线看起来只有 50 Ω，甚至更低——取决于总线收发器的容性负载。为解决多点通信领域中存在的问题，1998 年，TI 公司推出了 LVDM 系列驱动器，该驱动除了需要双倍的输出电流外，其余部分都满足 TIA/EIA－644 标准。但是，LVDM 也存在很多的局限性，它只能应用于不超过两个驱动器的多点通信场景。因此，需要有一个新的升级的接口标准来满足多点通信的需求，这就是 M－LVDS。

M－LVDS 的具体电气特性如表 4－17 所列。与前面所提到的 LVDS 标准不同，通过在驱动端和接收端进行特有的设计和功能特性，M－LVDS 解决了多点通信的问题，因此 M－LVDS 被定为行业标准，标准规范为 TIA/EIA－899。M－LVDS 最多允许 32 个 M－LVDS 设备（驱动器、接收器或者收发器）接入主传输线。由于共模电压的存在，其幅值等于所有驱动器的输出以及地偏移电压幅值之和，因此 M－LVDS 的输入电压范围将在 LVDS 的基础上增加 1.4 V 的地噪声。也就是－1.4～3.8 V。

如果 50 Ω 负载代表实际应用，M－LVDS 驱动器可提供大约 11.3 mA 的驱动电流，相比于采用点对点通信和点对多点通信的 LVDS，M－LVDS 驱动器可以提供更强的信号，可以用于解决间隔紧密的多节点设计。同时由于紧密布局的节点容易产生容性负载，从而使得从驱动端看过去的有效负载会降至 30 Ω 左右。11.3 mA 的输出电流可以确保 M－LVDS 驱动器仍旧可以提供大于 300 mV 的电压。

TIA/EIA－644 和 644－A 标准允许最大的驱动转换时间为 260 ps。从经验值来看，TIA/EIA－644 和 644－A 最大允许的信号速率高达 1.923 Gb/s。但是，由于传输线上的短桩线、连接器以及其他的寄生互连的限制，往往很难达到理想值。理论上来说，260 ps 的转换时间意味着短桩线必须少于 80 ps 长度。换句话说，采用 FR－4 PCB 材质的 PCB，短桩线长度不能超过 0.5 in。对于多点通信来说，M－LVDS 标准规定了 1 ns 的最小转换时间，也就是最大的允许信号速率为 500 Mb/s。由于放松了最小转换时间的要求，在多点通信领域，M－LVDS 允许短桩线长达 2 in。

M－LVDS 接收端能够在高达 2.4 V 的差分输入下正常工作，即使 32 个驱动同时工作，同时接收端在 50 mV 的信号幅值下也能够准确侦测出输入状态，也就是 LVDS 接收器的一半。因此，50 mV 的输入阈值电压，加上 565 mV 的驱动器输出强度，对于 M－LVDS 来说，整体的噪声容限得以改善。

M－LVDS 拥有两种不同的接收器类型，分别是 Type－Ⅰ和 Type－Ⅱ。Type－Ⅰ接收端和 LVDS 接收端相似，只是阈值有所改善。Type－Ⅱ接收端采用偏移阈值电压，总线的输入信号低于＋50 mV 被定义为低电平状态，大于＋150 mV 为高电平状态。Type－Ⅰ接收端一般用于高速信号，比如时钟或者数据信号，Type－Ⅱ一般用于低速信号，比如控制信号。其具体阈值要求如图 4－38 所示。

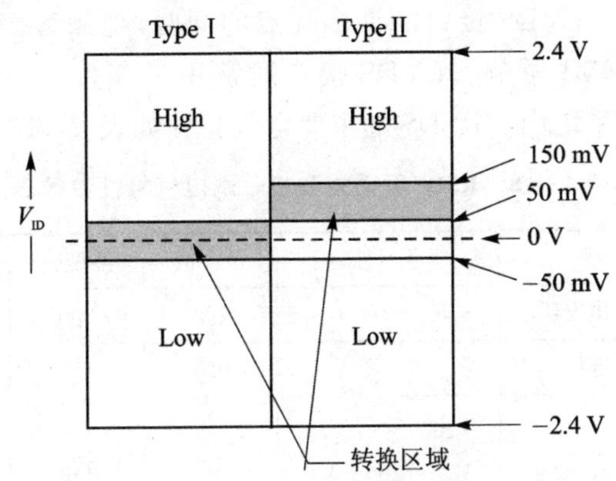

图 4－38　M－LVDS 两种接收端阈值图

针对 M－LVDS 器件，Type－Ⅱ接收端可以采用线或逻辑。驱动端可以驱动高电平并传送到总线上，一旦有任何一个驱动端高电平有效，Type－Ⅱ接收端将侦测到高电平逻辑。如果所有驱动端都无效，则 Type－Ⅱ接收端侦测到低电平逻辑。这种拓扑可以用于共享控制线逻辑，用于总线仲裁，如图 4-39 所示。

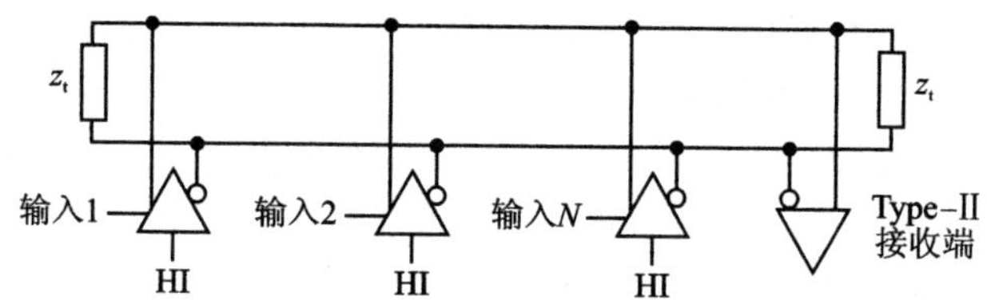

图 4-39　采用 M-LVDS 的 Type-Ⅱ线或逻辑示意图

IEEE 1596.3 SCI-LVDS 被定义为 SCI 的一个子集，在 IEEE 1596.3 中有详细说明。SCI-LVDS 同 TIA 除了在一些电气要求和负载条件有差别外，在别的方面十分相似。两个标准支持相似的驱动输出电平、接收门限电平和数据传输速率。SCI-LVDS 额外说明了应用于高速/低功耗物理接口的电气规范，同时也定义了用于 SCI 数据传输的包交换的编码格式。SCI-LVDS 在特定的条件下可以支持高速的 RAMLINK 传输。相对来说，TIA/EIA 标准的 LVDS 应用比 SCI-LVDS 更为普遍，同时也支持多负载情况。

在采用 LVDS 线路设计时，空闲输入引脚应悬空，以防引入噪声，空闲输出引脚应悬空，以减小功耗。

3. RSDS 标准

RSDS(Reduced Swing Differential Singal，低摆幅差分信号)标准主要应用于显示技术的领域，主要定义了发送器的输出特性、接收器的输入特性、平板定时控制器(Timing Controller，TCON)和驱动之间的芯片到芯片接口的协议。它起源于 LVDS 标准，在保留了 LVDS 接口的许多优点的同时，把信号摆幅降至 200 mV，进一步降低了功耗和 EMI 影响。LVDS 接口通常用于高带宽、强大的数字接口，而 RSDS 主要应用于子系统内。RSDS 的主要电气特性如表 4-18 所列。

表 4-18　RSDS 驱动端和接收端电气特性参数表

参　数	定　义	条　件	最小值	典型值	最大值	单　位
V_{OD}	差分输出电压	$R_L=100\ \Omega$	100	200	600	mV
V_{OS}	偏移电压	—	0.5	1.3	1.5	V
T_r/T_f	转换时间	20%～80%，$V_{OD}=200$ mV，$C_L\approx5$ pF	—	500	—	ps
I_{RSDS}	RSDS 驱动电流	—	1	2	6	mA
Duty-Cycle	RSDS 时钟占空比	—	45	50	55	%

RSDS 接口电路如图 4-40 所示。该接口电路包含三个部分：发送器、接收器以

及带匹配终端的均衡互连媒介(传输线、双绞线等)。RSDS 是一种通用接口,可以根据最终的应用要求(包括 TCON 的位置、显示器的分辨率和颜色深度等)进行不同的配置。

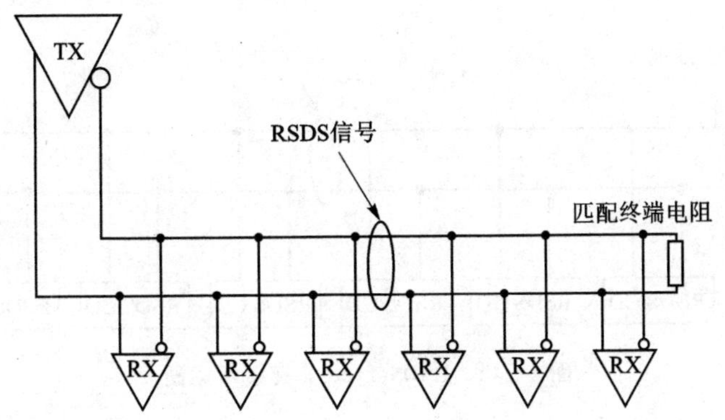

图 4-40　RSDS 接口电路示意图

常见的 RSDS 的总线类型有如下三种:

Type Ⅰ——带双重匹配终端的点对多点总线,如图 4-41 所示。TCON 通过一个短桩线接入到总线中间,总线两端分别采用一个 100 Ω 的终端匹配电阻进行匹配,传输媒介的特性阻抗为 100 Ω。从 TCON 看过去,DC 负载为 50 Ω,而不是 100 Ω,因此,RSDS 驱动端的输出驱动必须进行调整以满足 50 Ω 负载时的 V_{OD} 规格。根据所支持的颜色深度,此拓扑结构的 RSDS 数据对可以支持到 9 对或 12 对。

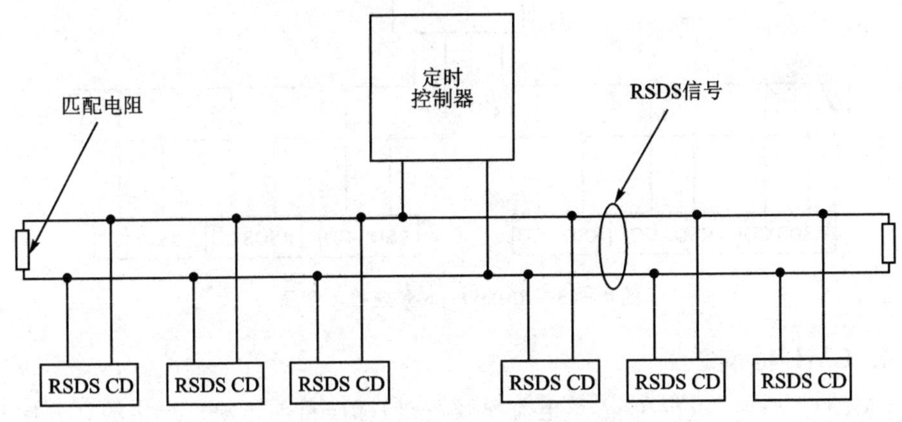

图 4-41　RSDS Type Ⅰ连接示意图

Type Ⅱ——带单端匹配终端的点对多点总线,如图 4-42 所示。TCON 位于总线的一端。在这种拓扑中,总线的远端采用 100 Ω 终端匹配电阻,同时传输媒介的特性阻抗为 100 Ω。该总线拓扑既可以是单总线拓扑也可以是双总线拓扑这取决于显示器的分辨率。对于单总线拓扑来说,RSDS 数据对可以支持 9 对或 12 对;对于双总线拓扑来说，其所支持的 RSDS 数据对为单总线拓扑的一倍。

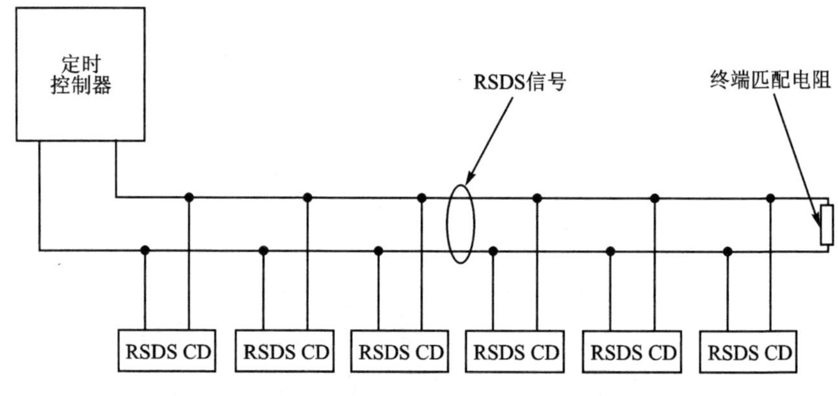

图 4-42　RSDS Type Ⅱ 连接示意图

Type Ⅲ——带单端匹配终端的双路点对多点总线，如图 4-43 所示。TCON 位于此拓扑结构的中间。在 TCON 的左右两边分别驱动一组总线，每一个总线都在远端采用 100 Ω 的终端电阻匹配，传输媒介的特性阻抗为 100 Ω。每组总线支持的 RSDS 数据对为 9 对或 12 对。在该拓扑中，TCON 与总线之间的连接不是短桩线，而是主传输线的一部分，因此可以较好地改善信号质量。

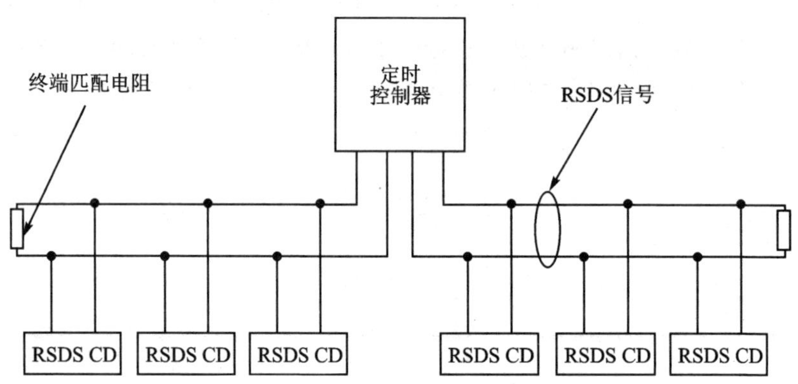

图 4-43　RSDS Type Ⅲ 连接示意图

4. CML 标准

CML(Current Mode Logic，电流模式逻辑)标准目前还缺乏严格的官方标准，但它的应用非常广泛，尤其是在速率超过 1 Gb/s 的串行物理层设备中。它采用电流驱动，输入和输出事先就已经匹配好，无须外围器件，使用时可以直接互连，整个接口非常简单，XAUI 和 10G XFI 接口均采用 CML 标准。以 MAX3831、MAX3832 为例，其 CML 接口的基本电气参数如表 4-19 所列。

表 4-19　CML 电气参数表

参　数	最小值	典型值	最大值
差分输入电压/V	0.64	0.8	1
输出共模电压	—	$V_{DD}-0.2$ V	—
单端输入电压范围	$V_{DD}-0.6$ V	—	$V_{DD}+0.2$ V
差分输入电压摆幅/V	0.4	—	1

典型的 CML 接口电路如图 4-44 所示。在驱动端，CML 接口采用差分对作为输出电路，该差分对的集电极通过 50 Ω 的阻抗上拉到接口电压，从而实现与外部传输线的阻抗匹配，避免二次反射产生振铃现象。输出信号分别连接到差分对的集电极上。驱动电路通过控制差分对的基极来实现输出高低电平的切换。

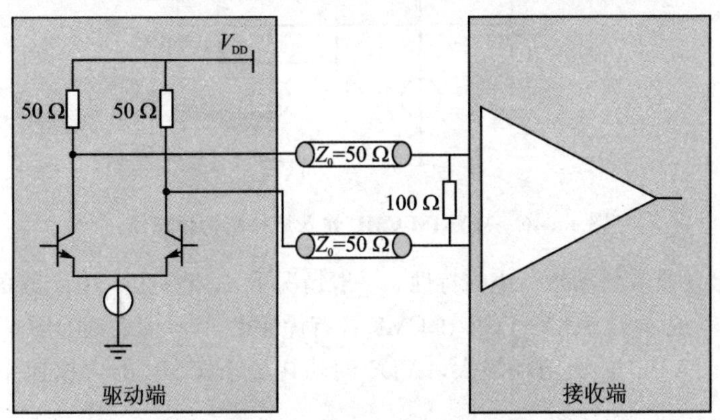

图 4-44　典型的 CML 接口电路示意图

差分对的恒流源典型值为 16 mA。若 CML 输出负载为 50 Ω，则单端 CML 输出信号的摆幅为 $V_{DD}-0.4$ V～V_{DD}，差分输出信号摆幅为 800 mV，共模电压为 $V_{DD}-0.2$ V。若 CML 输出采用交流耦合至 50 Ω 负载，则这时的直流阻抗由集电极电阻决定，为 50 Ω，CML 输出共模电压变为 $V_{DD}-0.4$ V，差分信号摆幅仍为 800 mV。交流和直流耦合情况下的输出波形如图 4-45 所示。

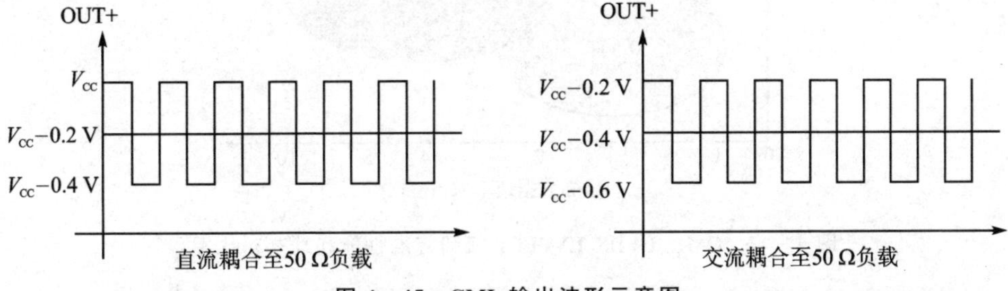

图 4-45　CML 输出波形示意图

CML 接收端同样采用差分对的结构。在差分对前端，有些设计会采用射极跟随器的结构，通过射极跟随器来控制差分对的基极，射极跟随器的基极通过 50 Ω 上拉到接收端电压，确保与传输线的阻抗匹配。图 4－46 所示为 MAXIM 公司的 CML 输入拓扑结构示意图。

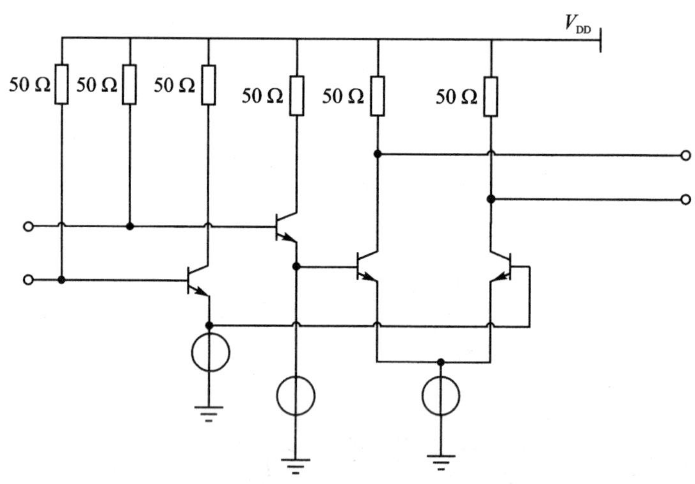

图 4－46　MAXIM CML 输入拓扑结构示意图

CML 标准还具有抖动指标小的特性。一般情况下，LVDS 很少用来做光接口驱动电路标准。总体来说，LVDS、LVPECL 和 CML 各有优缺点，其具体表现如图 4－47 所示，从图中可以看出，LVPECL 的功耗最大，LVDS 的功耗最小，CML 的数据速率最快，LVDS 最慢。

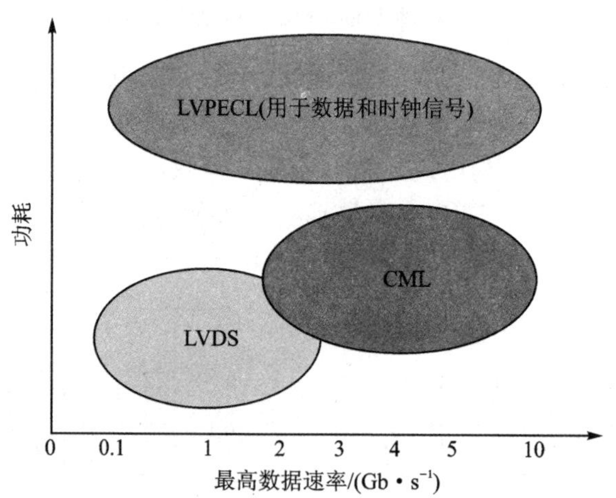

图 4－47　CML、LVDS、LVPECL 接口标准性能和功耗对比图

5. HCSL/LPHCSL 标准

HCSL（High - Speed Current Steering Logic，高速电流驱动逻辑）是另外一类用于高速信号传输的 I/O 接口标准。它采用 CMOS 工艺，通过控制差分对的栅极进行信号驱动。在差分对的源极连接 15 mA 的恒流源，漏极开路输出，使得在几千欧姆的范围内具有相当高的阻抗，如图 4 - 48 所示。传输媒介特性阻抗为 50 Ω，在驱动端或接收端并联一个 50 Ω 下拉电阻，使反射信号都被吸收。在驱动端，两个小电阻与高阻抗驱动器串联，用来减缓电流，限制过冲。HCSL 需要有 DC 耦合。当 HCSL 采用 AC 耦合时，必须认真考虑对地的 DC 路径，需要额外增加元件。

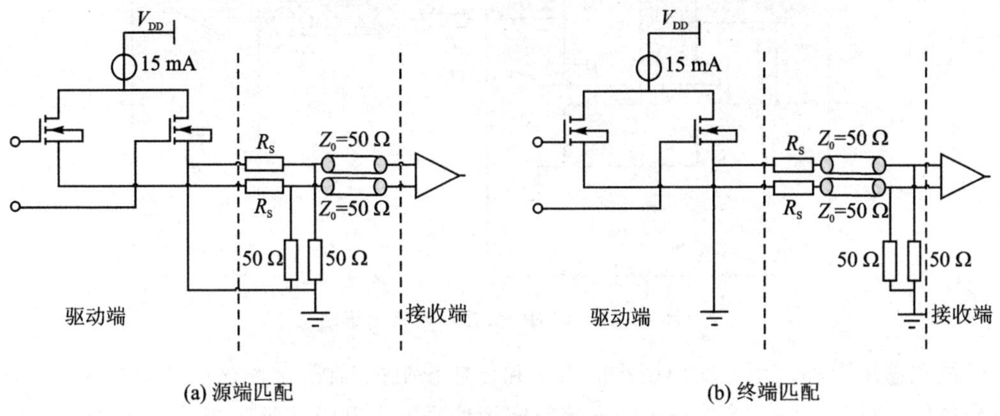

图 4 - 48　HCSL 接口电路示意图

HCSL 的功耗采用 15 mA 的恒流源输出，其电源功耗约为 50 mW（在 3.3 V 电压的作用下）。LPHCSL（Low - Power HCSL）采用推挽式电压驱动，接收端和 HCSL 相同，如图 4 - 49 所示。相比于 HCSL，LPHCSL 只需要源端串联电阻进行阻抗匹配，无须额外的上拉或者下拉电阻匹配。通常驱动器内部的输出阻抗为 17 Ω 左右，因此外部串接电阻 R_S 一般为 10～33 Ω。有一些驱动器把外部串接电阻直接集成在驱动器内部，这样 LPHCSL 的驱动端和接收端就可以直连。LPHCSL 不要求 DC 耦合，可以直接进行 AC 耦合且不影响信号摆幅和终端属性。相比于 HCSL，LPHCSL 不仅大大节省了 PCB 布线面积以及电路的 BOM 成本，易于布线，而且采用推挽式电压驱动可以使电流大幅降低至 4～5 mA，加上采用 LDO 0.75 V 电压，整体功耗远远小于 HCSL 电路（大约为 HCSL 的 1/9）。

LPHCSL 电路上的电源电流仅在上升沿期间从驱动端流向接收端并从接收端返回驱动端。驱动端的输出信号从 0 V 上升到 0.75 V，并流向目的端。在信号传输过程中，输出阻抗为 50 Ω，加上传输线特性阻抗为 50 Ω，则输出引脚电流为 0.75 V/(50 Ω+50 Ω) =7.5 mA。由于分压作用，在 PCB 传输线上的电压为输出电压的一半，也就是 0.375 V。当信号到达接收端时，由于接收端的输入阻抗非常大，信号会发生全发射，从而使接收端输入信号电压为 0.75 V。该反射的 0.375 V 电压会继续

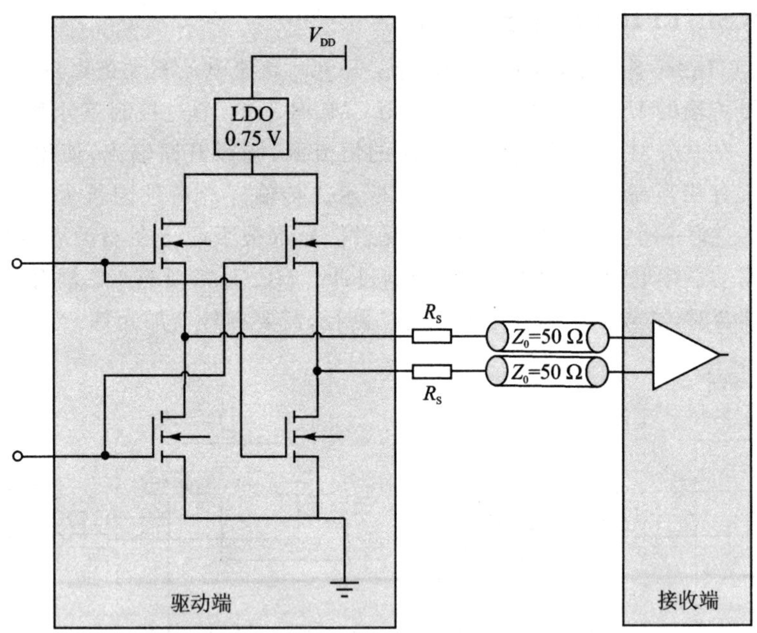

图 4-49 LPHCSL 接口电路示意图

反馈到输出引脚。由于输出引脚的阻抗和传输线阻抗匹配，因此该信号会被吸收，不会再发生反射。整个 7.5 mA 的电流时间为信号的上升沿从驱动端到接收端的往返时间。例如，信号上升沿在 10 in 的传输线上的往返时间大约为 2.5 ns，仅仅是 100 MHz 周期的 1/4，因此每个引脚消耗的电流为 7.5 mA/4＝1.875 mA。由于差分输出，所以 LPHCSL 输出会消耗 3.75 mA 电流。加上开关和各种寄生损耗，驱动一个 10 in 长的传输线，LPHCSL 的总体电流消耗大约为 4～5 mA。LPHCSL 更容易驱动较长的传输线。LPHCSL 电路信号传输过程示意图如图 4-50 所示。

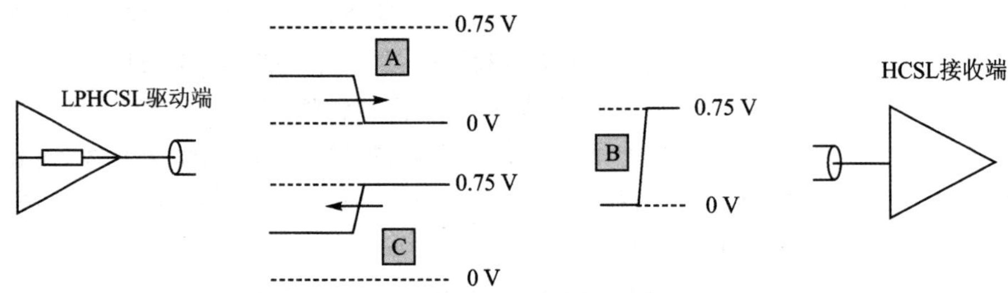

图 4-50 LPHCSL 电路信号传输过程示意图

LPHCSL 驱动器的电气特性如表 4-20 所列。

表 4-20 LPHCSL 驱动器的电气特性表

参 数	参数描述	最小值	典型值	最大值	单 位
V_{OH}	输出高电压	600	740	900	mV
V_{OL}	输出低电压	−150	0	150	mV
V_{OUTPP}	输出电压幅值		725	1 000	mV

LPHCSL 与 HCSL 的电路比较如表 4-21 所列。

表 4-21 LPHCSL 与 HCSL 的电路比较表

参数描述	HCSL	LPHCSL
驱动电流	15 mA	4～5 mA
驱动电压	降至 2.5 V	降至 1.05 V
30 in PCB 走线后的转换速率	0.8 V/ns	1.2 V/ns
每对差分输出的被动元件数量	4	最少为 0

在某些 LPHCSL 电路的接收器内，可能有一个 100 Ω 的差分终端用于处理范围较宽的幅度和共模电压以及 AC 耦合的时钟信号，LPHCSL 驱动器可以稳定驱动双匹配终端的拓扑结构，即在驱动端和接收端均有终端电阻。双匹配终端的拓扑结构会导致每个输出的电压峰峰值降至 400 mV，也就是差分电压峰峰值降为 800 mV。对于这类接收器来说，该电压幅值是满足规格的。

由于 LPHCSL 相比于 HCSL 的诸多优势，特别是驱动长传输线的能力，PCIe 总线规范采用 LPHCSL 电路作为其参考时钟电路，可以很好地应用于 PCIe 的各种应用场景。PCIe 参考时钟的要求是上升速率为 0.6～4.0 V/ns，HCSL 很难匹配其快速的上升速率，而 LPHCSL 可以很好地满足其要求。PCIe 参考时钟单个输出的电压峰峰值为 150 mV，差分电压峰峰值为 300 mV，LPHCSL 的驱动端的输出电压幅值可以满足 PCIe 的要求。

差分 I/O 标准规范还有很多，并且还在继续发展，如 TMDS（Transition - Minimized Differential Signaling，最小化传输差分信号）、PPDS(Point - to - Point Differential Signaling，点对点差分信号)等，但限于篇幅，在此不一一赘述。详细内容可以查看相关标准。

4.5 接口互连

数字系统是由各种数字 IC 互连而成。各种数字 IC 的用途不同，接口不同，电源域的要求也不同。数字系统的设计首先就是要把各种不同 IC 的不同接口进行正确连接，从而能够正常工作。

接口互连可以是同类接口的互连，比如 LVDS 标准驱动器驱动信号，被 LVDS 标准接收器接收，也可以是不同接口的互连，比如 LVTTL 接口信号输出到 LVCMOS 接收器等。不管哪儿互连，都需要满足 4.2 节所述的逻辑门的基本特性。对于同类接口的互连，只需要确保供电电源正常以及电阻匹配满足规范要求，就基本可以正常工作。对于不同接口的互连，则需要认真对待，确保所有驱动端和接收端的电气参数都要满足。

当然，接口互连有多种方式，只要能够满足信号的传输要求就可以采用。

4.5.1 单端接口互连

不论是什么样的单端 I/O 标准，从本质上来说，就是一个 TTL/CMOS 作为驱动源，把信号通过传输媒介传送到 TTL/CMOS 的接收端。因此，端口接口互连主要是不同电平等级的 TTL/CMOS 门之间的互连设计。

一般来说，同种电平的同种类型的逻辑门可以直接互连，比如 5 V TTL 作为驱动源来驱动信号到 5 V TTL 逻辑门接收端。针对各种单端逻辑电平，只要上一级的输出电压不满足下一级的输入电压，就不能直接进行互连，需要采用专门的电平转换电路来实现信号的互连。TTL/CMOS 接口互连逻辑表如表 4-22 所列。

表 4-22 TTL/CMOS 接口互连逻辑表

驱动端	接收端				
	5 V TTL	5 V CMOS	3.3 V LVTTL	2.5 V LVCMOS	1.8 V LVCMOS
5 V TTL	✓	✗	☑	☑	☑
5 V CMOS	✓	✓	☑	☑	☑
3.3 V LVTTL	✓	✗	✓	☑	☑
2.5 V LVCMOS	✓	✗	✓	✓	☑
1.8 V LVCMOS	✗	✗	✗	✗	✓

注：✓表示可以直接互连，✗表示不能直接互连，☑表示有条件直接互连（接收端 V_{IH} 需满足要求）。

如果不能直接互连，需要采用电平转换电路或者电平转换器件来实现信号的传送。一般可以采用 CMOS/TTL 等分立元件来实现，或者采用 TI、NXP 等公司的标准逻辑 IC 来实现，具体如表 4-23 所列。

表 4-23 单端 I/O 接口互连的电平转换逻辑电路示例(部分)

驱动端	接收端	电平转换逻辑电路
5 V TTL	3.3 V LVTTL/LVCMOS	采用 LVC/LVT 系列器件，该系列器件输入为 5 V TTL/CMOS 逻辑电平，输出为 LVTTL 逻辑电平

续表 4-23

驱动端	接收端	电平转换逻辑电路
5 V TTL	5 V CMOS	上拉电阻至 5 V，或者采用 AHCT 系列器件，该系列器件输入为 5 V TTL 逻辑电平，输出为 5 V CMOS 逻辑电平
5 V CMOS	3.3 V LVTTL/LVCMOS	采用 LVC/LVT 系列器件，该系列器件输入为 5 V TTL/CMOS 逻辑电平，输出为 LVTTL 逻辑电平
3.3 V LVTTL/LVCMOS	5 V CMOS	采用 AHCT 系列器件，该系列器件输入为 5 V TTL 逻辑电平，与 3.3 V LVTTL 电平兼容，输出为 5 V CMOS 逻辑电平
3.3 V LVTTL/LVCMOS	2.5 V LVCMOS	采用 LV、LVC、AVC、ALVT 系列器件，该系列器件输入为 3.3 V LVTTL/LVCMOS 逻辑电平，输出为 2.5 V LVCMOS 逻辑电平
2.5 V LVCMOS	3.3 V LVTTL/LVCMOS	采用双轨器件 SN74LVCC3245A 进行 2.5 V 逻辑电平到 3.3 V 逻辑电平的转换

针对高速 SSTL、HSTL、POD 等 I/O 接口标准的互连，4.4.1 小节已经做了详细的描述，在此不做赘述。

4.5.2　直流耦合和交流耦合

数字信号通常由两部分组成：直流分量和交流分量。假设存在一个信号，其数学表达式为

$$v(t) = V\sin(\omega t + \varphi) + V_{dc}$$

则这个信号包含了一个直流分量 V_{dc} 和一个交流分量 $V\sin(\omega t+\varphi)$。所谓的耦合，在电子学和电信领域就是研究如何把该信号所包含的能量从一个介质传输到另外一个介质的过程。直流耦合，就是把包含直流和交流分量的整个信号从驱动端完整地传输到接收端。而交流耦合，则是通过一定的手段把信号中的直流分量去掉，只传输交流分量，接收端获取交流信号后，通过钳位电路(Clamp)和直流恢复(DC Restoration)等方式重新恢复信号的直流分量。如图 4-51 所示，在输入端采用钳位二极管，输入交流信号的幅值范围就被钳位在 $V_{DD}+0.7$ V 到 -0.7 V 之间。

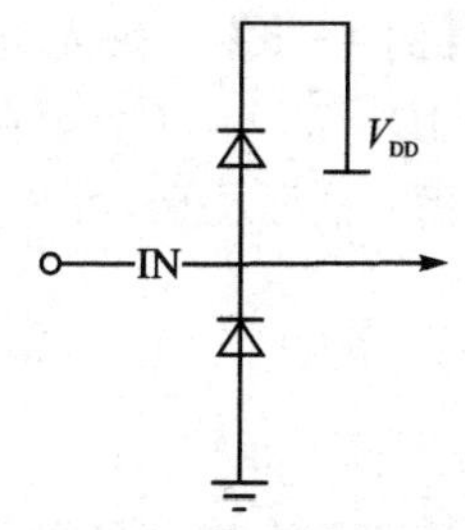

图 4-51　采用钳位二极管的直流恢复电路示意图

直流耦合可以通过驱动端和接收端进行直连的方式来实现，必要时采用电阻等

线性元件来进行阻抗匹配或者直流偏压调整，在 4.5 节中所述的连接基本都是采用直流耦合的方式进行的。直流耦合主要应用于包含直流分量的低频信号的放大电路，但需要注意的是，采用直流耦合的连接方式中，各级电路的静态工作点会相互影响，上一级的工作点的改变会传递到下一级的工作点，因此对电路的单点调整可能会影响整个系统的工作。

而交流耦合则需要在直流耦合的基础上，在驱动端和接收端之间通过额外增加电感或串联交流耦合电容来实现。因此，交流耦合中的各级电路的静态工作点是相互独立的。调整其中的一级电路的静态工作点不会影响到其余部分的电路。采用交流耦合可以较好地进行阻抗变换实现高效率的匹配，适合于各类选频放大电路。

采用交流耦合设计时，由于电容通常被看成是一个阻抗不连续的点，因此交流耦合电容的容值和摆放位置非常重要。通常来说，这些参数都会在总线协议或者 IC 的数据手册中提供。不同的总线协议、不同的拓扑结构、不同的 IC，其位置和容值都不相同。交流耦合电容一般会放置在信号的接收端，比如 10GBASE－KR 总线。这样因为经过信号通道传输过来的信号已经经过了一次衰减，在电容处虽然会造成阻抗不连续，但是衰减后的信号的反射能量比一开始就反射的能量小，同时在接收端可以滤掉信号在传输过程中由于其他信号的串扰而生成的直流分量，保证接收信号的质量。但是有些总线要求也不尽相同，比如 PCIe 总线要求交流耦合电容放置在信号的驱动端，SATA 总线则要求靠近连接器处。因此，在设计过程中，需要严格根据总线要求以及 IC 的数据手册进行耦合电容摆放。如果没有相应的资料，则尽量把交流耦合电容摆放到 IC 接收端附近(IC 到 IC 的拓扑)或者连接器(IC 到连接器的拓扑)附近。

交流耦合电容的计算公式为

$$C = 7.8 \times \text{MTCID} \times \text{Bp}/R$$

式中：Bp 表示比特周期；MTCID 表示连续同一电平的长度；R 表示 RC 电路中的阻抗值。

【例 4－5】 在光通信系统中，2.488 Gb/s 的接收器 Bp 值为 402 ps，假设 MTCID＝72 bit，R＝100 Ω，求 AC 耦合电容容值。

解： 根据题意，可知 AC 耦合电容容值为

$$\begin{aligned} C &= 7.8 \times \text{MTCID} \times \text{Bp}/R \\ &= 7.8 \times 72 \times 402/100 \\ &\approx 2.26\ (\text{nF}) \end{aligned}$$

交流耦合电容可以很好地隔绝直流，但同时影响直流压降。直流压降与 RC 时间常数相关。RC 值越大，则通过的直流分量越多，直流压降越小。如果 RC 值过低，那么一旦驱动端驱动连续的“1”或者“0”，链路上的直流压降就会过低，信号眼图的眼高也随之降低，从而产生 PDJ 抖动。

在信号传输链路中，传输链路的特性阻抗不变，如果需要减小 PDJ 抖动，则只能

通过调整电容容值来降低直流压降。但是，与理想电容不同，实际电容除了本身电容特性以外，还有寄生的 ESR 和 ESL（一般容值越大，ESL 也越大），使电容随着频率的增加其特性会跟着变化。在频率较低时，电容呈容性，但过了临界点以后，ESL 起主导作用，电容呈感性，信号的高频分量衰减增大，上升沿变慢，抖动增加。因此，电容的容值选择需要综合考虑，一般推荐 0.01～0.2 μF，最常见的为 0.1 μF。电容封装越小越好，一般采用 0402 或者更小尺寸。

4.5.3 差分接口互连

差分接口连接分为同类差分接口的连接以及不同类差分接口的连接。同类差分接口连接通常比较简单，按照各种差分接口标准的具体要求进行连接就可以工作，而不同类差分接口的连接则需要进行特别的接口设计才能正常工作。差分接口互连根据具体的工作场景，既可以采用直流耦合连接，也可以采用交流耦合连接。由于差分接口众多，本小节主要就 LVDS、CML、LVPECL 三种典型的差分接口互连进行说明。

1. 直流耦合的同种接口互连

直流耦合下的同种接口互连在 4.4.2 小节中已经做了初步讨论。基本上，同种接口标准的驱动端和接收端都已经经过规范化设计，在传输线路上除了需要有针对性地进行阻抗匹配，无须进行特别的设计。需要注意的是，随着 IC 技术的发展，有些 IC 已经能够把匹配电阻集成到 IC 的驱动端或者接收端，这样在进行线路设计时，无须再增加电阻进行额外的阻抗匹配，这样既降低了 BOM 成本，同时也节省了 PCB 的面积，易于布局布线。图 4-52 所示为 LVDS 直流耦合连接方式。

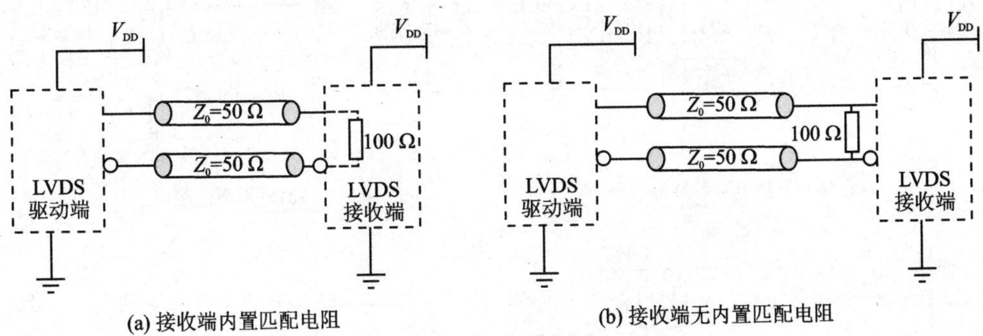

图 4-52 直流耦合下的 LVDS 连接方式示意图

直流耦合下的 CML 电路连接方式与 LVDS 相同，如果内置匹配电阻，则可以直接相连，否则需要在接收端的输入引脚附近增加 100 Ω 的匹配电阻，或者在接收端的输入引脚附近对差分对信号通过 50 Ω 匹配电阻进行上拉匹配，如图 4-53 所示。

直流耦合下的 LVPECL 电路连接方式相对复杂，连接方式也是多种多样，具体可以根据应用场景、PCB 面积、BOM 成本、电源策略等方式选择合适的连接方式，如图 4-54 所示。

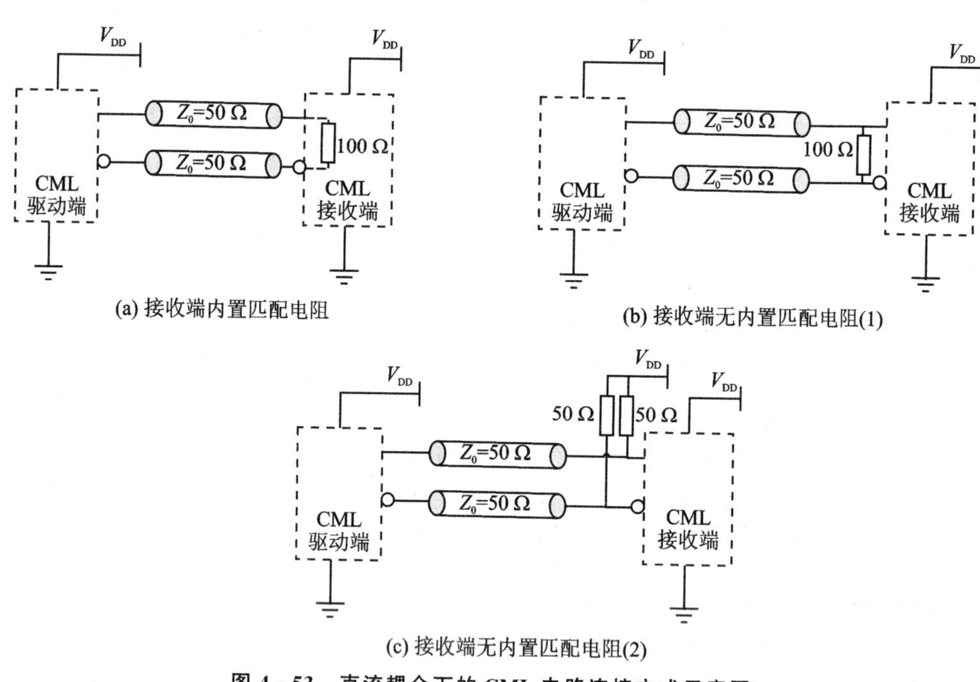

图 4-53 直流耦合下的 CML 电路连接方式示意图

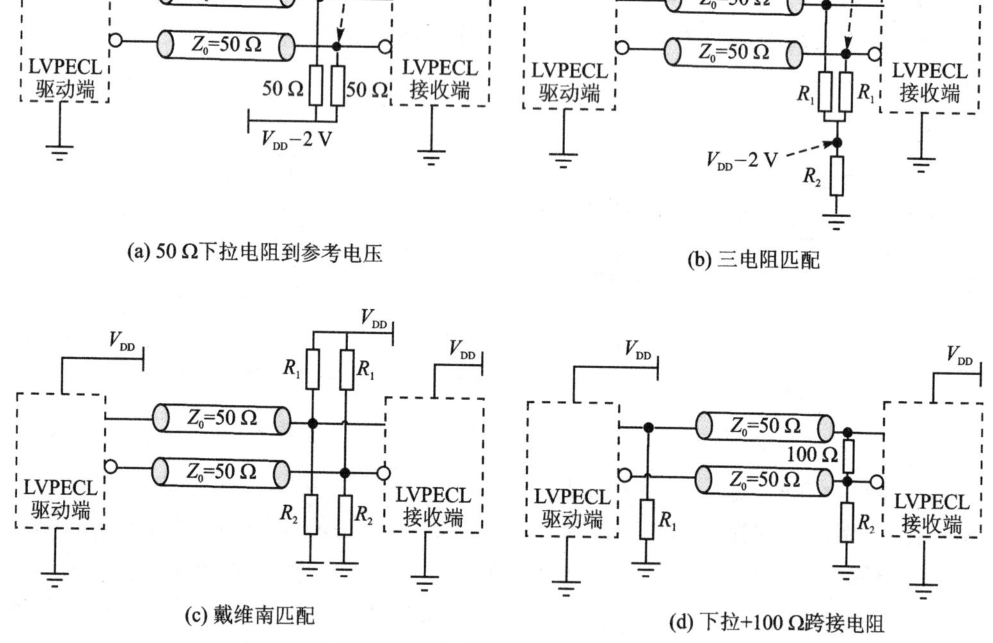

图 4-54 直流耦合下的 LVPECL 电路连接方式示意图

第一种方式采用两个 50 Ω 的下拉电阻至 $V_{DD}-2$ V 进行阻抗匹配。由于 LVPECL 的输出电流比较大，为 14 mA，因此在 50 Ω 电阻上的压降为 0.7 V，确保了在接收端的电压维持在 $V_{DD}-1.3$ V 的逻辑电平。这种方式外接元件最少，但是需要两种不同的电源。

第二种方式采用三电阻匹配。其中 R_1 用于阻抗匹配，R_2 用于提供足够的偏置电压 V_{TT}（也就是 $V_{DD}-2$ V）。假设 R_1 等于传输线特性阻抗 50 Ω，则 R_2 的计算公式为

$$R_2=\frac{50\ \Omega\times(V_{DD}-2\ \text{V})}{V_{HI}+V_{LO}-2\times(V_{DD}-2\ \text{V})}$$

如果 V_{DD} 为 3.3 V，V_{HI} 为 2.275 V，V_{LO} 为 1.68 V，取 R_1 等于 50 Ω，则 R_2 约等于 48 Ω。

第三种方式采用戴维南匹配。该方式的差分对的每个信号都要上拉和下拉。上拉和下拉电阻的主要作用有两个：一是提供分压，实现接收端的电压匹配；二是实现与传输线的阻抗匹配。因此，R_1 和 R_2 的阻抗需要通过以下方程组进行确认：

$$\begin{cases}R_1 /\!/ R_2=50\\ \dfrac{R_2}{R_1+R_2}=\dfrac{V_{DD}-2\ \text{V}}{V_{DD}}\end{cases}$$

R_1 和 R_2 的阻值与电压相关，具体如表 4-24 所列。

表 4-24　LVPECL 戴维南匹配电路阻值表

V_{DD}/V	R_1/Ω	R_2/Ω
2.5	250	62.5
3.3	130	83
5	83	125

采用戴维南匹配的方式，电阻都集中放置在接收端，可能会导致 PCB 布局布线的困难。

第四种方式采用下拉+100 Ω 跨接电阻的方式。R_1 为输出门提供直流偏置电流，R_2 为交流信号提供阻抗匹配。R_1 的取值会根据 V_{DD} 的不同而不同。当 $V_{DD}=$ 3.3 V 时，$R_1=140\sim200$ Ω；当 $V_{DD}=5$ V 时，$R_1=270\sim330$ Ω，$R_2=100$ Ω。R_1 摆放的位置可以不受约束，除了要求短桩线外。R_2 必须放置在接收端输入引脚附近。

2. 交流耦合的同种接口互连

交流耦合的同种接口互连，一般都是采用交流耦合电容来实现的。电容的摆放位置尽量靠近接收端，但不必像匹配电阻那样靠近。通常来说，如果驱动端和接收端的供电电压不一致，则需要采用交流耦合。

对于 LVDS 和 CML 接口来说，其交流耦合的电路连接方式和直流耦合很相似，

只是在其中串接了一个交流耦合电容，电容容值根据 4.5.2 小节的计算公式可以得到。一般取值为 0.01～0.2 μF，具体如图 4－55 和图 4－56 所示。

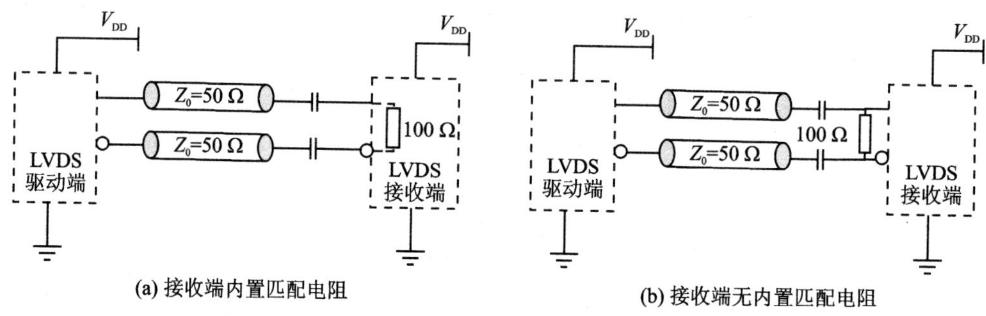

(a) 接收端内置匹配电阻

(b) 接收端无内置匹配电阻

图 4－55　交流耦合下的 LVDS 连接方式示意图

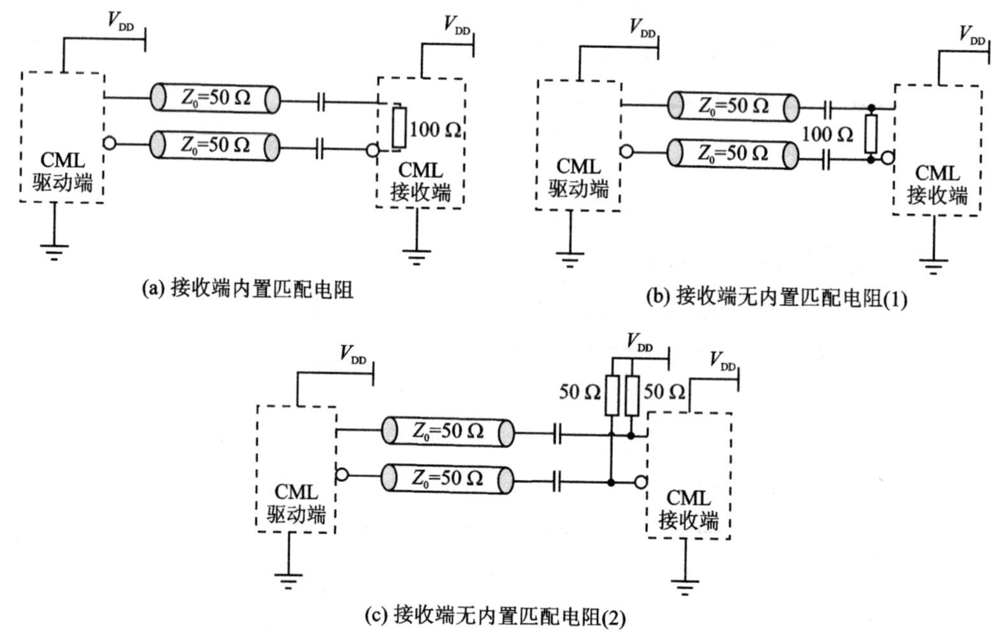

(a) 接收端内置匹配电阻

(b) 接收端无内置匹配电阻(1)

(c) 接收端无内置匹配电阻(2)

图 4－56　交流耦合下的 CML 连接方式示意图

LVPECL 接口电路相对复杂，不仅需要串联交流耦合电容进行“隔直通交”，而且需要在驱动端采用下拉电阻来实现正确的直流偏置电压电路，以确保其输出共模电压固定在 $V_{DD}-1.3$ V。其基本的交流耦合下的电路连接如图 4－57 所示。

第一种情形是采用三电阻匹配的方式，同时在匹配后端增加串联耦合电容，并在靠近输入端通过上拉电阻连接至 $V_{DD}-1.3$ V，从而提供给接收端直流偏置电压。R_1 和 R_2 的阻值和直流耦合下的阻值计算方式相同。如果 V_{DD} 为 3.3 V，传输线特性阻抗为 50 Ω，R_1 为 50Ω，则 R_2 约为 48 Ω。

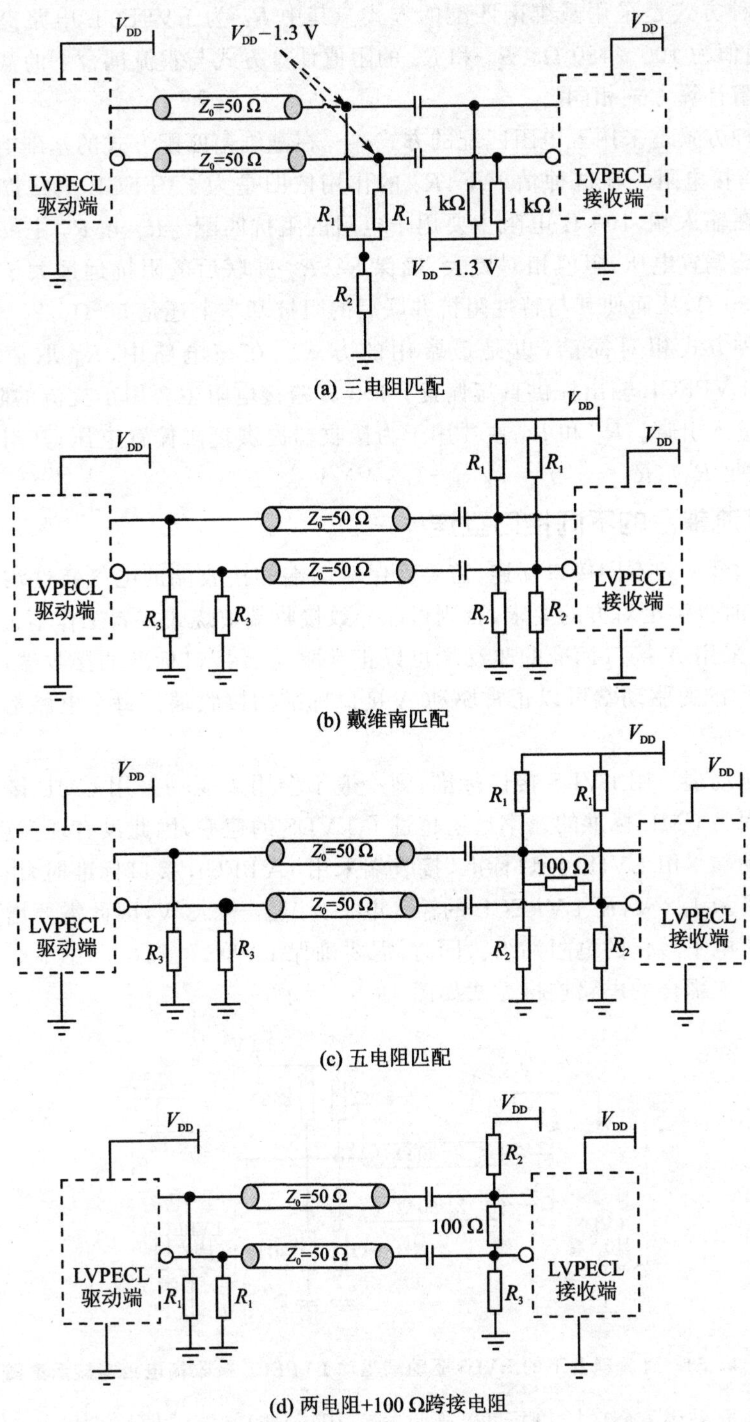

(a) 三电阻匹配

(b) 戴维南匹配

(c) 五电阻匹配

(d) 两电阻+100 Ω跨接电阻

图 4－57　交流耦合下的 LVPECL 连接方式示意图

第二种方式是采用戴维南匹配的方式。其中 R_3 为 LVPECL 电路提供直流偏置电压，阻值为 100～180 Ω。R_1 和 R_2 的阻值计算方式与直流耦合下的戴维南匹配方式的电阻计算方式相同。

第三种方式是采用五电阻匹配的方式——在戴维南匹配方式的基础上增加一个 100 Ω 的跨接电阻。在这种情形下，R_3 的作用依旧是为 LVPECL 电路提供直流偏置电压。在输入端，100 Ω 电阻主要用于电阻的阻抗匹配。R_1 和 R_2 主要是提供接收端的直流偏置电压，阻值相对要大，确保 R_1、R_2 并联后的阻抗远远大于传输线的特性阻抗 50 Ω，从而使其与特性阻抗并联后的阻抗基本上还是 50 Ω。

第四种方式相对简洁，也是最常用的方式。在该电路中，R_1 取值为 140～200 Ω，为 LVPECL 输出提供直流偏置。100 Ω 跨接电阻主要用于交流的阻抗匹配，必须靠近输入引脚。R_2 和 R_3 主要用于为接收端提供直流偏置电压，其阻值相对较大，必须满足 $R_3/(R_2+R_3)=(V_{DD}-1.3\ \text{V})/V_{DD}$。

3. 直流耦合的不同接口互连

直流耦合下的不同接口互连，需要确保驱动端和接收端的电气特性均满足各自的要求，同时也满足对方的要求，否则可能导致接收端被烧毁或者工作不正常。需要注意的是，采用 A 接口标准的驱动端可以正常驱动 B 接口标准的接收端，不代表采用 B 接口标准的驱动端可以正常驱动 A 接口标准的接收端。每个电路都需要正确设计。

如果驱动端采用 LVDS 接口标准，则一般不会用来驱动采用 CML 接口标准的接收端。因为 CML 标准的速率远远超过了 LVDS 的速率，因此没有现实意义。

当驱动端采用 LVDS 接口标准，接收端采用 LVPECL 接口标准时，由于 LVDS 的输出电平为 1.2 V，而 LVPECL 的输入电平为 $V_{DD}-1.3$ V，因此需要增加一个用于完成直流电平转化的电阻网络。同时，需要确保 LVDS 的输出电位不对供电电源敏感。其直流耦合的电路连接方式如图 4-58 所示。

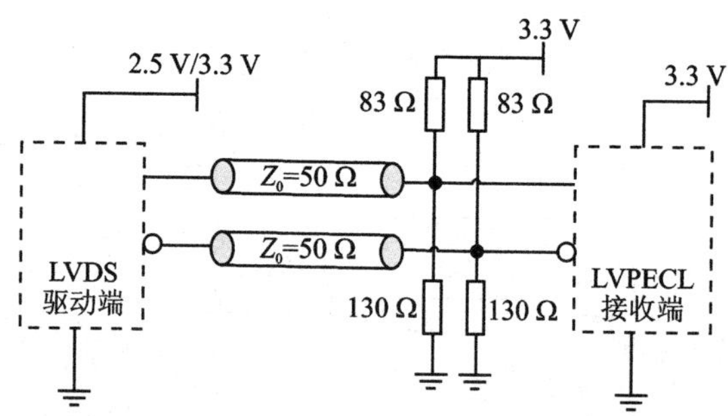

图 4-58 直流耦合下的 LVDS 驱动端驱动 LVPECL 接收端电路连接示意图

当驱动端采用 CML 接口标准，接收端采用 LVPECL 接口标准时，一般情况下不会采用直流耦合的电路连接方式。

当驱动端采用CML接口标准，接收端采用LVDS接口标准时，因为LVDS的输入侧支持(1.25±1) V的直流电平，所以如果CML的输出在此范围内，则可以直接相连，如图4-59所示。

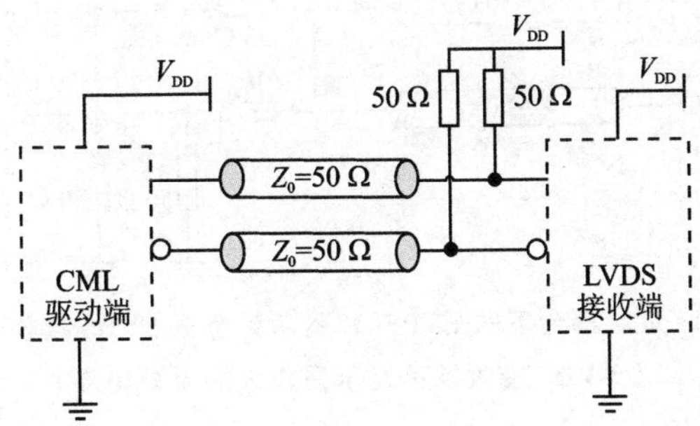

图4-59　直流耦合下的CML驱动端驱动LVDS接收端电路连接示意图

当驱动端采用LVPECL接口标准，而接收端采用LVDS接口标准时，主要是要考虑LVDS接收端的输入幅值范围。如果LVDS接收端可以承受较大的差分电压，则可以按照LVPECL的戴维南匹配的方式进行连接，这样保证了输出为$V_{DD}-1.3$ V的直流偏置电压，如图4-60所示。

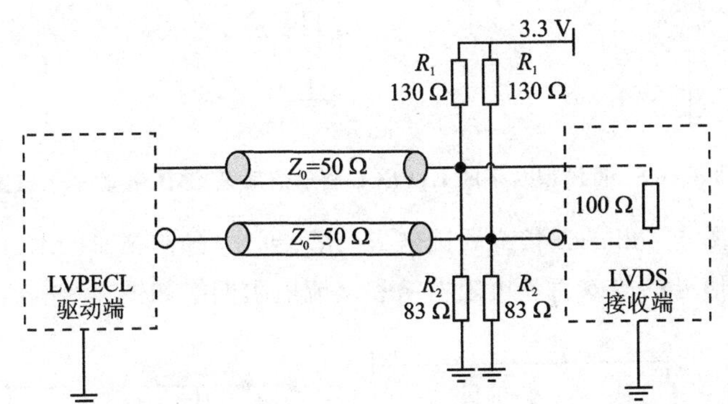

图4-60　直流耦合下的LVPECL驱动信号至LVDS接收端示意图
(LVDS接收端可以承受较大的差分电压)

如果LVDS接收端不能承受较大的差分电压，则可以采用R_3进行分压，这样既减少了交流摆幅对LVDS接收端的影响，同时又把直流偏置电压钳位在1.2 V左右，如图4-61所示。

当驱动端采用LVPECL接口标准，接收端采用CML接口标准时，由于输出和输入电平不匹配，所以需要一个匹配LVPECL的输出和CML的输入共模电压的电平转换网络，同时确保电平转换网络的等效阻抗为50 Ω。由于CML内嵌50 Ω集成匹配电阻，若对LVPECL驱动采用戴维南匹配的方式，则可以采用如图4-62所示的电平转换网络来实现。

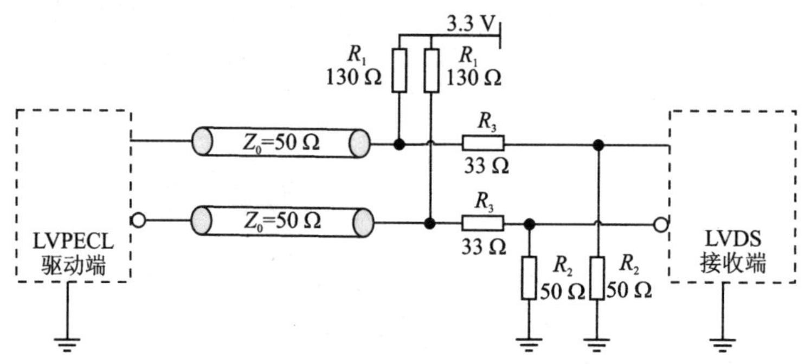

图 4-61　直流耦合下的 LVPECL 驱动信号至 LVDS 接收端示意图
(LVDS 接收端不能承受较大的差分电压)

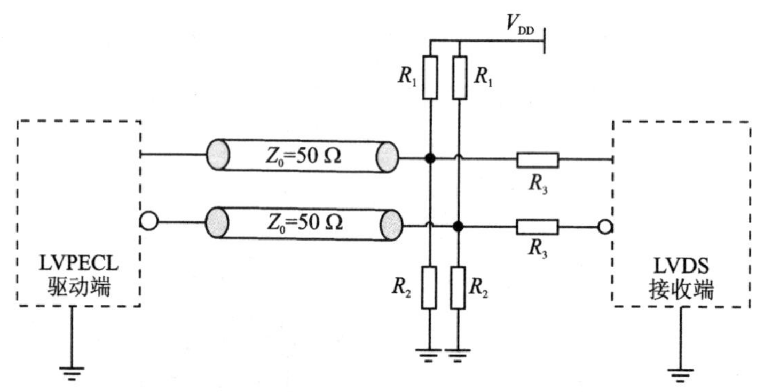

图 4-62　直流耦合下的 LVPECL 驱动信号至 CML 接收端示意图

需要根据图 4-62 的连接方式确定 R_1、R_2 和 R_3 的阻值。CML 内嵌匹配阻抗，差分对的单个信号的等效直流电阻网络和交流电阻网络如图 4-63 所示。

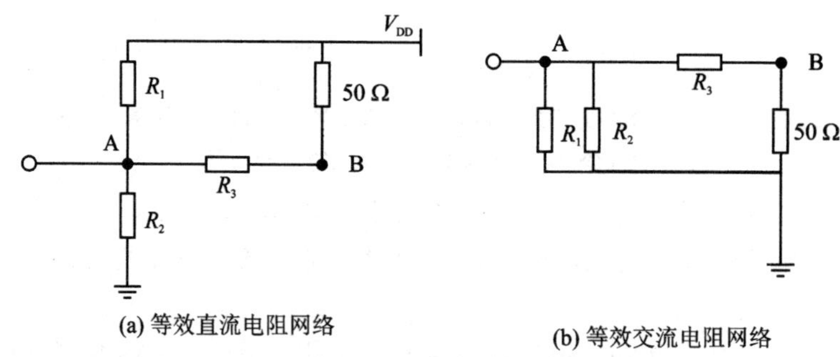

图 4-63　图 4-62 的电平转换网络等效直流电阻网络和交流电阻网络示意图

根据 LVPECL 和 CML 接口电气特性，LVPECL 输出电流为 14 mA，在 50 Ω 上有 0.7 V 的压降。因此在图 4-63(a)中，A 点电压为 $V_{DD}-2$ V，根据分压电路原理，可知：

$$\frac{R_2}{R_2+R_1 /\!/ (R_3+50\ \Omega)}=\frac{V_A}{V_{DD}}=\frac{V_{DD}-2\ V}{V_{DD}}$$

同时,需要确保等效交流电阻网络的特性阻抗为 50 Ω,因此可得

$$R_1 /\!/ R_2 /\!/ (R_3+50\ \Omega)\approx 50\ \Omega$$

根据 CML 接口电气特性,B 点电压为 $V_{DD}-0.2$ V,根据基尔霍夫电流定律,可得

$$\begin{cases}\dfrac{V_{DD}-V_B}{50}=\dfrac{V_B-V_A}{R_3}\\ V_B=V_{DD}-0.2\ V\\ V_A=V_{DD}-1.3\ V\end{cases}$$

联立以上等式,假设 $V_{DD}=3.3$ V,可知 $R_1=208\ \Omega$,$R_2=82.5\ \Omega$,$R_3=275\ \Omega$。

4. 交流耦合的不同接口互连

通常来说,LVDS 驱动 CML 需要确保输出交流幅度满足 CML 输入的交流幅度。如果 CML 接收端内置直流偏置,则通常可以采用串联交流耦合电容直连实现,否则在接收端需要采用电阻网络实现直流偏置电压转换,如图 4-64 所示。

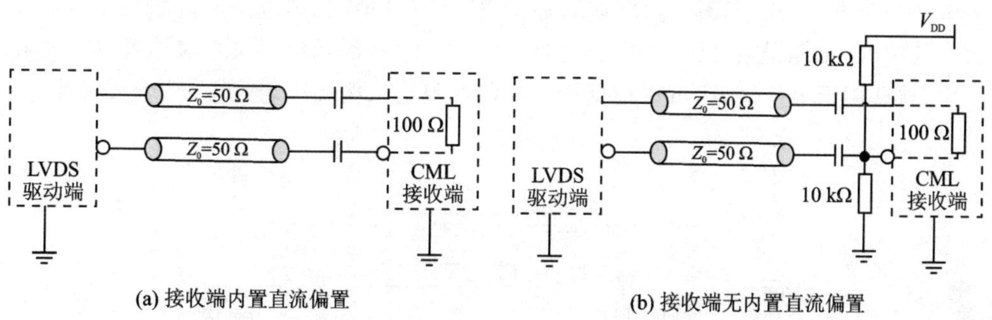

图 4-64 交流耦合下的 LVDS 驱动信号至 CML 接收端示意图

与 LVDS 驱动 CML 一样,LVDS 驱动 LVPECL 时,需要采用电平转换网络确保输出信号满足输入的电气要求,同时保证阻抗匹配,如图 4-65 所示。如果输出信号的摆幅不够,则需要采用专用的转换芯片。

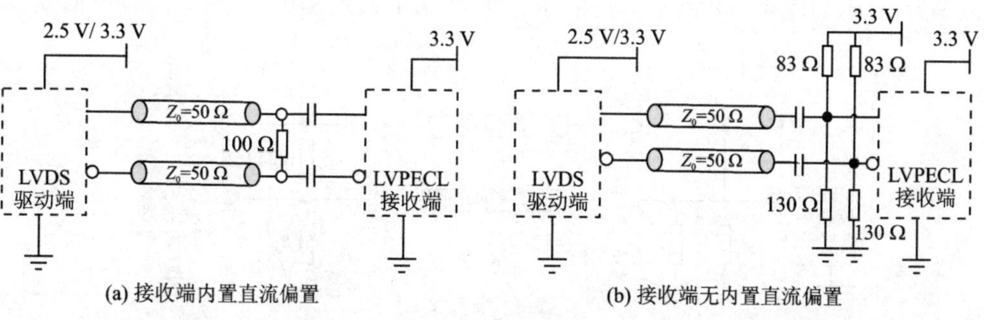

图 4-65 交流耦合下的 LVDS 驱动信号至 LVPECL 接收端示意图

CML 驱动 LVDS 或 LVPECL 时，需要根据 LVDS 或 LVPECL 是否内置电流偏置来确认是否需要增加直流偏置电阻网络。如图 4-66 所示，其中 R_1 的阻值根据 LVDS 或 LVPECL 的输入偏置电压的要求进行确定。

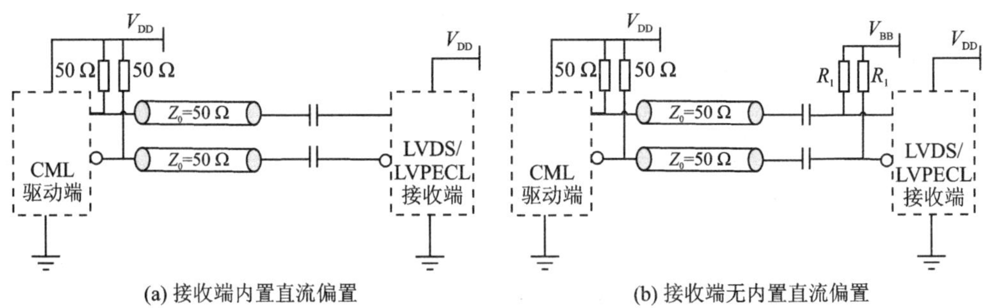

图 4-66　交流耦合下的 CML 驱动信号至 LVDS 或 LVPECL 接收端示意图

LVPECL 驱动具有内置匹配电阻 LVDS 和 CML 时，需要考虑 LVPECL 的输出电压摆幅是否会超过 LVDS 和 CML 接收端的门限范围。如果超过，需要在传输线上串联一个电阻，用于降低电压幅值，通常采用 50 Ω 电阻，其电路连接如图 4-67 所示。其中 R_1 的阻值在 140～200 Ω 之间，为 LVPECL 的输出提供直流偏置，R_2 的阻值为 50 Ω 用于电压衰减，可以根据接收端的交流输入摆幅决定是否拿掉，从而直连。

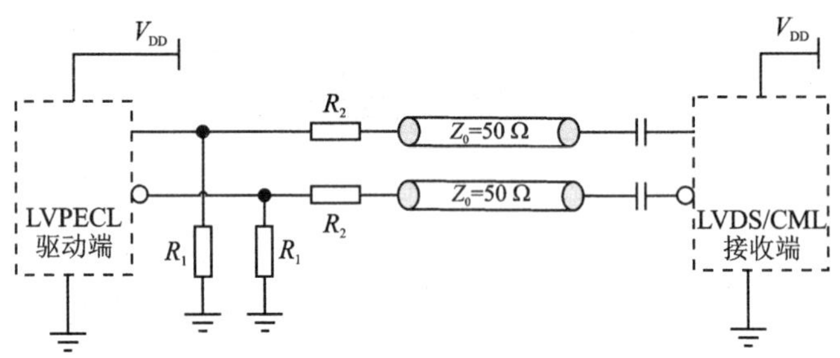

图 4-67　交流耦合下的 LVPECL 驱动信号至 LVDS 或 CML 接收端示意图

如果 LVDS 内部没有集成直流偏置电路，则需要在输入端通过外部电路提供直流偏置电压，如图 4-68 所示。其中，R_3 和 R_4 为 LVDS 提供 1.25 V 的直流偏置电

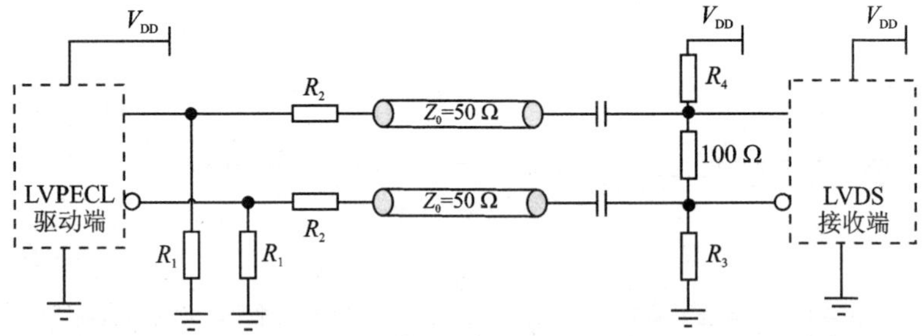

图 4-68　交流耦合下的 LVPECL 驱动信号至 LVDS 接收端示意图(无内置直流偏置和匹配电阻)

压，通常为千欧姆级别；100 Ω 则用于阻抗匹配，如果 LVDS 接收端内置匹配电阻，则该电阻可以拿掉；R_2 用于电压衰减，可以根据接收端的交流输入摆幅决定是否拿掉，从而直连。

4.5.4　接口互连的注意事项

在现代 IC 工艺设计过程中，通常会存在各种寄生二极管的情况。同时为了 IC 内部的电路保护，会在输入和输出接口采用二极管进行防静电保护。其简化后的逻辑示意图如图 4－69 所示。

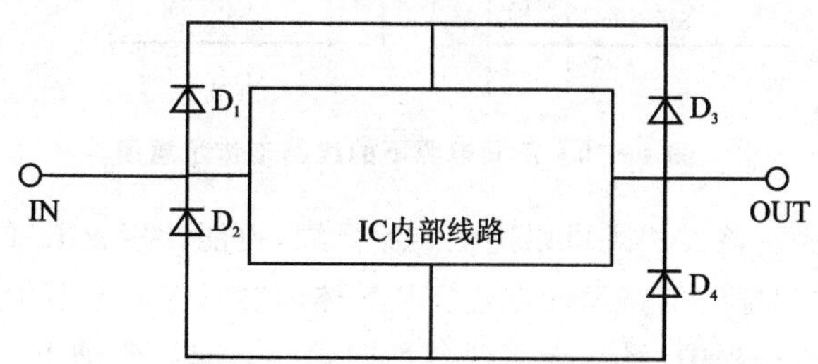

图 4－69　IC 输入/输出接口寄生二极管示意图

在图 4－69 中，D_1 主要用于静电防护和输入信号的限幅。该二极管在有些 IC 设计中，不需要。D_2 和 D_4 是由于现代半导体工艺所产生的寄生二极管，主要用于对信号反射的下冲信号进行限幅，并提供放电保护。D_3 主要用于放电保护。

在电路设计中，如图 4－70 所示，驱动 IC 的供电电源为 V_{DD1}，接收端 IC 的供电电源为 V_{DD2}，其电源时序如下：系统在上电或者掉电过程中，如果 V_{DD1} 电源为高电平，而 V_{DD2} 的电源还没有正常工作，也就是 T_1 和 T_2 时间段内，则驱动 IC 的输出电流将通过接收端 IC 的输入接口，经过 D_1 流向 V_{DD2}，导致电流倒灌，使得 D_1 的电流过载。由于 D_1 所承受的电流有限，因此很容易损坏二极管，IC 被烧毁，线路工作不正常。

因此，在线路接口设计时，需要特别注意上下级互连芯片的供电电源的类型和时序。如果供电电源的类型和时序不一致，则需要采用相关的隔离措施，确保不会出现电流倒灌的现象。

方法一：采用不带静电防护的相同功能的 IC 来实现电路功能。如果不带静电防护，则 D_1 不存在，因此即使在 T_1 和 T_2 阶段，驱动 IC 的电流也不会传输到接收 IC 端的电源。通常可以采用双极性器件来代替。但是，需要注意的是，接口输入不能加上拉电阻。

方法二：在 IC 之间增加串联电阻，可避免在 T_1 和 T_2 阶段的 D_1 上的过流。但是没法避免电流倒灌。

方法三：在驱动 IC 和接收 IC 之间增加电平转换电路或者 IC，在驱动 IC 和接收 IC 之间进行信号隔离。如采用 GTL 逻辑 IC 或者分立 MOS/TTL 管可以很好地实

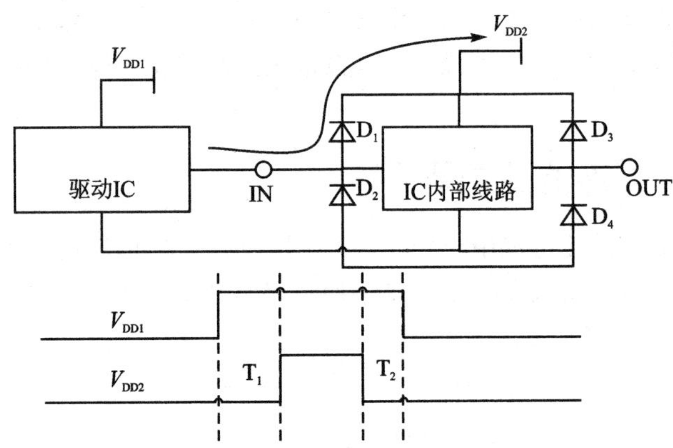

图 4-70　不同电源下的线路工作示意图

现信号的电平转换。该方法既可以避免电流倒灌，也能让接收 IC 的输入端有较好的静电防护，是一种较好的电路设计方式。其具体内容将在 4.6 节中阐述。

在接口互连的过程中，经常会遇到一种问题——如果驱动 IC 处于空闲状态，那么接收 IC 的输入状态如何保持？是保持为高，还是低，还是高阻状态？如果处理不当，则会导致接收 IC 的逻辑错误。

一种方法是通过对总线进行合适的控制，确保空闲状态非常短，从而使有害的电压没法累积。这种方法不会有任何附加成本。但是由于 IC 的输出存在漏电流和各类寄生电容，如 TI 的 TMS320C6201 输出为高阻态时最大漏电流为 10 μA，假设输出寄生电容以及传输线的寄生电容总和为 20 pF，则空闲状态下电压从特定的电平偏移速度为

$$\frac{dV}{dt}=\frac{I_{OZ}}{C_S}=\frac{10\ \mu A}{20\ pF}=0.5\ V/\mu s$$

假设最大偏移电压为 1 V，那么该总线只可以在 2 μs 内保持空闲状态。同时，由于漏电流与环境温度息息相关。通常来说，温度越高，漏电流越大。根据半导体物理学，环境温度每升高 10 ℃，漏电流会增加一倍。因此，该方法很容易受到各种限制。

基于此方法并对其进行改良，通过某种合适的控制逻辑，确保总线中的最后一个接口器件保持正常工作，直到有另外一个总线驱动器来接管此总线，从而避免出现未定状态逻辑。PCI 总线就是采用此种方式，无须添加额外的器件，但会增加功耗。

另一种方式就是把总线通过电阻上拉到供电电源或者下拉到地或者特定的电压，使得总线在空闲状态出现时有确定的高或者低电平逻辑。但是如何确定一个合适的电阻阻值并非易事。该电阻既不能显著增加系统功耗，也不能对信号完整性造成重大影响。因此，从功耗角度考虑，需要大阻值电阻(10～50 kΩ)进行上拉或者下拉。但是从信号完整性考虑，现代逻辑电路要求输入信号的斜率 $\Delta t/\Delta V_s$ 小于 10 ns/V。假设输入电压是 5 V，信号的上升时间是 5 ns，寄生电容为 20 pF，则上拉

电阻可采用如下公式进行求解：

$$R = \frac{t_r}{2.2 \times C_S \times n} = \frac{5}{2.2 \times 20 \times 1} \approx 113.6\ (\Omega)$$

显然，此结果是无法接受的，该电阻会消耗大量的电流。

因此，最佳方案就是采用总线保持功能电路，如图 4－71 所示。其原理就是通过电阻 R_f 将同相缓冲电路的输出信号反馈到输入，从而产生一个双稳态电路（锁存器）。

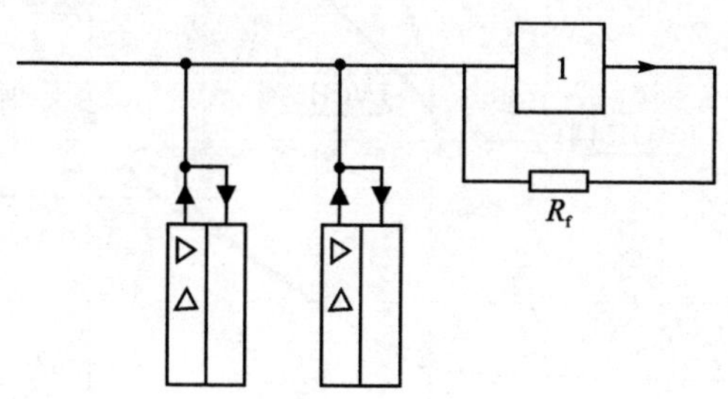

图 4－71　带总线保持功能的总线示意图

在该电路中，当总线驱动器把线路切换到高电平时，总线保持电路缓冲器的输出端也存在高电平，电流不会从反馈电阻 R_f 中流过。如果某个总线驱动器出现问题，则输出为空闲状态，总线保持电路通过反馈电阻 R_f 保持高电平，除了漏电流外，R_f 上没有电流经过。仅当信号从高到低或者从低到高时，总线保持电路的逻辑电平才会改变。在切换过程中，CMOS 总线保持电路会出现电流尖峰脉冲，但是动态功耗会比上拉电阻少几个数量级。

总线保持电路需要确定反馈电阻 R_f 的阻值，其基本数学表达式如下。从表达式可以看出，需要确保反馈电阻上的压降不会影响到总线的逻辑电平，即

$$R_f \leqslant \frac{V_r}{I_{OZ} \times n}$$

式中：V_r 表示反馈电阻的压降；I_{OZ} 表示驱动器最大的输出漏电流；n 表示总线上驱动器的数量。假设有 10 个驱动器，每个驱动器的最大输出漏电流为 10 μA，最大容许的反馈电阻压降为 1 V，则反馈电阻阻值计算如下：

$$R_f \leqslant \frac{V_r}{I_{OZ} \times n} = \frac{1\ \text{V}}{10\ \mu\text{A} \times 10} = 10\ \text{k}\Omega$$

有些逻辑 IC 或者 FPGA/CPLD 都把此功能集成在芯片 I/O 接口内部，从而节省 PCB 空间。例如，TI 的 ALVTH、LVTH、LVCH、ALVCH、AVCH 和 ABTH 系列器件，其中部分输入曲线特征图如图 4－72 所示。

图 4－73 所示为采用现代 CMOS 和 BiCMOS 工艺的内置集成总线保持功能的 I/O 接口示意图。输入信号通过 Q_1 和 Q_2 进行放大输入到芯片的内部逻辑，同时也会控制 Q_3 和 Q_4。Q_3 和 Q_4 构成总线保持电路，并反馈给总线输入端。

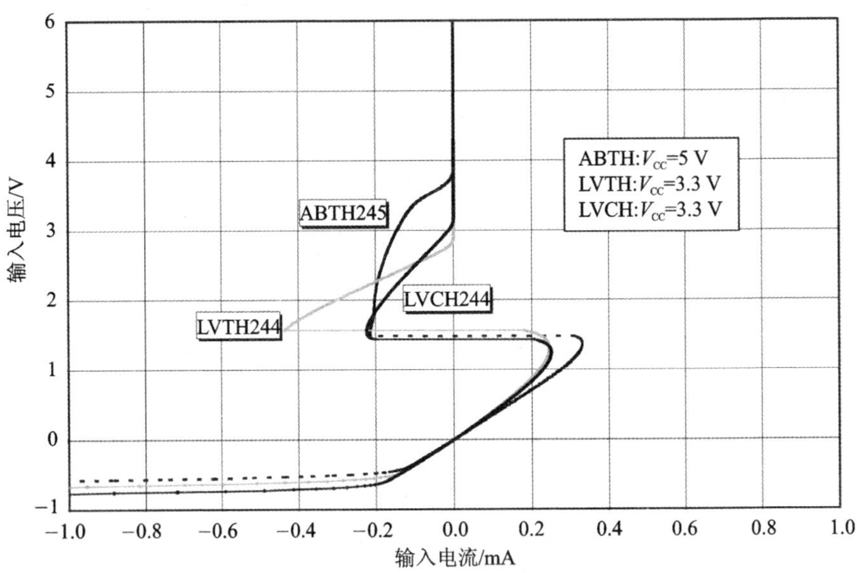

图 4-72　具有总线保持功能的总线接口器件的输入曲线特征图

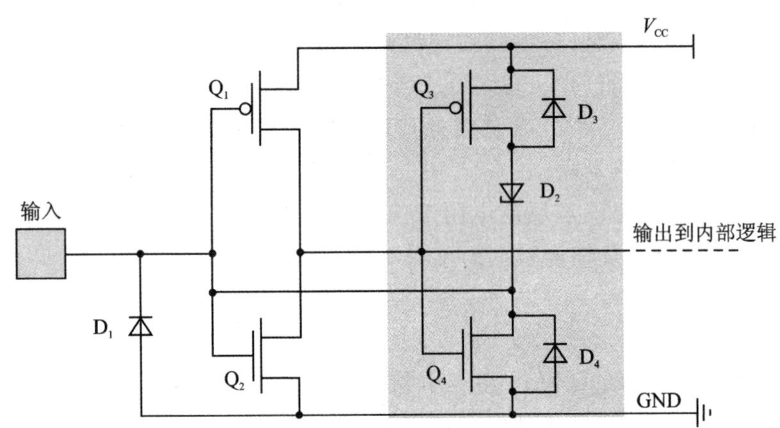

图 4-73　集成总线保持功能的 I/O 接口示意图

4.6　电平转换电路

复杂数字系统往往不止一个电源供电。当信号从一个电源域驱动到另外一个电源域时，需要采用电平转换电路进行电平转换，从而确保信号在新的电源域内能够正常工作，同时也确保不同电源域之间相互隔离，不会随着信号传输链路而导致电流泄漏，保护下一级电源域器件不会损坏。

最简单的电平转换电路是采用二极管来实现，其基本电路如图 4-74 所示。其

电源域 V_{DDA} 的电压必须大于 V_{DDB}。当输入信号 A_IN 为低电平时，输出 B_OUT 为二极管偏置电压，约 0.7 V，当 A_IN 为高电平时，输出 B_OUT 为 V_{DDB}。需要注意的是，由于二极管的存在，该电路无法进行多级串联驱动，否则容易造成电平逻辑紊乱，因此较少使用。

采用 OC/OD 门可以实现单向信号的电平转换，其基本电路如图 4－75 所示。在 OD 门中，当处于 V_{DDA} 电源域的输入信号 A_IN 大于阈值电压时，漏极和源极导通，输出 B_OUT 被拉到地，输出低电平。当输入信号 A_IN 小于阈值电压时，漏极和源极截断，输出 B_OUT 为 V_{DDB} 电源域的高电平，从而实现电平转换。同样，在 OC 门中，当处于 V_{DDA} 的输入信号大于阈值电压(0.7 V)时，B_OUT 输出为低电平，否则输出为 V_{DDB} 电源域的高电平。在 OD 门和 OC 门的输出下一级增加一个反相器，如再增加一级 OD/OC 门，即可实现输入和输出的同相。

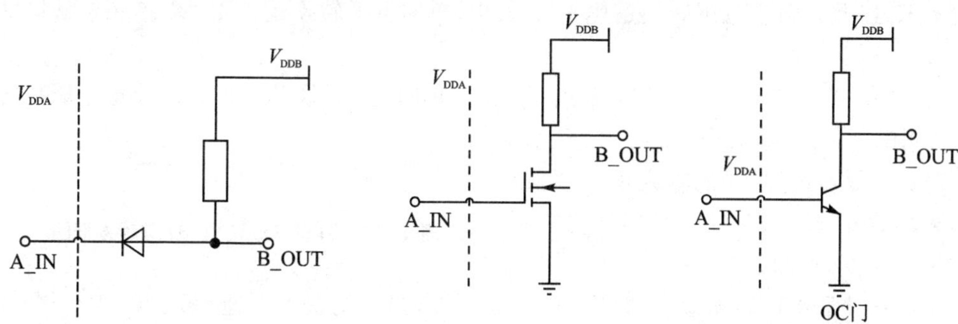

图 4－74　采用二极管实现的电平转换电路示意图

图 4－75　采用 OD 门和 OC 门实现的电平转换电路示意图

采用 OD 门和 OC 门需要增加额外的元件来实现输入和输出信号的同相，增加 BOM 成本和 PCB 面积，同时也只能实现单向信号的电平转换。根据 MOS 管漏极和源极的特性，可以通过控制 MOS 管的栅极来实现不同电源域的信号的双向传输，如图 4－76 所示。其中 OE_VDDA 信号为 V_{DDA} 电源域内信号，也可以直接使用 V_{DDA} 电平直接控制。需要注意的是，V_{DDA} 电压不能大于 V_{DDB} 电压，并且 V_{DDB} 信号必须先于 V_{DDA} 上电，晚于 V_{DDA} 掉电，否则会造成漏电。

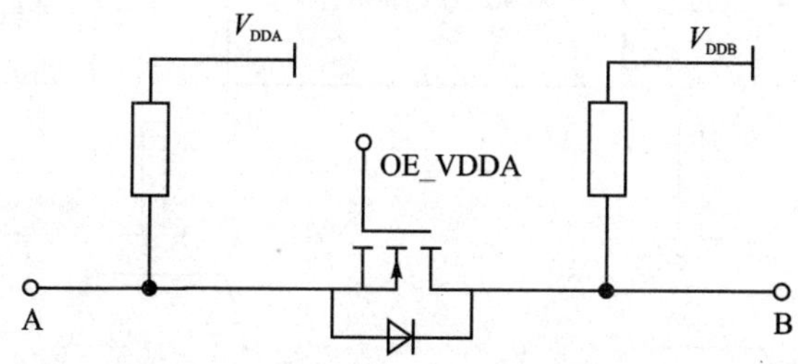

图 4－76　采用 MOS 管实现的双向电平转换电路示意图

分析该电路，当 OE_VDDA 有效时，如果信号 A 为低电平，则 MOS 管导通，信号 A 从源极流向漏极 B，B 为低电平。当信号 A 为高电平或者高阻态时，MOS 管截止，由于 V_{DDB} 电压大于 V_{DDA}，MOS 管内源极和漏极二极管截止，因此信号 B 输出 V_{DDB} 电源域的高电平。反之，如果信号 B 为低电平，则 MOS 管内寄生二极管导通，信号 A 输出低电平；如果信号 B 为高电平或者高阻态时，则 MOS 管内寄生二极管截止，信号 A 输出 V_{DDA} 电源域的高电平。因此，信号 A 和 B 可以双向导通。

针对高速信号的电平转换，通常需要根据信号特性、传输特性、最大负载电容、传输方向、信号工作电压范围、功耗等参数来确定具体的电平转换逻辑。一般都是采用集成逻辑 IC 来实现。TI、NXP 等数字逻辑 IC 领导厂商拥有各种门类齐全的电平转换逻辑 IC。

集成电平转换逻辑 IC 通常有三大类：单向电平转换逻辑 IC、方向可控电平转换逻辑 IC 以及自适应电平转换逻辑 IC。其中，单向电平转换逻辑 IC 又有单电源和双电源之分。

最简单的集成电平转换逻辑 IC 就是单电源单向电平转换逻辑 IC。IC 供电电压和输出逻辑电压相同，输入信号的电压可变，但是需要确保在逻辑 IC 的输入电压幅值范围。如 TI 的 SN74LV1T34 就属于此类 IC，其基本逻辑方框图如图 4－77 所示。

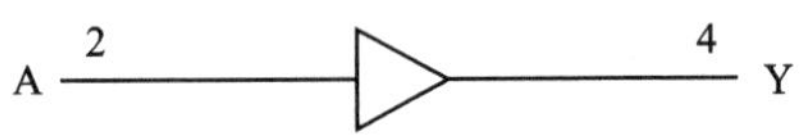

图 4－77　TI 的 SN74LV1T34 逻辑方框图

该器件最小可转换输入信号电压为 1.2 V，最大为 5 V。通过该 IC，可以输出 5 V、3.3 V 和 1.8 V 电源域的输出信号。其具体连接示意图和输入/输出电气参数如图 4－78 所示。

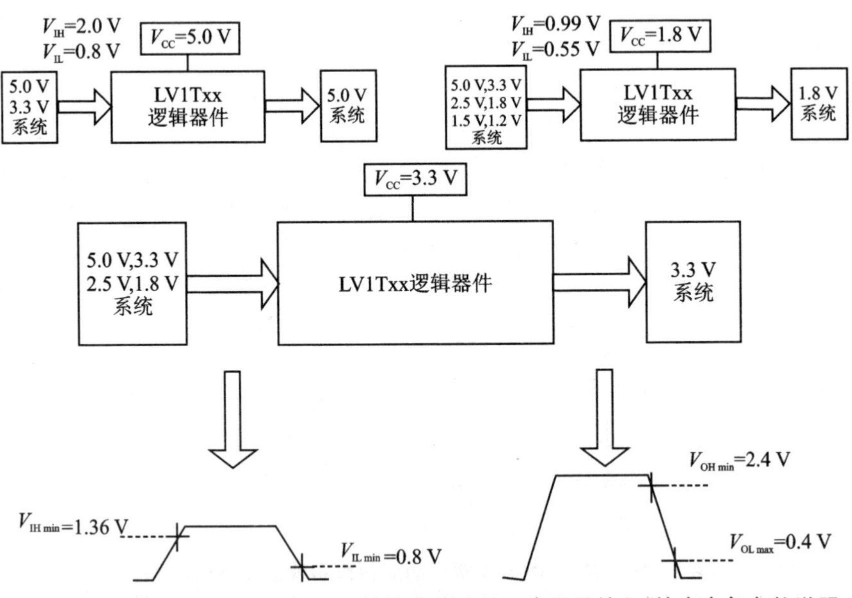

图 4－78　TI 的 SN74LV1T34 电平转换电路连接示意图及输入/输出电气参数说明

相对而言,采用双电源的单向电平转换逻辑IC的输入和输出电压相对明确,如TI的2N7001T逻辑IC就是采用两个不同的电源域来实现电平转换的。其中,输入A的电源域与V_{CCA}相同,输出B的电源域与V_{CCB}相同,其逻辑示意图如图4-79所示。

通常来说,主板系统工作的IC电压比CPU的工作电压要高,一般为3.3 V。CPU传送控制信号和告警信号给外部IC时,需要采用电平转换逻辑IC来实现电平转换,图4-80所示就是采用TI的2N7001来实现CPU错误告警信号的传送处理。

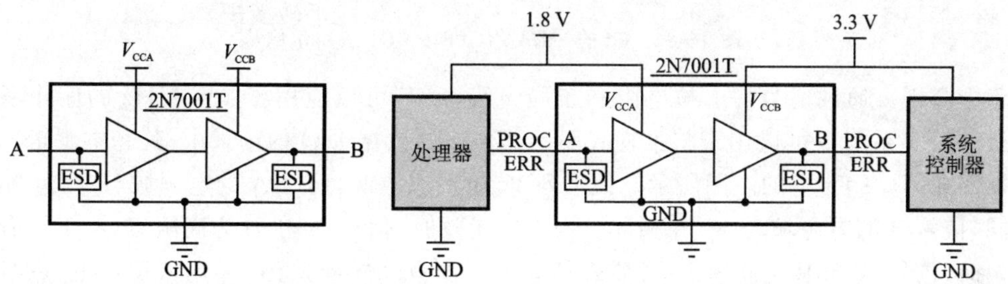

图4-79 TI的2N7001T逻辑方框图　　图4-80 TI的2N7001T应用示例

方向可控电平转换逻辑IC会多一个方向控制引脚,用于控制信号传送方向。图4-81所示为TI的SN74AXC1T45-Q1逻辑方框图,从图中可以看出,该逻辑IC采用双电源供电,方向控制信号DIR为高电平时,信号由位于电源域V_{CCA}的A传送到位于电源域V_{CCB}的B,而DIR为低时,信号由B传送给A。

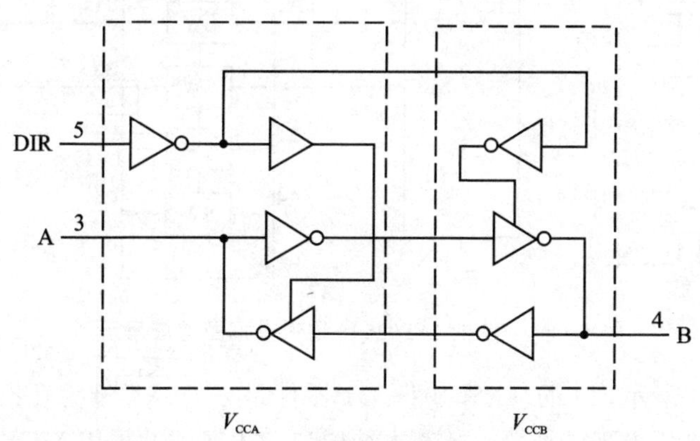

图4-81 TI的SN74AXC1T45-Q1逻辑方框图

这类IC可以用于需要进行半双工通信的领域,如主板的中断通信。如图4-82所示,外部控制器控制中断IRQ的方向,默认情况下,中断从CPU发送至外部控制器。当外部控制器需要进行中断申请时,它可以立即调整DIR的逻辑电平,从而使中断从B发送至A。

TI的LSF系列逻辑IC非常适合在漏极开路驱动器连接到数据I/O的高速链

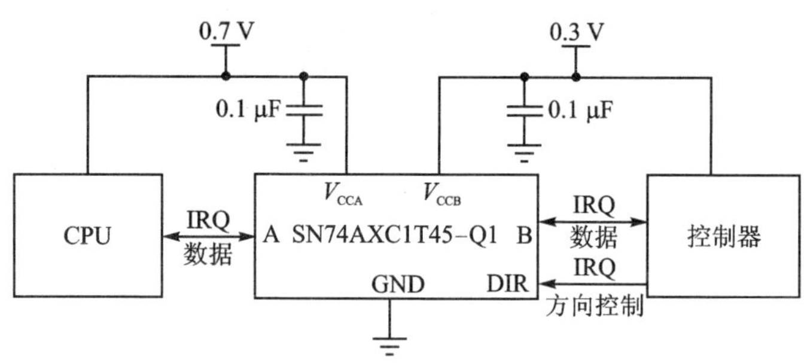

图 4-82 TI 的 SN74AXC1T45-Q1 应用示例

路中应用。通过适当的上拉电阻和布局布线，LSF 可以应用于 100 MHz 的应用场景。LSF 系列也可以用于将推挽式驱动器连接到数据 I/O 的场景中，其基本逻辑方框图如图 4-83 中的左图所示。该系列 IC 采用双电源，信号 A 的电源域与 V_{ref_A} 相同，信号 B 的电源域与 V_{ref_B} 相同。当 EN 无效时，信号 A 和 B 为高阻态，当 EN 有效时，信号 A 和 B 之间连通，并实现信号电平的自动转换。I^2C 采用该逻辑 IC 进行电平转换的应用示例如图 4-83 中的右图所示。

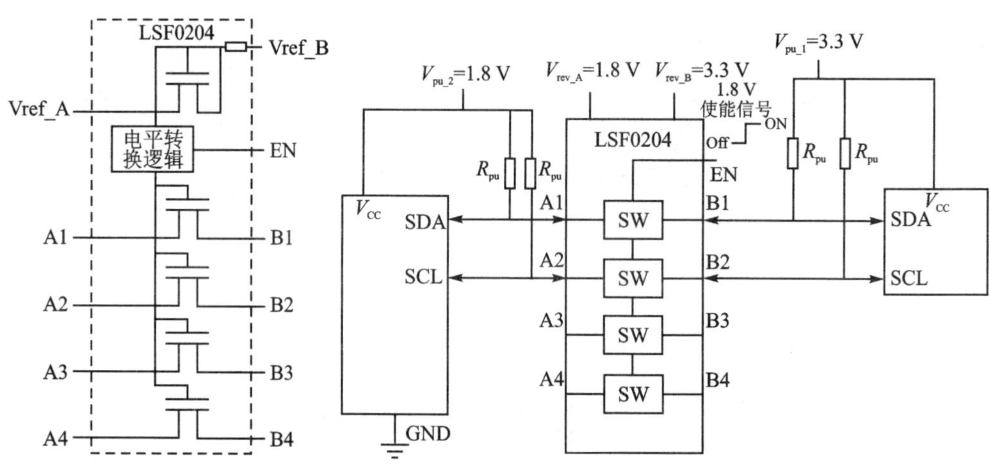

图 4-83 TI 的 LSF0204x 逻辑方框图与应用示例

如图 4-84 所示，TI 的 TXS0102-Q1 器件是另外一类专为转换逻辑电压电平而设计的双向电压电平转换器。其基本结构和上述提到的采用 MOS 管实现的双向传输相同。但该器件最大的特点是集成了具有边沿速率加速器的传输门架构（One Shot Accelerator），从而避免数据在电平转换过程中上升时间的损耗，提高了整体数据速率。同时，在开漏应用中使用的上拉 10 kΩ 电阻集成在 IC 内部，不需要外部电阻器。虽然该器件专为开漏应用而设计，但该器件还可以转换推挽 CMOS 逻辑输出。

该 IC 采用双电源设计，OE 和信号 A 处于电源域 V_{CCA} 中，信号 B 处于电源域 V_{CCB} 中。当 OE 为低时，信号 A 和 B 均为高阻态；当 OE 为高时，信号 A 和 B 互相连

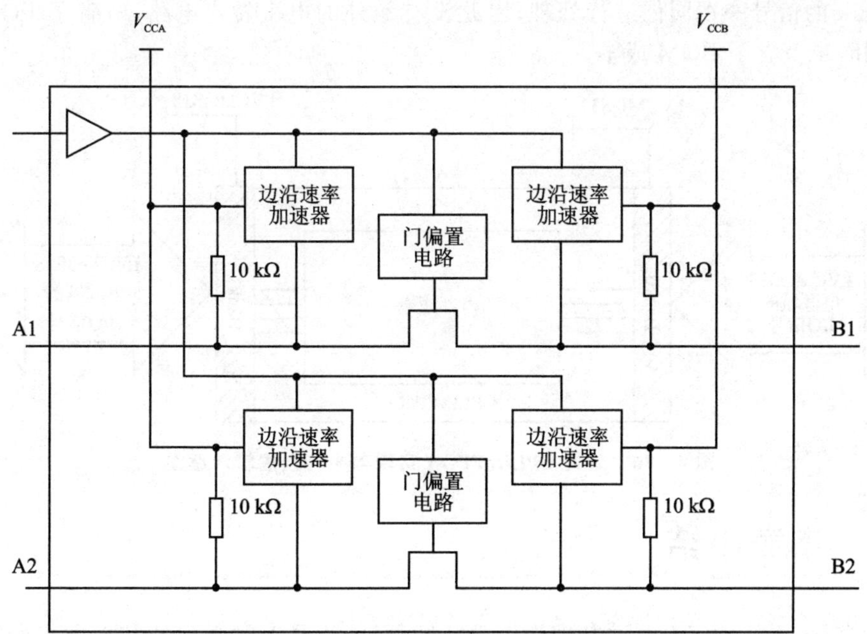

图 4-84　TI 的 TXS0102-Q1 逻辑方框图

通并在各自电源域内正常工作。

TI 的 TXS0102-Q1 器件非常适合在漏极开路驱动器连接到数据 I/O 的应用场景中或者对边沿速率有特别要求的场景中使用。图 4-85 所示为其应用示例之一。

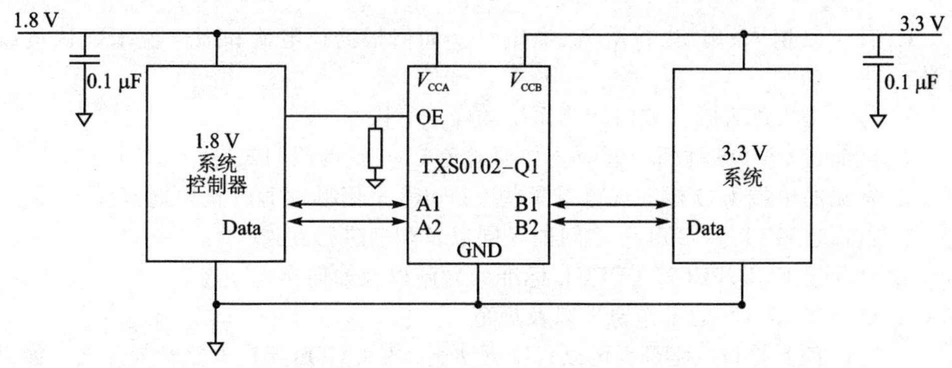

图 4-85　TI 的 TXS0102-Q1 应用示例

如果系统采用 CPLD/FPGA 技术，那么也可以通过对 CPLD/FPGA 的不同 Bank 进行不同的电压设计，从而把输入信号和输出信号连接至与其电源域相同的 Bank 上的 I/O 引脚，通过 CPLD/FPGA 内部逻辑来实现电平转换。如把 Bank0 设置为 LVCMOS33 电平，把 Bank1 设置为 LVCMOS18 电平，这样把 3.3 V 电源域的信号接入 Bank0，把 1.8 V 电源域的信号接入 Bank1，就可以实现 3.3 V 电源域信号与 1.8 V 电源域信号进行沟通，如图 4-86 所示。CPLD/FPGA 内部逻辑对来自不同 Bank 的信号一视同仁进行处理，因此没有额外的电平转化电路，节省了 PCB 面积，同时也节省了 BOM 成本。

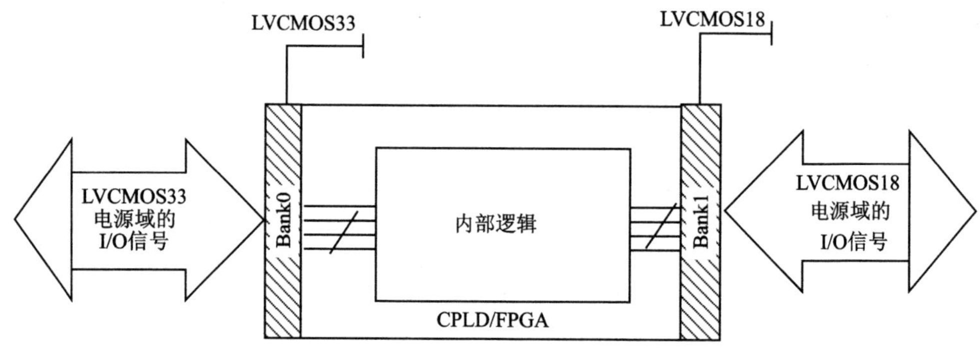

图 4－86　采用 CPLD/FPGA 实现电平转换逻辑示意图

4.7　本章小结

本章主要就数字电路的基础知识进行回顾，特别是对逻辑门的基本电气参数和 CMOS 的闩闩效应进行了简要回顾，同时针对基础逻辑门的特点进行了阐述，重点讲述了单端和差分 I/O 接口规范，以及如何进行接口互连及电平转换电路的设计。

4.8　思考与练习

1. 什么是扇入、扇出、拉电流、灌电流？如何根据拉电流和灌电流来确认负载数量？

2. 什么是噪声容限？如何计算系统的噪声容限？

3. 试简述 CMOS 的闩闩效应。如何避免 CMOS 的闩闩效应？

4. 常见的单端 I/O 标准规范有哪些？DDR3 采用哪种 I/O 接口规范？

5. 试简述 GTL 和 GTL＋之间的异同以及如何进行互连。

6. 试简述 ECL、PECL、LPECL 标准的异同以及如何实现互连。

7. 试简述 LVDS 的工作原理以及规范。

8. 5 V TTL 接口电路是否可以直接驱动 3.3 V CMOS 接口电路？为什么？如果不行，该如何进行电路设计来满足 5 V TTL 接口电路来驱动 3.3 V CMOS 接口电路？

9. 什么是直流耦合、交流耦合？二者各自的优势在哪儿？

10. 如何进行接口设计？接口设计需要注意哪些事项？

11. 电平转换电路有哪些？采用 MOSFET 如何实现双向互通的电平转换？

12. 什么是总线保持功能？在接口设计时，对总线保持功能的接口需要如何设计？

第5章

时钟与时序

在任何电路系统中，时钟都是必不可少的元素，它是芯片能够正常运行的关键元件，而时序是确保数字系统能够准确运行的必要前提。本章主要针对时钟和时序方面的基础知识进行阐述，并就时钟电路设计分析与注意事项进行了详细说明。

本章的主要内容如下：

- 晶振；
- PLL、DLL 和 DCM；
- 时序与时钟漂移；
- 时钟分发；
- 常见的时钟类型；
- 扩频时钟技术。

5.1 晶 振

5.1.1 晶 体

在电子学中，通常把晶振分为无源晶振(Crystal)和有源晶振(Oscillator)。晶振的主要组成是晶体，一般采用石英或者陶瓷材料，通过一定的角度进行切割，从而制成晶振。石英晶体的化学成分是二氧化硅。自然界就存在大量的石英，同样可以通过人工合成的方式来生成石英晶体，其基本结构如图 5-1 所示。由于石英晶体具有非常好的频率稳定性和抗外界干扰的能力，所以在电子系统中，一般采用石英晶体振荡器来产生基准频率。

通过不同的角度对晶体进行切割，就可以制成各种不同类型和性能的石英晶振。目前针对低频和高频领域有 6 种不同的切割方式：低频领域主要采用 CT(+38°)、DT(−52°)、ET(+66°)和 FT(−57°)四种方式，高频主要采用 AT(+35°12′)和 BT(−49°)两种方式。具体切割方式和角度如图 5-2 所示。

不同的切割方式，其温度稳定性各不相同。图 5-3 所示为随着温度变化，各种切割方式下所制成的晶体的频率变化。从图 5-3 中可以看出，采用 AT 的切割方式，频率变化对温度最不敏感，因此目前最流行和广泛使用的切割方式是 AT 切割

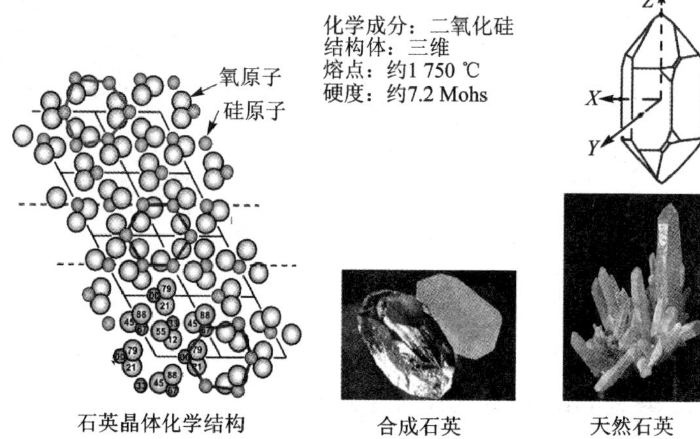

图 5-1 石英晶体实物及化学结构图

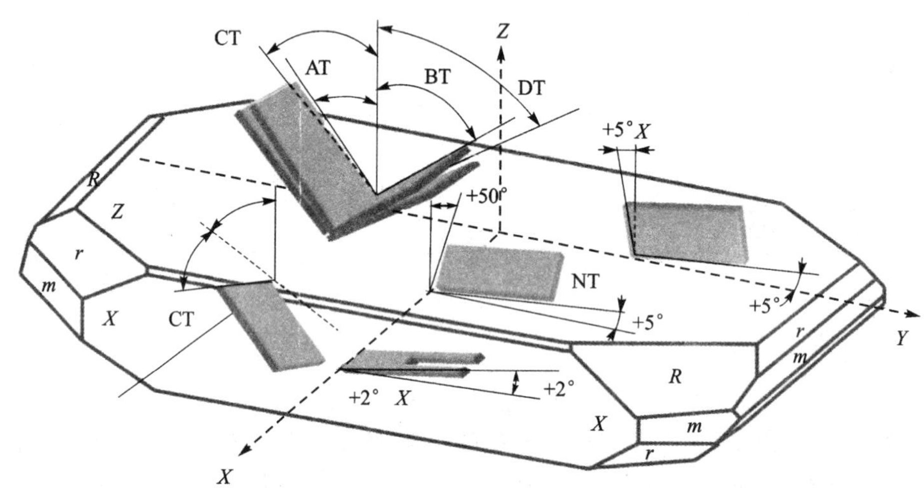

图 5-2 晶体切割方式和角度示意图

方式。

通过对切割晶体的厚度进行控制，就可以制成各种频率特性的石英晶体，其关系式如下：

$$f_{(\mathrm{MHz})}=\frac{k}{T_{(\mu\mathrm{m})}}$$

或

$$f_{(\mathrm{kHz})}=\frac{k}{T_{(\mathrm{mm})}}$$

式中：k 表示不同的切割方式下的切割常数。例如，AT 切割方式的切割常数为

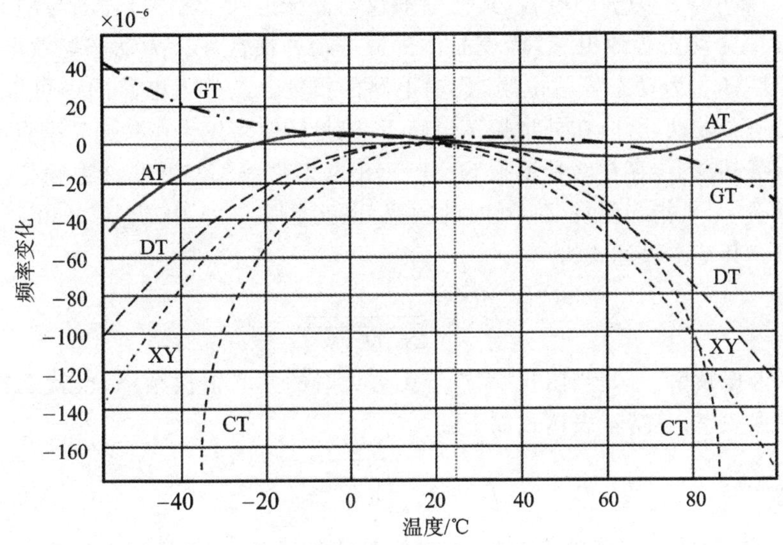

图 5-3　各种不同切割方式在温度变化下的频率变化

1 670,BT 切割方式的切割常数为 2 550。假设采用 AT 切割方式,部分频率与晶体厚度对应表如表 5-1 所列。

表 5-1　AT 切割方式下的频率与厚度对应表

频率/MHz	14.318	20.000	27.000	40.000
厚　度	0.116 mm (116 μm)	0.083 mm (83 μm)	0.062 mm (62 μm)	0.042 mm (42 μm)

5.1.2　无源晶振

切割后的晶体需要清洗,并进行引脚设置、封装固定、频率微调、熔接焊封、电气检测、包装等工艺,这就制成了大家熟悉的用于各种电子设备中的晶振。石英晶振是一种可将电能和机械能相互转化的压电材料,采用品质因素极高的石英晶体振子组成。其晶振模型和等效电路如图 5-4 所示。晶体的品质、切割取向等共同决定石英晶振的性能。

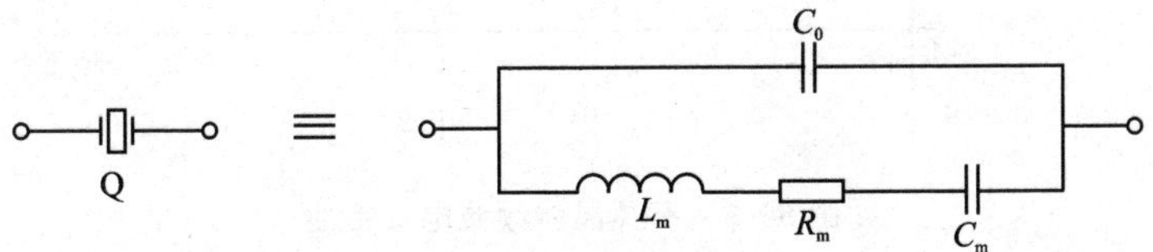

图 5-4　石英晶体模型与等效电路

图 5-4 中，C_0 为静态电容，其值一般仅与晶振的尺寸相关，表示与串联臂并接的电容；L_m 为动态等效电感，代表晶体机械振动的惯性；C_m 为动态等效电容，代表晶振的弹性；R_m 为动态等效电阻，代表电路的损耗。从等效电路图中可以看出，石英晶振是一个被动元件，在外加振荡电路下，能量转变将发生在共振频率点上。

在石英晶振上，存在两种谐振频率——串联谐振频率与并联谐振频率。其中串联谐振频率 f_s 是指当阻抗 $Z=0$ 时的频率，也就是图 5-4 中 L_m、C_m 和 R_m 支路的谐振频率。其基本表达式为

$$f_s = \frac{1}{2\pi\sqrt{L_m C_m}}$$

并联谐振频率 f_a 是当阻抗 Z 趋于无穷大时的并联谐振频率，也就是整个等效电路的谐振频率，其基本表达式如下：

$$f_a = f_s\sqrt{1+\frac{C_m}{C_0}}$$

f_s 到 f_a 之间的区域就是并联谐振区，具体如图 5-5 中的阴影部分。该区域是晶振的正常工作区域，其带宽就是 $|f_s - f_a|$。通常该带宽非常窄——带宽越窄，晶振品质因素越高，频率越稳定。在该区域晶振呈电感特性，其负载频率 f_L 表达式如下：

$$f_L = f_s\left[1+\frac{C_m}{2(C_0+C_L)}\right]$$

式中：C_L 表示外部负载电容。从表达式可知，可以通过改变外部负载电容容值来微调晶振频率，从而满足其标称频率。

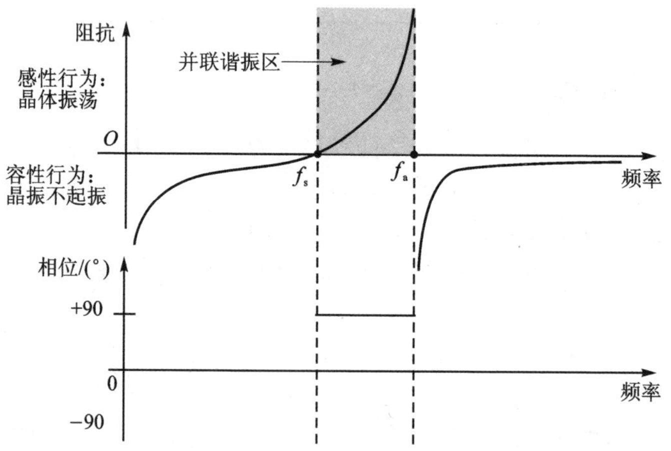

图 5-5　石英晶体频域电抗特性

在晶振数据手册中，除了以上说明外，通常还会具体说明几个重要的参数，如表 5-2 所列。

表 5-2 晶振重要参数说明表

参 数	基本描述
标称频率	在标称电源电压、标称负载阻抗、基准温度以及其他条件保持不变的前提下，晶振正常工作时输出的频率。该频率是一个固定值，比如 25 MHz 晶振输出的标称频率就是 25 MHz
频率准确度	在标称电源电压、标称负载阻抗、基准温度以及其他条件保持不变的前提下，晶振输出频率与其规定的标称频率的最大允许偏差，即 $(f_{max}-f_{min})/f_0$
温度稳定度	也就是温漂。其他条件保持不变，在规定温度范围内晶振输出频率的最大变化量相对于温度范围内输出频率极值之和的允许频偏值
频率老化	在规定的环境条件下，由于元件(主要是石英谐振器)老化而引起的输出频率随时间的系统漂移过程。通常用某一时间间隔内的频差来度量。对于高稳定晶振，由于输出频率在较长的工作时间内呈近似线性的单方向漂移，往往用老化率(单位时间内的相对频率变化)来度量
驱动水平	驱动级别描述了晶振的功耗。晶振功耗必须限制在某一范围内，否则石英晶体可能会由于过度的机械振动而导致不能正常工作。通常由晶振制造商给出驱动级别的最大值，单位是 mW。超过这个值时，晶振就会受到损害

以 TXC 7M25070072 无源晶振为例，该晶振采用 SMD 封装，标称频率为 25 MHz，具体规格如表 5-3 所列。

表 5-3 TXC 7M25070072 参数规格表

序 号	参 数	符 号	电气规格				备 注
			最小值	典型值	最大值	单位	
1	标称频率	f_L		25.000 000		MHz	25 ℃±3 ℃ 工作温度范围 (基准 25 ℃)
2	负载电容	C_L		10		pF	
3	频率准确度	—		$\pm30\times10^{-6}$			
4	温度稳定度	—		$\pm50\times10^{-6}$			
5	工作温度	—	−25		75	℃	第一年
6	频率老化	—		$\pm5\times10^{-6}$			
7	驱动水平	DL	—	100	300	μW	—
8	等效电阻	R_r	—	—	40	Ω	
9	并联电容	C_0	—	—	5	pF	
10	存储温度	—	−40	—	85	℃	

晶振从启动到稳定需要一定的时间，这段时间称为启动时间。这个时间受包括外部负载电容 C_{L1} 和 C_{L2}、晶振本身的材质以及晶振频率等多方面因素的影响。一

般来说，石英晶振的启动时间比陶瓷晶振要长，高频率的晶振启动时间要比低频率的晶振启动时间短。

5.1.3 振荡器

在没有外加电路的前提下，晶体本身不会产生振荡。因此，需要采用外部电路来实现一个振荡器迫使晶体起振。振荡器由一个放大器和一个反馈网络组成。放大器用于给晶振系统提供能量，从而保持振荡，而反馈网络用于频率选择。其基本原理如图 5-6 所示。

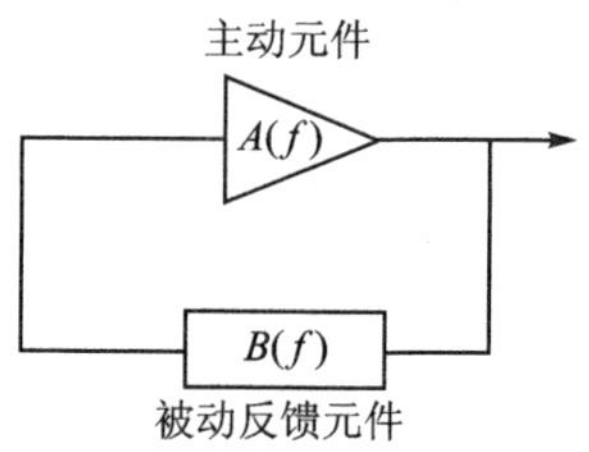

图 5-6　振荡器的基本原理

其中，放大器是主动元件，表达式如下：

$$A(f)=|A(f)|\cdot e^{jf\alpha(f)}$$

反馈网络采用被动元件，一般是电阻元件，表达式如下：

$$B(f)=|B(f)|\cdot e^{jf\beta(f)}$$

要使晶体振荡，必须使该闭环增益大于 1，且总相移为 2π，即

$$|A(f)|\cdot|B(f)|\geqslant 1$$

$$\alpha(f)+\beta(f)=2\pi$$

振荡器要正常稳定工作，不仅需要满足以上的条件，还需要保证所需的电能，同时排除各种干扰——包括电源部分的干扰、器件禁用与使能的操作以及晶振本身的噪声等。因此，晶振电路需要严格设计与布局。这也是晶振需要相当长的时间才能启动的原因。

最常见的晶体振荡器是皮尔斯(Pierce)振荡器，如图 5-7 所示。它具有低功耗、低成本、良好的稳定性等特点，被广泛应用于现代电子线路中。另外，由于其电路简

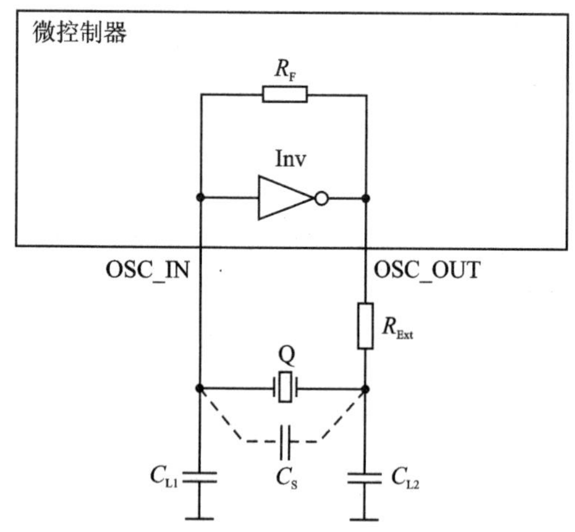

图 5-7　皮尔斯振荡器电路原理图

单、易于集成，因此需要时钟驱动的 ASIC 电路，如单片机、Arm、DSP 芯片等，大部分都会把该电路集成到芯片内，从而简化线路和 PCB 的复杂度。

图 5-7 中，Inv 和 R_F 构成一个振荡器，其中 Inv 是反相器，R_F 是内部反馈电阻，连接在 V_{in} 和 V_{out} 之间，它使反相器工作在线性区，使其获得增益，这样使得 Inv 的作用等同于放大器。Q 是石英或陶瓷晶振，R_{Ext} 是外部限流电阻，C_{L1} 和 C_{L2} 是负载电容，C_s 是由于 PCB 布线及连接等寄生效应引起的等效杂散电容。

由于 R_F 反馈电阻的存在，当 V_{in} 和 V_{out} 相等时，放大器就会产生偏置，从而使得反相器工作在线性区域，放大了并联谐振区内的噪声，引起晶振起振。在某些情况下，一旦晶振起振，即使拿掉反馈电阻 R_F，振荡器也能继续正常工作。反相器工作示意图如图 5-8 所示。

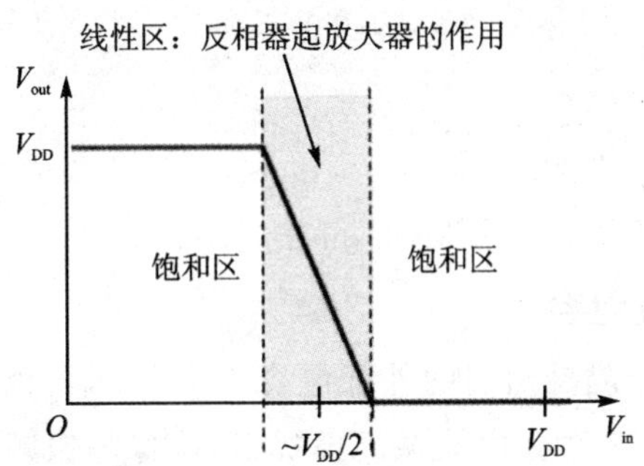

图 5-8　反相器工作示意图

5.1.4　无源晶振的选择与电路设计

无源晶振的选择和电路设计需要认真对待，否则设计的电路将会工作异常——可能晶振不会起振，或者输出频率异常等。通常来说，主要有以下 3 个步骤：

1. 计算增益裕量(Gain Margin)

在进行晶振选择时，需要根据具体的应用需求确定晶振的温度稳定性的要求，同时根据具体的 IC 确定晶振的频率——可以通过 IC 的数据手册确定。有时候，数据手册还会规定具体的晶振频率准确度的要求。当这些参数确定完毕后，就可以从现有的晶振厂商中挑选合适的晶振元件了。

晶振元件确定后，就需要计算晶振的增益裕量。增益裕量决定了振荡器是否能够正常起振，其表达式如下：

$$\text{gain}_{\text{margin}} = \frac{g_{\text{m}}}{g_{\text{mcrit}}}$$

式中：g_{m} 表示反相器的跨导，单位是 mA/V(高频)或者 μA/V(低频)；g_{mcrit} 取决于晶振本身的参数，其表达式如下：

$$g_{\text{mcrit}} = 4 \times \text{ESR} \times (2\pi f)^2 \times (C_0 + C_L)^2$$

式中:ESR 表示晶振的等效串联电阻。

为保证可靠的起振,增益裕量的最小值一般设为 5。也就是说,如果增益裕量小于 5,根据以上表达式,则需要重新选择一个 ESR 值或 C_L 值更小的晶振。

【例 5-1】 假设一个 MCU 的振荡器的 g_m 等于 25 mA/V,采用表 5-3 所列的 TXC 7M25070072 进行时钟输入,试判断该晶振是否能够可靠起振。

解: 由表 5-3 可知,

$$\begin{aligned} g_{\text{mcrit}} &= 4 \times \text{ESR} \times (2\pi f)^2 \times (C_0 + C_L)^2 \\ &= 4 \times 40 \times (2\pi \times 25 \times 10^6)^2 \times (5 \times 10^{-12} + 10 \times 10^{-12})^2 \\ &\approx 0.887\left(\frac{\text{mA}}{\text{V}}\right) \end{aligned}$$

从而,可得增益裕量为

$$\text{gain}_{\text{margin}} = \frac{g_m}{g_{\text{mcrit}}} = \frac{25}{0.887} \approx 28.2 > 5$$

因此,可知该晶振可以配合该 MCU 可靠起振。

2. 计算外部负载电容

负载电容 C_L 取决于晶振两端的外部电容 C_{L1} 和 C_{L2},以及 PCB 板上的寄生电容。如表 5-3 所列,C_L 一般会由晶振厂商提供,确保晶振频率的精确度和稳定度。外部电容容值根据 C_L 的要求进行设定,从而使输出达到晶振输出的标称值。其表达式如下:

$$C_L = \frac{C_{L1} \times C_{L2}}{C_{L1} + C_{L2}} + C_s$$

式中:C_s 表示 PCB 上的寄生电容。为了计算和设计简单,通常把 C_{L1} 和 C_{L2} 的容值设为相同,从而可得

$$C_L = \frac{C_{L1}}{2} + C_s$$

【例 5-2】 如表 5-3 所列,TXC 7M25070072 输出频率为 25 MHz,负载电容 C_L 为 10 pF。设 PCB 寄生电容为 3 pF,若 C_{L1} 等于 C_{L2},试求 C_{L1} 和 C_{L2} 的电容容值。

解: 根据题意,可知:

$$C_L = \frac{C_{L1}}{2} + C_s$$

$$10\ \text{pF} = \frac{C_{L1}}{2} + 3\ \text{pF}$$

$$C_{L1} = (10\ \text{pF} - 3\ \text{pF}) \times 2 = 14\ \text{pF}$$

$$C_{L2} = C_{L1} = 14\ \text{pF}$$

因此，C_{L1} 和 C_{L2} 的电容容值为 14 pF。

3. 根据驱动级别 DL 确定外部电阻 R_{Ext}

驱动级别 DL 决定了晶振的功耗。在进行晶振电路设计时，必须确保任何时候晶振的驱动级别都小于晶振数据手册所给出的驱动级别值。其计算公式如下：

$$\mathrm{DL} = \mathrm{ESR} \times I_{\mathrm{Q}}^{2}$$

式中：ESR 表示等效串联电阻，可在晶振数据手册中查询到；I_{Q} 表示流过晶振的电流均方根有效值。因此，当晶振选定后，其最大可承受的电流为

$$I_{\mathrm{QmaxRMS}} = \sqrt{\frac{\mathrm{DL}_{\max}}{\mathrm{ESR}}} = \frac{I_{\mathrm{QmaxPP}}}{2\sqrt{2}}$$

$$I_{\mathrm{QmaxPP}} = 2\sqrt{\frac{2 \times \mathrm{DL}_{\max}}{\mathrm{ESR}}}$$

式中：I_{QmaxRMS} 表示晶振电流均方根有效值的最大值；I_{QMAXPP} 表示晶振电流峰峰值的最大值；$\mathrm{DL}_{\max}$ 表示晶振的驱动水平。

如果设计的目标电路的电流小于 I_{Qmax}，则不需要使用外部电阻。但是如果设计的目标电路的电流大于 I_{Qmax}，则需要在电路中串联外部电阻 R_{Ext}，用于限流。同时它与 C_{L2} 组成一个低通滤波器，确保振荡器的起振点在基频上。当电路中串联外部电阻 R_{EXT} 时，R_{Ext} 和 C_{L2} 构成一个分压器，晶振工作时，R_{Ext} 的值等于 C_{L2} 的阻抗，即

$$R_{\mathrm{Ext}} = \frac{1}{2\pi f C_{L2}}$$

根据例 5－1 和例 5－2，晶振频率是 25 MHz，C_{L2} 是 14 pF，如果需要增加外部电阻，则 R_{Ext} 约等于 455 Ω。

当计算完外部电阻阻值时，需要重新计算增益裕量——此时外部电阻会影响到 g_{mcrit} 的值。因此，需要修改 g_{mcrit}，其计算表达式如下：

$$g_{\mathrm{mcrit}} = 4 \times (\mathrm{ESR} + R_{\mathrm{Ext}}) \times (2\pi f)^{2} \times (C_{0} + C_{\mathrm{L}})^{2}$$

如果增益裕量大于 5，则晶振选择和电路设计成功；否则需要重新选择另外一个晶振，然后继续以上同样的动作。

5.1.5　晶振电路的 PCB 设计

晶振用于给系统提供工作的时钟信号，如果设计不当，容易被外部信号干扰，导致晶振进入非工作模式或者不起振。需要针对晶振电路进行特别的 PCB 布局布线设计。

首先，从布局的角度来看，晶振及其电路元件需要尽量靠近被接 IC 的时钟引脚，确保从晶振到 IC 的时钟引脚的走线越短越好，同时需要避免晶振电路的元器件和走线附件有高频信号经过，确保信号不会被干扰——可以在走线外设计一个没有电流

点流过的导线环来屏蔽外部信号对走线信号的干扰。晶振的参考接地平面要紧临晶振下层。所有的V_{SS}过孔直接连接到地平面。其参考PCB设计如图5-9所示。

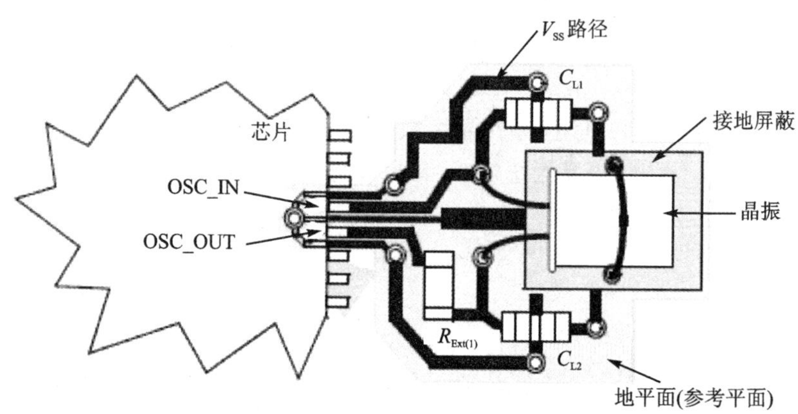

图5-9 无源晶振电路PCB参考设计图

图5-10所示为一个具体产品中的无源晶振电路的PCB布局布线图。其中Y1是无源晶振,该晶振用于给芯片U1输出时钟,C19和C20是负载电容。从图5-10中可以看出,整个布局非常紧凑,Y1、C19和C20的接地引脚均通过接地过孔直接连到地平面。本设计没有外部电阻,因此整体设计简洁、明了。

图5-10 真实的无源晶振电路PCB设计图

5.1.6 有源晶振

有源晶振与无源晶振不同，无源晶振本身是一个晶体，也就是一个被动元件，其振荡电路要么采用分立元件来实现，要么集成到 IC 内部，频率精确度差，容易受到外部干扰，需要有严格的 PCB 设计要求和外部匹配电路要求，电路相对复杂，输出信号的电压幅值由外部振荡电路决定。有源晶振克服了无源晶振的各种缺点，它把石英晶体以及振荡电路集成在一个封装内部，无须外部振荡电路就可以直接产生时钟信号。相对于无源晶振来说，有源晶振的频率准确度要高，PCB 设计相对简单，但是其体积比无源晶振要大，需要占更大的 PCB 面积。有源晶振对电源有着严格的要求，一般需要采用高频磁珠或者电感进行电源滤波。如图 5 - 11 所示，输出时钟信号可以采用各种不同的电平接口来实现，如 CMOS、LVPECL、LVDS 等，既可以采用单端输出，也可以采用差分输出。有源晶振的电压一旦确定，其输出接口电平就会被确定。整体而言，有源晶振的价格比无源晶振高。

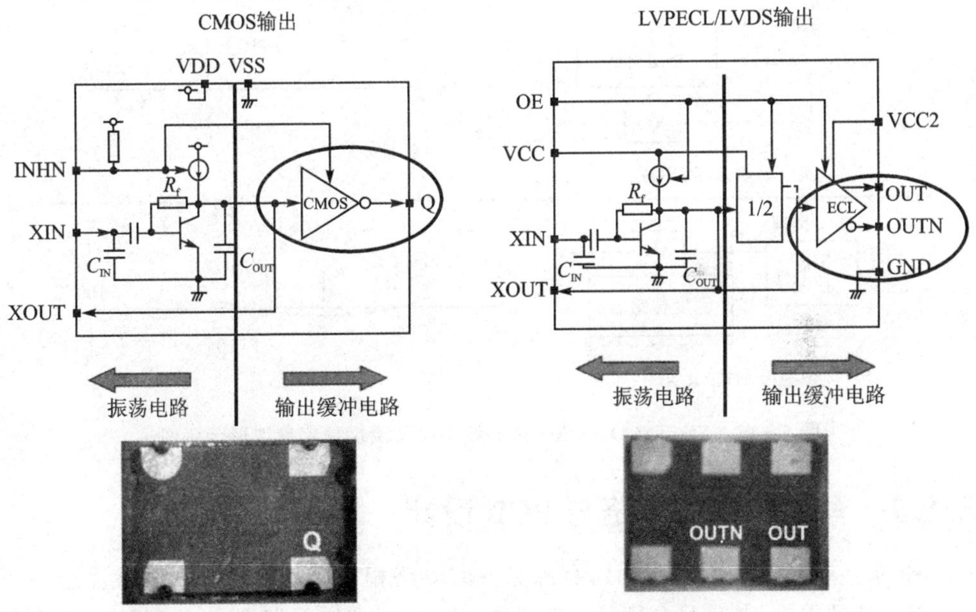

图 5 - 11 有源晶振输出电路图(未显示晶体电路)

根据有源晶振内部控制以及温度补偿机制的不同，目前市面上主要有 4 大类有源晶振：普通晶振（Crystal Oscillator, XO），压控晶振（Voltage Controlled Crystal Oscillator, VCXO），温度补偿式晶振（Temperature Compensated Crystal Oscillator, TCXO），恒温控制式晶振（Oven Controlled Crystal Oscillator, OCXO）。此外各晶振厂商还开发了各种不同领域和类型的晶振，如温度补偿和压控同时存在的 VC - TCXO（Temperature Compenstated/Voltage Controlled Crystal Oscillator）、

微机补偿晶振(Microcomputer Compensated Crystal Oscillator,MCXO),具有超高精确度的铷原子晶振(Rubidium - Crystal Oscillator,RbXO)等。

XO 频率精度最低,没有采用任何温度频率补偿措施,价格低,通常用作微处理器的时钟器件。VCXO 通常用于锁相环路。TCXO 采用温度敏感器件进行温度频率补偿,通常用于手持电话、蜂窝电话、双向无线通信设备等。OCXO 将晶体和振荡电路置于恒温箱中,以消除环境温度变化对频率的影响,温度稳定度在 4 种类型振荡器中最高。图 5 - 12 所示为 XO、TCXO 和 OCXO 三种不同的晶振内部结构和温度稳定度波形示意图。

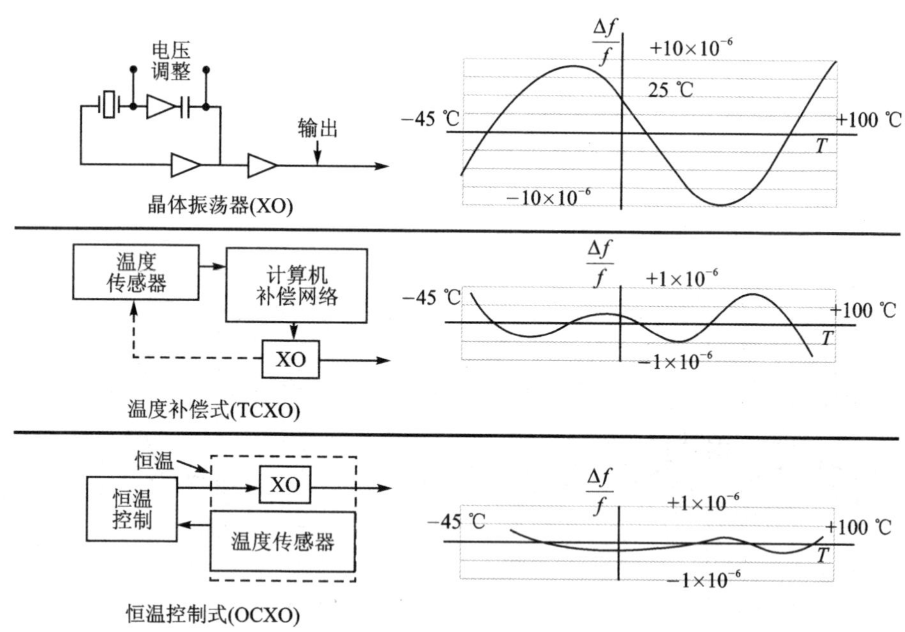

图 5 - 12　XO、TXCO、OCXO 内部结构以及温度稳定度波形示意图

5.1.7　有源晶振的电路与 PCB 设计

相对于无源晶振的电路设计,有源晶振的电路相对简单。有源晶振通常是一个 4 引脚封装的器件,其信号分别是电源引脚、NC/EN 使能引脚、地引脚以及时钟输出引脚。由于时钟信号的特殊性,需要对有源晶振的电源进行特别设计,以防止电源信号对时钟的谐波分量的影响,同时抑制 EMI 的产生。通常情况下,有源晶振的电源输入都会采用高频磁珠或电感+电容的 PI 型滤波网络来实现,如图 5 - 13 所示。输出引脚可以串联一个匹配电阻,用于传输线的阻抗匹配,减少信号谐波和反射波干扰,同时抑制信号过冲。该电阻的大小需根据输入端的阻抗、等效电容、输出端的阻抗进行选择。

对有源晶振电路进行 PCB 设计,其设计要求与无源晶振相似。晶振必须尽量靠近所要驱动的 IC 引脚，以确保输出信号的走线尽量短，输出信号需要阻抗匹配。电源输入电容需要紧靠电源输入引脚。避免晶振电路的元器件和走线附件有高频信号经过，确保信号不会被干扰。晶振的参考接地平面要紧邻晶振下层。所有的 VSS 过孔直接连接到地平面。

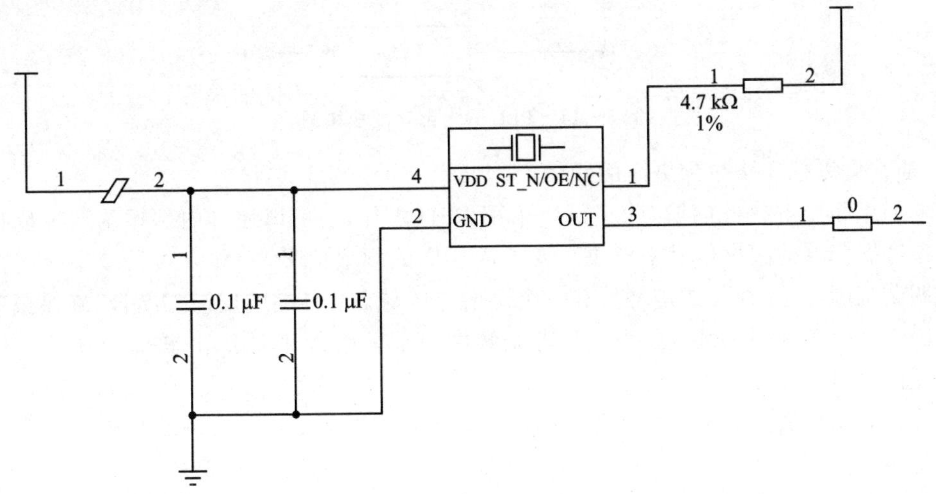

图 5-13 有源晶振电路连接示意图

5.2 PLL

PLL(Phase Locked Loop)是一种闭环频率控制系统，其主要原理是通过对输入时钟信号和内部 VCO 所生成的反馈时钟信号进行相位比较，生成一个基于相位差的函数，该函数通过低通滤波后传送给 VCO，VCO 根据相位差函数重新调整输出并继续反馈给 PLL 与输入时钟信号进行相位比较，如此循环，直到 VCO 产生的时钟信号和输入时钟信号保持一个恒定的相位差为止。基本的 PLL 主要由图 5-14 所示的几个功能模块组成。

从图 5-14 中可以看出，鉴相器(Phase Detector，PD)是 PLL 内最关键的元件之一，它主要用于对输入的两路信号进行相位比较，生成相位差的函数。根据电路的原理不同，PD 主要分为两类：PD(仅对相位敏感的鉴相器)以及 PFD(对相位和频率均敏感的鉴相器)。

仅对相位敏感的 PD 是鉴相器最直接的方式，顾名思义，它们的输出仅仅取决于两个信号之间的相位差。一旦相位差恒定，则输出恒定电压。如果两个信号之间存在频率差，则它们会以等于该频率差的频率产生变化的电压。但是，该差频信号可能会落在环路滤波器的带通外，从而不会有输出电压通过 PLL 的环路滤波器并到达压控振荡器 VCO，使得锁定失效。这就意味着 PLL 只能在有限的范围内锁定，一旦锁

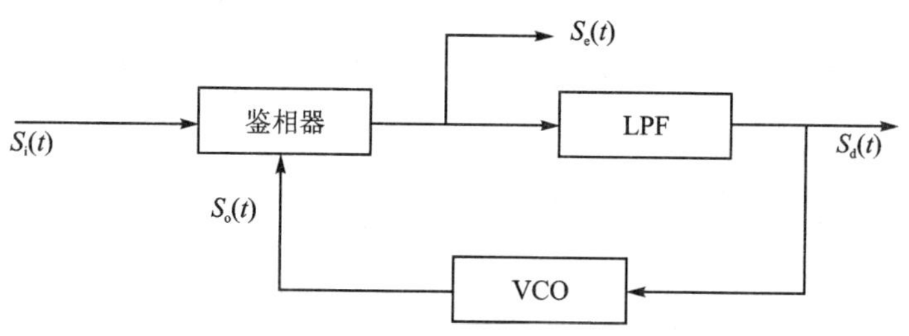

图 5-14 PLL 的内部功能模块图

定，通常可以把环路拉到更高的频带上。

如果需要解决此问题，除了可以采用 PFD 之外，还可以通过内部振荡器生成接近参考振荡器的频率信号来解决。要生成这样的频率信号，一种方式是减小振荡器的调谐范围，另一种方式是将另外一个调谐电压与来自环路的反馈相结合，确保振荡器始终处于正确的区域。在微处理器系统中通常采用这种方法，在该系统中可以针对任何给定情况计算正确的电压。

针对相位敏感的 PD 主要有两种比较流行的方式：双平衡混频器鉴相器以及异或鉴相器。

如图 5-15 所示，双平衡混频器 PD 的主要架构就是二极管环，因此也叫二极管环形混频器 PD，它是最简单的鉴相器之一。图 5-15 中，IF 端口处的电压会随着输入到二极管环的 RF 和 LO 之间的相位余弦变化而变化——这意味着在相位差是 π 的倍数的点上可以看到最大和最小电压。

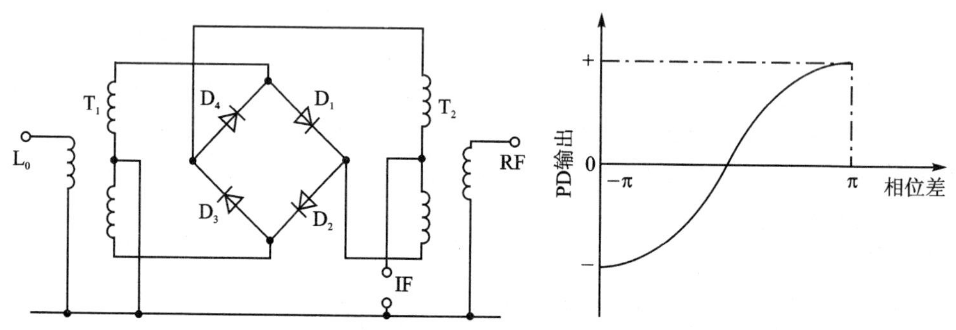

图 5-15 双平衡混频器 PD 及 PD 输入和输出波形示意图

另一种是异或鉴相器（XOR PD）。异或鉴相器是非常简单且非常有用的鉴相器，如图 5-16 所示。整个鉴相器采用异或门逻辑，输入波形相同时，输出保持低电平，输入波形不同时，输出高电平，因此很好地对输入信号的相位差进行响应。同时由于是数字格式，可以非常轻松地集成到 PLL 内。

但是，异或鉴相器也有着明显的缺点。一是异或鉴相器对时钟的占空比敏感，如果输入时钟信号的占空比不是 50%，则可能会产生相位错位；二是如果输入时钟信号和 PLL 内部反馈信号之间存在频率差，则鉴相器会在增益不同的区域之间跳变。

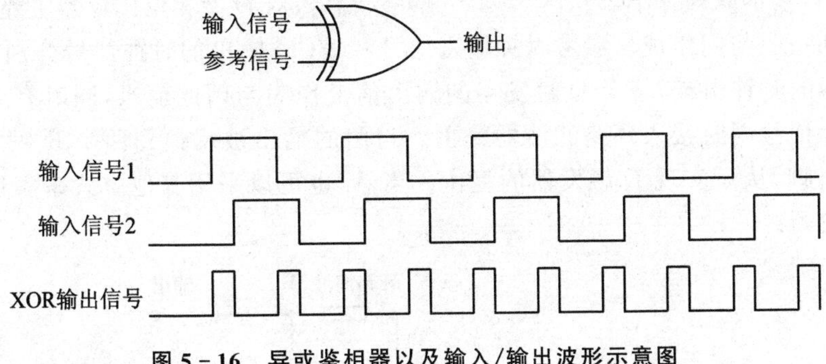

图 5－16　异或鉴相器以及输入/输出波形示意图

另一类鉴相器是 PFD。PFD 的优势在于，虽然相位差在±180°之间，但也会给出与相位差成比例的电压。另外，当环路失锁时，不会产生交流分量，相位检测器的输出可以通过滤波器使 PLL 进入锁定状态。PFD 也有两种比较流行的电路：边沿触发 JK 触发器 PFD 和双 D 型相位比较器。

边沿触发 JK 触发器 PFD 的核心思想采用 JK 触发器电路，如图 5－17 所示。它基于一个时序电路，可以提供两个信号：一个用于充电，另一个用于对电容器放电。建议在采用此种形式的鉴相器时，要配合使用有源电荷泵。

JK 触发器的真值表如表 5－4 所列。

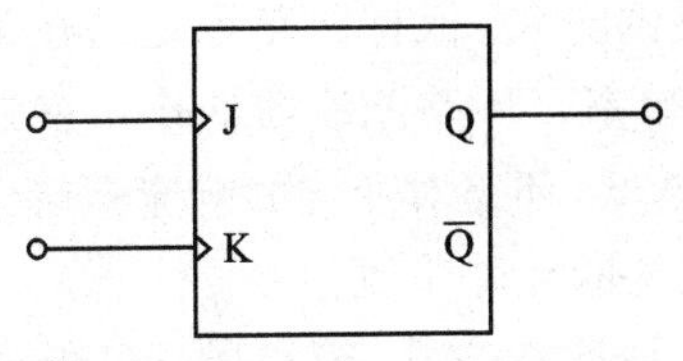

图 5－17　JK 触发器示意图

表 5－4　JK 触发器真值表

输入信号 1	输入信号 2	输出 Q_{n+1}
0	0	Q_n
0	1	0
1	0	1
1	1	$\overline{Q}_n$

根据真值表，如果有两个相位不同的波形输入到 JK 触发器，可以很好地鉴别出相位差，并输出相位差函数，如图 5－18 所示。

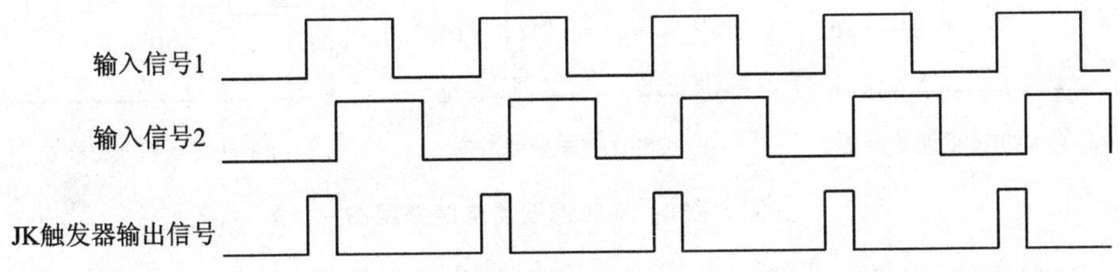

图 5－18　边沿触发 JK 触发器 PFD 输入和输出波形示意图

双D型相位比较器由于其性能以及设计和使用的简便性而被广泛应用在许多电路中，其基本原理如下。从图5-19中可以看出，双D型相位比较器主要由两个D触发器和一个与门组成。参考时钟输入信号和VCO输出的时钟信号分别输入各自D触发器的时钟引脚，每个D触发器的输出信号作为与门的输入，同时有个D触发器的输出信号同时接入环路滤波器输出。与门的输出被反馈到两个D触发器的异步复位引脚，从而实现D触发器的复位。当然，也可以采用其他方式来实现双D型相位比较器。

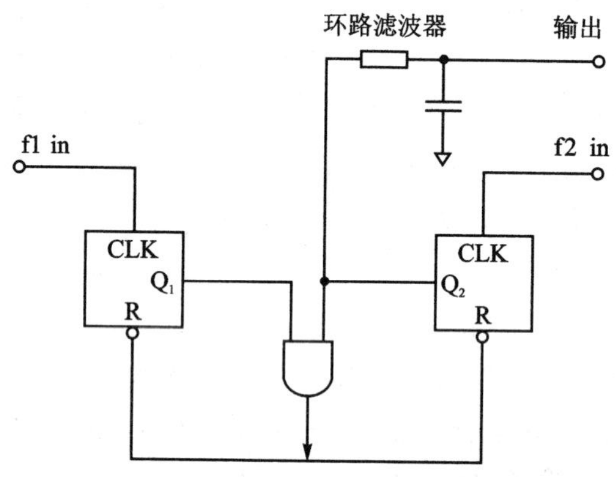

图5-19　双D型相位比较器基本原理图

LPF(Low-Pass Filter，低通滤波器)，又称为环路滤波器(Loop Filter，LP)，主要用来消除相位检测或者相位比较频率中不需要的分量，保持回路稳定。在某些应用中，PLL可能需要跟踪另外一个信号或者更改频率。环路滤波器的作用就是降低响应速度。环路带宽越窄，即滤波器的截止频率越低，环路对变化的响应就越慢。相反，如果环路需要快速响应频率变化，则将需要较宽的环路带宽。

环路滤波器的电路很简单，一般采用如下三种滤波方式：简单的RC低通滤波器、被动比例积分滤波器以及主动比例积分滤波器，其原理图分别如图5-20(a)～(c)所示。

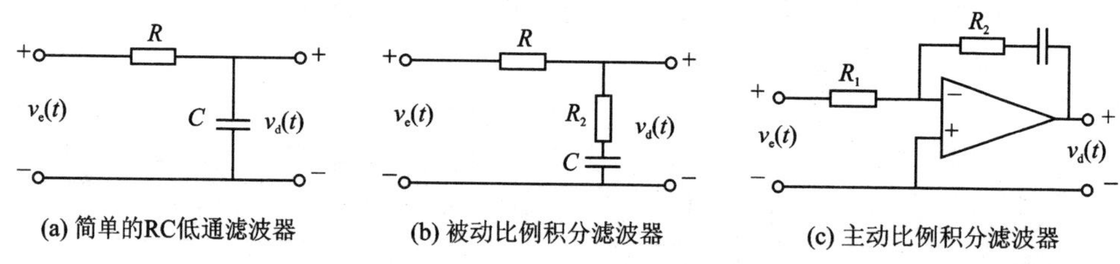

图5-20　环路滤波器电路原理图

VCO(Voltage Controlled Oscillator，压控振荡器)根据环路滤波器的输出信号，生成相应频率的输出时钟信号，该信号被反馈给PLL的鉴相器，用于与输入参考时钟的相位差比较，该信号同时是 PLL 的输出信号，因此 VCO 的性能决定着整个 PLL 的性能。图 5-21 所示为其中的一种 VCO 参考线路图。一个优秀的 VCO 线路需要从 VCO 调节范围、调谐增益、V/f 斜率以及相位噪声性能等诸多方面进行考虑，否则很难设计出一个高性能的 VCO。

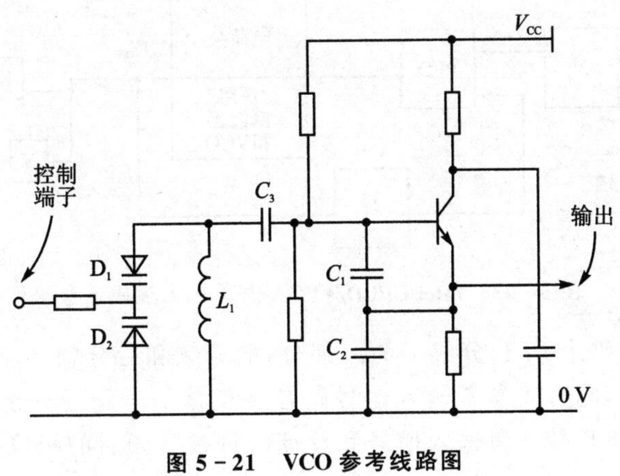

图 5-21　VCO 参考线路图

由于 PLL 具有非常优秀的频率性能，特别是在高频领域具有稳定的频率特性、较低的抖动，因此被广泛应用于各种电子线路，或者被大量集成在 ASIC 中。其主要的应用领域是时钟发生器、时钟分频、倍频、扩频时钟、频率合成、通信系统中的载波相位和频率跟踪、调制解调、位同步、扩频中的芯片同步、时钟/数据恢复系统等。

在实际应用中，PLL 器件会在回路中增加分频器件，以生成各种频率的时钟，图 5-22 所示为 ADI 公司的 ADF4xxx 系列 PLL 的架构，和前面介绍的 PLL 相似，都有 PD、环路滤波器以及 VCO，不同的是在 PD 后面紧接着一个有源电荷泵，在 VCO 的输出信号的反馈回路上增加一个分频器，使 PD 的输入为参考输入时钟和 VCO 输出时钟的分频时钟。通过分频器的使用，PLL 生成的时钟信号的频率就是参考时钟的 N 倍，其中 N 是指分频器的分频系数。假设输入的参考时钟为 1 MHz，分频器的分频系数为 500，则 PLL 的输出时钟频率可以达到 500 MHz。

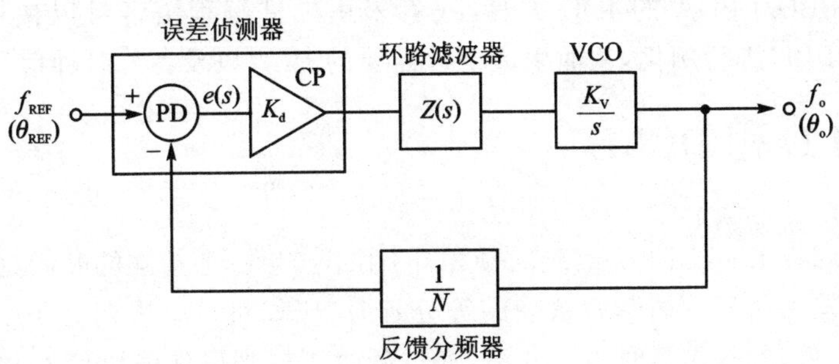

图 5-22　ADI 公司的 ADF4xxx 系列 PLL 架构图

在 CPLD/FPGA 中，也大量采用了 PLL 技术，并且在基础 PLL 上发展并增加了多种 PLL 分频和倍频选项，使 CPLD/FPGA 开发工程师能够充分利用集成的 PLL 实现时钟分发和互连。图 5－23 所示为 Intel CPLD/FPGA 内部集成的 PLL 逻辑示意图。

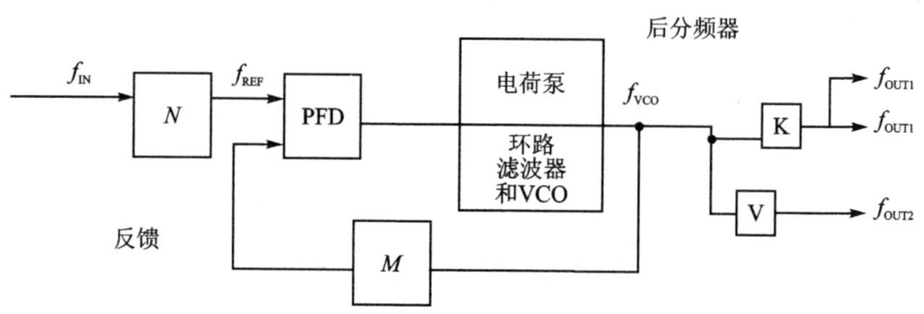

图 5－23　Intel CPLD/FPGA 内置 PLL 逻辑示意图

图 5－23 中，整个 PLL 分成了两大部分：前分频和后分频。前分频部分包含了基础 PLL 的部分，同时在参考输入信号路径和反馈信号路径分别增加了一个分频器，因此，鉴相器将比较参考输入信号和反馈时钟被分频后的相位差。此时的 VCO 输出的时钟频率为

$$f_{VCO}=f_{REF}\times M=\frac{f_{IN}\times M}{N}$$

式中：f_{IN} 表示输入参考信号；f_{REF} 表示对输入参考信号分频后的信号；M 和 N 分别表示反馈时钟信号路径和参考输入信号路径上的分频器的分频系数。通过该表达式，理论上可以得到相对于输入信号的各种比例的输出时钟信号。

后分频部分主要是时钟分发的功能，通过对 VCO 输出时钟信号进行再次分频，从而获得多个不同频率或者固定相位差的时钟信号。如，针对 f_{OUT1}，其最终输出的时钟信号的频率为

$$f_{OUT1}=\frac{f_{VCO}}{K}=\frac{f_{REF}\times M}{K}=\frac{f_{IN}\times M}{N\times K}$$

式中：K 表示后分频器的分频系数。

通过 CPLD/FPGA 的 IDE 工具，或者采用硬件编程语言可以快速对 FPGA/CPLD 内的 PLL 进行例化，从而生成设计需要的 PLL 以及各种时钟信号。

5.3　DLL 和 DCM

DLL(Delay Locked Loop，延时锁相环)用于产生一个精准的时间延迟——其主要思想是对输入信号的周期做精确的等分延时，比如对一个周期为 10 ns 的时钟信号等分为 20 份，则每份延时为 0.5 ns，通过延时逻辑来确保输出信号和输入信号的频率相位锁定——确保用于高速接口进行数据恢复或者捕获时有足够的时钟裕量，保证逻辑同步。

最简单形式的DLL如图5-24所示，整个DLL主要由两部分组成：可变延时线和控制逻辑。可变延时线主要用来生成一个相对于输入时钟CLKIN有一定相位延时的输出时钟CLKOUT。时钟分布网络将时钟路由到所有内部寄存器和时钟反馈CLKFB引脚。控制逻辑必须对输入时钟以及反馈时钟进行采样，进行相位比较，以便及时调整延时线，一般采用鉴相器来实现。

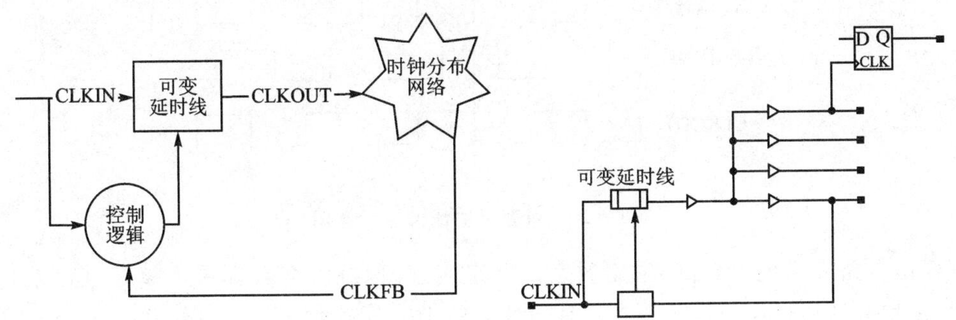

图5-24　DLL逻辑和运行原理示意图

可变延时线可以采用压控延时线或者一系列离散延时线来构建，如图5-25所示。可变延时线主要用于调整输入和输出的延时，确保输出和输入信号在不同的时钟周期上的边沿对齐。

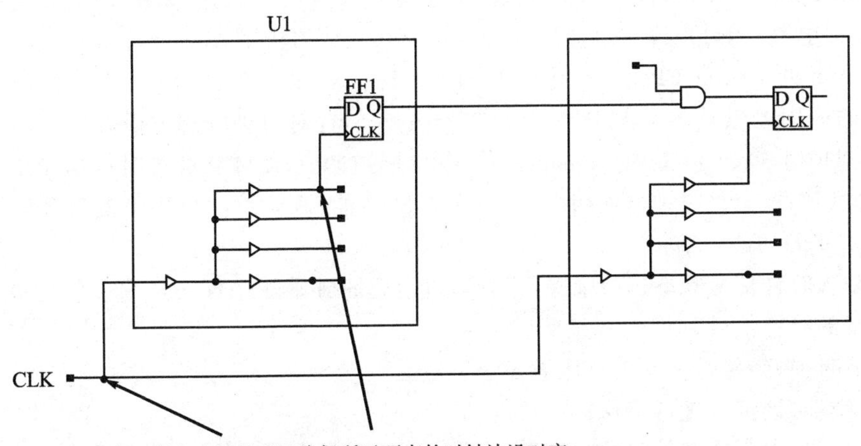

图5-25　DLL可变延时线原理示意图

因此，根据图5-25，输入时钟信号CLK通过可变延时线后，其波形示意图如图5-26所示。一旦输出和输入信号的边沿对齐，则DLL锁定成功。

与PLL相比，DLL的优势在于可以做到更高精度，可以排除温度、电压变化带来的影响，时钟偏斜小，而且可以调整时钟占空比，但是由于输出信号与输入信号直接关联，因此输入信号的抖动、频率漂移会直接反映到输出信号上。DLL既可以采

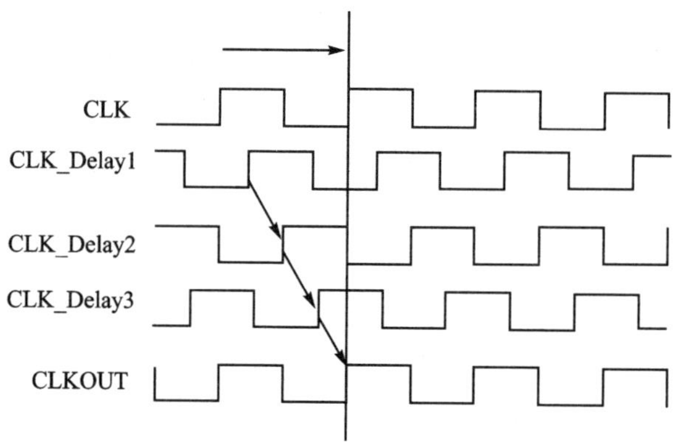

图 5-26 可变延时线波形示意图

用模拟电路来实现,也可以采用数字电路来实现,但绝大多数都采用模拟电路来实现,以更好地通过调节电压来补偿环境变化所带来的延时变化。另外,DLL 倍频、分频的范围比较小,通常只有 2 倍频或者 4 倍频,没有 PLL 那么灵活。

PLL 的优势在于抑制时钟抖动以及输入时钟的频率漂移。由于输出时钟是由一个单独的 VCO 产生,所以与参考输入时钟的抖动和频率漂移几乎完全无关。但 PLL 采用的晶振存在不稳定性,会累加相位错位。相对来说,DLL 抗噪声的能力更强一些,而 PLL 在时钟的综合方面相对比较有优势。同时,PLL 需要相比于 DLL 更为苛刻的模拟电源;相对来说 PLL 的功耗也会大于 DLL 的功耗。

目前,Intel 的 CPLD/FPGA 采用 PLL 的应用比较多,而 AMD 的 CPLD/FPGA 采用 DLL 的应用场景较多。AMD CPLD/FPGA 专门针对时钟管理方面开发了时钟管理模块 DCM(Digtal Clock Manager,数字时钟管理)。DCM 将高级时钟功能集成到 CPLD/FPGA 全局时钟分配网络,解决了在高性能、高频率的应用中的各种时钟问题,其主要的功能包括:

- 对输入时钟信号频率进行乘除,或者通过混合时钟乘除运算来合成一个全新频率的时钟信号;
- 调节时钟,确保时钟的占空比为 50%;
- 精确对时钟信号进行相移;
- 消除芯片内部或者外部的时钟偏斜,改善系统整体性能,消除时钟分布延迟;
- 对时钟进行镜像、转发,把输入时钟信号优化并转化为不同的 I/O 标准时钟信号输出;
- 以上任何或者所有功能都可以同时进行。

DCM 的基本原理如图 5-27 所示,其主要的组成部分包括:DLL、相移(Phase Shifter,PS)、数字频率合成器(Digital Frequency Synthesizer,DFS)和状态逻辑(Status Logic)。

DLL 主要产生一个零传播延时时钟输出信号,消除了从外部时钟输入端口到 IC

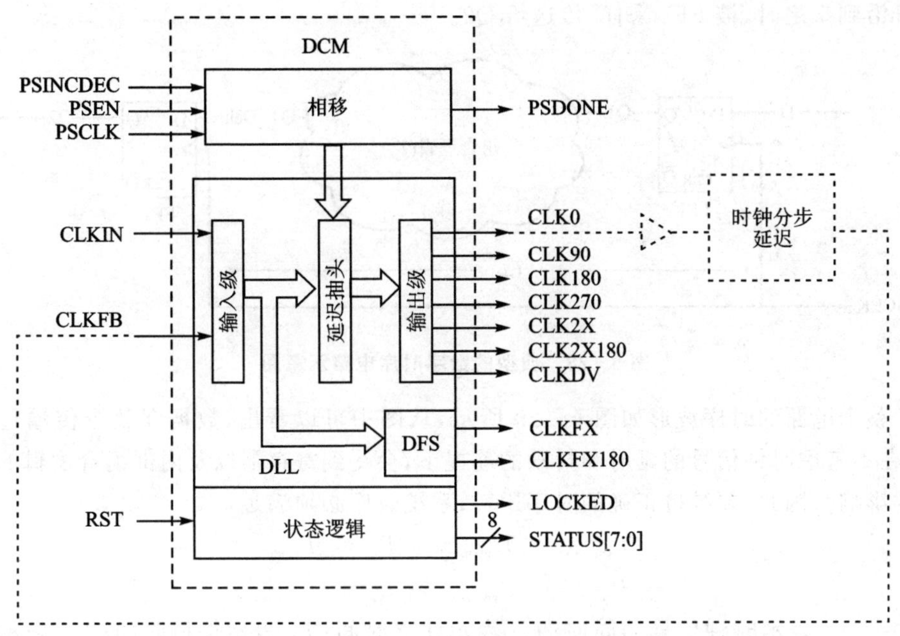

图 5－27　Xilinx DCM 功能模块示意图

内各个时钟负载的延时。DLL 可以产生各种同频异相(CLK90、CLK180、CLK270)、倍频同相(CLK2X)、倍频反相(CLK2X180)和分频(CLKDV)的信号。

DFS 基于两个用户定义参数——CLKFX_MULTIPLY 和 CLKFX_DIVIDE 的比率,合成广泛而灵活的输出频率范围。无论 DCM 是否集成 DLL,DCM 都可以使用此功能。如果不使用 DLL,则 CLKIN 和 DFS 输出之间没有相位关系。DFS 主要生成 CLKFX 和 CLKFX180 的输出信号。

PS 单元控制并确定 DCM 时钟输出与 CLKIN 输入的相位关系。固定相移值是在设计时设置的,并在 FPGA 配置期间加载到 DCM 中。

状态逻辑通过 LOCKED 和 STATUS [0],STATUS [1]和 STATUS [2]输出信号指示 DCM 的当前状态。LOCKED 输出信号指示 DCM 输出是否与 CLKIN 输入同相。STATUS 输出信号指示 DLL 和 PS 操作的状态。

5.4　时序与时钟漂移

数字系统电路由大量的时序逻辑电路组成,每一个时序逻辑都需要时钟信号进行驱动。由于数字系统中时钟信号的变换比任何其他信号都要快,而且驱动负载也最多,所以在设计中需要重点考虑和关注。

图 5－28 所示为一个典型的同步数字时序电路。在时钟信号 CLK 的作用下,数据 D 被 FF1 采样并输出给 Q1,经过组合逻辑的延时后,在时钟信号 CLK 的下一个

上升沿到来之时，被 FF2 采样，传送给 Q2。

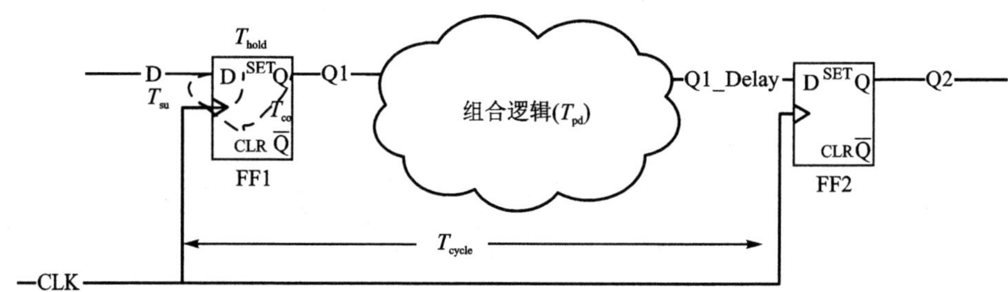

图 5-28　典型的数字时序电路示意图

整个电路的时序波形如图 5-29 所示，从图中可以看出，数据在整个传输过程中，在不考虑时钟信号的延时和抖动的前提下，会受到寄存器以及内部组合逻辑的延时的影响。因此，要维持正确的时序逻辑，系统时序必须满足：

$$\begin{cases} T_{co(max)} + T_{pd(max)} + T_{su} \leqslant T_{cycle} \\ T_{co(min)} + T_{pd(min)} \geqslant T_{h} \end{cases}$$

式中：T_{cycle} 表示时钟信号的周期；T_{su} 表示建立时间；T_{h} 表示保持时间；T_{co} 表示寄存器时钟到输出的时间；T_{pd} 表示组合逻辑和传输路径的延时时间。从图 5-29 中可以看出，当时钟周期足够大时，该时序逻辑可以正常工作，但是一旦把时钟频率不断提高，在某个频率点，该电路就无法满足上述的不等式，从而无法正常工作。在数字电路中，若采用的芯片一旦确定，则整个系统的时序主要就受时钟信号周期和组合逻辑以及传输路径延时的影响。因此，在数字系统时序电路中，关键是对时钟信号周期和组合逻辑、传输路径延时等因素进行控制。

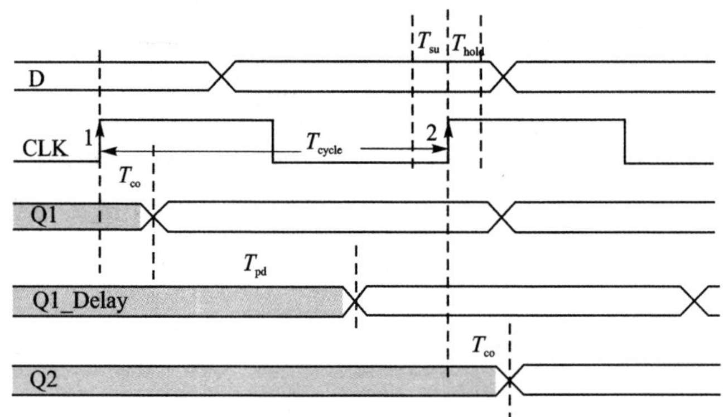

图 5-29　同步数字电路时序波形图

在时钟信号周期一定的前提下，如果组合逻辑和传输路径延时过大，则 Q1_Delay 信号满足了 FF2 的保持时间的要求，但无法满足 FF2 的建立时间的要求，因此系统不能正常工作，如图 5-30 所示。可以通过降低时钟频率或者减小组合逻辑以及传输线路延时来实现。所有的正常操作条件都要求实际时钟频率低于该极限频率，以便使系统有时间裕度来实现正确的系统操作。设计人员可以根据实际电路来确定该时间裕度，可以是一个逻辑门的信号传播时间。

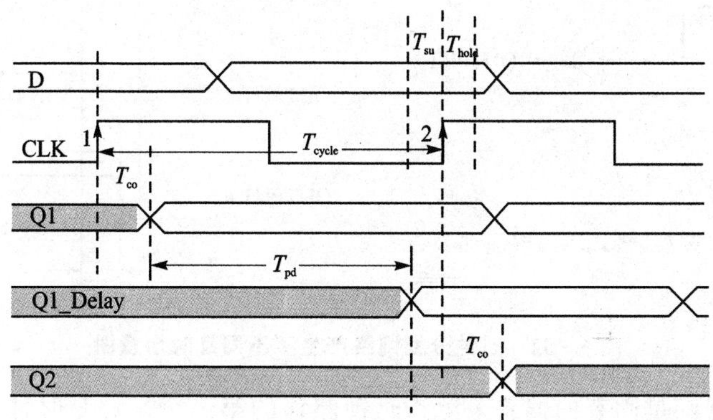

图 5-30　组合逻辑时延过长导致无法满足建立时间时序图

相反，在时钟频率一定的前提下，如果组合逻辑传播时延 T_{pd} 过短，则可能导致下一次上升沿到来时，信号因为保持时间不满足而违例，如图 5-31 所示，因此需要根据系统的数据类型、传输频率来合理选择时钟频率、设计线路延时和组合逻辑电路。

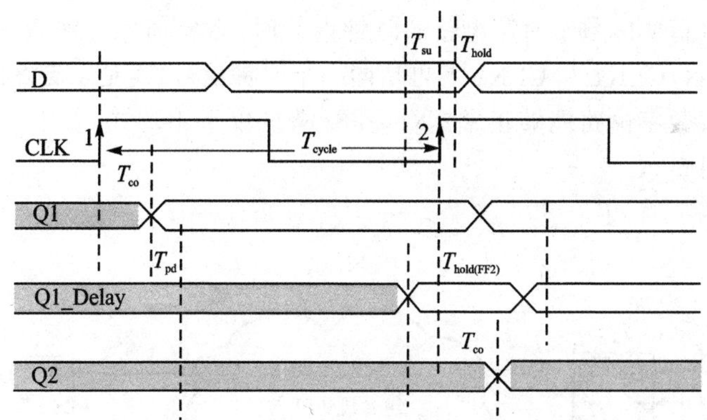

图 5-31　保持时间不足导致时序违例的时序图

在实际数字电路中，由于走线拓扑、布线位置、扇出等不同，同一个时钟信号到达各个寄存器和 IC 的时间也各不相同，这样就会出现时钟漂移的现象。如图 5-32 所示，一个时钟源生成多个时钟信号，由于传输延时以及内部逻辑不通，4 个时钟信号的延时也各不相同，因此，时钟漂移是指同一个时钟源输出的不同时钟信号之间 t_{PLH} 之间的最大偏差。

典型的系统时钟漂移有两个不同的来源。时钟漂移的第一个来源是时钟驱动器设备本身。时钟驱动器是一种接口逻辑，用于驱动时钟信号线。对于任何给定的技

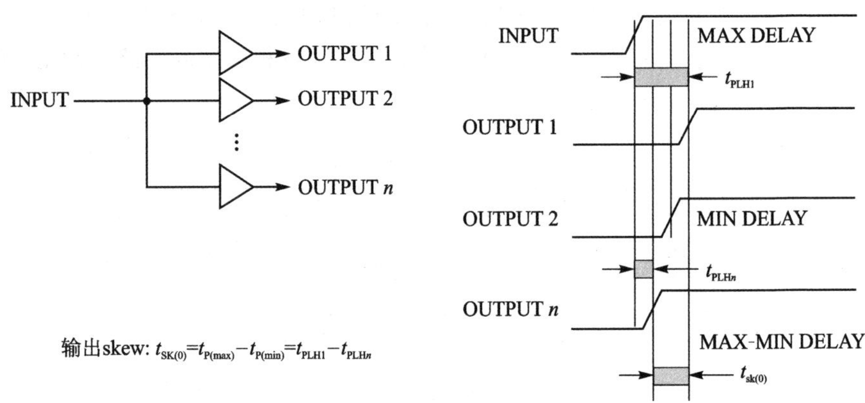

图 5-32 时钟分发网络产生了不同延时示意图

术，时钟驱动器都是固有的偏差来源。时钟漂移的第二个来源是时钟分配系统。如何将时钟驱动器整合到时钟分配系统中至关重要——涉及到包括信号线的布局、设备负载、电源连接和电源去耦等领域。电源电压和环境温度等工作条件也起着重要作用。由于当今高速逻辑中的边沿速率很高，大多数 PCB 走线都应视为传输线。如果设计不能解决由快速边沿速率引起的传输线影响，则该设计可能永远无法按预期工作。

因此，在进行实际数字时序电路的时钟设计时，需要加入时钟漂移的因素在内。如图 5-33 所示，CLK1 和 CLK2 不再是同一个时钟信号，而是二者之间产生了相位差。因此，需要数字电路能够正常运行，需要满足以下不等式，其中 T_{skew} 是时钟漂移时间，可正可负。

$$\begin{cases} T_{co(max)}+T_{pd(max)}+T_{su}\leqslant T_{cycle}+T_{skew(max)} \\ T_{co(min)}+T_{pd(min)}-|T_{skew(max)}|\geqslant T_{h} \end{cases}$$

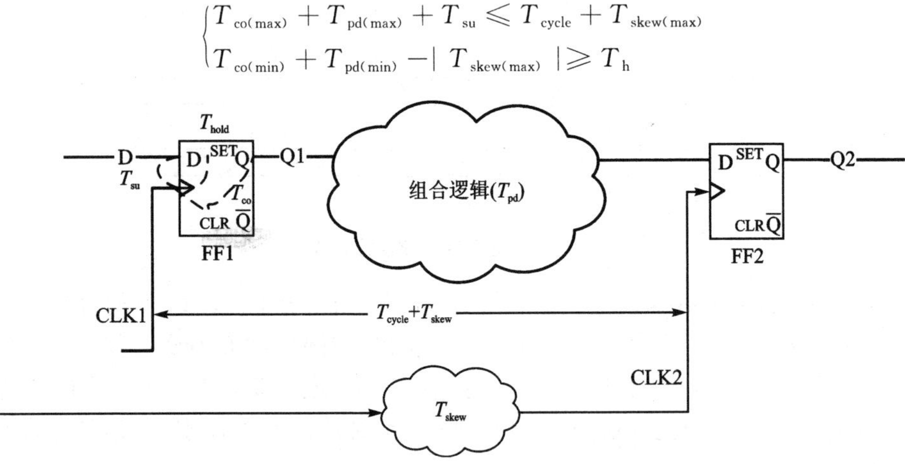

图 5-33 基于时钟漂移的同步数字电路示意图

相应的时序波形图如图 5-34 所示。

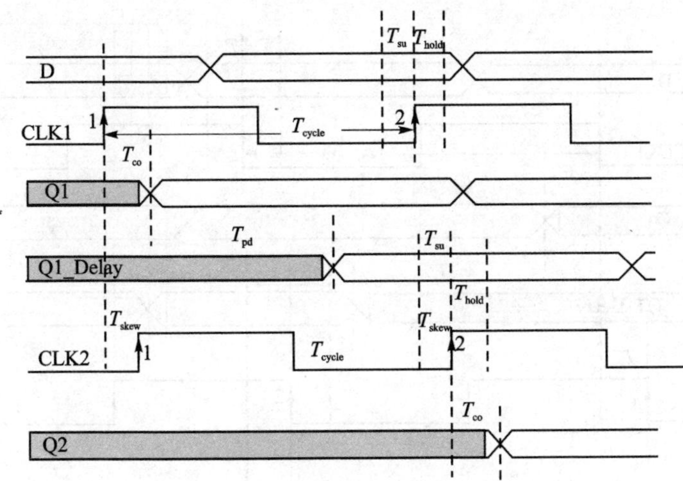

图 5-34　增加 T_{skew} 后的同步数字电路波形时序图($T_{skew}>0$)

从图 5-34 中可以看出，相对于 CLK1 的第一个上升沿，CLK2 的上升沿到达 FF2 的时间为 $T_{cycle}+T_{skew}$。Q1_Delay 在 CLK2 第二个上升沿到来时稳定时间加长，但同时相对于保持时间会减小。在这种情况下，时序约束需要重点考虑保持时间违例的情形，如图 5-35 所示。

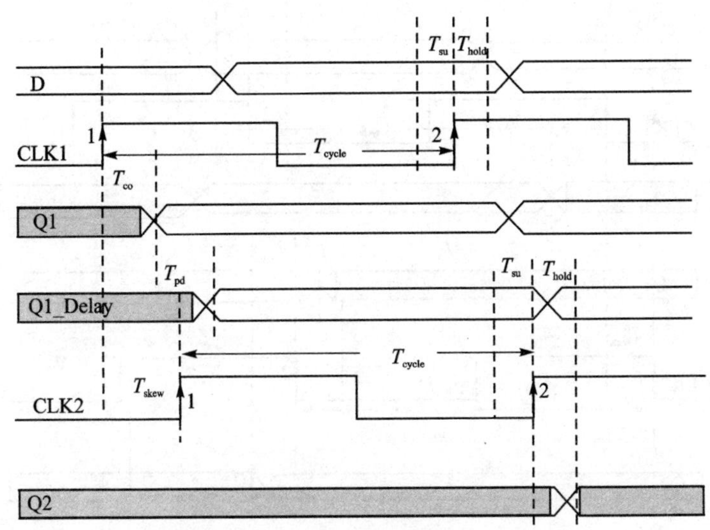

图 5-35　保持时间违例的同步数字电路波形时序图($T_{skew}>0$)

时钟偏斜也存在小于零的情况，如图 5-36 所示。CLK2 的上升沿到达 FF2 的时间相对于 CLK1 的上升沿到达的时间会提前一个偏斜时间到达，因此从 CLK1 的第一个上升沿到达 FF1 的时间和 CLK2 的第二个上升沿到达 FF2 的时间小于一个时钟周期，具体为 $T_{cycle}+T_{skew}$(其中 $T_{skew}<0$)。此时需要重点考虑建立时间违例的情形。

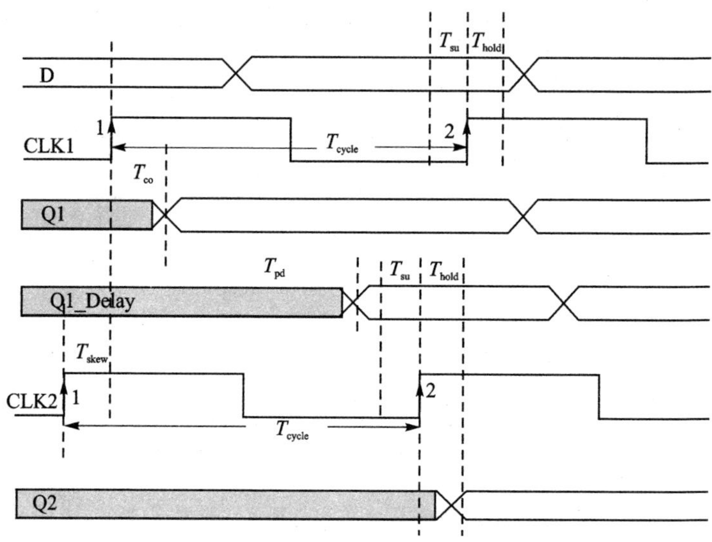

图 5-36　增加 T_{skew} 后的同步数字电路波形时序图($T_{skew}<0$)

当组合逻辑传播延时过大，导致信号不满足 FF2 的建立时间时，会产生建立时间违例，系统不能正常工作。相应的时序波形图如图 5-37 所示。

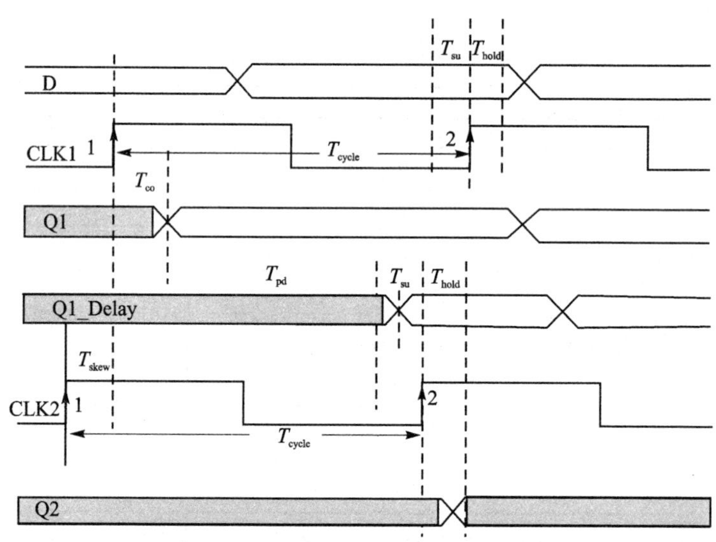

图 5-37　T_{skew} 过大导致同步数字电路建立时间违例波形时序图($T_{skew}<0$)

5.5　时钟分发

从数字系统对时序的要求，以及时钟自身的特性来说，数字系统中的对时钟分发有着特别的要求，以最大限度地降低时钟漂移，增加系统工作的时间裕度，提高系统的工作频率。

要增加系统工作的时间裕度，提高系统的工作频率，从根本上来说，需要从系统线路上进行。也就是说，如何采用最少的组合逻辑器件来降低数据传输路径的逻辑延时，同时满足系统功能要求。因此，一旦设计目标确定，在合理的设计预算之内，需要采用最佳的设计方案来实现最佳的系统线路设计。必要时，需要增加 Retimer 或者 Redriver 来实现信号中继。

一旦线路确定，就需要从时钟路径入手来降低时钟漂移，提高时间裕度。降低时钟漂移主要有两种方式：一是减小 PCB 尺寸，把所有的时钟输入端放置在一起；二是采用同一个时钟源进行驱动。

但是，直接采用这两种方式，对于电子元件的布局是一个极大的挑战，甚至在越来越复杂的现代数字系统中，把所有的时钟输入端放置在一起几乎是一件不可能的事情。如果不能尽量放置在一起，那么采用同一个时钟信号来驱动数字电路中的时序逻辑器件会产生大量的问题。如图 5-38 所示，假设采用一个 50 MHz 的时钟源驱动 75 个负载元件。每个负载通过 70 Ω 微带线接入其 CMOS 输入。负载之间相隔 0.5 in，且假设每个负载输入都是采用上升沿触发。

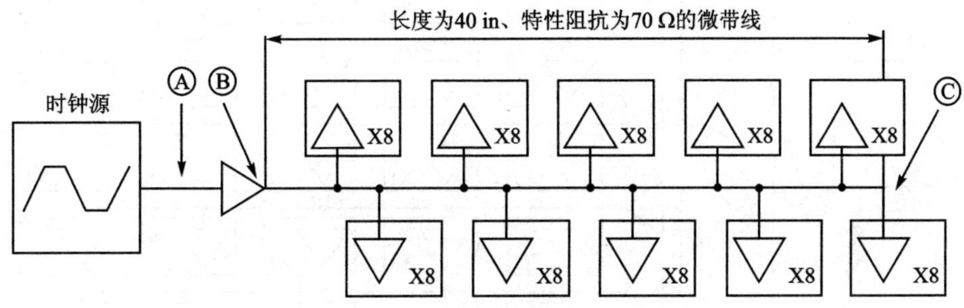

图 5-38 单时钟源时钟分发示意图

该电路最大的问题就是与 75 个 CMOS 输入相关的大量寄生电容。假设每个 CMOS 输入的最大寄生电容是 10 pF，则总的电容负载是 750 pF。标准时钟驱动器，例如 IDT 公司的 IDT74FCT244A 的 Δt_{PLH} 对于 50 pF 以上的负载是 2 ns/100 pF，也就是说由于输入寄生电容的累积，就会增加额外的 14 ns 的传输延时。另外，根据负载分布密度，整个走线长度将达到 38 in，如果 PCB 走线的固有延迟是 0.15 ns/in，则从 B 点到 C 点的延时是 5.7 ns。显然，采用此方式来进行时钟分配，将会导致时钟周期的大部分时间都被用于分配时钟，整个时序电路能够运行的最大时钟频率将会保持很低的范围。因此该方案不适合有大量负载的数字电路中。

因此，复杂数字电路系统需要采用改良的方式来进行时钟分配。通常可以采用时钟生成树的方式，如图 5-39 所示。与图 5-38 相比，该方案在时钟和负载之间添加了缓冲器，缓冲器输出的容性负载从 750 pF 减少到 50 pF，并且与每个时钟驱动器相关的 PCB 走线长度降低到 2.5 in。如果使用 IDT 74FCT244A，则至少需要 3 个该器件来实现。由于该器件没有指定时钟漂移参数，因此设计人员可能会假设每个

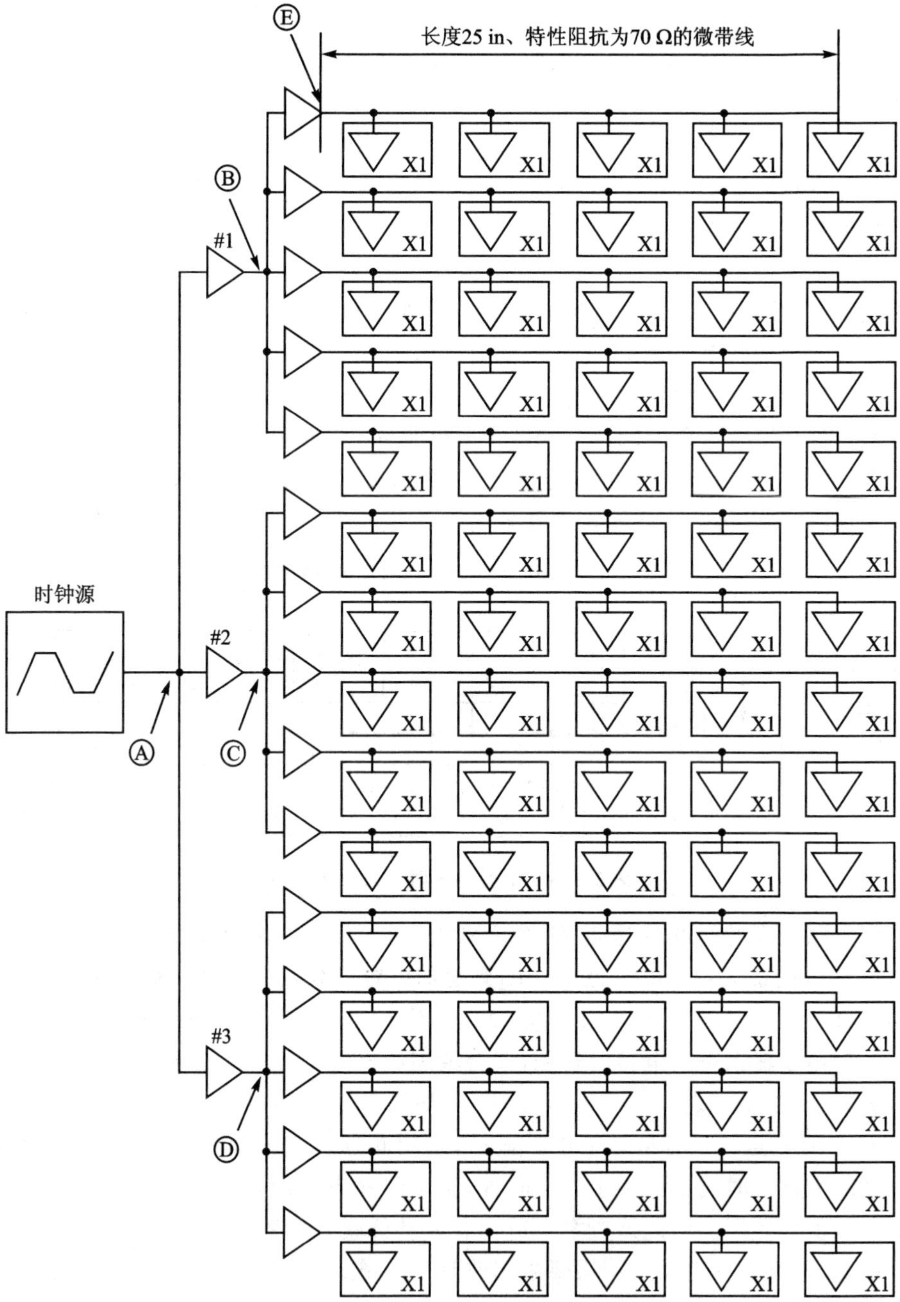

图 5－39　时钟生成树示意图

设备的输出将在3.3 ns窗口内切换($t_{PHLmax}-t_{PHLmin}=4.8\ ns-1.5\ ns$)。如果B、C和D点的输出转换发生在3.3 ns的窗口内,则第二电平(E点)的输出可能发生在6.6 ns的窗口内(假设时钟周期是20 ns),33%的时钟周期被用来分配时钟——甚至没有考虑传输线的影响。但相对于第一种方案来说,该方案有明显的优势。

基于此方案,目前全球领先的各种时钟芯片厂商均有研发专用的时钟分发芯片。该专用芯片专门针对时钟漂移方面进行特别设计,或者内置PLL/DLL,用来对输入时钟进行相位和频率锁定,解决了普通的缓冲器输出时钟漂移未定的劣势,同时输出可以采用多种I/O接口,确保外接负载时阻抗匹配。它们不仅可以输出单端时钟信号,而且可以输出差分时钟信号。

如IDT公司的49FCT805和49FCT806是专为满足当今高性能系统的时钟要求而设计的高速有保证偏斜的时钟驱动器芯片。IDT49FCT805的逻辑图和引脚配置如图5-40所示。49FCT806是49FCT805的反相选件。在49FCT805/806中,采用精心的电路设计和硅片布局,引脚配置专门针对极低的输出和脉冲偏斜而设计,独立的电源和接地引脚可减少由于多个输出切换而引起的接地抖动和动态阈值偏移量。与传统解决方案相比,1:5的输入/输出比减少了上一级的电容负载量,简化了端接,并减少了元件数量。该器件还针对PDIP和SOIC封装进行了优化。

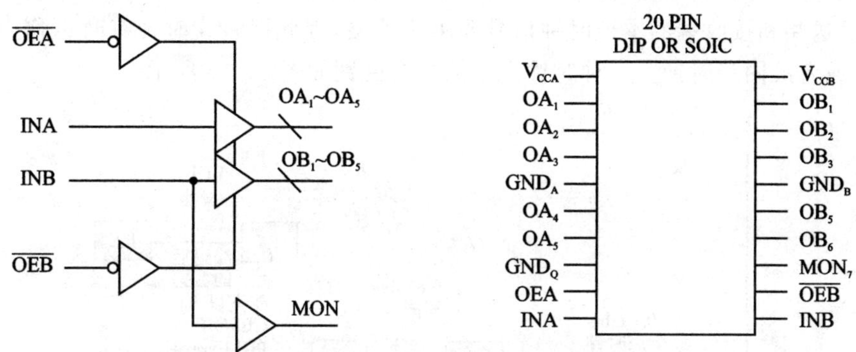

图5-40 IDT 49FCT805内部逻辑以及封装引脚示意图

Lattice ispClock5300S采用内置PLL,通过可编程逻辑的方式来实现时钟分发。它有4种工作模式配置,输入/输出频率从8~267 MHz,输出时钟漂移小于100 ps,峰峰值抖动小于70 ps,多达20个可编程的扇出缓冲器,可以调整输出接口电平、输出阻抗、输出信号斜率,同时有专属的电源设计。其具体内部逻辑示意图如图5-41所示。

Intel把时钟分发系统集成到它自身的PCH内部,从而节省了设计成本,减小了PCB面积,在此就不一一赘述。

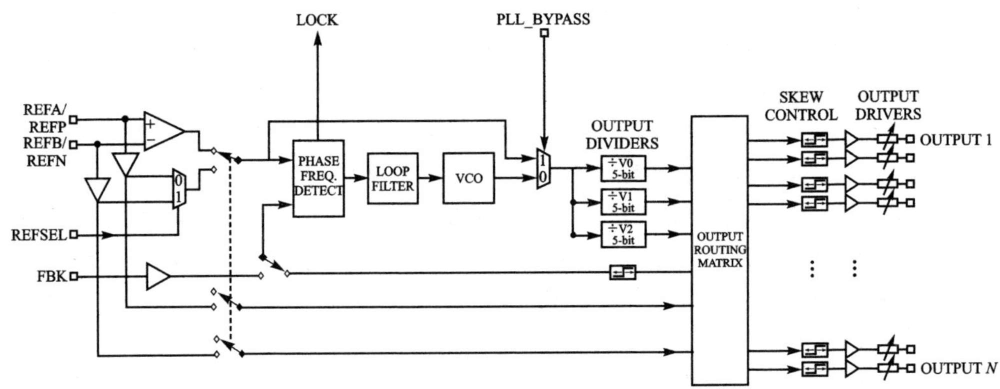

图 5-41　Lattice ispClock5300S 内部逻辑示意图

5.6　常见的时钟类型

在数字系统中，特别是在系统总线应用中，经常会出现各种时钟类型。根据时钟的连接方式不同，可以把时钟分为三类：全局时钟、源同步时钟以及嵌入式时钟。由于对发送端和接收端的本地时钟信号要求不严格，因此嵌入式时钟有时也称为异步时钟，或者准同步时钟。三种时钟类型的主要区别如图 5-42 所示。

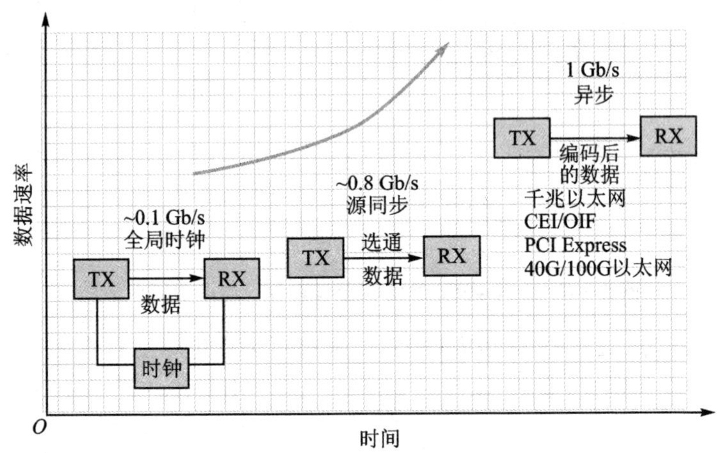

图 5-42　数字系统中的时钟类型与区别

5.6.1　全局时钟

全局时钟，又称为系统同步时钟，从图 5-43 中可以看出，在总线的源端和目的端，均采用同一个时钟信号进行驱动。源端 TX 的数据在时钟的有效边沿触发下，发射到总线上，并往目的端传送。在时钟的下一个有效边沿到来时，目的端 RX 对总线上的数据进行采样,并正确接收,同时源端也再次发送数据。

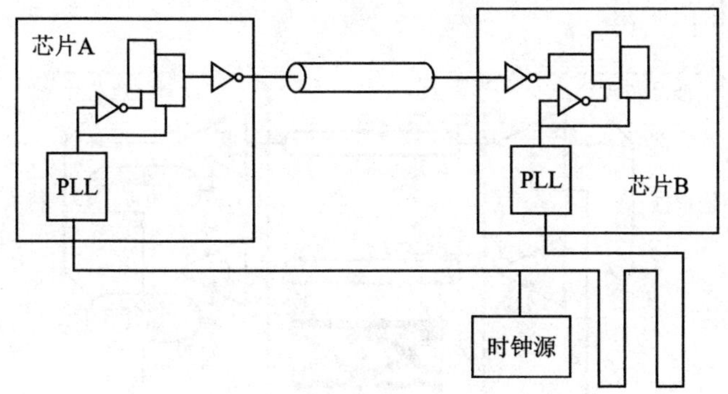

图 5-43 全局时钟示意图

早期的计算机系统经常采用并行总线进行数据传输,全局时钟比较常见。但是由于总线的源端和目的端相隔距离相对较远,时钟的布局位置就非常重要,需要放置在离源端和目的端距离相等的位置,以最大程度地减少时钟漂移,数据线也需要进行等长。系统时钟难以控制时钟偏斜和传播延时,同时对芯片内和板级的时延变化敏感,并且很难对时延进行补偿,再加上时钟周期的限制,频率越高,数据从源端传送到目的端的时间裕量就越小,并行总线上数据线存在各种数据偏斜和抖动,更加会限制时间裕量,因此该方式往往应用于传输速率相对较低的总线,传输速度一般约为 100 Mb/s,常用于芯片片内通信。

5.6.2 源同步时钟

源同步时钟和系统时钟不同,其输入时钟位于总线的源端,在传输芯片通过时钟管理模块,如 PLL、DLL 等对时钟进行倍频、分频以及相位调整后,产生与数据信号的相位和频率相关的时钟,并通过总线把要传输的数据和时钟信号传输到目的端。目的端芯片接收到时钟信号,通过该信号直接对总线数据进行数据采集和处理。

如图 5-44 所示,相对于系统时钟,采用源同步时钟的源端和目的端芯片架构相对复杂。在源端,需要内置 PLL、时钟分配网络以及时钟驱动器。在目的端,需要内置接收时钟放大器、时钟分配网络、去时钟漂移电路如 DLL/PI(Phase Interpolators,相位内插器)电路等。在目的端和源端之间,需要采用专用的数据通道和时钟通道来分别传输数据和时钟,并且需要确保数据和时钟通道等长、阻抗匹配等。

源同步时钟被广泛应用于 CPU 和内存、CPU 与 CPU 之间的高速通信,如 DDR 总线、Intel 的 QPI 总线、Hypertransport 总线等,但是由于驱动端的驱动强度以及负载或者传输线互连长度不匹配而导致的时钟漂移,会限制源同步时钟的 I/O 性能,低通通道会导致抖动增大,源同步时钟的占空比也可能发生变化。因此,需要在接收端对每个通道进行偏移校正来提高数据速率,把采样时钟的相位调整到输入数据的中心位置。一般采用 DLL 或者 PI 来最小化时钟漂移,采用基于 BER 或者相位检测器的方式进行相位采集。

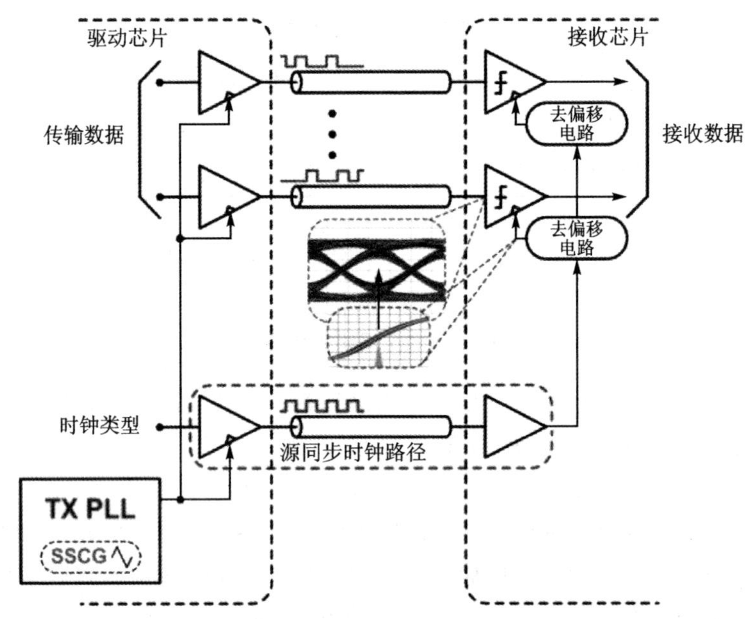

图 5-44　源同步时钟示意图

5.6.3　嵌入式时钟与 CDR

嵌入式时钟,其主要思想就是把系统中的时钟信息通过数据编码的方式嵌入到数据流中,从而实现数据从发送端到接收端的高速传播。在接收端,通过专门的时钟数据恢复(Clock Data Recovery,CDR)电路把数据流中内嵌的时钟信息和数据信息分别提取出来,然后进行数据采样,如图 5-45 所示。

嵌入式时钟不需要单独的时钟走线,节省了 PCB 的布线空间,每对差分线都可以嵌入时钟信息,这样每对差分线的接收端都可以采用独立的 CDR 电路来提取时钟和数据。差分线之间相互独立,各对差分线的等长要求不太严格,因此,嵌入式时钟可以解决并行总线工作时钟频率很难提高的这个问题。目前大部分的串行高速总线都是采用嵌入式时钟技术,包括 PCIe、SATA、FC、XAUI、DP 等各种总线。

嵌入式时钟技术需要采用编码技术,如比较流行的是 8b/10b 编码、64b/66b 编码等。编码会导致数据传输效率的下降,因此需要选择比较好的编码技术。CDR 电路是嵌入式时钟技术的关键因素,如图 5-46 所示,其核心在于内部的 PLL 电路。PLL 电路通过鉴相器对输入数据信号以及本地 VCO 的反馈信号进行比较,从而提取出相位差信息。该信息通过环路滤波转换为 VCO 的控制电压信号,然后再次调整 VCO 输出的时钟信息,如此不断循环,最终锁定并解析输出时钟信号。根据实际

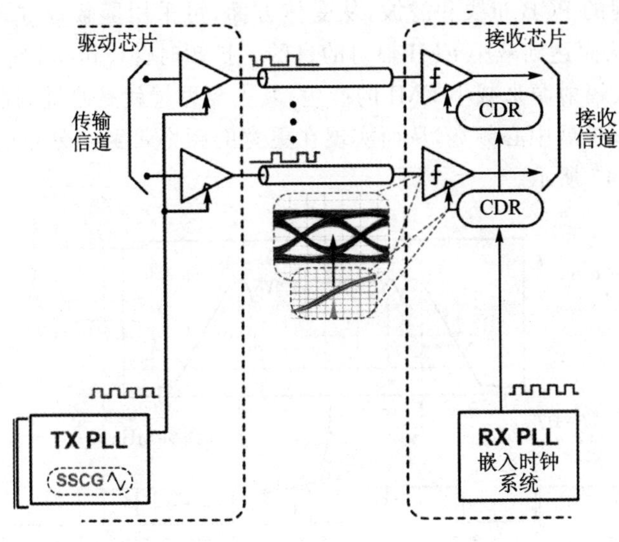

图 5－45　嵌入式时钟示意图

情况，CDR 可以对每个通道配置一个本地 PLL，也可以采用全局 PLL 加本地 DLL/PI 或者本地相位旋转 PLL 的双回路的方式——全局 PLL 需要将 RX 时钟分布到每个通道。

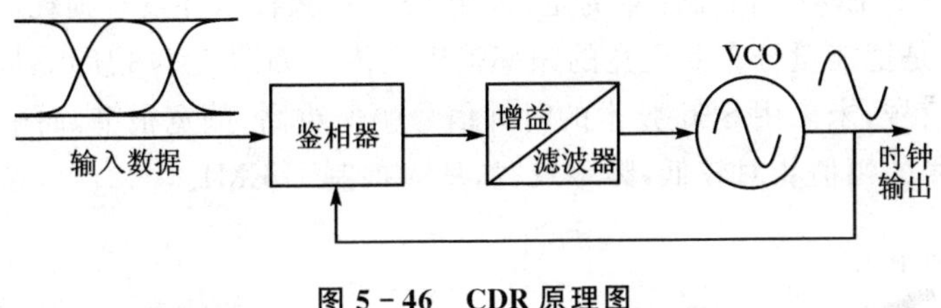

图 5－46　CDR 原理图

CDR 能够跟踪数据中的一部分低频抖动，因此采用嵌入式时钟技术适合长距离传输，但是总体还是受 CDR 带宽限制，需要采用特别的技术实现更高频率的抖动跟踪。同时该时钟技术的硬件要求多于源同步时钟技术，总线效率没有源同步时钟高。

5.7　扩频时钟技术

高速数字电路中，数字信号和时钟信号是主要的信号形式。根据第 1 章的知识可知，这些信号在信号跳变时包含有高次谐波分量，因此，信号本身及其谐波分量在传输过程中，容易产生电磁干扰（EMI）。由于 FCC、IEC 等规定电子产品的 EMI 辐射不能超出一定的标准。因此电路设计者需要从多个角度来思考如何降低系统的 EMI 辐射，包括从辐射源、传输路径以及受体等方面多管齐下。如从辐射传输路径方面，可采用合理的PCB布线和滤波；从受体方面，可采用屏蔽等方式来改变/切断EMI辐射路径，从而达到减小EMI辐射的目的。扩频时钟(Spread Spectrum Clocking，SSC)技术从辐射源来减小EMI的产生，其主要思想就是通过调制时钟频率，控制时钟周期变化，扩展中心频宽，从而实现在更宽的频率带宽内分布能量，减小EMI的峰值，如图5-47所示。

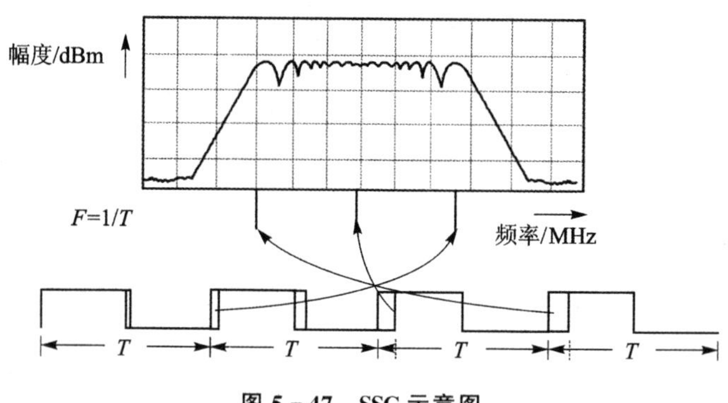

图5-47　SSC示意图

SSC扩频时钟技术选择的调制频率(f_m)一般需要大于30 kHz以保持在音频频带之上，并保持足够低的速度以避免系统时序和跟踪问题(通常远低于90 kHz)。同时，系统时钟中的扩频调制将传递到每个时钟以及来自系统时钟的数据信号来实现整个系统的较低EMI。需要注意的是，采用SSC扩频技术并没有损耗需要传输的信号的能量，只是把能量分布到更宽的频率范围之内。如图5-48所示，同样传输8个能量单位的信号，未采用SSC技术的时钟信号幅值更高，频宽很窄，而采用了SSC技术的时钟信号的幅值相对较低，频率较宽，从而抑制了EMI。

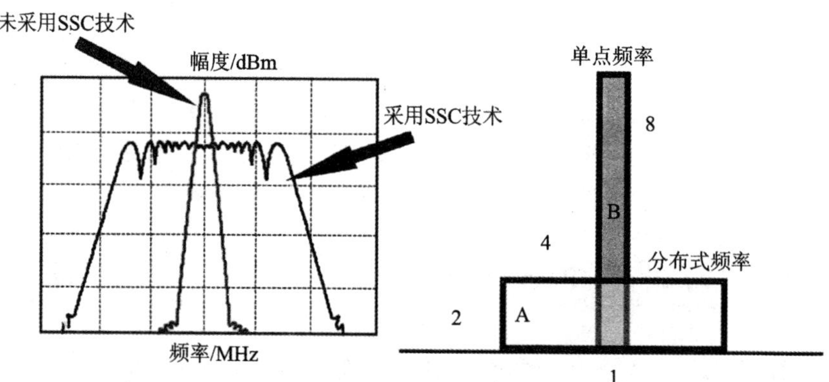

图5-48　采用和未采用SSC技术的能量分布图

SSC扩频时钟技术主要涉及4个参数：扩展率、扩频类型、调制率和调制波形。其中，扩展率是频率抖动(或扩展)范围与原时钟频率(f_C)的比值。扩频类型主要有

3种:向下扩频、中心扩频或向上扩频。每种类型的扩频频率如下:

向下扩频为

$$\delta = -\frac{\Delta f}{f_C} \times 100\%$$

中心扩频为

$$\delta = \pm\frac{1}{2} \times \frac{\Delta f}{f_C} \times 100\%$$

向上扩频为

$$\delta = \frac{\Delta f}{f_C} \times 100\%$$

其中,Δf 为扩频范围。频率变化范围越大,EMI抑制量越大。但这两者需要一个权衡,因为频率变化范围太大会给系统的时序设计带来困难。在Intel的Pentium4处理器中建议此频率变化范围要小于时钟频率的0.8%,如对于100 MHz的时钟,如果按照±0.8%调制,频率的变化范围就是99.2~100.8 MHz。频率变化太大可能会导致处理器超出额定工作频率,带来其他系统工作问题。因此,在实际系统工作中一般都采用向下扩频的方式来保证时序上的最小周期要求。

调制率 f_m 用于确定时钟频率扩展周期率。在该周期内时钟频率变化 Δf 并返回到初始频率。调制波形代表时钟频率随时间的变化曲线,通常为锯齿波,如图5-49所示。

对时钟采用SSC扩频技术,就可以把频谱中的能量集中点平坦分布到较宽的频率范围。图5-50所示为真实的采用和未采用SSC扩频技术所量测的频谱对比图。

为了得到平坦的时钟频谱,还可以采用"Hershey Kiss"曲线来调制波形,如图5-51所示。

如图5-52所示,该波形是Maxim带扩频功能的多输出时钟发生器MAX9492经过扩频和未经扩频情况下的时钟频谱。图5-52采用向下扩频,扩展率 δ 为-2.5%,调制率 f_m 为30 kHz,时钟标称频率 f_C 为133.33 MHz。从测试结果可以看出:频谱峰值降低了大约13 dB,与 f_C 谐波的衰减量相同——这说明扩频后的时钟能够在频谱峰值处提供13 dB的EMI抑制。

在进行电路设计时,需要了解EMI抑制与扩频时钟参数之间的关系。对于未经扩频的时钟,其基本谐波可以采用如下方程式表示:

$$A \times \sin 2\pi(f_C)t$$

其频谱是位于 f_C 的一条谱线,幅值为 $\frac{A^2}{2}$,与频谱分析仪的分辨率带宽 B 无关。

采用SSC扩频技术,相当于增加抖动,因此其扩频后的时钟可以表示为

$$A \times \sin 2\pi[f_C + \omega(t)]t$$

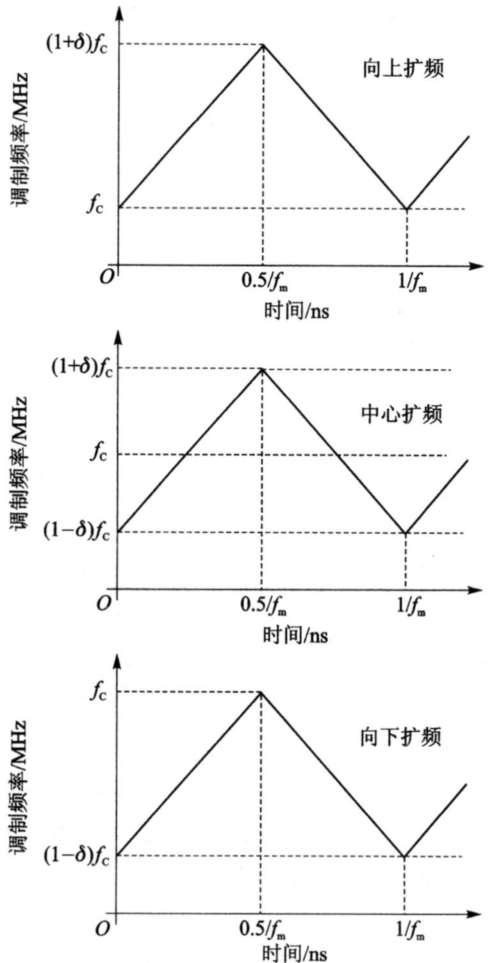

图 5－49　三种不同扩频类型的扩频频谱

其频谱幅度取决于频谱分析仪的分辨率带宽 B。其幅值近似为$\frac{1}{2}A^2\times\frac{B}{\Delta f}$。因此，可知 EMI 抑制率 S 为

$$S=10\log\frac{\frac{1}{2}A^2}{\frac{1}{2}A^2\times\frac{B}{\Delta f}}=10\log\frac{\Delta f}{B}\quad(\text{dB})$$

代入 SSC 扩频技术参数,则三种不同的扩频类型的 EMI 抑制率 S 的表达式如下：

向上或向下扩频为

$$S=10\log\frac{|\delta|\times f_C}{B}$$

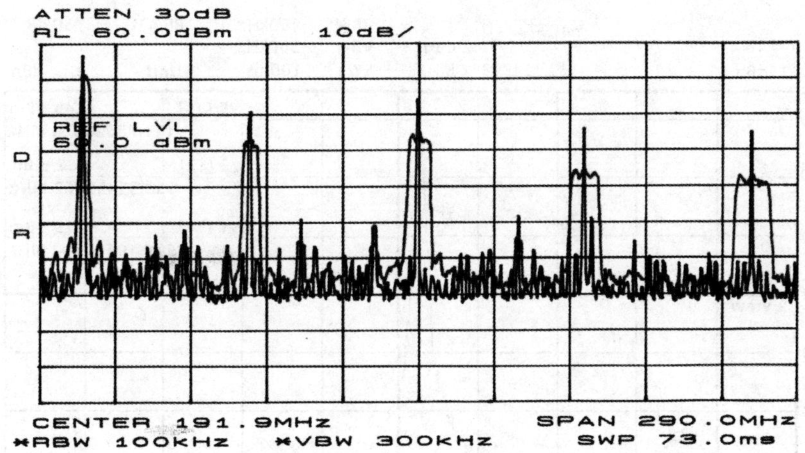

图 5-50 采用和未采用 SSC 扩频技术的频谱对比图 *

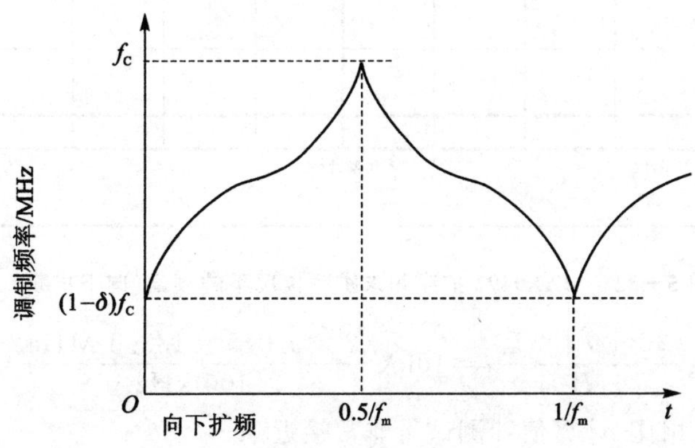

图 5-51 Hershey Kiss 调制波形

中心扩频为

$$S=10\log\frac{2\times|\delta|\times f_C}{B}$$

需要注意的是，当 $f_{SW}\ll f_m\ll f_C$ 时，EMI 抑制率 S 与调制率 f_m 无关。其中，f_{SW} 是频谱分析仪的扫描速率。

【例 5-3】 假设 MAX9492 的 δ 和 f_C 分别为 −2.5% 和 133.3 MHz，频率分析仪的分辨率带宽为 100 kHz，采用向下和中心扩频的方式，分别计算 EMI 抑制率。

解： 根据题意，如果采用向下扩频的方式，则 EMI 抑制率 S 为

$$S=10\log\frac{|\delta|\times f_C}{B}=10\log\frac{0.025\times 133.3\ \text{MHz}}{100\ \text{kHz}}=15.2\ \text{dB}$$

采用中心扩频的方式，则 EMI 抑制率 S 为

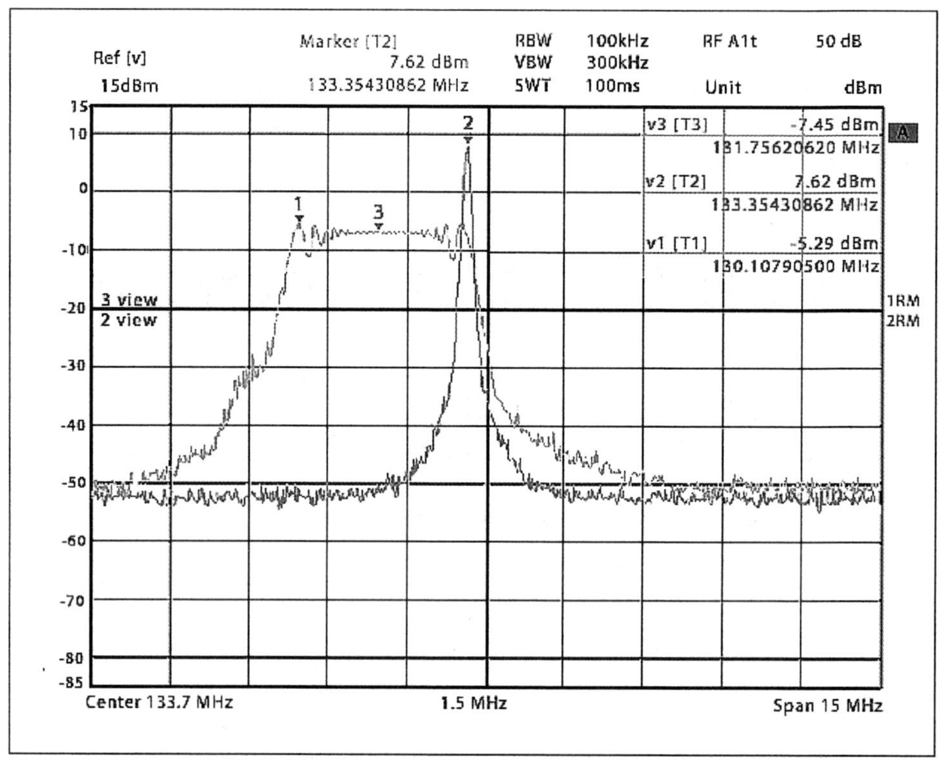

图 5-52 MAX9492 扩频和未扩频情况下的频谱(向下扩频)*

$$S=10\log\frac{2\times|\delta|\times f_C}{B}=10\log\frac{2\times 0.025\times 133.3\ \text{MHz}}{100\ \text{kHz}}=18.2\ \text{dB}$$

与图 5-51 相比,计算值和测试量非常接近。

需要注意的是,SSC 的使用会影响到串行数据眼图的测量效果,因此在进行信号眼图测量验证时需要选择合适的锁相环,这是由于一阶 PLL 不能跟踪 SSC 带来的频率变化。采用二阶 PLL 才能测量出的有意义的眼图结果。

当前,PCIe、SATA、SAS、USB3.0 等几乎所有的高速协议都支持 SSC 的功能。

5.8 本章小结

本章主要就数字电路最关键的要素——时钟和时序技术进行了系统性的论述,分别阐述了时钟源——晶振的工作机制、时钟生成芯片的工作机制——PLL/DLL 的工作原理,以及时钟分发系统的原理与设计。重点阐述了 PLL/DLL 的工作机制以及异同,详细论述了数字系统中的时序和时钟漂移机制,并就现代数字线路中的 3 种时钟类型的工作原理以及异同进行了一一讲解,最后重点阐述了现代电子线路中抑制 EMI 的 SSC 扩频时钟技术。

5.9 思考与练习

1. 晶体的切割方式主要有哪几种？目前最流行的切割方式是哪种？

2. 无源晶振和有源晶振之间有什么区别？如何确保振荡器能够正常起振？

3. 有源晶振可以分为哪几种类型？温补晶振和恒温晶振之间有何不同？

4. PLL 主要由哪三部分组成？其中鉴相器是如何进行工作的？如何确保 VCO 能够正常稳定工作？

5. DLL 是如何进行工作的？其主要由哪几部分组成？每一个功能模块的具体工作机制如何？

6. PLL 和 DLL 之间有何区别和联系？分别应用在哪种工作场景？

7. 在理想时钟状态下，数字同步电路需要满足何种条件才能正常工作？在有时钟漂移的前提下，数字同步电路又需要满足何种条件才能正常工作？

8. 如何进行时钟分发设计？需要注意的设计因素有哪些？

9. 常见的时钟类型有哪几种？分别阐述每种时钟类型的优点和缺点。

10. 什么是 CDR？具体阐述 CDR 的工作原理。

11. 什么是扩频时钟技术？具体阐述扩频时钟技术是如何有效抑制 EMI 的。

12. 计算机系统都采用 32.768 kHz 晶振来实现 RTC 时钟电路，试采用 TXC 9H03220005 晶振为计算机设计一个 RTC 时钟电路，具体规格如表 5-5 所列，计算外部负载电容值，同时说明 PCB 布局布线的具体要求。

表 5-5　TXC 9H03220005 电气规格参数表

序　号	参　数	电气符号	电气规格				备　注
			最小值	典型值	最大值	单　位	
1	标称频率	F0	32.768			kHz	
2	频率偏差	—	$\pm 20\times10^{-6}$				在 25 ℃时
3	驱动水平	DL	—	0.1	0.5	μW	—
4	负载电容	CL	12.5			pF	—
5	串联电阻	—	—	—	70	kΩ	—
6	峰值温度(频率)	—	20	25	30	℃	在 25 ℃±5 ℃时
7	频率-温度系数	K	—	—	−0.04	10^{-6}/℃^{2}	—
8	存储温度	—	−55	～	125	℃	—
9	工作温度	—	−40	～	85	℃	—
10	并联电容	C0	—	1.5	—	pF	
11	动态电容	C1	—	6.7	—	fF	
12	绝缘阻抗	—	500	—	—	MΩ	在直流 100 V±15 V 时
13	老化	—	$\pm 3\times10^{-6}$				第 1 年

第6章

总线技术

随着数字系统的发展，数字电路越来越复杂，功能模块越来越多，系统集成度越来越高，时钟频率越来越快。在如此复杂的系统中，需要确保系统能够紧张有序地进行数据运算处理，这离不开高速总线技术，它是数字系统中数据能够得以有效传输和处理的关键元素。本章主要针对总线技术的基础知识进行详细阐述，并就现代数字电路中常见的总线类型进行简单说明。

本章的主要内容如下：

- 总线的概念及分类；
- 总线的拓扑结构；
- 总线的传输机制与控制逻辑；
- 总线的编码；
- 总线的差错控制与纠错机制；
- 常见的总线类型。

6.1 总线的概念及分类

6.1.1 总线的概念

总线是随着现代电子技术的出现和发展而产生的必然结果。最开始出现的电子器件集成度不高，制作工艺落后，每个电子元器件的功能非常简单，电路板可实现的功能有限，在此阶段更多的是采用直接连接的方式。

随着计算机的出现，特别是计算机系统模块化的出现，计算机可以实现的功能越来越复杂，应用领域越来越广，需要支持的各类模块（包括专用的I/O设备以及内存）越来越多样化，为了使系统设计简化，确保性能稳定、质量可靠、便于维护，20世纪70年代末，人们开始研究如何建立总线标准，完成系统设计。到了20世纪末，以Intel为代表的x86体系开始出现了“桥”的概念，把总线进行了分层分类，但是桥芯片还是采用分立元件的方式，没有集成，如图6-1所示。

随着芯片工艺技术以及封装技术的发展，越来越多的功能模块芯片被集成到CPU和桥芯片之内，开始出现了典型的CPU＋北桥和南桥的架构，如图6-2中左图

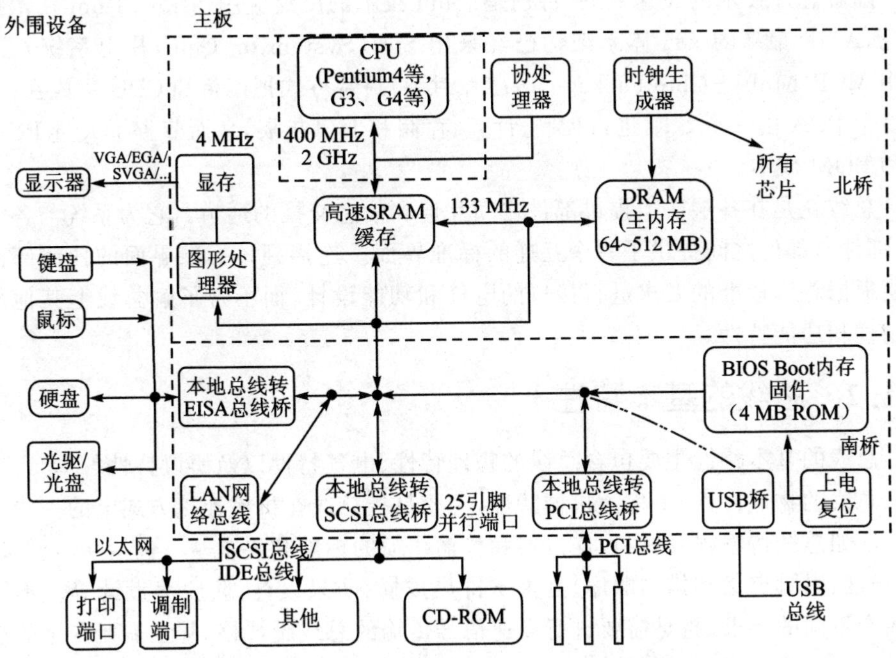

图 6-1　20 世纪末计算机 x86 主板模块图

所示。其中,CPU 负责计算和控制功能,北桥负责高速信号以及内存控制读取,南桥用于各类 I/O 扩展。2009 年,Intel 开始把北桥功能融入到 CPU 内,从而形成了当今流行的 CPU+南桥架构,如图 6-2 中右图所示,CPU 负责计算、控制、存储以及高速 I/O 扩展,以最大可能减少时延和提高总线带宽性能,南桥主要用于 I/O 扩展——该架构一直应用到今天。

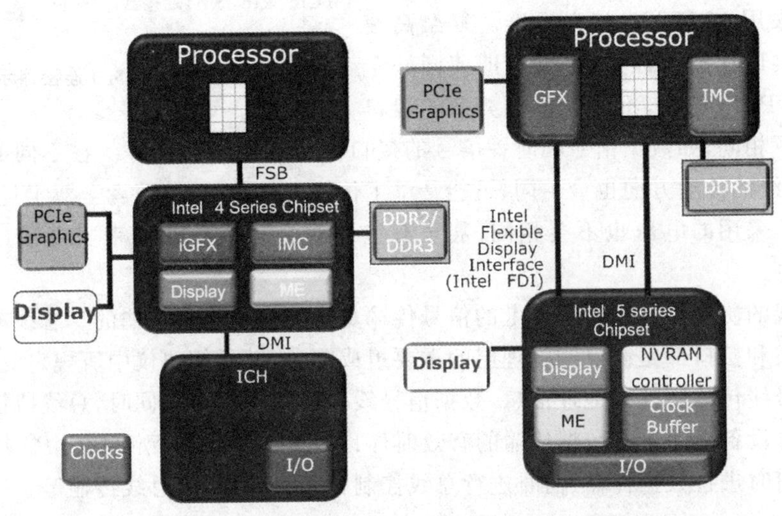

图 6-2　21 世纪 Intel x86 系统单 CPU 主板功能模块图

随着芯片技术的飞速发展，特别是 7 nm 技术的广泛应用，5 nm、3 nm 技术投入研究，AMD 最新的 x86 体系架构已经采用 SoC(System on Chip，片上系统)芯片。采用 MCP(Multi-Chip Package，多芯片封装)封装方式把南桥和 CPU 集成在一起，使整个 PCA 由一个 SoC 进行控制、计算、存储和 I/O 扩展，从而节省了大量 PCA 空间和 BOM 成本。

总线就是在各层次上提供部件之间互连和信息交换的通道。它为系统与各个部件、部件与部件之间提供了一个互连的标准界面。连接到该标准界面的任何部件只需要根据总线标准的要求进行接口的电气和功能设计，而不必了解总线上其他部件的物理和功能特性。

6.1.2 总线的基本特性

总线的基本特性主要包含总线的物理特性、电气特性以及协议特性。

总线的物理特性，也称为机械特性，主要是指总线在机械连接方式上的一些性能要求。如总线传输媒介材料、连接器和传输线缆的标准和要求——包括几何形状、尺寸、长度、引脚定义和排列顺序、是否支持热拔插、防呆设计、防脱落设计等。不同的总线有不同的要求，越是需要进行高速信号传输的总线越严格，甚至需要专用的连接器和传输线缆。图 6-3 所示为标准的 PCIe 3.0 连接器，PCIe 3.0 需要采用标准的 PCIe 3.0 连接器或者 OCP 连接器，如果采用 PCIe 2.0 的连接器，虽然可以传输，但是 PCIe 3.0 的传输性能会降至 PCIe 2.0 的范围之内。

PCIE x1 SMT连接器，36位
PCIE x4 SMT连接器，64位
PCIE x8 SMT连接器，98位
PCIE x16 SMT连接器，164位

图 6-3 TE PCIe 3.0 连接器示意图

总线的电气特性主要是总线的接口标准、传输线的信号有效电平范围和传输方向。不同总线的接口标准不同，如 DDR 系列总线采用的是 SSTL 接口标准，PCIe 总线的参考时钟采用 LPHCSL 接口标准。复杂高速总线的接口标准设计更为复杂，即使同一个总线，如 PCIe 总线，不同信号线类型的接口标准也不相同，如数据信号和时钟信号的接口标准就不会相同等。在不同的接口标准下，总线的传输方向也会不同，可能是单工传输、半双工传输或者全双工传输等，高低电平所采用的电压也不会相同，甚至有些总线会采用负逻辑来实现最佳的数据传输。

总线的协议特性是指总线上的信号传输是采用协议进行传输的。总线的每个信号传输线和接口都是协议的物理层的重要组成部分，并承担协议中所规定的功能，如地址信号线传输协议的地址信息，数据信号线传输数据信息。同时，总线协议会约定总线双方设备之间进行数据传输的有效时序以及纠错机制，规定总线中的每个信号传输线何时进行数据传输、何时进行总线控制仲裁、何时结束总线传输等。

6.1.3 总线的性能指标

总线的性能指标主要涵盖总线的传输方式、总线带宽、总线的控制逻辑、总线的负载能力以及总线的扩展能力。

总线的传输方式是指总线是并行传输还是串行传输。并行传输使用的信号线数量众多，PCB布线面积大，需要严格控制数据偏斜和时钟偏斜。并行传输使用的信号线通常会分类为地址总线、数据总线和控制总线三类，有些总线会采用地址/数据分时复用，从而只有地址/数据总线和控制总线两类。并行总线最重要的一个性能指标就是总线宽度，用数据总线中信号线的数量来表示，单位是bit（位）。如8位数据总线表示该总线中有8根数据信号线，一个时钟周期内会同时传输8位数据。串行总线使用的信号线数量少，通常由时钟信号线和数据信号线组成。时钟信号线负责源端和目的端的时序同步，数据信号线包含了地址、数据、控制等信息，由总线协议决定，典型的是I^2C协议、SPI协议等。有些串行总线不带时钟信号，而是事先由源端和目的端约定好的传输速率和总线协议来负责数据传输，整个总线只有数据线，该数据线包含了地址、数据和控制等信息。典型的是PECI协议，整个总线就是一根数据线。另外一类就是把时钟信息通过编码等方式嵌入到数据信息内，整个总线只有数据线，没有时钟线，目的端通过CDR电路进行数据和时钟恢复，目前绝大多数高速串行总线均采用此方式。串行总线布线面积小，一次传输的数据少，但是相对来说，对时钟偏斜的容忍度高，可以采用各种编码方式来最小化数据偏斜，从而可以打破并行传输的输出传输瓶颈。

总线带宽是衡量总线的最重要的指标之一。所谓的总线带宽，就是指在一个总线传输周期内，总线本身所能达到的最高传输速率，采用MB/s（兆字节每秒）或者GB/s（吉字节每秒）表示。例如：设总线工作频率为133 MHz，总线宽度为64位，假设总线周期为一个时钟周期，则总线带宽为133.3×64/8=1 066 MB/s。假设总线周期为5个时钟周期，则总线带宽是(64/8)/[5×(1/133.3)]=213.28 MB/s。因此，总线带宽不仅与总线宽度有关，同时与总线时钟频率、数据块大小以及是否同步、分时复用等有关。

总线控制方式主要包括总线的配置方式、仲裁方式、定时和计数方式等。总线的配置可以是默认自动配置，也可以根据具体的场景进行特别配置，尤其是需要进行预加重和去加重的场合。总线的仲裁方式有多种，既可以采用硬件仲裁，也可以采用软件仲裁；既可以采用带外仲裁，也可以采用带内仲裁，其目的就是为了解决总线使用权冲突等问题，确保总线上各个设备能够按照优先级等原则使用分配总线。定时和计数方式主要是为了解决总线传输机制的顺利进行，包括对收发数据和帧的计数，对总线响应时间的定时和计数等。

总线的另外一个重要的性能指标是总线的带负载能力。总线的带负载能力通常用可连接扩增电路板数或者从设备ASIC来表示。总线的带负载能力在总线规格定义时就已经大致确认，不同总线所带负载能力不同。如高速串行总线 PCIe 就是点对点传输，其所带负载设备为 1 个。如果超过 1 个从设备，就需要采用 PCIe Switch 或者 Bridge 来进行扩展。而 I^2C 总线在满足电容负载小于 400 pF 的前提下，可以连接多个从设备。另外，总线带负载能力还与总线的走线拓扑相关，包括走线长度、信号的传播介质等，如果因为总线的走线拓扑而导致总线带负载能力变弱，则需要采用一些特别机制，比如预加重、去加重、Redriver、Retimer、调整 PCB 材质等进行改善。另外，不同的工作频率也会影响总线的带负载能力。

总线还需要考虑其可扩展性。总线的可扩展性包括前向兼容和后向扩展能力。总线协议每升级一代，就需要考虑跟前一代的兼容性，确保市场上流通的前一代产品能够继续使用和流通。比如，目前最流行的 PCIe 4.0 就会前向兼容 PCIe 3.0、2.0 和 1.0 协议。总线的可扩展性还包括对电源电压的兼容。如有些总线会严格要求供电电源的单一性和稳定性，而有些总线可以在不同的电压下工作，如 I^2C 协议可以在多种电压下工作。总线的可扩展性还包括对数据总线宽度的扩展，如 PCI 总线可以从 32 位扩展到 64 位等。

6.1.4 总线的分类

按照不同的标准，总线有不同的划分方式。

按照是否位于芯片内部，可以把总线分为片内总线和片外总线。片内总线是指芯片内部的总线，主要用于连接芯片内部的寄存器、运算和控制逻辑单元以实现特定的功能。片内总线速度快、距离短、连接的寄存器数量多。片外总线是指芯片外部互连的总线，又分为系统总线和通信总线。其中系统总线又称为板级总线，主要用于 PCA 板内或者板间各大部件和芯片之间进行通信互连的总线，比如 PCIe 总线、DDR 总线等。通信总线则主要是指计算机系统之间或者计算机与其他系统之间进行通信互连的总线，比如 HDMI、DP、IDE、SCSI/RS232 等，主要采用电缆传输，传输距离长、噪声容限高。计算机系统中的三类总线如图 6-4 所示。由于篇幅有限，本章主要针对系统总线进行讲述。

按照功能划分，可以把总线分为数据总线（Data Bus，DB）、地址总线（Address Bus，AB）和控制总线（Control Bus，CB）。数据总线主要用于在总线的源端和目的端进行数据传输。数据总线接口一般采用三态，这样可确保未被选中的部件不会驱动数据总线。数据总线的宽度反映一次能够传输的数据的位数，如 64 位宽的数据总线，其数据信号线为 64 根。数据总线一般是双向传输。地址总线用于在总线和目的端进行地址传输，其接口一般采用三态，通常为从源端到目的端的单向传输。当源端设备需要和目的端进行通信时，会通过地址总线发出地址信号，目的端通过地址译码电路来解析地址并确定是否为源端选中的器件，从而确定是否接受源端的通信请求。控制总线用来控制总线上的部件对数据线和地址线的访问和使用，用来传送各类总线命令信息和控制信号。典型的控制信号如表 6-1 所列。需要注意的是，并不是每

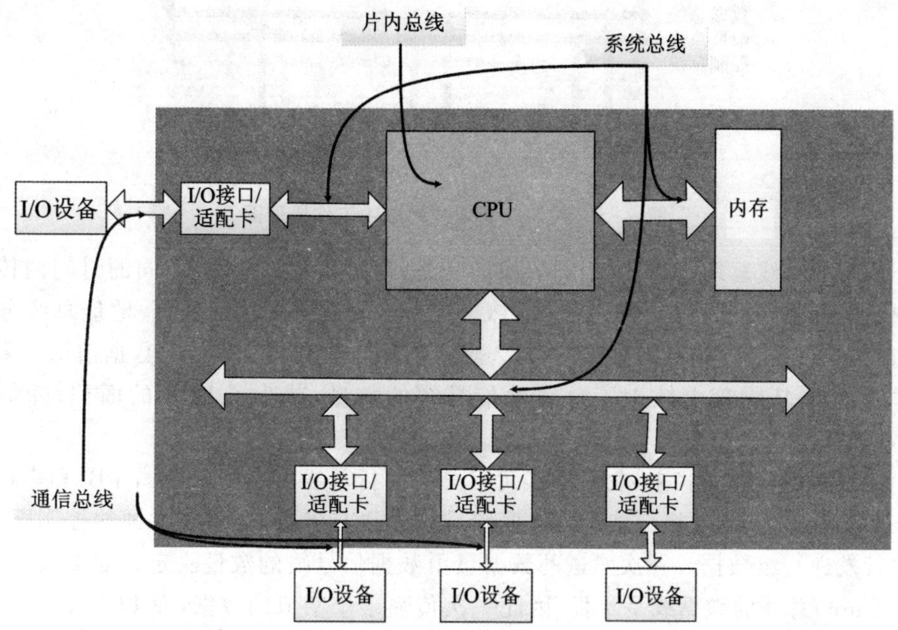

图 6-4　按位置区分的总线类型示意图

一个总线协议都会使用到表 6-1 中所有的控制信号。

表 6-1　典型的控制总线信号描述

控制信号	信号描述
总线请求(Bus Request)	表示发出该信号的总线设备需要使用总线
总线允许(Bus Grant)	表示总线允许发出总线请求信号并在仲裁后获胜的总线设备可以使用总线
中断请求(Interrupt Request)	表示发生了某个中断,并请求总线处理
中断应答(Interrupt Acknowledge)	表示总线接受了某个中断的请求,有些总线会使用 ACK 和 NACK 分别表示中断应答允许和中断应答不允许
存储器读(Memory Read)	表示从指定的存储器单元中读取数据到数据总线上
存储器写(Memory Write)	表示将数据总线上的数据写到指定的存储器单元中
I/O 读(I/O Read)	表示从指定的 I/O 端口中读取数据到数据总线上
I/O 写(I/O Write)	表示将数据总线上的数据写到指定的 I/O 端口中

数据总线、地址总线和控制总线往往不会独立存在,而是三者统一存在一个总线协议中,如图 6-5 所示。随着单位 PCB 面积上要求的功能越来越复杂,BOM 成本要求越来越低,时钟速度要求越来越高,现代总线设计更多的是采用总线复用的方式来实现高效的数据传输。

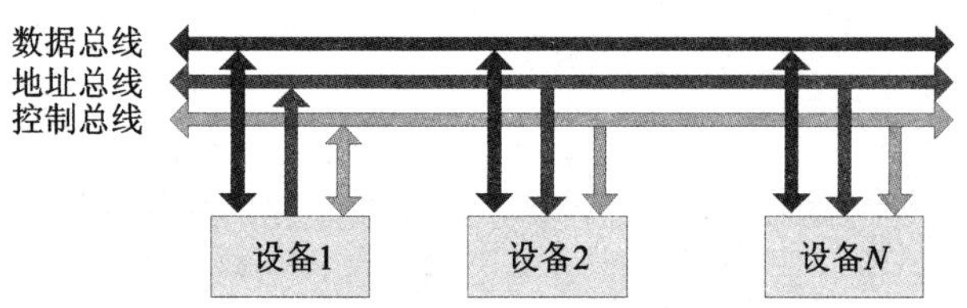

图 6-5 按照功能划分的总线工作原理图

所谓的总线复用，就是采用同一根信号线，通过协议控制，在不同的时间内传输不同的信息，提高总线的利用率。如 PCI 等很多总线都采用了数据/地址总线分时复用的方式，在总线事务的地址阶段传送地址信息，在数据阶段传送数据信息。采用这样的方式，从物理上减少了总线的信号线的数量，减小了 PCB 的面积，降低了 BOM 成本。

按照数据传输方式来划分，总线可以分为并行总线(Parallel Bus, PB)和串行总线(Serial Bus, SB)。并行总线的数据信号线往往有多条，在总线时钟的控制下，一次并行发送一组数据。一次发送的数据量由数据信号线的数量决定。如 LPC(Low Pin Count)总线的数据线是 4 根，因此一次传输半个字节的数据，而 PCI 有 32 位和 64 位之分，当采用 32 位时，一次传输 32 位数据，采用 64 位时一次传输 64 位数据，如图 6-6 所示。其中 AD 为 32 或者 64 位。

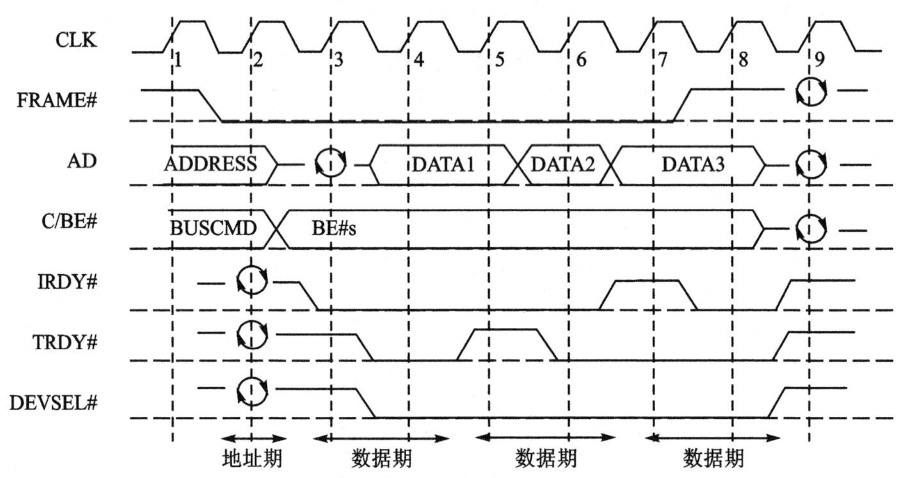

图 6-6 PCI 总线数据传输模式

串行总线的数据信号线往往是单根，在总线时钟的控制下，一次传输一位数据。典型的串行总线如 I^2C 总线，如图 6-7 所示。在起始位后，每个时钟节拍下，传送一个地址，接连传送 7 位地址后，传送应答信号。接着 8 个时钟周期内传送一个字节数据，然后进行握手应答确认，最后结束。

显然，并行总线可以采用数据、地址、控制分别由专用总线处理的方式，其优点是

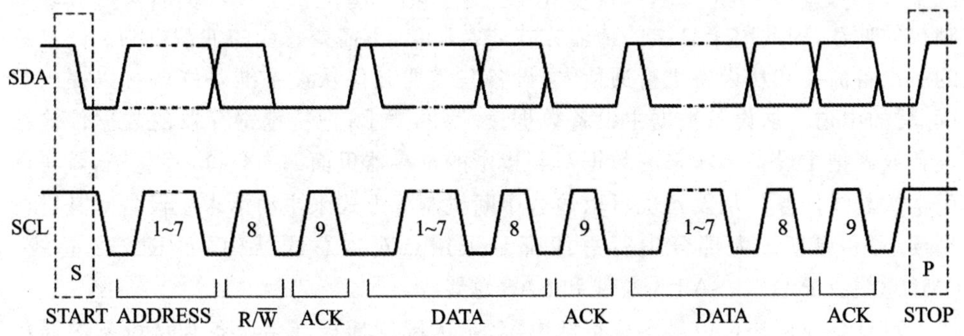

图 6-7　I²C 总线数据传输模式

传输速度快、一次传输的数据量大。但总线的信号线数量越多，要求 PCB 的布线面积越大、成本越高。同时由于需要和总线时钟的有效边沿对齐，因此对于布线的要求严格。虽然传输速度快，但是当到达一定速率时，就会遇到速率瓶颈。串行通信则采用的是总线复用的方式，在总线协议的控制下，把数据、地址和控制信号都通过带内传输，其优势在于可以采用最少的信号线传输最大的数据量，PCB 的占用面积小，节省 BOM 成本，布线相对宽松，但同时它要求总线设备的接口设计复杂。在同样的时钟标准下，串行总线的传输效率显然没有并行总线高，但是可以采用 SerDes 以及各种编码的方式来提高总线传输效率。目前最流行的高速总线几乎都是采用串行总线的方式，如 PCIe、SATA、SAS 等。

6.2　总线的拓扑结构

总线技术发展至今，因不同的应用场景和功能需求，产生了大量各种不同的总线。有的需要满足高性能、高数据吞吐量的需求，有的需要满足多设备连接的需求，有的需要适应各种恶劣环境、满足高抗干扰性的需求，等等。因此，不同的应用场景和功能需求，需要采用不同的总线拓扑结构来实现，从而确保在总线的性能指标方面、PCB 布局布线方面、成本控制方面能够做到最佳。典型的总线拓扑结构有单总线架构和分层总线架构。其中，单总线拓扑架构包括点对点总线、点对多点总线、多点对多点总线拓扑结构，而分层总线结构包含基于选择器的分层总线拓扑结构、基于 Hub（集线器）的分层总线拓扑结构、基于 Switch（交换机）的分层总线拓扑结构以及基于 Bridge（桥）的分层总线拓扑结构等。

6.2.1　单总线拓扑架构

1. 点对点拓扑架构

点对点总线结构是最简单的总线拓扑结构。在该拓扑结构中，只有两个设备，其中一个为主设备，另一个是从设备，如图 6-8 所示。由于整个总线不需要进行总线控制权的仲裁，因此整个总线的传输方式非常简单，不需要总线的仲裁机构。一旦总线的主设备需要和从设备进行通信，主设备只需要确保从设备准备好就可以提出数据读/写的申请。从设备根据主设备数据读/写的要求，把特定寄存器的数据传输给主设备或者把主设备传输来的数据写到指定的寄存器里面。一旦读/写完毕，就自动结束本次总线任务。从设备也可以通过中断机制等方式来主动请求主设备对其进行数据读/写和更新。大部分串行总线都是采用点对点总线结构，如 RS232 总线、HDMI 总线、DP 总线、SATA 总线和 SAS 总线等。

点对点总线拓扑可以最小化负载电容，最大限度地提高主设备和从设备的通信效率，最大化提高总线通信的速度。但是由于总线是采用独占的方式，因此通常只能应用于特定的一些场景，而不能应用通用型或者架构性的场景，如 SATA 总线只能应用于存储领域。

2. 点对多点总线拓扑结构

点对多点总线结构是另外一种常见的总线拓扑结构。在该拓扑中，可以存在多个设备，其中有且仅有一个主设备，其余均为从设备，总线连接设备的数量由总线对速度以及效率等规格决定，特别需要考虑各个设备的容性负载。因此，通常点对多点总线拓扑会采用菊花链拓扑结构。从设备通过短桩线连接到总线上，最小化负载的容抗，在传输线的最远端采用终端匹配电阻实现阻抗匹配。其具体的拓扑结构如图 6-9 所示。典型的点对多点总线有 JTAG 总线、SPI 总线、eSPI 总线、LPC 总线、DDR 总线等。

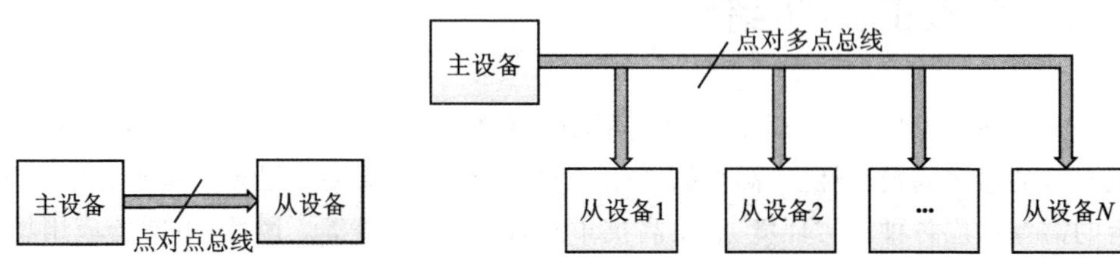

图 6-8　点对点总线拓扑结构示意图　　**图 6-9　点对多点总线拓扑结构示意图**

从拓扑结构中可以看出，点对点和点对多点总线拓扑都是单工通信。相对于点对点拓扑来说，点对多点拓扑可以最小化总线所使用的信号线，节省 PCB 布线面积，降低 BOM 成本。但是由于每个设备都存在输入漏电流和容抗，因此总线的传输速度会受到限制。通常来说，点对多点总线拓扑的最高速度取决于整个总线连接中运行最慢的设备。在点对多点总线拓扑中，一般都会规定最大可以连接的设备数量或者最高可实现的负载容抗。

3. 多点对多点总线拓扑结构

多点对多点总线拓扑与点对多点总线拓扑相似，也是同一个总线上可以存在多个设备，因此总线上能连入的设备数量有限制，总线运行的速度也有限制。但是与点对多点不同，在该拓扑结构中可以有多个主设备和从设备，也就是说，总线上的任意一个节点既可以是主设备，也可以是从设备，同时还可以同时是主设备和从设备。因此多点对多点总线拓扑可以实现全双工通信或者半双工通信，具体拓扑结构如图 6－10 所示。典型的多点对多点总线拓扑如 I^2C 总线、CAN 总线等。

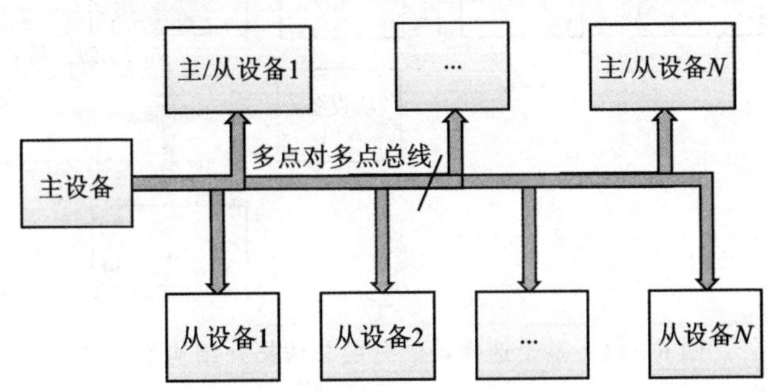

图 6－10　多点对多点总线拓扑结构示意图

6.2.2　分层总线拓扑结构

点对点、点对多点以及多点对多点总线拓扑都是单总线架构，这些总线由于本身架构的原因，或者因为容性负载的原因，只能接入有限数量的设备，并且整个总线的速度将由总线中运行速度最低的设备决定。如果需要接入更多的设备，保证总线高速运行，则需要采用新的解决方案来加以改进，其中的一种方式就是采用分层总线拓扑结构。常见的分层总线拓扑结构会采用选择器、Hub、Switch 或者 Bridge 芯片来实现。

1. 基于选择器的分层总线拓扑结构

基于选择器的分层总线拓扑结构是分层结构中最简单的一种方式，其基本原理如图 6－11 所示。从主设备到选择器之间采用单总线拓扑架构，可以是点对点、点对多点或者多点对多点的拓扑，在选择器后面是二级总线，一般采用星形拓扑结构。当主总线需要访问二级总线的设备时，需要采用总线带外的选择信号来实现选择器内的通道选通。在任意时刻，主设备只能访问选择器后端的一个设备，而不是多个设备。因此，在任意时刻点，从主设备看过去，整个总线是主总线的多个设备加上二级总线的一个设备。

整个基于选择器的分层总线拓扑结构原理简单，选择器的功能也非常简单，无须路由等功能，价格便宜，主总线和二级总线所实现的协议一致。但是选择器可能会带来额外的时延以及抖动等因素。一般来说，该拓扑结构一般应用于如 I^2C 总线等低速拓扑结构，也可以应用于高速传输系统，比如 NXP 高速 2:1选择器 CBTL01023 可以实现对 PCIe 3.0 高速总线的切换，其工作原理如图 6－12 所示。但是通常来说，

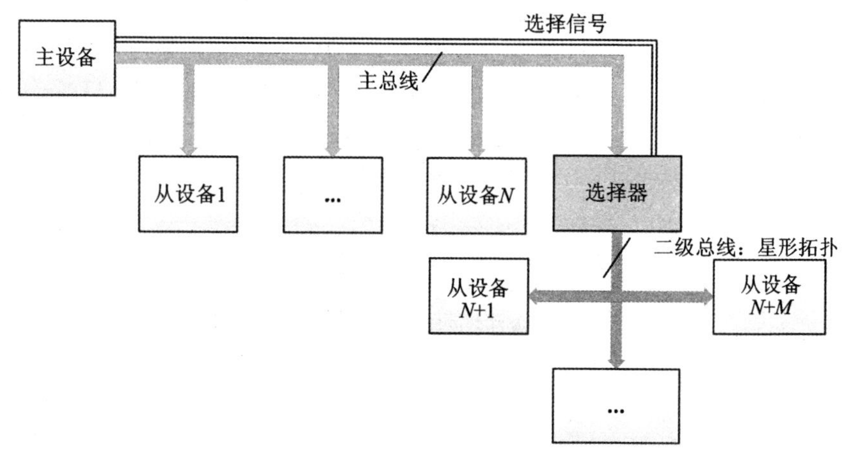

图 6-11　基于选择器的分层总线拓扑结构示意图

高速选择器能够实现的通道数量有限。

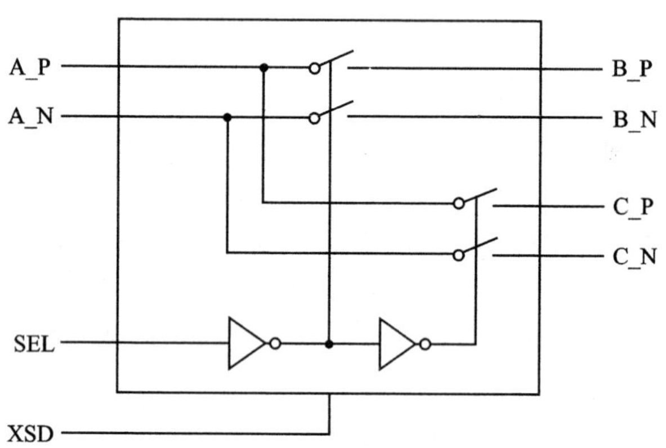

图 6-12　NXP CBTL01023 高速选择器工作原理图

2. 基于 Hub 的分层总线拓扑结构

基于 Hub 的分层总线拓扑结构采用专用的 Hub 芯片来实现对多个从设备的支持。其基本结构如图 6-13 所示。与基于选择器的分层总线拓扑结构相似，其二级总线也是采用星形拓扑结构，Hub 下游的从设备只能与主设备之间进行通信，从设备之间不能互相通信。与基于选择器的分层总线拓扑架构不同的是，Hub 分层拓扑的主总线一般是点对点拓扑结构，这样可以尽量减小主总线因为阻抗不匹配而导致的速率限制，同时主设备与 Hub 之间、Hub 与从设备之间都是采用带内控制信号的方式来实现总线控制，无须额外的带外控制选择信号，因此优化了 PCB 的布局布线。

Hub 设备的核心原理就是一个中继器和转发器，如图 6-14 所示。Hub 包含一个朝向主设备的上游端口和若干个连接终端从设备的下游端口。传统的网络 Hub 的主要特点是信息广播，半双工通信。具体来说，当主设备需要通过 Hub 传送数据

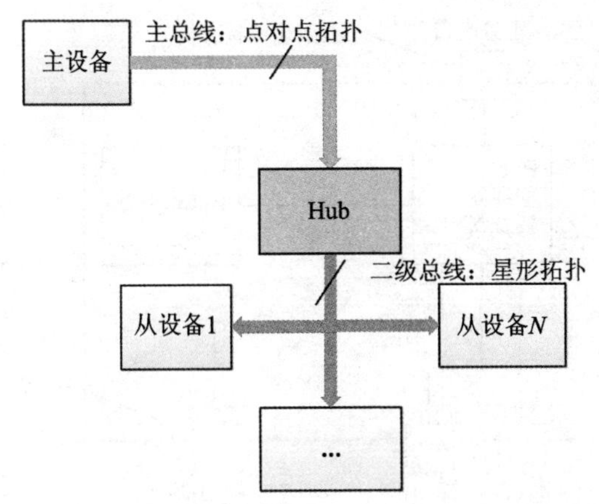

图 6－13　基于 Hub 的分层总线拓扑结构原理示意图

给 Hub 下游端口的一个设备时，Hub 会把数据送给下游的所有端口，所有的从设备都会收到该数据并判断数据包中的地址是否与自身地址相符。如果是，就接收数据；如果不是，就丢弃。这样，也意味着接收和发送数据不能同时进行，所以当 Hub 下游连接多个设备时，网络就会变慢。

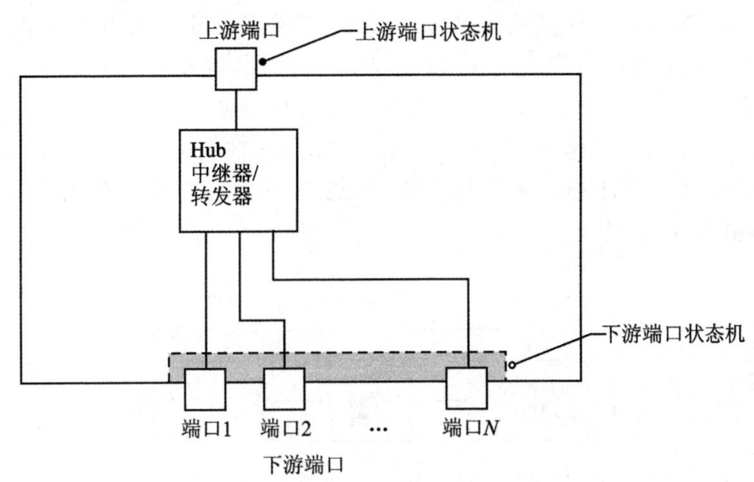

图 6－14　网络 Hub 工作原理示意图

高速传输总线，特别是板级高速总线，采用传统的 Hub 架构会有许多弊端。USB 总线在传统网络 Hub 的基础上集成了 Hub 控制器和路由器功能，从而可以实现数据包端对端的连接，而不需广播方式，如图 6－15 所示。

如果 USB Hub 启用了任意一个下游端口，且在该端口上检测到有数据包的开始，Hub 就会开始存储该数据包的包头。一旦检测包头有效，Hub 就会在上游方向建立与该 Hub 的上游端口的连接，从而实现在专用的总线通道连接和数据传输，而不会传输到其他面向下游的端口。

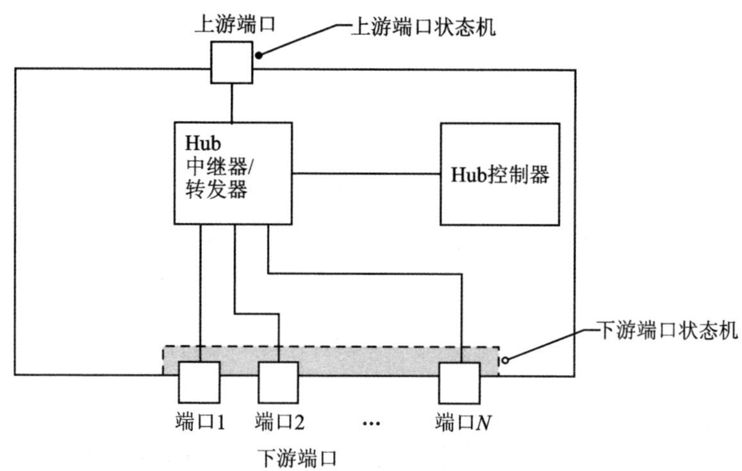

图 6-15　USB Hub 原理示意图

除同步时间戳数据包以外，所有数据包均在下行方向上传播，USB Hub 使用直接连接模型运行——这意味着当主机或 Hub 向下游发送数据包时，只有位于主机和接收方从设备之间的那些 Hub 才能看到该数据包。一旦 Hub 在其上游端口上检测到有效的数据包，就开始存储数据包头。同时使用数据包中的路由字符串和 Hub 深度值来建立与相应端口的连接。如果相应端口未启用，则不会继续向下游传播数据包信令。Hub 会丢弃路由到未启用的下游端口的数据包。

USB3.0 协议集成并发展了 Hub 技术。如图 6-16 所示，其 Hub 不仅集成了一个 USB2.0 的 Hub 用于前向兼容上一代 USB2.0 协议，而且专门集成了一个超高速(SuperSpeed)Hub 支持 USB3.0 协议。

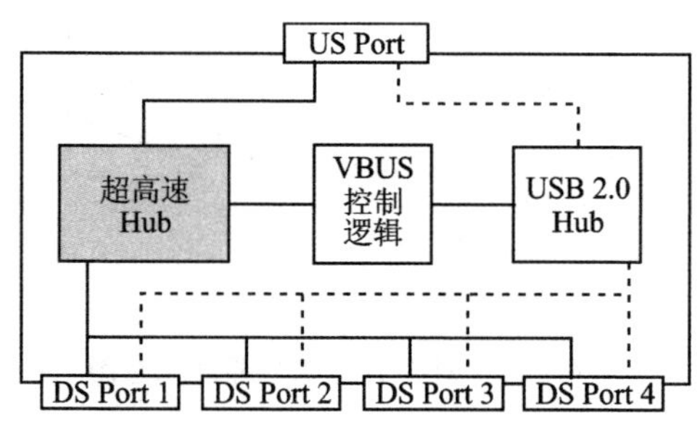

图 6-16　USB3.0 Hub 架构示意图

基于传统的网络 Hub 的分层总线拓扑主要是在物理层上实现的拓扑结构，但主要是通过广播的方式进行总线建立和连接，而新的 Hub 架构开始集成了路由器功能、错误自恢复等多种高级功能来能够实现点对点高速数据传输，可以快速提高数据的收发能力和速度。但是需要注意的是，下游总线的带宽是由上游总线的带宽决定的。如果上游总线的带宽确定，那么下游总线的带宽就不会超过上游总线的带宽。

3. 基于 Switch 的分层总线拓扑结构

传统的网络 Switch 和网络 Hub 的架构不同，工作原理也不同。网络 Hub 是工作在物理层，而网络 Switch 是工作在数据链路层。网络 Hub 的主要特点是广播和半双工通信。而网络 Switch 是采用端对端的全双工通信，如图 6-17 所示。在交换机内，采用虚拟连线（Virtual Connection，VC）的方式，为传送端口和目的端口临时搭建一段连线，同时 Switch 内部维护着一份双向路径对照表，记录哪个网络 MAC 地址对应哪个连接端口。当设备 A 需要传送数据包给设备 C 时，数据包先传入 Switch，Switch 通过查询双向路径对照表找到设备 C 的连接端口，然后开始建立虚拟通道，并把设备 A 传来的数据包转送给设备 C。数据传输完毕，虚拟通道就会终止。同时为了防止不同路径的传输速率不同，在交换机内部的连接端口都会采用缓冲器，这样就可以接收较高速度的数据包，然后通过较慢的传输速度发送出去。因此，网络 Switch 不再是共享传输媒介，而是通过虚拟通道来实现专属的传输媒介，每一个连接端口都是一个独立网络，从而可以实现高效的网络传输。

板级高速总线的 Switch 总线拓扑结构融合了基于 Hub 和网络 Switch 拓扑结构的特点，同时保证了数据的完整性和 QoS。PCIe 总线就是采用 Switch 架构来实现对 PCIe 设备的扩展，其总线拓扑结构和基于 Hub 的分层拓扑结构相似，如图 6-18 所示。

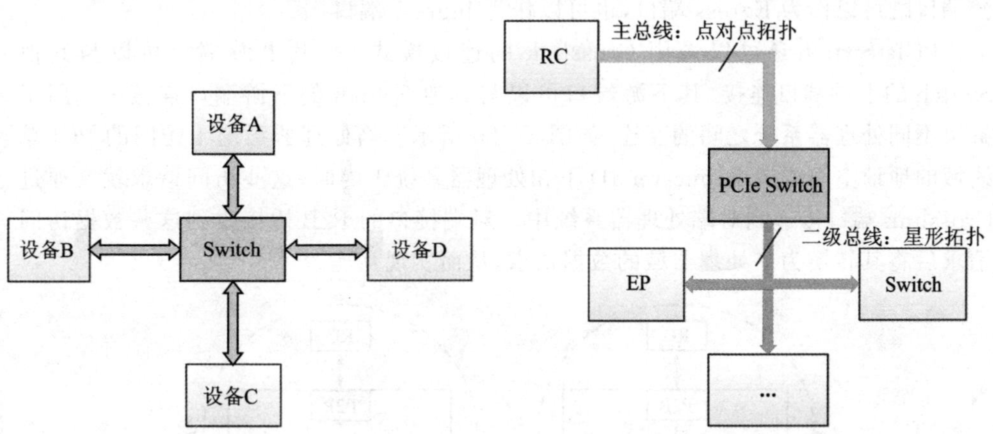

图 6-17　传统的网络 Switch 连接架构示意图　　图 6-18　PCIe Switch 总线架构示意图

PCIe 控制器称为 RC（Root Complex），RC 可以连接 PCIe 终端设备 EP（End Point）或者 PCIe Switch，其连接方式为点对点拓扑传输。当 PCIe RC 需要接多个 PCIe 设备时，就采用 PCIe Switch 进行总线扩展。PCIe Switch 内部软件结构采用虚拟 PCI-PCI 桥的方式，上游端口连接上一级的 PCIe Switch 或者 RC，下游端口连接各种 EP 或者下一级 PCIe Switch，每个 PCIe Switch 有且只有一个上游端口，如图 6-19 所示。

PCIe Switch 还有两个与端口相关的概念，分别是 Egress 端口和 Ingress 端口，

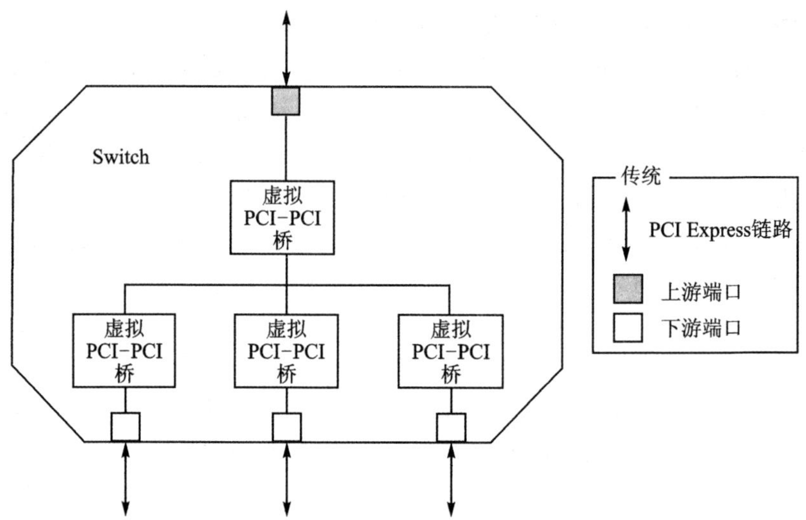

图 6-19　PCIe Switch 内部结构示意图

其中 Egress 端口指发送端口，即数据离开 Switch 使用的端口，Ingress 端口指接收端口即数据进入 Switch 使用的端口。这两个端口与上下游端口没有对应关系，上下游端口既可以作为 Egress 端口，也可以作为 Ingress 端口。

PCIe Switch 还可以采用 Crosslink 的连接模式——其上游端口可以与其他 Switch 的上游端口连接，其下游端口可以与其他 Switch 的下游端口连接——用于解决不同处理器系统之间的互连，如图 6-20 所示。当处理器系统 1 访问的 PCI 总线域的地址空间或者 Requester ID 不在处理器系统 1 内时，这些访问请求就会通过 Crosslink 端口传递到对端处理器系统中。对端接口的 P2P 桥接收到这些数据访问请求后将其转换为本处理器域的数据请求，从而实现互连。

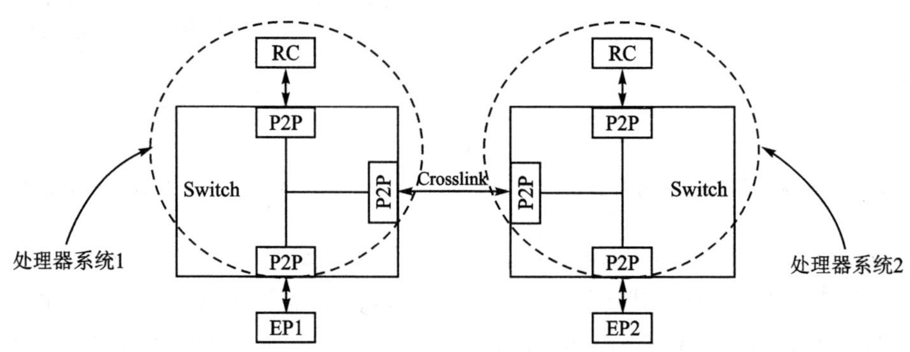

图 6-20　PCIe Switch Crosslink 连接方式示意图

在 PCIe 体系结构中，Switch 处于核心地位。PCIe 总线使用 Switch 进行链路扩展，为了保证总线传输过程中的 QoS(Quality of Service，服务质量)，PCIe Switch 内部采用虚拟多通道 VC 技术和 TC(Traffic Class)标签技术，用于区别对待优先权不同的数据报文。这样当 PCIe 总线的某一个链路出现拥塞的时候，优先级高的报文可以获得足够的数据带宽，确保优先级较高的报文优先到达。

PCIe 总线的每条数据链路最多支持 8 个独立的 VC，每个 VC 都可以设置独立的缓冲来收发数据报文。每个数据报文都有一个 3 位的 TC 标签，组合成不同优先级的报文，因此 PCIe 有 8 类不同优先级的数据报文。TC 标签可以由软件设置，根据系统需要，可以选择不同的 VC 进行传输。TC 和 VC 紧密相连，系统软件可以选择某类 TC 由哪个 VC 进行传递。

当多个 Ingress 端口需要向同一个 Egress 端口发送数据报文时，需要进行仲裁。PCIe Switch 中设有仲裁器，规定了数据报文如何在 Switch 中进行传输。在 PCIe 总线中存在两种仲裁机制，分别是基于 VC 和基于端口的仲裁机制。

基于 Switch 的 PCIe 分层总线拓扑结构从数据链路层上实现了数据的快速传输和点对点全双工通信，解决了传统 Hub 架构数据传输速度慢等问题。同时 Switch 内部自带 QoS 机制、流量控制机制和仲裁机制等，确保了数据完整性以及数据的时效性。但是 Switch 依旧是单上游端口的架构，因此，数据传输带宽和瓶颈集中在 RC 和 Switch 之间的总线上。

4. 基于 Bridge 的分层总线拓扑结构

前述的总线拓扑架构均是采用同种总线协议，如选择器的前端和后端、Hub 和 Switch 的上游端口和下游端口所连接的设备都是采用相同的协议或者可以向前兼容的协议。如果需要连接不同的总线协议，就可以采用 Bridge 桥接的分层总线拓扑结构来实现，其基本结构和基于 Hub 或者 Switch 的相似，只是 Bridge 的上游端口和下游端口所实现的总线协议不同，如图 6-21 所示。

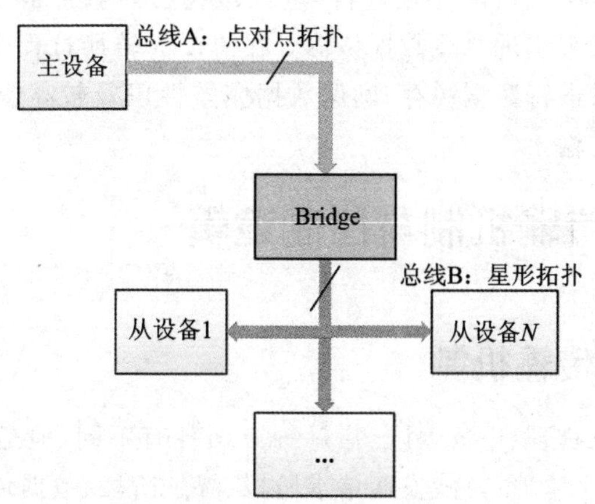

图 6-21　基于 Bridge 的分层总线拓扑结构示意图

目前，最流行的基于 Bridge 的分层总线拓扑结构是 x86 的 CPU+南桥架构。

CPU与南桥之间通过DMI总线相连，南桥内部嵌入各种协议桥，实现DMI转PCIe、DMI转USB、DMI转SATA等。通过这样的Bridge结构，实现了对整个总线的I/O扩展，扩充了各种总线协议的兼容性。Intel x86 PCH南桥内部Bridge架构示意图如图6-22所示。

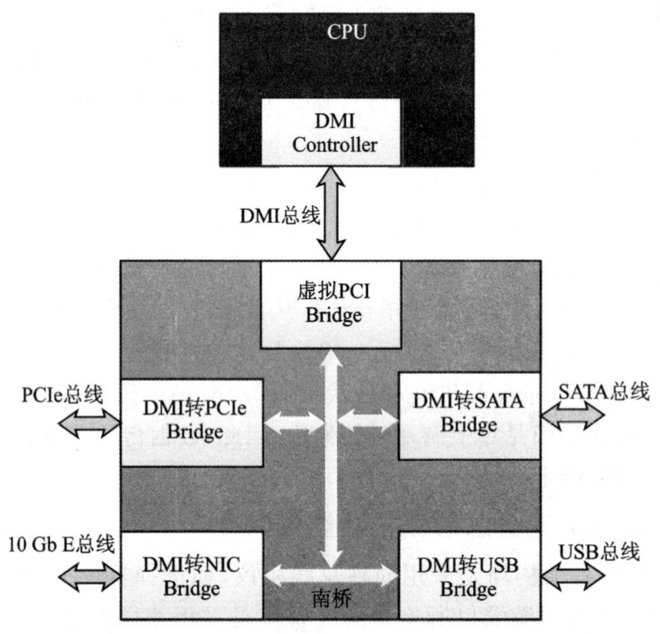

图6-22　Intel x86 PCH南桥内部Bridge架构示意图

由于Bridge两端的总线协议不相同，特别是协议规定、速率不同，因此在每个Bridge内部都会对上游端口的协议进行解析、重构、编码，形成下游端口的协议，然后采用新的总线协议来实现总线数据传输。在协议的转换过程中，每个Bridge都需要有独立的缓冲器来进行数据缓存，确保数据完整性以及较高速率的总线数据无缝地向较低数据总线传输。

6.3　总线的传输机制与控制逻辑

6.3.1　总线的传输机制

尽管各种总线在物理、电气、性能指标等方面各有不同，但是总线的传输机制大体相同，一般分为4个阶段：总线发起请求阶段、寻址阶段、数据传输阶段以及总线结束收起阶段。有些点对点通信的总线，可以只需要寻址和数据传输两阶段。

总线一般处于空闲状态，当总线拓扑中的任意一个设备需要使用总线时，它可以随时发起申请，这就是总线发起请求阶段。当多个设备同时发起总线使用请求时，则需要进行仲裁，从而决定哪个设备获取总线使用权，其余发起请求的设备要么进行排队，要么放弃并在下一次总线空闲时再次发起请求。获得总线使用权的设备可以根据仲裁结果立即或者在总线下一个传输周期进行总线通信。

经过仲裁后获取到总线使用权的设备，需要通过寻址的方式来获取与目标设备的通信，这就是总线的寻址阶段。寻址包括两方面：一方面是透过地址总线或者地址/数据总线发送目的设备/寄存器的地址寻找到相应的目的设备/寄存器，通常是通过广播方式；另一方面是发起设备会在此阶段会通过控制总线发送读/写请求命令，而需要通信的目的设备会匹配目的地址，通过控制总线发送应答响应信号给发起设备。少部分总线由于事先预约，会默认目的设备时刻处于应答准备阶段，因此会取消应答响应信号。如果在寻址阶段没有发现目的设备，发起设备可以通过"重试"的机制，再次请求寻址。通常在总线协议中会设置重试机制，确保重试维持在一个有限次数，保证总线的传输效率。

寻址阶段过后，总线就进入数据传输阶段。根据寻址阶段发起设备和目的设备所达成的读/写控制进行数据传输。如果是读命令，则由目的设备准备数据并传送给发起设备；如果是写命令，则由发起设备发送数据给目的设备。数据可以采用位、半字节、字节、半字、字、双字等方式进行传输。每传输一次，发起设备和目的设备可以采用控制总线发送确认指令，也可以采用数据块传输，从而提高数据传输效率。

数据传输完毕，总线进入结束收起阶段。发起设备需要主动交出总线使用权，从总线上撤销相关信息，总线进入空闲状态，开始等待下一次总线传输。

图6-23所示为I^2C总线传输模式。当SCL为高，而SDA为低时，总线进入总线发起请求阶段，接下来，获取总线控制权的发起设备发送7位地址并携带一位的读/写控制命令给目的设备，目的设备通过ACK信号来确认是否接受此次总线通信，完成寻址阶段，进入数据传输过程。数据传输以位方式传输，每8位过后，获取数据的设备会回复一个应答信号，直至数据传输完毕。SCL在保持高电平稳定的情况下，SDA从低电平跃变到高电平，总线恢复到空闲状态。

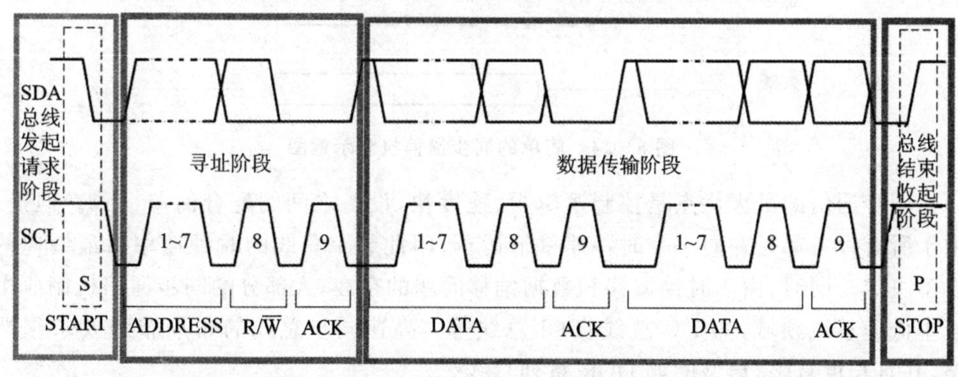

图6-23　I^2C总线的传输机制和阶段划分

当然，这只是一个最简单的 I^2C 总线传输机制，没有考虑更多的实际情况。比如多个 I^2C 设备同时请求、如何进行 10 位寻址等。大部分总线在总线寻址阶段或者数据传输阶段都会有总线等待时间，以便目的设备有足够的时间进行寻址和准备数据。但这样也会降低总线的传输效率。

6.3.2 总线的通信机制

总线的通信机制主要有 4 种方式：同步通信机制、异步通信机制、半同步通信机制以及拆分事务通信机制。

1. 同步通信机制

同步通信机制要求总线上的各个设备之间采用统一时钟进行同步，在时钟信号的有效边沿的作用下，获得总线使用权的发起设备把地址和控制信号按照总线协议要求发送到总线上，目的设备接收并解析地址和控制信号，发起设备和目的设备根据读/写命令收发数据。时钟信号可以由总线的主设备统一发送给总线上所有的从设备，也可以由总线上的每个部件各自的时序发生器发出，但必须有总线控制部件对它们进行同步。前者适合于一个主设备多个从设备的总线模式，后者适合多主设备和多从设备的总线模式。

图 6-24 所示为一个简单的同步通信机制示意图。在时钟的作用下，总线的发起设备发送地址到地址总线，并把写命令使能有效，接下来的半个时钟周期把数据发送到数据总线上，目的设备在下一个时钟上升沿接收数据，直到数据发送完毕，写命令失效，释放地址和数据总线。

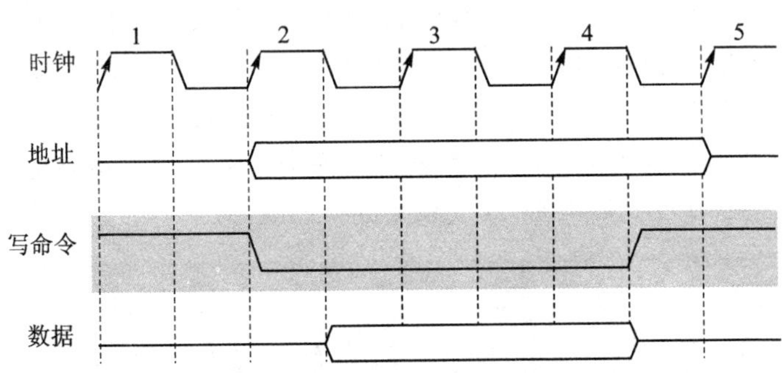

图 6-24 简单的同步通信机制示意图

同步通信的最大优点是控制逻辑少、速度快，设备之间的配合简单一致。但是，由于所有设备都是在同一个时钟速率下运行，因此整个总线的时钟速率由最慢速的设备决定。同时，由于时钟偏移和数据偏移问题的存在，大部分的同步通信机制应用于中低速总线领域，如 I^2C 总线、PCI 总线等。高速同步总线的布局布线要求很严格，并且长度有限，典型的如 DDR 系列总线。

2. 异步通信机制

异步通信的总线没有统一时钟进行同步，取而代之的是采用握手协议（Hankshaking Protocol）——请求通信的发起设备向目的设备发出 Request 请求信号，目的设备根据自身状态决定是否响应请求。只有发起设备和目的设备双方都同意进行总线通信，设备双方才开始总线通信的下一步。因此，采用异步通信需要额外增加请求与应答两个控制信号。

典型的采用异步通信机制的总线是 RS232 串口协议。RS232 采用 RTS/CTS 进行总线双方的握手协议。当设备一方需要发送数据给对方时，它将把 RTS 信号使能有效并一直保持，同时侦测 CTS 信号。目标设备监测到 RTS 信号有效时，会确认自身是否处于忙碌状态，如是否正在进行数据存储等。当自身处于空闲时，目标设备将使能 CTS 有效。发起设备一旦侦测到 CTS 信号有效，将通过 TXD 信号把数据发送给目标设备。每发送一次数据，发起设备将侦测 CTS 信号是否有效，确认是否继续传输。一旦数据传输完毕，发起设备将使 RTS 无效，目标设备侦测到 RTS 信号失效，也将把 CTS 失效，结束整个总线传输。数据传输速率由双方设备提前约定，采用波特率的方式进行。如果双方波特率设置不同，则目标设备接收数据将出现错误。简单的 RS232 串口握手协议波形示意图如图 6－25 所示。

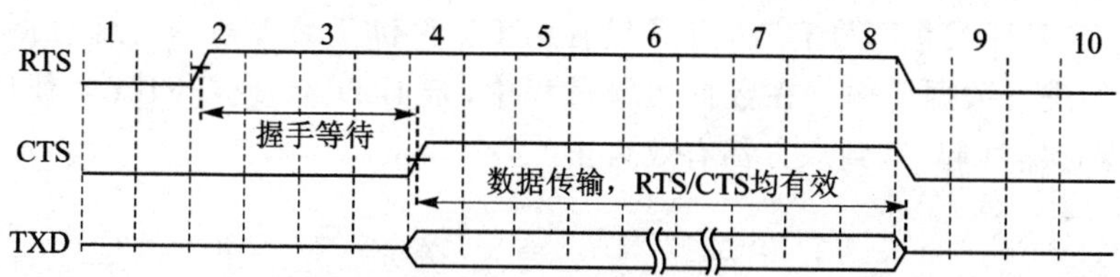

图 6－25　简单的 RS232 串口握手协议波形示意图

握手协议可以有多种灵活的形式，既可以采用上面的电平方式，也可以采用脉冲方式，即一方发送请求脉冲信号，另一方侦测到请求脉冲信号后发送确认脉冲信号，然后开始进行数据传输。采用脉冲方式可以采用不互锁、半互锁和全互锁的方式进行。

异步通信机制非常灵活，总线可以根据通信双方可运行的具体速率进行工作，但是它的接口逻辑复杂，而且对噪声敏感，需要进行严格的布局布线。

3. 半同步通信机制

异步通信最大的问题是对噪声敏感和数据抖动，导致数据采样错误。而纯同步通信机制可以较好地解决噪声敏感问题，但是由于总线双方的设备不会时刻处于就绪状态，因此还是需要额外的握手信号来确保在总线进行数据传输时双方已经准备就绪。因此，半同步通信机制放松了对总线设备的要求，同时确保数据传输的有效性，减小了对噪声的敏感度。

大部分中低速总线协议都采用半同步通信的机制，典型的如 PCI 协议。图 6－27 所

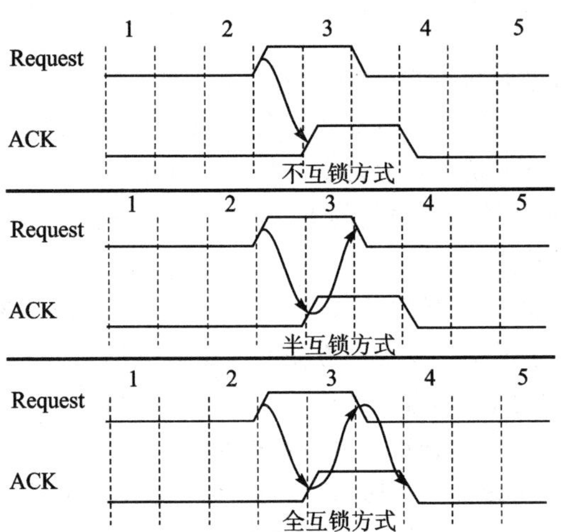

图 6－26　握手协议示意图

示为 PCI 读周期时序示意图，在时钟信号的作用下，PCI 总线的发起设备拉低 FRAME＃信号，同时把目标设备的地址信息传送到 AD 数据线上。在接下来的一到两个时钟周期内，在时钟信号的有效边沿下，发起设备把 IRDY＃信号置位，并等待目标设备 TRDY＃信号有效，有且只有 IRDY＃和 TRDY＃两个信号同时有效，PCI 才开始进行数据传输。在数据传输过程中，若 IRDY＃或 TRDY＃任何一个失效，则数据传输挂起，直到双方都有效为止。

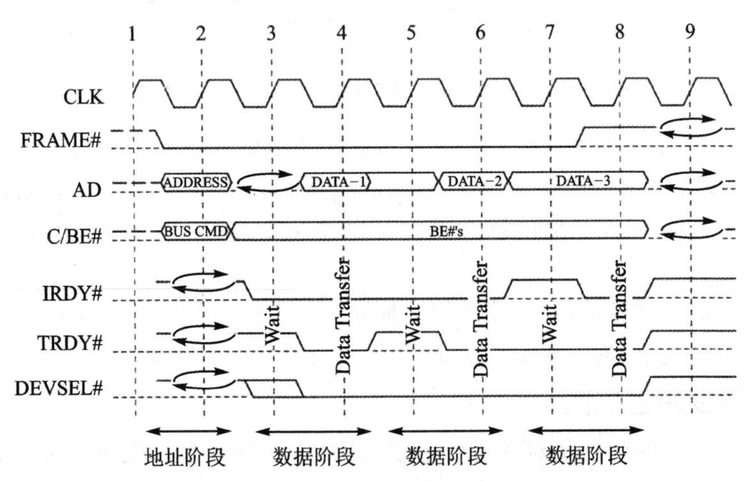

图 6－27　PCI 读周期时序示意图

半同步通信机制可以保证数据传输的效率，同时可以保证发送端和接收端有足够的时间进行内部数据处理，不至于因为时钟频率的提高而导致数据拥塞，出现数据接收错误或者丢包的风险。

4. 拆分事务通信机制

前面的三种通信机制都是建立在独占总线使用权的基础上，也就是说，一旦发起设备通过总线仲裁机构获得总线使用权，则在整个总线传输过程中，总线的使用权就完全属于此发起设备，其他设备只能等待。另外，当总线在使用过程中，总线的发起设备和目的设备有任何一方处于忙碌状态时，总线就只能被挂起，不能为任何设备所用。因此，整个总线的使用效率得不到提高——特别是当总线中的各个设备对数据处理的速度不同时。

因此，是否可以在总线传输 A 的空闲时期内插入总线传输 B，从而使整个总线一直处于数据处理的过程中？答案是肯定的，就是采用拆分事务通信机制。以主机访问存储器为例，当主机要访问存储器中某个地址中的数据时，主机会首先发起对存储器的访问请求，存储器会针对该请求进行回应，并且找到相应地址中的数据后返回给主机。通常来说，存储器从接到请求到把数据正确读取回来需要数个时钟周期，如果采用半同步通信，则在这段时间整个总线都将处于等待状态，而如果能把这段时间的总线使用权分享给其他总线事务，则并不会影响主机对存储器的正常访问。因此可以把主机访问存储器分成两个总线事务：一个是主机主动发出访问存储器的请求并获得存储器的回应，另一个总线事务就是存储器数据准备好，主动要求发送数据给主机。在这两个事务之间，总线可以由其他总线事务占用，简单的拆分事务通信机制示意图如图 6－28 所示。

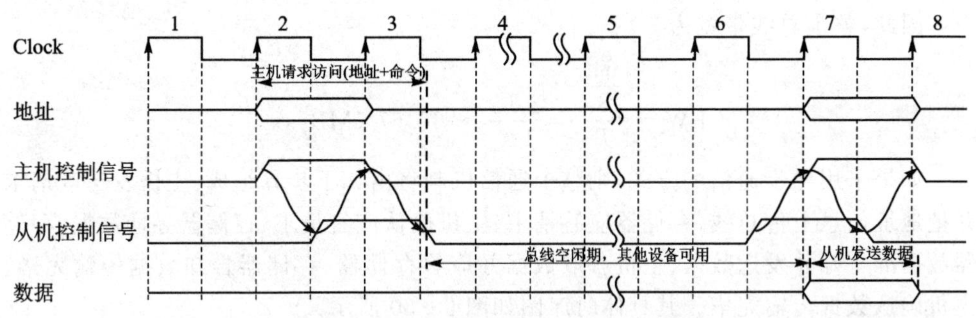

图 6－28　简单的拆分事务通信机制示意图

相对于前三种通信机制，拆分事务通信机制利用设备在准备数据传输期间对总线事务进行拆分，并利用此时间把总线让渡给有需要的设备进行使用，从而提高了总线传输的效率，确保总线在被占用时都在做有效的工作。总线中的各个设备需要使用总线都必须提出申请，即使是回应前一次被打断的总线事务请求，如图 6－28 所示，存储器要回送数据给主机时，同样需要提出申请并获得主机同意。总体来说，整个系统的总效率会改善，但单独的总线事务响应时间会变长，总线接口和上层设计会变得更加复杂。

5. 通信机制与总线带宽

不同的通信机制对总线的带宽有着直接的影响。同步通信机制以时钟信号为基准，拥有固定的时钟周期和总线宽度，因此很容易计算总线带宽。异步通信相对复杂，由于采用请求-应答的方式，相对于同步通信机制来说，其完成一次总线传输需要的步骤相对较多。以最简单的主机读取存储器的数据为例。同步通信机制只需要在时钟的作用下，把读命令和地址发送到总线上，存储器接到命令寻址数据，然后把数据发送到总线上，传输过程结束。整个过程只有 3 个步骤，如图 6－29 所示。

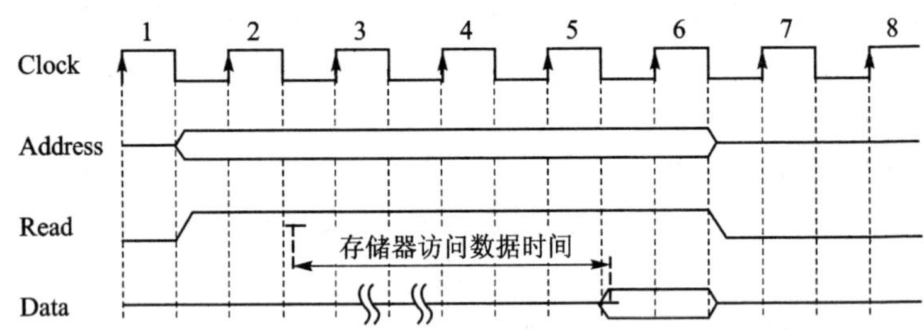

图 6－29　简单的主机读取存储器数据时序示意图(同步通信)

假设时钟频率为 100 MHz，总线地址宽度为 64 位，存储器访问数据时间为 100 ns，则整个总线事务所占时间为

$$T = 10\ \text{ns} + 100\ \text{ns} + 10\ \text{ns} = 120\ \text{ns}$$

因此，整个总线带宽为

$$\text{BW} = \frac{\frac{64}{8}}{T} = \frac{8}{120} \approx 66.67\ (\text{MB/s})$$

如果采用异步通信的方式，则整个通信机制将由如下步骤组成：主机发送读请求并把地址信息上传总线、存储器应答请求、主机确认应答请求、存储器寻址数据、存储器数据准备好并发送数据、主机获取数据并应答存储器、存储器告知数据传输完毕、主机确认数据传输完毕。其具体时序图如图 6－30 所示。

假设每个步骤所需时间为 10 ns，存储器访问数据时间依旧是 100 ns，同时由于存储器访问数据时间是从存储器发送 ACK 确认信号开始算起，因此，存储器访问数据时间会与存储器应答请求和主机确认应答请求重叠。整个总线传输周期为

$$T = 10\ \text{ns} + \max(3 \times 10\ \text{ns}, 100\ \text{ns}) + 10\ \text{ns} + 10\ \text{ns} + 10\ \text{ns} = 140\ \text{ns}$$

因此，整个总线带宽为

$$\text{BW} = \frac{\frac{64}{8}}{T} = \frac{8}{140} \approx 57.14\ (\text{MB/s})$$

显然，同步通信机制和异步通信机制的总线带宽会有所不同，异步通信会受到控制信号的影响，需要保持足够快的反应速度才能提高总线带宽。同步通信机制可以

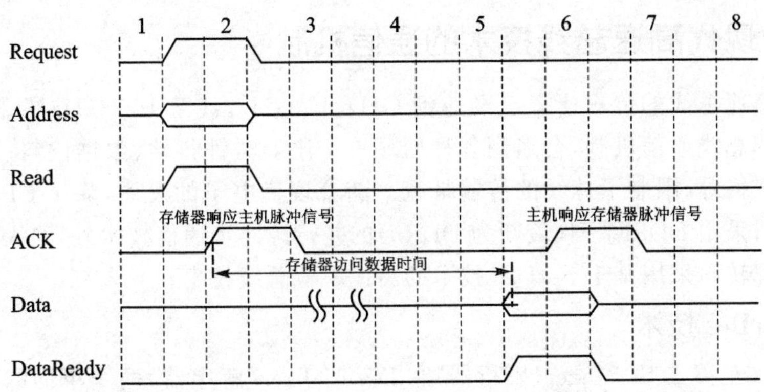

图6-30　简单的主机读取存储器数据时序示意图(异步通信)

采用提高时钟频率来快速提高总线带宽的能力。同时,如果能够减少非数据传输的步骤,比如减少存储器寻址数据时间、减少发送地址次数,或者提升数据传输的大小,也可以提升总线带宽。

以主机读取存储器为例,假设采用同步通信机制,时钟频率为100 MHz,总线地址宽度为64位,采用4字块的数据块方式读取,读取时间为100 ns,每传输一个数字块,需要空闲一个时钟周期,其时序示意图如图6-31所示。

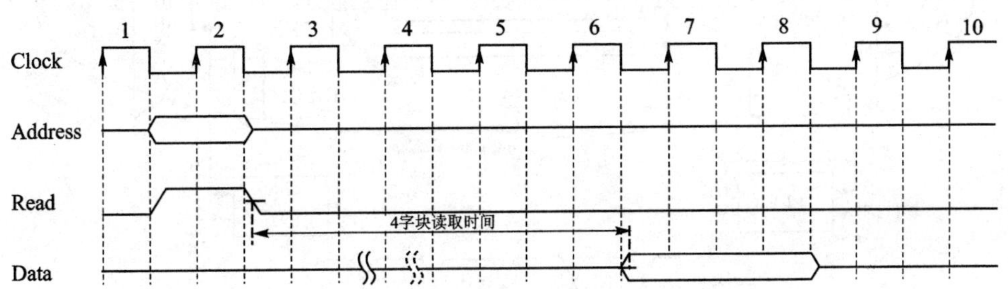

图6-31　简单的主机读取存储器数据块时序示意图(同步通信)

从图6-31中可知,传输4字块需要两个时钟周期,因此整个总线事务所占时间为

$$T = 10\ \text{ns} + 100\ \text{ns} + 10\ \text{ns} \times 2 + 10\ \text{ns} = 140\ \text{ns}$$

因此,整个总线带宽为

$$\text{BW} = \frac{\frac{128}{8}}{T} = \frac{16}{140} \approx 114.29\ (\text{MB/s})$$

从计算结果可知,采用数据块传输,可以大幅提高总线带宽的能力。因此,在需要进行连续读或者连续写的应用场景,一般推荐采用数据块传输的方式。

6.3.3 现代高速总线技术的通信机制

现代高速总线的传输速率已经达到 GHz、10 GHz，甚至 100 GHz 的级别，采用以上传统的总线通信机制，会遇到各种瓶颈——比如时钟抖动、数据偏斜、PCB 布局布线要求严格等，限制了总线的传输带宽。随着现代电子的发展，除了 CPU 和存储器之间依旧采用 DDR 系列（最新为 DDR5）的并行源同步通信技术外，绝大多数高速传输总线都转向采用基于 SerDes 技术的高速串行总线技术。

1. SerDes 技术

SerDes 是英文 Serializer（串行器）和 Deserializer（解串器）两个单词的前三个字母的合写。顾名思义，SerDes 的技术核心在于串并转换和并串转换技术，具体来说，就是在发送端采用并串转换技术把多路低速并行信号转换为高速串行信号，通过高速传输媒介，如光纤或铜线等传送到目的端，目的设备采用串并转换技术把高速串行信号转换为多路低速并行信号，并进行数据处理。其基本原理如图 6-32 所示。

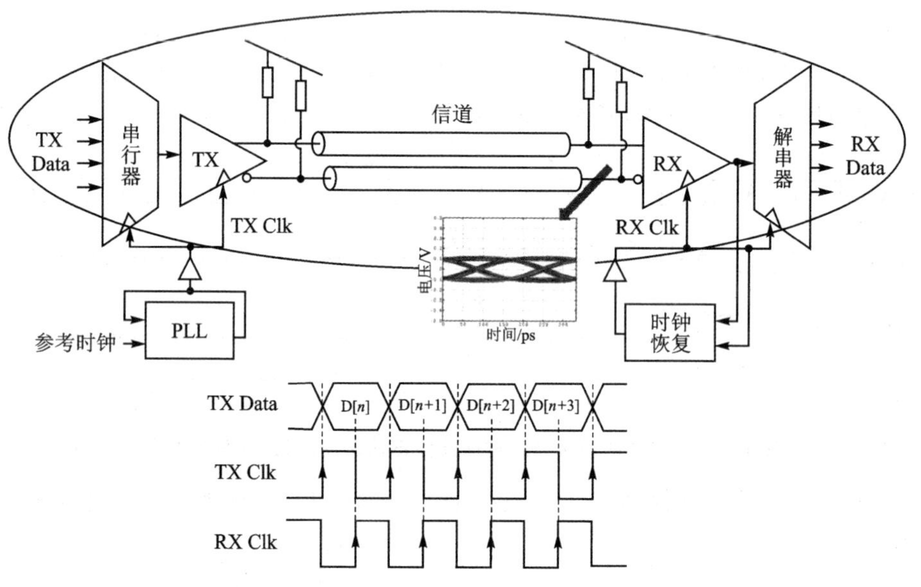

图 6-32 基本的 SerDes 信号传输示意图

SerDes 技术采用时分多路复用（TDM）、点对点的通信技术，整个总线有且只有两个设备，如果需要增加多个设备，则采用 Switch、Bridge 等分层总线拓扑结构。点对点串行通信可以大量减少总线双端设备的引脚数量，大大降低芯片的封装成本和开关噪声，减少总线布线的冲突，提升 PCB 布线空间，因而减少了总线之间的干扰，信号质量可以得到显著提升，相应地，可以提高传输线的信号传输距离，降低通信成本。

SerDes 技术采用嵌入式时钟技术把时钟嵌入到数据中进行发送，并通过接收端的 CDR 电路进行恢复，因此 SerDes 设计的挑战之一就是如何给发送端的 PLL 以及接收端的 CDR 电路选择和设计一个非常精确且超低抖动的参考时钟信号，确保接收端的数据和时钟恢复准确。

如图 6-33 所示，从数据传输方向来看，SerDes 主要分为 TX 模块和 RX 模块两部分，从结构分层来看，SerDes 主要分为 PCS（Physical Coding Sublayer，物理编码子层）、PMA（Phsical Medium Attachment，物理媒介附加）以及 PMD（Physical Medium Dependent）三个子层。

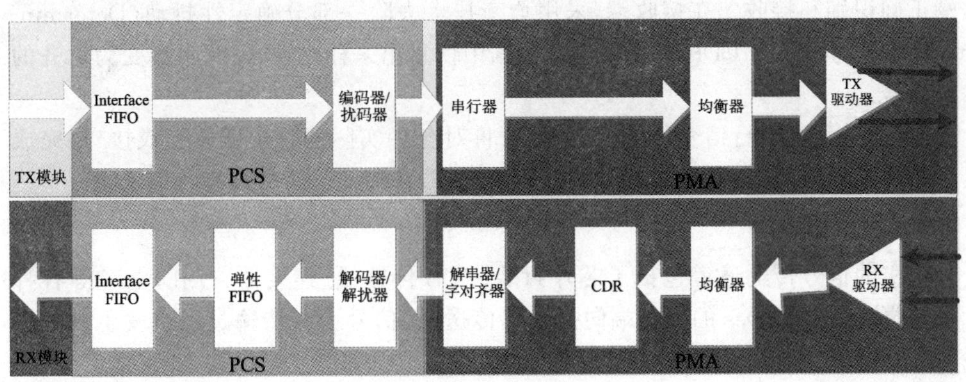

图 6-33 SerDes 原理示意图

PCS 子层的上层是数字 IP 层，主要是进行接口协议的相关处理，处理结果以数据流的形式传送给 PCS 子层。PCS 子层主要负责数据流的编码和解码。不同的协议有不同的编码和相应的解码方式，SDH/SONET 协议采用扰码（Scrambled）方式，SMPTE SDI 使用 8/16 bit 的扰码方式，PCIe 1.0 协议采用 8b/10b 编码，PCIe 3.0 采用 128b/130b 编码，RapidIO 使用 10b/20b 宽度。通过编码，可以避免数据出现过长的连续 0 或者 1 的情形，有效减少直流分量，降低误码率，同时可以便于在数据中提取时钟和进行同步。PCS 子层采用标准的 CMOS 数字逻辑，可以采用硬逻辑实现，也可以采用 FPGA 软逻辑来实现。当 PCS 子层接收到 IP 层的数据流时，为了确保数据不会丢失和出现编码错误，会在发送端增加一个接口 FIFO，实现数据缓冲功能。同样，当 PCS 子层把接收到的串行信号进行解码后，也会先把数据送入到接收端的接口 FIFO，再传送给上层 IP 层。如果是异步时钟系统（Plesio - Synchronous System），在接口 FIFO 之前还应该有弹性 FIFO 来补偿频差。

PMA 子层负责将 PCS 子层的编码结果向 PMD 子层传送以及接收来自 PMD 的高速串行数据，其核心模块就是串行器和解串器，主要的功能是负责并串转化和串并转化，实现数据和时钟恢复。串行器 Serializer 把并行信号转化为串行信号，可以一次性串行化，也可以分阶段串行化，如 8 bit→4 bit→2 bit→equalizer→1 bit，降低均衡器的工作频率。PMA 子层是实现低速并行和高速串行相互转换的关键。假设 PCS 层以 125 MHz 的速率并行传送 10 位代码到 PMA 层，由 PMA 层转换为

1.25 Gb/s 的串行数据流进行发送,实际就能得到 1 Gb/s 的千兆以太网传送速率。解串器 Deserializer 把串行信号转化为并行信号,同时具有字对齐功能逻辑。由于没有带外控制信号的辅助,因此 SerDes 接收端需要时刻检测数据流并判断所接收的数据是否是数据帧的起始位。字对齐功能逻辑通过在串行数据流中搜索特征码字来判断串并转换的位置,以组成正确的并行数据。比如 8b/10b 编码通常用 K28.5(正码 10'b11_1000_0011,负码 10'b00_0111_1100)来作为对齐字。为确保数据能够被正确收发,需要进行发送和接收均衡。使信号经过 PMD 子层的衰减后还是能够被接收端正确识别和接收。在接收端,采用均衡技术去除一部分确定性抖动(Deterministic jitter,DJ),同时 CDR 电路可以从数据中恢复出采样时钟,经解串器变为对齐的并行信号。

PMD 是负责串行信号传输的电气层,将对各种实际的物理媒体完成接口,完成真正的物理连接,包括各类光纤、铜线、双绞线等,在图 6-33 中没有特别说明。

2. 均　衡

现实的信号传输通道包括了芯片封装、PCB 传输线、连接器、过孔、电缆等各种元件,当信号从 SerDes 的发送端向接收端传送时,信号会在传输过程中发生衰减损耗,如图 6-34 所示。

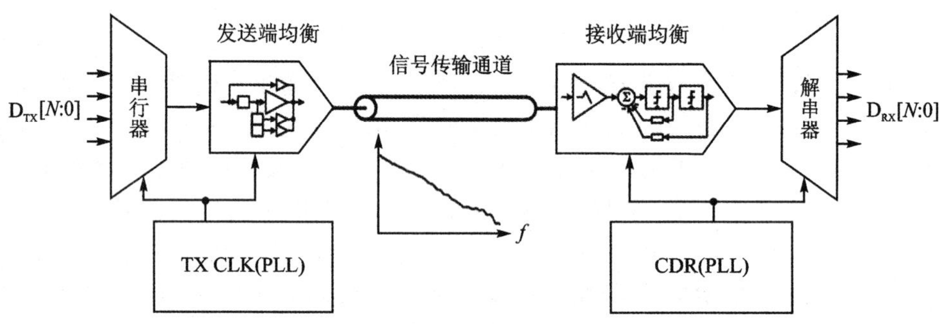

图 6-34　SerDes 信号传输与衰减示意图

该衰减与频率相关。通常来说,高频分量会比低频分量衰减得快。因此从频域看,信道传输通道可以简化为一个低通滤波器(Low Pass Filter,LPF)模型。如果衰减足够大,就会导致信号出现长尾效应,产生符号间干扰(Inter-Symbol Interference,ISI),接收端就会出现错误接收信息,如图 6-35 所示。

如何实现准确的信号的收发?——需要在设计时对信号通道的衰减进行补偿。从图 6-34 中可以看出,信号的补偿可以出现在发送端,也可以出现在接收端,还可以出现在信号通道上。因此所谓的均衡(Equalizer)技术,就是在 SerDes 的发送端和接收端对信号进行处理,确保信号经过信号传输通道的衰减后依旧能够被接收端准确接收,如图 6-36 所示。

均衡器有两种不同的工作原理:一种是从频域上进行均衡,也称为频域均衡器,

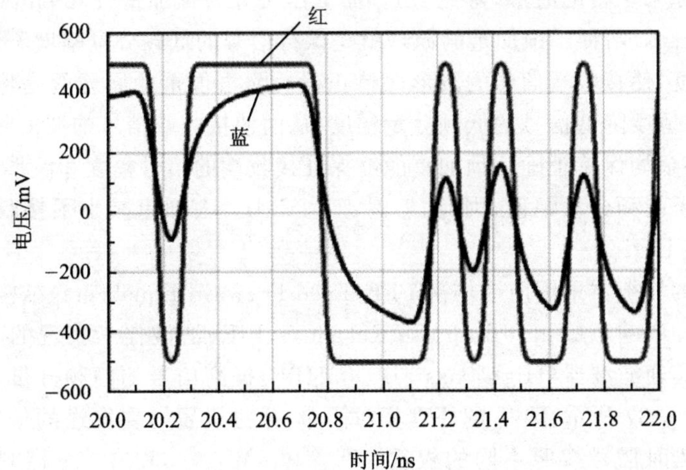

图 6－35　SerDes 发送端(红)和接收端(蓝)波形示意图(未做均衡处理)

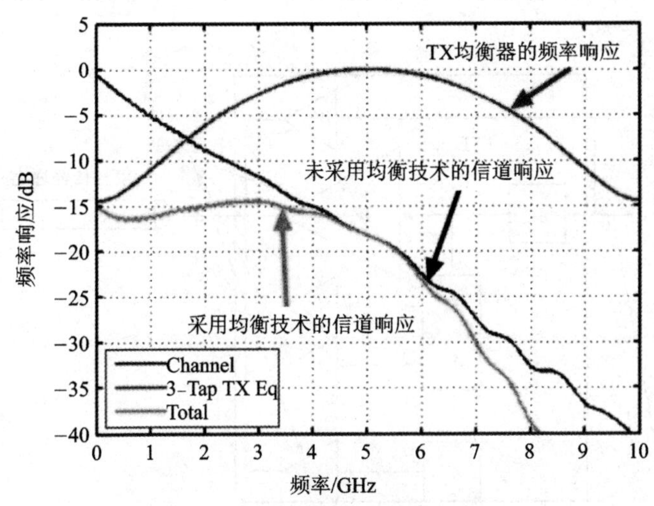

图 6－36　采用均衡技术的传输响应示意图

其原理就是利用可调滤波器的频率特性来弥补信号传输通道的幅频特性，从而使整个系统的总频率特性满足无符号间干扰的传输条件；另一种是从时域上进行均衡，称为时域均衡器。时域均衡器从信号的时间响应角度来考虑，对波形进行整形，使整个传输系统的冲激响应满足无符号干扰。在数字通信中，时域均衡器的应用场景比较广泛。时域均衡器又分两大类：线性均衡器和非线性均衡器。它们之间的区别在于均衡器的判决结果是否要作为均衡器的反馈输入。如果需要，则称为非线性均衡器，否则称为线性均衡器。

SerDes 在发送端和接收端采用的均衡技术有所区别。发送端的均衡器也称为加重器(Emphasis)，其原理就是预先把要发送的信号失真，从而使信号经过信道衰减后恢复到原来正常的波形,避免 ISI。加重器又分为预加重(Pre-emphasis)和去加重(De-emphasis)两种。预加重的原理就是保持信号的低频分量幅度不变,适度提高高频分量幅度,使接收端信号的波形保持正确。而去加重的原理就是保持整体信号的幅度不变,适度降低信号的低频分量幅度,从而使接收端信号的波形除了幅度被适度衰减外,其余均保持正确。预加重能够保证接收端的信号幅度和波形形状正确,但是由于增加了高频分量幅值,因此,容易产生 EMI。去加重减小了接收端的信号幅值,不会增加 EMI。

发送端的均衡器采用前馈均衡 FFE(Feed Forward Equalizers)结构。FFE 通常是通过有限冲激响应(Finite Impulse Response,FIR)滤波器来实现的,其实质是采用数字线性高通滤波器(High Pass Filter, HPF)提高信号的高频分量,实现信道的补偿。如图 6-37 所示,FFT 的原理相对简单,通过设置对要发送的信号进行延时,然后对各个延时信号按照不同的权重(W_{-1},W_0,W_2,…,W_n)——控制权重值的大小,就可以调整均衡强度——进行乘加,从而产生预失真的信号。该预失真信号加强了信号的高频分量或者降低了信号的低频分量,使信号经过通道衰减后能够恢复到正常的波形。

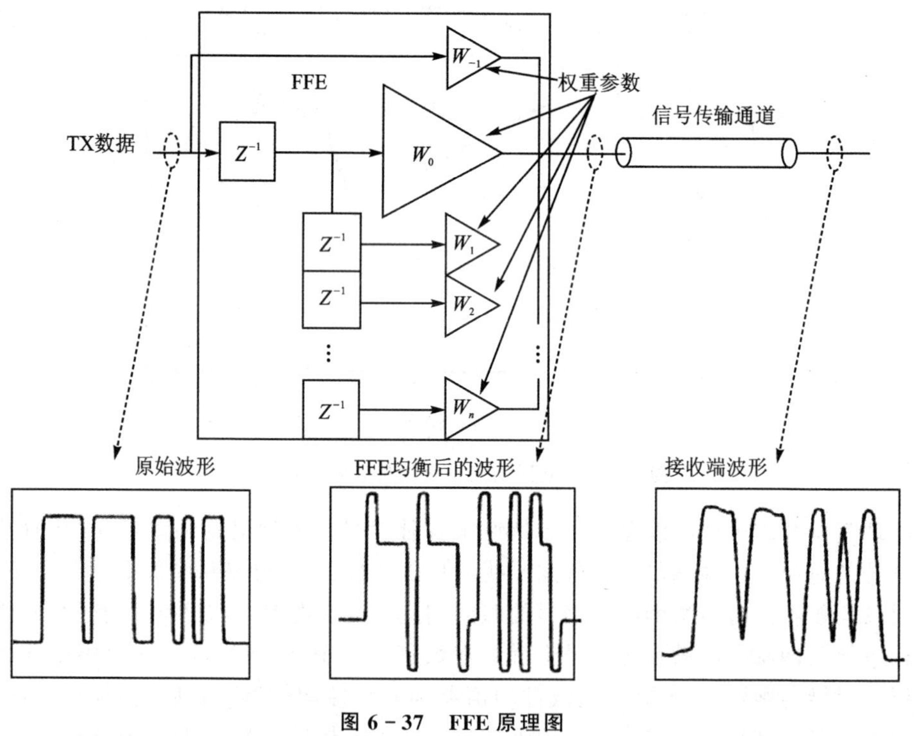

图 6-37 FFE 原理图

FFE 实现方式简单,但是输出幅值受限于发送端的电源电压,不能无限放大。实际设计中 FFE 的均衡强度通常小于 10 dB。图 6-38 所示为 5 Gb/s PRBS-5 数据信号输入 40 in PCI Compliance ISI PCB 板，在各种不同的预加重情形下的输入/输出波形图。

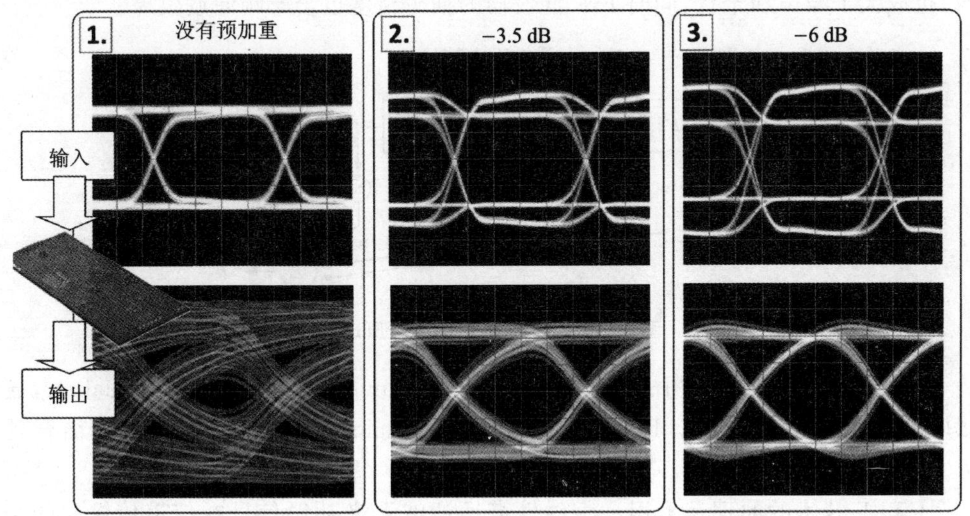

图 6-38　不同的预加重下在源端和接收端的眼图波形

接收端可以采用多种均衡技术来实现信号恢复，包括 FFE、CTLE 以及 DFE。整个接收端均衡过程如图 6-39 所示。

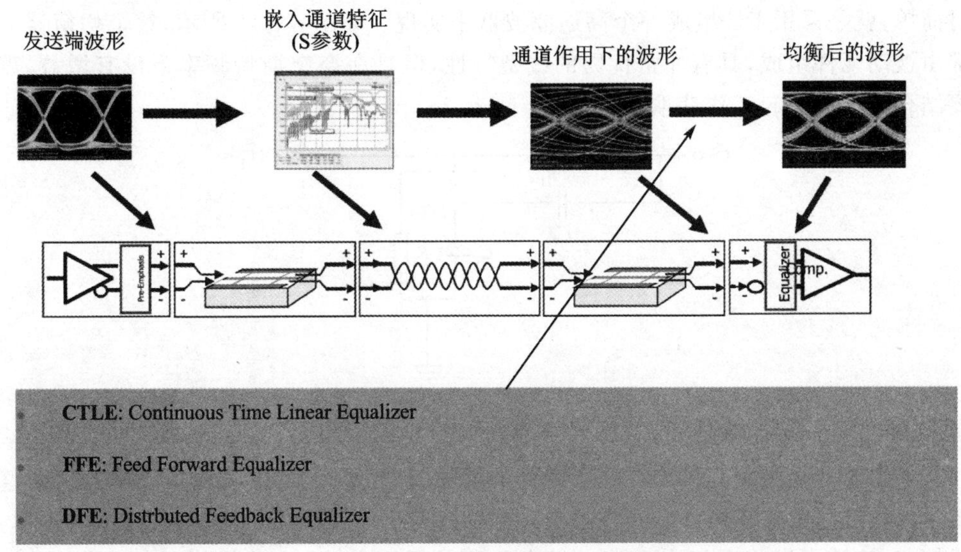

图 6-39　接收端均衡过程示意图

接收端可以像发送端一样采用 FFE 均衡的方式，通过使用 FIR 来进行均衡。如

图 6－40 所示，可通过延迟输入信号并乘以均衡系数来放大高频分量，从而消除超出滤波器范围的 ISI 干扰。其原理和发送端 FFE 完全相同。但是它在放大信号的同时，也放大了噪声和干扰，同时 FIR 滤波器的抽头精度也会影响滤波效果。

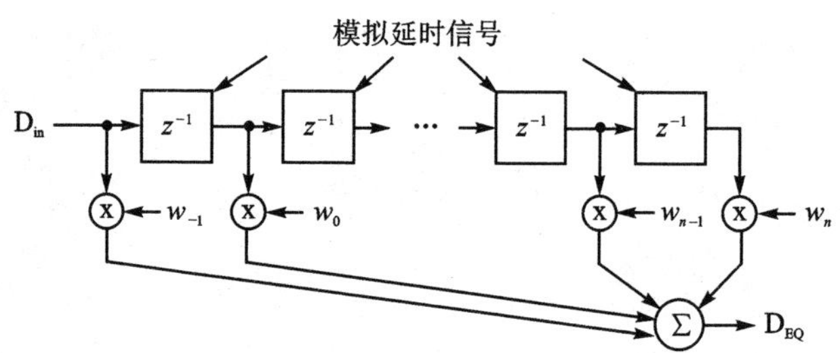

图 6－40　接收端 FIR 均衡原理图

通常来说，接收端均衡一般采用 CTLE（Continuous Time Linear Equalizer，连续时间线型均衡）＋DFE（Decision Feedback Equalizer，判决反馈均衡）相结合的方式。

CTLE 技术的原理是采用一个线性高通滤波器来补偿信号在信道传输中的衰减，它不放大信号的高频分量，而是减小低频分量来补偿高低频的衰减差。因此，CTLE 需要结合放大器一同使用。由此带来的后果是，信号分量和噪声分量会同时被放大，降低信噪比。

CTLE 技术有被动式 CTLE 和主动式 CTLE 之分。被动式 CTLE 技术原理相对简单，就是采用 RC 组成一个高通滤波器来实现。如图 6－41 所示，整个均衡器全部由被动元件组成，具有非常优秀的线型特性，但是在奈奎斯特频率下没有增益，需要结合放大器一起工作获取信号增益。

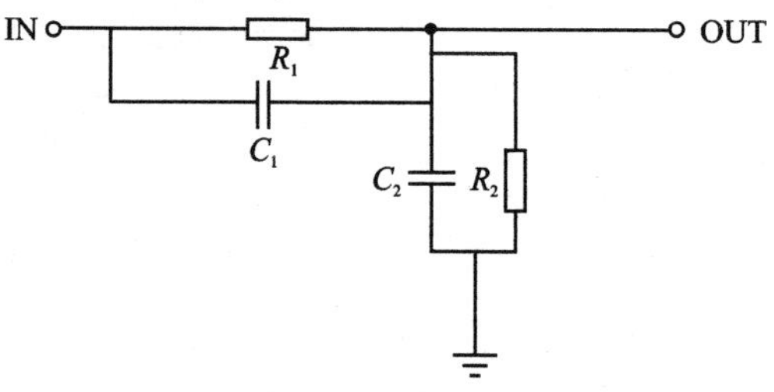

图 6－41　被动式 CTLE 原理图

如图 6－42 所示，主动式 CTLE 技术采用具有 RC 的输入放大器来实现，调整 R_s 和 C_s 可以调整零极点和第一极点，实现在奈奎斯特频率下提供增益峰值的频率。增加 C_s 容值可以将零极点和第一极点移至较低频率，同时不会影响峰峰值。增加 R_s 的阻值可以将零极点移至较低频率，同时增加峰值，降低 DC 增益。主动式 CTLE 技术的性能还受到放大器增益带宽的限制，设计必须用于输入线型范围，一般限于一阶补偿。

另外高频 CTLE 电路需要保证非常大的带宽，其静态电流大，有时需要采用电感进行扩频来改善其频率响应，因此 CTLE 均衡技术需要大的芯片面积和功耗开销。

随着信号频率越来越快，特别是超过5 Gb/s 时，信号的抖动可能会超过或者接近一个符号间隔（Unit Interval，UI），此时由于线性均衡器不能区分噪声和信号，不能改善信噪比，因此单单使用线性均衡器不再适用接收端的均衡，而需要结合 DFE 非线性均衡技术来共同实现对信号质量的补偿。

如图 6-35 所示，当信号经过信号传输通道到达接收端时，由于信号通道的低通属性，信号波形会出现长尾效应，产生 ISI 干扰。DFE 的主要目标就是将信号的脉冲响应重新塑形，消除长尾效应——通过跟踪过去多个 UI 的历史数据（History Bits）来预测当前位的采样门限。因此，DFE 需要记录过去的数据并反馈到输入信号。

从原理上来说，DFE 和 FFE 非常相似，都是采用数字高频滤波器来实现，通过控制每条支路的权重来控制均衡的强度。但是 DFE 的滤波器的输入信号不是原始的输入信号，而是原始输入信号与反馈滤波器之间经过比较判决后的数字信号，而 FFE 的滤波器的输入信号是原始的输入信号经过延时而获得的。因此，DFE 相比于 FFE，多了一个减法器和判决器，判决器主要用于符号决定，量化输入。DFE 均衡原理如图 6-43 所示。

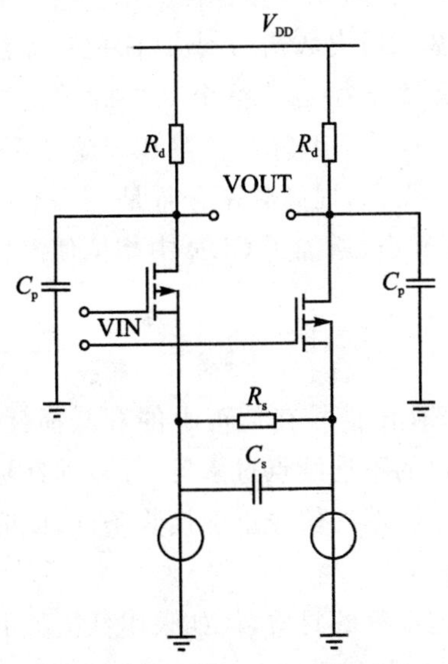

图 6-42　主动式 CTLE 原理图

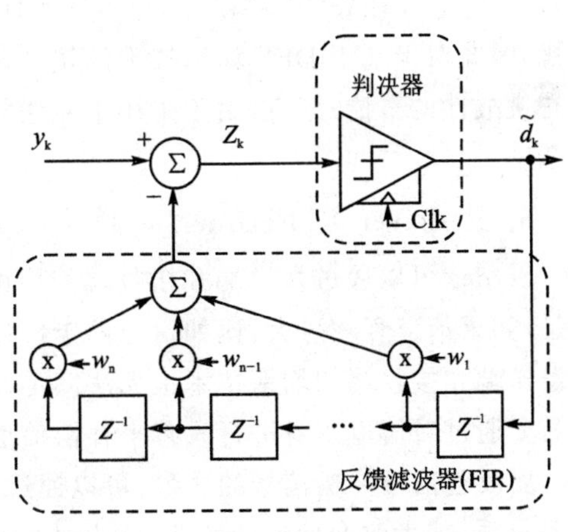

图 6-43　DFE 均衡原理图

Z_k 为输入判决器前的信号，其数字表达式如下：

$$Z_k = y_k - \sum_{i=1}^{n} w_i \tilde{d}_{k-i}$$

通过该结构，ISI 干扰就直接通过反馈滤波器从输入信号中减去，使 DFE 只放大高频信号,而不放大噪声信号,如图 6-44 所示。

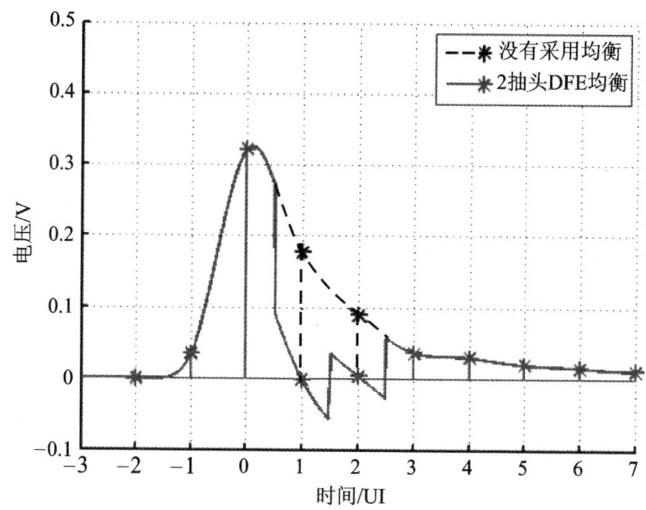

图 6-44 采用 DFE 均衡技术的脉冲响应示意图

DFE 均衡最大的优势在于提高频率分量的同时,不会放大噪声和串扰,同时滤波器的抽头系数可以自适应调整,不需要任何反向通道,因此适合各种应用场合。但是 DFE 的缺点也非常明显:第一,由于它是依赖于基于历史数据的判决,因此它无法消除前驱 ISI,而只能消除后驱 ISI;第二,DFE 的反馈路径是其整个工作的关键路径,信号经过反馈路径和判决器的环路延时必须小于一个 UI,才能消除相邻位的 ISI 干扰,因此对于基于 DFE 均衡技术的超高速 SerDes 而言,提高频率分量是一件非常具有挑战性的事情;第三,由于采用了减法器来消除噪声,增加了 CDR 中相位侦测的复杂度。

3. Redriver 与 Retimer

Serdes 可以通过发送端和接收端的均衡技术来补偿信号在信道上的衰减损耗。但是,如果信道衰减过大,比如信道的走线过长、信道的不连续点过多等,导致即使透过发送端和接收端的均衡技术也无法满足 SerDes 接收端的信号正确接收条件,此时就需要通过对信道本身进行改善来补偿信道的衰减。

要改善信道传输信号的质量,可以通过改善信道本身的材质,比如采用低损耗的 PCB 材质,或者改变信道的拓扑,减少过孔和连接器的数量等,但在某些复杂的应用场景,比如存储器的背板应用,信号从主板上的 CPU 传输到背板时,可能需要经过主板 PCB、扩展卡、高速连接器、背板,然后再到存储控制器,由于机构的限制,中间可能需要经过几次扩展卡的转接,导致信号长度无法缩短,信号拓扑无法改变。因此,需要采用其他的方式来进行信号的衰减补偿。最典型的就是采用 Redriver 和 Retimer,如图 6-45 所示。

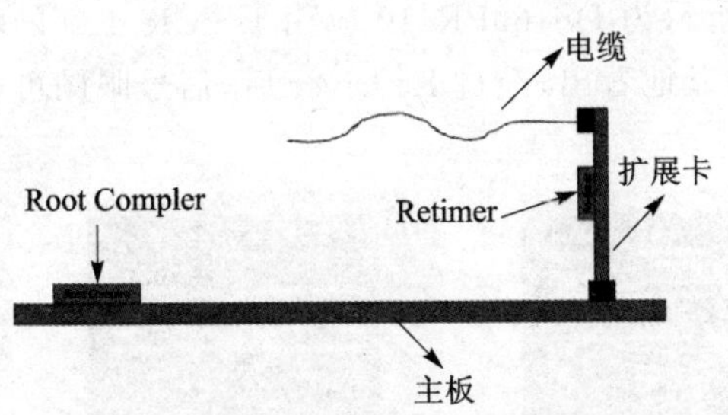

图 6-45　采用 Retimer 进行信号中继的示意图

Redriver 的原理相对简单，它就是采用均衡和放大器等技术对信道传输进来的信号进行调整和矫正，改善信号的频谱分量，补偿信号的高频损耗后，再发送给接收端，从而使信号有足够的裕量满足 SerDes 接收端的要求，减少信号出错的概率。

Redriver 仅针对接收的信号质量进行补偿，透过物理层工作，不针对上层数据进行修正，因此应用简单，价格便宜，适应于各种高速数据传输协议，是解决设计复杂难题的关键技术之一。但是由于 Redriver 一般采用线性均衡技术，因此，它不能改善信号的信噪比。

TI 的 DS160PR410 就是一款典型的应用于 PCIe 4.0 的线性 Redriver，最大支持 4 个差分信道。它不仅可以应用于 PCIe 协议，而且可以通过配置应用 UPI、SATA、SAS 以及 DP 等各种高速串行总线协议。其内部原理图如图 6-46 所示。

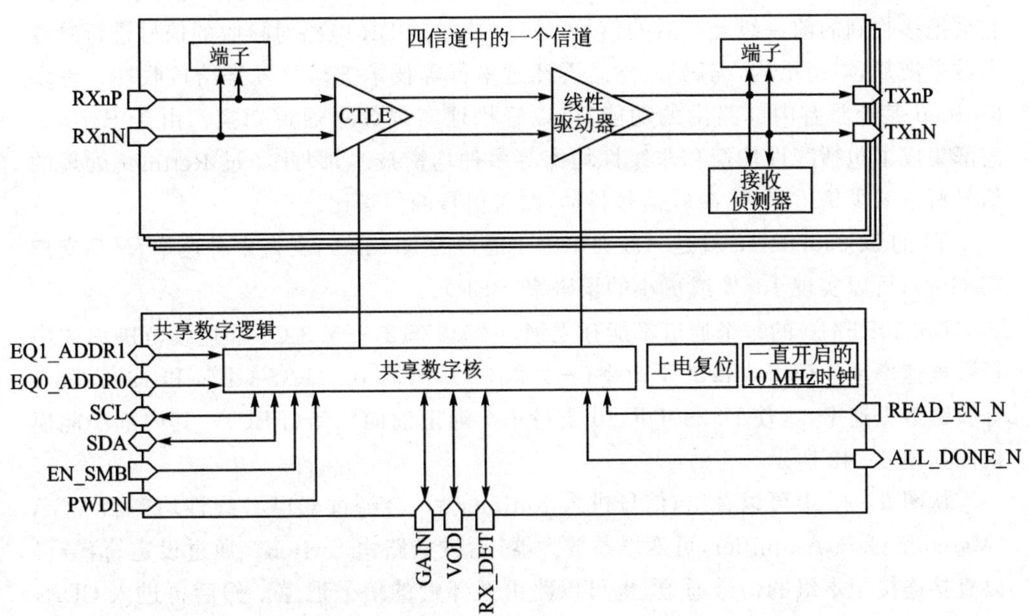

图 6-46　TI DS160PR410 Redriver 内部功能模块示意图

从图 6-46 中可以看出，DS160PR410 主要采用 CTLE 均衡技术以及放大器技术，把信号从 RX 差分对接收进来，通过 CTLE 进行均衡后再次通过 TX 差分对发送给接收端。图 6-47 所示为 DS160PR410 应用于 PCIe 4.0 的场景以及各个位置的波形示意图，可以很明显地看出，经过 Redriver 后，信号眼图可以得到明显改善。

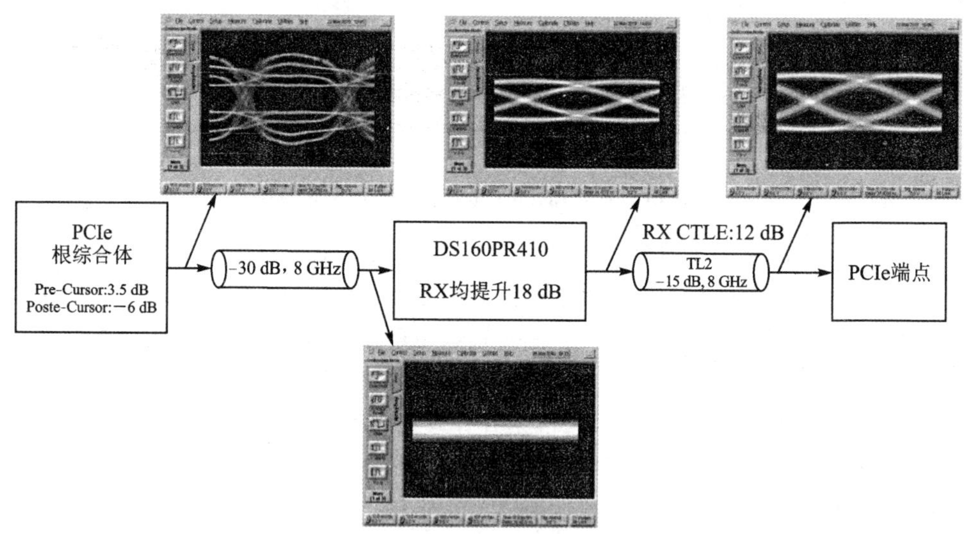

图 6-47　TI DS160PR410 Redriver 应用于 PCIe 4.0 的场景以及波形示意图

与 Redriver 只针对信号本身质量的改善不同，Retimer 类似于一个 PHY 芯片。它会把接收到的前一级衰减后的信号，通过内部的 CDR 电路对接收的信号进行时钟和数据恢复，均衡重构，编码等，然后再经过串行等技术把信号发送给接收端。许多 Retimer 甚至具有内部路由的功能，可以轻松地实现数据通道切换。由于 Retimer 内部集成了包括线性均衡和非线性均衡等多种均衡技术，因此经过 Retimer 处理的信号可以减少信道噪声，减轻信号抖动，改善信号的信噪比。

TI 的 DS250DF410 就是一款典型的 4 通道的 Retimer，支持多种速率，最高支持 25 Gb/s，可以实现 10^{-15} 或更小的误码率(BER)。

DS250DF410 的每个通道都能独立锁定 20.275 2～25.8 Gb/s 连续范围内的串行数据速率或任何受支持的子速率(÷2 和÷4)，包括 10.312 5 Gb/s 和 12.5 Gb/s 等关键数据速率，这使 DS250DF410 支持单个通道前向纠错(FEC)。其内部功能模块图如图 6-48 所示。

从图 6-48 中可以看出，信号进入 Retimer 后，会经过 CTLE 线性均衡和 VGA (Variable Gain Amplifier，可变增益放大器)后进入路由 Switch。通过设定，信号可以直接连接至本级的信号通道，也可以路由至邻近的信号通道。然后再进入 CDR，并通过 CDR 进行数据时钟恢复，再次经过 DFE 均衡、采样后进行串化，最后通过 TX 基于 FIR 滤波的 FFE 均衡后再次发送给接收端。在 Retimer 内部，还会产生 PRBS 数据流实现用户定义数据类型以及眼图侦测。因此，Retimer 非常适合前端端

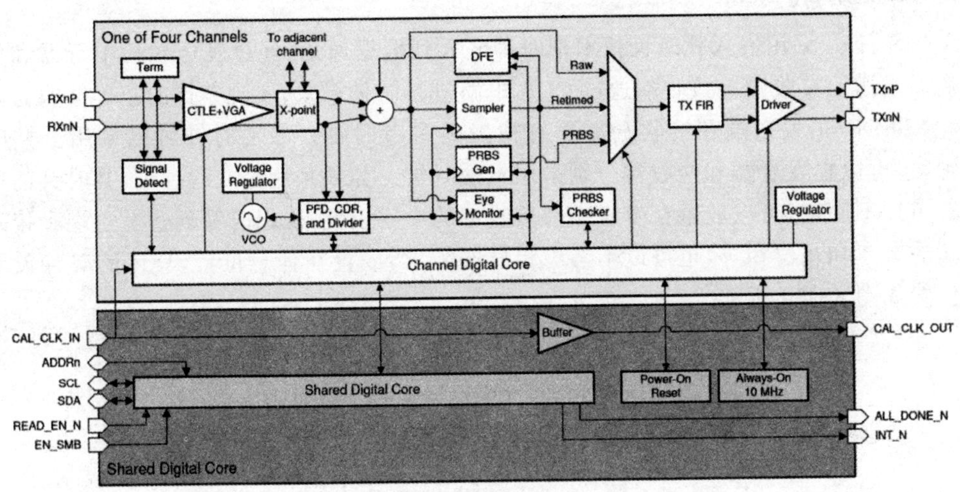

图 6-48　TI DS250DF410 Retimer 内部功能模块示意图(其中的一个通道)*

口抖动清除应用、有源电缆的应用以及背板和中板的应用场景。图 6-49 所示为 TIDS250DF410 Retimer 在系统中的典型应用。

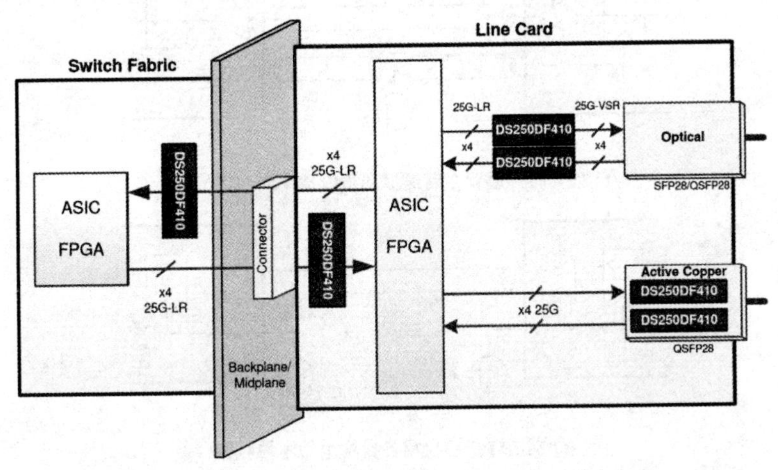

图 6-49　TI DS250DF410 Retimer 在系统中的典型应用*

什么时候需要使用 Redriver？什么时候需要使用 Retimer？通常来说，如果信道的损耗在 SerDes 驱动器和接收器的均衡补偿能力之内，就不需要采用 Redriver 或 Retimer。如果只是略微超出了 SerDes 驱动和接收器的均衡补偿能力，最高 20 dB，则可以采用 Redriver 来替代 Retimer，这样可以节省功耗和成本。如果涉及更高的损耗补偿且涉及跨信道传输时，则必须使用 Retimer。

4. 参考时钟

SerDes 采用嵌入式时钟技术把时钟嵌入到数据通道，经过发送端的串行器和均衡后发送给接收端。接收端通过 CDR 电路进行时钟恢复，实现数据的正确接收。因此，SerDes 的发送端和接收端需要有精确的参考时钟。参考时钟可以采用公共时钟，也可以在发送端和接收端分别采用本地时钟。如果采用公共时钟，公共时钟的位置可以不固定，可以放置在发送端和接收端的中间位置，确保时钟到达发送端和接收端的频率和相位相等，也可以不考虑相位的需求，放置在任意位置，具体的时钟放置位置如图 6-50 所示。

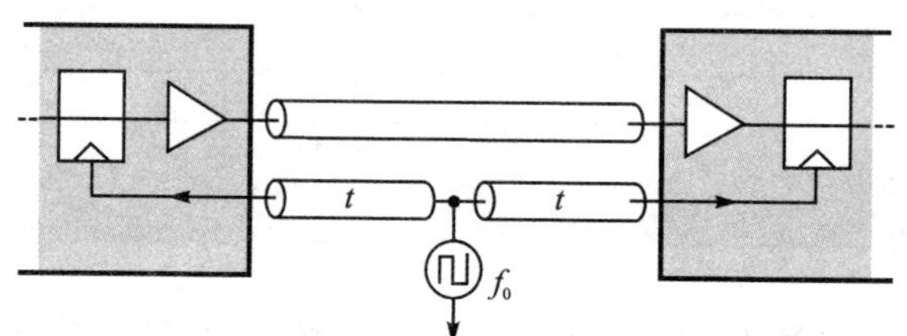

(a) 公共时钟放置在发送端和接收端中间位置

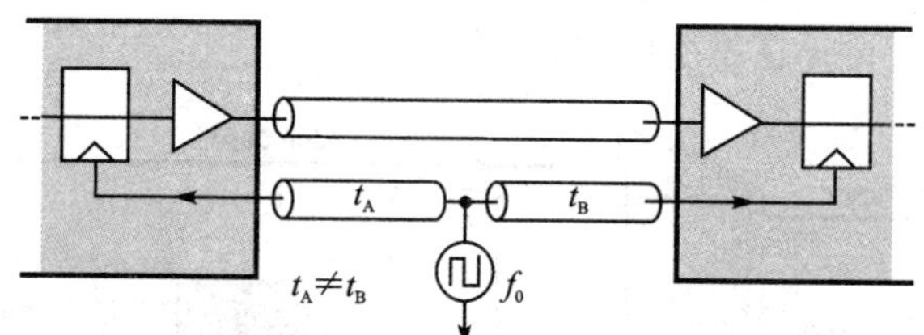

(b) 公共时钟放置在发送端和接收端中间任意位置

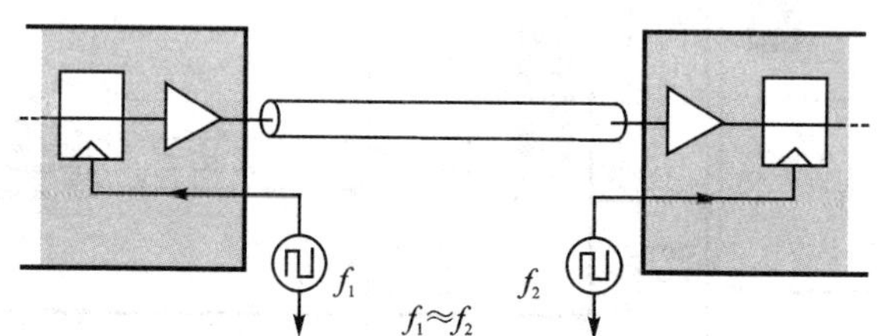

(c) 发送端和接收端各自均采用本地时钟

图 6-50 SerDes 参考时钟的位置摆放示意图

在图 6-50(a)中，发送端和接收端都可以获得同频同相时钟信号，一般应用于 SerDes 信道较短的场合或者低速总线的场合。在图 6-50(b)中，发送端和接收端可以获得同频时钟信号，但是相位不确定，最极端的情形是参考时钟提供给发送端，由发送端来驱动接收端的参考时钟信号，其走线规格和源同步时钟类似，在接收端一般需要有 CDR 电路。这种情形一般应用于板内高速串行总线或者传输距离不远的高速系统串行总线，节省 BOM 成本。在图 6-50(c)中，发送端和接收端各自采用本地时钟，本地时钟的频率尽量做到一致，但实际是不可能一致的，因此会造成一定的相位漂移。这种时钟拓扑广泛用于各种高速串行总线中——特别是传输距离远的总线。

以图 6-51 所示的 Lattice ECP5 SerDes 为例，下半部分为 SerDes 的发送端，上半部分为 SerDes 的接收端。外部参考时钟 REFCLK 将接入 TX PLL。通常来说，参考时钟的频率都比较低，比如 PCIe 的参考时钟就是 100 MHz，需要内部 TX PLL 来倍频产生内部高频时钟。TX PLL 会产生两类高频时钟——字节时钟和位时钟。字节时钟主要用于 PCS 子层的编码，通过 PCS 子层的编码，把高频字节时钟嵌入到数据信息中。位时钟主要用于在串行器实现并行数据串行化，并把位时钟嵌入到串行数据中，同时实现低速数据信号高速发送。

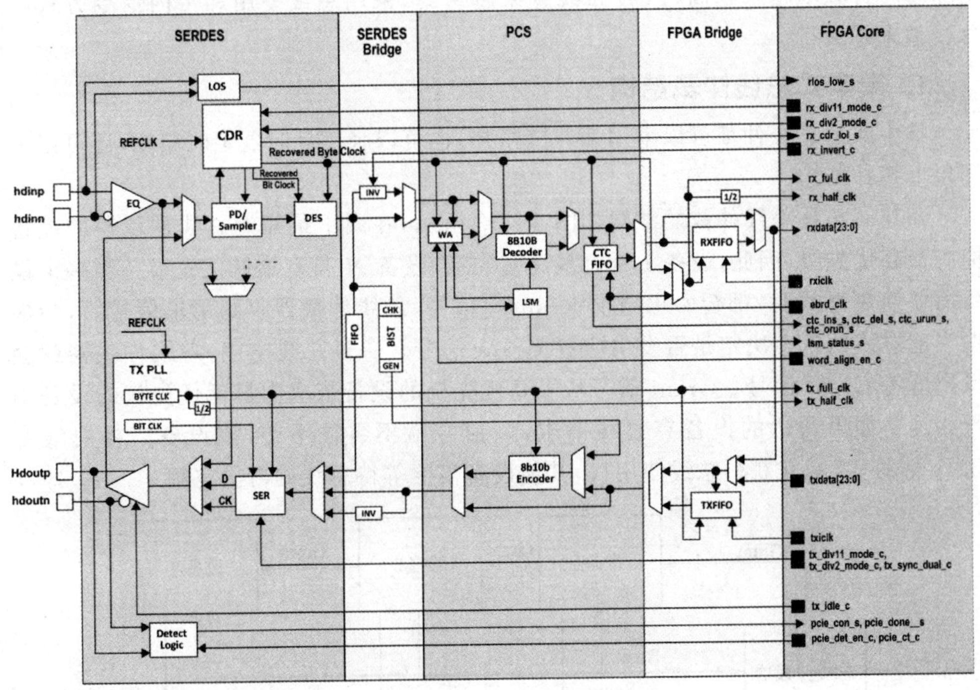

图 6-51 Lattice ECP5 SerDes 示意图*

在接收端，参考时钟 REFCLK 会接入 CDR 电路。CDR 电路的主要功能是进行时钟和数据恢复。其中恢复出来的位时钟将用于接收端解串器的数据解串，恢复出来的字节时钟将用于 SerDes 各个子模块的系统时钟，特别是用于 PCS 子层的解码，恢复数据信息。

6.3.4 总线的仲裁机制

总线在每一个时刻只能被其中的一对设备占有——除非是采用广播传播的方式。当多个设备需要使用总线进行通信时，需要采用某种仲裁策略来选择其中的一

个设备进行通信。根据不同的应用场景，总线的仲裁策略可以有不同的侧重点。通常来说，影响总线仲裁方案的因素在于总线使用权的公平性、总线仲裁的响应时间、总线的通信时间、总线上设备的可扩展性、总线的容错机制以及容错能力。总线的仲裁机制可以采用优先级固定的方式，也可以采用优先级可变的方式；可以采用集中式仲裁，也可以采用分布式仲裁；可以采用硬件显式仲裁的方式，也可以采用硬件隐式仲裁的方式，还可以采用协议仲裁的方式，等等。

总线仲裁一般需要专用的仲裁信号——总线请求信号和总线许可信号，仲裁信号可以采用专用的带外控制信号，或者采用和数据/地址总线复用的方式，也可以采用带内信令的方式。尽管采用总线复用或者带内信令的方式会牺牲一部分带宽，但是随着时钟频率越来越高，PCB 布线越来越密集，采用总线复用和带内信令方式的总线越来越流行。

1. 集中式总线仲裁结构

集中式的总线仲裁可以采用菊花链拓扑，也可以采用计时器定时轮询，还可以采用星形拓扑结构。

菊花链拓扑总线仲裁的结构如图 6－52 所示，在图中最靠近总线仲裁器的设备拥有最高优先级，因此，设备 1 具有最高优先级，设备 N 具有最低优先级。当多个设备需要使用总线时，都会发出请求 Request 信号，总线仲裁器收到请求信号后，会根据当前总线的状态决定是否发出应答 Grant 信号。一旦总线空闲，总线仲裁器就会发出应答 Grant 信号。Grant 信号从最高优先权的设备依次向最低优先权的设备串行相连。如果到达的设备有总线请求，该信号就不再往下传，该设备广播总线忙 Busy 信号，表示它获得总线使用权，其他设备需要等待总线的再次空闲。

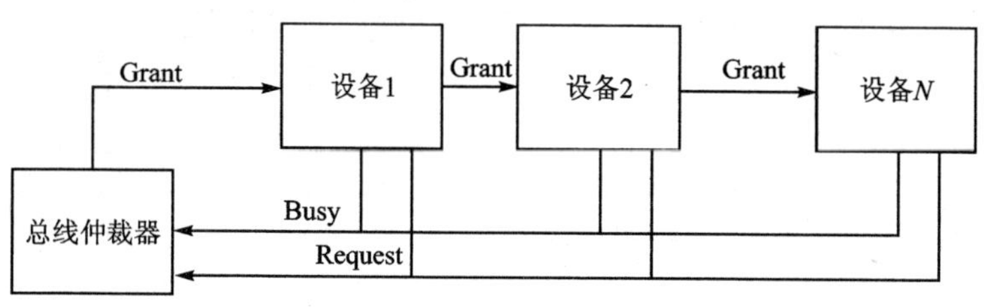

图 6－52　菊花链拓扑总线仲裁结构示意图

如图 6－53 所示，假设 Request1、Request2 和 Request$N$ 均高电平有效，此时，由于 Request1 先接入一个反相器，然后再与 Grant 信号进行串联，其结果作为 Grant2 及后续 Grant$N$ 的必要条件之一，因此 Grant2 及后续设备的应答信号均无效，此时若总线仲裁器发送 Grant 信号，Grant1 则理所当然地有效，使得设备 1 有效。假设 Request1 无效，Request2 和 Request$N$ 有效，由于 Request1 无效，则 Request1 不会影响到后续设备的应答信号，此时 Grant 有效，由于 Request1 无效，则 Grant1 为 0，Grant 信号继续传播到下一级，发现设备 2 有请求信号，则 Grant2 有效，而 Grant$N$

无效，设备 2 获得总线控制权。

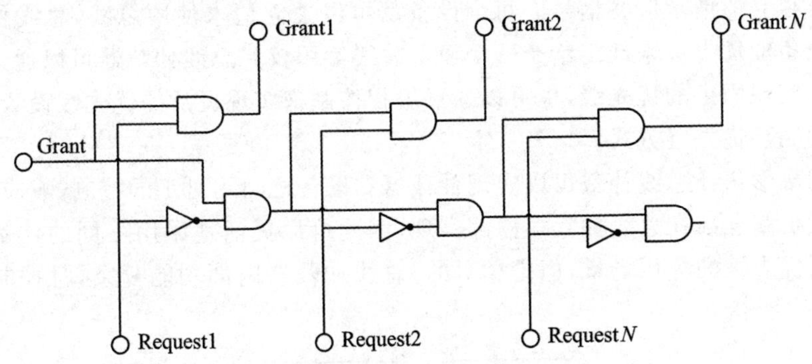

图 6-53　菊花链拓扑总线仲裁逻辑示意图

采用菊花链拓扑总线仲裁的电路结构简单，有较强的扩展性，但是具有强优先级，导致总线分配的不公平，另外，采用菊花链拓扑，如果其中一个设备出现故障，则可能会导致整个电路都出现故障。

计时器定时轮询拓扑总线仲裁的结构如图 6-54 所示，与菊花链拓扑结构相比，少了应答信号，多了一组设备 ID 信号。当有设备需要使用总线时，它将发送请求 Request 信号给总线仲裁器。总线仲裁器内置一个计数器——可以是到点清零计数器，也可以是循环计数器。一旦总线仲裁器接收到请求信号，就把计数器的当前值转化为设备 ID 号并广播给各个设备。每个请求设备都会与此 ID 号码进行比较，如果不匹配，则丢弃；如果匹配，则该 ID 对应的设备被选中，设备获得总线控制权，同时把总线忙 Busy 信号有效，其他设备自动等待下一次总线空闲。总线仲裁器的计数器清 0 或者继续加 1。如果清 0，则该总线仲裁会有优先级；如果继续加 1，则是平等的循环优先级。

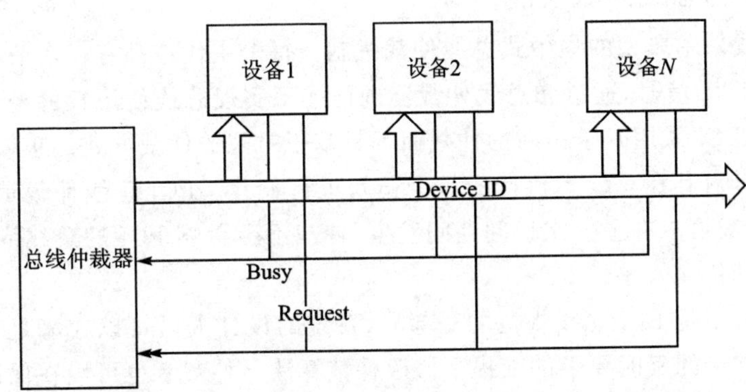

图 6-54　计数器定时轮询拓扑总线仲裁结构示意图

采用计数器定时轮询拓扑总线的优先级可控，但是设备需要增加地址译码逻辑电路，增加了设计的复杂度。

星形拓扑总线仲裁的结构示意图如图 6－55 所示，图中每个设备与总线仲裁器之间都有独立的请求应答信号。每个设备都可以独立请求使用总线，总线仲裁器可以根据设备的优先级来确定给予哪个设备总线使用权。总线仲裁器可以通过内部硬件逻辑来实现固定的优先级，也可以通过编程控制来实现灵活的优先级设置，或者实现平等的循环优先级方式。

采用星形拓扑总线仲裁可以实现仲裁器和设备之间 1 对 1 的控制，响应速度快。整体仲裁机制全部在总线仲裁器内部实现，因此可以灵活地采用不同的仲裁算法来实现不同优先级的应用场景，但是相对的，总线仲裁器内部功能复杂，且控制信号数量众多。

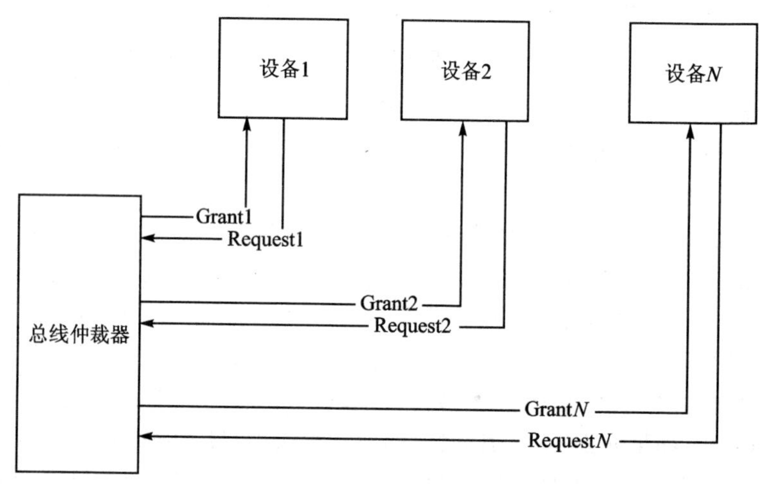

图 6－55　星形拓扑总线仲裁结构示意图

2. PCI 的总线仲裁机制

PCI 总线采用典型的集中式总线仲裁机制。每个主代理都有一个请求(REQ＃)和应答(GNT＃)信号，通过和总线仲裁器进行握手实现总线使用权的控制。为了减小访问延时，PCI 采用基于访问的仲裁而不是基于时隙的仲裁方式。也就是说，总线仲裁器需要针对其在总线上执行的每个访问进行仲裁。PCI 总线仲裁是隐式仲裁，也就是说，仲裁可以在上一次访问期间发生，仲裁不会影响 PCI 的总线周期，从而保证总线带宽和传输效率。

仲裁算法不是 PCI 总线规范的一部分，系统的设计人员可以在满足其所选 I/O 控制器和附加卡的延时要求的前提下修改仲裁算法。仲裁者也可以在保证公平原则的前提下灵活地确定请求的优先级和权重。

为了避免死锁，总线仲裁器需要实施公平算法确保每个潜在的主代理都具有独立于其他请求的访问权限。一般的方式是一旦当前主代理取消声明其 REQ＃，总线仲裁器必须把总线访问权授予新代理。但是需要注意的是，总线的公平算法不代表每个代理对总线具有平等的访问权限。

图 6－56 所示是一个基本的 PCI 总线仲裁逻辑示意图。在 PCI 时钟的作用下，REQ＃－a 在时钟 1 之前就请求使用 PCI 总线。PCI 总线仲裁器通过使能 GNT＃－a 信号给予代理 A 访问总线的权限。此时，因为 FRAME＃和 IRDY＃信号无效，总线处于空闲状态，因此代理 A 可以在时钟 2 开始进行总线传输事务。从图中可以看出，在时钟 3 时刻，FRAME＃有效，代理 A 开始进行总线传输事务，并且想一直进行总线事务处理，因此它一直保持 REQ＃－a 有效。由于当前代理 B 也在通过 REQ＃－b 请求访问总线，因此当代理 A 传输完第一个总线事务时，总线仲裁器决定由代理 B 来接收总线访问权限，因此，在时钟 4 时刻，使能 GNT＃－b，同时使 GNT＃－a 无效。

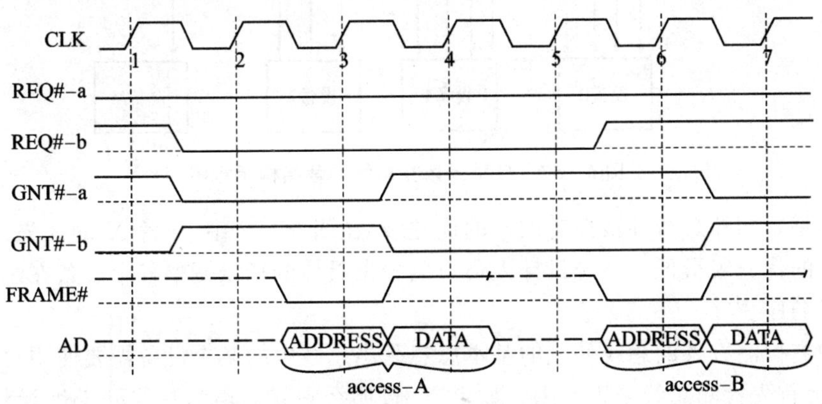

图 6－56　PCI 基本的总线仲裁逻辑示意图

当代理 A 在时钟 4 上完成总线传输事务时，它将放弃总线。FRAME＃ 和 IRDY＃置为无效，总线上所有代理都将侦测到此信号以确定当前事务的结束。代理 B 在时钟 5 时刻拥有总线访问权并在时钟 7 时刻完成其总线传输事务。

在时钟 6 时刻，REQ＃－b 无效，而 FRAME＃有效，表示代理 B 只需要完成单个总线传输事务，而此时 REQ＃－a 一直有效，因此总线仲裁器将会再次把总线访问权授予代理 A，以便代理 A 继续完成其他的总线传输事务。

如果总线的所有者需要继续传输总线事务，就需要一直保持 REQ＃有效。如果在传输过程中，没有其他代理请求或者当前代理具有最高优先级，则当前代理将一直拥有总线访问权。

3. 分布式总线仲裁

分布式总线仲裁最大的特点就是没有集中的总线仲裁器，通过总线上各个需要使用总线的设备进行相互握手从而决定哪个设备拥有总线的使用权。分布式总线仲裁可以采用自举式总线仲裁，也可以采用冲突检测方式仲裁。

如图 6－57 所示，在自举式拓扑总线中，一旦设备准备请求使用总线，它将发出使用总线的请求信号，同时检测比自身优先级高的设备是否也在进行总线使用请求。

如果有，则本设备无法立即使用总线，否则，就可以立即使用总线，并通过总线忙信号广播给总线上的其他设备，阻止其他设备使用总线。当总线拓扑逻辑固定后，最低优先级的设备只能在总线上其他设备都不需要使用总线的时候，才能获得总线控制权，因此，最低优先级设备只需要监听其他设备的请求信息，而不需要再发出请求信息。

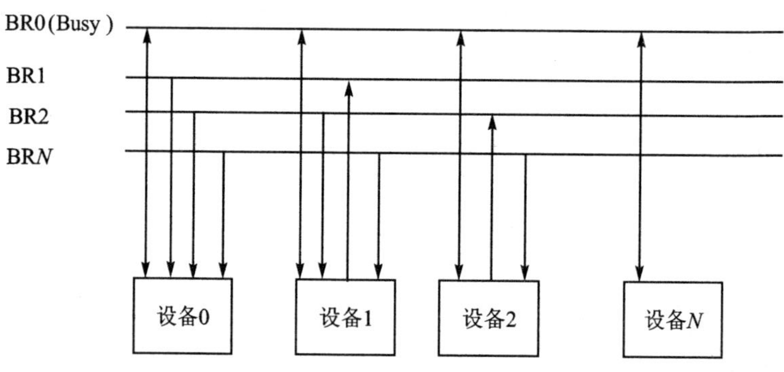

图 6-57　自举式拓扑总线仲裁结构示意图

自举式拓扑总线仲裁拥有固定的优先级，在图 6-57 中，设备 N 的优先级最高，设备 0 的优先级最低。系统设计人员可以根据具体的场景调整各个设备在总线中的优先级顺序。

冲突检测方式的总线仲裁的基本思想是当总线中的某个设备需要使用总线的时候，它会首先检测总线是否空闲。如果空闲，那么它就会声明总线处于忙碌状态，并默认使用总线。但是，由于没有任何握手信息，因此在某个时刻，总线中的多个设备可能会同时检测到总线空闲，这时可能会同时使用总线，导致总线发生冲突。因此，总线设备在进行数据传输的过程中，会同时侦听总线是否发生了冲突。如果发生了冲突，则发生冲突的设备会同时停止传输，并启动一个随机延时，延时后再重新启用总线。典型的冲突检测方式的总线仲裁是网络通信协议中的 CSMA/CD(Carrier Sense Multiple Access/Collision Detect，带有冲突检测的载波侦听多路访问)协议，其基本思想如图 6-58 所示。

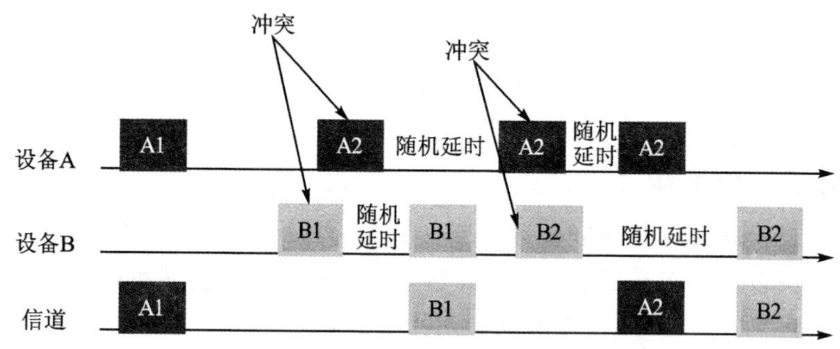

图 6-58　冲突检测方式的总线仲裁示意图

因此，冲突检测方式的总线仲裁每个设备的优先级平等，都可以独立使用总线，同时由于没有额外的带外控制信号，因此整体走线简单、简洁。但由于冲突的不确定性，因此传输延时和通信响应也存在不确定性。

4. I^2C 的总线仲裁机制

I^2C 总线采用分布式隐式仲裁的方式，它不借助额外的带外控制总线，而只是通过地址信息以及竞争主设备发送的数据进行仲裁，决定哪个主设备获取总线控制权。在这个过程中，没有中央总线仲裁器，总线也没有任何定制的优先权。

当总线空闲时，需要使用总线的主设备可以启动数据传输，每个主设备都会在 I^2C 总线上产生一个规定的起始条件。当 SCL 信号为高电平时，仲裁就会在 SDA 信号上发生。此时如果其他主设备在 SDA 上发送低电平，则发送高电平的主设备就会断开它的数据输出级，失去总线使用权。

I^2C 总线仲裁可以持续多个数据位。根据 I^2C 总线协议，一旦开启总线传输，接下来就是传输要访问的从设备的地址信息。因此，仲裁接下来将通过比较地址位信息来实现。如果每个主设备都是尝试寻址相同的从设备，则仲裁将继续比较数据位（主设备—发送器）或比较响应位（主设备—接收器）。因为 I^2C 总线接口是三态门，因此在仲裁过程中，赢得仲裁的主设备的地址和数据信息不会丢失，丢失仲裁的主设备在丢失仲裁前都可以产生时钟脉冲信号。如果主设备同时兼有从设备的功能，并且在寻址过程中丢失了仲裁，则很可能它本身就是赢得总线仲裁的主设备所寻址的从设备，因此需要马上切换为从设备模式。

图 6－59 所示为 I^2C 总线上两个主设备的仲裁过程，DATA1 和 DATA2 分别表示两个主设备的数据线，从图中可以看出，仲裁从 I^2C 总线开启时开始，持续了数个时钟周期，直到在传输地址期间，DATA1 输出了高电平，而此时的 DATA2 输出低

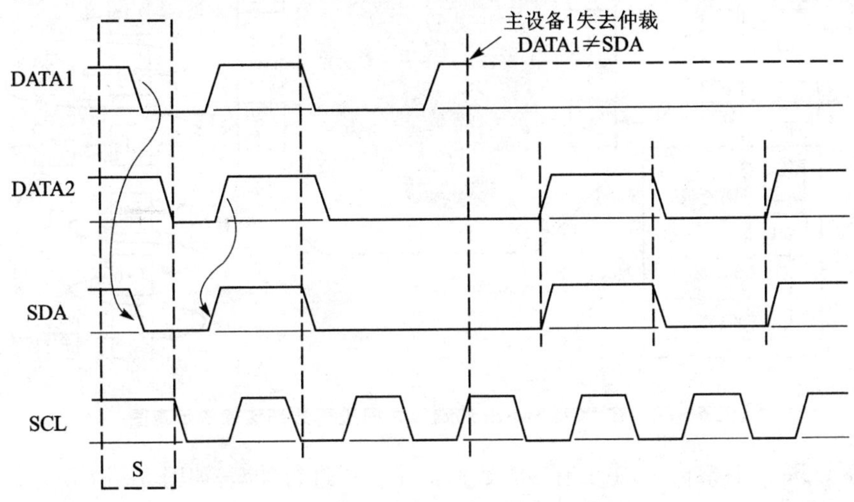

图 6－59　两个 I^2C 主机仲裁过程示意图

电平，根据线与逻辑，此时 SDA 将输出低电平，DATA1 的电平与 SDA 的电平出现不匹配，信息丢失，主设备 1 失去仲裁，关闭数据输出接口，主设备 2 获得总线使用权，将继续进行总线传输。

显然，I^2C 总线在进行仲裁的同时不会影响总线传输带宽，保证了 I^2C 总线传输的效率。但是由于没有额外的带外控制总线，I^2C 仲裁在某些情况下不能进行，包括重复起始条件和数据位、停止条件和数据位、重复起始条件和停止条件。I^2C 总线永远都是主设备主动发起总线传输，从设备被动接收的主从协议，因此从设备不卷入仲裁过程。

5. PCIe 总线仲裁机制

在 PCIe 总线的体系架构中，存在着多端口 PCIe RC 和 Switch。当多端口 RC 的端口之间进行互相访问或者多个端口下的 EP 需要访问 Switch 的另外一个端口时，就需要进行 PCIe 总线仲裁。图 6-60 所示为一个简单的在 PCIe Switch 的端口之间进行数据传输的示意图，图中每个小矩形表示一个数据帧，小数点前的数字是数据帧的目标 Egress 端口，小数点后的第一个数字是数据帧的源 Ingress 端口。小矩形的颜色代表不同的 VC，也就是不同的优先级。如 2.0 就表示数据帧从端口 0 发送给端口 2。

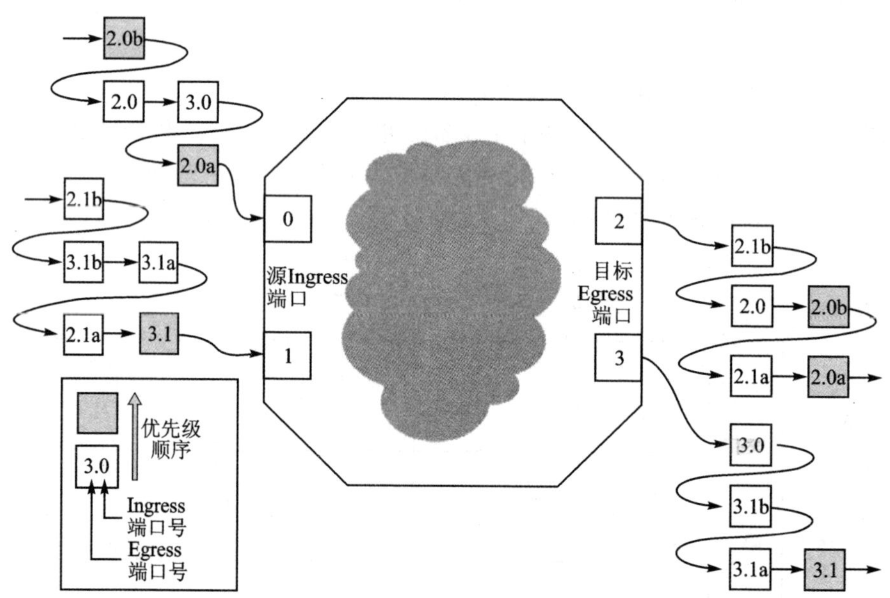

图 6-60 在 PCIe Switch 的端口之间进行数据传输的示意图

在 PCIe 体系架构中，主要有三类数据传输情形进行仲裁，如图 6-61 所示。第一类数据传输是多端口 RC 的端口互相访问的情形。如图 6-61 所示，当 RC 的端口 1 和端口 3 都需要访问端口 2 下的 EP C 时，就需要通过 RC 内部的仲裁机制来决定端口的访问顺序。

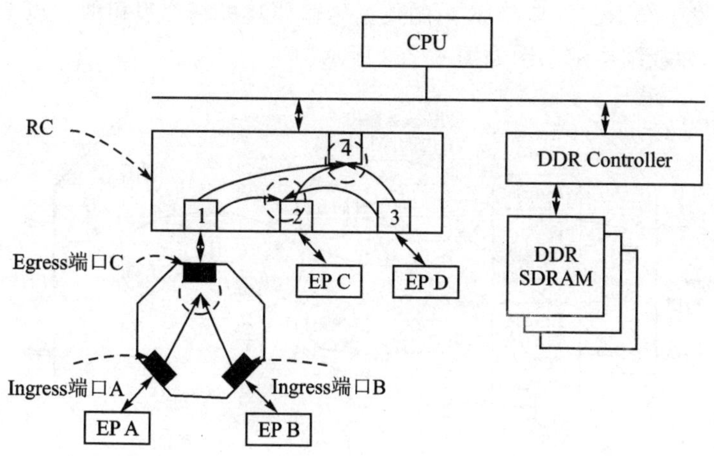

图 6-61　PCIe 总线仲裁机制示意图

第二类数据传输是发生在 PCIe Switch 端口相互访问的情形。PCIe Switch 每个端口都是全双工双向通信端口，也就是说，同一个端口既可以是 Egress 端口，也可以是 Ingress 端口，如图 6-62 所示。当来自多个不同的 Ingress 端口的数据需要传送到同一个 Egress 端口时，如图 6-61 中，EP A 和 EP B 需要访问 RC 下的 EP C、EP D 或者 DDR SDRAM，就需要通过 Egress C 端口，此时就需要解决端口仲裁和数据路由的问题。

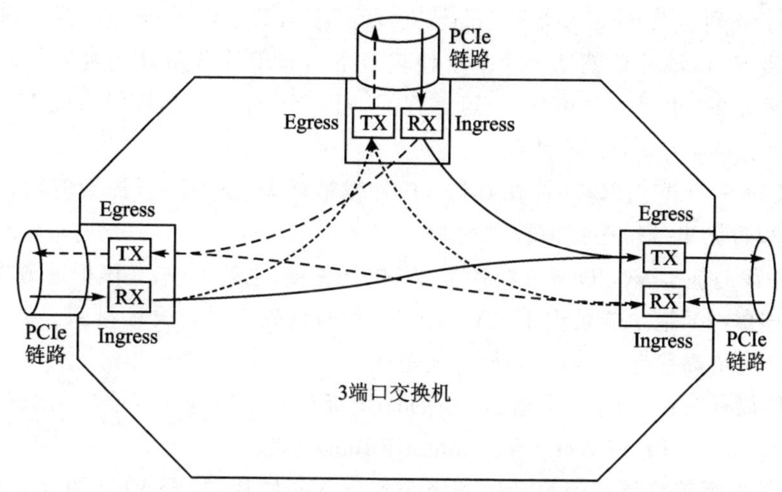

图 6-62　3 端口 PCIe 交换机 Ingress 和 Egress 端口信号传输示意图

第三类数据传输是发生在 RC 访问主存储器的情形。如图 6-61 所示，当 RC 的端口 1、2、3 需要访问主存储器 DDR SDRAM 时，就需要通过 RC 的 Egress 端口 4，因此在 RC 内部，需要在 Egress 端口 4 的内部对来自 RC 其他端口的数据进行仲裁和数据路由，确定数据传输的优先级和顺序。

这三类发生在 RC 和 Switch 内的数据传输仲裁机制都很相似。以 PCIe Switch 为例，其内部仲裁结构示意图如图 6-63 所示。

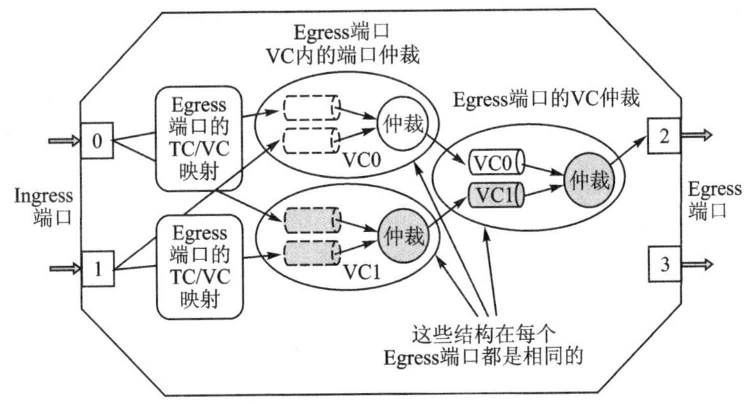

图 6-63　PCIe Switch 仲裁结构示意图

从图 6-63 中可以看出，在 PCIe Switch 内部，数据帧从 Ingress 端口输送到 Egress 端口，需要经过两个步骤。首先，基于 TLP 帧头内的地址/路由信息确定目标 Egress 端口，其次基于 Egress 端口的 TC/VC 映射图来确定 Egress 端口的目标 VC。在将相应资源转发给目标 Egress 端口前，需要针对该 Egress 端口的来自不同 Ingress 端口但是以相同 VC 为目标的事务进行仲裁，这种仲裁就称为端口仲裁。

一旦事务到达 Egress 端口的目标 VC，就必须对共享链接进行仲裁。从 Egress 端口的角度来看，该仲裁就是一个基于仲裁策略的简单的多路复用机制。该仲裁策略可以是固定的，也可以是可配置/可编程的，同一个 Egress 端口的不同 VC 之间的仲裁称为 Egress 端口的 VC 仲裁。

在 PCIe Switch 内部，还存在着与 VC 仲裁策略无关的管理/控制逻辑，管理/控制逻辑必须遵循事务排序和流控制规则。

VC 仲裁是基于 VC ID 来分配各个 VC 的优先级，也就是说，在虚拟通道功能结构或者多功能虚拟通道功能结构中，VC ID 按照相对优先级进行升序排列。如图 6-64 所示，VC7 为最高优先级，VC0 为最低优先级。

VC 仲裁有三种不同的策略：严格的优先级(Stric Priority)策略、循环(Round Robin)策略和加权循环(Weighted Round Robin)策略。

严格优先级策略是基于固定优先级来实现 VC 仲裁的，即 VC0 的优先级最低，VC7 的优先级最高。严格的优先级仲裁可以为高优先级事务提供最小的延迟。但是如果不能正确应用，则可能出现带宽不足的风险。因此，需要对所有高优先级事务进行最大峰值带宽和链路使用持续时间方面进行监管。系统软件必须进行相应配置，以便有足够的速率为低优先级的事务提供服务，从而避免超时。

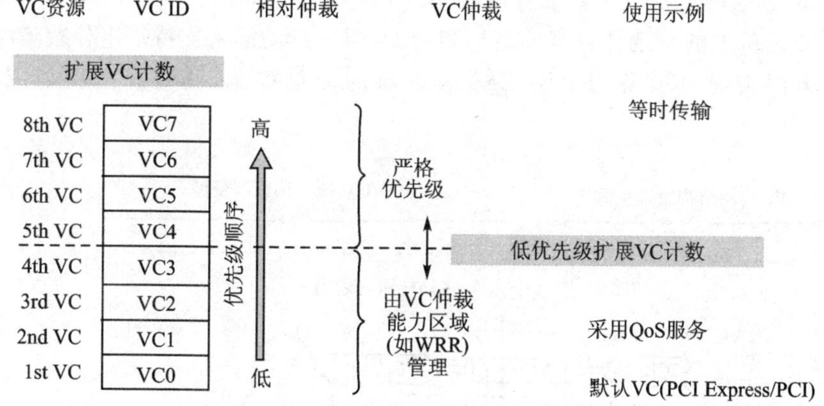

图 6-64　VC ID 及优先顺序示意图

循环策略是最简单的仲裁方式。其最大的特征就是所有 VC 都具有相同的优先级。所有的事务处理都具有相等的机会，该方案常用于需要采用相同优先级来服务不同的无序的数据流的情形。

加权循环策略是通过可编程权重系数来决定服务水平。加权循环策略的一个关键应用是对 QoS 策略的支持，即可以使用不同的权重来提供不同的 QoS 级别。因此，加权循环策略通常无法应用在那种不使用严格优先级方案但又不会冒低优先级流量的风险的场景。它通过允许每个仲裁环路至少赢得一个仲裁获胜，从而在流量争用中提供公平性。这意味着它限制了来自不同 VC 的流量的仲裁延迟。

如果硬件为 VC 资源的子集支持严格的优先级仲裁，软件可以把 VC 配置成两个优先级组——高优先级组和低优先级组。高优先级组支持严格优先级策略，低优先级组则可以灵活地配置成以上三种仲裁策略之一。低优先级组只有在高优先级组中没有要处理的数据帧时才被仲裁。在图 6-64 中，VC0～VC3 构成低优先级组，VC4～VC7 组成高优先级组。

端口仲裁也有三种不同的策略：硬件固定的仲裁方案，例如循环策略、可编程的加权循环仲裁策略以及可编程的时基的加权循环仲裁策略。

硬件固定的循环策略或者类似循环策略的方案是最简单的实现方式。它不需要任何编程，所有端口都具有相同的优先级。其一般应用于不需要软件管理差异化或者基于每个端口的带宽预算的应用场景。

可编程加权循环策略较为灵活，因为它既可以以循环策略运行，又可以对差异进行管理，将不同的权重应用于来自不同端口的流量。此方案通常用于需要为不同端口提供不同带宽分配的场合。

可编程的时基加权循环策略一般应用于那些不仅需要进行不同带宽分配，而且需要严格控制带宽使用的场合。该方案允许在一个固定的时间内对来自不同端口的流量进行控制，流量需要严格满足期限要求——在同步服务中，这个是必需的。

PCIe 总线内部通过多功能仲裁模型(Multi - Function Arbitration Model)定义了多功能设备中的可选仲裁基础结构和功能,通过此功能来支持一组仲裁策略,在多个功能方面实现对设备的上游 Egress 端口的流量控制,其概念模型如图 6 - 65 所示。

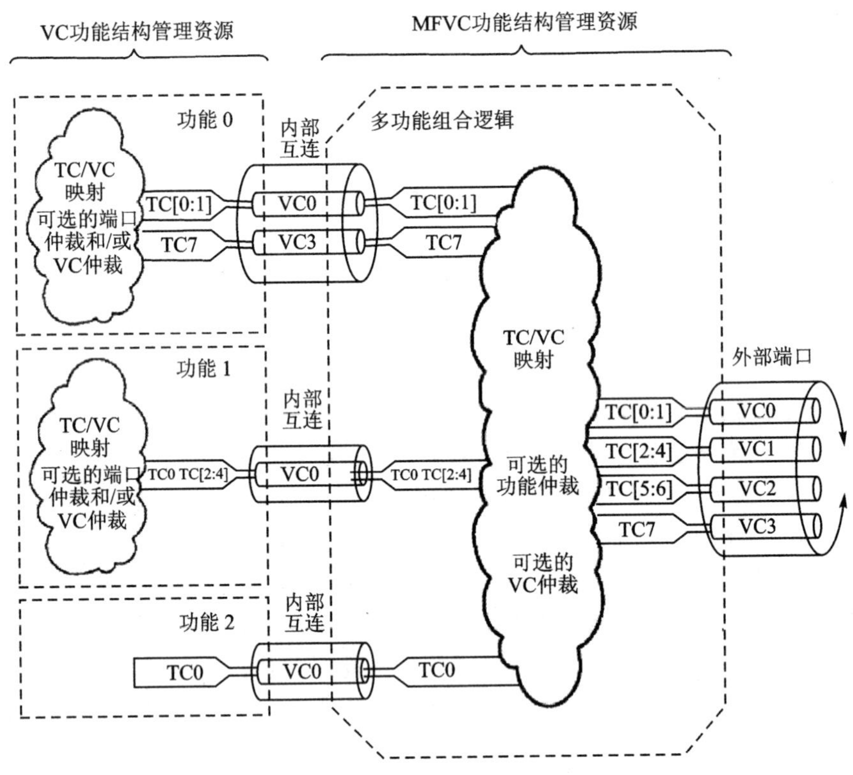

图 6 - 65　多功能仲裁概念图

图 6 - 65 中,每个功能都包含了一个 TC/VC 映射、一个可选的端口仲裁和一个可选的 VC 仲裁。VC 仲裁用于管理 TC/VC。MFVC(Multi Function Virtual Channel,多功能 VC)功能结构用于管理设备的上游 Egress 端口的 TC/VC 映射、可选功能仲裁和可选 VC 仲裁,共同为上行请求启用了增强的 QoS 管理。需要注意的是,多功能设备模型不支持针对功能之间的对等请求或下游请求的完整 QoS 管理。

源自功能的上行请求的 QoS 的管理采用如下机制进行。

首先,一个特定功能的机制将一个 TC 标签应用于该请求,如果该功能包含 VC 功能结构,则它将指定 TC/VC 映射到功能的 VC 资源之一,并支持 VC 资源的启用和配置。如果该功能是 Switch,并且目标 VC 资源支持端口仲裁,则此机制将控制该 Switch 的多个下游 Ingress 端口对该 VC 资源进行仲裁。如果端口仲裁机制支持时基加权循环仲裁策略,则还会控制来自每个下游 Ingress 端口的请求输入速率。

如果该功能支持VC仲裁，则此机制可以管理该功能的多个VC资源如何仲裁与MFVC资源的概念性内部链接。如果MFVC功能结构支持VC仲裁，则该机制将控制MFVC的多个VC如何竞争设备的上游Egress端口。

6.4 总线的编码

当信号从总线的源端发送到目的端前，需要进行总线编码。总线编码有两种方式：一种是信源编码，另一种是信道编码。信源编码主要是为了提高编码的有效性，减少冗余，更加有效、经济地传输。而信道编码则是为了确保经过信源编码的码字序列不会在传播过程中由于传输线的非理想特性而导致数据丢失、突变而产生的编码方式，以提高信号在信道的可靠性。

不同的总线编码方式具有不同的频谱结构，需要根据信道的传输特性来决定。通常来说，信号都需要通过传输线进行传播，传输线的带宽是有限的，而且呈现低通特性，因此，信号编码需要减少信号的直流分量，降低信号的高频分量，节省频宽，减小串扰。同时，大部分高速串行信号都会采用嵌入式时钟方式，因此编码需要便于提取定时时钟，以便接收端实现同步控制。编码方式越简单越好，以便减小编码和译码的复杂度。编码最好具有一定的纠错能力。

常见的高速总线编码方式有NRZ(Non-Return to Zero，非归零编码)、AMI(Alternate Mark Inversion，信号交替反转码)、HDB3(High Density Bipolar of order 3，三阶高密度双极性码)、曼彻斯特编码、差分曼彻斯特编码等方式。NRZ编码是最简单的编码方式，采用二进制0和1分别表示低电平和高电平，编码后的速率不变，含有明显的直流成分。与该编码类似的还有NRZI(Non-Return to Zero Inverted，非归零反转码)、RZ(Return to Zero，归零编码)等编码，这些编码都不能保证信号中不包含连续0或连续1的出现，因此不利于进行时钟恢复。图6-66所示为NRZ和RZ编码的示意图，从图中可以看出，NRZ和RZ的码元宽度相同，但占空比不同，因此信号频谱也不同。

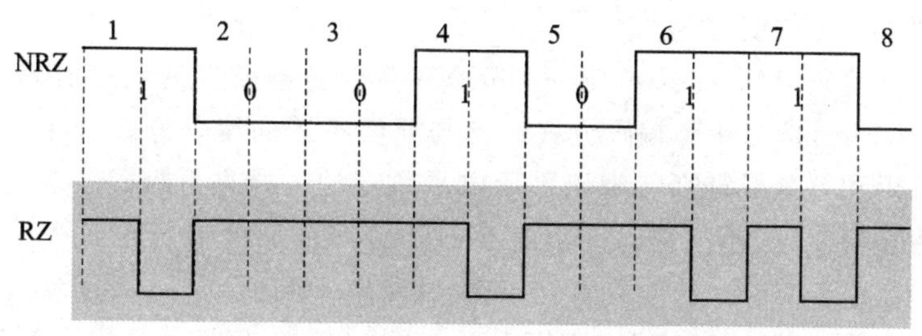

图6-66 NRZ和RZ编码示意图

AMI码和HDB3码都属于双极性码，与NRZ等编码方式不同，AMI码和HDB3码采用0、+1、-1进行编码，属于三元码。严格来说，HDB3码是对AMI码的改进，也可以归类到 AMI 编码类型。在 AMI 编码中，输入 0 依旧采用 0 表示，输入 1 则交替变换为+1，−1，假设有消息序列 1001100011，则其编码如图 6−67 所示。

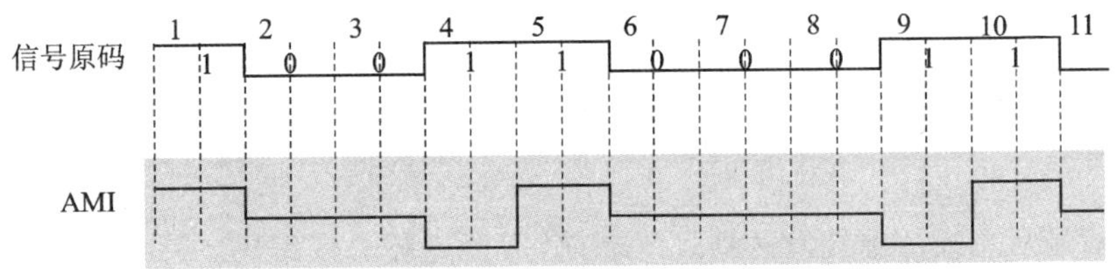

图 6−67 AMI 编码示意图

显然，AMI 可以消除直流分量，低频成分也很少，但是不能避免出现长 0 的情况，导致提取定时时钟困难。

HDB3 编码继承了 AMI 编码的优点，其基本的编码规格和 AMI 一样，但是增加了一个破坏点 V。所谓的破坏点 V，就是指每 4 个连续 0 的小段的第 4 位。+V、−V 交替出现，当出现破坏点 V 时，V 的极性与连 0 串前的非 0 符号的极性相同。当相邻 V 之间有偶数个非 0 符号时，则定义紧邻非 0 符号后的连 0 小段的第一位为 B，B 的极性与相邻前一非 0 符号的极性相反，V 的极性与 B 相同，V 后面的非 0 符号极性从 V 开始调整。假设有消息序列：100001100001，采用 HDB3 编码如图 6−68 所示。

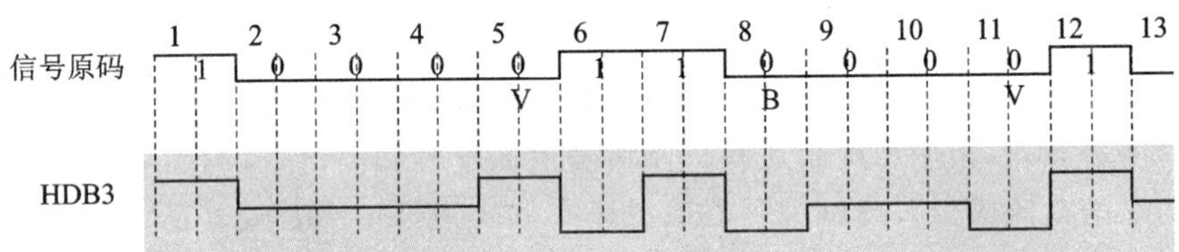

图 6−68 HDB3 编码示意图

显然，与 AMI 编码一样，HDB3 编码可以消除直流分量，而且最大长 0 宽度为 3 个码元宽度，消除了长 0 的情况，便于提取定时时钟，另外，一旦能够确认破坏点 V，则可以立即断定此前三位为 0。

曼彻斯特编码（Manchester Encoding）和差分曼彻斯特编码（Differential Manchester Encoding）是另一类编码方式。其与前面所述的编码方式采用的电平不同，曼彻斯特编码和差分曼彻斯特编码采用电平跳变的方式进行编码。因此，曼彻斯特编码又称为自同步码、相位编码（Phase Encoding，PE）。曼彻斯特编码有两种不同的方式：依据 G. E. Thomas 的编码方式，信号从高电平到低电平的跳跃代表 1，从低电平到高电平的跳跃代表 0；依据 IEEE 802.3 编码方式，信号从高电平到低电平的跳跃代表 0，从低电平到高电平的跳跃代表 1。在使用曼彻斯特编码时要特别注意。采用这种跳变方式可以使总线源端和目的端的时钟保持一致。

差分曼彻斯特编码是曼彻斯特编码的一种变形。与曼彻斯特编码一样，在每个时钟位的中间都有一次跳变，传输的是"0"还是"1"则是通过每个时钟有效边沿开始处是否有信号跳变来表示。如果在时钟有效边沿发生跳变，则传输的为 0，否则传输的为 1。因此，检测信号跳变更加可靠，对噪声的抗干扰能力更强。图 6-69 所示为曼彻斯特编码和差分曼彻斯特编码的示意图。

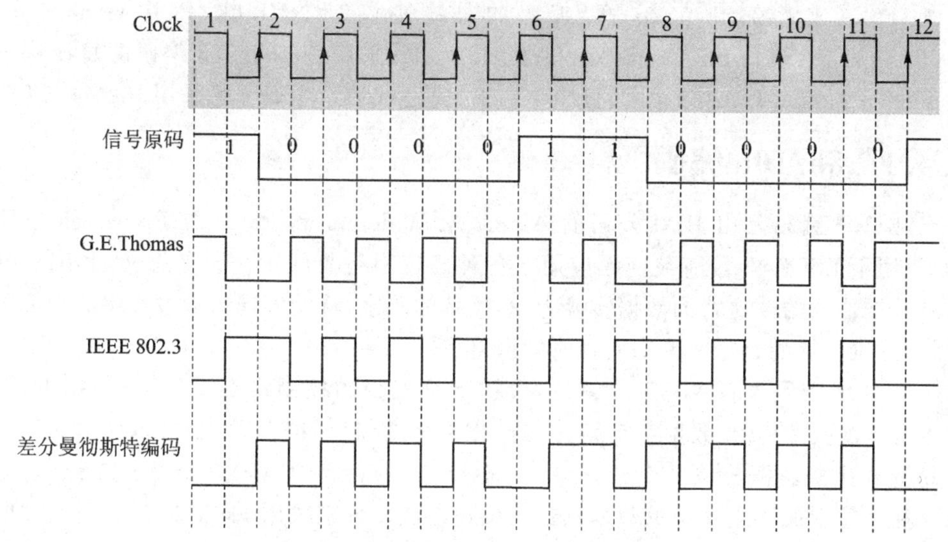

图 6-69　曼彻斯特编码和差分曼彻斯特编码示意图

从图 6-69 中可以清晰地看出，采用 G. E. Thomas 编码方式就是把信号原码与时钟信号做同或逻辑，而 IEEE 802.3 则是采用异或逻辑，这样很容易就可以实现时钟嵌入和提取，但是曼彻斯特编码的频率要比 NRZ 高一倍，传输等量数据所需的带宽要大一倍。

以上的几种编码方式在通信网络物理层中有着广泛的应用，如表 6-2 所列。

表 6-2　网络通信中总线编码的部分应用表

接口类型	速　率	编码方式
E1	2.048 Mb/s	HDB3
E3	34.368 Mb/s	HDB3
STM-N0	(155.52×N)Mb/s	NRZ
10Base-T	10 Mb/s	曼彻斯特编码
100Base-FX	100 Mb/s	NRZI
1000Base-SX/LX	1 000 Mb/s	NRZ

随着高速串行总线的速率不断提高，特别是 PCIe 总线、10G 网络、SATA、SAS 等，需要更加高效的编码方式，最主要是 8b/10b 编码、64b/66b 编码、128b/130b 编码、128b/132b 编码、PAM4 编码。其中，目前大多数高速串行标准都采用 8b/10b 编

码方案，例如 SCSI、SATA、光纤链路、GbE 以太网、XAUI(1 吉比特接口)、PCIe 总线、InfiniBand、Serial RapidIO、HyperTransport、DVB - ASI 以及 IEEE1394b 接口(火线)等；采用 64b/66b 编码的总线协议有 10/40/100G 以太网、Xilinx Aurora、Camera Link HS、CPRI、Fibre Channel 10GFC、InfiniBand 和 Thunderbolt 等；采用 128b/130b(或者 128b/132b 等)编码的总线协议有 NVLink、PCIe Gen3/4/5、SATA 3.2、SAS4、USB3.1 和 DisplayPort2.0 等；采用 256b/257b 编码的总线协议有 Fibre Channel Gen6/7/8。超过 50G 的高速总线协议编码一般采用 PAM4 编码。

6.4.1 8b/10b 编码

8b/10b 编码是由 IBM 公司的 Albert X. Widemer 和 Peter A. Franzszek 发明的，应用于 ESCON，目前被广泛应用在各种高速串行总线中。顾名思义，其编码方式就是把输入的 8 比特的数据转换为 10 比特的码字，从而实现传输过程中的直流平衡，并提供足够的状态改变来实现时钟恢复。

8b/10b 编码含有两类字符编码：数据字符编码和控制字符编码，分别用 Dx.y 和 Kx.y 表示。其中，数据字符编码共有 256 组，控制字符编码 12 组。具体编码方案是把 8 比特数据分成 2 个子分组——分别由最高的 3 位(y)和最低的 5 位(x)组成。高 3 位形成子组 y 中的数据从最高位到最低位分别采用 H、G、F 表示，采用 3b/4b 编码方式，编码后的数据分别记为 j、h、g、f。低 5 位形成的子组 x 中的数据从最高位到最低位分别采用 E、D、C、B、A 表示，采用 5b/6b 编码方式，编码后的数据分别记为 i、e、d、c、b、a。最后把编码后的 2 个子分组再组合成 10 比特的编码值。其编码映射示意图如图 6 - 70 所示。

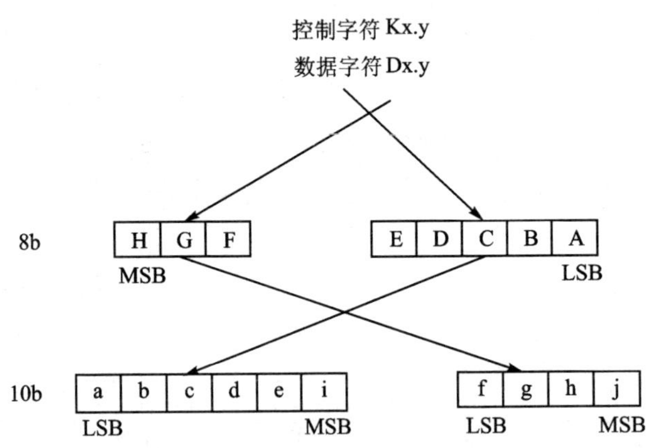

图 6 - 70　8b/10b 编码映射示意图

如果 4 bit 和 6 bit 的分组中“0”和“1”的数量相等，则是完美的直流平衡，称为完美平衡代码，在这种情况下，无须任何补偿措施，但是这种情况的编码值有限，4 bit 的子分组中只有 6 种是完美平衡的，而 6 bit 的子分组中也只有 20 种是完美平衡的。

因此,针对非完美平衡代码,8b/10b 需要使用极性偏差(Running Disparity,RD)来表示不均等性。当 10 bit 中的 1 多于 0 时,采用 RD+表示;反之,采用 RD-表示。利用这种不均等性可以使发送的“0”“1”数量保持一致,并且连续“1”或“0”不超过 5 位。

【例 6-1】 假设有一组 8 位数据 10100011,请采用 8b/10b 的编码方式对其进行编码。

解: 首先把该 8 位数据分为两组,分别是 101 和 00011,分别用 x 和 y 表示。x=3, y=5,因此,可以表示为 D3.5。

对 x 采用 5b/6b 编码,可以通过 5b/6b 编码查找表得知,当 RD=-1 或者 RD=+1 时,D.03 均为 11001。

对 y 采用 3b/4b 编码,可以通过 3b/4b 编码查找表得知,当 RD=-1 或者 RD=+1 时,Dx.5 均为 1010。

因此,编码后的数据为 110011010。

例 6-1 所示为一个完美平衡代码。通常情况下,编码并不是完美平衡的,在编码过程中需要根据前一个编码的 RD 来进行补偿。从编码进程来看,5b/6b 编码在前而 3b/4b 编码在后,用于当前 5b/6b 编码的 RD 是前一个字节编码所产生的 RD。如果是接收或发送的第一个字符,则是初始化的 RD 值,一般为负极值偏差值 RD-。5b/6b 编码所生成的 RD,将用于本字符的 3b/4b 编码,因此整个字节编码所生成的 RD 值是由 3b/4b 编码获得的。

当编码器开始工作时,首先检查编码器内 RD 的初始值,如果是 RD-(一般是 RD-),则编码器会进行 8b/10b 查表,输出对应的 10 bit 的输出并检查是否为完美平衡代码,如果是,则 RD 值继续保持为当前状态,否则改为 RD+值。同样,如果是 RD+值,则编码器选择 RD+的状态下对应当前 8 bit 输入的 10 bit 输出值,并检查是否为完美平衡代码。如果是,则 RD 值继续保持为 RD+,否则改为 RD-值。其 RD 状态跳转及编码流程图如图 6-71 所示。

由上可知,通过交替使用 RD-和 RD+栏下的编码输出值,使差分信号的直流分量尽量小,很好地解决了直流补偿问题,使链路传输不会因为时间推移而出现直流漂移,同时保证了数据转换密度,确保传输过程中不会出现 5 个以上的连 0 或连 1 的状况,使接收端的 PLL 能够正常工作,简化了接收端成本。另外采用 8b/10b 编码还可以检测任意可能破坏不平衡的代码。如假设连续出现两个同极性 RD,且第二个数据对应的输出编码不是完美平衡代码,则显然是接收出错,或者编码出错。因为前一个 RD 为 RD+时,当前输出只能是完美平衡代码或者 0 比 1 多的代码,或者前一个 RD 为 RD-时,当前输出只能是完美平衡代码或者 1 比 0 多的代码,否则就是编码违规。但是,8b/10b 编码的整体开销比较大,达到 25%。如果要减小编码开销,64b/66b 编码是一个优化的编码方案。

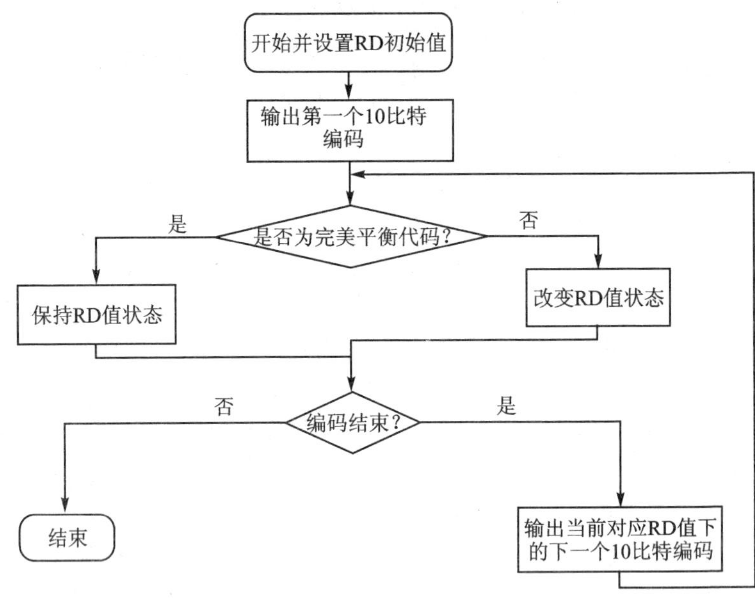

图 6-71 8b/10b RD 状态跳转与编码流程图

6.4.2 64b/66b 编码

顾名思义，64b/66b 编码就是把 64 位的输入/输出通过编码的方式来实现 66 位的输出，使其最大开销为 3.125%。相较于与 8b/10b 编码，其效率明显提升很多。图 6-72 所示为 XGMII 64b/66b 编码原理图。

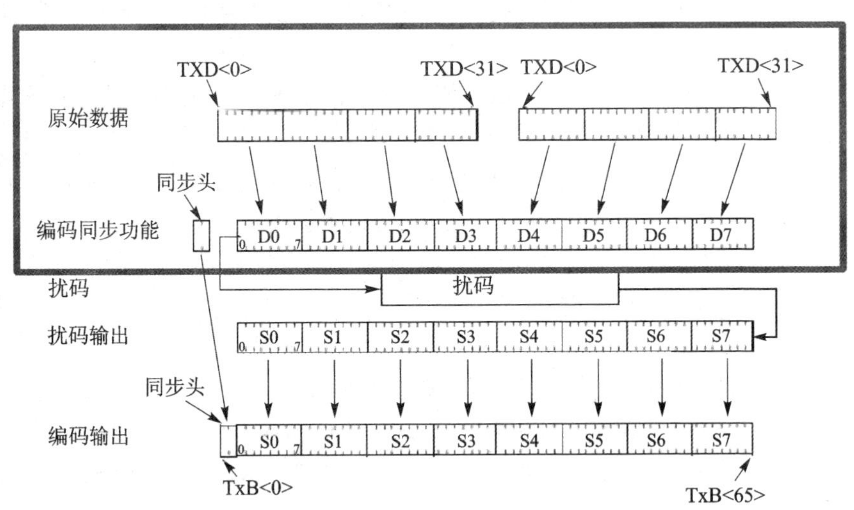

图 6-72 XGMII 64b/66b 编码原理图

从图 6－72 中可以看出，编码同步会生成一个两位的同步头，合并成 66 位。同步头主要用于与接收方的数据向量的对齐以及与比特流同步，其主要有两类不同的同步头：数据同步头和控制/数据混合同步头。数据同步头采用 2b01 表示，表示整个编码后的 66 位数据向量携带的是数据，其表示方式如图 6－73 所示。

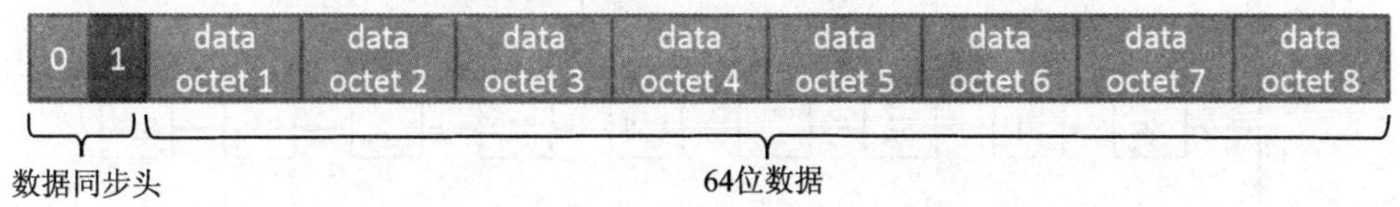

图 6－73　数据向量编码同步示意图

控制/数据混合同步头采用 2b10 表示，表示该 66 位数据向量携带的数据和控制字符，或者只有控制字符，其表示方式如图 6－74 所示。其中 TYPE 为 8 位，表示控制字符的类型以及内部结构。

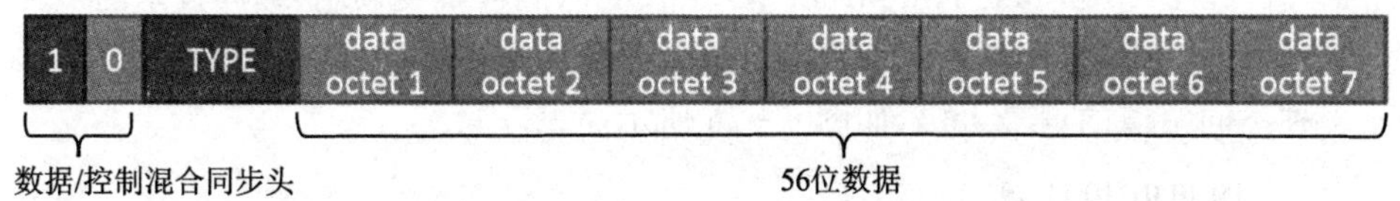

图 6－74　数据/控制向量编码同步示意图

典型的控制字符有开始字符 S、结束字符 T、错误字符 E 以及有效集字符 Q 等。开始字符表示包传输的开始，只能在第 0 和第 4 字节出现，否则就会出错。结束字符意味着包传输的结束，可以出现在 64 位的任意位置。错误字符表示数据流中的错误，可以出现在任何位置，用于在传输路径上的错误中继，有序集字符用于通过链路发送控制和状态信息。

其他的编码 2b00 以及 2b11 是无效同步头，接收端将对其当成错误进行处理。

但是同步头并不能保证紧随其后的 64 位控制/数据信息不会出现长 0 或者长 1，从而导致直流失衡。64b/66b 采用扰码技术将数据重新排列或者进行编码以使其最优化，其原理就是采用扰码多项式对输入数据进行随机化处理过程。64b/66b 编码采用的扰码多项式 1＋X39＋X58，其扰码器的框图如图 6－75 所示。

从图 6－75 中可以看出，整个扰码器就是通过对第 39 位和 58 位进行异或运算，然后再和原始数据进行异或后，通过移位寄存器输出的码型结果，最大程度实现 0 和 1 的随机分布，但不能适应于所有的码型。因此 64b/66b 编码最大的优点是效率高，但不适合所有码型。

128b/130b 编码和 64b/66b 编码的核心原理相似，只是整体开销更低，在此就不做详细讲述。具体可以参考 PCIe 3.0 规范。

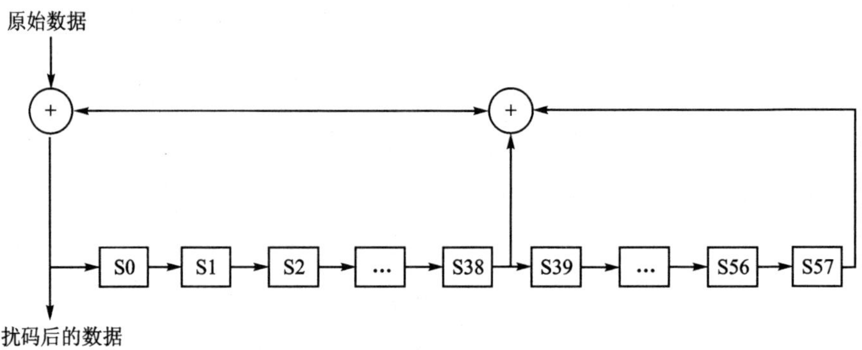

图 6－75　64b/66b 扰码器工作原理图

6.4.3　PAM4 编码

PAM4 是 PAM(Pulse Amplitude Modulation，脉冲幅度调制)编码技术的一种。与 NRZ 编码技术只采用 0 和 1 分别表示信号的高低电平不同，PAM4 采用双比特来表示多种不同幅值的信号电压，如图 6－76 所示。

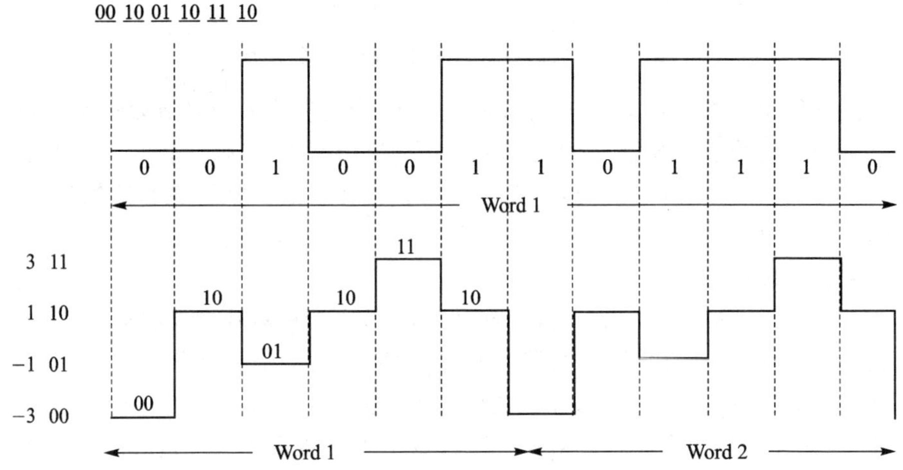

图 6－76　NRZ(上)和 PAM4(下)编码信号波形示意图

从图 6－76 中可以看出，NRZ 编码信号每个时钟周期传输一个比特的逻辑信息，而 PAM4 编码信号可以在每个时钟周期内传输 2 个比特的逻辑信息。如果传输相同的数据信息，采用 PAM4 编码所需要的奈奎斯特频率是 NRZ 编码的一半。PAM4 与 NRZ 编码的功率谱密度示意图如图 6－77 所示。

奈奎斯特频率的降低，会给整个设计编码带来许多好处：一是数据密度加倍，使用相同的采样率可以获得更高的分辨率，提高了传输效率，有效降低了成本；二是可以通过将相同的总噪声功率分布到更宽的频率上，降低带宽中的噪声功率。因此，

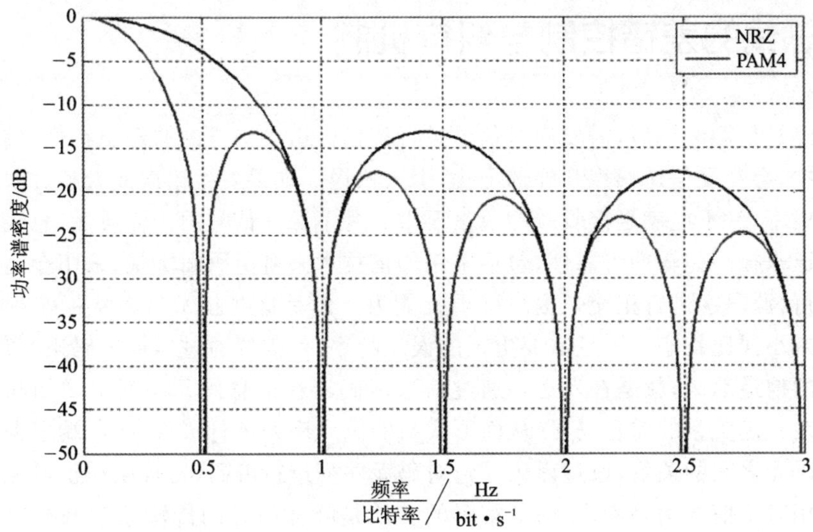

图 6-77　NRZ 和 PAM4 功率谱密度示意图

PAM4 成为了继 NRZ 之后的热门信号编码技术，也是多阶编码技术的代表，被广泛应用在高速总线协议中，目前 IEEE 以太网标准组 802.3 已经确定在 40GE/200GE/50GE 接口中的物理层采用 50 Gbps/lane(简称 50G)PAM4 编码技术。

但是，PAM4 也有一些缺点，其最大的缺点就是，相较于 NRZ 来说，其具有较差的信噪比(Signal Noise Ratio，SNR)。根据其编码技术可知，NRZ 是单眼波形，而 PAM4 是三眼波形，如图 6-78 所示。与类似的 NRZ 编码的信号相比，PAM4 编码信号的幅值是 NRZ 信号幅值的 1/3。由于 PAM4 信号中的电压电平之间的间距较小，因此 PAM4 信号更容易受到噪声的影响。

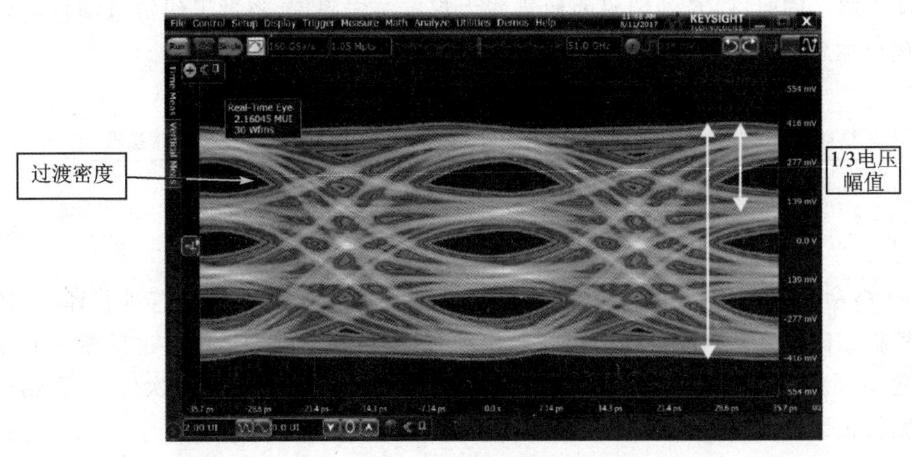

图 6-78　PAM4 编码信号眼图示意图

6.5 总线的差错控制与纠错机制

信号经过信源编码后，需要通过信道进行传输。由于信道的非理想特性，信号在传输过程中，会经受信道噪声和外部干扰，引入错误。如果发生错误或者超过限定的符号误差概率，就不能满足接收端的质量要求。为了保证信号的传输质量，总线会通过多个渠道来提高传输的可靠性，包括采用均衡技术来避免码间干扰，采用合适的编码码型，对信源码字进行正交来提高抗干扰能力。但是这些技术只能从一定程度上来改善和减小误比特率。一旦需要更低的误比特率，就需要通过信道编码来实现。

所谓的信道编码，就是在发送端通过信道编码器在信息码元序列中增加和信息码之间存在一定关系的监督码元，从而形成新的码元序列进行传输，接收端根据信息码和监督码元之间的关系，通过译码逻辑对码元序列进行解码，发现或纠正可能存在的错码。相对于信源编码来说，信道编码的实质是降低信息的传输速率来换取传输可靠度的提升。因此常用编码效率来表示传输的有效性。在一定的可靠度下，需要尽量提升编码效率。整个过程的核心就在于差错控制编码。

信道编码的差错控制主要有三种方法：前向纠错（Forward Error Correct，FEC）、后向纠错（Backward Error Correction，BEC）以及混合纠错（Hybrid Error Correct，HEC）。其中，后向纠错又称为自动重发请求（Automatic Repeat reQuest，ARQ）。

FEC 纠错方式是发送端发送能够纠正错误的码，接收端收到信息后根据纠错码信息自动发现并纠正传输中码字的错误，如图 6-79 所示。接收端不需要反馈接收到的信息，整个传输是单向传输，信息不需要重传，不需要反向信道，延时低。但是编码和译码器复杂，需要选用和信道相匹配的码字，所需的冗余码元比检错码多，使编码效率下降。同时，FEC 的编码的纠错能力都有一定限度，超过了纠错范围将会导致误码更加恶化。

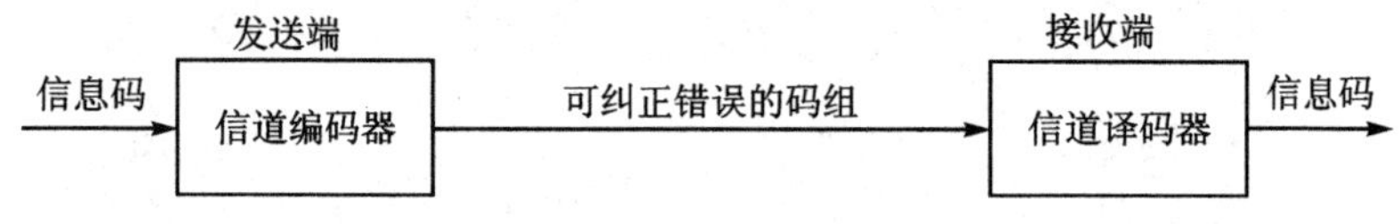

图 6-79 FEC 工作原理示意图

ARQ 检错方式是发送端发送能够检测错误的码，接收端收到信息进行译码，译码器根据编码规则来判断收到的码序列是否有错误，并把判决结果通过反馈通道告诉发送端。发送端根据反馈结果，决定把前一刻或者前一段的消息再次传送，直到接收端获得正确的消息为止。ARQ 具体工作机制如图 6-80 所示。

当总线收发正常时，重发控制和指令发生器不进行工作，解码后的数据直接发送给接收者进行上层处理。当接收端的解码器检测到出错码时，将立即通知指令发生

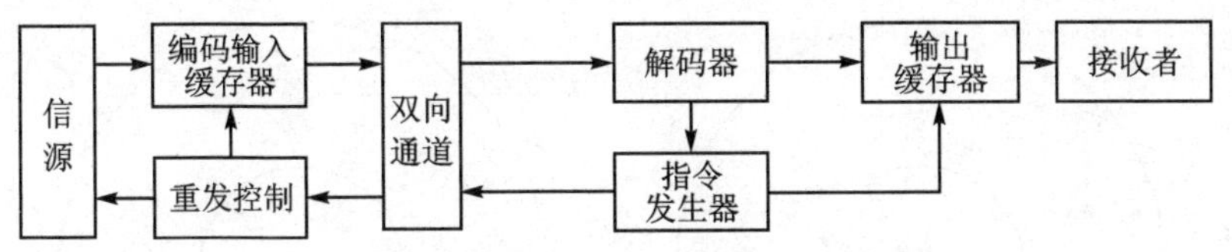

图 6-80　ARQ 工作原理示意图

器。指令发生器生成重发命令给发送端,同时发出删除命令给输出缓存器,删除输出缓存器里面的内容。发送端的重发控制器收到重发命令时,将要求输入缓存器重发一次当前码组,或者要求信源发送前一段的码组。

ARQ 检错方式只能检错,不能纠错。相对于 FEC 来说,监督码少,占总码的 20%左右,对各种信道有一定的适应能力,成本和复杂性低,但是需要双向通道,整体延时大。

HEC 结合了 FEC 和 ARQ 的特点,使发送端发送的码不仅能够检测出错误,而且具有一定的纠错能力。接收端收到源端发送的信息序列后进行译码,如果检测到错误信息,并且在纠错码的能力范围之内,则自动进行纠错。如果超过了其能力范围,则采用 ARQ 的方式,接收端把错误信息通过反馈通道发送给发送端,要求发送端重新传送相关的信息。如图 6-81 所示,HEC 同样是采用双向通道,其效率介于 ARQ 和 FEC 之间。

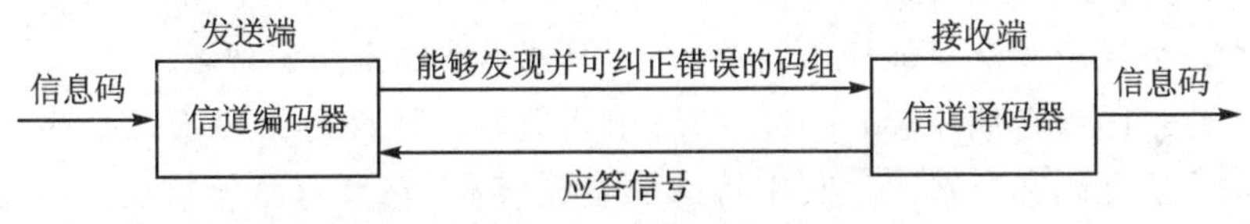

图 6-81　HEC 纠错方式示意图

纠错和检错需要通过信道编码来实现。信道编码有两个重要概念:码重和码距。码重是指分组码中 1 的数目,而码距是指两个码组对应位上数字不同的位数,又称为汉明距离。编码中的各自码的字间距离最小值称为最小码距。

为了检测 e 个错码,需要最小码距 $d_0 \geqslant e+1$。为了纠正 t 个错码,需要最小码距离 $d_0 \geqslant 2t+1$。为了纠正 t 个错码,同时能够检测 e 个错码,要求最小码距 $d_0 \geqslant e+t+1$,并且 $e>$t。

假设 $A=00000$,$B=11111$,则 $d_0=5$,如图 6-82 所示。如果码组 A 或 B 中发生不多于两位错误,则其位置均不会超过以原位置为圆心,以 2 为半径的圆上的某点,因为两个圆不重叠,所以如果接收码落在以 A 为圆心的圆上,则判决收到的码组为 A,否则判决码组是 B。如果超过两位错码,则两个圆将重叠,接收端就不能判别接收码是 A 还是 B,但是,如果错码不超过 4 位,也就是小于最小码距,则接收端能够确认该码既不属于 A,也不属于 B,能够确认并检测该接收的码字为错误码字。因此,最大能够检测出 4 个错码,最多能够纠正 2 个错码。

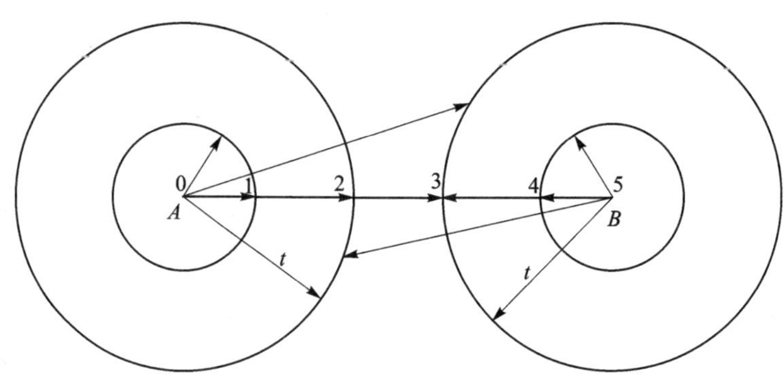

图 6-82　检错与纠错原理示意图

但是最小码距越大，监督位就越多，编码效率就越差。因此，需要进行权衡。

信道编码有很多种，包括最简单的奇偶校验法、线性分组码、卷积编码、级联码等。

奇偶校验法分为奇校验和偶校验，二者原理相同。整体的监督位只有一位，它主要检测信息位中 1 的数量，如果是偶数，且为偶校验，则监督位为 1；如果是奇校验，则监督位为 0。如果信息位中 1 的数量是奇数，且为偶校验，则监督位为 0；如果是奇校验，则监督位为 1。因此，如果采用奇校验，则可以针对信息位中的每一比特进行异或；如果是偶校验，则可以针对信息位中的每一比特进行同或，得出的结果就是监督位的值。奇偶校验法只能检出一个错码，但是不能确定错码位置。

线性分组码和奇偶校验码一样，都属于代数码。线性分组码通过某些线性代数方程来联系信息码和监督码。其中特殊的是循环码，它具有循环特征——任何一个非全零码组位移 n 次后，依旧是一个许可码组。常见的循环码有 CRC 码、BCH 码和 RS 码。它们的编译码比一般线性码简单，容易实现。CRC 码不能发现的错误概率仅为 0.004 7%以下，因此被广泛应用于数据存储和通信领域。

卷积码利用卷积的物理意义，也就是编码响应不仅与当前时刻的码组相关，而且与前一时刻或者前一段时间相关。这样，卷积码可以很好地解决分组码码长过长导致编码效率拉低的问题，而且可以充分利用码字之间的相关性，减小码长导致的延迟。因此，卷积码的性能优于同等条件下的分组码。

为了解决混合信道中既存在随机错码又存在突发错码的问题，可以采用级联码的方式进行解决。级联码由不同的信道编码组成，靠近信道侧为内码，一般采用卷积码，主要用于随机差错纠错，靠近信源为外码，主要用于突发差错控制。级联码原理示意图如图 6-83 所示。

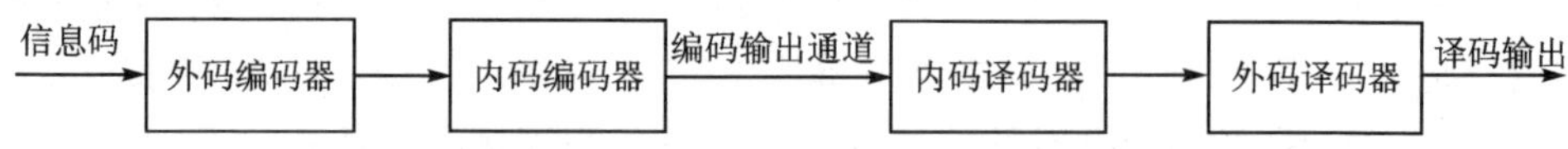

图 6-83　级联码原理示意图

6.6　常见的高速总线

6.6.1　DDR 总线简介

DDR(Double Data Rate SDRAM,双倍数据速率 SDRAM)总线是现代计算机系统中最常见的高速内存总线,也是目前为数不多的高速并行总线。自 DDR 第一代问世以来,已经连续进行了数代更新,目前市面上最为流行的是 DDR4 总线。DDR5 总线及相关产品随着 Intel/AMD 最新一代计算平台的推出而会广泛应用。

图 6-84 所示为各代 DDR 内存模组实物图,从外观来看,每一代的 DDR 内存模组的金手指形状不一,引脚数量不同,因此每一代 DDR 内存模组都有各自专属的 DDR 内存插槽,不能共用。除了图 6-84 所示标准的 DDR 内存模组外,还有各种不同形态的 DDR 模组,比如 LPDIMM、SODIMM、VLP DIMM、Mini-DIMM 以及 Micro-DIMM 等。每一种的高度和应用场景均不一样。比如标准 DDR 模组更多地应用于标准的服务器、台式机中,而 SODIMM 更多地应用于笔记本电脑中。

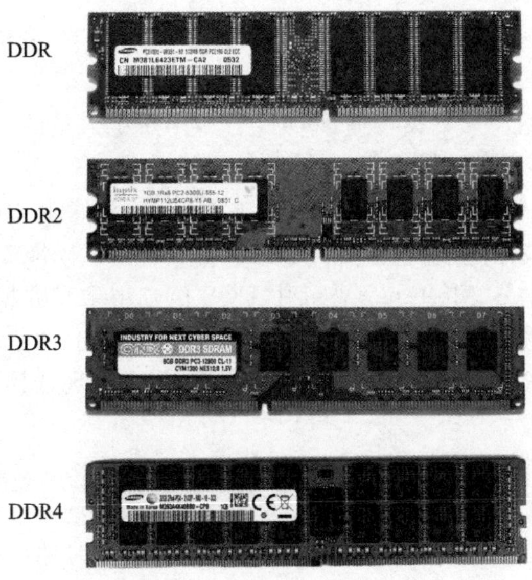

图 6-84　不同时代的 DDR 内存模组图

DDR 内存模组可以根据是否带有寄存器分为 UDIMM(Unregistered DIMM)、RDIMM(Registered DIMM)和 LRDIMM(Load-Reduced DIMM)。UDIMM 是指在 DRAM 模块和内存控制器之间不存在缓冲器,不需要做任何时序调整。因此整体来说,在相同频率情况下,延时较小,但是由于是并行传输,需要确保从内存到每个 DRAM 颗粒之间的走线距离相同,这需要较高的制造工艺,导致 UDIMM 在容量和频率上都较低。RDIMM 是一种在 DRAM 模块和系统内存控制器之间有寄存器的内存模组，其既减少了并行传输的距离，又保证了传输的有效性，减少内存控制器的电气负载，提高了系统的健壮性和可扩展性。相对来说，RDIMM 的容量和频率更容易提高。LRDIMM 与 RDIMM 相似，但没有使用复杂寄存器，只是简单进行了缓冲，从而简化了下层主板的电力布局，同时不影响内存性能。一般来说，UDIMM 用于服务器和台式机，RDIMM 和 LRDIMM 往往用于服务器系统。

DDR 总线主要分为三种：数据总线、地址总线、控制总线。以 DDR4 为例，DDR4 的地址信号分为三类：BG(Bank Group，Bank 组)地址信号 BG0 和 BG1、Bank 地址信号 BA0 和 BA1，以及总线地址信号 A0～A17。BG 地址信号控制哪个 BG 需要被激活进行读/写以及预充电等指令，Bank 地址信号用于控制哪个 Bank 需要被激活进行读/写以及预充电等指令，而总线地址信号将通过提供行和列地址来针对具体的某个寄存器进行读/写以及预充电等指令。另外，A10 和 A12 这两个地址信号可以进行分时复用。A10 可以用来做自动预充电指令，在读/写命令期间，该信号将会采样，从而决定是否需要在读/写操作结束后对访问的 bank 进行自动预充电操作。而 A12 可以用来做突发突变(Burst Chop)指令，在读/写指令期间，该信号将会被采样，从而决定是否需要执行突发突变操作。

DDR4 的数据总线 DQ 是 64 位的双向数据信号，如果 CRC 功能被激活，CRC 的代码将会添加在突发数据中。

为了保证顺利地读/写数据传输，DDR4 总线采用了大量的控制信号，包括差分数据选通信号 DQS 信号、时钟使能信号 CKE、片选信号 CS_n、ID 信号 C0～C2、激活信号 ACT_n、行地址选通 RAS_n、列地址选通 CAS_n、读使能 WE_n、数据掩码信号 DM_n、数据总线翻转信号 DBI_n、奇偶校验信号 PAR、片上端接信号 ODT(On Die Termination)、告警信号 Alert_n 等。其中 DQS 信号用于对数据进行选通，可以采用边沿对齐，也可以采样中心对齐的方式。RAS_n 和地址信号 A16 复用，CAS_n 与地址信号 A15 复用，WE_n 与地址信号 A14 复用，用来实现选择具体的寄存器进行读/写。

另外，DDR4 总线还包括系统差分时钟信号 CK 以及系统复位信号 Reset，同时还存在各种用于测试的带外信号等。

由于是并行高速传输，DDR4 总线采用典型的源同步时钟技术，针对地址总线、控制总线、数据总线均采用源同步时钟技术，这也要求整个 DDR4 总线的 PCB 布局布线需要严格遵照源同步的要求。

如图 6－85 所示，DDR4 总线的时序状态跳转逻辑和前几代的 DDR 总线没有特别区别。只是增加了多个模式寄存器的设置以及对 BG 的支持等。图 6－85 中的术语说明如表 6－3 所列。

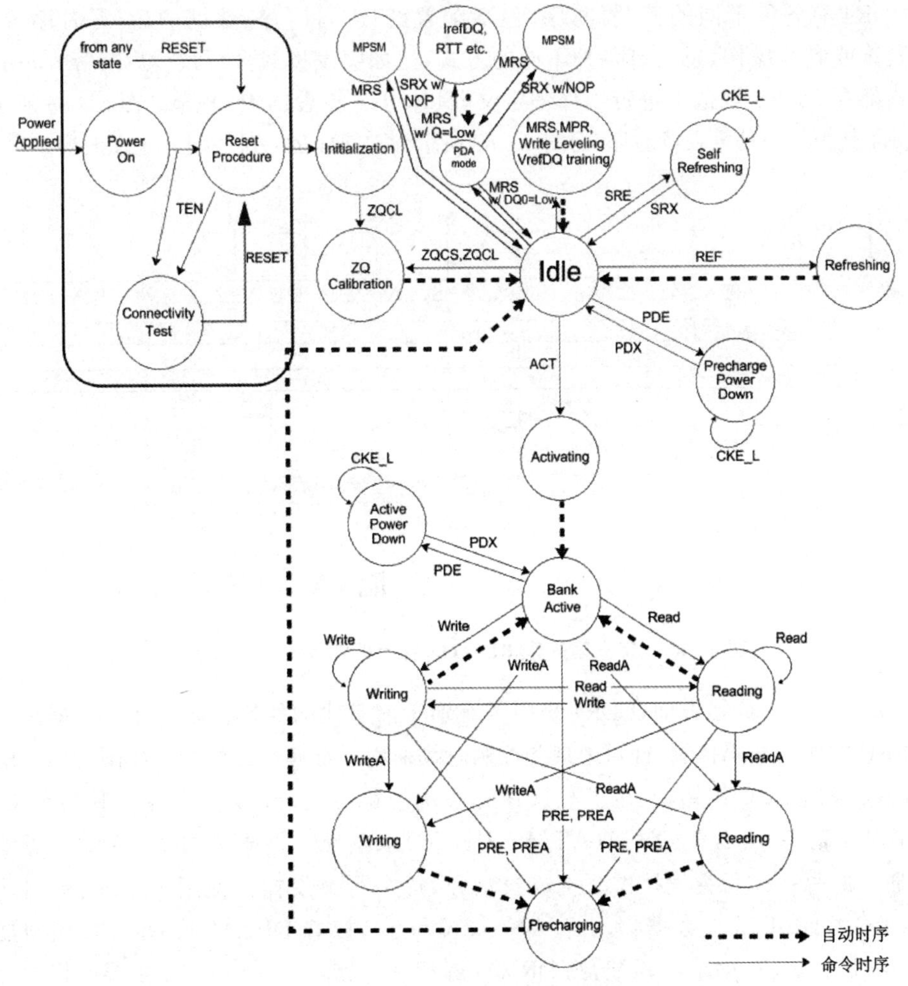

图 6-85　DDR4 状态跳转示意图

表 6-3　图 6-85 专业术语说明表

术　语	功　能	术　语	功　能	术　语	功　能
ACT	激活	Read	RD、RDS4、RDS8	PDE	进入掉电模式
PRE	预充电	Read A	RDA、RDAS4、RDAS8	PDX	退出掉电模式
PREA	全部预充电	Write	WR、WRS4、带/不带 CRC 的 WRS8	SRE	进入自我刷新模式
MRS	模式寄存器设置	Write A	WRA、WRAS4、带/不带 CRC 的 WRAS8	SRX	退出自我刷新模式
REF	刷新、细粒度刷新	Reset_n	开始复位操作	MPR	多功能用途寄存器

DDR4 有各种不同的读/写时序，包括配置的读/写时序、数据的读/写时序等。即使是读或者写操作，也会有各种不同的方式，比如突发模式读/写、读后写等。每一种方式都在 DDR4 规范中进行了详细定义，具体可以参见 DDR4 规范。图 6-86 所示为 DDR4 其中的一种突发读时序，而图 6-87 所示为 DDR4 的一种写时序定义波形。

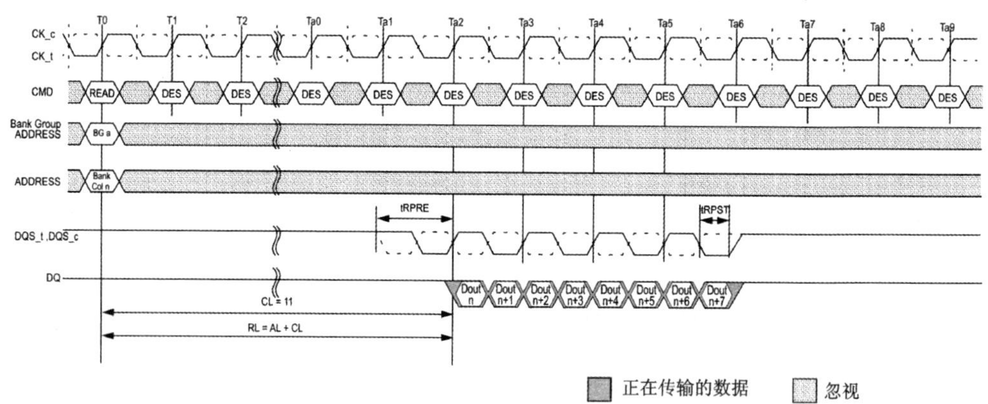

图 6-86　突发读操作 RL=11(AL=0、CL=11、BL8)

在差错控制与纠错方面，DDR4 采用了有别于前三代的纠错机制。针对数据总线采用 CRC 的纠错编码机制，针对地址和控制总线采用了奇偶检错机制。如图 6-88 所示，DDR4 采用 CRC 纠错，改进了写操作时系统的稳定度。DDR4 采用 8 比特 CRC 标头错误控制：X^8+X^2+X+1(ATM-8 HEC)来实现。整体来说，DRAM 在每个 DQS 通道的每一个写突发操作时生成校验和，每个写突发操作使用 8 个比特，因此一个 CRC 共使用 72 位数据(未分配的传输位写 1)，接着 DRAM 和 DRAM 控制器的校验和进行比较，如果不匹配，则 DRAM 标记一个错误。一个 CRC 错误或将激活 ALERT_n 信号(短低脉冲信号，6~10 个时钟周期信号)。

采用 CRC 纠错机制可以完全检测出随机单比特错误、随机双比特错误、随机奇数错误以及不包含 DBI 位的多位 UI 错误。

DDR4 控制总线和地址总线采用奇偶校验进行检错。控制信号和地址信号以及 CA 奇偶校验信号 PAR 一起工作，在内部生成奇偶校验位进行匹配。高级的奇偶校验错误检测功能包括：①奇偶校验主要是针对 ACT_n、RAS_n、CAS_n、WE_n 以及地址总线(不包括 CKE、ODT、CS_n)等；②选择奇偶校验位，使发送信号中包含奇偶校验位在内的 1 的总数为偶数；③DRAM 生成一个奇偶校验位，并与 DRAM 控制器发送的奇偶校验位进行比较，如图 6-89 所示。如果不正确，则 DRAM 标记错误，激活 Altert_n 信号(长低电平脉冲——48~144 个时钟周期信号)。

DDR4 总线新增了一个 DBI 功能，但仅在 X8 和 X16 两种配置中应用，一个 DBI_n 引脚用于 X8 配置，用于 X16 配置的 UDBI_n 和 LDBI_n 引脚与 DM 和

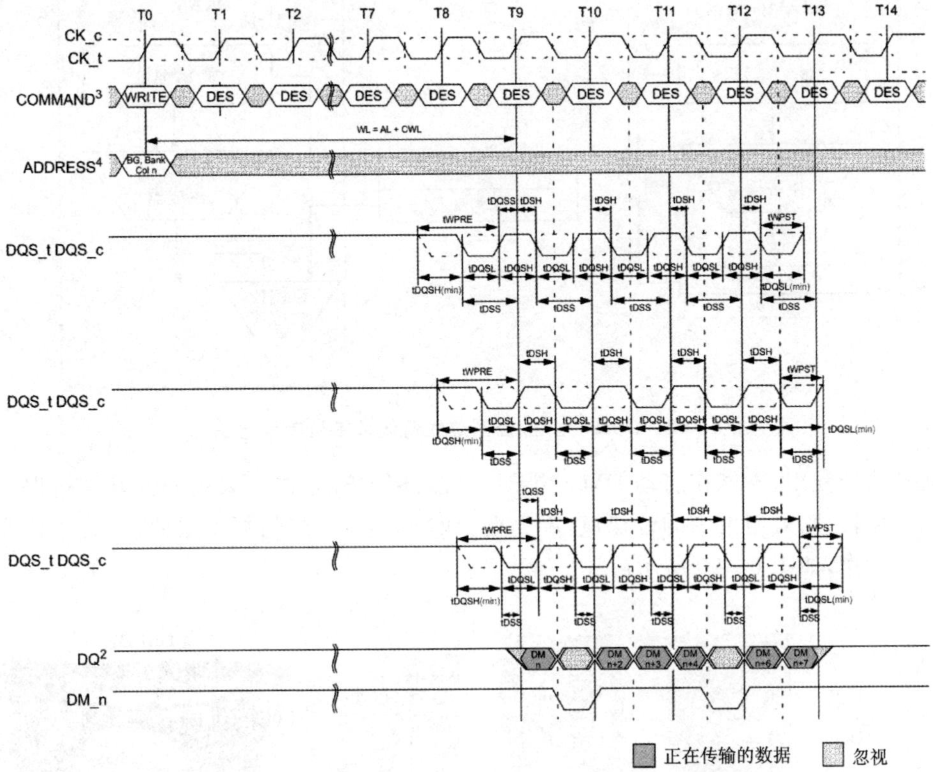

正在传输的数据　忽视

图 6－87　DDR4 基于 1tCK 前导码的参数和写时序定义

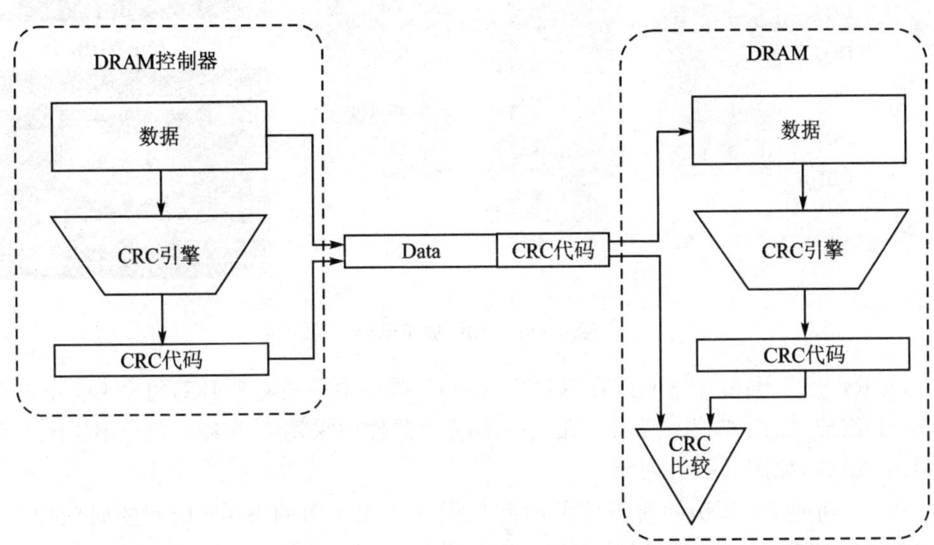

图 6－88　DDR4 CRC 纠错机制示意图

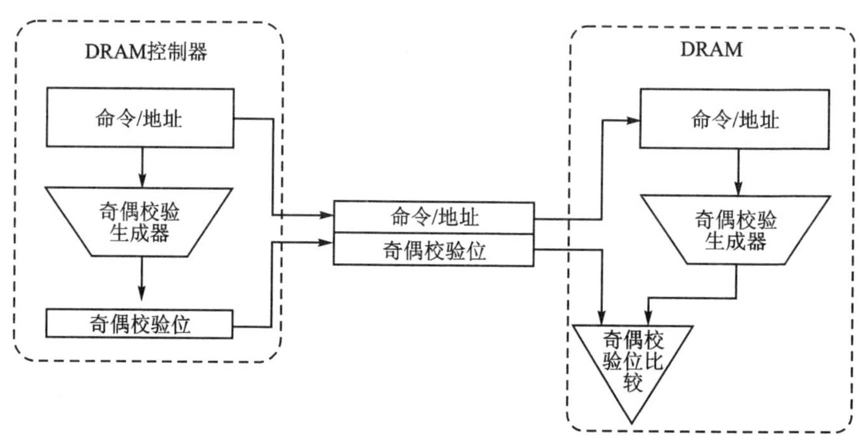

图 6-89 DDR4 地址/控制总线奇偶检错机制示意图

TDQS 功能复用，不能在启动 DM 功能时同时启用 DBI 功能。采用 DBI 功能可以使功率消耗较少，采用更少的位切换，产生更少的噪声和更好的数据眼图，适合于读取和写入操作，如图 6-90 所示。

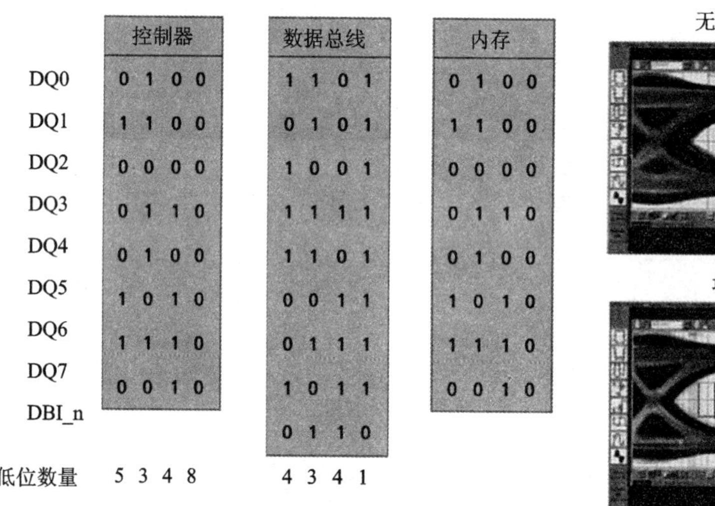

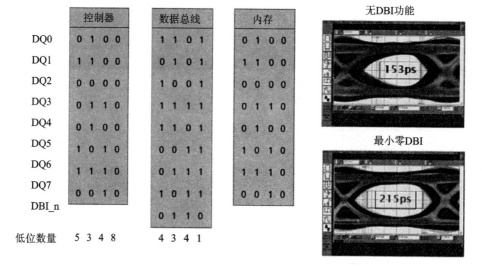

图 6-90 DBI 应用示例

DDR4 支持 Bank 组 BG。在 X4/X8 DDR4 器件中采用 4 个 BG，每个 BG 由 4 个子 Bank 组成，如图 6-91 所示。在 X16 DDR4 器件中采用 2 个 BG，每个 BG 由 4 个子 Bank 组成，如图 6-92 所示。

BG 之间的 Bank 访问所需要的时间比同一个 BG 内的 Bank 访问的时间要少，在 BG 之间的 Bank 访问可以使用短时序规范，而在同一个 BG 内的 Bank 访问必须使用长时序规范，如图 6-93 所示。

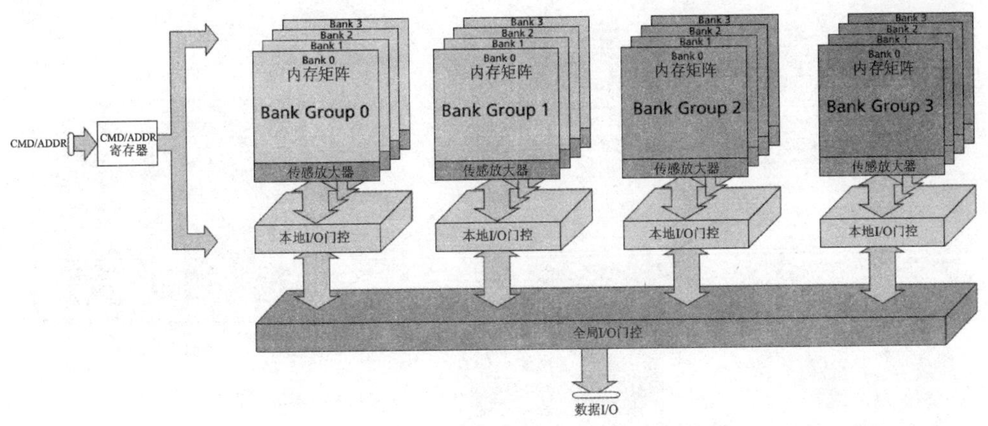

图 6-91　DDR4 X4/X8 配置下的 Bank 组示意图

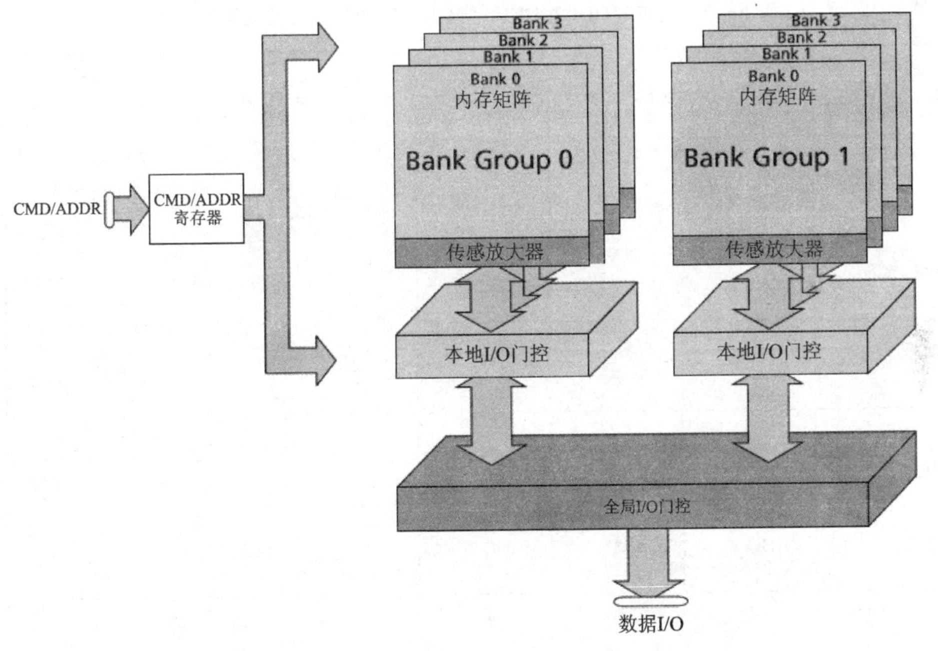

图 6-92　DDR4 X16 配置下 Bank 组示意图

在电气方面，DDR4 增加了一个 V_{PP} 电源和一个 ACT_n 控制信号，减去了 V_{REFDQ} 参考输入，在 DRAM 端采用 POD 接口标准。POD 接口标准和 SSTL 接口标准详见第 4 章。V_{PP} 电源采用 2.5 V，主要用于内部字线。ACT_n 控制信号主要用于决定 RAS_n、CAS_n、WE_n 三个信号何时用作地址信号，何时用于控制信号。

2020 年，DDR5 标准正式发布。相比于前四代 DDR 标准，其主要的特点如表 6-4 所列。

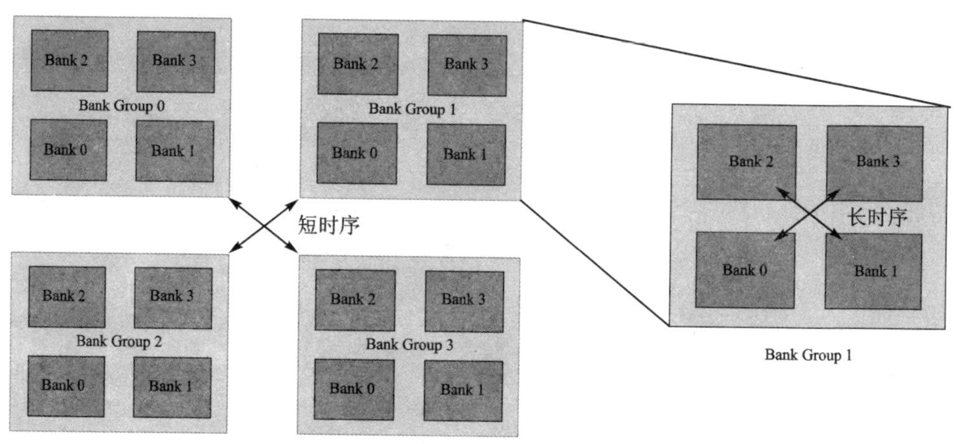

图 6-93 Bank 组内和组间访问示意图

表 6-4 DDR1/DDR2/DDR3/DDR4/DDR5 总线性能比较

参 数	DDR1	DDR2	DDR3	DDR4	DDR5	DDR5 的特点
发布时间	2000	2003	2007	2013	2020	
数据速率	200～400 Mb/s	400～800 Mb/s	800 Mb/s～1.6 Gb/s	1.6～3.2 Gb/s	3.2～6.4 Gb/s	
Die 密度	64 Mb～1 Gb	128 Mb～4 Gb	512 Mb～8 Gb	2～16 Gb	8～32 Gb	更高存储密度
突发长度	2/4/8	4/8	4/8	4/8	8/16/32	更大的突发/预取长度
电压（VDDQ、VDD2）	2.5 V	1.8 V	1.5 V	1.2 V	1.1 V	更低电压
Vref	VDDQ×0.5	VDDQ×0.5	VDDQ×0.5	VDDQ×0.5 CA、内部 DQ	内部 DQ、CA	更简单电源控制
ODT DQ	无	有	有	有	有(更少引脚)	
读/写时序	边沿对齐、中心对齐	边沿对齐、中心对齐	边沿对齐、中心对齐	边沿对齐、中心对齐	边沿对齐，不对齐	写操作需要对 DQS 和 DQ 之间进行训练
电压摆幅	～1 V	～1 V	～0.75 V	～0.4 V	～0.3 V	降低摆幅
电源管理模组	主板控制	主板控制	主板控制	主板控制	DIMM 上控制	更好的电源管理

续表 6-4

参　数	DDR1	DDR2	DDR3	DDR4	DDR5	DDR5 的特点
信号探测	直接通过 via 孔或者中转信号进行探测	直接通过 via 孔或者中转信号进行探测	直接通过 via 孔或者中转信号进行探测	直接通过 via 孔或者中转信号进行探测	需要治具	
均衡	无	无	无	无	有	
接收端测试	无	无	无	无	有	分别在发送端和接收端测试
环路引脚	无	无	无	无	有	

DDR5 最大的特点就是引入了均衡技术。DRAM 采用 4 抽头 DFE 均衡技术来实现对数据信号的均衡。具体来说，在 DRAM 中可能会采用 1 路交错、2 路交错或者 4 路交错的技术。1 路交错技术需要使用一个在奈奎斯特频率下的选通倍频器，DQ 寄存器（DQ Slicer）的输出频率和接收到的数据的运行速率相同。2 路交错和 1 路交错技术的选通信号相同，但是 DQ 寄存器的输出频率只需要接收数据运行速率的一半。4 路交错技术需要一个选通分频器，DQ 寄存器的输出频率只需要接收数据运行速率的 1/4。DDR5 DFE 均衡技术介绍示意图如图 6-94 所示。

以 DDR5 3200MT/s 数据速率生成的采用波形为例，这些波形通过了各种长度的 ISI 信道来模拟信号效果，DDR5 在接收端进行数据接收时均衡前后的眼图如图 6-95 所示。可以明显看出，均衡后的眼图抖动更小。

目前，Intel 的 Eagle Stream 平台以及 AMD 的 Genoa 平台服务器均已支持 DDR5 内存。

6.6.2　PCIe 总线简介

PCI Express（PCIe）总线是一种高性能通用 I/O 互连协议总线，被广泛应用于各种计算产品和通信产品中，如图 6-96 所示。它沿用了现有的 PCI 编程概念和信号标准，保证了兼容性，支持 PCI 的操作系统无需进行任何修改就可以支持 PCIe 总线。同时由于其低时延、高带宽的特征，目前业界正在把各方面的应用与 PCIe 融合。作为高速串行总线标准，特别是在存储领域，PCIe 协议既有串行通信接口，又有存储接口，被广泛应用于 NVMe SSD 中，成为流行的 SSD 接口规范之一，并有取代 SATA/SAS 接口的趋势。如图 6-97 IDC 报告中所示，基于 PCIe 接口的企业级 SSD 在未来几年将成为主流产品。

基于 PCIe 总线的产品形态各异，衍生了各种接口形态，如图 6-98 所示。

PCIe 采用树状拓扑结构，如图 6-99 所示，从图中可以看出，PCIe 拓扑结构主要由 RC（Root Comlex）、一个或者多个 EP（Endpoint）、Switch 以及 PCIe 转 PCI/PCI-X Bridge 组成。其中 RC 表示将 CPU/内存子系统连接到 I/O 的 I/O 层次结构的根。

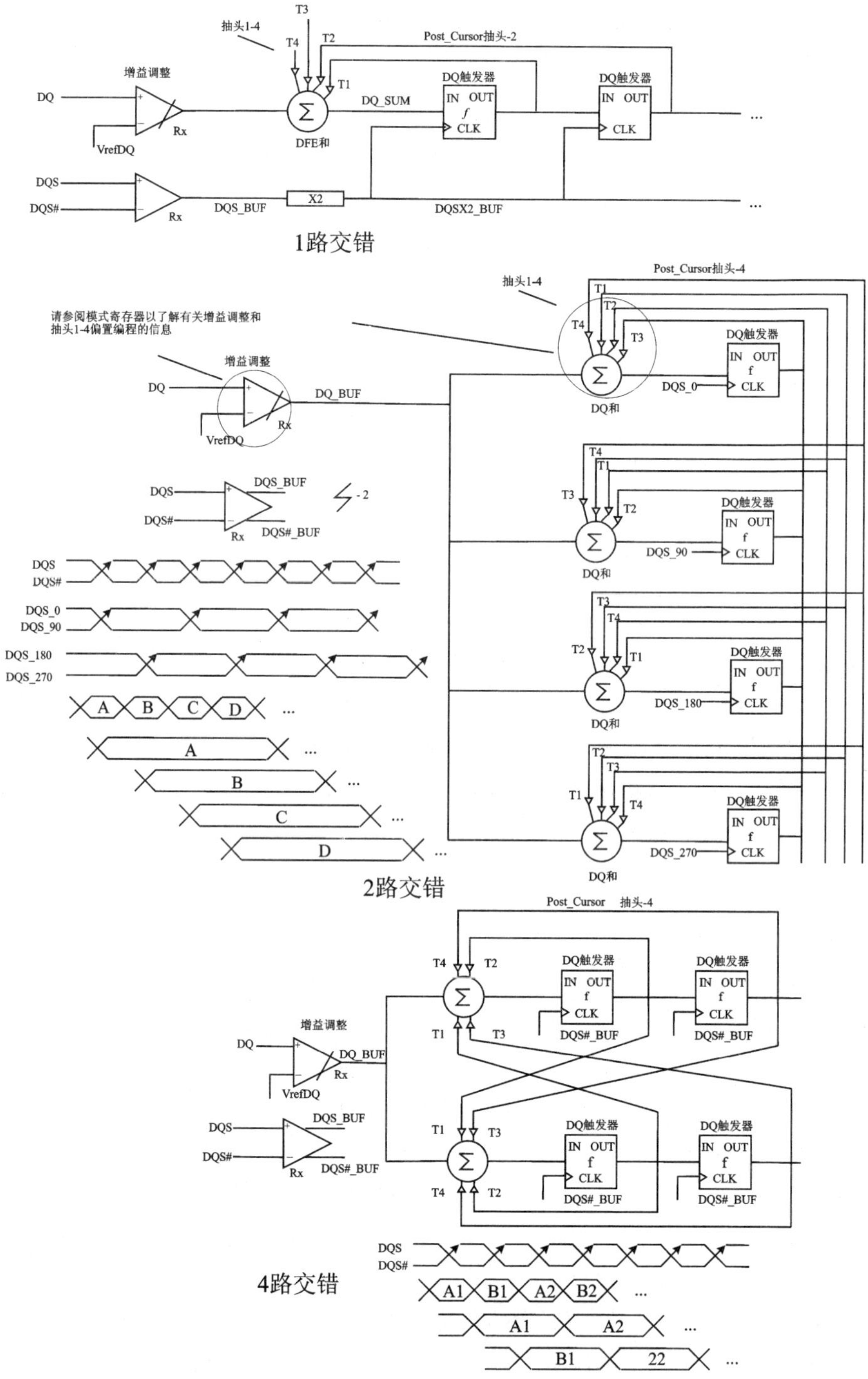

图 6-94 DDR5 DFE 均衡技术介绍示意图 *

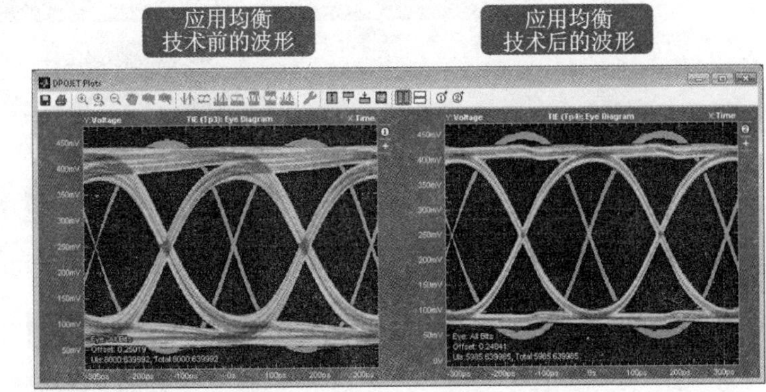

图 6-95　采用 DFE 技术前后的 DDR5 接收眼图波形图

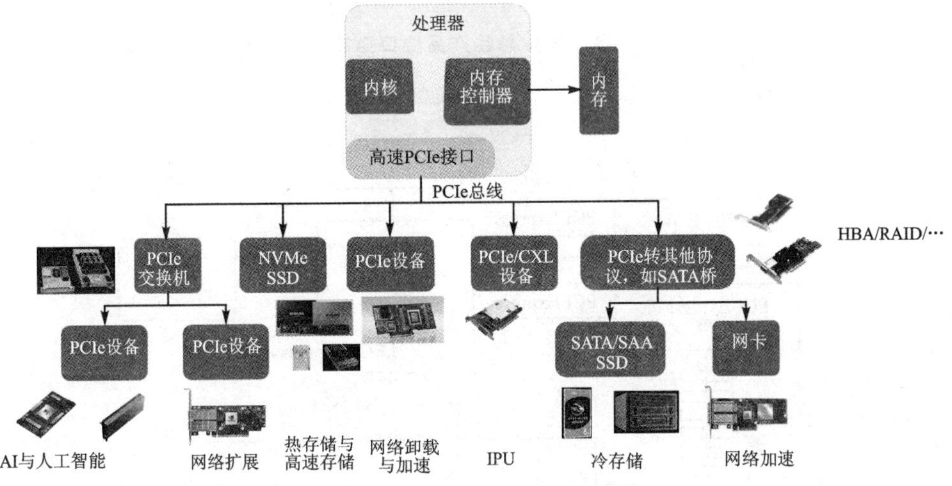

图 6-96　PCIe 的应用场景

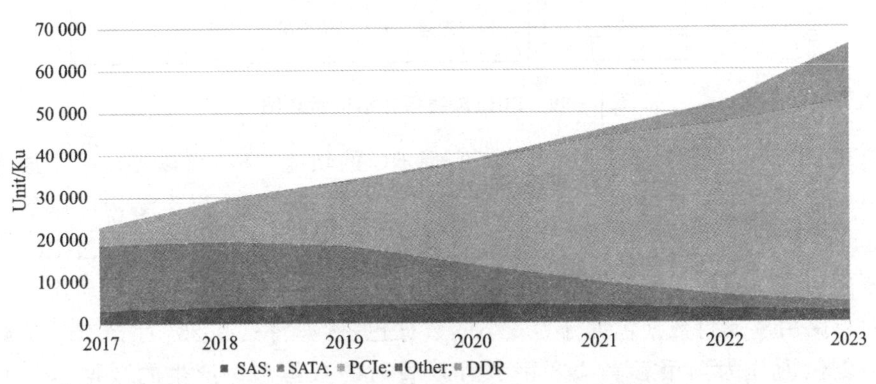

图 6-97　PCIe 接口的企业级 SSD 发展趋势图

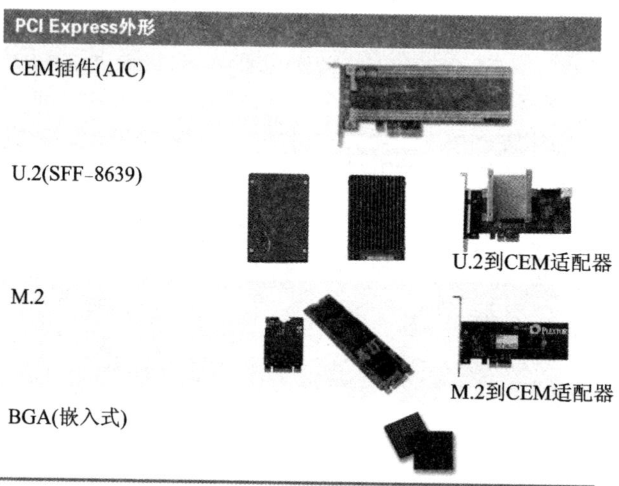

图 6-98　PCIe 总线产品接口形态规范列表

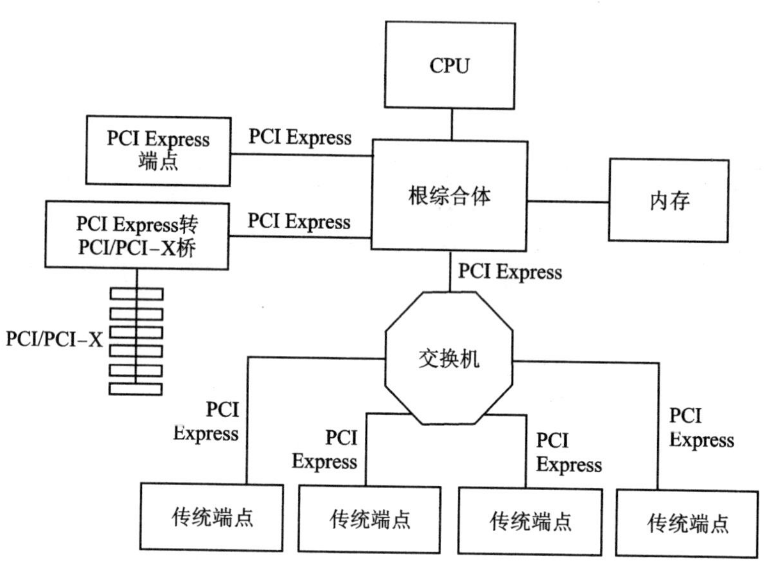

图 6-99　PCIe 总线拓扑结构示意图

在计算机系统中，一般都是采用 CPU 来实现 RC 的功能。RC 可以支持一个或者多个 PCIe 端口，每个接口可以拥有一个独立的层次结构。每个层次结构可以是一个 EP，也可以是由一个或者多个 Switch 组件和 EP 组成的子层次结构。通过 RC，可以实现不同的层次结构之间的对等事务路由。与 Switch 不同，RC 可以在层次结构之间点对点路由事务将数据包拆分为较小的数据包，例如将具有 256 字节有效负载的单个数据包拆分为两个各具 128 字节有效载荷的数据包。产生的数据包要遵循 PCIe 的规范。但是不允许将 Vendor_Defined Message 数据包拆分(除 128 字节边界外)，从而保持 PCIe 将消息转发给 PCI/PCI－X Bridge 的能力。作为请求者，RC 必须支持配置请求的生成，允许支持 I/O 请求和锁定请求，但是不能作为完成者来支持锁定语义。

EP 是 PCIe 总线中的一种功能设备，它可以作为 PCIe 事务的请求者或者完成者，例如基于 PCIe 标准的 GPU 卡或者 PCIe 转 USB 的控制器。EP 可以分为传统 EP、PCIe EP 以及 RC 集成 EP。

PCIe Switch 定义为多个虚拟 PCI 到 PCI 桥接设备的逻辑器件，而 PCIe 到 PCI/PCI－X Bridge 是为 PCIe 架构与 PCI/PCI－X 层次结构之间提供连接的设备，在 6.2.2 小节中有详细讲述，在此不做赘述。

PCIe 总线协议采用分层结构，如图 6－100 所示，整个协议分为三层：事务层(Transaction Layer)、数据链路层(Data Link Layer)和物理层(Physical Layer)。物理层又分为逻辑子层(Logic Sub－block)和电气子层(Electrical Sub－block)。每一层又分为两部分：一部分处理出站(发送)信息，另一部分处理入站(接收)信息。

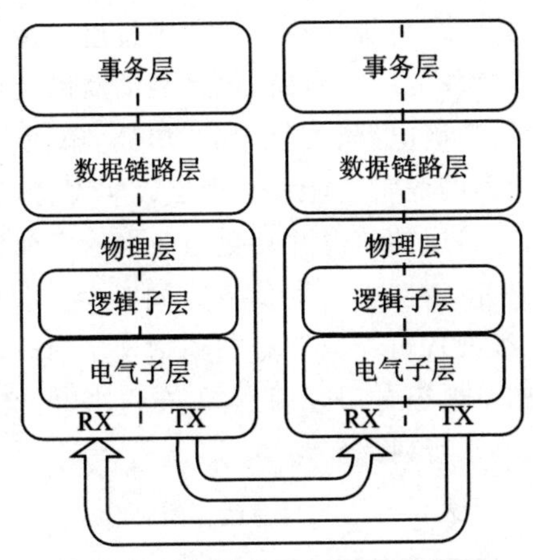

图 6－100 PCIe 协议分层结构图

PCIe 采用数据包的方式进行信息传递。数据包在事务层和数据链路层形成。在发送端，当要被传输的数据包传送给下一层时，下一层会对来自上层的数据包的附加信息进行扩展，而在接收端，数据包从物理层接收并传送给数据链路层，最后传送给事务层的过程中，每一层都会发生和发送端相反的过程——每一层都会对数据包的附加信息进行检查并去掉发送端对应层生成的附加信息。整体数据包的收发过程如图 6－101 所示。

事务层是 PCIe 协议的顶层，主要用来实现对 TLP(Transaction Layer Packet)的创建和解析、流量控制、QoS 以及事务排序等。每个需要响应数据包的请求包都以拆分事务来进行。每个数据包都有唯一的标识符，根据标识符可以定向到正确的发送者。基于数据类型，数据包支持不同形式的寻址。事务层支持 4 个地址控制：内存地址空间、I/O 地址空间、配置地址空间以及消息空间。通过使用消息空间来支持

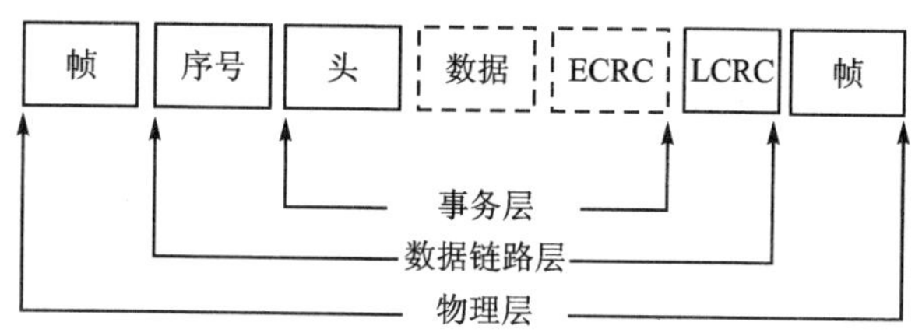

图 6-101 数据包经过 PCIe 各层的格式图

所有先前的带外信号，实现带内消息处理。

与事务层相邻的是数据链路层，充当事务层与物理层之间的中间阶段，主要用于链路管理以及数据完整性，包括错误检测和纠正，同时还生成用于链路管理的数据链路层数据包 DLLP。数据链路层的传输端接收来自事务层的 TLP，计算并应用数据保护代码以及 TLP 序列号，并将它们传送给物理层。接收端负责检测来自物理层 TLP 的完整性，如果检测到错误，将请求重发 TLP，直到接收到正确的信息或者确定该链路失效为止。正确的 TLP 将提交给事务层进行进一步处理。

物理层包括用于接口操作的所有电路，包括驱动器以及输入缓冲器、并串和串并转换、PLL、阻抗匹配电路、均衡电路、去扰/加扰电路、解码/编码电路等。它还包括与接口初始化以及维护相关的逻辑功能。物理层以实现特定的格式与数据链路层交换信息，它接收来自数据链路层的信息并转化为适当的序列化格式，并以与接收端设备兼容的频率和带宽在 PCIe 链路上传输信息。同时，它还保留了未来升级的可能，从而确保 PCIe 总线的升级换代可能只会影响到物理层的设计。

PCIe 总线由 PCI-SIG 组织专门管理，自发布以来，已经实现了数代更新。具体每一代的总线性能如表 6-5 所列。

表 6-5 PCIe 总线性能对照表

版 本	编 码	原始传输速率/($GT \cdot s^{-1}$)	带 宽				
			x1/($MB \cdot s^{-1}$)	x2/($GB \cdot s^{-1}$)	x4/($GB \cdot s^{-1}$)	x8/($GB \cdot s^{-1}$)	x16/($GB \cdot s^{-1}$)
1.0	8b/10b	2.5	250	0.5	1.0	2.0	4.0
2.0	8b/10b	5.0	500	1.0	2.0	4.0	8.0
3.0	128b/130b	8.0	984.6	1.97	3.94	7.88	15.8
4.0	128b/130b	16.0	1 969	3.94	7.88	15.75	31.5
5.0	NRZ 128b/130b	32.0	3 938	7.88	15.75	31.51	63.0
6.0	PAM4&FEC 128b/130b	64.0	7 877	15.75	31.51	63.02	126.03

目前，PCIe 4.0 和 PCIe 5.0 已经商业应用，PCIe 6.0 的基础规范已经公布。与

PCIe 前三代相比，PCIe 4.0 主要增加的功能如下：

- 传输速率为 16 GT/s，继承了 PCIe 3.0 的编码和加扰技术；
- 随机抖动 RJ 从 3 ps 下降至 1 ps；
- 连接器向下兼容；
- 测试通道大约长 12 in，总损耗－28 dB；
- 在同一个器件上同时测试 PCIe 3.0 和 4.0 时，被测试的各个预置值数量要翻一倍；
- PCIe 4.0 的最高眼高峰峰值下降至 15 mV。

目前，IBM 最新的 Power 产品、AMD 的 Roma/Milan 产品、Intel 的 Whitley 平台均全面支持 PCIe 4.0 协议，并有大量对应的服务器产品面世。AMD Genoa 服务器于 2022 年第四季度面世，全面支持 PCIe 5.0，Intel 支持 PCIe 5.0 的 Eagle Stream 服务器也于 2023 年第一季度面世。

6.7　本章小结

本章主要针对总线的基本知识进行了阐述，简要介绍了总线的概念、基本特性、性能指标已经分类，介绍了总线的各种拓扑结构，特别是分层的总线拓扑结构，详细介绍了总线的传输机制与控制逻辑，特别是现在高速总线技术的通信机制、仲裁机制以及编码机制，同时也阐述了总线信道的差错控制与纠错机制，并简要介绍了目前在计算机系统中最为流行的两种总线 DDR 总线和 PCIe 总线。

6.8　思考与练习

1. 什么是总线？总线的基本特征有哪些？
2. 总线有哪几种分类方式？每种分类方式的特点是什么？
3. 单总线拓扑架构有哪几种架构？各有什么优缺点？
4. 分层总线拓扑结构有哪几种架构？各有什么优缺点？
5. 简述总线的基本传输机制。
6. 总线的通信机制有哪几种？各有什么优缺点？
7. 什么是 SerDes？SerDes 的优缺点有哪些？
8. 什么是均衡？试简述发送端和接收端的均衡技术以及各自的优缺点。
9. 试简述 Redriver 和 Retimer 的工作原理以及各自的优缺点。
10. 简述 8b/10b 编码的工作原理以及优缺点。
11. 简述 64b/66b 编码技术的工作原理以及优缺点。
12. 简述 PAM4 编码技术的工作原理。
13. 简述总线的纠错机制有哪几种？各有什么优缺点？
14. 简述总线的信道编码机制。如何实现纠错和检错？
15. DDR5 采用何种均衡技术？

第 7 章

传输线理论基础

本章主要就高速数字系统中第四种基本被动元件——传输线进行讲述，重点介绍传输线的基础知识，理想传输线的模型以及实际传输线的模型，差分传输线与阻抗，并就信号完整性中返回路径和地的概念进行阐述。

本章的主要内容将涵盖：

- 传输线基础知识；
- 传输线模型；
- 差分传输线与阻抗；
- 地和返回路径。

7.1 传输线基础知识

在高速数字系统中，传输线和电阻、电容、电感一样，也是一种新的理想电路元件，如图 7－1 所示，它有两条路径，分别是信号路径和返回路径。

图 7－1 传输线示意图

常见的传输线有多种几何机构。如果导线上的任意一个横截面均相同，包括横截面的面积、形状、导体和介质材料等，则称为均匀传输线，也称为可控阻抗传输线，图 7－2 所示为常见的均匀传输线的横截面示意图。如果导线的材质或者几何结构发生了改变，则传输线就不是均衡的，如连接器的相邻引脚等。在信号完整性设计中，要尽量减少非均衡传输线的长度。

如果传输线的信号路径和返回路径的形状和大小都一样，则称为平衡传输线，如双绞线；反之，则称之为非平衡传输线，如同轴电缆等。平衡传输线和非平衡传输线之间的差别主要在于返回路径。返回路径的具体结构将直接影响地弹和电磁干扰等问题。

如第 1 章所述，高速数字系统中的信号传输速度并不是取决于电子的速度，而是

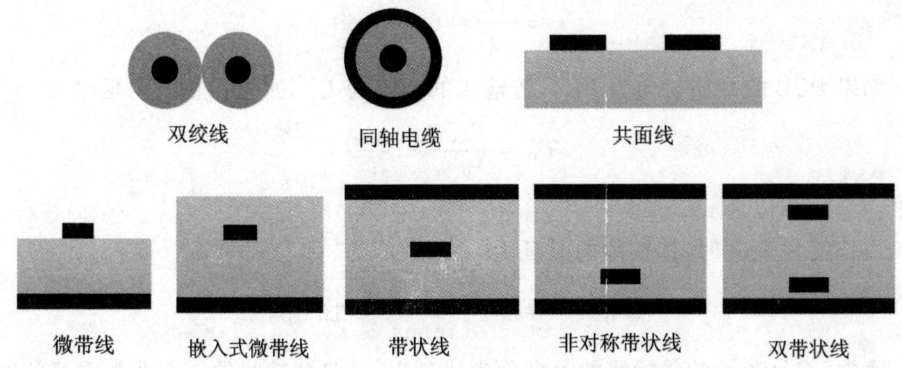

图 7-2 常见传输线的横截面示意图

取决于导线周围的介质、信号在导线周围形成交变电场和磁场的建立速度和传播速度。当信号加注到传输线时，在传输线的信号路径和返回路径上就会产生一个突变的电压，突变的电压将会导致突变的电场和磁场，从而使信号以变化的电磁场的速度进行传播。因此，电磁场建立的快慢就决定了信号传输的速度。

如图 7-3 所示，当传输线介质的相对介电常数为 ε_r，相对磁导率为 μ_r 时，电磁场变化的速度为

$$v=\frac{1}{\sqrt{\varepsilon_0\varepsilon_r\mu_0\mu_r}}=\frac{1}{\sqrt{\varepsilon_0\mu_0}}\times\frac{1}{\sqrt{\varepsilon_r\mu_r}}=\frac{11.8}{\sqrt{\varepsilon_r\mu_r}}\text{in/ns}$$

又由于介质的相对磁导率几乎都为 1，因此，电磁场变化的速率可以简化为

$$v=\frac{11.8}{\sqrt{\varepsilon_r}}\text{in/ns}\approx\frac{12}{\sqrt{\varepsilon_r}}\text{in/ns}$$

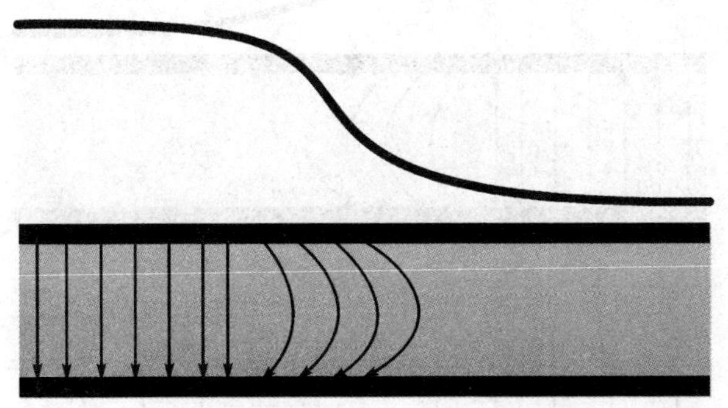

图 7-3 传输线上的信号传输示意图

所以，信号的传输速度，也就是电磁场变化的速度，就等于光速除以介质的相对介电常数的平方根。介质的相对介电常数往往大于 1，因此传输线的信号传输速度永远不会超过光速。如 FR4，其相对介电常数为 4，则以 FR4 为介质的 PCB 上的信号传输速度为

$$v \approx \frac{12}{\sqrt{4}} = 6\ (\text{in/ns})$$

如果 PCB 的介质材质为 FR4，传输线的长度为 L_{en}，则该传输线的延时为

$$T_{\text{D}} = \frac{L_{\text{en}}}{v} \approx \frac{L_{\text{en}}}{6}$$

式中：T_{D} 的单位为 ns。

当长度为 1 in 时，传输线的时延为

$$T_{\text{D}} = \frac{L_{\text{en}}}{v} = \frac{1\ \text{in}}{6\ \text{in/ns}} \approx 167\ \text{ps}$$

通常，将每英寸的传输线的时延称为线延迟，这是传输线的一个非常重要的度量单位。对于相对介电常数为 4 的 FR4 来说，其线延迟为 167 ps/in，或者 170 ps/in。采用该数据可以快速地计算长度为 n 英寸的传输线的延迟时间，计算公式如下：

$$T = T_{\text{D}} \times n$$

假设传输线为无限长，信号注入传输线两端，并随着时间而往前传播。在 T 时间内，信号流经的传输线将会建立电场，而没有流经的区域则没有电场建立。由于传输线之间采用介质填充，因此，最简单的方式就是把传输线建模为一连串的小电容并联的模式，如图 7－4 所示，这就是传输线的零阶模型。当信号注入并经过第一个电容时，根据电容的特性，如果电容两端的电压恒定不变，则电容之间没有电流经过；否则，信号就可以流过电容从返回路径返回。

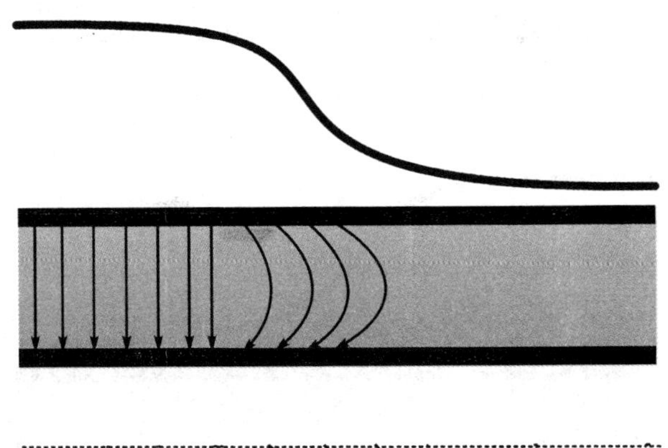

图 7－4　信号电流的传输路径示意图

信号开始传输时，信号不知道传输线后端是开路还是短路，因此信号在爬升过程中，信号电压会发生改变，信号会经过电容而从返回路径返回。当信号继续前行并经过 T 时间并行进到 Δx 处时，此时，在传输线 Δx 长度内，信号电压都是一个恒压，没有电压的改变，电容之间没有电流经过。而在剩余的传输线上，信号还未到达，自然

也就没有电场，没有电流流过。只有在 T 时刻，由于信号会发生改变，在信号的上升时间内，电压会发生改变。如图 7-4 所示，随着信号往前不断推进，信号的前沿位置也会不断改变，而信号返回路径只与信号前沿所在的那段传输线有关。

信号前沿所在的传输线的长度与信号的上升时间以及信号的传输速度相关，即

$$L_{\mathrm{en}} = v \times T_{\mathrm{r}}$$

假设信号的上升时间为 1 ns，则上升边对应的长度为 6 in。

根据第 3 章电容的相关知识可知，当信号在传输线上传输时，其通过电容来实现电流通过的传输线距离为 L_{en}，则该段的电容容值为

$$C = L_{\mathrm{en}} \times C_{\mathrm{L}}$$

式中：C_{L} 为单位电容容值。

根据电容的公式

$$I = \frac{Q}{\Delta t}$$

可得

$$I = \frac{Q}{\Delta t} = \frac{C \times V}{\frac{L_{\mathrm{en}}}{v}} = \frac{L_{\mathrm{en}} \times C_{\mathrm{L}} \times v \times V}{L_{\mathrm{en}}} = C_{\mathrm{L}} \times v \times V$$

根据阻抗的定义可知：

$$Z = \frac{V}{I} = \frac{V}{C_{\mathrm{L}} \times v \times V} = \frac{1}{C_{\mathrm{L}} \times v} = \frac{83\ \Omega}{C_{\mathrm{L}}} \sqrt{\varepsilon_{\mathrm{r}}}$$

式中：Z 表示传输线的瞬时阻抗，单位为 Ω；C_{L} 表示单位长度电容，单位为 pF；v 表示信号传输速度；ε_{r} 表示介质的相对介电常数。

从式中可以看出，传输线的瞬时阻抗仅与传输线之间的电容以及介质的相对介电常数相关。由于介质一旦选定，介质的相对介电常数也就固定，而电容与传输线的横截面以及介质的材料属性相关，因此传输线的瞬时阻抗仅由传输线的横截面和介质的特性决定。

由于信号仅在信号的前沿所到的地方产生电流并返回返回路径。信号在往前传播时，信号的前沿也会不停地往前移动，直到传输线的末端。因此，不同时刻信号在传输线上受到的瞬时阻抗的位置不同。如果任意一处的传输线的几何机构改变，比如传输线变宽或者变窄，或者介质材料改变等，则该处的瞬时阻抗就会发生改变，电流也就会发生改变，造成反射等信号完整性问题。如果信号在传输线上的任何一处所受到的瞬时阻抗都是相同，则称为传输线的特性阻抗，用 Z_0 表示。

特性阻抗和时延一样，都是传输线的固有特性。均衡传输线的特性阻抗为

$$Z_0 = \frac{83\ \Omega}{C_L} \sqrt{\varepsilon_{\mathrm{r}}}$$

一旦传输线之间的介质确定，只要传输线的横截面固定，信号受到的阻抗就是恒定不变的。这样的传输线又称为阻抗可控传输线。如双绞线、同轴电缆、微带线和带

状线都是阻抗可控传输线。其特性阻抗如表 7-1 所列。

表 7-1　常见阻抗可控传输线的特性阻抗表

传输线类型	特性阻抗/Ω	传输线类型	特性阻抗/Ω
RG174	50	5G62	93
RG58	52	双绞线	100～130
RG59	75		

微带线和带状线可以根据具体的设计来进行几何结构的调整。比如，增减微带线和带状线的宽度，增减导体之间的距离等，如图 7-5 所示。对于介质为 FR4 的微带线，当线宽为介质厚度的 2 倍时，其特性阻抗为 50 Ω。

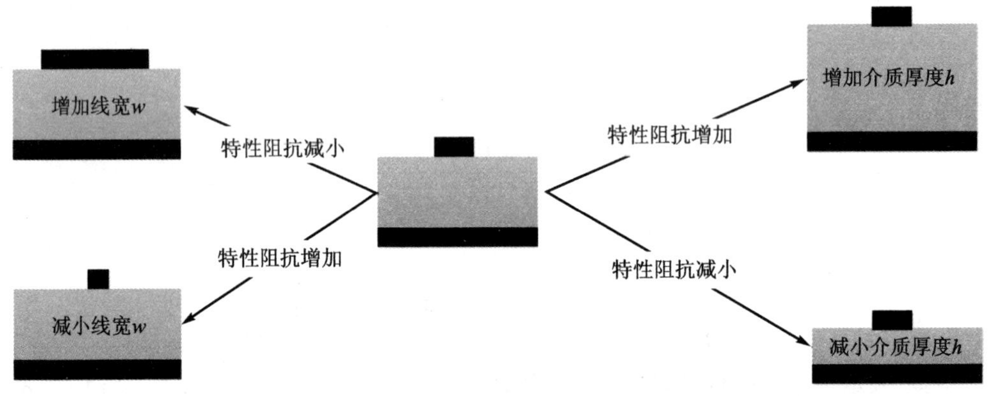

图 7-5　特性阻抗与线宽和介质的关系示意图

7.2　传输线模型

7.1 节主要讲述了理想传输线的模型，可以称为零阶模型。但是，传输线是由两条具有一定长度且由介质隔离的导线组成的。在高频的情况下，需要考虑导线本身的电感、导线损耗以及介质损耗等因素，因此，需要采用传输线一阶模型和二阶模型来进行精确建模。

7.2.1　传输线一阶模型

传输线的一阶模型是在零阶模型的基础上，增加了对传输线中信号路径和返回路径所组成的回路电感的考虑，如图 7-6 所示。

图 7-6 中，把信号路径和返回路径的每一小节都描述成回路电感，当这样的小节的节数趋向于无穷大时，单位长度电容 C_L 和单位长度电感 L_L 都将为常数。如果整个传输线的长度为 L_{en}，则整个传输线的总电容 C 和总电感 L 将分别为

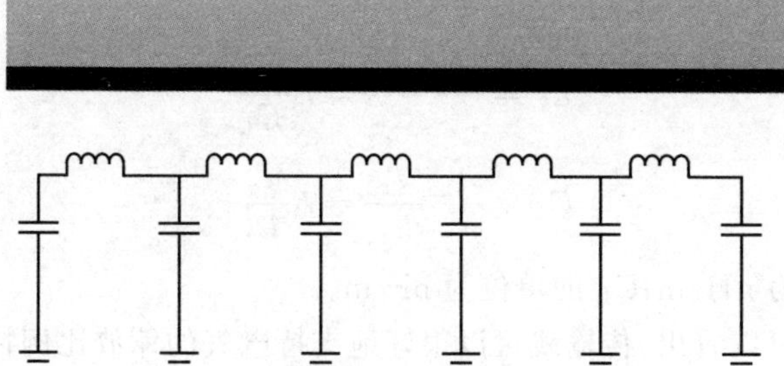

图 7-6　传输线的一阶模型示意图

$$C = C_{\mathrm{L}} \times L_{\mathrm{en}}$$
$$L = L_{\mathrm{L}} \times L_{\mathrm{en}}$$

运用网络理论，可以得出一阶模型中传输线的特性阻抗 Z_0 和时延 T_{D} 分别为

$$Z_0 = \sqrt{\frac{L_{\mathrm{L}}}{C_{\mathrm{L}}}} = \sqrt{\frac{L}{C}}$$

$$T_{\mathrm{D}} = \sqrt{C \times L} = L_{\mathrm{en}} \times \sqrt{C_{\mathrm{L}} \times L_{\mathrm{L}}} = \frac{L_{\mathrm{en}}}{v}$$

$$v = \frac{L_{\mathrm{en}}}{T_{\mathrm{D}}} = \frac{1}{\sqrt{C_{\mathrm{L}} \times L_{\mathrm{L}}}}$$

式中：v 表示信号在传输线中传输的速度。

联立特性阻抗和速度的公式，可得单位长度电容和单位长度电感与特性阻抗和材料属性的关系，如下：

$$C_{\mathrm{L}} = \frac{1}{v \times Z_0} = \frac{1}{\frac{c}{\sqrt{\varepsilon_{\mathrm{r}}}} \times Z_0} = \frac{1}{c} \times \frac{\sqrt{\varepsilon_{\mathrm{r}}}}{Z_0} = \frac{83}{Z_0}\sqrt{\varepsilon_{\mathrm{r}}} \quad (\mathrm{pF/in})$$

$$L_{\mathrm{L}} = \frac{Z_0}{v} = \frac{Z_0}{\frac{c}{\sqrt{\varepsilon_{\mathrm{r}}}}} = \frac{Z_0}{c} \times \sqrt{\varepsilon_{\mathrm{r}}} = 0.083 Z_0 \sqrt{\varepsilon_{\mathrm{r}}} \quad (\mathrm{nH/in})$$

联立传输线的总电容和总电感的公式，则可得出总电容和总电感与传输线的特性阻抗和时延的关系，即

$$C = \frac{T_{\mathrm{D}}}{Z_0}$$

$$L = T_{\mathrm{D}} \times Z_0$$

信号在传输线上的速度等于光速与介质的相对介电常数的平方根之商。根据此关系式可知：

$$v = \frac{c}{\sqrt{\varepsilon_r}} = \frac{1}{\sqrt{C_L \times L_L}}$$

因此，单位长度电感和单位长度电容分别为

$$L_L = \frac{1}{c^2}\frac{\varepsilon_r}{C_L} = 7\frac{\varepsilon_r}{C_L}$$

$$C_L = \frac{1}{c^2}\frac{\varepsilon_r}{L_L} = 7\frac{\varepsilon_r}{L_L}$$

式中：L_L 的单位为 nH/in；C_L 的单位为 pF/in。

从以上公式可以看出，传输线可以很好地支持电气的缩放比例特性和叠加特性。假设一个介质为 FR4 的传输线，其特性阻抗为 50 Ω，则其单位长度电容和单位长度电感分别为

$$C_L = \frac{83}{Z_0}\sqrt{\varepsilon_r} = \frac{83}{50}\sqrt{4} \approx 3.3 \quad (\text{pF/in})$$

$$L_L = 0.083 Z_0 \sqrt{\varepsilon_r} = 0.083 \times 50\sqrt{4} = 8.3 \quad (\text{nH/in})$$

当传输线的线宽加倍时，根据缩放比例特性，为了保持特性阻抗不变，需要把介质厚度加倍，反之亦然。

7.2.2 损耗、衰减与传输线二阶模型

传输线的零阶模型和一阶模型都是理想传输线的模型。但是，对于实际传输线来说，如果时钟频率高于 1 GHz 且传输长度超过 10 in 时，传输线的损耗是首先需要解决的问题。传输线的损耗将会引起上升边退化、符号间干扰、眼图坍塌以及确定性抖动等问题，如图 7－7 所示。

当信号沿着实际的传输线传输时，由于带宽等的限制，高频分量的幅度的衰减会比低频分量的衰减快，使信号的上升边会增长，因此上升边退化与频率相关。当信号的上升边退化得非常严重，导致上升边显著拉长到与单位间隔可比拟的程度时，会影响下一位信号的电平逻辑，导致符号间干扰。比如有一个串行数据流 101，如果第一位 1 所代表的高电平的上升边退化严重，则紧接着第二位 0 所代表的低电平需要把电平降低，随后又要恢复到第三位的高电平。显然，第二位 0 是无法降到最低电压值的，实际电平会取决于前一位的位模式。

实际传输线在传输信号时会有 5 种能量损耗的方式：辐射、串扰、反射、导线损耗以及介质损耗。辐射相对于后 4 种所带来的能量损耗非常小，串扰通过将部分能量耦合到相邻走线上，导致信号的上升边退化，当阻抗不匹配时，信号会发生反射，导致信号的高频分量被反射到源端并被端接电阻或驱动器内阻吸收。以上的三种能量损耗方式将在后续章节进行详细讲述。

对于传输线来说，导线损耗和介质损耗是传输线上信号衰减的根本原因。其本质是由导线内部的串联电阻以及介质的耗散因子所导致的。

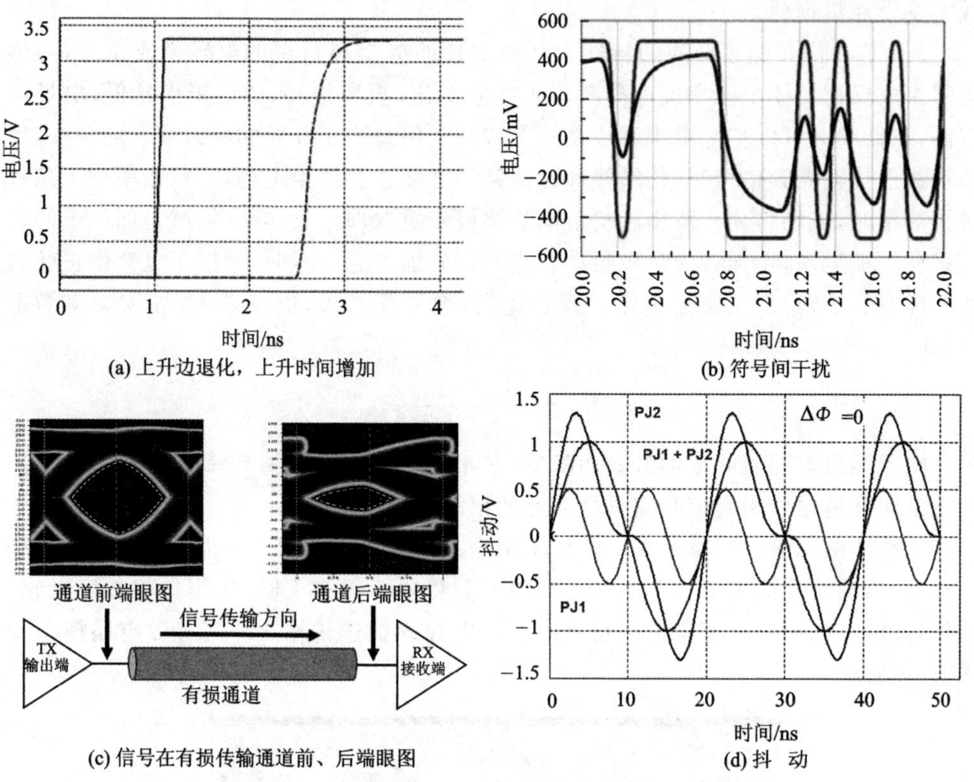

(a) 上升边退化，上升时间增加

(b) 符号间干扰

(c) 信号在有损传输通道前、后端眼图

(d) 抖 动

图 7－7　传输线损耗所导致的信号问题波形示意图

在 3.6 节中曾提到，在高频情况下，导线会出现趋肤效应和邻近效应等，导致电流流经的横截面厚度约等于趋肤深度 δ，因此导线的电阻为

$$R=\rho\,\frac{L_{\mathrm{en}}}{w\delta}$$

式中：R 表示导线电阻，单位为 Ω；ρ 表示体电阻率，单位为 Ω · m；L_{en} 表示传输线的长度，单位为 in；w 表示传输线的宽度，单位为 in；δ 表示趋肤深度，单位为 in。

在不考虑导线的邻近效应以及表面粗糙度效应的情况下，导线中的电流会流经导线的上下两个部分，因此，信号路径的电阻近似等于 $0.5R$。

微带线的返回路径的电流分布宽度一般近似等于信号路径宽度的 3 倍。因此，返回路径的电阻近似等于 $0.3R$。传输线的信号路径和返回路径的电阻串联，整个传输线的总电阻预计为

$$R=0.8\rho\,\frac{L_{\mathrm{en}}}{w\delta}$$

式中：R 表示导线电阻，单位为 Ω；ρ 表示体电阻率，单位为 Ω · m；L_{en} 表示传输线的长度，单位为 in；w 表示传输线的宽度，单位为 in；δ 表示趋肤深度，单位为 in。

由于趋肤深度的存在，导线电阻将随着频率的平方根增加而增加，造成信号在导

线上发生能量损耗。

3.4 节专门介绍了介质的特性。介质消耗的能量与材料的电导率成正比，与体电阻率成反比。体电阻率或电导率与频率成正比，频率越高，体电阻率越低，电导率越高，在低频时可以把漏电阻看成是一个常数。但是由于介质的耗散因子的存在，当传输线上传输高频信号时，传输线和返回路径之间将会产生电场，一旦频率高于某一转折频率时，电场将使介质中随机取向的偶极子重取向。具体来说，就是偶极子的负端将向正极运动，正端将向负极运动。当外部施加正弦电压时，偶极子也会像正弦曲线一样左右旋转，产生交流电流。频率越高，电导率越大，电流越大，导致交流漏电阻，即

$$R_{\text{leakage}}=\frac{1}{\omega C\tan\delta}$$

交流漏电阻随着频率的升高而降低，其消耗的能量与信号频率成正比。介质损耗也是实际传输线引起信号完整性问题的根源所在之一。

传输线的二阶模型就是在一阶模型中增加了导线损耗和介质损耗。与一阶模型一样，把传输线分成多个小节。当这样的节数趋向于无穷大时，采用单位长度电感、单位长度电容、单位长度电阻以及单位长度电导来描述传输线。其等效电路模型如图 7-8 所示。

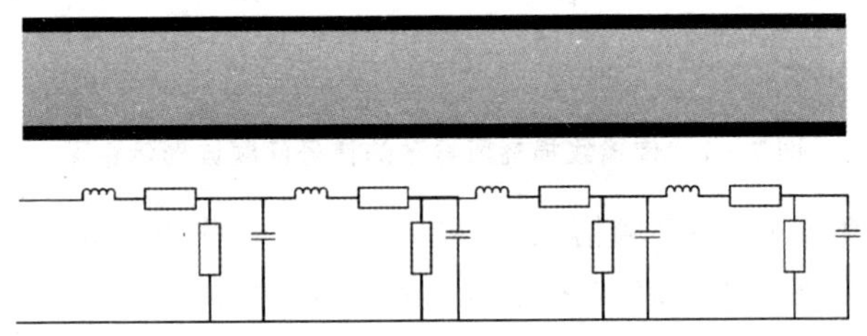

图 7-8　传输线的二阶等效模型示意图

其中，单位长度电阻与单位长度电感串联，单位长度电导与电容并联，根据网络相关理论可得传输线的二阶模型的特性阻抗、信号速度以及单位长度衰减的公式分别为

$$Z_0=\sqrt{\frac{R_{\text{L}}+\text{j}\omega L_{\text{L}}}{G_{\text{L}}+\text{j}\omega C_{\text{L}}}}$$

$$v=\frac{\omega}{\sqrt{\frac{1}{2}\left[\sqrt{(R_{\text{L}}^2+\omega^2L_{\text{L}}^2)(G_{\text{L}}^2+\omega^2C_{\text{L}}^2)}+\omega^2L_{\text{L}}C_{\text{L}}-R_{\text{L}}G_{\text{L}}\right]}}$$

$$\alpha_{\text{n}}=\sqrt{\frac{1}{2}\left[\sqrt{(R_{\text{L}}^2+\omega^2L_{\text{L}}^2)(G_{\text{L}}^2+\omega^2C_{\text{L}}^2)}-\omega^2L_{\text{L}}C_{\text{L}}+R_{\text{L}}G_{\text{L}}\right]}$$

式中：Z_0 表示传输线特性阻抗，单位为 Ω；R_{L} 表示单位长度电阻，单位为 Ω/in；L_{L} 表示单位长度电感；C_{L} 表示单位长度电容；G_{L} 表示介质引起的单位长度并联跨导；

v 表示信号速度；α_n 表示单位长度幅度的衰减，单位为 nepper/长度。

从式中可以看出，传输线的特性阻抗是复数。根据复数知识，可以得出传输线阻抗的虚部与实部分别为

$$\mathrm{Re}(Z_0)=\frac{1}{\sqrt{C_L^2+\omega^2C_L^2}}\sqrt{\frac{1}{2}\left[\sqrt{(R_L^2+\omega^2L_L^2)(G_L^2+\omega^2C_L^2)}+\omega^2L_LC_L+R_LG_L\right]}$$

$$\mathrm{Imag}(Z_0)=\frac{1}{\sqrt{C_L^2+\omega^2C_L^2}}\sqrt{\frac{1}{2}\left[\sqrt{(R_L^2+\omega^2L_L^2)(G_L^2+\omega^2C_L^2)}-\omega^2L_LC_L-R_LG_L\right]}$$

根据速度的定义，可以看出速度是频率的函数。速度与频率相关的效应称为色散。在低频时，串联电阻的阻抗要比回路电感的自感阻抗占优势，所以线的损耗较大，信号速度相应降低。而色散时，信号的高频分量比低频分量传播速度快。因此在时域中，快速上升沿将先到达，然后才是低频分量的慢速上升边沿，这样使得上升边明显变长，造成上升边退化。

当传输线无损耗时，R_L 和 G_L 等于零，简化以上公式，可得

$$Z_0=\sqrt{\frac{L_L}{C_L}}$$

$$v=\frac{1}{\sqrt{L_LC_L}}$$

$$\alpha_n=0$$

可以看出，简化后的公式就是传输线的一阶模型。

当 $R_L\ll\omega L_L$，且 $G_L\ll\omega C_L$ 时，也就是说，跟回路串联电感相比，导线串联电阻的阻抗非常小，同时与回路电容相比，介质中的漏电阻非常大，这样的情形称为传输线的低损耗区。通常来说，对于信号正弦波频率分量都高于 2 MHz，如果线宽超过 3 mil，传输线就是工作在低损耗区。又由于几乎所有的互连材料的耗散因子都小于 0.02，因此 $G_L\ll\omega C_L$，所以互连总是工作在低损耗区。

在低损耗区，特性阻抗的实部与虚部可以简化为

$$\mathrm{Re}(Z_0)=\sqrt{\frac{L_L}{C_L}}$$

$$\mathrm{Imag}(Z_0)=0$$

低损耗区传输线的特性阻抗的幅值为

$$\mathrm{Mag}(Z_0)=\sqrt{[\mathrm{Re}(Z_0)]^2+[\mathrm{Imag}(Z_0)]^2}$$

从以上公式可以看出，低损耗区的特性阻抗近似等于一阶无损传输线模型的特性阻抗。

在低损耗区，导线的阻性阻抗远小于感性阻抗，且耗散因子小于 0.1，因此信号的传播速度可以近似为

$$v=\frac{1}{\sqrt{L_LC_L}}$$

从式中可以看出，低损耗区的信号传输速度近似等于一阶无损传输线模型的特性阻抗。在低损耗区，损耗对传输线的特性阻抗和信号的传输速度没有影响。

在低损耗区，衰减可以近似采用如下公式：

$$\alpha_{n}=\frac{1}{2}\left(\frac{R_{L}}{Z_{0}}+G_{L}Z_{0}\right)$$

如果采用分贝来表示，则可以采用如下公式来表示：

$$\begin{aligned}\alpha_{dB}&=8.68\alpha_{n}=8.68\times\frac{1}{2}\left(\frac{R_{L}}{Z_{0}}+G_{L}Z_{0}\right)\\&=4.34\left(\frac{R_{L}}{Z_{0}}+G_{L}Z_{0}\right)\\&=4.34\frac{R_{L}}{Z_{0}}+4.34G_{L}Z_{0}\end{aligned}$$

式中：α_{dB} 表示衰减，单位为 dB/长度；α_{n} 表示衰减，单位为 nepper/长度；R_{L} 表示单位长度电阻；Z_{0} 表示传输线的特性电阻；G_{L} 表示单位长度并联电导。

从式中可以看出，传输线的衰减由两部分组成：一部分是导线的串联损耗所引起的衰减，用 α_{cond} 表示；另一部分是由介质材料损耗所引起的衰减，用 α_{diel} 表示，其公式如下：

$$\alpha_{cond}=4.34\frac{R_{L}}{Z_{0}}$$

$$\alpha_{diel}=4.34G_{L}Z_{0}$$

在不考虑返回路径上的阻抗外，由于趋肤效应，以 1 盎司铜为例，带状线的单位长度电阻可以近似为

$$R_{L}=0.5\frac{t}{w\delta}=0.5\frac{35}{w\times66}\sqrt{1\ 000}\sqrt{f}=\frac{8.38}{w}\sqrt{f}$$

式中：f 表示正弦波频率分量，单位为 GHz；t 表示几何厚度，单位为 μm；w 表示线宽，单位为 mil；0.5 为系数，表示电流在趋肤效应下均衡分布在传输线的两个表面。当然，这个是理想状况，通常 PCB 中铜箔的表面一面光滑一面粗糙。随着频率的增加，趋肤效应会愈加明显，当铜箔的表面粗糙度和趋肤深度相当时，粗糙面的表面的串联电阻将会加倍。通常，现代工艺的铜箔(如 RTF)的表面粗糙度为 2 μm，在频率达 5 GHz 以上时，粗糙面的表面的串联电阻将会加倍，而光滑面不会改变。因此，如果考虑传输线表面粗糙度的影响，其单位长度电阻将比预估值增加 35%。

因此，导线串联电阻所引起的衰减为

$$\begin{aligned}A_{cond}&=L_{en}\times\alpha_{cond}=L_{en}\times4.34\times\frac{R_{L}}{Z_{0}}\\&=L_{en}\times4.34\times\frac{8.14}{w\times Z_{0}}\sqrt{f}\approx36\frac{L_{en}}{w\times Z_{0}}\sqrt{f}\end{aligned}$$

以长度为 50 in，宽为 5 mil 的传输线为例，其特性阻抗为 50 Ω，在 1 GHz 的频率

下，其导线损耗为

$$A_{cond} = 36\frac{L_{en}}{w \times Z_0}\sqrt{f} = 36\frac{50}{5 \times 50}\sqrt{1} = 7.2\ (\text{dB})$$

也就是说，每英寸的单位长度衰减为 0.144 dB，信号经过 50 in 的传输后，其输出电压和输入电压之比为

$$\frac{V_{out}}{V_{in}} = 10^{\frac{-7.2}{20}} = 44\%$$

信号从源端通过传输线传送到末端时，在仅考虑导线损耗的时候，信号的幅值仅为原来的 44%。显然，接收端会发生逻辑错误，需要通过均衡、Redriver/Retimer、调整 PCB 走线和布局等方式来进行解决。

对于介质所引起的衰减，根据特性阻抗和单位长度电导的定义可知：

$$\alpha_{diel} = 4.34 G_L Z_0 = 4.34\omega(\tan\delta) C_L \cdot \frac{\sqrt{\varepsilon_r}}{c C_L} = \frac{4.34}{c}\omega(\tan\delta)\sqrt{\varepsilon_r}$$

从式中可以看出，介质所引起的衰减与传输线的几何结构无关，仅与介质的材料属性以及信号频率相关。

假设 FR4 的相对介电常数为 4，耗散因子为 0.02，则在 1 GHz 时，传输线由介质损耗所造成的单位长度衰减为

$$\alpha_{diel} = \frac{4.34}{c}\omega(\tan\delta)\sqrt{\varepsilon_r} = \frac{4.34}{11.8\ \text{in/ns}} \times 2\pi \times 1 \times 0.02 \times \sqrt{4} = 0.09\ \text{dB/in}$$

因此，采用相对介电常数为 4 的 FR4 材质，其传输线的单位长度介质损耗所造成的衰减为 0.09(dB·in^{-1})/GHz，或者约等于 0.1(dB·in^{-1})/GHz。在 1 GHz 左右，导线损耗所造成的衰减和介质损耗所造成的衰减相当，因此典型通道衰减为 0.1～0.2(dB·in^{-1})/GHz。随着频率的继续升高，介质损耗所造成的衰减会占主导地位，如图 7-9 所示。因此在高速数字系统设计时，需要首先考虑介质的材料属性。

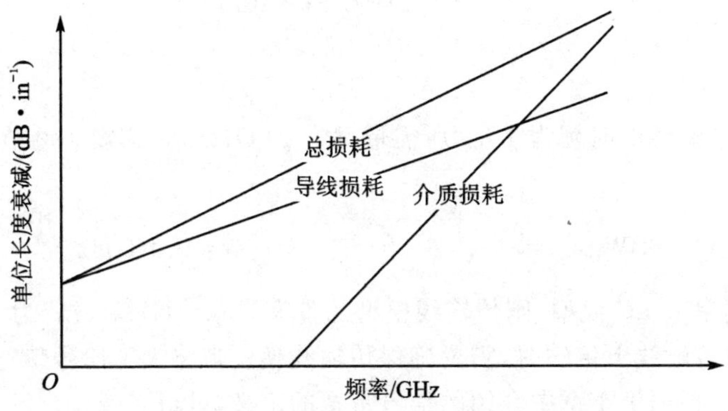

图 7-9　单位长度衰减与频率的关系示意图

7.2.3 *n* 节集总电路模型

传输线建模时，需要根据实际的信号带宽和时延等特性来确定传输线所需要的LC的数量。数量太少，可能会导致传输线的带宽不够，而数量太多，又会导致仿真模型的计算量太多，因此需要根据具体的要求来进行传输线建模。

根据理想传输线的时延，可以估算出 n 节集总电路模型的带宽。同一根传输线，如果节数越多，带宽就会越高。根据经验，模型的带宽公式如下：

$$\mathrm{BW}_{\mathrm{model}}=\frac{n}{4}\,\frac{f_0}{2}\approx n\times\frac{f_0}{10}$$

式中：n 表示 LC 集总电路的节数；f_0 表示全波的谐振频率，单位为 GHz；T_D 表示传输线的时延，单位为 ns。为了方便计算，采用系数 10 来替代系数 8。

由于 f_0 与 T_D 互为倒数，因此，如果已知传输线的时延和模型带宽，则可以计算出传输线集总电路模型所需 LC 的节数，其公式如下：

$$n=10\times\mathrm{BW}_{\mathrm{model}}\times\frac{1}{f_0}=10\times\mathrm{BW}_{\mathrm{model}}\times T_D$$

根据上述公式，可知，当模型带宽等于传输线时延的倒数时，需要采用 10 节 LC 集总电路，换句话说，就是每 1/10 个波长就必须对应一节 LC 电路。

如果采用单节 LC 电路来建模，则模型带宽为

$$\mathrm{BW}_{\mathrm{model}}=\frac{f_0}{10}=\frac{1}{10\times T_D}$$

【例 7-1】 根据以上公式，假设传输线的时延为 1 ns，传输线模型的带宽为 10 GHz，需要多少节 LC 集总电路？如果采用单节 LC 电路建模，则模型带宽为多少？

解： 根据题意，可得

$$\begin{aligned}n&=10\times\mathrm{BW}_{\mathrm{model}}\times T_D\\&=10\times 10\ \mathrm{GHz}\times 1\ \mathrm{ns}\\&=100\end{aligned}$$

因此，当传输线的时延为 1 ns，所需带宽为 10 GHz 时，需要 100 节 LC 集总电路建模。

$$\mathrm{BW}_{\mathrm{model}}=\frac{1}{10\times T_D}=\frac{1}{10\times 1\ \mathrm{ns}}=0.1\ \mathrm{GHz}$$

如果采用单节 LC 模型，则传输线模型的带宽为 0.1 GHz，或者为 100 MHz。

当信号在传输线上传输时，需要确保传输线模型带宽大于信号带宽，否则就会造成信号的损耗，根据第 1 章中介绍的信号带宽的定义，可得

$$\mathrm{BW}_{\mathrm{model}}>\mathrm{BW}_{\mathrm{sig}}$$

$$n\times\frac{1}{10\times T_D}>\frac{K}{T_r}$$

$$n > \frac{10 \times K \times T_{\mathrm{D}}}{T_{\mathrm{r}}}$$

式中：$\mathrm{BW}_{\mathrm{model}}$ 表示传输线模型的带宽，单位为 GHz；$\mathrm{BW}_{\mathrm{sig}}$ 表示信号带宽，单位为 GHz；T_{D} 表示传输线时延，单位为 ns；T_{r} 表示 10%～90%的上升时间，单位为 ns；K 表示不同波形的比例常数，一般为 0.35 或者 0.5，本书采用 0.5，可得

$$n > 5\,\frac{T_{\mathrm{D}}}{T_{\mathrm{r}}}$$

因此，如果信号的上升时间和传输线时延相等，则最少需要 5 节 LC 集总电路进行建模，如图 7-10 所示。上升时间对应的每节 LC 电路的长度不能超过 $T_{\mathrm{r}} \times v/5$，对于 FR4 为介质的传输线来说，信号传输速度为 6 in/ns，每节 LC 电路的长度不能超过 $1.2 \times T_{\mathrm{r}}$。如果上升时间为 1 ns，则每节 LC 电路的长度最大为 1.2 in。

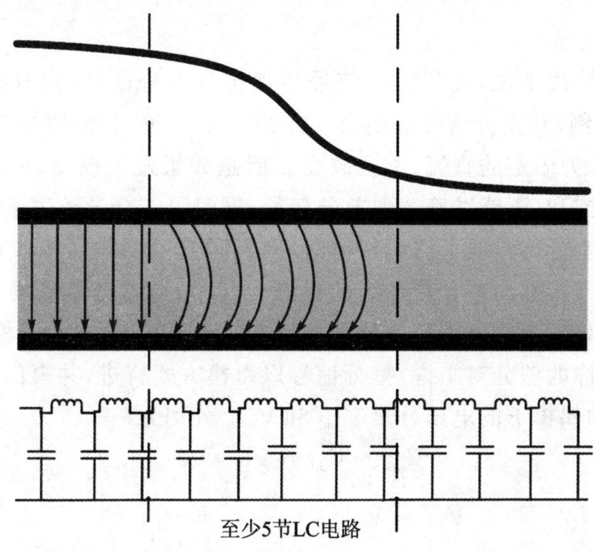

图 7-10 上升时间等于传输线时延的集总电路建模示意图

7.3 差分传输线与阻抗

目前，计算机系统绝大多数的高速传输总线都采用差分传输线进行信号传输，包括 PCIe 总线、DDR 总线等。一对耦合的传输线就可以看成是一对差分传输线。差分传输线由两个独立的输出驱动器进行驱动，传输差分信令，如图 7-11 所示。

差分信令是一对互补的信号，其中一根传输线传送 0 或 1 信号，而另一根传输线传送它的补。典型的如 LVDS 信号，其每路信号电压范围为 1.125～1.375 V。驱动端驱动差分信令到接收端，接收端检测到差分传输线的每路信号电压并进行相减，得出电压差，恢复出差分信号，即

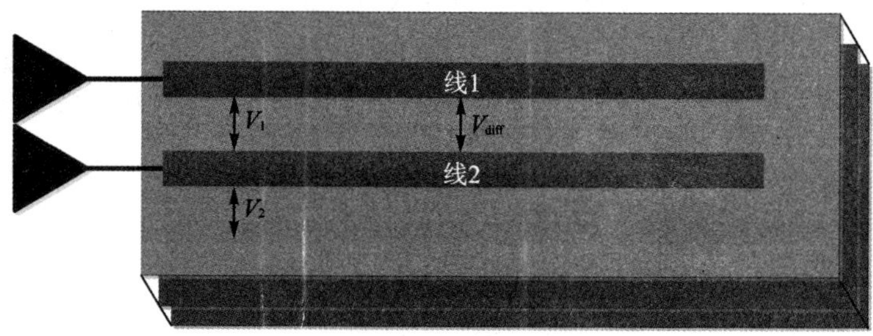

图 7-11　差分传输线示意图

$$V_{diff} = V_1 - V_2$$

同时,电路中还存在着共模信号,即传输线上信号的平均电压,定义为

$$V_{comm} = \frac{1}{2}(V_1 + V_2)$$

对于差分传输线来说,其传输的信号不仅包含差分信号,同时也包含了共模信号。以 LVDS 为例,其差分信号摆幅为−0.25～0.25 V,共模信号为 1.25 V。一般情况下,共模信号为固定的直流,不会改变。但是如果发生改变,可能导致差分接收器的输入放大器饱和,不能准确读取差分信号,同时可能会导致过量的电磁干扰。

差分信令在差分传输线上进行传播时,有两种特殊的电压模式可以实现无失真的传输。这两种模式称为差分传输线的模态。其中,当差分传输线上传输相同的驱动电压时,称为偶模;当差分传输线传输相反的驱动电压时,称为奇模。

对于一个对称的差分对来说,差分信号以奇模方式行进,共模信号以偶模方式行进。因此,奇模和偶模下的电压分量 V_{odd} 和 V_{even} 分别为

$$V_{odd} = V_{diff} = V_1 - V_2$$

$$V_{even} = V_{comm} = \frac{1}{2}(V_1 + V_2)$$

传输线上的信号也可以采用奇模分量和偶模分量的组合来描述,如下:

$$V_1 = V_{even} + \frac{1}{2}V_{odd}$$

$$V_2 = V_{even} - \frac{1}{2}V_{odd}$$

假设给一个差分对的线 1 施加 0～1 V 的跳变电压,另一根施加 0 V 电压,则在传输线上以偶模方式进行传输的电压分量为 0.5 V,以奇模方式进行传输的电压分量为 1 V,如图 7-12 所示。

差分传输线有各种形态,包括双绞线、共面线、微带线、带状线等各种形态。但是不管什么样的形态,在进行差分传输线布局布线时都需要尽量做到如下几点来提升差分信号的传输性能。

① 差分传输线在任何位置的横截面都恒定不变,这样就确保差分信号有一个恒

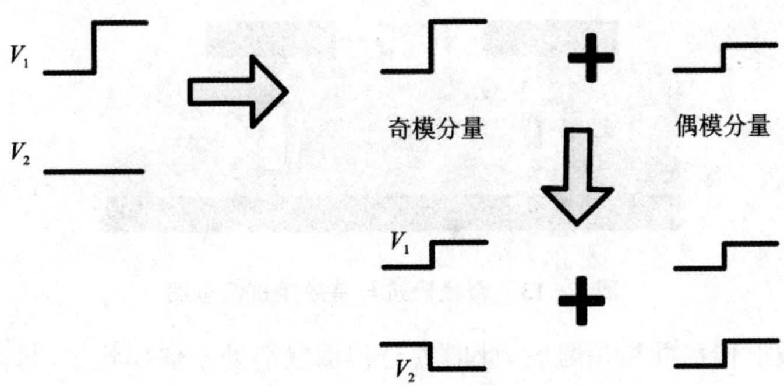

图 7-12　差分对信号的等效描述示意图

定的阻抗。

② 差分传输线的长度相等，从而保证传输线上的信号不会出现时延差或错位。

③ 差分传输线的两个传输线必须完全相同，包括线宽、线距、介质厚度、过孔位置、数量等，尽量减小由于不对称而导致差分信号变成共模信号。

④ 差分传输线可以不耦合，但是耦合的差分传输线的抗噪声能力会更强。

差分信号在差分传输线进行传输时，会遇到阻抗，称为差分阻抗。其定义是差分信号的电压与差分电流的比值。如果差分传输线之间不存在耦合，例如线间距大于两倍线宽的情形，则每条传输线的特性阻抗为 Z_0，流经信号线和返回路径之间的电流为

$$I_0 = \frac{V_{\text{one}}}{Z_0}$$

式中：I_0 表示信号路径到返回路径上的电流；V_{one} 表示信号路径与返回路径之间的电压；Z_0 表示单端传输线的特性阻抗。

若差分信令加在差分传输线上，则差分传输线其中一根上传输的是从 0～1 V 的跳变信号，而另一根为从 1 V 到 0 V 的跳变信号。流经第一条线的电流为从信号线流向返回路径，而第二条线的电流则是从返回路径流向信号线。从信号线看过去，两条信号线之间构成了一个电流回路，同时信号线之间的电压差是单根信号线上电压的两倍，因此，根据阻抗定义，无耦合的差分传输线之间的差分阻抗为

$$Z_{\text{diff}} = \frac{V_{\text{diff}}}{I_{\text{one}}} = \frac{2 \times V_{\text{one}}}{I_{\text{one}}} = 2 \times Z_0$$

因此，无耦合的差分传输线的差分阻抗为单端传输线的两倍。

当采用差分信号驱动差分传输线时，差分对会处于奇模状态，此时每条信号线的特性阻抗就被称为奇模特性阻抗，如图 7-13 所示。

因此，奇模特性阻抗是差分阻抗的一半，公式如下：

$$Z_{\text{odd}} = \frac{Z_{\text{diff}}}{2}$$

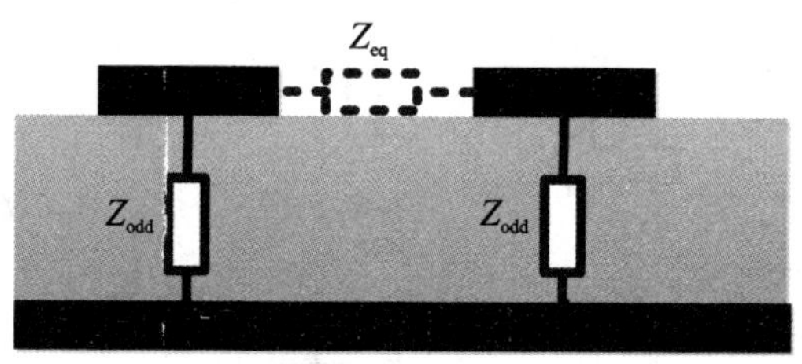

图 7-13　奇模阻抗与等效阻抗示意图

当传输线上传播共模信号时，此时差分传输线会处于偶模状态，每条信号线的特性阻抗就被称为偶模特性阻抗，如图 7-14 所示。

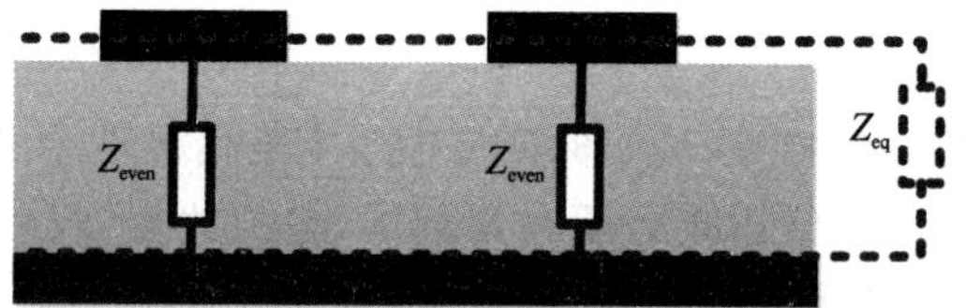

图 7-14　奇模阻抗与等效阻抗示意图

因此，共模阻抗是偶模阻抗的并联值，其关系如下：

$$Z_{\text{comm}}=\frac{Z_{\text{even}}\times Z_{\text{even}}}{Z_{\text{even}}+Z_{\text{even}}}=\frac{1}{2}Z_{\text{even}}$$

从公式中可以看出，共模阻抗一般是一个非常小的阻值。假设无耦合的差分传输线的特性阻抗为 50 Ω，其奇模阻抗和偶模阻抗相同，则其差分阻抗为 100 Ω，而共模阻抗为 25 Ω。

当差分对的两条传输线相互靠近时，由于邻近效应的影响，它们之间的电磁场将相互覆盖，耦合程度将会增强。此时，信号路径与返回路径之间的边缘场有一部分被邻近信号线阻断，信号路径和返回路径之间的电容 C_{11} 会减小，信号路径之间的互容 C_{12} 会增大，但是整体的负载电容 $C_L=C_{11}+C_{12}$ 将不会有较大变化。同时信号与返回路径的回路电感 L_{11} 会略微减小，而信号路径之间的耦合互感 L_{12} 会增加。但是即使这样，在最差的情况下(线距等于线宽)，其最大的相对耦合度(C_{12}/C_{11} 或 L_{12}/L_{11})不会超过 15%。如果线距大于线宽 3 倍，则传输线之间的相对耦合度就不超过 1%了。

耦合的差分对中的单端传输线的特性阻抗将由负载电容决定，其关系式如下：

$$Z_0\propto\frac{1}{C_L}=\frac{1}{C_{11}+C_{12}}$$

此时，单端传输线 1 的特性阻抗将会受到差分对中另外一根传输线 2 的信号的影响。如果线 2 上没有信号，则该传输线上的单端特性阻抗基本不会发生变化。如果采用差分信号驱动该差分对，线 2 上的信号与线 1 相反，则此时电流将分为两部分——一部分是从信号路径流向返回路径，另一部分是通过互容在信号路径之间进行流动。同时，信号路径之间的电压将是信号路径到返回路径之间的两倍，此时流经信号线1的电流为

$$I_{one}=v\times T_r\times\left(C_{11}\frac{dV_{11}}{dt}+C_{12}\frac{dV_{12}}{dt}\right)\propto C_{11}V_{one}+2C_{12}V_{one}=V_{one}(C_L+C_{12})$$

式中：I_{one} 表示流经一条信号线的电流；v 表示信号的传播速度；T_r 表示信号的上升时间；C_{11} 表示信号路径与返回路径之间的单位长度电容；C_{12} 表示信号路径之间的电容；V_{11} 表示信号线与返回路径之间的电压；V_{12} 表示信号线之间的电压；V_{one} 表示信号线与返回路径之间的电压变化量。

为了驱动单端信号线上更大的电容，在信号电压不变的情况下，电流就会增大。因此从信号看过去，单端传输线的特性阻抗将会减小，也就是奇模特性阻抗会变小。

反之，如果添加共模信号给该差分对，线2具有和线1相同的信号，信号线之间不存在电压压差。此时，流经信号线1的电流为

$$I_{one}=v\times T_r\times\left(C_{11}\frac{dV_{11}}{dt}\right)\propto C_{11}V_{one}=V_{one}(C_L-C_{12})$$

此时如果信号电压不变，电容容值变小，电流也会变小。因此从信号看过去，单端传输线的特性阻抗会增大，也就是偶模特性阻抗会增加。

因此，对于耦合的差分对来说，单端传输线的特性阻抗不会是一个固定值，而是会受到第二条传输线上信号形态的影响。

单端传输线的特性阻抗会影响差分阻抗的值，但是影响有限。即使在最紧耦合的情况下，也仅仅比非耦合的差分阻抗减少约12%。如果需要精确得出其阻值，则需要采用场求解器来进行。通常来说，对于FR4材料的边沿耦合微带线，其差分阻抗可以近似为

$$Z_{diff}=2\times Z_0\times\left[1-0.48\times e^{\left(-0.96\frac{s}{h}\right)}\right]$$

边缘耦合带状线，其差分阻抗可以近似为

$$Z_{diff}=2\times Z_0\times\left[1-0.37\times e^{\left(-2.9\frac{s}{b}\right)}\right]$$

式中：Z_0 表示信号线到返回路径的特性阻抗；s 表示信号线的边缘距，单位为mil；h 表示信号线到返回路径之间的介质厚度；b 表示平面之间的介质总厚度。

在电路设计中，选择紧耦合还是弱耦合差分传输线需要视具体情况而定。使用紧耦合差分对的最大优点是互连密度高，可以采用更少层的PCB或者更小面积的PCB降低成本，同时受到外来的差分串扰会比弱耦合相对要少。另外，尽管返回路径出现间隙会导致阻抗突变，但采用紧耦合可以保持较好的信号完整性，因此，在双绞线电缆、带状电缆、连接器以及一些IC封装内，紧耦合差分对是首选。

而弱耦合传输线的最大优势是线宽较大，串联电阻损耗比紧耦合传输线更具优势。因此，如果设计中损耗是重要的考虑因素之一，则需要考虑采用弱耦合差分对设

计。在高于 10 Gb/s 且损耗是重要指标时,弱耦合差分对是首选。

7.4 地和返回路径

信号完整性中不采用“地”这个术语,而是采用返回路径来表示传输线中的第二条线。因为如果把传输线中的返回路径当成地时,就是把它看成了一个公共的电流连接处,这显然是不正确的。同时,返回路径可以是零电平平面,也可以是电源平面,并没有指定返回路径的绝对电压值。再者,把传输线的两条路径分别称为信号路径和返回路径,就说明返回路径和信号路径的设计同等重要,很多信号完整性的问题都是由于返回路径设计不当造成的。

总体来说,返回路径的设计原则是要和信号路径之间的回路电感最小化,因此需要尽量使返回路径靠近信号路径分布。但是,在稍微复杂的高速数字系统中,由于 PCB 尺寸的限制,往往会采用多层 PCB 堆叠设计,从而使信号进行跨层传输成为常态。如何确保特性阻抗保持一致,就需要很好地进行返回路径设计。

如果在传输线的信号路径和返回路径之间插入一个导体平面,则在高频的情况下,由于趋肤效应的影响,电流分布总是趋向于减小信号路径-返回路径之间的回路阻抗。因此,返回路径将从第三层的平面耦合到位于第二层的中间平面,然后再回到位于第一层的信号路径。其堆叠与电流分布如图 7-15 所示。

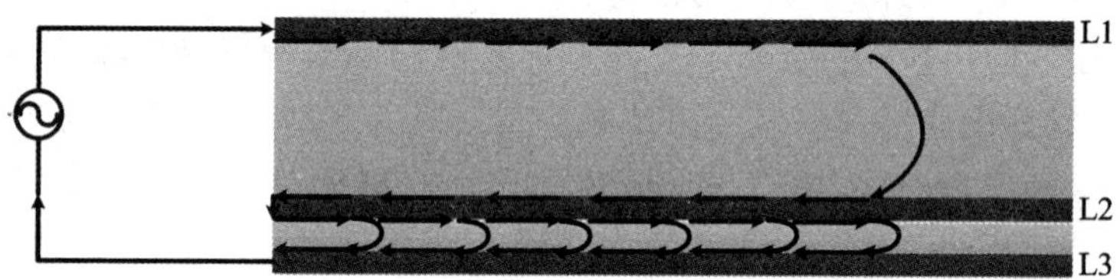

图 7-15 传输线路径之间插入平面电流示意图

从驱动端看过去,信号受到的阻抗将由两条传输线的阻抗串联:一条是由信号路径和 L2 中间平面组成;另外一条是由 L2 中间平面和 L3 返回路径组成。因此,信号所受到的阻抗为

$$Z = Z_{12} + Z_{23}$$

如果中间平面和返回路径靠得越近,则 Z_{23} 就越小,信号所受到的阻抗就越接近 Z_{12}。如果平面的宽度远远大于平面之间的厚度,则平面之间的特性阻抗为

$$Z_0 = \frac{377}{\sqrt{\varepsilon_r}} \frac{h}{w}$$

式中:Z_0 的单位为 Ω。

以 FR4 为例,假设其相对介电常数为 4,两平面之间的距离为 4 mil,平面宽度为 9.6 in,则平面之间的特性阻抗为

$$Z_0=\frac{377}{\sqrt{\varepsilon_r}}\frac{h}{w}=\frac{377}{\sqrt{4}}\frac{4}{9.6\times10^3}\approx7.85\times10^{-2}(\Omega)$$

平面之间的特性阻抗远远小于传输线之间的特性阻抗。换句话来说，信号所受到的阻抗主要是由信号路径与最靠近信号路径的平面之间的阻抗决定，而与实际连接在驱动器上的返回端的平面无关。

如图 7-16 所示，信号路径从 PCB 的 L1 层通过过孔切换到 L4 层，然后传送给目的端。对于高频信号来说，在信号路径的前半部分，返回路径位于信号路径的下方，也就是 L2 层的上表面。在信号路径的后半部分，信号路径位于 L4 层，返回路径位于信号路径的上方，也就是 L3 层的下表面。信号可以通过过孔从 L1 层切换到 L4 层，但是返回路径该如何从 L3 层回到 L2 层呢？

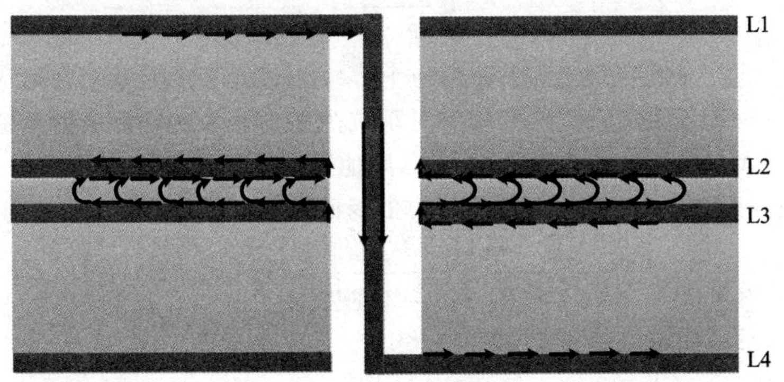

图 7-16 信号路径从 L1 层切换到 L4 层示意图

最直接的办法是，如果 L2 层和 L3 层的电压相同，则可以在信号过孔附近采用过孔的方式把 L2 层和 L3 层短接，同时使 L2 层和 L3 层相互靠近，使返回电流从过孔中流过。虽然过孔会有阻抗变化，但是不会造成很大的阻抗突变，因此，为了考虑减小返回路径的压降，通常在信号过孔附近放置一个返回过孔，这个是最佳设计。

但是，很多 PCB 设计会考虑到成本因素，减小电路板层数，导致 L2 层和 L3 层的电压不同，因此，电流只能通过平面直接的耦合电容流过，如图 7-16 所示。返回电路会围绕信号过孔的反焊盘盘旋而已，转移到另外一个平面上，并迅速扩散。耦合电容的容性阻抗会造成返回路径上的压降，这就是地弹。阻抗越大，地弹就越大。因此需要尽量减小返回路径的阻抗。

信号在平面之间向外呈辐射状传播，可以采用平面圆之间的耦合电容和单位长度电容来计算返回电流在返回路径遇到的瞬时阻抗。平面圆之间单位长度电容为

$$C_L=2\pi\varepsilon_0\varepsilon_r\frac{r}{h}$$

式中：C_L 表示单位长度电容；ε_0 表示自由空间的介电常数；ε_r 表示平面间介质的相对介电常数；r 表示平面圆的半径；h 表示平面圆之间的距离。

返回电流受到的瞬时阻抗为

$$Z=\frac{1}{vC_{\mathrm{L}}}=\frac{\sqrt{\varepsilon_{\mathrm{r}}}}{c}\times\frac{h}{2\pi\varepsilon_{0}\varepsilon_{\mathrm{r}}r}=60\ \frac{h}{r\sqrt{\varepsilon_{\mathrm{r}}}}$$

式中：Z 表示返回电流所遇到的瞬时阻抗，单位为 Ω；v 表示信号在介质中的传播速度；C_{L} 表示单位长度电容；ε_0 表示自由空间的介电常数；ε_{r} 为平面间介质的相对介电常数；r 表示平面圆的半径；h 表示平面圆之间的距离。

又因为

$$r=vt$$

其中，t 为时间，所以，

$$Z=60\ \frac{h}{r\sqrt{\varepsilon_{\mathrm{r}}}}=60\ \frac{h}{vt\sqrt{\varepsilon_{\mathrm{r}}}}=60\ \frac{\sqrt{\varepsilon_{\mathrm{r}}}\,h}{ct\sqrt{\varepsilon_{\mathrm{r}}}}=5\ \frac{h}{t}$$

【例 7-2】 假设平面之间的距离为 4 mil，介质为 FR4，且相对介电常数为 4，离信号过孔 1 in 的返回电流所受到的瞬时阻抗为多少？0.1 ns 后返回电流受到的瞬时阻抗为多大？如果返回电流为 10 mA，则地弹噪声为多大？

解： 根据题意，可知离信号过孔 1 in 的返回电流所受到的瞬时阻抗为

$$Z=60\ \frac{h}{r\sqrt{\varepsilon_{\mathrm{r}}}}=60\ \frac{4}{1\ 000\sqrt{4}}=0.12\ (\Omega)$$

0.1 ns 后返回电流受到的瞬时阻抗为

$$Z=5\ \frac{h}{t}=5\ \frac{4\times10^{-3}}{0.1}=200\ (\mathrm{m}\Omega)$$

如果返回电流为 10 mA，则地弹噪声为

$$V=ZI=200\ \mathrm{m}\Omega\times10\ \mathrm{mA}=2\ \mathrm{mV}$$

这个地弹噪声对于信号幅值来说，意义不大，但是如果平面之间的距离增加，比如增加到 15 mil，同时有多个信号——比如 20 个信号同时在相同的参考面之间切换，则整个地弹噪声为

$$V=n\times Z\times I=20\times5\times\frac{15\times10^{-3}}{0.1}\Omega\times10\ \mathrm{mA}=150\ \mathrm{mV}$$

如果信号幅值为 1 V，则整个地弹噪声将超过 10%。这个噪声会影响到基于这个路径切换的信号路径，造成严重的信号完整性问题。

同时，由于所有平面都有边沿，当信号辐射传输到平面的边沿时会迅速回荡并形成电源分布网络的噪声。由于存在导体和介质损耗，这些噪声会逐渐消失。

因此，信号传输过程中变更返回平面会使平面对产生噪声，而这也是平面对噪声产生的主导性根源。在进行 PCB 叠层设计时，需要尽量将相邻的参考平面设置为相同的电压，在平面之间通过短路过孔进行短接并尽量靠近信号过孔。不同电压的返回平面之间的距离应尽量短，以确保返回路径的阻抗尽量低。同时尽量扩大切换过孔之间的距离，避免在初始瞬间当返回路径的阻抗很高时，造成很大的地弹噪声。

有时候为了减小返回平面之间的瞬时阻抗，就在两个平面之间并联一个或数个分立的去耦电容。根据电容的特性，需要确保去耦电容的谐振频率高于信号的最高带宽，才具有去耦作用。否则去耦电容的等效串联电感将起主导作用，反而不能实现有效去耦。通常需要确保实际电容的阻抗小于信号阻抗的 5%，如假设信号路径的阻抗为 50 Ω，则需要确保实际电容的阻抗小于 2.5 Ω。

7.5　本章小结

本章主要对高速数字系统中的传输线知识进行阐述，简要介绍了传输线的原理和工作过程，重点介绍了理想传输线和有损传输线的各种模型和如何进行仿真建模；同时针对差分传输线进行了重点阐述，并详细讲解了传输线中的返回路径的概念以及如何进行传输线的设计。传输线理论是高速数字系统的基础，直接影响系统的信号完整性和电源完整性。

7.6　思考与练习

1. 什么是传输线？零阶传输线模型、一阶传输线模型与二阶传输线模型之间有什么不同？

2. 传输线的瞬时阻抗与特性阻抗之间有什么区别？

3. 简述差分传输线相比于单端传输线的优势。

4. 什么是差分阻抗和共模阻抗？什么是奇模阻抗和偶模阻抗？此 4 种阻抗的区别与联系各是什么？

5. 试讲述紧耦合和松耦合差分传输线的差分阻抗和共模阻抗的特点。

6. 地与返回路径之间的区别是什么？为什么信号完整性领域需要采用返回路径这一术语？

7. 基于 FR4 为介质的 PCB 上的信号，其传播速度大约等于多少？

8. 信号的衰减主要由什么组成？导线损耗和介质损耗的原因各是什么？

9. 对于时延为 3 ns 的传输线，如果采用 n 节有损传输线模型，要求精确到 10 GHz 的带宽，那么需要多少节？

10. 在高损耗和低损耗的情况下，损耗对特性阻抗以及信号速度各有什么影响？

第8章

电源设计与管理

电源是高速数字系统的能量来源，也是一个高效的高速数字系统能够得以稳健运行的根本。本章主要讲述了高速数字系统中电源设计和测试所涉及的各个环节基础知识，并介绍了锂离子电池的保护和充电技术，简要介绍了如何进行电源变换器的设计，特别是 x86 CPU 的电源设计；同时针对高速数字系统中的电源监控和管理进行了重点阐述，分别从各个层次讲述了如何在高速数字系统中进行电源系统的监控与管理。

本章的主要内容如下：

- 电源基础知识；
- 电源变换器设计；
- 电源变换器测试；
- 电源监控与管理。

8.1 电源基础知识

高速数字系统中的电源多种多样，有的直接使用交流市电，有的使用电源适配器转化的直流电，还有的使用电池。相应的，高速数字系统中的电子元件和集成电路对电源的需求也是多种多样的。本节将介绍把电源输入转化为需要的稳定电压和电流的电源变换器的基础知识，并就常用的锂离子电池充电技术做简单介绍。

图 8-1 所示为一个典型的服务器或者 PC 的电源电路功能模块图。市电经过整流电路和开关电源变换电路（常简称变换器、VR、VRM 等）转变成常用的 12 V 电压，再经过 DC-DC 变换电路转换成 IC 需要的 5 V、3.3 V 等电压。对于需要低噪声的场合，则需要使用线性稳压器，比如图中采用一路 LDO（Low Dropout Linear Regulator，低压差线性稳压器）将 3.3 V 转换成 1.0 V。

8.1.1 交流输入与整流滤波电路

虽然各个国家的交流市电的波形都是正弦波，但频率和额定电压各不相同。我国的交流市电频率为 50 Hz，单相电压为 220 V（有效值），三相相间电压为 380 V（有效值）。本章所涉及的交流电源，如果没有特别说明都是指单相交流电源，三相电源

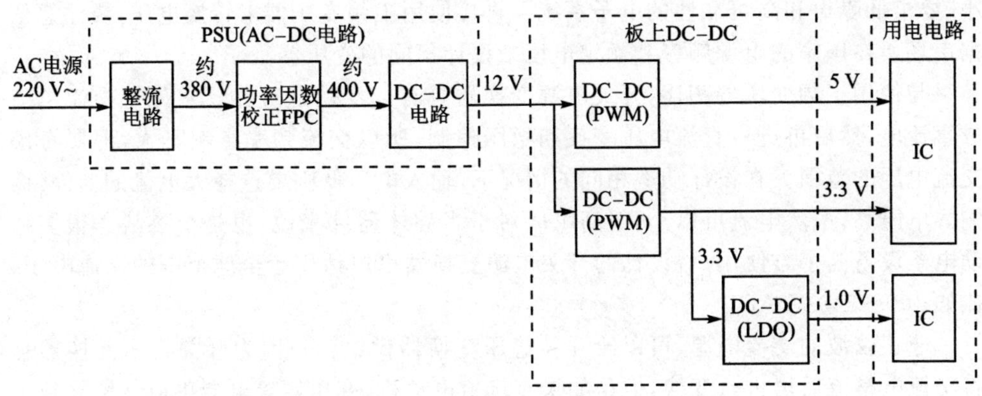

图 8-1 电源电路框图

可以使用类似方法分析。

正弦交流电压和交流电流的表示方法和主要参数如下：

$$\begin{cases} u = U_{m}\sin(\omega t + \alpha) \\ i = I_{m}\sin(\omega t + \alpha) \end{cases}$$

式中：U_m 表示电压最大值；I_m 表示电流最大值；ω 表示角频率；α 表示初始相位。

根据最大值，可得电压有效值为

$$\widetilde{U} = U_{m}/\sqrt{2}$$

注意：以上参数及符号会在本章中多次使用，除非有特别说明，含义同上。

根据交流电压和电流的表示方式，其波形如图 8-2 所示，图中电压和电流的初始相位为 0。

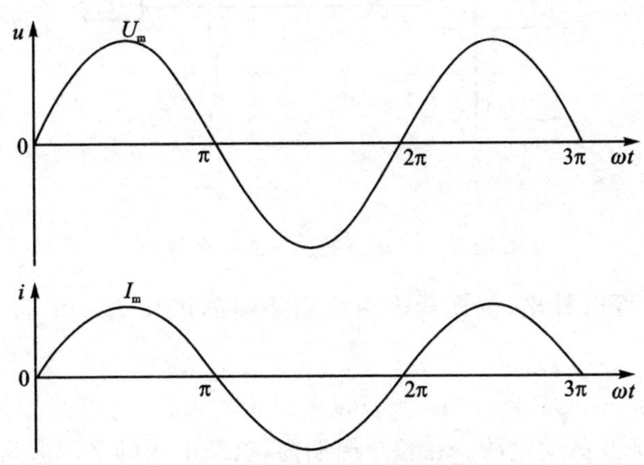

图 8-2 正弦交流电波形

频率为 50～60 Hz 的工频变压器可以直接用来对交流电源进行升降压，但由于工频频率低，导致变压器体积大和效率低，同时后续的滤波困难，所以只适用于功率小、要求低噪声和高可靠性的电子系统。直接使用工频变压器来转换电压,要注意依据市场所在国家的电源频率和额定电压来设计不同的变压器。

与使用工频变压器相比,开关电源变换器具有广泛的适应性。它先把交流电变成直流电,然后再进行直流电压变换和稳压控制,所以交流频率影响不大,但要考虑交流电压的范围。在设计功率相同的情况下,输入电压低则要选择大电流的器件,而输入电压高,虽然电流可以小,但高耐压对于半导体器件来说,也是个挑战。很多移动电子设备为了方便用户,设计的开关电源变换器可以适用于全球范围的交流电压,比如 100～240 V AC。

非正弦波的交流电源,可以给开关稳压变换器供电——因为开关稳压变换器是将交流电整流后再进行变换,但是如果直接给电动机、变压器等电器供电就会导致工作不正常甚至烧毁。这些非正弦波的交流电源可能来自于简单的逆变器产生的方波或者修正的正弦波,或者被严重干扰导致谐波成分太多的交流电源等,需要特别注意。

1. 半波整流电路

大部分的场合需要把来自于市电的交流电变换成直流电才能使用,这个过程叫作整流。使用一个二极管进行整流时,整流后只有正半波的能量可以输出利用,这就是半波整流电路。半波整流浪费了半个周期,效率较低而且输出很不平滑。

如图 8-3 所示,半波整流电路在正弦交流电的一个完整周期中。正半波时二极管 D 导通输出,负半波时二极管 D 截止没有输出。图 8-3 中的 T 是升降压或者隔离变压器,R_L 表示负载。整流后的电压和电流波形如图 8-4 所示。

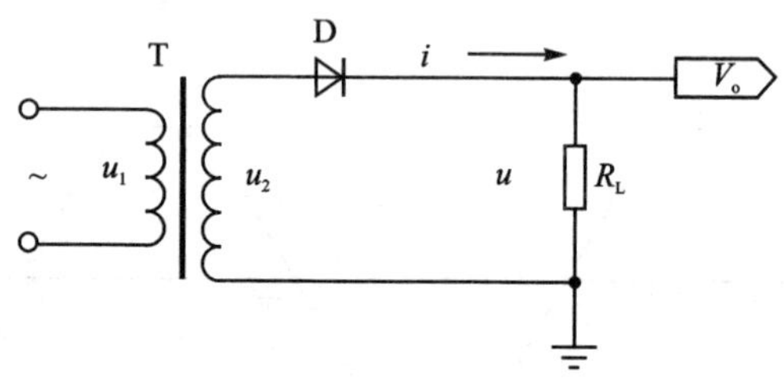

图 8-3 半波整流电路原理图

从图 8-3 中可以看出,变压器次级线圈绕组的电压为 u_2。设 u_2 的电压表达式为

$$u_2 = \sqrt{2}\widetilde{U}_2 \sin(\omega t)$$

负载电压是半波脉动电压。在整个周期内,负载电压的平均值为

$$U = \frac{1}{2\pi}\int_0^{\pi} \sqrt{2}\widetilde{U}_2 \sin(\omega t)\,\mathrm{d}(\omega t) = \frac{\sqrt{2}}{\pi}\widetilde{U}_2 \approx 0.45\widetilde{U}_2$$

可知,负载平均电流为

$$I=\frac{U}{R_L}\approx\frac{0.45\widetilde{U}_2}{R_L}$$

由此可知，尽管半波整流电路非常简单，容易实现，但是半波整流的效率低，浪费严重。

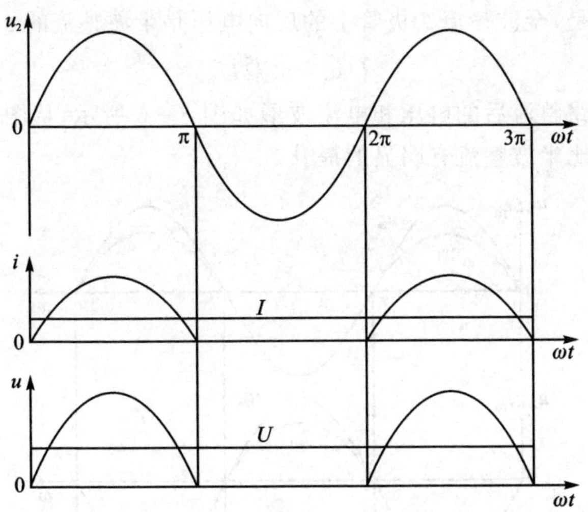

图 8－4　半波整流波形图

2. 全波整流电路

为了弥补半波整流只能供给负载半个周期的缺点，全波整流使用变压器的两个次级绕组轮流输出，这样在负载上就有完整的一个周期，如图 8－5 所示。由于变压器两个绕组轮流输出，存在变压器利用率不高的缺点。

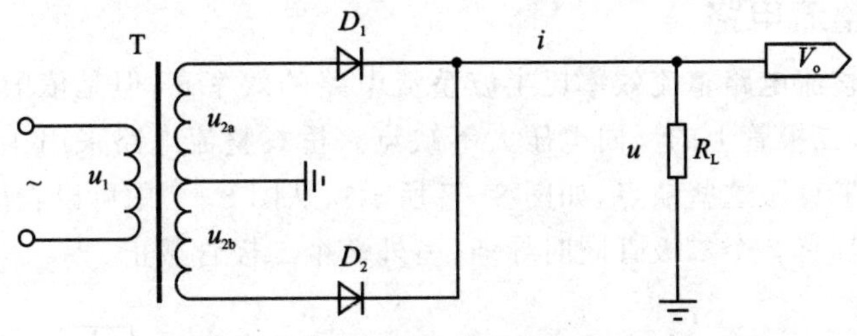

图 8－5　全波整流电路原理图

从图 8－5 中可以看出，变压器的次级绕组分成相等的两部分，u_{2a} 和 u_{2b} 大小相等，相位相差 180°，即

$$\begin{cases}u_{2a}=\sqrt{2}\widetilde{U}_2\sin(\omega t)\\u_{2b}=\sqrt{2}\widetilde{U}_2\sin(\omega t-\pi)\end{cases}$$

在 $u_{2a}=u_{2b}$ 并等于半波整流的 U_2 时，全波整流的负载电压和负载电流的平均

值将是半波整流的 2 倍，即

$$\begin{cases} U \approx 0.9\widetilde{U}_2 \\ I = \dfrac{U}{R_L} \approx \dfrac{0.9\widetilde{U}_2}{R_L} \end{cases}$$

需要注意的是，全波整流二极管上的反向电压是半波整流的 2 倍，即

$$U_{Dm} = 2\sqrt{2}\widetilde{U}_2$$

全波整流电路整流后的电压和电流波形如图 8－6 所示，从图中可以看出，全波整流电路的效率比半波整流有明显的提升。

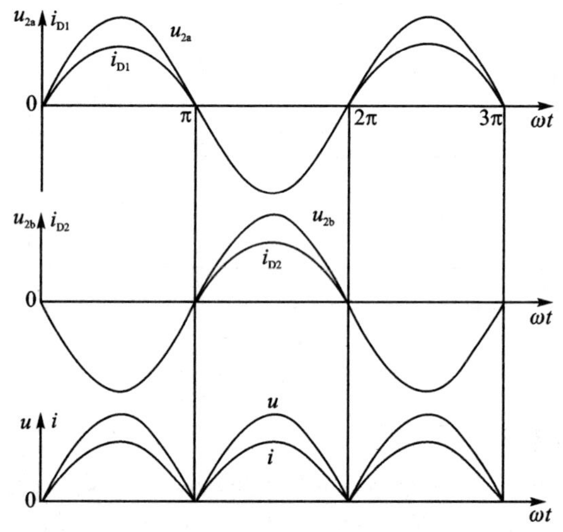

图 8－6　全波整流波形图

3. 桥式整流电路

虽然全波整流电路整流效率比半波整流电路的效率高，但是依旧存在着变压器的利用率不高，二极管上的反向电压大等缺点。桥式整流电路采用 4 个二极管形成一个二极管桥来克服这些缺点，如图 8－7 所示。从图 8－7 中可以看出，桥式整流电路每半个周期都有 2 个二极管同时导通，另外 2 个二极管截止。

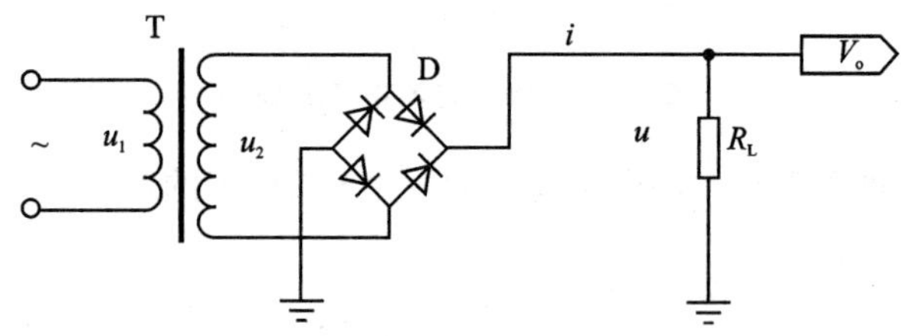

图 8－7　桥式整流电路原理图

桥式整流的输出电压和输出电流与全波整流计算方法相同，即

$$\begin{cases} U \approx 0.9\widetilde{U}_2 \\ I = \dfrac{U}{R_L} \approx \dfrac{0.9\widetilde{U}_2}{R_L} \end{cases}$$

桥式整流电路的输出电压和输出电流如图 8－8 所示。

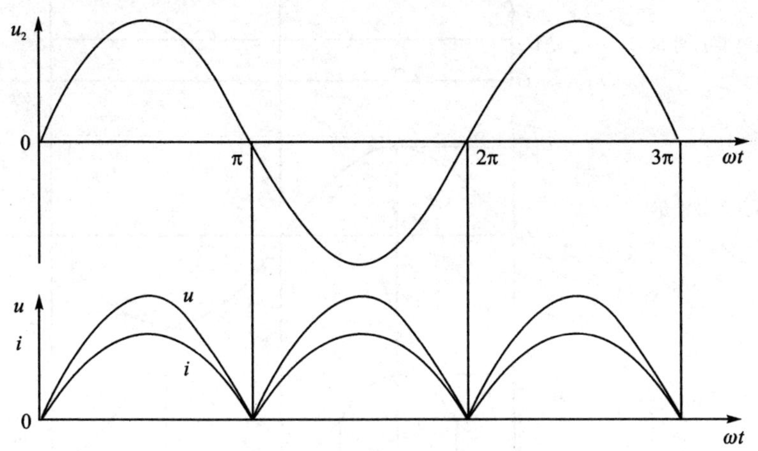

图 8－8　桥式整流电路波形图

4. 滤波电路

整流电路的主要作用就是把交流电转换成单一方向的直流电压和电流，但因为脉动程度大，除了电解和电镀等要求不高的负载可以使用外，大部分的电子系统不能直接使用。为了获得平滑的直流电压，需要在整流电路后面加上滤波电路。

所谓的滤波，就是根据电路的需要，对输入信号的谐波分量进行选择，保留有用的谐波分量，滤除不需要的谐波分量。对于电源滤波来说，主要是尽量过滤掉电源中的交流分量，保持其中的直流分量，如图 8－9 所示（图中(a)是半波脉动电压波形，(b)是直流分量，(c)是基波波形，(d)是二次谐波波形，(e)是四次谐波波形）。

滤波电路一般由电容、电感、电阻等元件组成，可以采用单个电容或者电感进行滤波，也可以把电容、电感和电阻进行组合一同滤波。

如图 8－10 所示，在单相半波整流电路中的二极管后面接上电容，就构成了电容滤波电路。当二极管 D 导通后，电路会对电容 C 充电；当二极管截止后，电容就会对负载进行放电。因此负载的平均电压要高于半波整流电路。电容 C 的时间常数 $\tau = R_L C$ 决定放电速度，而放电速度将决定负载的平均电压高低。当充电的时间常数很小，而放电的时间常数很大时，负载上的平均电压可以表示如下：

$$U = (1.0 \sim 1.4)\widetilde{U}_2$$

图 8－11 和图 8－12 所示分别为半波整流电容滤波和全波(桥式)整流电容滤波的电压波形示意图，从图中可以看出，整流后的波形经过滤波后，整体波形将变得平缓。

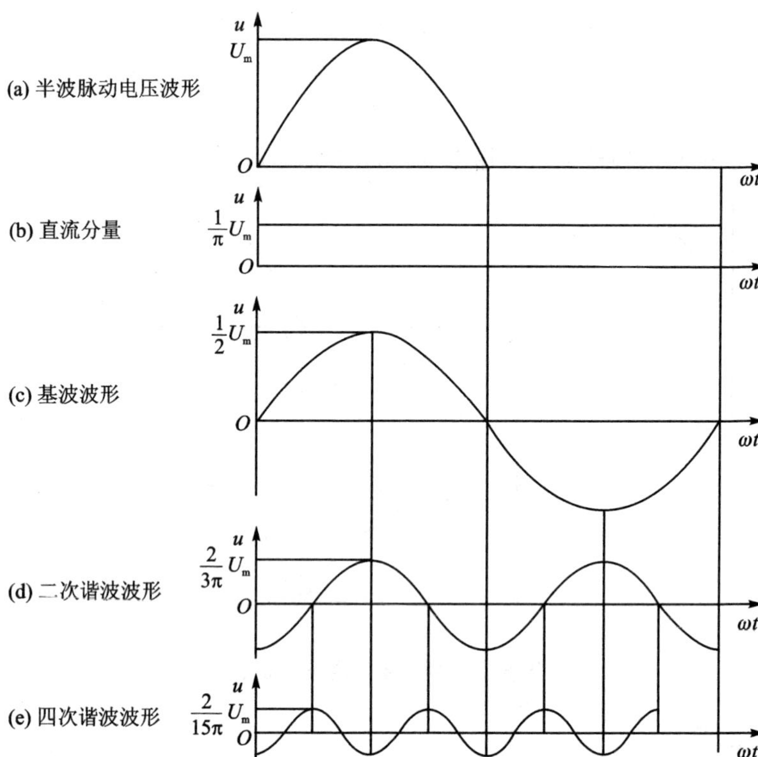

图 8-9　半波脉动电压的直流分量和交流分量

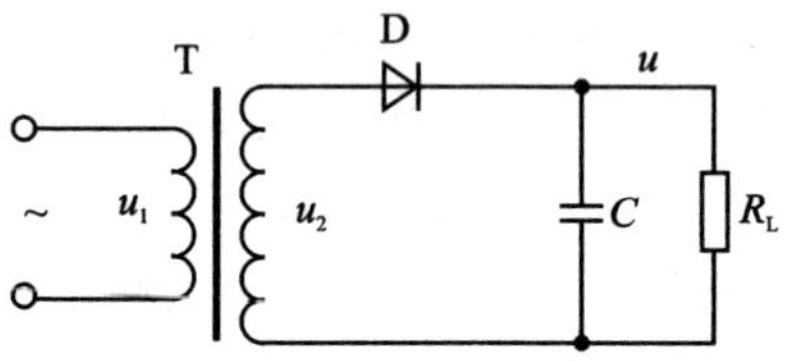

图 8-10　半波整流电容滤波电路

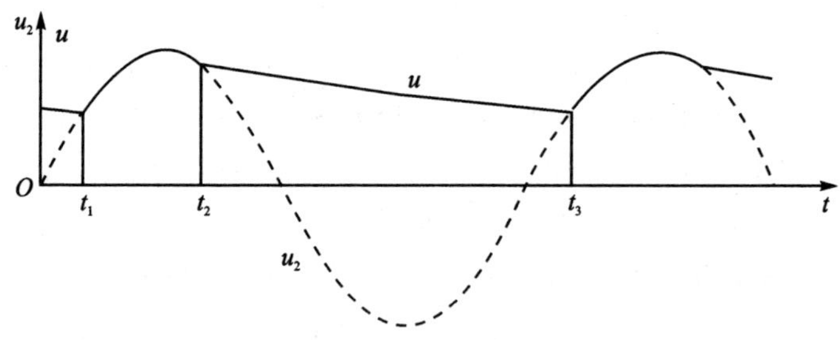

图 8-11　半波整流电容滤波电压波形

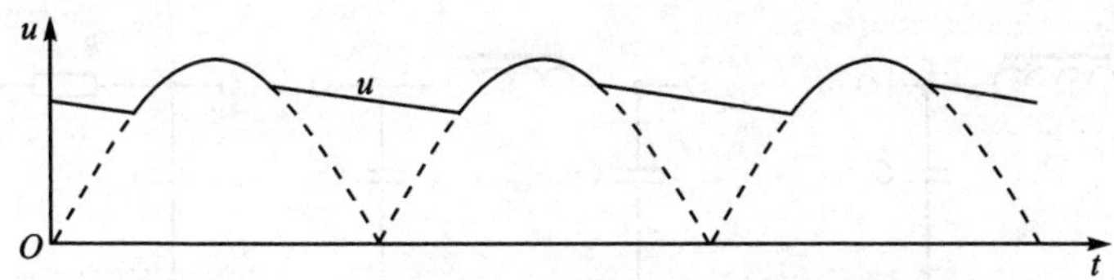

图 8-12　全波(桥式)整流电容滤波电压波形

如果在整流后的线路上串联电感,如图 8-13 所示,就是电感滤波电路。当负载电流增加时,电感元件将产生与电流方向相反的自感电动势,力图阻止电流增加,延缓了电流增加的速度。当负载电流减小时,电感元件产生与电流方向相同的自感电动势,力图阻止电流减小,延缓了电流减小的速度。

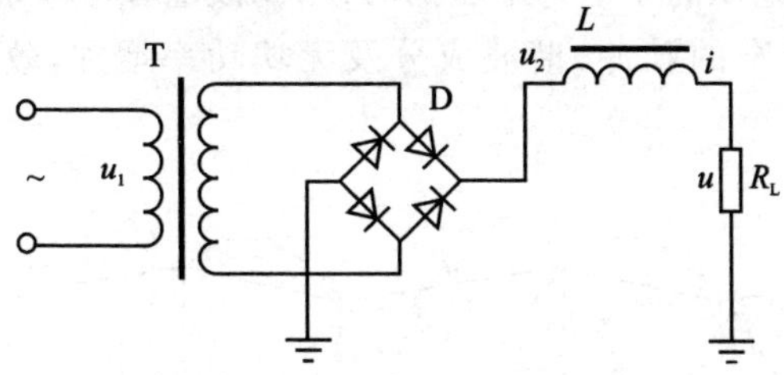

图 8-13　桥式整流电感滤波电路

若忽略电感的寄生电阻和寄生电容效应,则电感线圈上没有直流压降。整流后脉动直流 u_2 的直流分量全部加到负载 R_L 上。因此,负载上的电压平均值等于整流后的电压值,即

$$U \approx 0.9\tilde{U}_2$$

根据欧姆定律,负载中通过的电流平均值为

$$I = \frac{U}{R_L} \approx \frac{0.9\tilde{U}_2}{R_L}$$

采用电感进行滤波,其滤波后的电压和电流的平均值与没有加电感滤波的相同,如图 8-14 所示。

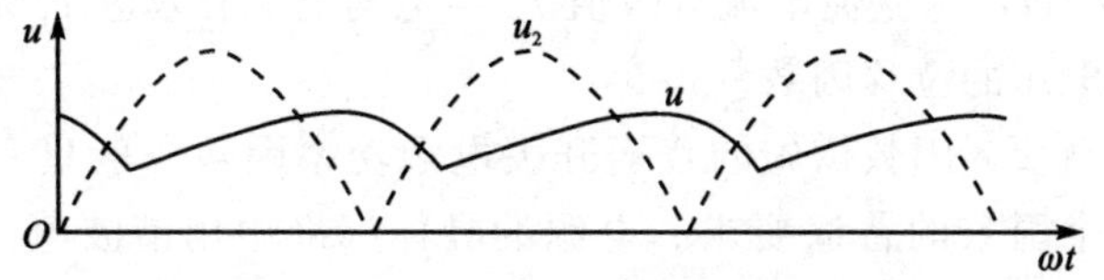

图 8-14　桥式整流电感滤波电压波形

大多数实际电路会根据需要,采用电阻、电容和电感相结合的方式。常见的有 LC 滤波电路、π 型滤波电路、T 型滤波电路等,如图 8-15 所示,具体工作原理在第 3 章被动元件讲解中均有详细说明,在此不做赘述。

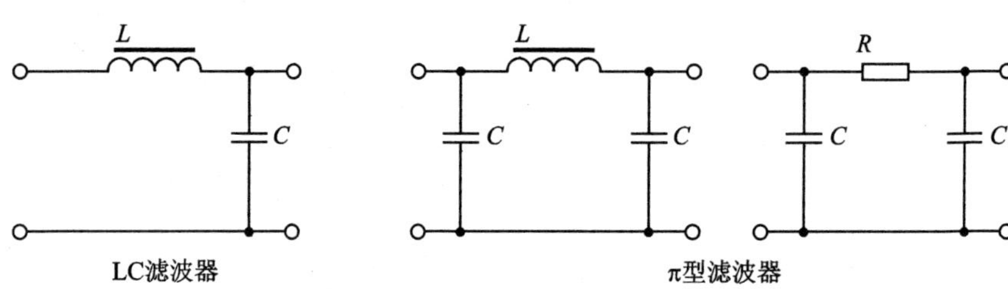

图 8-15 LC 和 π 型滤波器

5. 功率因数校正电路(PFC)

交流整流电路的频率为 50～60 Hz,如此低的频率就需要一个大容量电容来滤波。但是只有当输入电压高于电容电压的时候,滤波电容才开始充电,这导致市电输入电流波形会变成较窄的脉冲,谐波成分及无功功率增加,效率降低,如图 8-16 所示。

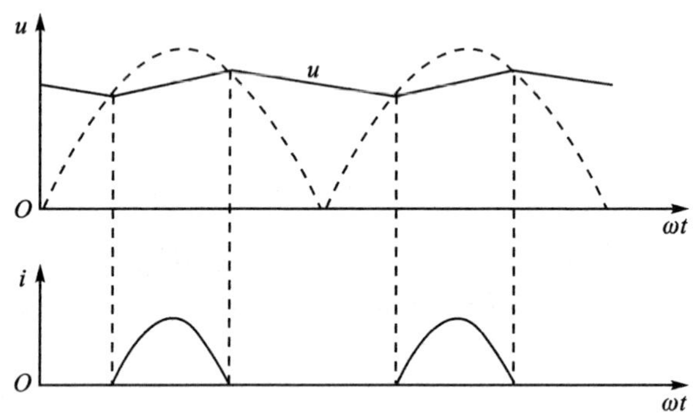

图 8-16 交流整流+复式滤波的电压和电流波形

衡量交流电源有功功率占比的参数叫作功率因数。功率因数(Power Factor, PF)是指交流输入有功功率 P 与视在功率 S 的比值,即

$$\mathrm{PF}=\frac{P}{S}=\frac{U\times I_1\times\cos\Phi}{U\times I_r}=\frac{I_1\times\cos\Phi}{I_r}=\gamma\times\cos\Phi$$

式中:γ 表示基波因数,即基波电流有效值 I_1 与电网电流有效值 I_r 之比;$\cos\Phi$ 表示基波电流与基波电压的位移因数。

没有采取提高功率因数措施的普通开关电源功率因数一般只有 0.6～0.7。提高功率因数是各个国家的普遍要求。电源的具体标准中用谐波电流来描述这个要求。采用功率因数校正电路可以使功率因数接近于 1。这样不仅改善了电网,而且降低了电源输入部分的元器件规格需求。另外,电源输入滤波电容的容量可以变小,从而不再需要大体积的电解电容,有利于提高电源的寿命。

提高功率因数的方法分为无源和有源两种,前者通过采用无源器件的设计来扩大输入电流的导通角,后者通过增加功率因数校正控制电路的方式来实现。

常用的有源功率因数校正电路采用类似于升压变换器的电路（升压变换器具体原理请见“8.1.5　非隔离式 DC－DC 开关变换器”），具有电路简单、成本低、效率高的特点，如图 8－17 中黑色框中所示。PWM 信号控制 Q_1 的通断，在 C_1 上将电压 V_{in} 稳定在 400 V DC 左右（假设输入 220 V AC）。

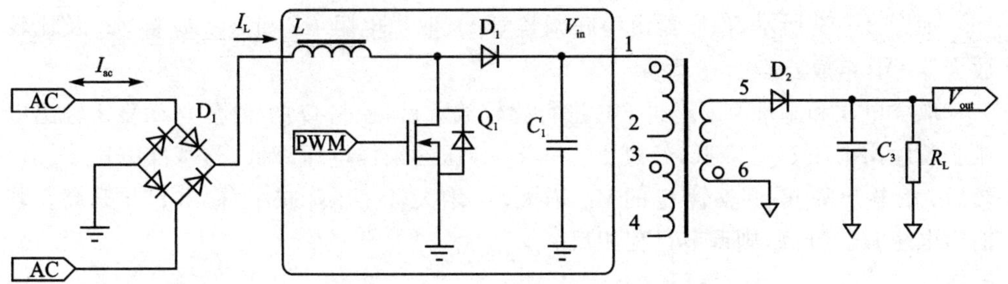

图 8－17　功率因数校正电路 PFC 原理图

PFC 电路输入电压和电流波形如图 8－18 所示，图中 i_L 是电感电流，i_{ave} 是电流平均值。在每一个市电半波期间，PWM 都将控制 Q_1 导通几十万次。在 Q 导通期间电感蓄能，在 Q 关断期间，电感通过 D_1 给电容 C_1 充电。这样既能保证 PFC 电路输出电压恒定，又使 i_{ave} 和输入电压 u_{in} 同相且接近于正弦波，功率因数将非常接近于 1。

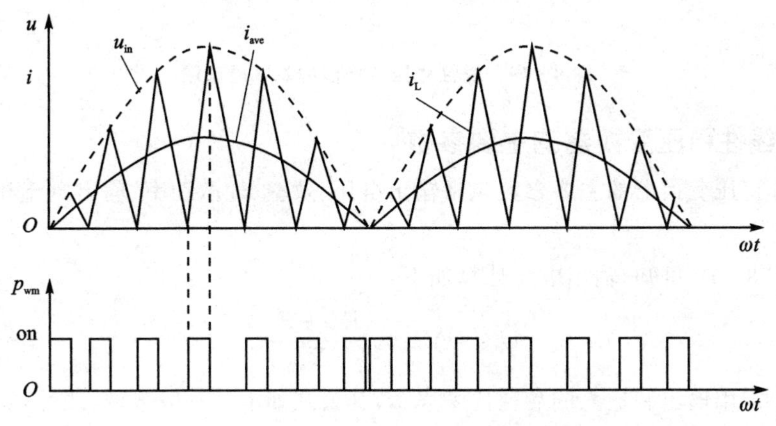

图 8－18　PFC 电路输入电压和电流波形图

8.1.2　线性电压变换器

交流电经过整流和滤波后变成平滑的直流电，但是这种直流电压往往和电子系统需求的电压不同，而且会受到各种因素的影响导致电压在很大的范围内发生变化，超出了电子系统的要求。大部分的电子系统要求稳定的直流电源。因此在整流和滤波之后，还要进行电压变换和稳压。

常用的电压变换器有开关稳压变换器和线性稳压变换器。开关稳压变换器效率高，但结构复杂并具有固有的纹波，噪声也比较大。在需要低噪声或者可靠性高的应用场合，就需要线性稳压器，以保证电子设备正常工作。

1. 线性稳压变换器的基本原理

如图 8－19 所示，稳压器由串联调整管 Q、取样电阻 R_1 和 R_2、基准 V_{ref} 及比较放大器 OP 组成。

取样电压和基准 V_{ref} 经过 OP 进行比较放大后，控制 Q 的压降，从而稳定输出电压。若输出电压 U_{out} 降低，经过 R_1 和 R_2 分压的采样电压降低，与基准电压 V_{ref} 比较后 OP 输出降低，调整管 Q 的 V_{be} 增大，I_b 增大，V_{ce} 压降减小，输出 U_{out} 升高。若输出电压 U_{out} 升高，则调节过程相反。

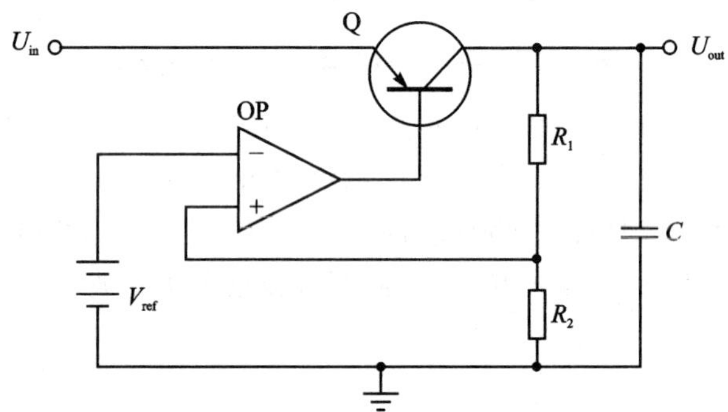

图 8－19 线性稳压变换器的基本原理图

2. 线性稳压变换器的主要参数

线性稳压变换器的主要参数包括输出电压、效率、耗散功率、输出电流和输入/输出压差等。

从图 8－19 可知，输出电压计算如下：

$$U_{out}=V_{ref}\times\frac{R_1+R_2}{R_2}$$

效率采用输出和输入的功耗比来表示，其公式如下。一般来说，线性稳压变换器的效率比较低。

$$\eta=\frac{U_{out}\times I_{out}}{U_{in}\times I_{in}}\approx\frac{U_{out}}{U_{in}}$$

耗散功率是指经过线性稳压变换器后的功率损耗，其计算公式如下（由于器件本身的功率消耗远小于输入/输出电压差造成的损耗，所以一般忽略器件本身的功率消耗）。由于线性稳压变换器的功率比较低，所以器件的耗散功率就相对较大。损耗的能量转变为热量。在设计时，需要考虑器件的温升。

$$P\approx(U_{in}-U_{out})\times I_{out}$$

线性稳压变换器的电流如同耗散功率一样，不仅受到器件参数的制约，也受到散热设计的限制，所以使用的时候要注意这种稳压变换器只适合于小电流的场合。同时为了降低线性稳压变换器损失的能量，在选型上尽量选择输入/输出压差较小的器件。

3. 线性稳压变换器应用实例

线性稳压变换器由于降压范围小，一般用在具有工频变压器的次级较低电压的电路上，或者用于将开关式 DC-DC 开关变换器的输出电压进一步降压。

以集成线性稳压变换器 TI 的 TPS7A37xx 为例，如图 8-20 所示，TPS7A3701 是超低电压降的线性稳压变换器。图 8-20 中的 EN 引脚用于使能或者关断此稳压变换器，输出电压经过 R_1 和 R_2 分压后接到 FB 引脚，再接到 IC 内部的误差放大器的反相端，IC 内部集成的 1%精度的基准电压接到误差放大器的同相端。误差放大器比较基准电压和反馈电压，输出控制信号控制输出调整管。如果输出电压升高，那么 R_1 与 R_2 的分压升高，误差放大器反相输入端电压升高，放大器的输出电压降低，NMOS R_{ds} 增大，输出电压降低，达到稳定输出电压的目的。

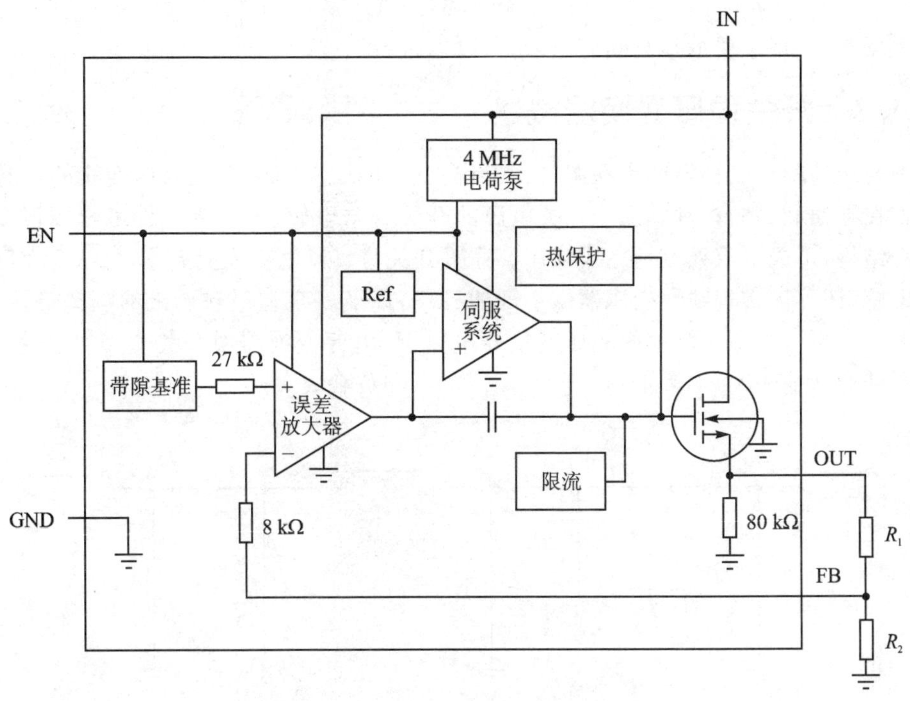

图 8-20　TPS7A3701 内部功能框图

TPS7A3701 的主要参数如表 8-1 所列。

表 8-1 TPS7A3701 主要参数表

参　数	数　值
最大电压降(1 A)	200 mV
基准电压	1.2 V
芯片到环境的最大温度 $T_{J(max)}$	150 ℃
热阻 θ_{JA}	67.2 ℃/W

根据参数,可知输出电压为

$$U_{out} = \frac{R_1 + R_2}{R_2} \times 1.2\ \text{V}$$

如果输入电压 $V_{in}=5$ V,输出电压 $V_{out}=3.3$ V,负载电流为 0.6 A,忽略 IC 消耗电流,工作环境温度 T_a 为 50 ℃,可知此 IC 的耗散功率为

$$P = (U_{in} - U_{out}) \times I_{out} = (5\ \text{V} - 3.3\ \text{V}) \times 0.6\ \text{A} = 1.02\ \text{W}$$

IC 内实际结温温度 T_J 为

$$T_J = P \times \theta_{JA} + T_a = 1.02\ \text{W} \times 67.2\ ℃/\text{W} + 50\ ℃ = 118.54\ ℃$$

低于 IC 可承受的最高结温温度,可以运行。

8.1.3 开关稳压变换器概述

与线性稳压变换器的串联调整管工作在线性状态不同,开关稳压变换的调整管工作在导通和关断两种状态。开关电源的开关管与电感、电容等器件组合成很多种拓扑结构,可以更有效率地完成降压。通过开关将直流电变成交流电,再结合变压器或电感,还可以实现线性变压器做不到的升压,以及实现初级和次级的隔离等功能。图 8-21 所示为一个简单的降压变换器电路图,电源变换器中开关 Q 每导通一次,能量就会从输入 V_i 端输出到电感 L、电容 C_2 和负载 R_L。

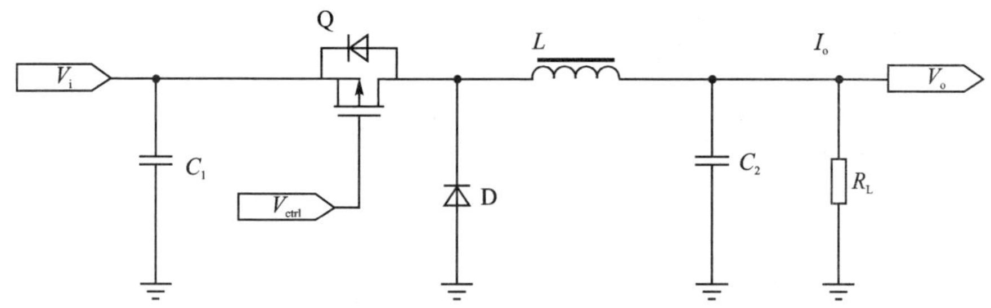

图 8-21 开关式降压电路

与线性稳压器的描述不同,开关电源有特殊的参数描述。由于调整管工作在导通和关断状态,因此衡量开关导通时间的参数就是占空比,输出电压的高低取决于占空比的大小。如图 8-22 所示,占空比等于导通时间与开关周期之比,即

$$D = \frac{T_{on}}{T_{cycle}}$$

式中:D 表示占空比;T_{on} 表示导通时间;T_{cycle} 表示开关周期。

通常来说,占空比一般在 10%～80%,有些拓扑结构会要求占空比不能超过 50%。

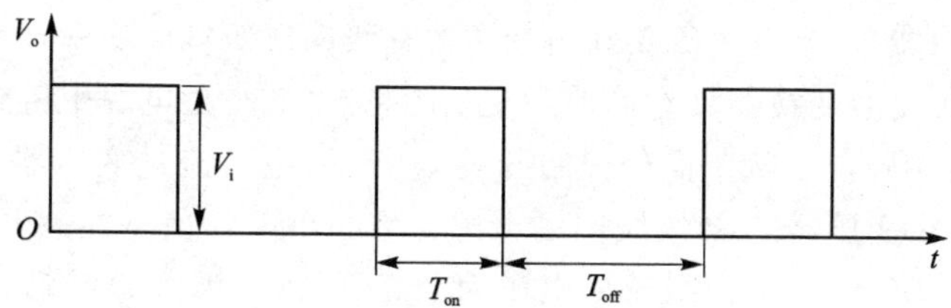

图 8-22　开关降压电路的占空比(Duty Cycle)

开关电源通过调节开关的时间来进行输出电压的调节和稳定,有两种方式进行输出电压的调节和稳定:PWM(Pulse Width Modulation)和 PFM(Pulse Frequency Modulation)。所谓的 PWM,就是指在开关管工作频率恒定的前提下,通过调节脉冲导通宽度的方法来实现稳压输出。而 PFM 是指通过调节脉冲频率(即开关管的工作频率)的方法来实现电压稳定。PFM 常用于轻载状态,通过降低开关频率来降低开关管损耗,以达到降低空载功耗,提高电源效率的目的。有些电源控制器会同时具备两种功能,正常工作时采用 PWM 控制模式,轻载时采用 PFM 控制模式。

根据电感电流是否连续,开关稳压变换器存在着连续导通(Continuous Conduction Mode,CCM)工作状态和非连续导通(Discontinuous Conduction Mode,DCM)工作状态。在 CCM 模式下,当开关管导通时,输入电源向整个电路供电,电感电流增加。一开始,流过电感的电流会小于负载电流,此时负载电流由电感和电容共同提供。当电流逐渐增加到大于输出的平均电流的时候,电感电流为负载和电容提供能量。当开关管断开时,电感电流下降,电容电压延续上升趋势,直到电感电流小于输出平均电流,电容开始放电,完成一个开关周期的循环。因此,电感电流在一个开关周期内从不会归零,或者说电感从不复位。而在 DCM 模式下,电感的电流会在开关管断开后一段时间内逐渐减为零,此时的等效输入电压为输出电压值,电感会被适度复位。在 CCM 工作模式下,电路的输出电压和输入电压成正比关系,比例系数为占空比 D。在 DCM 模式下,输出电压会被抬升,具体关系与电路参数、开关频率以及占空比相关。

8.1.4　隔离式 DC-DC 开关变换器

交流电源经过整流、滤波以及 PFC 电路升压(PFC 电路非必需项)后,获得了 300～400 V(按输入电压有效值 220 V)的直流电,要直接用于具体的电路上还存在电压过高、与交流电连接不安全等问题。需要采用 DC-DC 开关变换器将市电整流后的较高的直流电压转变成较低的直流电压。另外，采用变压器可以将直流输出部分与交流输入部分进行隔离，保护后级线路。

1. 反激式变换器

反激式变换器根据是否具有变压器来分，可以分为隔离式和非隔离式两种形式。由于这种电路变压器的输出绕组和输入绕组的极性连接是相反的，当开关管导通时变压器初级蓄积能量，当开关管关断时变压器初级向次级输出功率，所以称为反激式变换器。隔离式反激变换器具有简单和安全的特点，在小型电源中得到广泛应用。

在图 8－23 中，当 PWM 信号控制开关 Q 导通，电流流过变压器 T 的初级线圈和 Q，能量储存在变压器 T 初级线圈的电感中。当 PWM 信号控制开关 Q 断开，初级线圈电感电压下高上低，次级感应电压为上高下低，二极管 D 导通，电流从变压器次级线圈流向电容 C_2 和负载。

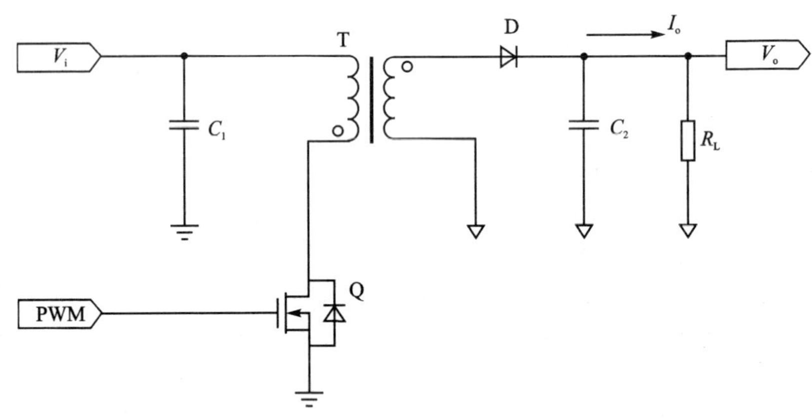

图 8－23　隔离式反激变换器原理示意图

对于隔离式 DC－DC 开关变换器，变压器设计的好坏决定了变换器设计的成败。反激式变换器的最大输出功率和变压器初级线圈的电感量密切相关，可参见下面的表达式。通过选择变压器的材料、计算变压器初级和次级线圈的匝数以及调节反激式变压器特有的磁芯气隙来设计适当电感量的变压器。实际变压器的设计很复杂，限于篇幅本小节只介绍几个重要的公式，目的是方便读者对电源有一个整体的了解。

变压器初级电感储存的能量：

$$E=\frac{LI_{pk}^2}{2}=\frac{V^2D^2}{2f^2L}$$

式中：I_{pk} 表示峰值电流；V 表示变压器初级线圈电压；D 表示占空比；f 表示开关频率；L 表示变压器初级线圈电感。

相应地，变压器功率就等于初级电感储存能量与频率的乘积，即

$$P = Ef = \frac{V^2 D^2}{2fL}$$

从式中可以看出，当输入电压固定时，变压器功率与开关频率和变压器初级线圈的电感成反比，电感越小，输出功率越大。

由于有效磁路长度等于磁芯磁路长度与气隙的等效磁路长度之和，即

$$l_e = l_m + \mu \times l_{gap}$$

在多数情况下，$\mu \times l_{gap}$ 远远大于 l_m，所以常采用 $\mu \times l_{gap}$ 近似 l_e 来计算初级线圈的电感量：

$$L \approx \frac{0.4\pi N^2 A_e \times 10^{-8}}{l_{gap}}$$

式中：N 表示初级线圈匝数；A_e 表示磁芯有效面积；l_{gap} 表示气隙长度。

变压器的磁芯材料一般选用铁氧体，注意气隙一般选择位于磁芯的中心柱上以降低漏感。磁芯材料的具体选型和结构设计可以参考变压器相关厂商的资料。

反激式变换器的开关管 Q 的耐压值需要谨慎选择。通常会要求其耐压值 V_{ds} 为 3～4 倍输入电压值。根据原理图，可知输出电压计算如下：

$$V_o = \sqrt{\frac{R_L}{2L_p}} \cdot \frac{T_{on}}{\sqrt{T_{on} + T_{off}}} \cdot V_i$$

式中：L_p 表示变压器初级电感；T_{on} 表示 PWM 一个周期内的导通时间；T_{off} 表示 PWM 一个周期内的关断时间；V_i 表示输入电压。

图 8-24 所示为一个反激式变换器的线路。AC 电源经过整流桥 D_1 给 C_3 充电，R_4、R_6 给 C_4 充电，当 C_4 达到 PWM 控制 IC U1(以 LD7535 举例说明)的初始工作电压(即欠压锁定解除电压 UVLO_ON，16 V)时，U1 开始工作，输出脉冲信号驱动 Q_1 导通。

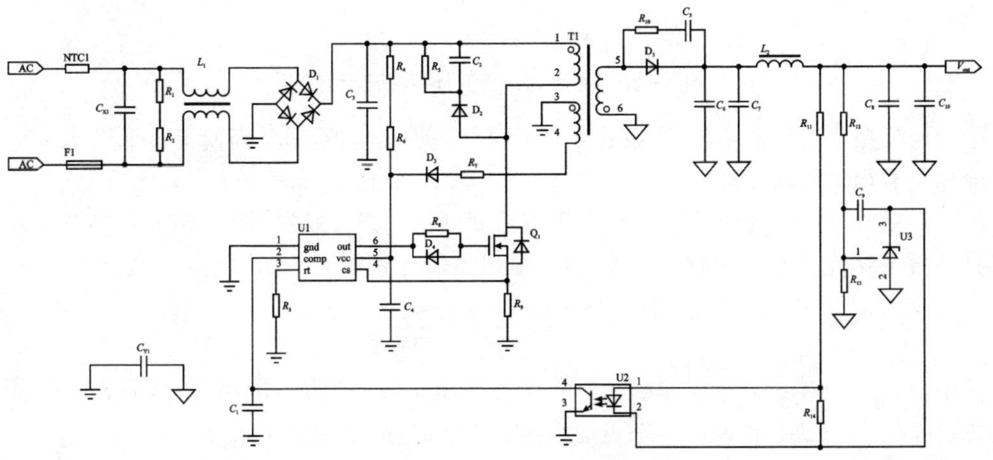

图 8-24　反激式变换器举例

采用电流模式的控制 IC U1 会监测 R_9 上的电流。当电流超过设定值时，Q_1 关闭，由于磁场方向不能突变，变压器的能量将导致次级绕组和反馈绕组出现电流，与初级绕组的安匝数相同。D_5 导通产生输出电压，D_3 导通使 U1 的工作电压得以维持。

U3 提供输出电压比较的基准。调节 R_{12}、R_{13} 可以调节输出电压值。输出电压经过光耦反馈到 U1，进行过载保护和 PWM 控制。

C_{X1}、R_1、R_2、L_1、C_{Y1}、R_{10}、C_5 是 EMI 控制元件。R_8 和 D_4 可以调节 Q_1 的导通和关断速度。R_5、C_2 和 D_2 钳位变压器初级绕组的反向电动势，保护 Q_1。

2. 正激式变换器

正激式变换器的变压器初级和次级的极性按相同来连接，在开关管导通的同时向次级供给功率，所以称为正激式变换器。电路需要增加续流二极管 D_2 和扼流电感 L，如图 8-25 所示。当 PWM 信号打开开关管 Q 时，电流从变压器 T 的初级线圈流过，在次级产生感应电流流过肖特基二极管 D_1 和扼流电感 L 给负载 R_L 供电。当 PWM 信号断开 Q 时，D_1 截止，电感 L 中的能量通过 D_2 继续向负载供电。

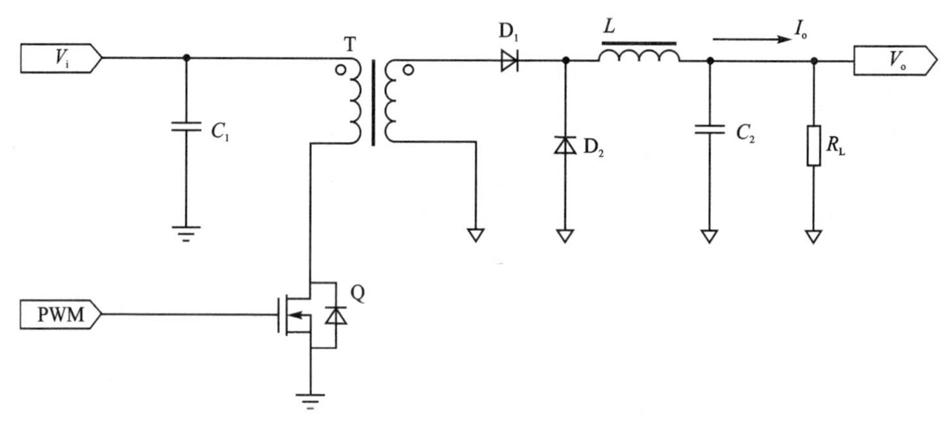

图 8-25　隔离式正激变换器原理示意图

与反激式变换器相比，正激式变换器次级增加了电感 L，从而使得整个周期内均会向负载提供能量。

正激式变换器的开关管 Q 的耐压值需要谨慎选择。通常会要求其耐压值 V_{ds} 为 3～4 倍输入电压值。根据原理图，可知输出电压计算如下：

$$V_o = \frac{n_2}{n_1} \cdot \frac{T_{on}}{\sqrt{T_{on} + T_{off}}} \cdot V_i$$

式中：n_1、n_2 分别表示变压器的初级和次级线圈匝数；T_{on} 表示 PWM 一个周期内的导通时间；T_{off} 表示 PWM 一个周期内的关断时间；V_i 表示输入电压。

正激式变换器的变压器没有气隙，相对于反激式要简单一些。

3. 半桥/全桥式变换器

半桥和全桥式变换器适合较大功率的应用，如图8-26和图8-27所示，图中的MOS管在大功率电源中往往使用IGBT器件。半桥式变换器采用两个MOS管作为开关管，而全桥式变换器会采用4个MOS管作为开关管。

在半桥式变换器中，驱动轮流导通Q_1和Q_2开关管。这样，在变压器初级线圈内会产生交变电流，次级D_1和D_2也会随着轮流导通，输出电流经过电感L和电容C_4滤波后，给负载R_L进行供电。

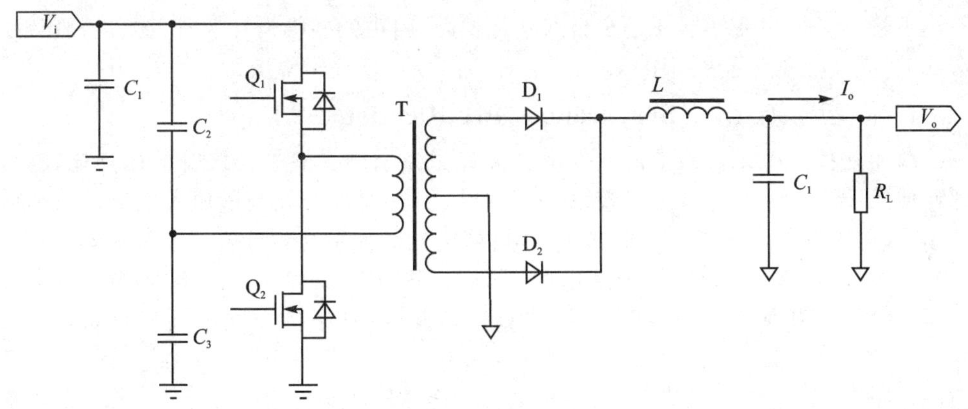

图8-26 半桥式变换器原理示意图

半桥式变换器输出电压计算如下：

$$V_o = \frac{n_2}{2n_1} \cdot \frac{T_{on}}{\sqrt{T_{on} + T_{off}}} \cdot V_i$$

与反激式变换器相比，半桥式变换器的开关管的耐压值可以相对较小，只需要其V_{ds}与输入电压相等即可。

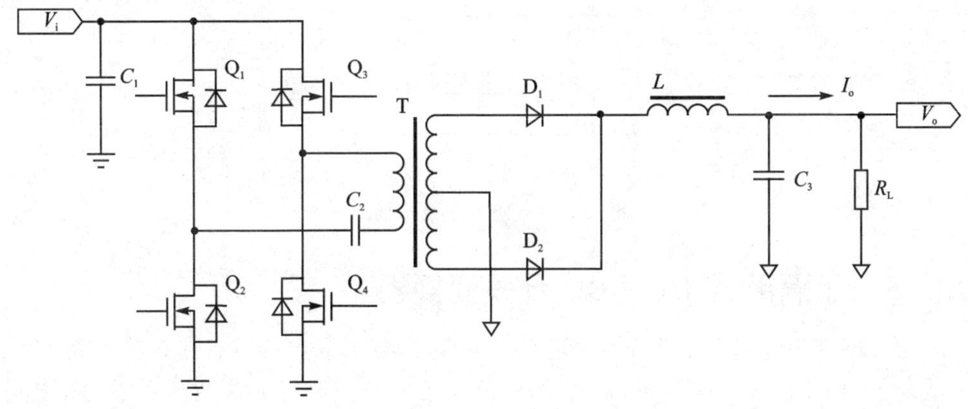

图8-27 全桥式变换器原理示意图

在全桥式变换器中，驱动轮流导通 Q_1/Q_4 和 Q_2/Q_3 管，同样将会在变压器初级线圈内产生交变电流。次级 D_1 和 D_2 随着轮流导通，输出电流经过电感 L 和电容 C_3 滤波后，给负载 R_L 进行供电。

全桥式变换器输出电压计算如下：

$$V_o = \frac{n_2}{n_1} \cdot \frac{T_{on}}{\sqrt{T_{on} + T_{off}}} \cdot V_i$$

与半桥式变换器一样，全桥式变换器的开关管的耐压值可以相对较小，只需要其 V_{ds} 与输入电压相等即可。

不管是半桥式变换器还是全桥式变换器，线路中的驱动设计非常重要，否则容易造成 Q_1 与 Q_2（或者全桥中的 Q_3 和 Q_4）同时导通，导致器件烧毁。

4. 同步整流技术（Synchronous Rectification，SR）

前述几种电源拓扑的整流元件用二极管作为示例。但是二极管的压降比较大，即使使用压降小的肖特基二极管，压降也在 0.3～0.6 V。在低电压大电流输出的应用场合，二极管上的损耗会导致效率显著降低，同时使散热设计变得非常困难。

同步整流技术是指使用导通电阻小的 MOSFET 代替整流二极管，如图 8-28 所示，使用 Q_2 代替 D。顾名思义，同步整流的 MOSFET 需要在准确的时间点进行导通/关断，这个同步的要求给电路带来了复杂性。目前有很多种控制方式，也有专门的控制 IC，通过监控输出电压、输出电流和变压器次级波形来控制 MOSFET 准确的导通/关断。

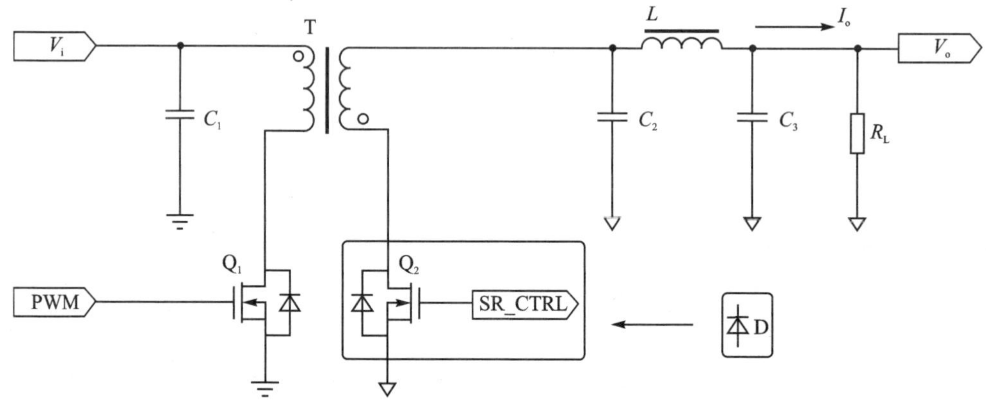

图 8-28　同步整流原理图

8.1.5　非隔离式 DC-DC 开关变换器

交流市电经过上一小节介绍的隔离式开关变换器，转换为一种或几种直流电压。为适合各种不同的用电器件的需求，本小节介绍的变换器将把这几种主要的直流电再次转换为适合集成电路、传感器等用电器件需要的各种各样的电压。变换器的种类包括降压变换器、升压变换器、升降压变换器和极性反转变换器。

1. 降压(Buck)变换器

降压变换器是最常用的一种 DC－DC 开关变换器，如图 8－29 所示，开关管 Q 可以选用 PMOS 或者 NMOS。NMOS 导通电阻小，具有更高的效率，但驱动复杂。L 和 C_2 组成的滤波器将开关管通断时的方波波形变成平滑的直流电压。D 是续流二极管，在开关管关断时导通，维持电感 L 继续向负载提供电流。

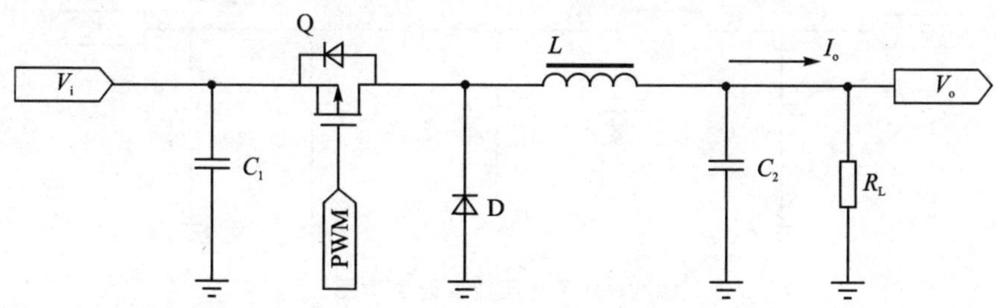

图 8－29　降压变换器原理图

降压变换器的各个元件处的输入/输出电压和电流波形如图 8－30 所示。根据原理图，可知其输出电压为

$$
V_o=\begin{cases}\dfrac{T_{on}}{T_{on}+T_{off}}V_i & \left(\text{CCM 模式}:I_o>\dfrac{V_o}{2L}T_{off}\right)\\[2ex] \dfrac{(V_iT_{on})^2}{V_iT_{on}^2+2I_oL(T_{on}+T_{off})} & \left(\text{DCM 模式}:I_o<\dfrac{V_o}{2L}T_{off}\right)\end{cases}
$$

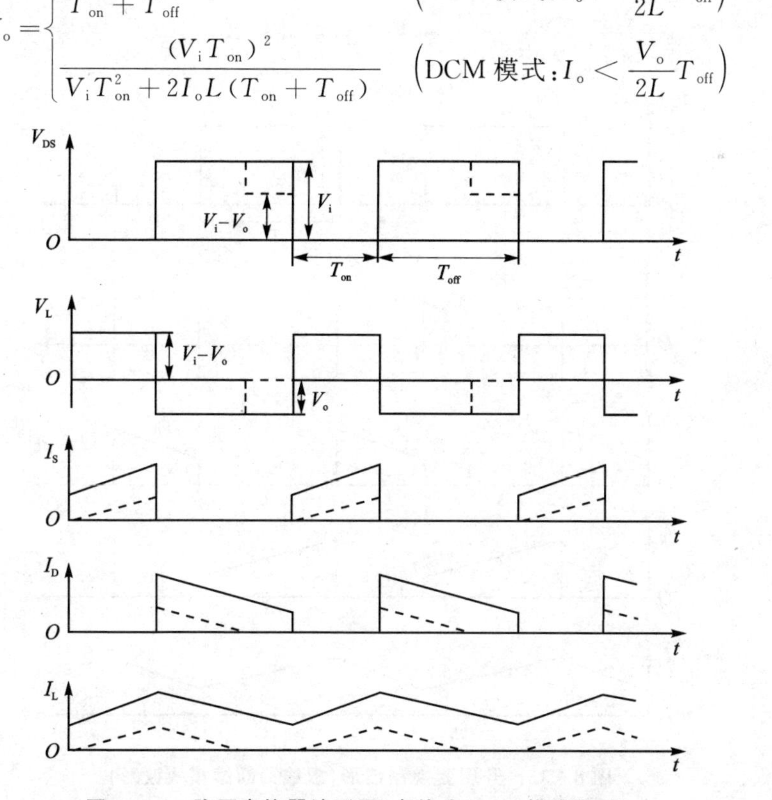

图 8－30　降压变换器波形图(虚线为 DCM 模式波形)

2. 升压(Boost)变换器

升压变换器如图 8-31 所示,其工作原理是当开关管关断时,变换器会持续输出等于 $V_i - V_d$(V_d 是二极管压降)的电压,而一旦开关管导通时,电感 L 会蓄积能量。当开关管再次关断后会叠加到输入电压上一同输出,所以输出电压会高于输入电压。

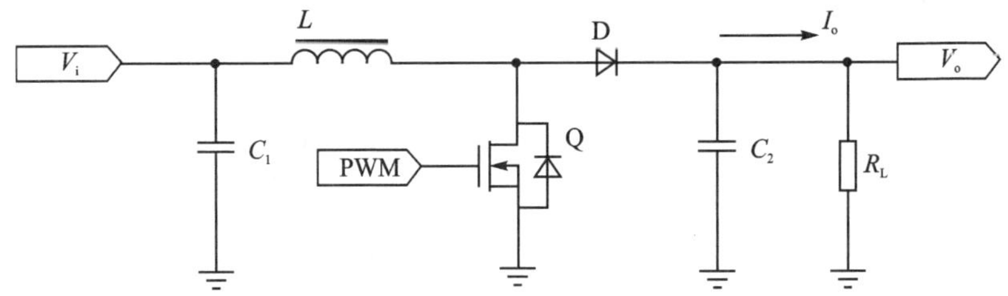

图 8-31　升压变换器原理图

升压变换器的各个元件处的输入/输出电压和电流波形如图 8-32 所示。根据原理图,可知其输出电压为

$$V_o=\begin{cases}\dfrac{T_{on}+T_{off}}{T_{off}}V_i & \left(\text{CCM 模式}:I_o>\dfrac{V_i}{2L}T_{on}\dfrac{V_i}{V_o}\right)\\[2ex] \dfrac{(V_iT_{on})^2}{2I_oL(T_{on}+T_{off})}+V_i & \left(\text{DCM 模式}:I_o<\dfrac{V_i}{2L}T_{on}\dfrac{V_i}{V_o}\right)\end{cases}$$

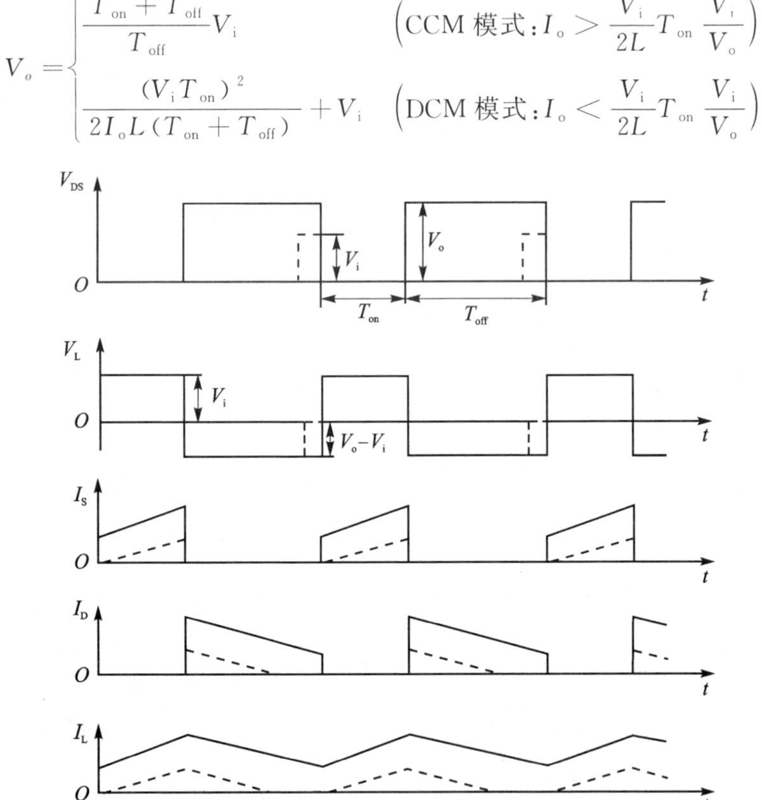

图 8-32　升压变换器波形(虚线为断续模式波形)

3. 升降压(Buck - boost)变换器

有些应用场合,输入电压的变化范围比较大,既可能高于输出电压,也可能低于输出电压,比如用正常的 12 V 和待机的 3.3 V 共同产生一个 5 V 的电压。这时就需要升降压变换器。这种变换器当 $V_{in}>V_{out}$ 时是降压变换器,当 $V_{in}<V_{out}$ 时是升压变换器,其原理图如图 8 - 33 所示。

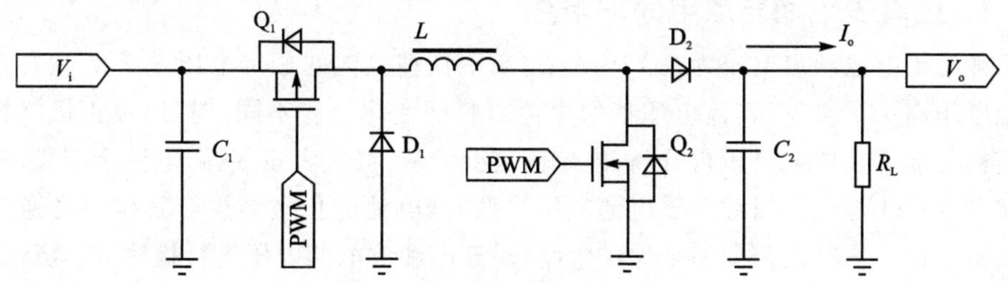

图 8 - 33　升降压变换器原理图

从图 8 - 33 中可以看出,整个变换器就是一个降压变换器和一个升压变换器的组合。其中,C_1、Q_1、D_1 以及 L 组成了降压变换器,而 L、Q_2、D_2 以及 C_2 组成了升压变换器。当输入电压高于输出电压时,控制 Q_1 开关管,并关断 Q_2 管,即可实现降压稳定输出。当输入电压低于输出电压时,则保持 Q_1 管导通的同时,控制 Q_2 管,即可实现升压稳定输出。各部分的波形和输出电压的计算方法可以参考独立的降压和升压电路自行分析,在此不做赘述。

4. 极性反转(负压)变换器

随着半导体技术的发展,很多以前需要负电压的场合不再需要外部电源提供负电压。目前常见的只有精密运算放大器电源以及 LCD 显示偏压等很少使用负电压的场合,所以本小节只简单介绍一下通过极性反转变换器得到负电压的电路原理。

如图 8 - 34 所示,当开关管 Q_1 导通时,电流流过电感 L,电感 L 积蓄能量。当 Q_1 关断时,电感 L 中的电流将保持方向不变,继续流动,此时二极管 D_1 导通续流,从而在负载上产生负电压输出。

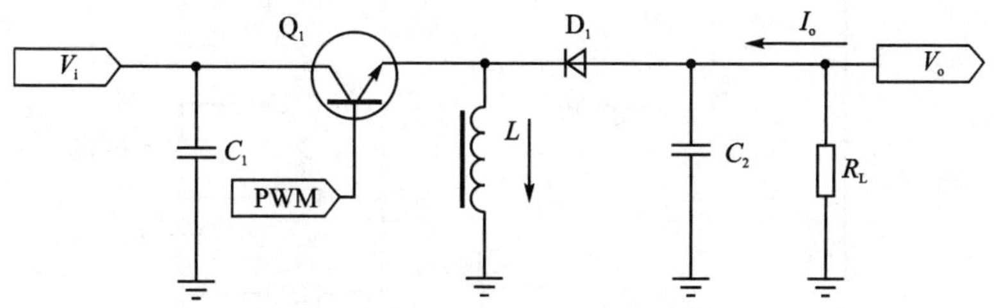

图 8 - 34　极性反转变换器原理图

8.1.6 锂离子电池保护和充电技术

锂离子电池(Lithium Ion Battery)已经成为穿戴式和便携式装置中必不可少的部分,应用范围正往更广泛的市场进行扩展。相对于铅酸电池、镍氢电池等其他几种化学电源,锂离子电池具有不同的化学组成,它的充放电特性具有很多不同的特点。

1. 锂离子电池充放电保护电路

锂离子电池额定电压为3.7 V左右(磷酸铁锂电池的额定电压3.3 V左右),当电池电压高于4.2 V(具体电压依照电池材料的变化会有不同)时,电极正极材料晶体结构会破坏。如果电压再升高,电解液就会分解,产生大量气体,电池会膨胀,进而可能发生爆炸起火。当锂离子电池电压过低时,电池的负极结构会发生不可逆的损坏。所以锂离子电池需要一个保护电路,对充电和放电的电压进行检测,当电压超过或低于设定阈值时,及时切断充放电电路。

除了过压和过放保护以外,保护电路还应该同时具有过流、短路、过热等保护功能。

图8-35所示为一个常见的笔记本电脑初级保护电路的原理图,电路采用两个P沟道MOSFET Q_1、Q_2分别控制充电和放电(MOSFET Q_1和Q_2也可以采用NMOS,单节锂离子电池的保护电路大部分采用NMOS)。电池组由4节电池串联组成,保护集成电路U1对每一个电池(CELL)的电压进行采样,并通过串联的精密采样电阻R_{sense}对充放电电流进行采样。当电压或者电流超过设定的阈值时,U1动作,关断充电或放电MOSFET。

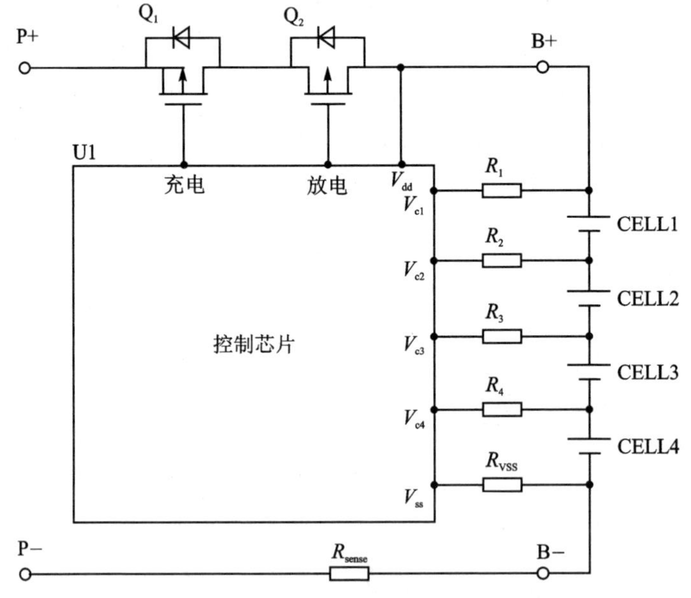

图8-35 锂离子电池保护电路原理图

多节电池组成的串并联电池组，当其中一节电池的电压出现过充或者过放的时候，整个电池组的充放电就会立即停止。这样会造成电池组的容量达不到额定容量，寿命缩短。针对这种情况，就需要使用电池组均衡的技术。

2. 锂离子电池充电电路

锂离子电池充电过程分为 4 个阶段：预充电阶段、恒流充电阶段、恒压充电阶段以及充电结束阶段。

在预充电阶段，系统会先检测电池的状态。如果电压低于放电保护电压（即处于过放电状态），则使用小电流（比如 0.1 C，即额定容量 A·h×0.1）来对电池进行恢复性充电。电压高于过放保护电压的电池不需要预充电阶段。

预充电后，充电器进入恒流充电阶段。充电电流的大小一般选择 0.5～1 C，也可以选择更快的速率来设计快速充电器，但是不能超过电池的规格，同时要权衡充电器的体积和成本等因素。

电池在恒流阶段达到设定的电压以后，充电器将控制电压不再增长，充电电流也将不断下降，这个阶段就是恒压充电阶段。前面讲过锂离子电池当充电电压超过限度后会发生爆炸，所以充电器必须准确设置恒压电压值，使它低于锂离子电池保护电压。

当恒压充电的电流降低到设定值时，充电器会发出充满指示，充电过程结束。有些充电器的充电电流在发出充满指示后并不能马上结束，会继续充电，但充电电流会越来越小。锂离子电池充放电的电压和电流曲线如图 8－36 所示（以 2 节锂离子电池串联为例）。

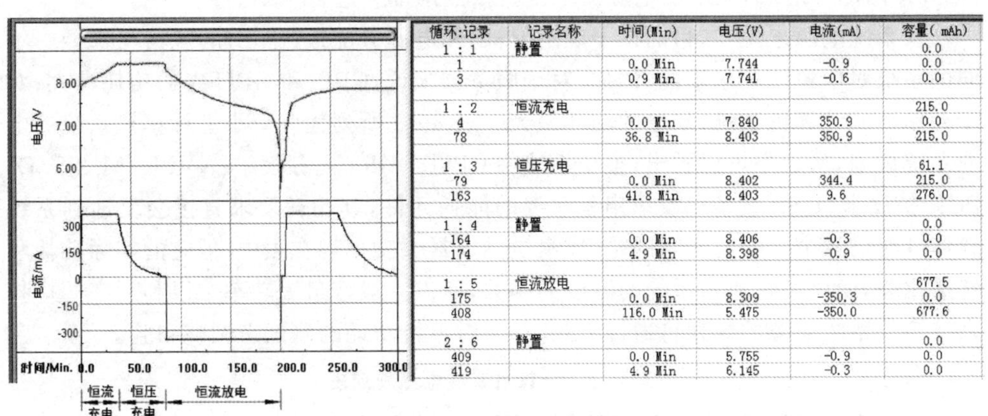

循环:记录	记录名称	时间(Min)	电压(V)	电流(mA)	容量(mAh)
1 : 1	静置				0.0
1		0.0 Min	7.744	-0.9	0.0
3		0.9 Min	7.741	-0.6	0.0
1 : 2	恒流充电				215.0
4		0.0 Min	7.840	350.9	0.0
78		36.8 Min	8.403	350.9	215.0
1 : 3	恒压充电				61.1
79		0.0 Min	8.402	344.4	215.0
163		41.8 Min	8.403	9.6	276.0
1 : 4	静置				0.0
164		0.0 Min	8.406	-0.3	0.0
174		4.9 Min	8.398	-0.9	0.0
1 : 5	恒流放电				677.5
175		0.0 Min	8.309	-350.3	0.0
408		116.0 Min	5.475	-350.0	677.6
2 : 6	静置				0.0
409		0.0 Min	5.755	-0.9	0.0
419		4.9 Min	6.145	-0.3	0.0

图 8－36　锂离子电池充放电曲线

根据锂离子电池的充放电曲线，充电电源的设计必须包括恒流和恒压控制。图 8－37 所示为使用隔离式 DC－DC 开关变换器组成的充电电路，由 U3 对输出的电压和电流进行采样，通过光电耦合器 U2 反馈到初级 AC－DC 的控制器 U1，由 U1

控制 PWM 开关管 Q_1 的通断，构成一个闭环控制系统。

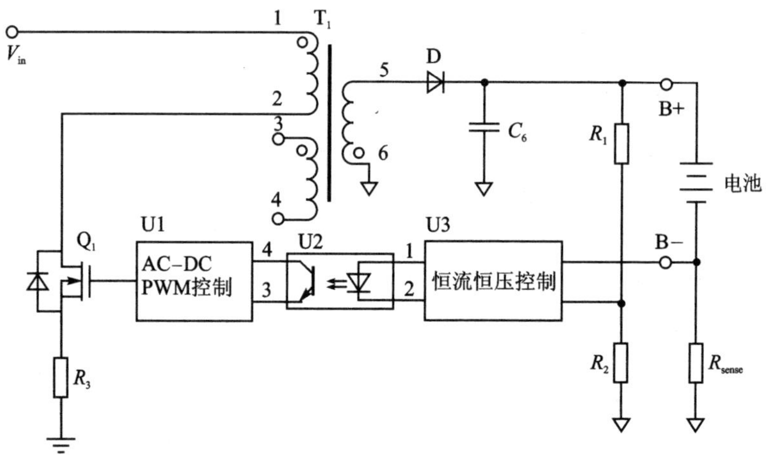

图 8-37 锂离子电池充电电路示意图

8.2 电源变换器设计

8.2.1 系统需求

高速数字系统的电源一般由独立的 AC-DC 电源(PSU)和主板、小卡上的 DC-DC VR 两部分组成，系统的电源需求也会按照两部分进行规划。

从系统电源来说，其目的在于确定 PSU 和电源分配板(PDB)的规格与选型。不同的系统对电源的要求不同，例如，对于服务器来说，CPU 和 GPU 卡的功耗最大；对于存储型的计算机系统，硬盘的功耗最大。表 8-2 所列为一个小型计算机系统的电源系统规划，从表中可以看出，整个系统中 CPU、DDR4 内存模组、NVMe/M.2 SSD、PCIe 扩展卡、USB 设备以及风扇是主要的能耗元件，其功耗要求直接会反馈到系统整体电源设计中。需要注意的是，风扇虽然以最大功率列在表中，但它的实际功耗和转速相关，而风扇转速是系统的温度的函数，所以一般按最大功率乘以利用率的折扣来计算。系统电源的规划将通过 PSU 部门对整机功耗的测试来调整和验证。

表 8-2 计算机系统电源规划表

设 备	功耗/W	数 量	VR 效率	利用率	实际功耗/W
CPU	250	1	0.9	0.9	250.0
DDR4	10	8	1	0.6	48.0
NVMe	25	8	1	0.7	140.0
M.2 SSD	5.5	2	1	0.7	7.7

续表 8-2

设 备	功耗/W	数 量	VR 效率	利用率	实际功耗/W
PCIe4.0 X16	75	2	1	0.6	90.0
PCIe4.0 X8	25	2	1	0.6	30.0
USB2.0	2.5	3	1	0.2	1.5
USB3.0	4.5	2	1	0.2	1.8
Fan	36	4	1	0.8	115.2
总计					684.2

对于主板和小卡上的电源设计来说，一个复杂的高速数字系统会采用非常多的主动 IC，这些 IC 工作的电压可能多种多样，比如 5 V、3.3 V、1.8 V、1.2 V、1.0 V 等，甚至即使同一个电压幅值的电源，因为时序不同，也需要变成不同的电源域。同时一些复杂的大规模 IC 内也是集成了多种电源域，比如 Intel 的 CPU，不仅有单独的 Core 电压，而且还有 I/O 电压，以及其他各种专用电压。而 FPGA/CPLD 为了适应各种工作场景，会规划更多的 I/O 接口，会出现更多的 I/O 电压规范，需要根据系统的具体要求来确定特定场景 I/O 的电压。对于一个板级硬件工程师和电源工程师来说，由于 PCB 面积以及成本所限，不可能为每一个 IC 设计一个专用的电源变换器，因此需要首先掌握整个板级和系统的所有元器件的电源域要求以及相应的电流要求，然后进行归纳整理，把有相同的时序和相同幅值的电源域归在一起，形成一个电压轨道，同时整理各自的电流消耗并进行累加，从而获取该电压轨道所需的总电流。

整理后形成的电压轨道可能只有一组，也可能会有几组。主板和小卡上每一个电源轨道以及每一个 VR 和 EFUSE 的电压和电流都需要进行规划。计算的结果一是用于主板上电源相关的元器件的选型，二是用于 PCB 板的布局以及具体线路的 layout。图 8-38 所示为一个计算机系统主板上的 CPU 以及内存的电源规划(Power Budget)的例子，图中列出了该 CPU 和内存的部分电源轨道，分别是 PVCCIN、PVDDQ、PVTT、PVPP(实际的 CPU 还需要 PCCSA、PVCCIO 等)，这些电源轨道需要不同的电源变换器来进行电源转换。

8.2.2 变换器类型选择

8.1 节介绍了电源变换器的种类和每种变换器的特点。根据数字系统特点，电源变换器的选择一般需要从如下几个方面进行考虑：

从 AC-DC PSU 电源的角度来看，输入交流电的规格一般采用全球电压范围，即 100～240 V。输出有的是标准的 ATX 规格，有的只输出 12 V Standby 待机电源加 12 V 主电源。因为安全因素，AC-DC PSU 电源都会采用隔离式开关电源。AC-DC PSU 电源的专业性比较强，标准化程度比较高，而且对于安规和电磁兼容

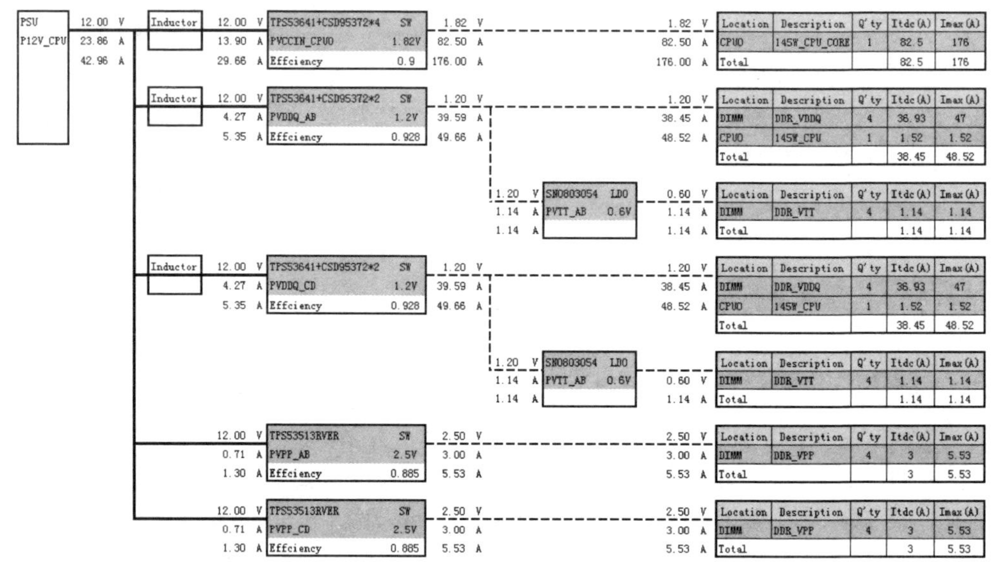

图 8-38　主板电源规划表计算每一个 VR 的电压和电流

的要求也比较高，一般会由专门的电源厂商来设计和制造。

从 DC-DC 电源的角度来看，主板上的变换器将来自 PSU 的 Standby 待机电源和 12 V 主电源转变为更低的电压供给各部分，比如从 12 V 转换为 1.8 V 的 CPU 电压。由于电压落差很大，所以必须使用开关电源。这些变换器也习惯叫作 VR（Voltage Regulator）或者 VRM（Voltage Regulator Module）。

从模拟控制方式与数字控制方式的角度来看，电源的控制环路需要进行补偿，补偿可以采用实际的元件，也可以采用数字的方式。模拟控制方式需要很多外围元器件，调试过程复杂，但控制器成本低，适合简单的电源。数字控制方式电路简洁，通过软件调整控制器的参数即可实现补偿，但数字控制 IC 的价格比较昂贵，适合复杂的系统。

8.2.3　电源反馈设计

1. 传递函数

传递函数用来表示输入信号和输出信号之间的关系。使用时域函数描述的信号都可以分解为一系列正弦波。一个系统，如果在输入端施加频率为 ω 的正弦波，输出也将是频率为 ω 的正弦波，但是输出的幅值和相位会与原来的信号不同。这个输入和输出之比就是系统的传递函数。

如图 8-39 所示，在一个开环系统中，输入为 $V_{in(s)}$，经过开环数字系统的处理，输出为 $V_{out(s)}$。开环数字系统 $H(s)$是传递函数。其中，s 是一个复数，表示该系统引起的幅值和相位的变化。

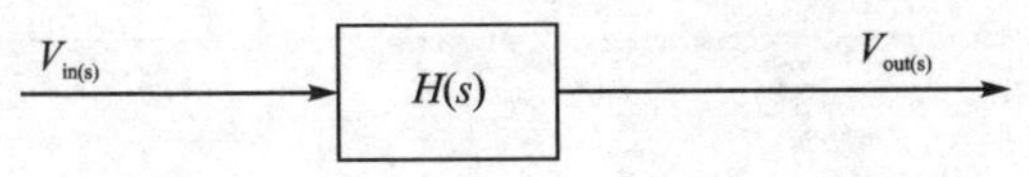

图 8-39　开环系统的传递函数 $H(s)$

图 8-40 表示一个闭环系统，与开环系统不同，系统采用 $G(s)$ 作为控制回路。$H(s)$ 表示功率回路，即把输入转换为输出的回路。$G(s)$ 表示反馈控制，对输出进行取样，然后系统使用取样信号控制把多少输入功率传送给输出。

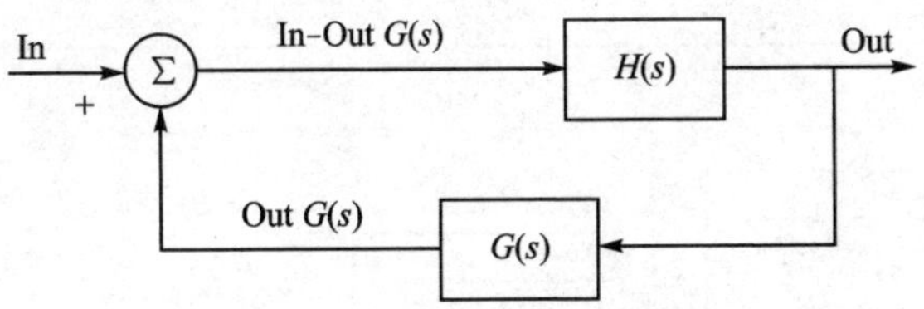

图 8-40　闭环系统的传递函数 $T(s)$

根据数字信号处理方程，闭环系统的传递函数可以表示为

$$T(s)=\frac{\text{Out}}{\text{In}}=\frac{H(s)}{1+H(s)G(s)}$$

从该公式中可以看出，如果 $H(s)G(s)=-1$，则该传递函数为无穷大，也就是出现了极点现象。在该极点处，变换器不能稳定工作。在电源系统中，电源回路是给定的，可以测量到 $H(s)$，然后选择 $G(s)$，使 $H(s)G(s)$ 的幅值 $|H(s)G(s)|=1$(0 dB) 时相位不是 180°(即 -1)，即可避免系统产生不稳定现象，这个相位和 180°之间的差值就是相位裕度。

2. 波特图(Bode Plot)工具

实际的工程设计中会使用波特图这个工具来描述传递函数的幅值、相位与频率的关系。在波特图中，频率的对数值作为横轴，幅值(增益)和相位作为纵轴。设定相位裕度和增益裕度的指标来保证系统的稳定。相位裕度一般要求不小于 45°。图 8-41 所示为波特图，当 Gain 增益为 0 dB 时，相位是 56.44°，所以相位裕度可以满足要求。增益裕度要根据不同的变换器来定。

当有扰动产生后，稳定的控制环路会使扰动衰减而迅速收敛，而不稳定的控制环路则会使扰动放大，系统产生振荡，如图 8-42 所示。

3. 反馈控制的实现模式

反馈环路主要由采样电路、误差放大器、控制驱动电路 3 部分组成。如图 8-43 所示，R_1、R_2 和 R_3 组成分压取样电路，R_3 上的电压接到误差放大器 U_{ea} 的反相端，R_1 一般取小阻值，在环路控制的测试时用于接入扰动信号。参考基准电压 U_{ref} 接到误差放大器 U_{ea} 的同相端。

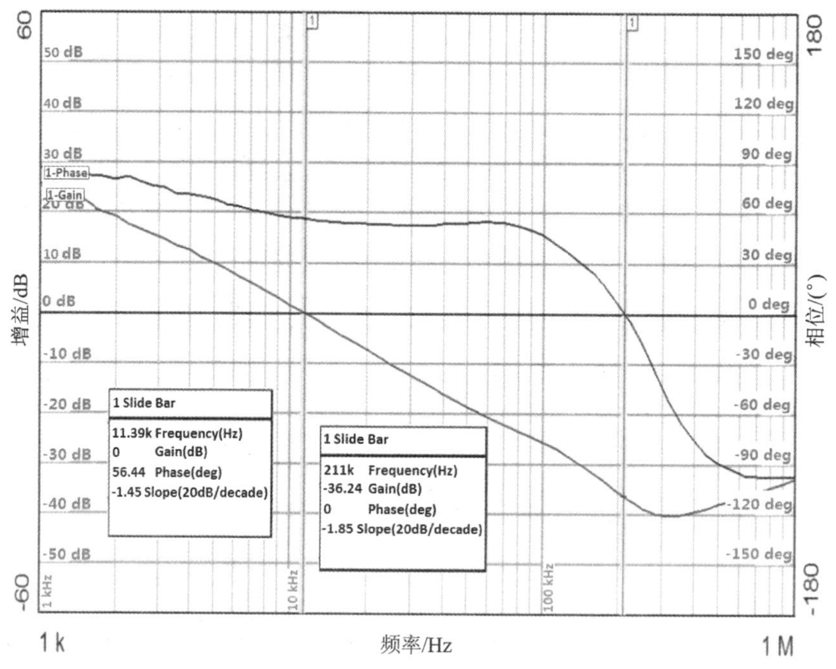

图 8－41　波特图举例

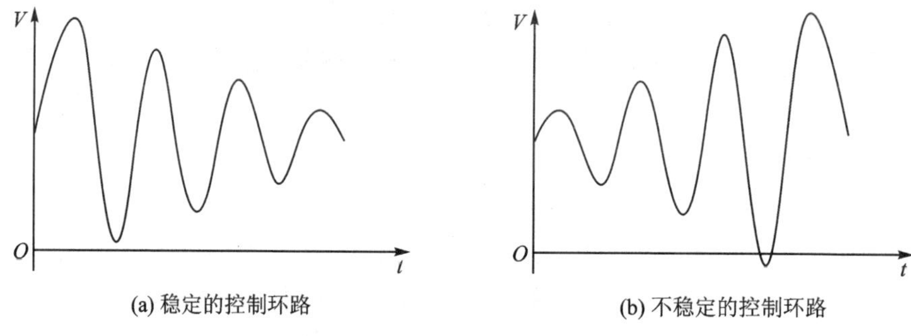

图 8－42　稳定的控制环路和不稳定的控制环路

误差放大器对输入端信号进行比较、放大后，传送给后级电路。后级电路有两种控制模式：电压控制模式和峰值电流控制模式。如图 8－44 所示，电压控制模式只有一个电压反馈闭环，采用 PWM 脉宽调制，将误差放大器采样放大的慢变化的直流信号 V_E 与恒定频率的三角波上斜坡 V_R 相比较，得到驱动开关管的脉冲宽度（驱动信号 V_Q），如图 8－45 所示。这种控制方法要与过电流保护电路相结合。

需要注意的是，当输入电压突然变小或负载阻抗突然变小时，因为主电路较大的电容和电感的相移延时作用，输出电压的变小也延时滞后，再经过电压误差放大器的补偿电路延时滞后，才能传到 PWM 比较器将脉冲展宽。这两个延时滞后作用会导致电压模式控制暂态响应慢。

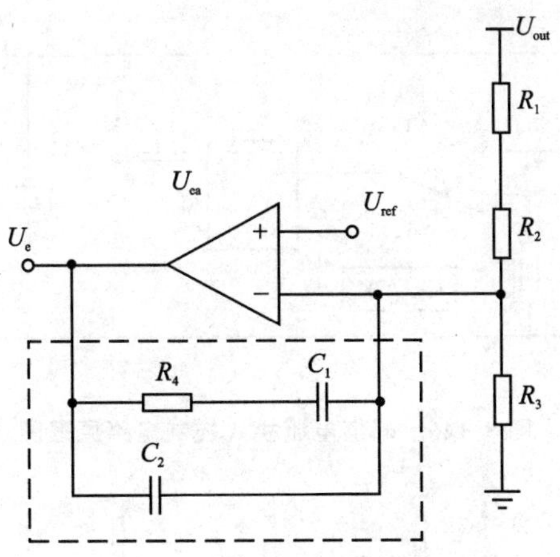

图8-43　电压采样和误差放大电路图

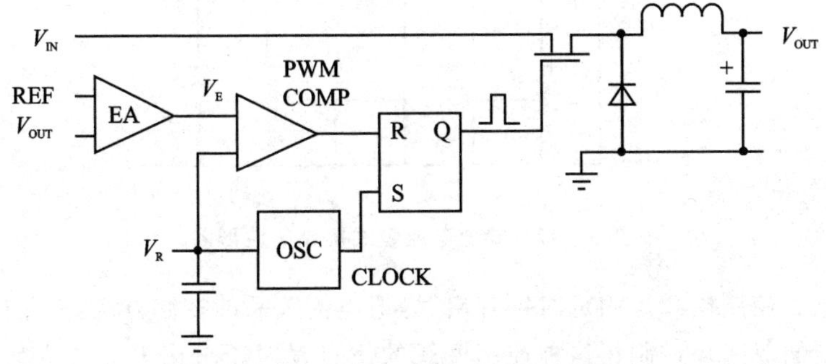

图8-44　电压模式PWM控制原理图

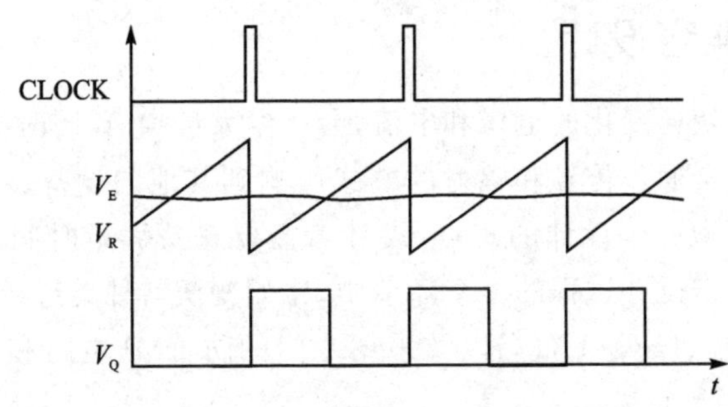

图8-45　Buck降压变换器PWM波形图

峰值电流控制模式的电路原理图如图8-46所示，误差电压信号V_E送到PWM比较器后，与之相比较的信号不再是电压控制模式那样与振荡电路产生的三角波电压的上斜坡比较，而是与一个变化的、其峰值代表输出电感电流峰值的梯形尖角合成波形信号V_S相比较，从而获得开关管的驱动脉冲信号。电路中相关波形如图8-47所示，其中V_Q信号表示RS触发器的输出波形，也就是开关管的控制信号波形。

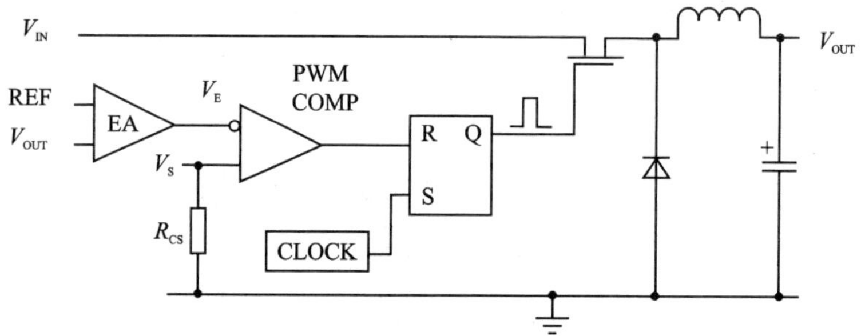

图 8-46　峰值电流模式控制电路原理图

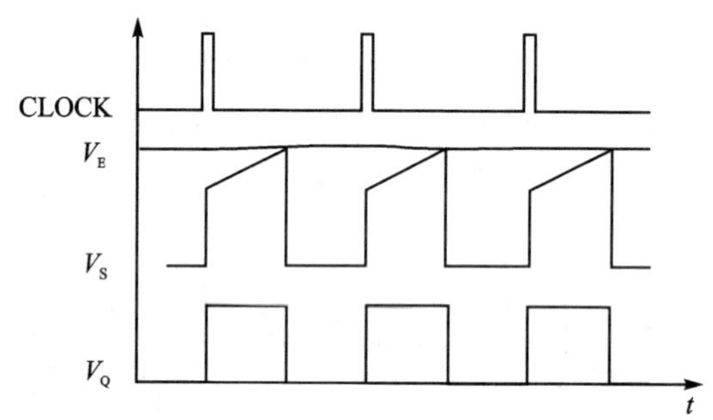

图 8-47　峰值电流模式控制的波形图

峰值电流控制模式是固定时钟开启、峰值电流关断的控制方法，采用电压外环电流内环控制的双闭环控制。这种控制模式的优点是对于输出电流的变化响应迅速；缺点是容易发生次谐波振荡，需要进行斜坡补偿。

8.2.4　电磁兼容设计

电源本身存在快速变化的电压和电流，会产生大量噪声，同时电源也会从电网引入噪声。这些噪声会通过传导和辐射的方式影响到其他的设备。对于具体的电源，有时电磁兼容会成为一个设计的难点，设计者需要花费大量时间进行调试和改进。电磁兼容设计要融于设计过程的多个环节中，比如变换器种类选择、电路拓扑结构选择、元器件种类选择、Layout 布局以及采用专门的防 EMI 电路和元器件，最终这些设计要通过测试来验证。

电源的最大噪声来源是高速功率开关，根源在于开关通断时电流不为零，不仅产生了损耗而且产生噪声。采用谐振变换器技术可以使开关工作在电流或电压为零的状态以有效地降低噪声，但这种技术难度比较大。还有一种软开关变换器介于谐振变换器和 PWM 变换器之间，设计者需要根据具体应用进行权衡。

电源的电磁兼容设计需要从电路设计和 PCB Layout 同时入手——尽管为了防止 EMI 而进行的电路设计会增加 BOM 成本，并降低效率。电源的电磁兼容电路设计包括但不限于在输入线路中采用共模和差模滤波器、在功率开关节点增加阻容缓冲吸收电路(Snubber)、调节开关管的驱动速度以及在功率回路中串联磁珠等。

如图 8-48 所示，输入电源进入整流桥之前，会嵌入共模和差模滤波器。其中，C_d 用于差模滤波，L_c、C_{c1} 和 C_{c2} 共同构成了一个共模滤波器，R_1 和 R_2 则用于 C_d 的放电。输入信号经过该共模和差模滤波后可以有效减少高频谐波分量和共模分量。

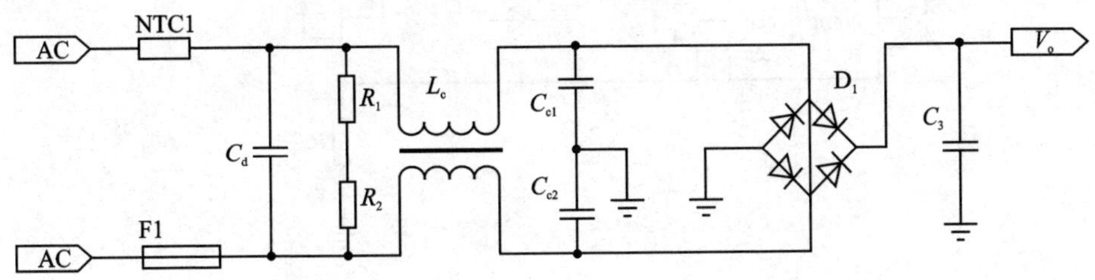

图 8-48　共模和差模滤波器电路示意图

如图 8-49 所示，在功率开关节点后增加一级阻容缓冲吸收电路(Snubber)。该阻容缓冲吸收电路由 R_1 和 C_2 组成。阻容缓冲吸收电路可以有效降低开关瞬间动作产生的开关振铃。振铃具有很高的频率和 dv/dt 值，不仅会产生严重的传导和辐射的 EMI 问题，而且有可能使开关管超过耐压值而损坏。

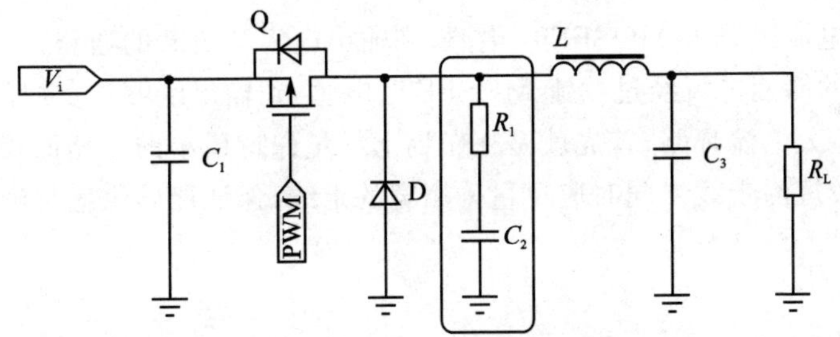

图 8-49　阻容吸收电路示意图

图 8-50 所示为调整开关管驱动速度线路图，图中控制 IC 的输出不会直接连接到开关管的控制端，而是通过 R_8 和 D_4 所组成的开关管驱动速度调节电路来实现。当控制 IC 输出驱动信号时，R_8 可以适当降低开关管 Q_1 的导通速度。当控制 IC 要关断 Q_1 时，D_4 用于消除 R_8 的影响，可以加快关断的速度。

另外，在开关管漏极或者源极串联磁珠是抑制 EMI 的一种方法，可以在导通的瞬间降低电流增长的速度。但是由于磁珠会很快饱和，不会在这个大电流通路中引入电感。

电源 PCB 布局和走线设计是开关电源设计中非常重要的一个环节，良好的 PCB 设计是正常的环路控制和良好的电磁兼容的保证。电磁兼容设计的 Layout 布局在下小一节进行说明。

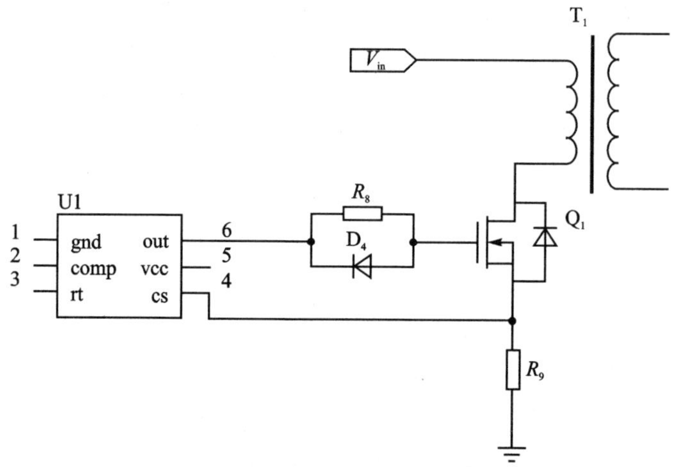

图 8-50　功率开关管驱动速度调节电路示意图

8.2.5　电源布局和走线(Placement/Layout)

PCB 设计首先要注意的就是大电流环路的布局。如图 8-51 所示，在电源电路中，主要有 3 个大电流环路需要特别注意：

- 输入电流经输入电容到地；
- 输入电流经开关 MOSFET、电感，到输出电容和负载的通路；
- 电感的储能电流经过续流 MOSFET、电感，到输出电容和负载的通路。

针对这些大电流环路，首先就是在布局上尽量保持最小的环路面积，在走线上需要尽量保持较短的走线。同时应尽量采用宽的走线，保证能够供应足够的电流，保持最低的阻抗。

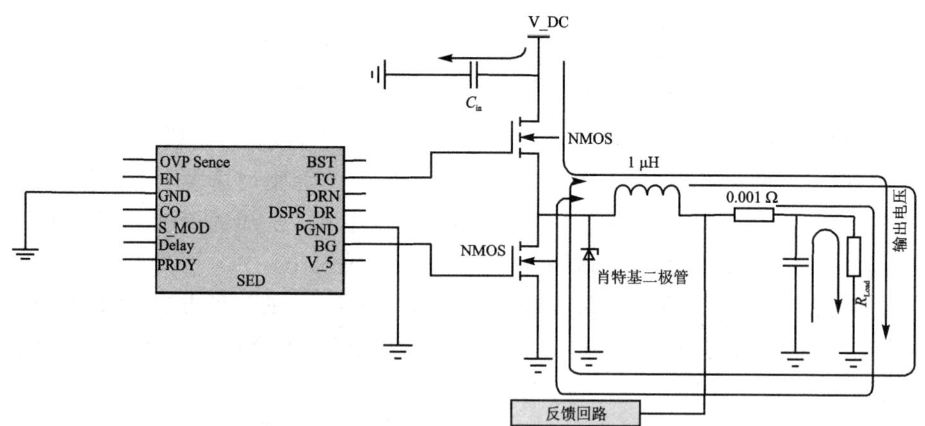

图 8-51　降压式开关电源大电流功率回路示意图

其次，需要确保开关电源的功率地应该和信号地分开，功率地采用独立接地，各接地点星形连接到一起，再与系统地相连。针对电流和电压的反馈信号线来说，需要尽量远离噪声，避免干扰。上下 MOSFET 的驱动信号线长度应该大致相等，以避免驱动信号时延对 MOS 开关时间的影响。同时大功率开关器件的驱动信号的电流也较大，连线应足够宽。

8.2.6　电源设计的仿真

为了节省电路板制作和测试的时间和成本，在电源电路和 PCB 完成初步设计后，需要使用计算机软件对电源系统的设计进行仿真验证。

仿真软件分两类：一类是大功率回路的仿真，目的是分析电压降和电流密度；另一类是控制回路的仿真，目的是选择合适的控制参数。

Sigrity 的 PowerDC 可以进行电源的直流分析，比如 IR DROP 分析和电流密度的分析，仿真使分析的结果既直观又可以量化，方便进行设计改进，如图 8－52 所示。

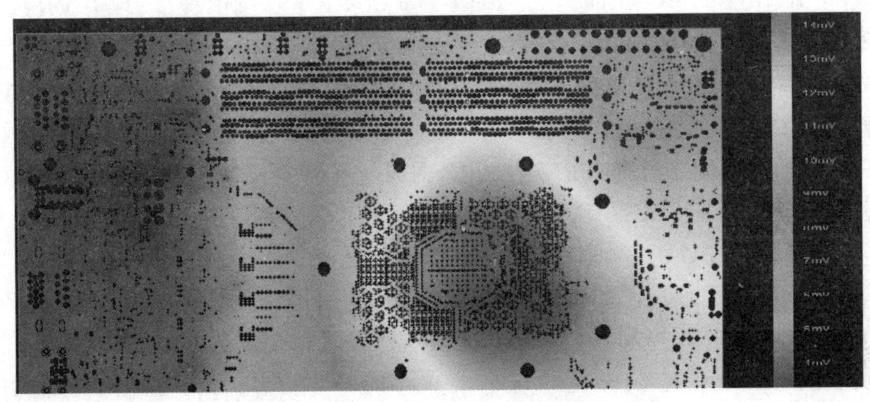

图 8－52　IR DROP 仿真结果示意图

各电源控制器厂商有相应的软件进行控制环路的模拟，可以有效地节省设计时间。但是完整的控制环路的仿真取决于元器件的模型，贴合实际的元器件的模型往往要由设计者进行复杂的测试来得到。所以有些时候通过实际电路的调试和测量会比仿真更容易达到目标。

8.2.7　CPU 电源电路设计

数字系统里面的 CPU 是整个系统的核心。随着 CPU 性能越来越高，电源也越来越复杂，不但具有输出电压低、输出电流大、电压种类多的特点，而且也有特别的标准。本小节以常见的 Intel x86 系列 CPU 为例来介绍 CPU 电源电路的不同特点。

1. CPU 主要电源需求

不同的 CPU 类型对电源需求不同，集成核芯显卡的 CPU 需要一路专门供显示核心的电源，集成 Fabric 的 CPU 需要一路 VMCP 供电，集成 PIROM 控制器功能的 CPU 需要连接 3.3 V 电源等。表 8－3 列出了一个 CPU 的常见电压需求，准确的 CPU 参数需要参考具体的 CPU 平台，不同平台的 CPU 的电压不同。

表 8－3　CPU 常见供电电压举例

电源名称	功　能	输出电压/V	输出电压范围/V	输出电流 TDC/A	最大输出电流/A
V_{ccin}	CPU 主要电源输入	SVID	1.5～2.0	80	205
V_{ccsa}	UPI 和 IIO 供电	0.85	0.5～1.1，VID	15	16
V_{ccio}	I/O 接口供电	1.0	0.95～1.0，VID	14	21
V_{ddq}	内存接口供电	1.2	0.8V～1.3，VID	6	8

2. CPU 电源模块标准

Intel 为 CPU 的 PWM DC－DC 电源变换器定义了详细的标准，称为 VRxx。xx 表示按时间增长的版本号，比如 VR13。不同的标准互不兼容。这些标准规定了 VRM 的环路控制、上电掉电时序和控制信号接口等方面，目的是使各厂商的 VRM 控制器符合 CPU 系列产品规格的需求，方便 CPU 用户进行主板设计。Intel CPU 的 VRM 控制器不同于普通 VRM 控制器，需要进行特别设计。

首先，CPU 的 V_{ccin}、V_{ccsa} 和 V_{ccio} 的初始电压 V_{BOOT} 和 CPU 工作时的正常电压往往不同。不同的 CPU 的 V_{BOOT} 电压可能不同。比如 V_{ccin}，有的 CPU 的 V_{BOOT} 电压需要 0 V，有的需要 1.7 V。V_{BOOT} 可以通过外部引脚进行硬件设置或者内部寄存器的数值的设定。VRM 控制器上电后会读取这些设置并按设置的电压输出。

负载线 Loadline 是 CPU 主供电电压 V_{ccin} 的一个特点，目的是通过降低大电流时的输出电压使大电流时的过冲电压减小，以满足 CPU 对于动态响应的要求。CPU 通过 SVID 总线给 VRM 控制器具体的 V_{ccin} 电压指令，VRM 控制器会计算电流与规定的 Loadline 的乘积，然后把 SVID 要求的 V_{ccin} 电压减去该乘积，得出调节后的 V_{ccin} 电压后进行输出。如表 8－4 所列，VRM 调整后的输出电压为 1.6 V，计算如下：

$$V_{adj}=V_{SVID}-I\times R_{loadline}=1.8\ \text{V}-200\ \text{A}\times 0.001\ \Omega=1.6\ \text{V}$$

表 8－4　VRM V_{ccin} 输出电压计算举例（Loadline＝1 mΩ）

Loadline/mΩ	VID 电压/V	VRM 输出电流/A	VRM 输出电压/V
1.0	1.8	200	1.6

Intel CPU 采用私有协议 SVID 总线与 VRM 通信，进行电压调整。SVID 主要由三条线组成，分别是 Data、Clock、Alert。由于该总线位于噪声敏感区域，因此尽管总线速率不高，但是在 Layout 时需要严格按照高速总线的要求进行布局布线，否则

可能会出现总线错误。具体 SVID 的介绍将在电源监控管理总线中说明。

数字 VRM 控制器内部的非易失性存储器用来设定 VRM 的功率回路参数和控制环路参数，需要在系统工作前进行烧录。用一台计算机连接到 VRM 的 PMBus (SMBus)接口可以方便地完成烧录。在系统运行后，系统可以通过 PMBUS/SMBus 实时监测 VRM 的工作状态，调试方便。模拟 VRM 控制器通过外围元件来设定控制器的参数，不需要 PMBus/SMBus，当然也就没有实时监测 VRM 实际工作状态的功能。

3. VRM 方案

CPU 供电电源功能复杂，市场上能提供这种电源控制器的厂商不多，目前主要有英飞凌 Infineon、意法半导体 ST、德州仪器 TI 等。表 8-5 列出了一种 150 W CPU 的供电方案。其中，V_{DDQ} 和 V_{PP_DDR} 既是内存的主要供电电源，也是 CPU 的一个电源轨道。

表 8-5　150 W CPU 供电 VRM 方案(包括 4 条 DDR4 内存供电)

电源名称	VR 控制器	VR 开关	相　数	额定输出电压/V	额定输出电流/A	输入电压/V	VR 类型
V_{ccin}	PM6776	FDMF5875	4	1.8,SVID	80	12	PWM
V_{ccsa}		IR35401	1	0.85	15	12	PWM
Vccio	PM6697	FDPC8016S	1	1.0	14	12	PWM
V_{ddq}	PM6773	FDMF5877	2	1.2	50	12	PWM
P2V5_DDR		IR35401	1	2.5	4.5	12	PWM
P0V6_DDR	PM8908TR		1	0.6	2	1.2	PWM

4. CPU 供电电路的布局和走线要求

CPU 供电电路的 Layout 基本要求需要遵循基本的电源布局和走线要求，同时由于其与普通 VRM 之间的不同，在布局布线时需要针对以下方面进行特别设计，如图 8-53 所示。

首先，CPU VRM 的功率回路采用多相设计。每一相的输出电感和功率级芯片应该对齐，以有利于各相的平衡，并使占用的空间最小。控制器可放置在各相的一侧或者中间。其次，电流反馈信号的下拉电阻、电压和温度反馈信号的滤波电阻和电容应该尽量靠近控制器，以减少受噪声的影响。针对 SVID 总线部分，SVID 需要严格参照高速线的布线方法，以地为参考，远离噪声和干扰信号(PWM 开关器件、振荡器等)。SVID 的 Data 线应走在 Alert 和 Clock 线之间，三条信号线按 50 Ω 阻抗走线，Data 和 Clock 的等长偏差应在 250 mil 以内。多个 VRM 的 SVID 信号线需要按菊花链拓扑布线，每段的线长以及上拉电阻的大小需要严格遵守相关的 VRM 标准。

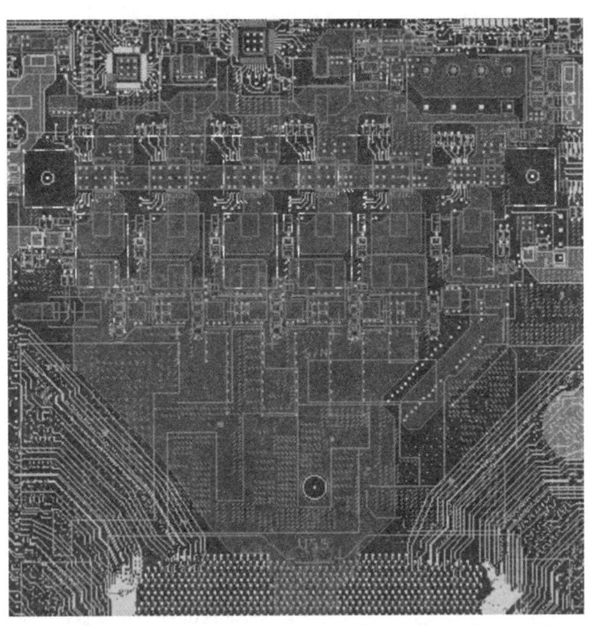

图 8-53 Intel CPU 电源布局布线图

8.3 电源变换器测试

数字系统中的电源变换器往往分成两类来测试：一类是 AC-DC 电源(PSU)，由 PSU 部门来测试，PSU 应具有稳定提供整个系统电力的能力，不论系统是空载还是满载，或者其他各种负荷的情况下都要有稳定的输出；另一类是主板和各种板卡上的 DC-DC 电源(VRM)，由 PI(电源完整性)和 EE(电子工程)部门来测试，VRM 的输出要能满足板上各用电器件的要求。

PI 测试是为了验证独立的 VRM 的性能。为了方便调节，一般不采用实际的电路中的用电器件作为负载，而是使用可以灵活调节的电子负载，这样可以方便地验证 VRM 在各种负载情况下的性能。

EE 测试 VRM 在电路中的实际表现，比如每个用电器件的电源纹波噪声(Power Stress)、VRM 控制器的使能与输出状态信号(Enable/PowerGood)和电源上电掉电的时序测试(Power Sequence)。

除了电性能测试以外，电源变换器还有电磁兼容、可靠性以及安规认证等项目需要进行验证。本节主要介绍电源的电性能测试。

8.3.1 静态测试

所谓的静态是指在负载稳定的条件下测试，比如设定电子负载在恒流模式，固定输出电流为某个值，然后记录这时的输出电压和纹波。静态测试的项目一般有纹波(Ripple)、负载线(Loadline)、效率和抖动(Jitter)等

1. 电压纹波峰-峰值测试(Ripple, PK－PK)

图 8－54 所示为一个降压变换器的纹波测试的示波器波形图，图中最上面的波形②是输入电压 VIN，下面的波形①是输出电压 EXT_3P3V，负载电流是满载 0.4 A。

输出电压纹波指标是衡量开关电源输出的平滑程度，以及输出是否稳定，如图 8－54 所示的波形①和测试数据 C1。使用电子负载，一般取空载到满载共 11 挡。示波器的带宽选择 20 MHz 以过滤掉高频噪声的影响。输出电压纹波峰峰值的标准一般是±1%。

输入电压纹波指标反映的是输入电压的稳定性，如图 8－54 中的波形②和测试数据 C2 所示。测试的时候一般按空载到满载共 4 挡来测试。

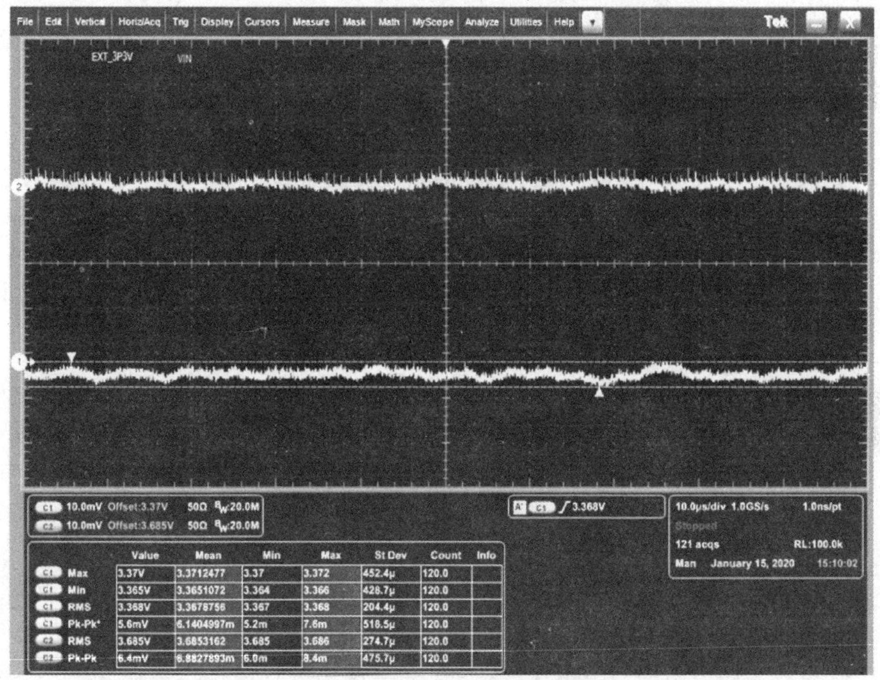

图 8－54　降压变换器纹波测试波形(100%负载)

2. 负载线测试(Loadline)

在纹波的测试过程中，以负载电流作为横轴，以电压作为纵轴，这条输出电压曲线就叫负载线，即 Loadline。负载线对于常规 VRM 意义不大——因为电压基本上不随电流变化。但是对于 CPU 这种器件，是很重要的一个参数。图 8－55 所示为一个 CPU VRM V_{ccin} 输出电压的负载线测试曲线图，图中紫色的线是将测试得到的点相连而成的 Loadline 曲线，处于表示最大值和最小值的红绿线之间，所以测试结果

是通过(Pass)的。负载线的斜率值即 R_LL 是 1 mΩ。

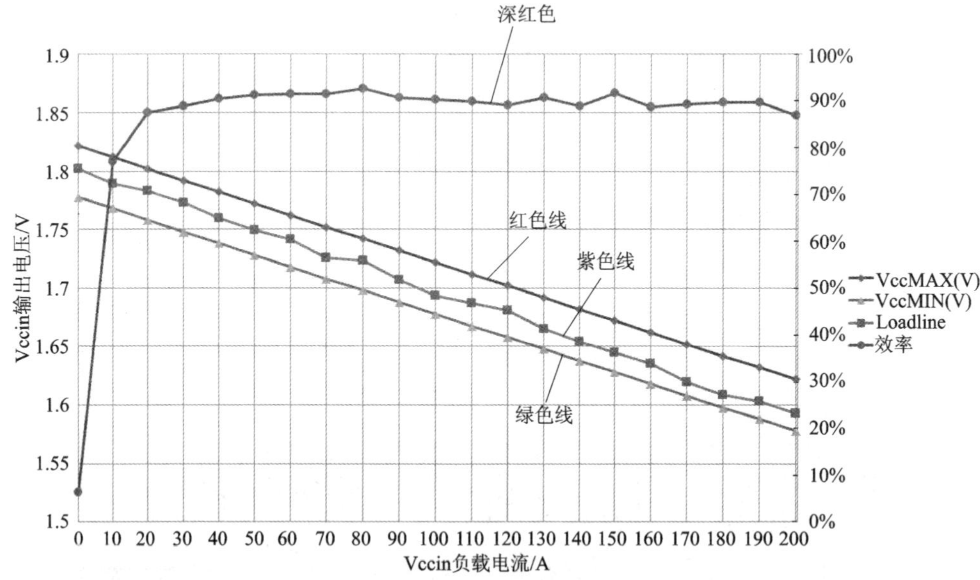

图 8-55 Loadline 和效率曲线图

3. 效　率

在节能环保的今天,电源效率是很重要的一个指标。提高电源效率是电源设计者追求的目标,也是一大挑战。效率等于输出功率与输入功率的比值,即

$$\eta = P_{\text{out}} / P_{\text{in}}$$

图 8-55 中的深红色曲线是由计算得到的由效率值相连而成的曲线,从图中可以看出,低负载的情况下效率较低,特别是空载,效率更低。为了提升低负载效率,很多国家和公司都对开关电源的空载功耗进行规范要求。

4. 抖动测试

常规的开关电源通过调节脉冲的宽度来实现输出电压的稳定。抖动就是衡量开关脉冲的宽度变化比例的一个指标,反映的是控制环路的稳定。这个指标一般要求小于 20%。图 8-56 所示为一个降压变换器满载时的抖动测试波形,相关测试数据统计在表 8-6 中。从表 8-6 中的数据可以看出,电源抖动测试主要针对相位以及相位占空比进行统计,并获取抖动测试结果。

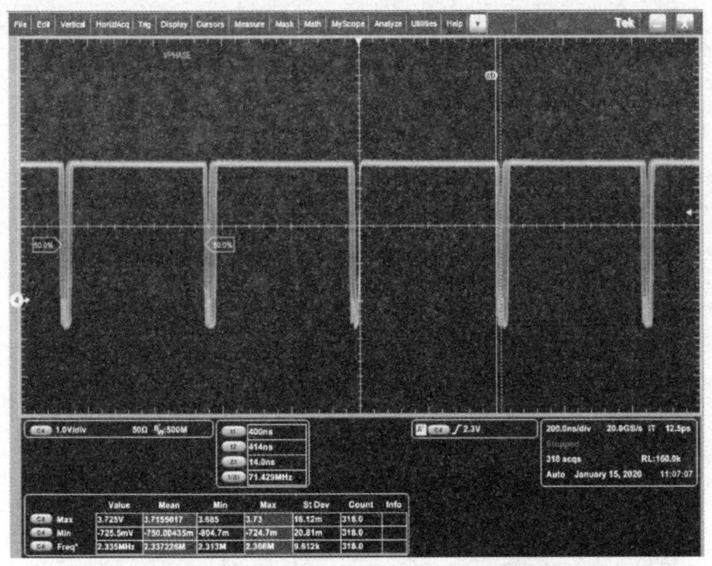

图 8-56 降压变换器开关脉冲抖动波形(100%负载)

表 8-6 降压变换器抖动测试数据表

负载电流		开关频率/MHz	电压相位抖动/ns	电压相位占空比抖动/ns	抖动比/%	统计抖动结果(Pass/Fail)
(%)	(A)					
0	0	2.3	8	380	2.1	Pass
10	0.04	2.3	8	386	2.1	Pass
50	0.2	2.3	6	402	1.5	Pass
100	0.4	2.3	14	414	3.4	Pass

8.3.2 动态响应测试(Transient)

变换器的动态响应指标用来衡量负载剧烈变化时的输出电压的稳定程度。所谓的剧烈变化,可以用负载变化的频率和电流变化的速率(Slew Rate,单位一般是 A/μs)来描述,通过设置电子负载的这两项参数来对 VRM 进行测试。

动态响应的负载可以按轻载和重载来设置。频率按实际用电器件的特性来设置,如果没有特别的需求,则可以按 100 Hz、1 kHz、10 kHz、20 kHz 分别设置。

图 8-57 所示为一个降压变换器的动态响应波形,图中的①号曲线表示输出电压,③号曲线表示输出电流。电子负载参数设置为:输出电流——0.28 A 到满载 0.4 A,Slew Rate ——6 A/μs,频率——20 kHz。

从图 8-57 中可以看出,输出电流波形是锯齿波,与设置的矩形波有明显差异,原因是当负载频率逐渐升高时,输出电流的波形会逐渐变形。

动态响应测试的指标是输出电压的稳定,要求过冲(Overeshoot)和下冲(Undershoot)的幅度要小。这个幅值实际包括了静态的纹波在内,在元器件没有特别要求的情况下,一般限定为输出电压的±(4%~5%)之内。图 8-57 中的输出电压最大值和最小值与额定电压相差很小,所以动态响应的测试是合格的。

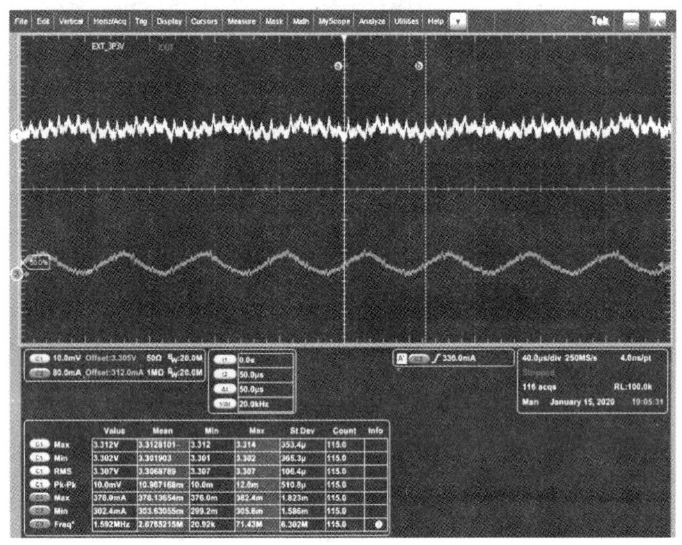

图 8-57　一种降压变换器的动态响应波形

8.3.3　闭环稳定性测试

闭环稳定性测试也属于一种静态测试,但是习惯上单独列出来。测试的目的是在给控制环路施加扰动的情况下测试闭环系统控制的稳定性。衡量的指标就是闭环控制的相位裕度和增益裕度。

负载可以按空载 0%、10%、50%和 100%满载 4 个挡来设置,分别测试并绘出 4 个波特图,并记录每种负载条件下的相位裕度和增益裕度。表 8-7 所列为闭环稳定性测试的相位裕度和增益裕度示例,从表中可以看出,在 4 种负载状态下,其结果满足设计要求。

表 8-7　闭环稳定性测试的相位裕度和增益裕度示例

负　载	负载电流/A	交越频率/kHz	相位裕度	相位结果≥45°	增益裕度	增益结果
0%	0.0	11.39	56.44	Pass	36.24	Pass
10%	0.2	14.57	73.23	Pass	28.55	Pass
50%	1.0	15.67	79.67	Pass	25.88	Pass
100%	2.0	17.65	83.89	Pass	26.25	Pass

8.3.4 元件应力测试

电源的元器件经常会工作在高电压、大电流和极限温度的情况下，为保证电源的正常工作，重要元器件的极限参数有必要进行校核。

1. 开关管信号测试

开关管是开关电源的重要元件。开关管的 V_{ds} 电压需要限定在元器件规格书的范围内。以图 8-58 所示的 Buck 降压变换器为例，上开关管(High MOSFET)用于在导通期间进行电源输入，下开关管(Low MOSFET)用于在上开关管关断期间接续电感的电流。

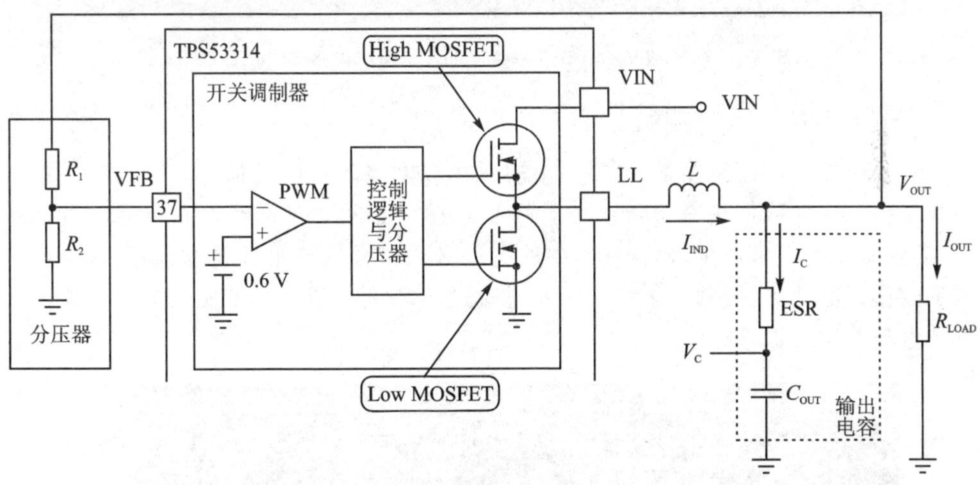

图 8-58　开关管信号测试的电路举例

采用示波器进行测试，测试波形如图 8-59 和图 8-60 所示。其中图 8-59 所示为上开关管的 V_{ds} 电压波形，图 8-60 所示为下开关管 V_{ds} 的电压波形，从图中可以看出，两个开关管的导通时间并不相同，也不是 50%的占空比。

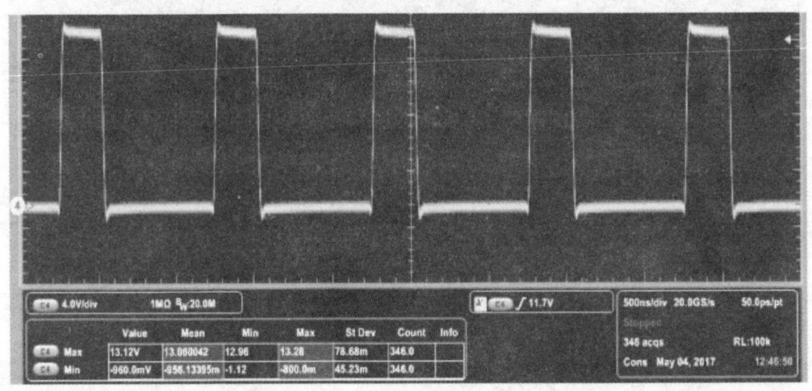

图 8-59　上开关管的 V_{ds} 测试波形

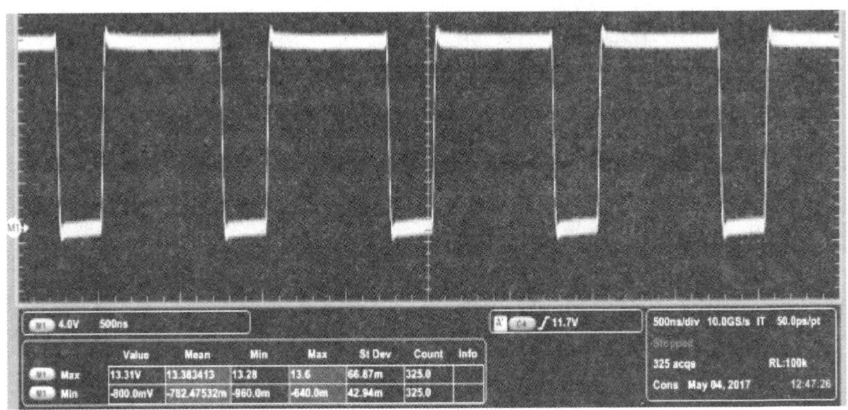

图 8－60　下开关管的 V_{ds} 测试波形

2. 电感饱和电流测试

如果电感的电流持续增长，磁芯中的磁场强度将超过一定值，电感将饱和，这时磁导率会从很大数值快速下降到几乎为 1，电感值也将迅速减小。在电源系统设计时，需要避免此现象产生，确保电感中的电流必须符合规格书的要求，小于能导致饱和的数值。因此，需要针对电感的饱和电流进行测试。图 8－61 所示为一个典型的电感电流测试波形。

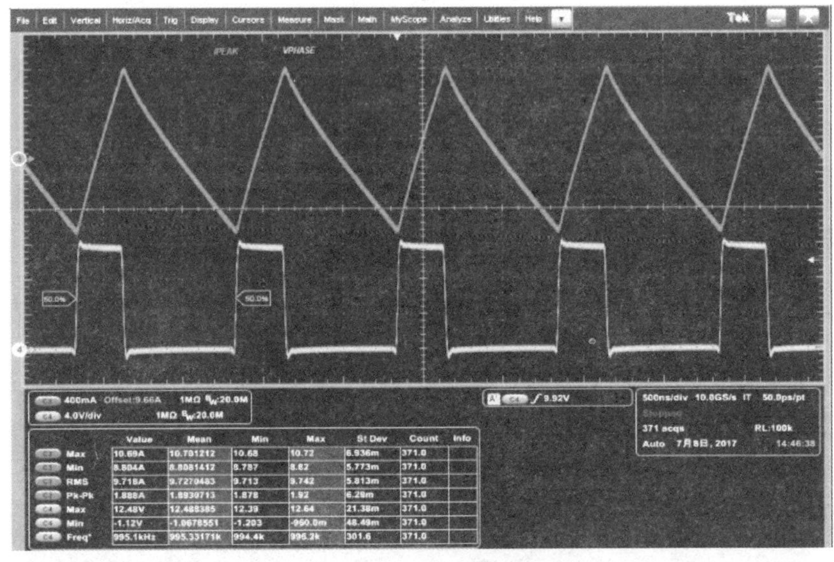

图 8－61　电感电流测试

3. 元件工作温度测试

电源内部的元件往往工作在散热不良的条件下。在最大负载的情况下，需要确保电源内部各集成电路、二极管、开关管、电感、电容等温度应力敏感元件的工作温度不会超过规格书的要求。因此元件工作温度是必须进行验证的项目。元件工作温度的测试，分室温和极限温度两种情况。室温条件下的测试一般作为电源完整性部门的常规测试项目，而测试各元器件在极限环境温度下的工作温度是否超标则往往是散热部门的测试项目。在此不做赘述。

8.3.5　保护性能测试

除了在元器件层面保证电源元件的应力不超过极限值，在电路设计中也要采取保护措施以保证电源在输入、输出或者环境出现异常时能切断输出，当外部条件正常后自动恢复输出；在出现不可恢复的故障时避免故障扩大。VRM 的保护有过流保护、短路保护、过压保护、过温度保护等。过压保护比较难测试，一般由研发工程师自行验证，不作为例行的测试项目。本小节介绍过流保护、短路保护和过温度保护。

1. 过流保护(Over Current Protection，OCP)

过流保护的电流设置要依照用电器件的需求进行规划。如果没有特别的需求，一般会设置为规划最大输出电流的 1.3～1.5 倍。有些简单的 VRM 控制器的 OCP 值是不能调节的，这时一般按照控制器参数来测试。

当过流发生后，开关电源会产生周期性的保护动作——保护、自动重启、再保护。反映在波形上就是电压电流出现周期性的窄脉冲，俗称“打嗝”现象，如图 8-62 中的黄色和紫色波形所示。电源状态的指示信号 PowerGood 会保持低电平，直到过流条件解除。

2. 短路保护(Short Circuit Protection)

短路保护分为两种情形：一是预短路，即先设置并启动电子负载短路，然后再给测试 VRM 上电；二是 VRM 上电以后，再启动电子负载的短路。不管哪种情形，都要求电路能进行保护。短路保护与过流类似，也会产生“打嗝”现象，如图 8-63 所示。电源状态的指示信号 PowerGood 会保持低电平，直到短路条件解除。

3. 过温保护测试(OTP)

重要的电源电路会有温度传感器来检测温度，有的使用集成在 VRM 控制器和开关驱动器内部的温度传感器，有的使用外置的热敏元件，比如热敏电阻 NTC。这些传感器的信号会传送到 VRM 控制器中，当控制器检测到温度超过设定要求时，会进行保护。为了验证电源控制器温度保护的设置是否准确，需要进行 OTP 测试，确保温度超标时，控制器的温度保护电路能够起作用。

OTP 测试需要使用电子负载、温度表以及示波器等仪器。在进行测试前，需要给电子负载设置最大负载电流，并连接好温度表和示波器。温度表用于监测温度，而示波器用于检测 VRM 的输出电压和 PowerGood 信号。设定好后，开始采用热风枪加热，记录温度保护电路起作用时的温度。接着移开热风枪，让温度逐渐下降，记录

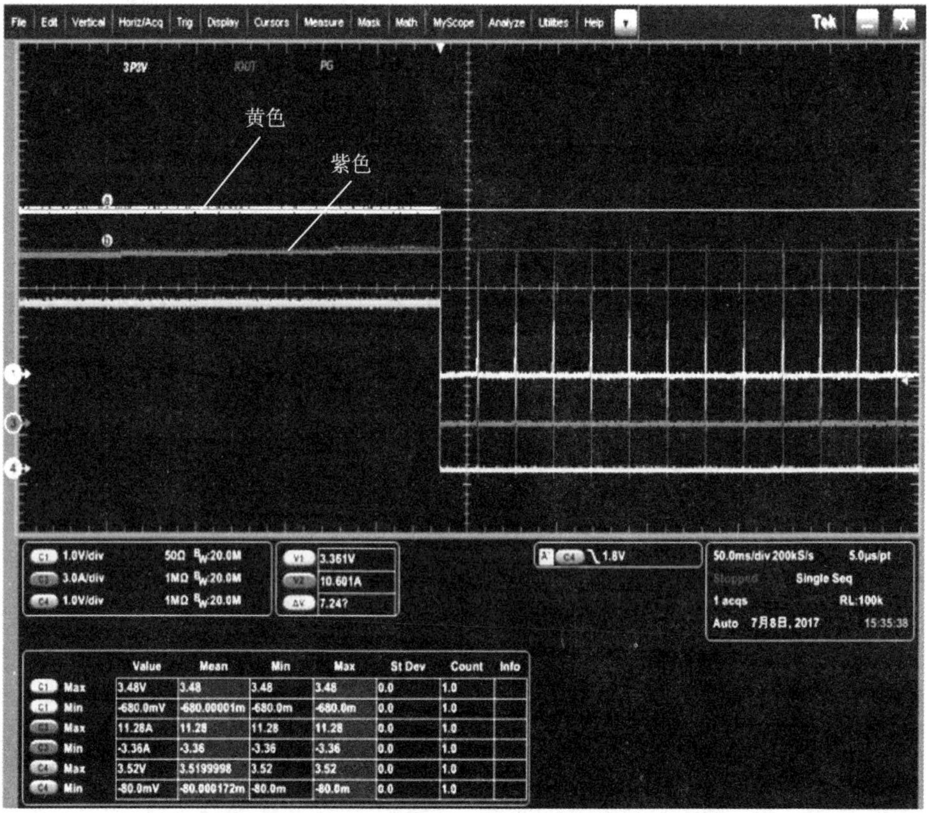

黄色

紫色

		Value	Mean	Min	Max	St Dev	Count	Info
C1	Max	3.48V	3.48	3.48	3.48	0.0	1.0	
C1	Min	-680.0mV	-680.00001m	-680.0m	-680.0m	0.0	1.0	
C3	Max	11.28A	11.28	11.28	11.28	0.0	1.0	
C3	Min	-3.36A	-3.36	-3.36	-3.36	0.0	1.0	
C4	Max	3.52V	3.5199998	3.52	3.52	0.0	1.0	
C4	Min	-80.0mV	-80.000172m	-80.0m	-80.0m	0.0	1.0	

图 8-62　过流保护发生时，电压、电流和状态的信号波形

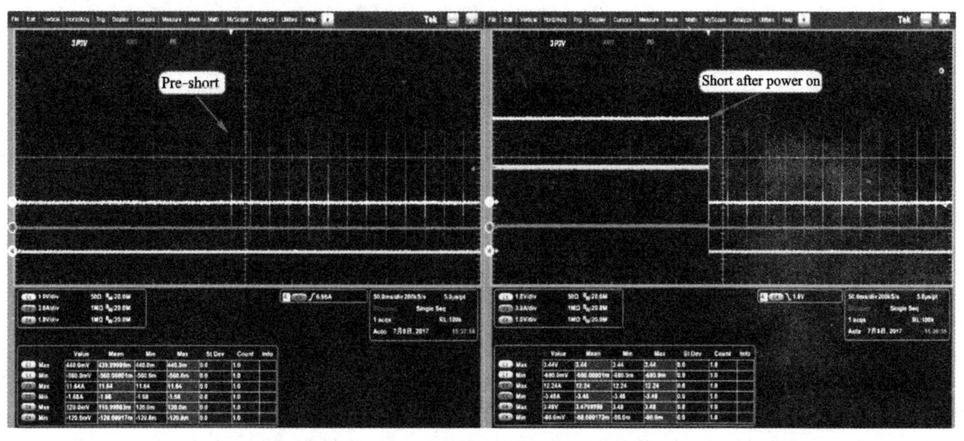

图 8-63　短路保护发生时的测试波形

控制器输出正常时的温度。

8.4　电源监控与管理

对于复杂的高速数字系统来说，对系统进行电源监控和管理，确保为系统的不同工作状态提供合适的工作电流，同时确保异常能够及时处理，从而提高电源的使用效率，预防异常事故发生，是非常必要的。

8.4.1　EFUSE 和 FUSE

在热拔插系统或者存在多个 PCBA 板的系统中，由于每个 PCBA 所需要的电流不同，所需要的电源轨道的规格也不同，因此可以在每个 PCBA 的电源分布网络前增加一级 EFUSE 电路来实现系统输入电流与板级电流之间的隔离。这样的优点在于：

① 当 PCBA 插入一个正在工作的背板时，可以限制瞬态电流对 PCBA 的冲击，同时也可以防止背板上的直流压降以及开关噪声。

② 如果负载短路或者出现异常，导致负载电流过快增长，EFUSE 可以迅速关掉输出电流，保护系统其他部分电流正常工作。

③ 隔离板间电源，防止输入电源的噪声对负载的影响，反过来也可以防止负载噪声对输入电源的影响。

因此，EFUSE 电路被广泛应用于热插拔、PC 扩展卡、HDD 和电源背板、服务器、网络以及笔记本等各个领域。典型的 EFUSE 公司有 TI、Maxim、MPS 等主要的电源厂商。

以 MPS 公司的 MP5022A EFUSE 为例，这是一颗带有电流监控的 12 V、3 mΩ $R_{ds(on)}$ 热插拔保护的 EFUSE IC。图 8-64 所示为该 IC 内部功能模块示意图，从图中可以看出，该器件不仅集成了基础的 EFUSE 功能，还涵盖了故障检测、过流过压保护、电流侦测等功能。

在上电阶段，浪涌电流会受输出电压的斜率限制，其斜率会由 SS 引脚上的外部电容决定。ISET 引脚与地之间的电阻决定了最大负载电流幅值。IMON 引脚用来输出一个与流经功率器件电流成比例的电压信号，而内部集成的电荷泵用来驱动功率 MOSFET 的栅极，使功率 MOSFET 具有极低的 3 mΩ 导通电阻。MP5022A 的典型应用如图 8-65 所示。

对于热拔插的应用，MP5022A 的输入端在热插拔过程中会出现电压尖峰或者瞬变，这是由于输入走线或者输入电容器的寄生电感所导致的。MP5022A 的 TIMER 引脚上的外部电容器会实时侦测输入电压的变化，如图 8-66 所示。

当输入电压达到 UVLO(Under Voltage Lockout Threshold)阈值时，TIMER 引脚会通过 43 μA 恒流源充电。当 TIMER 引脚电压达到 1.24 V 时，8 μA 的电流源会上拉功率 MOSFET 的栅极-源极电压，同时 TIMER 引脚电压下降。一旦栅极

电压达到阈值 V_{GSTH}，输出电压就会上升。上升时间由软启动电容器决定。

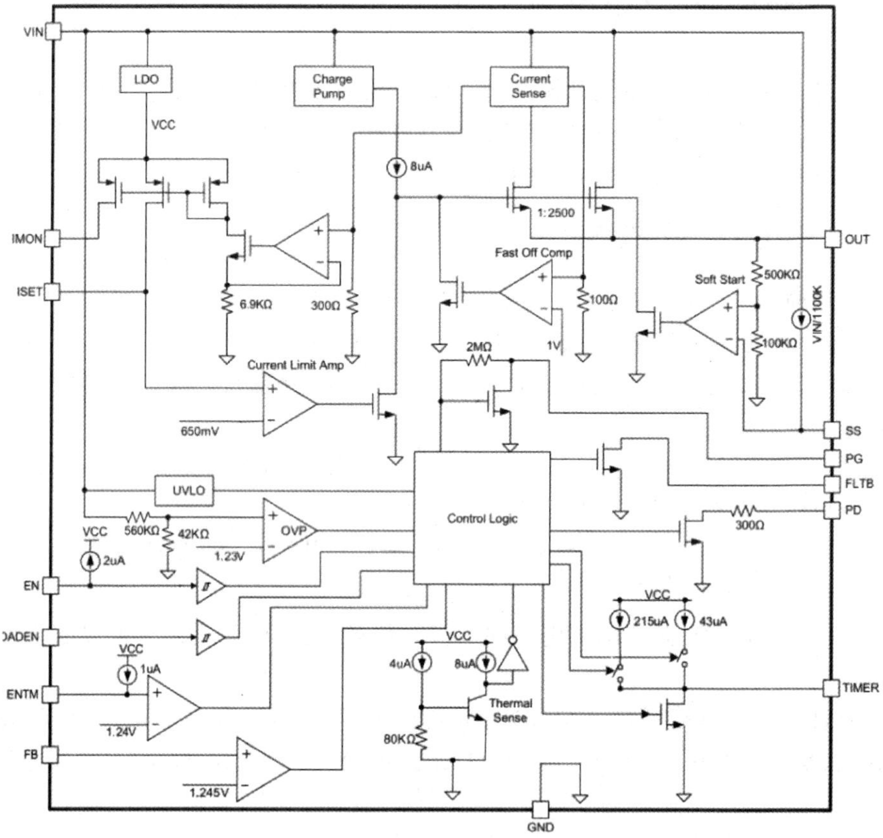

图 8-64 MP5022A 的内部功能模块示意图*

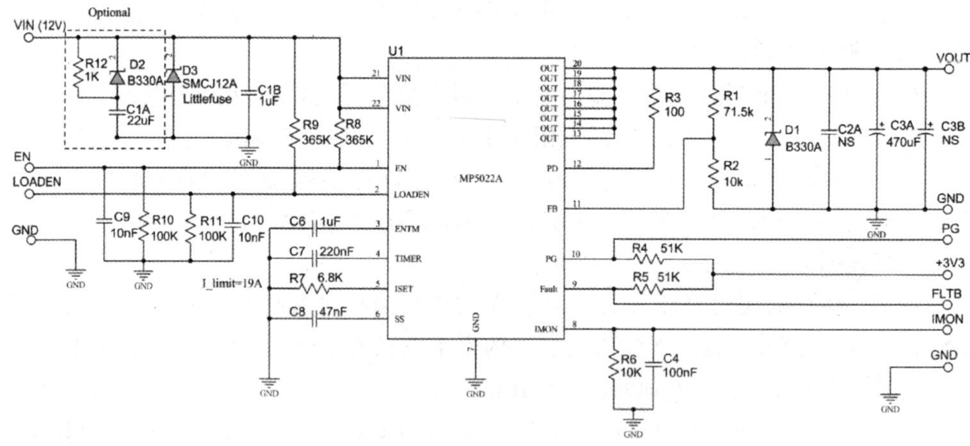

图 8-65 MP5022A 在电路中的典型应用(输出电流大于 7 A 的情形)*

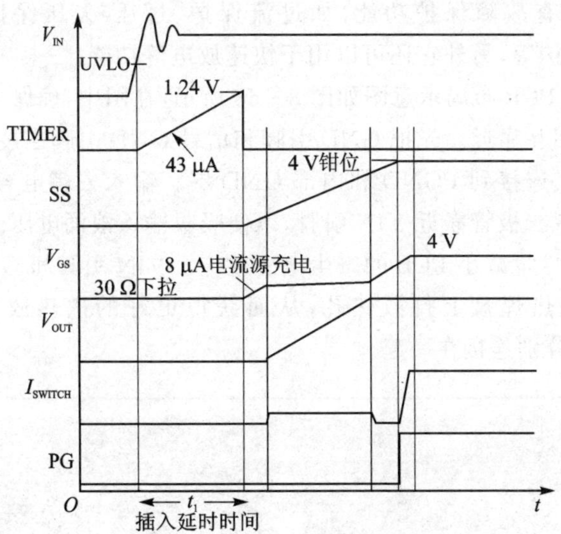

图 8－66　热插拔上电过程

一旦出现过流情形，由于短路响应时间约为 200 ns，因此在控制回路做出响应之前，电流就可能会超出电流极限阈值很多。一旦电流达到 36 A 的次级限制水平，芯片内 100 mA 下拉栅极放电电流激活快速关断电路就将迅速作用，关断功率 MOSFET，降低输出电流，进行短路保护。经过一个时间段后，MP5022A 将再次重启，检查是否存在过载条件，如果是输入瞬变所引起的短路，则 MP5022A 正常工作；如果确实发生了真正的短路，则 MP5022A 将完全关闭。过流保护工作时序图如图 8－67 所示。

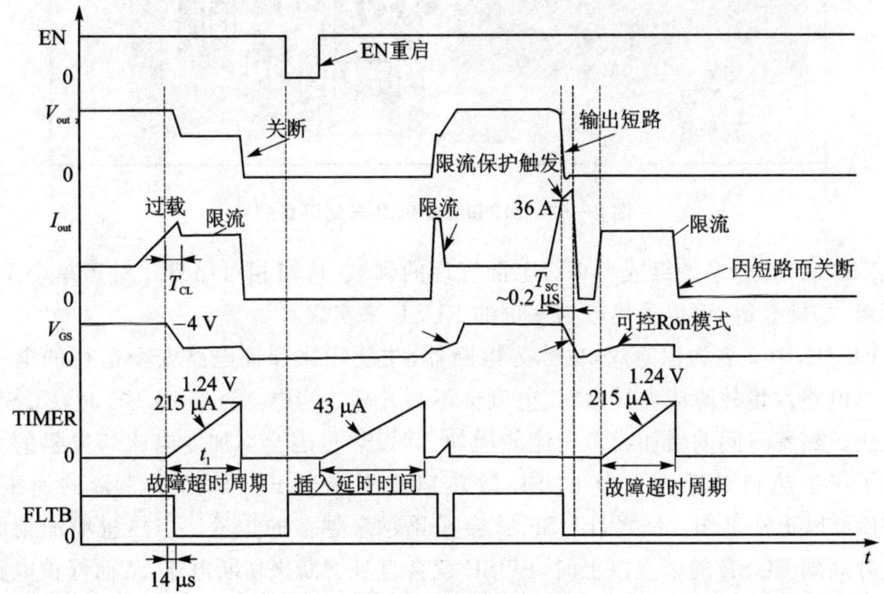

图 8－67　过流保护工作时序图

MP5022A 还有故障保护功能，如过流保护、过压/欠压保护、过热关机以及 MOSFET 受损保护等，另外它还可以用于快速放电等功能。

MP5022A 的 PCB 布局示意图如图 8-68 所示，在图中，确保大电流路径和返回路径平行且尽量相互靠近。先把 GND 引脚和信号 GND 引脚连接在一起，然后再以开尔文连接的方式连接到 PGND 和内部 GND 层。输入去耦电容要尽量靠近 VIN 引脚，同时把 TVS 二极管靠近 VIN 引脚，以便吸收输入浪涌电压。输出去耦电容尽量靠近元件，以便尽量减小 PCB 的寄生电感效应。VIN 引脚和 GND 焊盘需要与大铜箔相连，并在散热焊盘上打散热孔，从而获得更好的散热效能。所有 VIN 和 VOUT 引脚都要分别连接在一起。

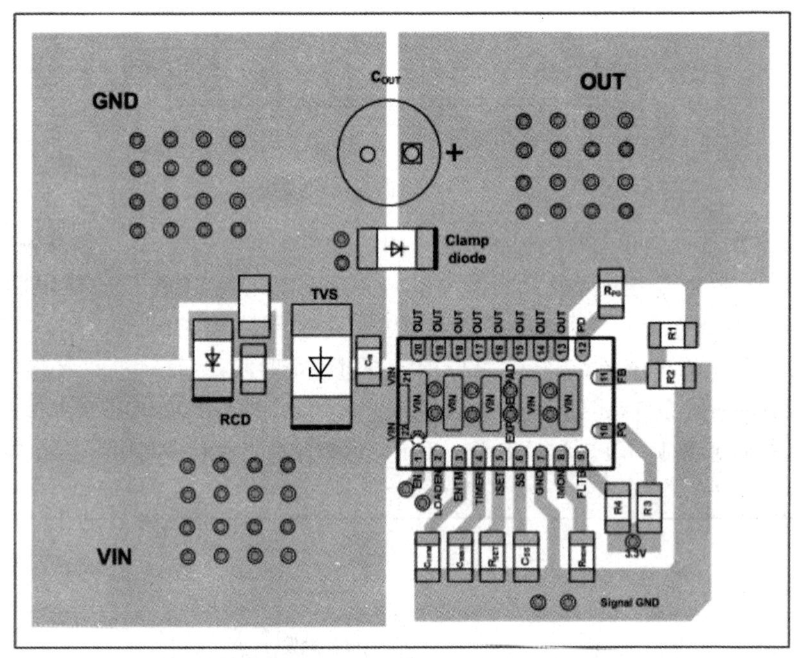

图 8-68　MP5022A PCB 布局示意图

EFUSE 适合系统级或者板级电源管理的领域，价格相对昂贵。对于单个 IC 或者模组，如硬盘等，可以采用较为廉价的 FUSE 来实现。

FUSE，中文名为保险丝，也称为熔断器，主要用来保证电路安全运行的电子器件。当电路发生故障或者异常时，电流会不断升高。当电流流经 FUSE 时，FUSE 就会发热。随着时间的增加或者电流的增加，其发热量也会增加。电流与电阻的大小决定了产生热量的速度。当 FUSE 散热速度不小于 FUSE 产生热量的速度时，FUSE 可以正常工作。反之，FUSE 就会积累越来越多的热量。当热量增加到使得温度升高到 FUSE 的熔点以上时，FUSE 就会自身熔断来切断电流，从而保护电路安全运行。如图 8-69 所示，每一个硬盘电源都采用一个 FUSE 进行电源隔离，这样当有任何一个硬盘出现异常时，对应的 FUSE 可以快速切断其电源，保护源端电源以及其余的硬盘正常工作。

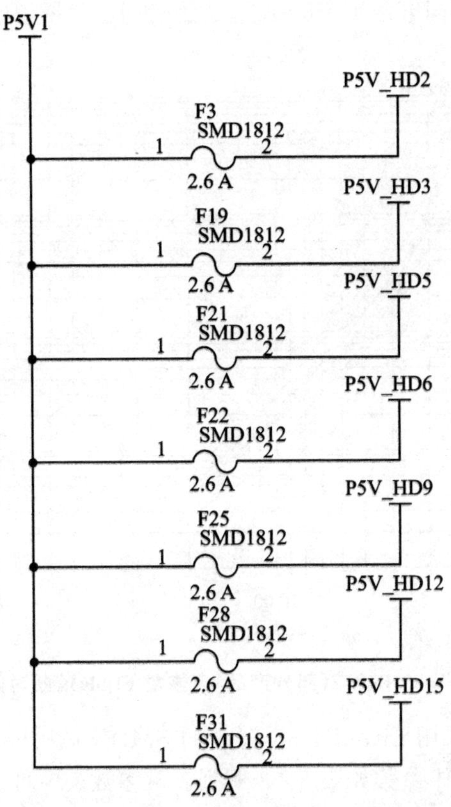

图 8－69　FUSE 在电路中的连接示意图

FUSE 有多种分类，按照工作形式来分，可以分为过流保护和过热保护；按照额定电压来分，可以分为高压 FUSE、低压 FUSE 以及安全电压 FUSE；按照熔断速度来分，可以有特慢速、慢速、中速、快速以及特快速之分；按照是否可以恢复，可以分为不可恢复熔断 FUSE 以及可恢复 FUSE。不可恢复熔断 FUSE 对电路的保护只能一次，一旦烧断了就需要更换，而可恢复 FUSE 由采用特殊处理的聚合树脂材料以及内嵌的导电粒子组成，不仅具有过流过热保护，而且故障排除后可以自动恢复此功能。在高速复杂数字系统中，通常会采用可恢复 FUSE 来提高系统的运维能力。

采用 FUSE 进行电路设计时，需要从电路的角度来挑选正确参数的 FUSE。参数选得不准确，要么就会导致系统经常会被误触发出现熔断而导致系统不能正常工作，增加运维成本，要么系统真正出现异常时 FUSE 不能工作而导致系统被烧毁。FUSE 的额定电压是指 FUSE 处于安全工作状态时最高工作电压，一般用 V_{max} 表示。FUSE 的内阻会影响 FUSE 两端的电压降，如果内阻过大，则会导致在 FUSE 上出现较大的电压降，影响系统的正常工作。FUSE 的正常工作电流是指在此值以

下,FUSE 能够正常工作,不会熔断,一般用 I_{Hold} 表示。FUSE 的触发电流是指 FUSE 被触发熔断的最小电流,一般用 I_{Trip} 表示。当电流超过触发电流时,并不会立即就会熔断,因此不同电流下 FUSE 熔断的时间也不同,如图 8-70 所示。

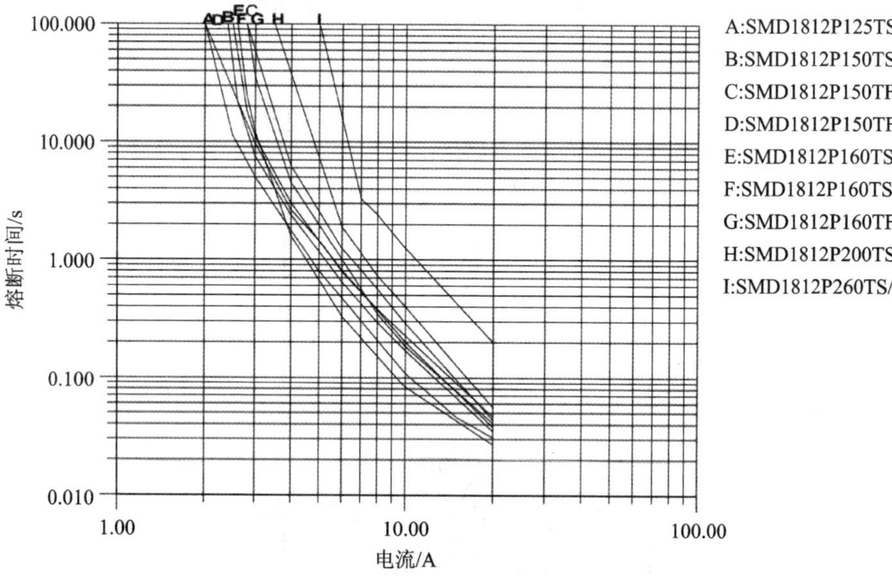

图 8-70 LittelFUSE SMD1812(部分产品)自恢复 FUSE 熔断时间与电流之间的关系

图 8-69 所示为采用 LittelFUSE 公司的 SMD1812P260TS 自恢复 FUSE 实现硬盘的电源保护,其具体参数如表 8-8 所列。从参数表中可以看出,正常情况下电流不超过 2.6 A、电压不超过 6 V,系统可以正常工作,其内阻为 30 mΩ。如果电流超出 5.2 A,就会达到触发电流。如果此情况继续保持并超过最大触发时间,则 FUSE 会熔断,保护后端电路。

表 8-8 LittelFUSE SMD1812P260TS 参数表

I_{Hold}/A	I_{Trip}/A	$V_{\text{max\_dc}}$/V	I_{max}/A	最大触发时间	$P_{\text{d\_max}}$/W	R_{min}/Ω	R_{typ}/Ω	R_{max}/Ω
2.6	5.2	6	40/100	2.50 s,8.00 A	0.8	0.015	0.03	0.047

FUSE 的正常工作电流与环境温度紧密相关。环境温度越高,FUSE 正常工作电流幅值就越低。在电路设计时,需要确认系统工作环境,选择合适的 FUSE,具体参数需要参考相应的数据手册。以 LittelFUSE SMD1812P260TS 为例,其正常工作电流与环境温度对照如表 8-9 所列。

表 8-9　LittelFUSE SMD1812P260TS 温度与正常工作电流对应表

环境工作温度/℃	−40 ℃	−20 ℃	0 ℃	23 ℃	40 ℃	50 ℃	60 ℃	70 ℃	85 ℃
电流/A	4	3.52	3.06	2.60	2.34	2.08	1.95	1.39	1.04

8.4.2　电源监控和管理电路

虽然 VRM 或者 EFUSE 本身具有电流或电压监控管理功能，但是复杂高速数字系统一般会采用一个专用或者集成的电路来监测系统电源的状态，这样的好处在于：

① 系统可以实时监控系统电源和 VRM 的工作状态以及异常，从而可以快速根据电源状态决定是否保持还是切换其当前工作状态。

② 系统可以根据目前电源的状态以及负载状态评估系统整体和局部功耗，从而决定是否保持还是调整散热策略。

③ 通过监控系统电源状态，如果出现异常则可以立即进行反应，并通过远程等方式进行异常报告，从而方便运维人员进行实时处理。

通常来说，Arm/单片机等系统自身会带有 ADC(模/数转换)功能来监控电源，PC、笔记本、Workstation 会采用 EC(Embedded Controller)、SuperIO 等管理芯片来监控，服务器则会采用 BMC＋CPLD 或者组合逻辑来对系统电源进行监控。有些系统还会采用专用的可编程电源监控管理芯片来实现。对于一些复杂的系统，比如高密度服务器系统，电源监控系统会分层管理和监控，采用单片机进行板级管理，采用 BMC 对服务器单节点管理，采用 Arm 或者单片机进行机柜级管理，形成一个复杂的电源监控管理系统。

电源监控和管理主要有三种方式：数字方式、模拟方式以及总线方式。数字方式主要是通过带外信号，如电源状态信号来实现。模拟方式主要是通过芯片本身自带的 ADC 功能模块或者独立的 ADC 芯片来实现。总线方式则是通过专用的总线进行监控和管理。

1. 电源时序和状态管理

在复杂的数字系统中，一般会存在多个电源轨道，有些甚至有十多个电源轨道，数千个主动 IC，需要采用多个 VRM 来产生对应电源轨道的电压和相应的电流。每个 VRM、EFUSE 一般都会有使能信号 EN 和电源输出稳定信号 PG(Power Good)信号，有些复杂的 VRM、EFUSE 还会有故障报警信号 Fault，另外还有一些比较旧的 LDO 器件没有 PG 信号，此时可以采用电压比较电路来生成对应的 PG 信号。系统中并不是所有电源轨道同时导通或关闭，而是要根据系统平台以及芯片上电时序的具体要求，依次对相应电源轨道进行开启或关闭。否则，轻则可能使系统工作异常，重则可能烧毁系统。

传统上的电源时序管理采用分立的组合逻辑和延时逻辑电路进行。如图 8-71 所示，其基本原理就是把上一级 VRM 的 PG 信号按照系统平台以及数字芯片的上电时序要求，经过一定的延时后，作为下一级 VRM 的使能 EN 信号，开启下一级的电源轨道，如此循环，直到系统的最后一级电源轨道全部开启。如果有任何一级的 VRM 失效，则后续的 VRM 将相继关闭。这种做法的优点是价格低；但是缺点也很明显：使用的分立元件多，占用 PCB 的面积大，线路复杂，系统灵活性差，一旦出错，可能会导致系统崩溃，从而不得不重新进行电路设计，增加硬件成本，延迟上市时间。另外，系统掉电顺序一般与上电时序相反，需要增加额外的电路来满足掉电时序的要求。

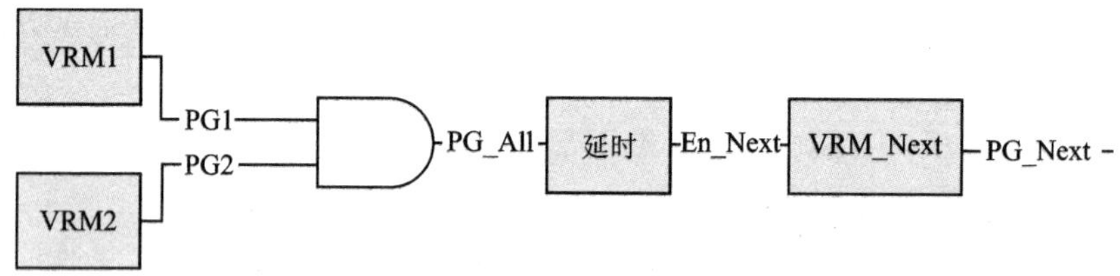

图 8-71　传统电源时序管理原理示意图

现代数字电路通常采用可编程逻辑器件来进行管理，比如 Lattice 公司的 MachXO 系列以及 Intel 公司的 MAX 系列 CPLD。这些现代的 CPLD，不仅具有 FPGA 所采用的查找表架构，消除了传统 CPLD 的速度与容量的问题，同时还具有传统 CPLD 的 Flash 工艺，具备 FPGA 所没有的上电快速配置能力。这些 CPLD 具有 I/O 引脚多、容量大、速度快、可多次编程，并且具有 SPI 等简单的硬 IP，保密程度高，非常适合监控板级和系统级的电源和其他硬件信息。

采用 CPLD 可以实现硬件设计与 CPLD 编程之间的解耦。根据系统规格，硬件工程师在线路设计时可以把重点放在硬件的关键领域，把所需要监控和管理的信号全部连接到 CPLD。CPLD 工程师根据系统的要求，对每一个需要监控和管理的信号进行处理。这样的协同配合，可以加速硬件设计，同时由于 CPLD 的可编程性，可以提高设计的冗余度。

在 CPLD 内部可以采用组合逻辑的方式简单实现原来组合逻辑的功能，但是这样的方式可能会产生许多毛刺以及竞争冒险。因此，一般都会采用有限状态机来实现时序控制。把每一级 VR 的控制作为一种状态，通过状态机的跳转来实现对 VRM 的精确控制，同时也通过状态机的异常处理来实现对各种异常状态的精确判断和处理。

假设系统有 3 个阶段的电源要开启，其时序图如图 8-72 所示。每一级 VRM 被使能后，需要在规定的时间内输出稳定的电压，否则就判断为错误，只有 3 个阶段的电源全部正常开启，系统上电才算正常。在系统中采用 CPLD 进行电源时序控制，其状态跳转图如图 8-73 所示。

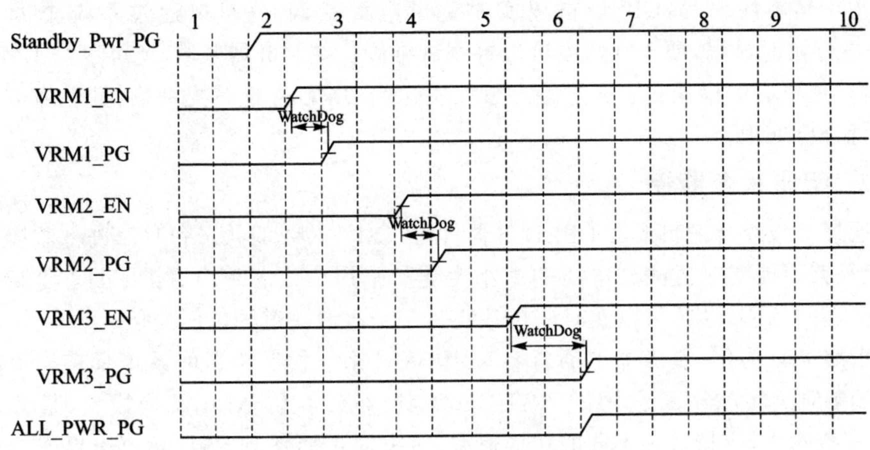

图 8－72　系统上电时序示意图

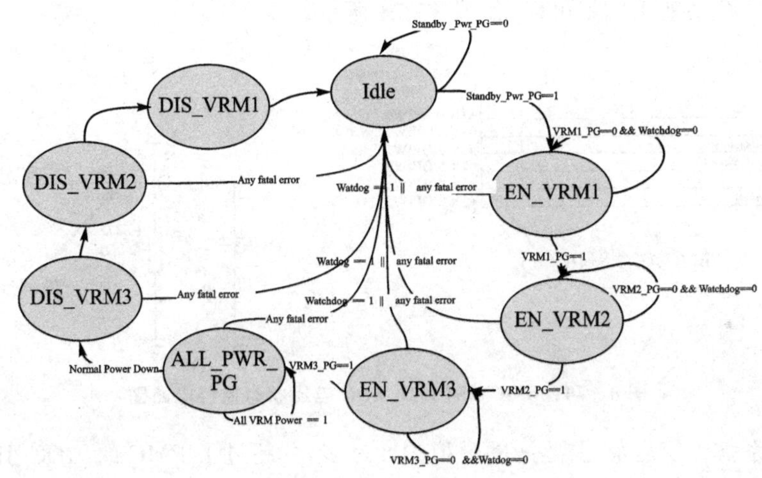

图 8－73　CPLD 内上电时序状态跳转图*

CPLD 需要采用 Standby 电源供电，从而可以准确判断每一级的状态系统。一旦系统 Standby 电源准备好，就会发生状态跳转，输出对应的使能信号，并开启对应的看门狗，等待对应的 VRM 电源 PG 信号。如果在看门狗时间之内获取相应的 PG 信号，则状态机继续往下跳转开启下一级 VRM。如果在看门狗时间之内没有获取相应的 PG 信号，则表示 VRM 线路有问题，状态机迅速关掉使能信号，并跳转至空闲状态。另外，如果在看门狗时间之内出现了致命的错误，CPLD 状态机也会迅速关掉使能，并跳转至空闲状态。这样的动作直到系统所有电源都稳定正常输出。

在系统稳定期间，有任何致命错误，CPLD 的状态也会迅速跳转到空闲状态，并以最快速度关掉所有 VRM，避免器件损坏。如果在系统稳定期间正常关机，则遵循关机时序，一个阶段一个阶段的掉电，直到全部关闭为止。

由于是硬件编程，CPLD 可以实时记录电源错误，并可以通过系统上的调试 LED 进行实时显示，便于维修人员进行调试维修。在服务器领域，还可以与 BMC 协同工作，把所有的错误日志通过特定总线发送给 BMC 进行系统决策，工程师可以远程进行分析处理。

2. 电压状态监控

通过板级组合逻辑或者 CPLD 等器件可以对 VRM 的状态和时序进行监控和管理，但是并不能实时监测到电压的微小变化。采用集成芯片内置的 ADC 功能模块或者分立的 ADC 芯片可以实时监控系统每一个电源轨道的电压变化。

以服务器为例，服务器上通常会采用 BMC 来监控服务器的系统状态。目前最常用的 BMC 为 Aspeed 公司的 AST2520。其内嵌 10 位 ADC 转换模块，最大支持 16 个模拟输入，支持 3 种不同的转换速率，每个输入都有上下限，超出边界就会触发中断。其线路非常简单，只需要把对应的电压轨道直接或者通过分压电压连接到 BMC 的 ADC 功能引脚就可以，如图 8－74 所示。

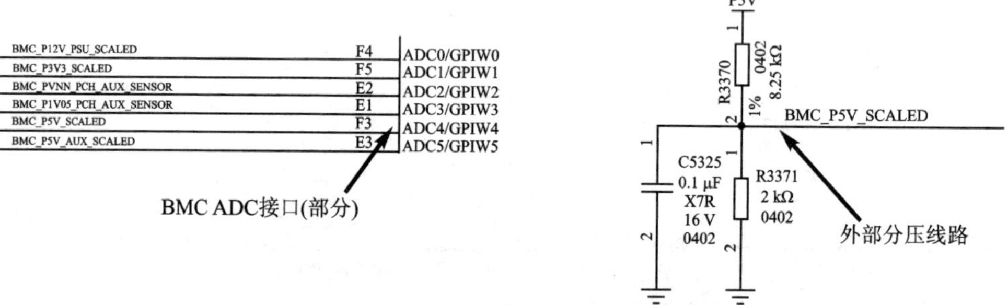

图 8－74　BMC AST2520 ADC 电压状态监控电路图

如果系统比较复杂，要监测的模拟参数过多，并超过了 BMC 的 ADC 引脚数量，或者要求的精确过高，则此时需要额外的独立 ADC 芯片进行监测，如 TI 公司的 AD128D818 ADC 芯片，如图 8－75 所示。

ADC128D818 采用 12 位 Delta－Sigma ADC，并内嵌温度传感器以及 I^2C 接口。ADC 参考电压为 2.56 V，可以采用内部基准电压，也可以采用外部 V_{REF} 选项，其内部加权值为 0.625 mV。外部模拟输入通过单端或者伪差分输入的方式连接系统中存在的多个电源——最多支持 8 个输入通道，也可以配置成为 4 个伪差分信号输入通道。芯片工作时，ADC128D818 依次循环执行每个测量，并根据转换速率寄存器(地址 07h)的设置连续循环执行。将每个测量值与存储在极限寄存器(地址 2Ah～39h)中的值进行比较。当测量值违反编程限制后，中断状态寄存器(地址 01h)中中断位将被使能，输出中断信号。

ADC128D818 支持标准模式(100 kb/s)和快速模式(400 kb/s)的 I^2C 接口操作模式。通过该接口与主控芯片，如 BMC 之间进行通信，并把相应的电压状态信息发

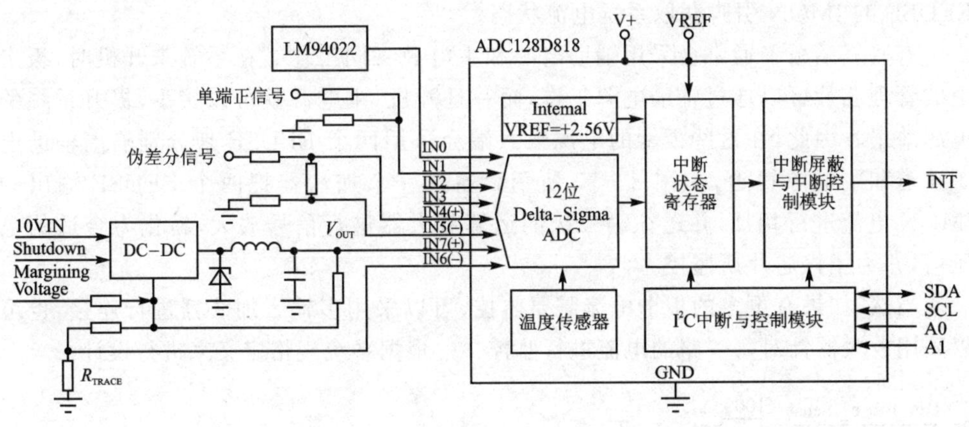

图 8-75　TI ADC128D818 应用示意图

送给主控芯片，如图 8-76 所示。

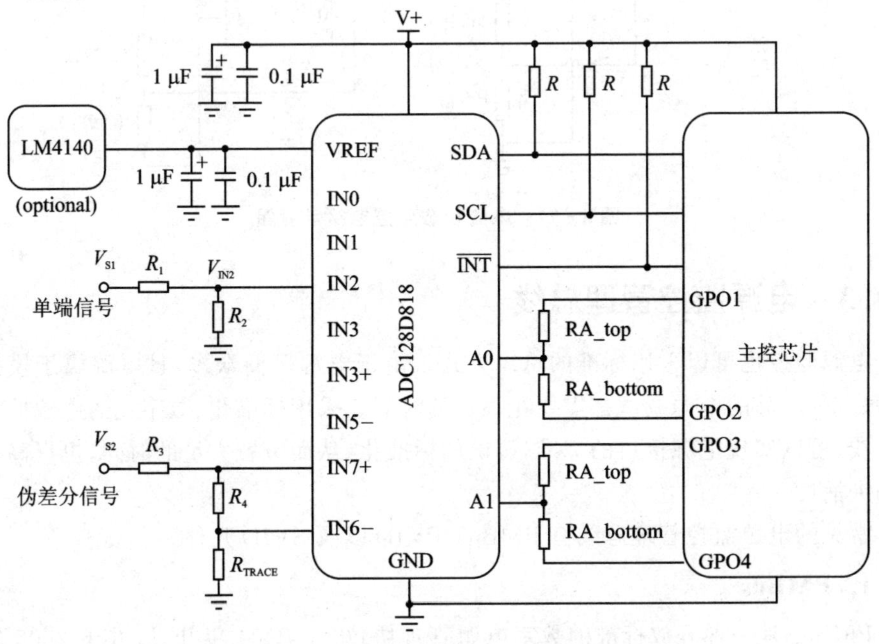

图 8-76　ADC128D818 与主控芯片互连示意图之一

电压状态监控电路有很多种，可以根据实际系统需要选择合适的芯片和电路进行设计。

3. 电流状态监控

对于系统级或者机柜级的复杂系统，系统管理芯片或机柜管理芯片需要对每一块板级电流进行监控，以便调整系统运行状态及工作策略。由于通常在每一块 PCA 的电源输入端都会采用 EFUSE 来实现输入和输出之间的隔离，因此通常通过监控

EFUSE 的 IMON 引脚获取系统电流状态。

有些复杂板卡通常会采用辅助电源和主电源一同工作。在系统未开机时,板卡上的管理芯片可以通过辅助电源工作,而一旦开机,主电源就可以接手,提升系统的电源效率。因此,在这些板卡的电源输入端会采用两个 EFUSE 来分别隔离辅助电源轨道和主电源轨道,如图 8-77 所示。通过一个加法器把两个 EFUSE 输出的 IMON 电流进行相加,并送往第二级的运算放大器进行信号放大,转化为合适的电压值,并为主控芯片所监控。

当然,如果有更多的板卡电流需要监控,可以采用多输入加法器进行连接,也可以采用放大器针对每一路的电流进行监控——根据系统规格定义来进行设计。

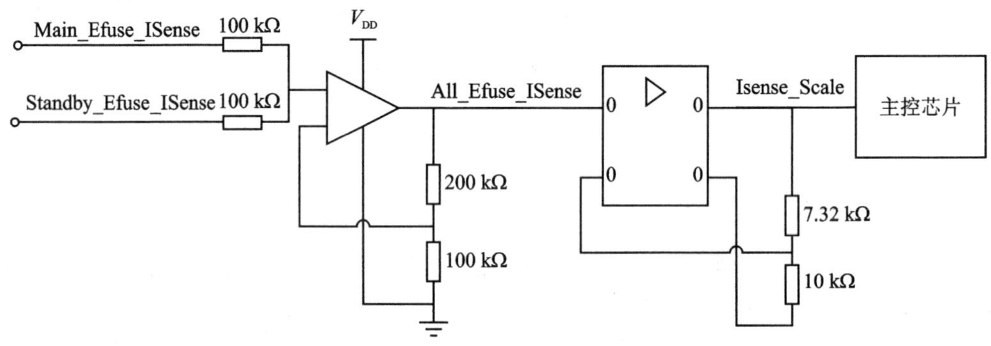

图 8-77　电流状态监控电路示意图

8.4.3　电源监控管理总线

电源监控也可以采用标准的总线方式。由于电源厂商众多,且电源属于模拟器件,每一种产品的电源调试都需要花很长的时间。采用标准化、数字化的电源监控管理总线,可以实现电源接口的标准,调试的标准化,从而节省大量的时间,也提高了产品的灵活性。

常见的电源监控管理总线有 PMBus、PVID 以及 SVID 几种。

1. PMBus

PMBus 是一种开放标准的数字电源管理协议,于 2004 年开发,并于 2005 年推出 1.0 版本,由系统管理接口论坛(System Management Interface Forum,SMI-F)负责该标准的发展和推广。PMBus 的传输层基于低成本 SMBus(System Management Bus,系统管理总线),并定义了基于 SMBus 协议运行的一系列的指令集,用于与电源管理设备进行统一且标准化的通信,同时提供了一种数据包协议——GROUP 指令。该命令允许在单个大数据包中把多个设备的地址、要发送的指令和数据进行串联,并向多个设备发送指令。PMBus 协议的分层结构如图 8-78 所示。

PMBus 具有更强的抗干扰性,可以强制从机进行复位来解决假的总线启动以及

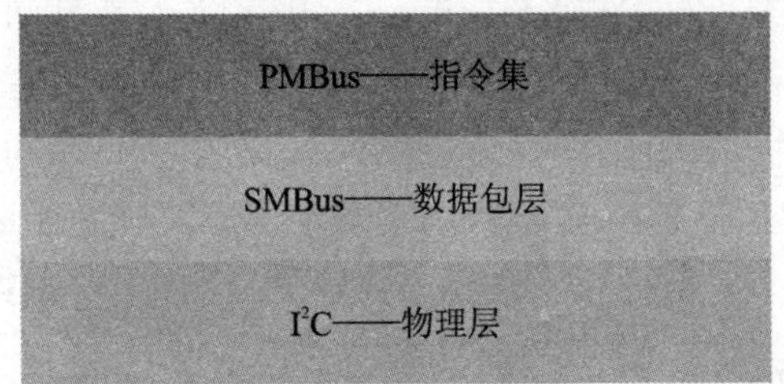

图8-78　PMBus协议分层结构示意图

从机挂总线等问题,可以同时支持超过100个设备。相比于I²C总线,PMBus增加了一个SMBALERT#信号,用于实现中断,快速定位从机的响应需求。PMBus协议规定所有从属设备必须将其默认的配置数据保存在永久性存储器内或使用引脚编程,这样它们在上电时无须再与总线通信,大大加快了系统启动速度。图8-79所示为PMBus的电气连接方式。

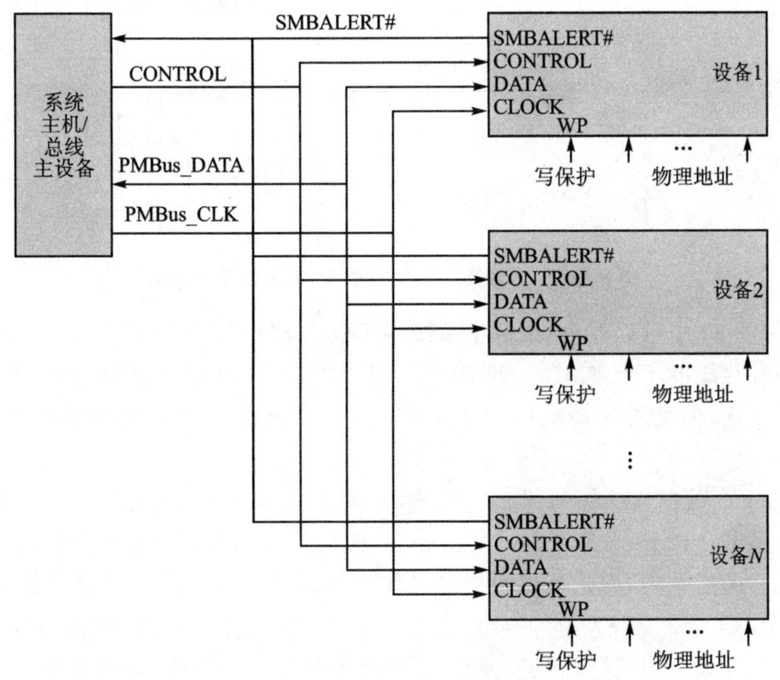

图8-79　PMBus总线连接示意图

从图8-79中可以看出,PMBus主要有4根信号:时钟PMBus_CLK、数据信号PMBus_DATA、中断信号SMBALERT#以及控制信号CONTROL。时钟信号由PMBus的主机发送给所有从机,数据信号为双向总线,这两个信号是PMBus必备的信号。SMBALERT#信号是从机发往主机的中断请求和告警信号,低电平有效,该信号为可选项。当硬件系统不采用此信号来连接时,PMBus将通过带内中断的形式来进行中断请求和告警。CONTROL 信号是从主机发往从机的控制信号，用于导通/关断控制，为可选项。通常 PMBus 会通过带内控制的形式来进行此操作。每个从机都有一个唯一的物理地址，需要通过硬件引脚进行设置，同时支持写保护功能。

PMBus 被广泛应用于各种复杂的高速数字系统中，特别是各种 AC－DC 电源中。图 8－80 所示为一个典型的大型高速数字主板的 PMBus 连接示意图。

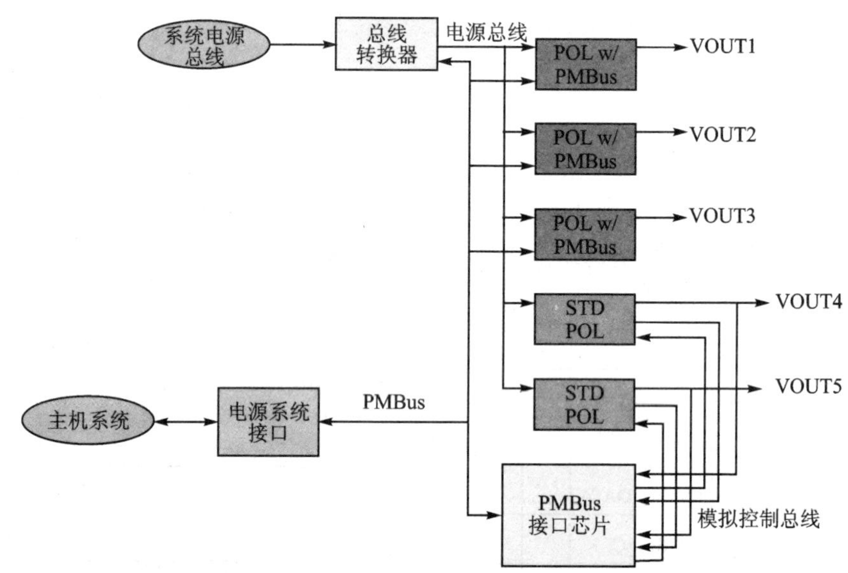

图 8－80　大型高速数字主板 PMBus 连接示意图

从图 8－80 中可以看出，该数字系统中不仅有各种内嵌 PMBus 协议的 POL，也存在着各种传统的不带 PMBus 的 POL。对于支持 PMBus 协议的 POL，PMBus 就可以直接互连，但是对于传统的 POL，就必须采用转换电路来实现对传统 POL 的支持。

PMBus 的数据包结构如图 8－81 所示，采用 7 位地址，并且在第二个字节中定义了指令字节。PMBus 具有丰富的指令集，但是并不是所有的兼容设备都需要完全支持其所有的指令集，而是可以根据其具体应用以及市场定位来选择支持合适的指令集。PMBus 指令集常见的参数信息包括输入电压、输入电流、输出电压、输出电流、温度（最多 3 个传感器）、风扇速度（最多 2 个风扇）、占空比、切换频率以及保持电容电压等。图 8－82 所示为采用 PMBus 协议来设定输出电压的逻辑图，从图中可以看出 PMBus 会设置 3 个参数 VOUT_MARGIN_HIGH、VOUT_COMMAND 以及 VOT_MARGIN_LOW 并连接到一个 3 选 1 选择器的输入端。通过对选择器的选择信号进行指令控制，选择其中的一个参数，并与 VOUT_TRIM 进行比较后通过与 VOUT_CAL 和 VOUT_DROOP 两个参数值进行加减，从而获取输出电压。在输出前与 VOUT_MAX 进行比较，确定其电压最大幅值并输出。

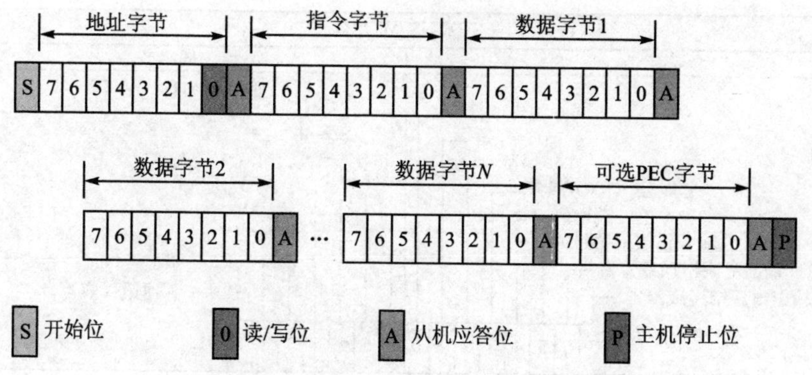

图 8－81　PMBus 典型的数据包结构示意图

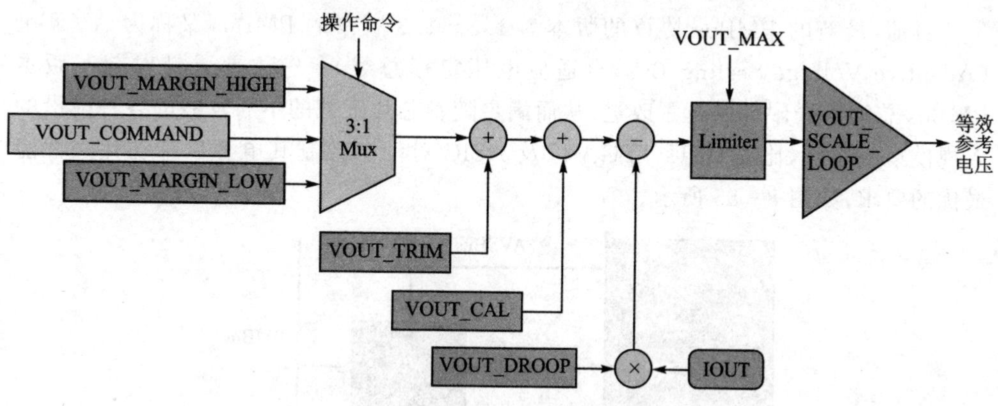

图 8－82　设置输出电压的逻辑示意图

PMBus 还可以针对电源的输入和输出电压、电流、温度、风扇异常等进行监控管理。在协议中，PMBus 主机可以持续地轮询各种 PMBus 设备读取其中的状态信息确认是否有异常，PMBus 设备也可以直接发送中断告警信号给主机来报告状态异常，另外 PMBus 设备还可以编程总线的主机并传送一个通知给系统主机来报告异常。状态报告分为三级管理，如图 8－83 和图 8－84 所示。

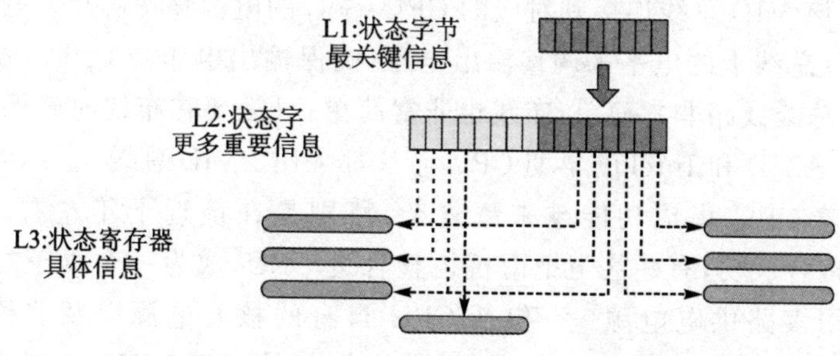

图 8－83　PMBus 状态信息的三级管理示意图

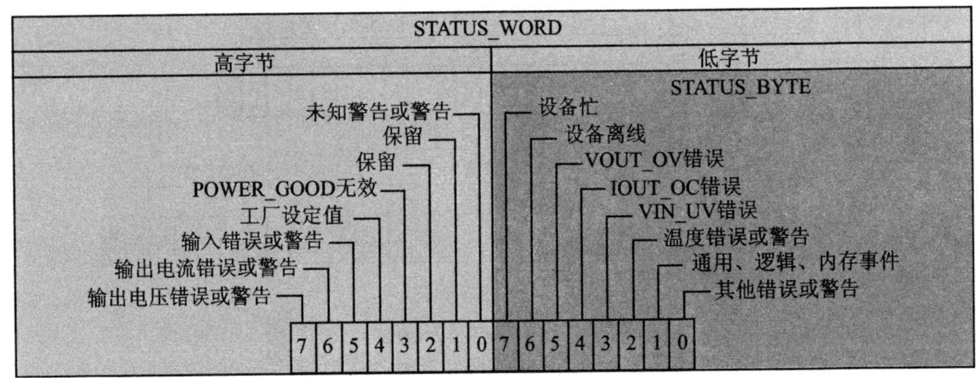

图 8-84　三级状态信息的寄存器的具体描述

目前,最新的 PMBus 协议的版本为 1.3。1.3 版本的 PMBus 又称为 AVSBus (Adaptive Voltage Scaling Bus,自适应电压定标总线)。它主要是针对前一版本 PMBus 总线的局限性进行了改进,从而满足随着芯片工艺的不断发展的各种前沿的大规模集成芯片,比如 CPU、FPGA 以及 ASIC 对动态控制其电源以求功耗和性能最优的要求,如图 8-85 所示。

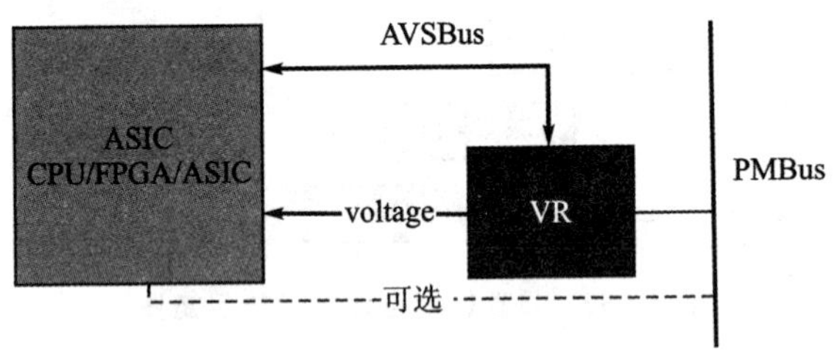

图 8-85　AVSBus 连接示意图

2. SVID

VID(Voltage Identification)是一种电压识别技术。早期的 VID 采用 PVID (Parrellel VID)技术。其基本原理是在 CPU/SoC 上设置 4～8 个 VID 引脚形成一组 VID 总线,该 VID 总线连接到对应的 CPU/SoC 的电源管理芯片。电源管理芯片通过识别 VID 总线上的电平来调整输出电压,确保输出电压与 CPU/SoC 所需电压一致。PVID 总线线路非常简单,布线也非常简单,只需要在布线时确保其不受外部干扰就可以。AMD 和 Intel 的早期 CPU 芯片都采用 PVID 总线。

但是,随着 CPU 集成功能越来越复杂,特别是在最近十年左右,x86 架构的 CPU 把北桥整合成功,有些甚至把南桥也整合进 CPU,成为一个真正的 SoC 芯片,CPU 需要采用多路供电电源——包括 CPU 自身的核心电源以及北桥的电源等。PVID 的点对点控制方式受到挑战——除非增加额外一组 PVID 总线来控制,但是这样会增加芯片复杂度。因此,SVID(Serial VID)应运而生。

SVID是一个三线(时钟Clock、数据Data、告警Alert#)串行源同步接口协议,用来在主控和从设备之间进行电源监控和管理信息传送。具体来说,SVID主要用来动态控制VR、从VR或者专用电源传感器中读取信息、配置VR或专用电源传感器以及与SoC进行中断通信等。它可以采用点对点通信,也可以采用点对多点通信。从设备采用4位地址,因此,最大可支持的14个从设备(0x0～0xD),另外两个地址(0xE和0xF)用于广播通信。

SVID采用分层结构,共分为三层:物理层、数据链路层以及功能层。物理层用于规范每位数据如何通过SVID通路进行通信;数据链路层规范了如何进行数据分组以实现指令和响应数据;功能层规范了SVID的指令集。SVID分层结构示意图如图8-86所示。

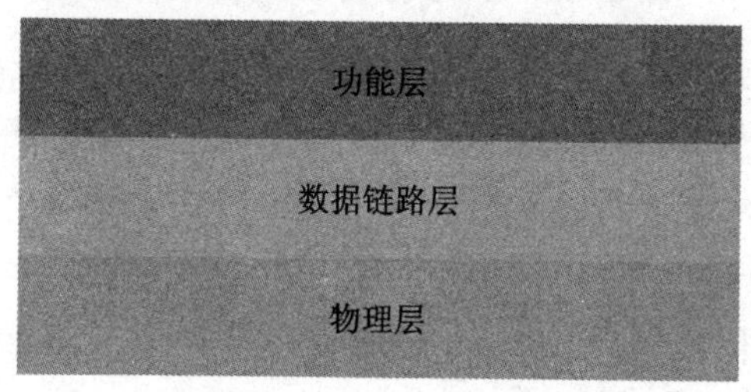

图8-86　SVID分层结构示意图

与PMBus相似,SVID物理层也是采用3个信号,均为低压OD结构。其中时钟信号Clock由主机发送给从设备的单向信号,其速度可达25 MHz。数据信号Data为双向传输信号。告警信号Alert#由从设备异步驱动,低电平有效。一旦有效,就表示从设备的状态寄存器有更新,需要主机来读取。其电气连接方式如图8-87所示。

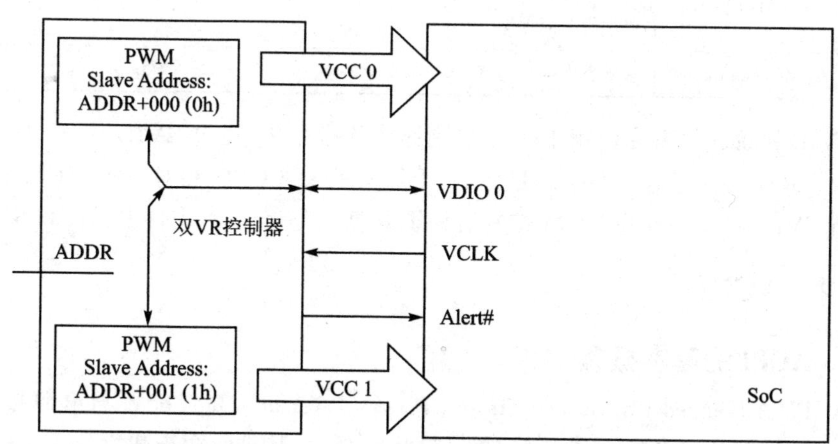

图8-87　SoC与双VR控制器的电气连接示意图

SVID 总线传输机制非常简单。主机通过移位寄存器把指令传送给 SVID 总线，在时钟信号的驱动下，数据通过数据信号传送给从设备并为从设备所接收，从设备解码移位寄存器的数据并把响应数据放进移位寄存器传送给相同的 SVID 总线，如图 8-88 所示。

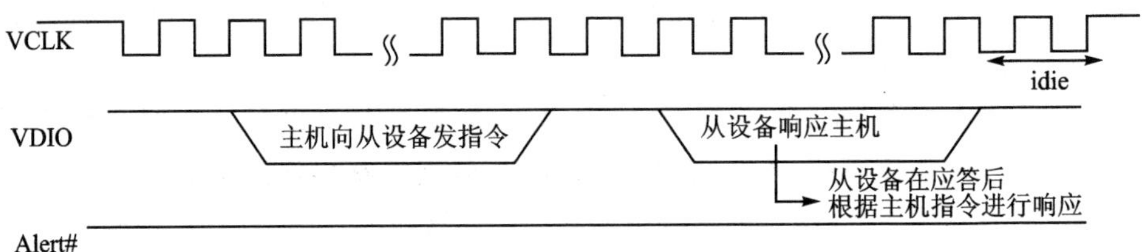

图 8-88　SVID 总线物理传输示意图

SVID 对错误侦测的能力非常有限，只能检测一些单比特错误。一旦侦测到错误，就发重发命令读取。因此，SVID 不同于低速的 PMBus，它只能工作在误码率非常低的场景，在 PCB 布线上有着严格的要求——特别是时钟信号和数据信号之间需要进行严格的等长。

从设备采用告警信号 Alert＃用于通知主机其内部的关键 VR 状态发生改变。从设备会在表 8-10 所列的 4 种情况下发告警中断。

表 8-10　SVID Alert＃信号有效条件

位	条　件	描　述
0	VR_Settled	当 VR_Settled 警报且 VID>00 时，该位从 0 变为 1
1	ThermAlert	过热报警时，该位从 0 变为 1 或者从 1 变为 0。注意可能会发生滞后现象
2	IccMaxAlert	IccMaxAlert 条件满足或者释放时，该位从 0 变为 1 或者从 1 变为 0。注意可能会发生滞后现象
4	CalOpComplete	请求校准操作完成，该位从 0 变为 1

SVID 协议包含有专门用于 VR 监控管理的指令集，通过 SVID 传送 VID 编号来实现 VRM 的动态电压调整。目前，几乎所有的 x86 CPU 和对应的 VRM 控制器均支持 SVID 协议。有些 VRM 控制器为了兼容，甚至会同时支持 PVID 和 SVID。

8.4.4　ACPI

1. ACPI 的基本概念

ACPI(Advanced Configuration and Power Interface，高级配置与电源接口)技术由英特尔、微软以及东芝公司于 1997 年共同制定，其目的在于建立一个工业界共同的接口标准，使得 OS 能够替代 BIOS 来对主板设备和整个系统进行设备配置以及电源管理。ACPI 就是定向配置的操作系统和电源管理(Operating System-directed congiuration and Power Management，OSPM）中的一个关键因素。自推出以来，ACPI技术被多个操作系统和处理器架构采用，目前已经发展到ACPI 6.3版本。2013年10月，ACPI的所有权归于UEFI论坛，从此以后新的ACPI规格将由UEFI论坛制定。

在ACPI出现之前，系统主要采用APM技术，该技术将电源管理归于BIOS。由于BIOS可用信息的限制，传统的电源管理算法会受到限制——APM技术只能实现电源管理功能，而不能实现配置功能。同时，BIOS代码在处理电源管理时会变得非常复杂，能保留和管理的状态信息要少很多，并且在和OS进行配合工作时，仅限于对硬件进行静态配置。因此，在OS和硬件之间使用抽象接口ACPI来实现电源管理功能，把电源管理移入OS是非常必要的。这样最大化解耦了OS和硬件之间的关系，OS和硬件可以并行发展，互相支持。由于在所有OSPM计算机上可以看到相同的电源和语义，因此结合了ACPI功能的OS可以在每台计算机上使用，并且可以最大化阻止供应商利用电源管理进行额外的捆绑设计，转而投资于为其产品增加电源管理功能。基于此优势，尽管APM技术是微软和Intel发明的，但是为了支持全面的电源管理和配置，没过多久就提出了ACPI技术，实现OS全面掌控电源各种模式的转化，并提供了配置功能。

ACPI在全局系统中的示意图如图8-89所示，从图中可以看出，ACPI不是一个软件规格，也不是一个硬件规格，而是一个由硬件和软件元素组成的接口规范。具体来说，ACPI由3个具体的组件组成：ACPI系统描述表（ACPI System Description Tables）、

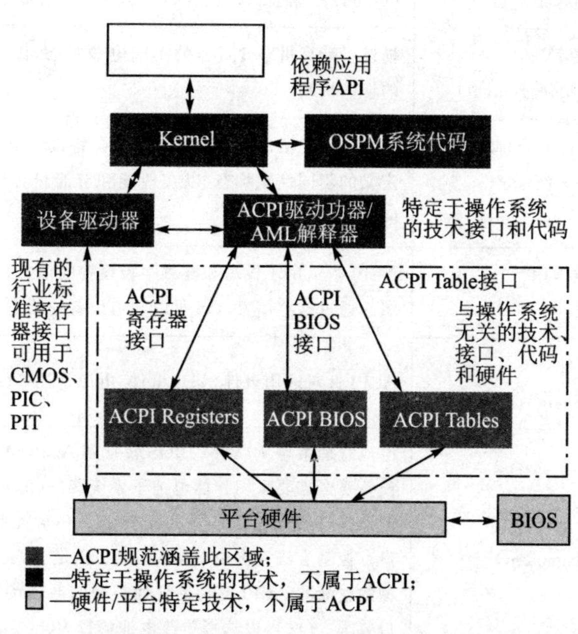

图8-89　OSPM/ACPI全局结构示意图

ACPI 寄存器(ACPI Registers)和 ACPI 系统固件(ACPI System Firmware)组成。

ACPI 系统描述表描述硬件接口。大多数描述允许以任意方式构建硬件,并可以描述使硬件起作用所需的任意操作序列,但是有些描述会限制可以构建的内容。OSPM 包含并使用一个解释器,该解释器执行 AML(ACPI Machine Language,ACPI 机器语言)的伪代码语言编码并存储在包含"定义块(Definition Block)"的 ACPI 表中的过程。AML 是一种紧凑的,标记化的抽象机器语言。ACPI 寄存器主要是用来说明 ACPI 系统描述表描述的硬件接口的受限部分。ACPI 系统固件是指固件中与 ACPI 规范兼容的部分。通常,这是引导计算机并完成休眠/唤醒和某些重启操作的接口的代码。ACPI 描述表也由 ACPI 系统固件提供。

ACPI 不仅从芯片到系统各个层次都定义了电源管理,而且还涵盖了温度监控、配置管理、系统事件管理、电池管理等各个方面,如表 8-11 所列。本小节主要讲述电源管理方面的知识,因此会着重讲述系统电源管理、设备电源管理、处理器电源管理、设备与处理器性能管理以及电池管理等。

表 8-11　ACPI 的具体功能作用表

功　能	功能描述
系统电源管理 (System Power Management)	针对计算机系统如何进行睡眠状态转化和唤醒的机制
设备电源管理 (Device Power Management)	ACPI 表描述了计算机内的设备及其组件的各种不同电源状态,OS 可以根据应用将相应的设备和阻抗设置为低功耗状态
处理器电源管理 (Processor Power Management)	描述了计算机中处理器的不同电源状态,以及如何实现状态之间的切换机制
设备与处理器性能管理 (Device and Processor Performance Management)	当系统处于活动状态时,OSPM 会将设备和处理器转换为 ACPI 定义的不同性能状态,以在性能和节能目标以及其他环境要求之间实现理想的平衡
配置/即插即用 (Configuration/Plug and Play)	ACPI 指定用于枚举和配置主板设备的信息,它们按照层级结构组织。通过这些信息,OS 可以知道设备的状态以及插拔情况
系统事件 (System Event)	ACPI 针对通用事件,如热事件、电源管理事件等设置的机制
电池管理 (Battery Management)	电池管理策略从 APM BIOS 转移到 ACPI OS。兼容 ACPI 的电池设备要么需要采用智能电池子系统接口(由 OS 直接通过嵌入式控制器接口进行控制),要么需要定义一个控制方法来控制电池接口。控制方法完全由 AML 控制方法定义,允许 OEM 选择任何类型的电池和 ACPI 支持的任何类型的通信接口。电池必须符合接口要求。OS 可以选择更改电池的行为

续表 8-11

功　能	功能描述
热管理 (Thermal Management)	ACPI 提供了一种简单、可扩展的模型用于 OEM 来定义热区、热指示器和冷却热区的机制
嵌入式控制器管理 (Embedded Controller)	ACPI 定义了一套软硬件接口，可以使 OS 与计算机上的其他嵌入式控制器方便地交流
SMBus 控制器管理 (SMBus Controller)	ACPI 定义了一套软硬件接口，可以使 OS 与计算机上的 SMBus 控制器及其连接的设备方便地交流

2. ACPI 电源管理

系统电源管理、设备电源管理以及处理器电源管理都各自定义不同的电源状态，不同级别的电源状态会相互嵌套，如图 8-90 所示。

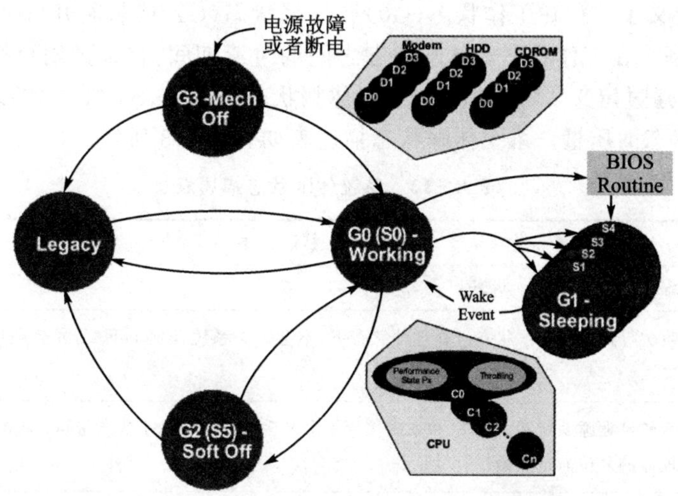

图 8-90　全局系统电源状态及转换示意图

从状态转换图中可以看出，系统电源管理主要有 G0、G1、G2 和 G3 四种不同的电源状态，每种状态的具体定义如表 8-12 所列。

系统还存在另外一种特殊的全局状态——S4 非易失性休眠状态（S4 Non-Voaltile Sleep）。这是一种特殊的全局系统状态——当主板断电时，允许保存和还原系统上下文（相对较慢）。当系统要进入 S4 状态前，OS 会将所有系统上下文写入非易失性存储介质上的文件中，并保留适当的上下文标记，然后再进入 S4 状态。当系统离开“软关闭”或“机械关闭”状态并过渡到 G0 状态时，需要重新启动 OS，此时如果能够找到有效的非易失性睡眠数据集，计算机配置的某些方面未更改且用户未手动中止还原，则会从 NVS 文件进行还原，并作为 OS 重启的一部分，重新加载系统上下文并激活它。

表 8-12 系统电源管理的电源状态描述表

系统状态	状态描述	软件是否运行	功　耗	OS 需要重启	可否安全拆装机器	电子退出状态
G0	系统正常工作状态	是	大	否	否	是
G1	系统休眠状态，此时系统中部分设备还可以工作	否	小	否	否	是
G2	系统软关机状态，只有辅助电源	否	几乎为 0	是	否	是
G3	系统机械关机，处于完全断电状态	否	RTC 电池供电	是	是	否

ACPI 定义了一种在工作状态(G0)和休眠状态(G1)或软断开(G2)状态之间转换系统的机制。在工作状态和休眠状态之间的过渡期间，将维护用户操作环境的上下文。ACPI 通过定义 4 种类型的 ACPI 休眠状态(S1，S2，S3 和 S4)的系统属性来定义 G1 休眠状态的质量。系统休眠状态描述表如表 8-13 所列。

表 8-13 系统休眠状态描述表

休眠状态	状态描述
S0	系统工作状态，即 G0 状态
S1	低唤醒等待时间休眠状态。在这种状态下，不会丢失系统任何上下文，并且硬件会维护系统上下文
S2	低唤醒延迟睡眠状态。CPU 和系统缓存上下文丢失，其余与 S1 状态相同。唤醒事件后，控制从处理器的复位向量开始
S3	低唤醒延迟睡眠状态，除系统内存外，CPU、高速缓存和芯片组上下文以及所有系统上下文在此状态下丢失。硬件维护内存上下文并恢复一些 CPU 和 L2 配置上下文。唤醒事件后，控制从处理器的复位向量开始
S4	ACPI 支持的最低功耗，最长唤醒延迟睡眠状态。为了将功耗降至最低，假定硬件平台已关闭所有设备的电源。平台上下文得到维护
S5	除了操作系统不保存任何上下文外，S5 与 S4 相似。系统处于"软关闭"状态，唤醒后需要完全引导。软件使用不同的状态值来区分 S5 状态和 S4 状态，以允许 BIOS 内的初始引导操作来区分是否引导将从保存的内存映像中唤醒

ACPI 定义了一个编程模型。该模型为 OSPM 提供了一种机制来启动进入休眠或软断开状态的过程(S1～S5)，如图 8-91 所示。它由一个 3 位字段 SLP_TYPx 和一个控制位 SLP_EN 组成，SLP_TYPx 指示要进入的休眠状态的类型。精简硬件系

统采用 FADT 中 SLEEP_CONTROL_REG 字段描述的寄存器代替固定的 SLP_TYPx 和 SLP_EN 寄存器位字段。

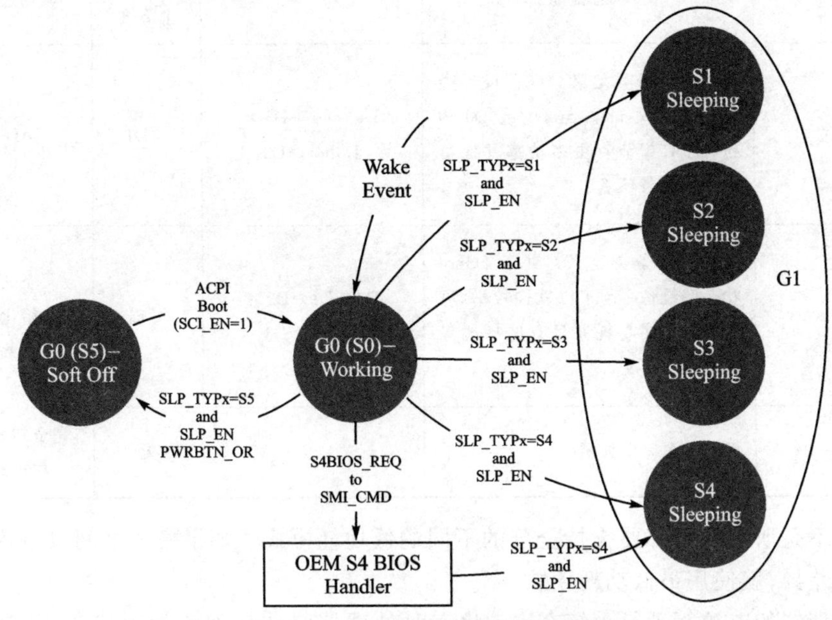

图 8-91　系统休眠状态转换示意图

设备电源状态是系统中的特定设备的状态。这些设备可能是组件如硬盘、网卡，也可能是芯片，它也可以是任何总线上的任何设备。从用户的角度看上去，设备电源状态是看不到的。也就是说，即使系统在工作状态，但是某些设备可能处于休眠状态。

设备状态一般根据 4 个标准来定义，如表 8-14 所列。功耗就是指设备的耗电量；设备上下文是指硬件需要保留多少设备上下文；设备驱动程序是指设备必须执行哪些操作才能将设备还原到完全使用状态；还原时间是指将设备还原到完全使用状态需要多长时间。

表 8-14　设备电源管理状态描述表

设备状态	状态描述	功　耗	保留设备上下文	驱动还原
D0-Fully-on	最高功耗级别。设备处于完全活动状态，并且有望连续记住所有相关上下文	根据运行需要	所有	无
D1	由每个设备类定义。许多设备类可能未定义 D1。与 D2 相比，D1 有望节省的功率较少，但可以并保留更多的设备上下文	D0＞D1＞D2＞D3hot＞D3	＞D2	＜D2

续表 8-14

设备状态	状态描述	功耗	保留设备上下文	驱动还原
D2	由每个设备类定义。许多设备类可能未定义 D2。与 D1 或 D0 相比,D2 有望节省更多功率并保留更少的设备环境	D0>D1>D2>D3hot>D3	<D1	>D1
D3hot	由每个设备类定义。处于 D3hot 状态的设备必须可以软件枚举,可以节省更多功耗并且有选择地保留设备上下文	D0>D1>D2>D3hot>D3	可选	无↔完全初始化和重载
D3-off	设备电源完全关闭	0	无	完全初始化和重载

并不是所有设备都要支持全部的不同的低功耗模式。如果模式之间没有用户可察觉的差异,就使用最低功耗模式。

处理器的电源管理是系统在 G0 状态时处理器的功耗和热管理状态,其具体的状态定义如表 8-15 所列。

表 8-15 处理器电源管理状态描述表

处理器状态	状态描述
C0	处理器执行指令、正常工作状态
C1	此状态下的硬件延迟必须足够低,从而使软件在决定是否使用该状态时不用考虑该状态的延迟
C2	与 C1 相比,C2 可提供更好的节能效果。通过 ACPI 系统固件提供了针对此状态的最坏情况的硬件延迟,软件可以根据此信息来确定何时应使用 C1 状态而不是 C2 状态
C3	与 C1 和 C2 相比,C3 可提供更好的节能效果。通过 ACPI 系统固件提供了针对该状态的最坏情况的硬件延迟,软件可以根据此信息来确定何时应使用 C2 状态而不是 C3 状态。处于 C3 状态时,处理器的缓存继续保持正常状态,但忽略任何监听。软件负责确保高速缓存保持一致性

ACPI 基于每个 CPU 定义逻辑。OSPM 使用该逻辑在处理器不同电源状态之间进行转换。此逻辑是可选的,并通过 FADT 表和处理器对象(包含在分层名称空间中)进行描述。FADT 表中的字段和标志描述了硬件的对称功能,处理器对象包含特定 CPU 时钟逻辑的位置(由 P_BLK 寄存器块和_CST 对象描述)。

P_LVL2 和 P_LVL3 寄存器分别将选定处理器排序为 C2 状态和 C3 状态。系统软件读取 P_LVL2 或 P_LVL3 寄存器以进入 C2 或 C3 电源状态。硬件必须在对相应的 P_LVLx 寄存器进行读操作时，将处理器准确地置于正确的时钟状态。同时还可以通过总线主机状态和仲裁器禁止位（PM1_STS 寄存器中的 BM_STS 和 PM2_CNT 寄存器中的 ARB_DIS）提供对 C3 状态的其他支持。平台也可以定义接口，以允许 OSPM 使用_CST 对象进入 C 状态。

在多处理器系统中，处理器电源状态支持一般是对称的。如果处理器具有非对称电源状态支持，则 BIOS 将通过 FADT 表来选择并使用系统中所有处理器支持的最低通用电源状态。整个处理器电源状态转换图如图 8－92 所示。

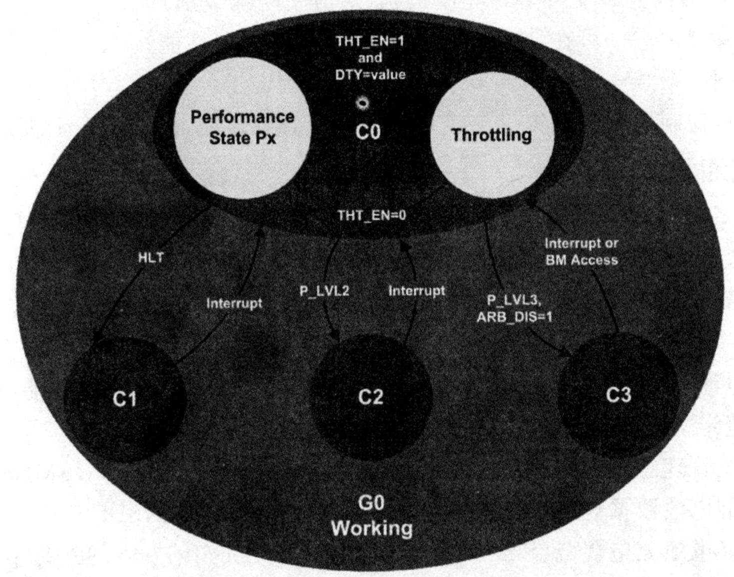

图 8－92　处理器电源状态转换示意图

3. 设备与处理器性能管理

设备和处理器性能状态（Px 状态）是指处理器为 C0 状态，设备为 D0 状态时的功耗和性能状态，具体定义如表 8－16 所列。

表 8－16　设备和处理器性能状态描述表

性能状态	状态描述
P0	当设备或处理器处于此状态时，它将使用最大性能，并且可能会消耗最大功率
P1	在此性能功率状态下，设备或处理器的性能将被限制在最大性能以下，并且消耗的功率小于最大功率
P*n*	在此性能状态下，设备或处理器的性能处于其最低水平，并且在保持活动状态的同时消耗了最小的功率。状态 n ($n \leqslant 16$)的数量取决于处理器或设备

处理器性能控制是通过 3 个可选对象实现的。处理器性能控制对象定义了受支持的处理器性能状态,允许将处理器置于特定的性能状态,并报告系统当前可用的性能状态数。如果实施了处理器性能控制,则平台必须提供所有 3 个对象。

在多处理环境中,所有 CPU 必须支持相同数量的性能状态,并且每个处理器性能状态必须具有相同的性能和功耗参数。性能对象必须存在于系统中的每个处理器对象下,OSPM 才能利用此功能。

设备性能状态包括但不限于:

- 硬盘驱动器——最大吞吐量级别对应于功耗级别;
- LCD 面板——支持多种亮度级别(对应于功耗级别);
- 图形组件——可在 2D 和 3D 绘图模式之间扩展性能;
- 音频子系统——可提供多个最大音量级别;
- 内存控制器——可提供多个级别的内存吞吐性能,对应于多个级别的功耗。

4. 电池管理

ACPI 管理下的电池管理策略要求电池必须符合其关联接口的要求。OS 可以选择更改电池的行为,如调整电池电量不足或电池警告跳闸点。兼容 ACPI 的电池设备需要智能电池子系统(Smart Battery Subsystem,SBS)接口或控制方法电池接口。

智能电池由 OS 直接通过嵌入式控制器(EC)控制。通常来说,智能电池子系统由如下规范定义:

- 系统管理总线规范(System Management Bus Specification,SMBS);
- 智能电池数据规范(Smart Battery Data Specification,SBDS);
- 智能电池充电规范(Smart Battery Charger Specification,SBCS);
- 智能电池系统管理规范(Smart Battery System Management Specification,SBSM);
- 智能电池选择器规范(Smart Battery Selector Specification, SBSS)。

兼容 ACPI 的智能电池子系统由如下部分组成:

- SMB-HC(CPU 到 SMB-HC)接口;
- 智能电池充电器;
- 如果支持多个智能电池,则可以选择智能电池管理器或智能电池选择器。

在这样的子系统中,智能电池和智能电池充电器通过 SMBus 进行沟通。SMBus 具有固定的 7 位从设备地址,每个 SMBus 设备最多支持 256 个寄存器。智能电池系统管理器或智能电池选择器为任何智能电池子系统提供事件通知(电池装载等)和充电器 SMBus 路由功能。典型的智能电池子系统方块图如图 8-93 所示。

SMBus 主从接口为主机 CPU 提供了一种标准机制,以生成与智能电池组件进行通信所需的 SMBus 协议命令。ACPI 定义了驻留在嵌入式控制器地址空间中的 SMB-HC。智能电池系统管理器可以采用独立的 SMBus 从设备或者与智能充电

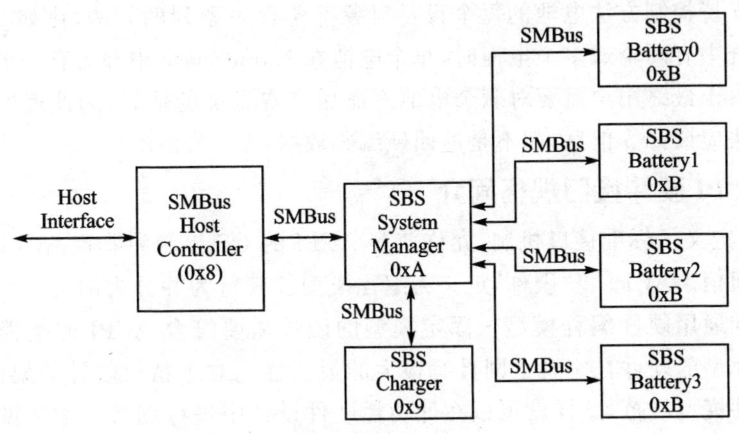

图 8-93　典型的智能电池子系统方块图

器设备进行集成，也可以与嵌入式控制器进行集成。如果同一智能电池子系统中同时存在智能电池充电器和独立的智能电池系统管理器，则驱动程序将假定独立的智能电池系统管理器已连接至电池。智能电池充电器可提供标准的编程模型来控制智能电池的充电，同时负责将电池和交流电状态通知系统。智能电池为系统提供与化学反应无关的智能电源。智能电池能够将其充电要求告知智能电池充电器，并提供电池状态和平台电池管理所需的警报功能，如图 8-94 所示。

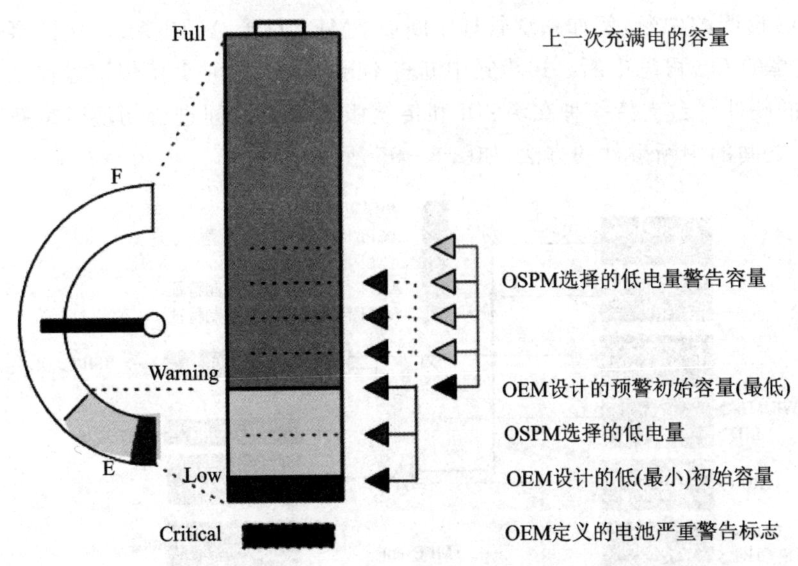

图 8-94　电池电量低及报警机制

控制方法电池通过 AML 代码控制方法完全访问，从而使 OEM 可以选择任何类型的电池以及由其支持的任何类型的通信接口 ACPI。控制方法电池被描述成设

备对象。支持控制方法电池的每个设备对象都包含一系列的方法，比如_BIF、_BIX等。当系统中有两个或多个电池时，每个电池在 NameSpace 中都会有一个独立的设备对象。由于最终用户需要对剩余电池寿命做出有意义的估算，因此返回电池信息的控制方法应该计算信息，而不是返回硬编码数据。

5. ACPI 硬件接口规格简介

ACPI 定义了标准接口机制，允许兼容 ACPI 的 OS 控制和兼容 ACPI 的硬件平台并进行通信。ACPI 将“硬件”定义为编程模型及其行为并分为两类——固定硬件编程模型和通用硬件编程模型。固定模型的硬件需要符合 ACPI 的编程和行为规范。通用模型的硬件在实现上则具有很大的灵活性。对于精简硬件的架构，只能采用通用硬件模型规范，这样就可以在低功耗硬件设计中进行创新和增强设计的灵活度，同时支持多个 OS。

如本小节中“2. ACPI 电源管理”所说，ACPI 系统电源状态及转换将会如图 8－94 所示进行。ACPI 体系结构定义了用于硬件事件处理的机制和控制逻辑。事件通知 OSPM 需要采取某些措施，OSPM 根据事件采用控制逻辑来进行状态转换。ACPI 定义的事件是“硬件”或“中断”事件。硬件事件会导致硬件无条件执行某些操作。中断事件会引起事件处理程序根据该事件做出策略决策。对于 ACPI 固定属性事件，OSPM 或兼容 ACPI 的驱动程序充当事件处理程序。对于通用逻辑事件，OSPM 将安排与事件关联的 OEM 提供的 AML 控制方法的执行。对于传统系统，事件通常会生成与 OS 透明的中断，例如系统管理中断或 SMI。对于 ACPI 系统，中断事件需要生成可共享的 OS 可见中断。边缘式中断将不起作用。同时支持传统操作系统和 ACPI 系统的硬件平台支持一种在 ACPI 和传统版本模型之间进行切换时重新映射 SMI 和 SCI 之间的中断事件的方法，如图 8－95 所示。

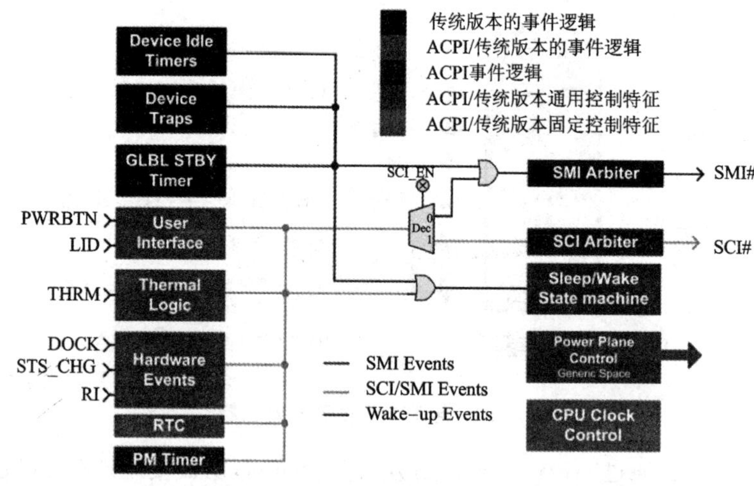

图 8－95　ACPI/传统版本兼容事件模型架构示意图

从图 8-95 中可以看出，平台会支持多个与电源或热插拔相关的外部事件，如 power button，LID，dock 等。这些事件又分为三个不同的类型：

- 操作系统透明事件：不需要 OS 支持的 OEM 特定功能，并且使用以 OS 透明的方式运行的软件（即 SMI）。
- 中断事件：兼容 ACPI 的 OS 支持的功能，但传统 OS 不支持。加载传统 OS 时，这些事件将映射到透明中断（在此示例中为 SMI＃），而在 ACPI 模式下，它们将被映射到 OS 可见的可共享中断（SCI＃）。
- 硬件事件：触发硬件以启动一些硬件序列，例如唤醒、重置或使计算机无条件进入睡眠状态。

固定硬件的属性存储在 ACPI 所定义的地址空间中。通用硬件的属性则只位于 4 个地址空间之一（系统 I/O、系统内存、PCI 配置、嵌入式控制器或串行设备 I/O 空间）中，并由 ACPI 命名空间通过 AML 控制方法的声明进行描述。固定硬件的属性对其实施具有精确的定义——尽管许多属性是可选的。通用硬件属性的实现很灵活。该逻辑由 OEM 提供的 AML 代码控制，而且 ACPI 提供了专门的控制方法——这些方法为专门的设备提供了功能。表 8-17 所列为 ACPI 硬件属性说明表。需要注意的是，这只是一个说明，ACPI 规范还可以支持未列出的硬件类型。

表 8-17 硬件属性/编程模型总结

属性名称	描 述	编程模型
Power Button Override	用户持续按 4s 电源开关关机	
Real Time Clock Alarm	使用编程时间来唤醒系统	可选的固定硬件事件（需要 RTC 唤醒警报）
Sleep/Wake Control Logic	用于在休眠状态和工作状态之间转换系统的逻辑	固定硬件控制和事件逻辑
Embedded Controller Interface	ACPI 嵌入式控制器协议和接口	通用硬件事件逻辑，必须驻留在通用寄存器块中
Legacy/ACPI Select	指示系统正在使用旧版或 ACPI 电源管理模型（SCI_EN）的状态位	固定硬件控制逻辑
Lid switch	用于指示系统机盖是打开还是关闭的按钮（仅适用于移动系统）	通用硬件事件属性
C1 Power State	将处理器置于低功耗的处理器指令	处理器 ISA
C2 Power Control	将处理器置于 C2 电源状态的逻辑	固定硬件控制逻辑
C3 Power Control	将处理器置于 C3 电源状态的逻辑	固定硬件控制逻辑
Thermal Control	在指定的触发点产生热事件的逻辑	通用硬件事件和控制逻辑

续表 8-17

属性名称	描　述	编程模型
Device Power Management	用于在不同设备电源状态之间切换的控制逻辑	通用硬件控制逻辑
AC Adapter	用于检测交流适配器插入和拔出的逻辑	通用硬件事件逻辑
Docking/device insertion and removal	检测设备插入和移除事件的逻辑	通用硬件事件逻辑

ACPI 要支持的硬件属性有很多，本书以固定硬件编程模型的电源开关功能为例来说明，ACPI 可以采用单开关或者双开关的模式进行。如果是单开关的方式，用户开关需要实现电源开关以及休眠开关两个功能。其中，电源开关用于系统在 G0 和 G2 之间的状态转变，而休眠开关用于在 G0 和 G1 之间的转变。至于什么状态为电源开关，什么状态为休眠开关，则由软件策略或者用户自行设定。双开关模式就是采用两个开关分别用于电源开关和休眠开关。

固定硬件模型的电源开关逻辑如图 8-96 所示。

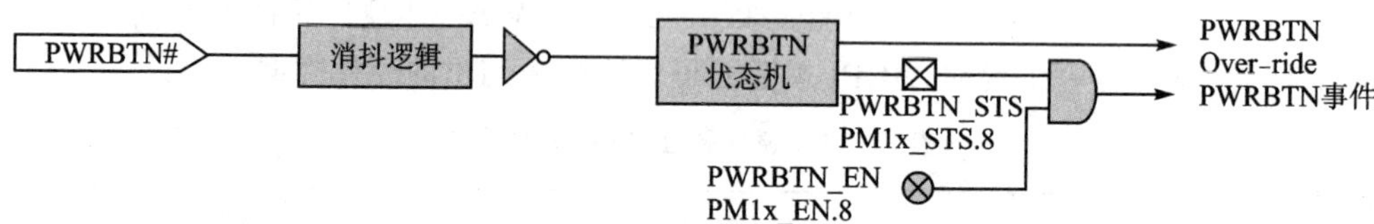

图 8-96　固定硬件模型中的电源开关逻辑示意图

固定硬件电源开关在 PM1x_EVT_BLK 中具有事件编程模型。该逻辑由单个使能位和粘性状态位组成。当用户按下电源开关时，开关信号会经过防抖动逻辑进入 PWRBTN 状态机处理逻辑。电源开关状态位（PWRBTN_STS）被无条件设置。如果此时系统处于 G0 状态，则电源开关使能位（PWRBTN_EN）会被设 1，同时电源开关状态位（PWRBTN_STS）也会被置 1，此时生成 SCI。OSPM 通过将 PWRBTN_STS 位清零来响应事件。当系统处于 G1 或 G2 全局状态（S1，S2，S3，S4 或 S5 状态）时，在按下开关之后，不论电源开关使能位的值如何，电源开关状态位将无条件地被设置并唤醒。OSPM 通过清除电源开关状态位并唤醒系统来做出响应。

当系统 OSPM 事件处理程序不再响应电源开关事件时，长按电源开关 4 s，也就是 Power Button Override 功能将可以把系统无条件地转换到 G2 状态。此时，硬件会对电源开关状态位清零。

和电源开关类似，如果采用双开关结构，则固定硬件休眠开关在 PM1x_EVT_BLK 中也具有事件编程模型。该逻辑由单个使能位和粘性状态位组成。当用户按下休眠开关时，休眠开关状态位（SLPBTN_STS）被无条件设 1。如果系统处于 G0 状态且设置了休眠开关使能位（SLPBTN_EN），并且休眠开关状态位也被设 1，则会生成 SCI。OSPM 通过将 SLPBTN_STS 位清零来响应事件。当系统处于休眠状态时(S0,S1,S2,S3 或 S4 状态),任何进一步的休眠按钮按下都会将休眠开关状态位(SLPBTN_STS)置位。如果 SLP_EN 位置 1,则唤醒系统。OSPM 通过清除休眠开关状态位并唤醒系统来做出响应。固定硬件模型中的休眠开关逻辑示意图如图 8-97 所示。

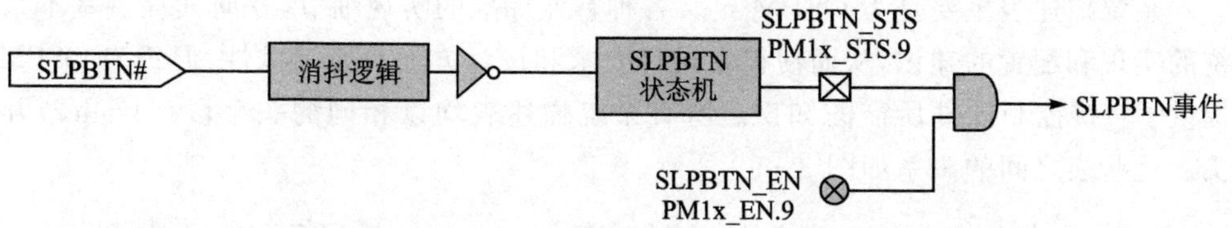

图 8-97　固定硬件模型中的休眠开关逻辑示意图

由于篇幅有限,ACPI 硬件接口规格的具体定义可以参考 ACPI 的具体规范,在此不一一赘述。

6. ACPI 软件接口规格简介

ACPI 提供了一个用于控制 ACPI 系统的电源管理和配置的抽象接口,并定义了兼容 ACPI 的 OS 和系统 BIOS 之间的接口。ACPI 使用表(Table)描述系统信息、功能以及控制这些功能的方法。这些表列出了系统板上的设备或使用某些其他硬件标准无法检测或进行电源管理的设备,以及它们的功能,从而使 OSPM 无须知道如何实现系统控制就可以控制系统设备。

根系统描述指针(Root System Description Pointer,RSDP)结构位于系统内存地址空间并由平台固件建立。它包含了扩展系统描述表(Extended System Description Table,XSDT)的地址。XSDT 表指向内存中的其他描述表,并且始终是第一个表,指向固定 ACPI 描述表(Fixed ACPI Description Table,FADT),如图 8-98 所示。

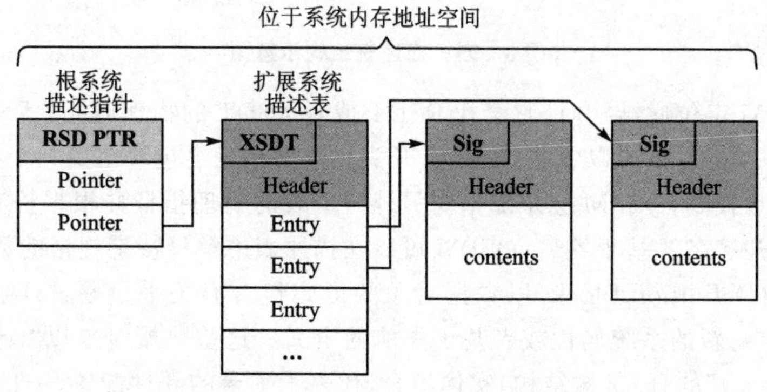

图 8-98　RSDP 及表示意图

FADT 表中的数据包括各种固定长度的用于描述了硬件的固定 ACPI 属性的条

目,其目的是定义与配置和电源管理有关的各种静态系统信息。同时FADT表还包含了指向包含各种系统功能的信息和描述的差异化系统描述表(Differentiated System Description Table,DSDT)的物理指针,因此它始终引用DSDT表。固定的ACPI描述表以“FACP”签名开头。

系统描述表主要是为OSPM定义各种行业标准的实现细节,并向其提供基本系统的实现和配置的知识,从而使得在硬件要求和设计方面具有灵活性,但仍为OSPM提供了直接控制硬件所需的知识。所有系统描述表均以相同的头字段(Header)开头。这些表之间的关系如图8-99所示。

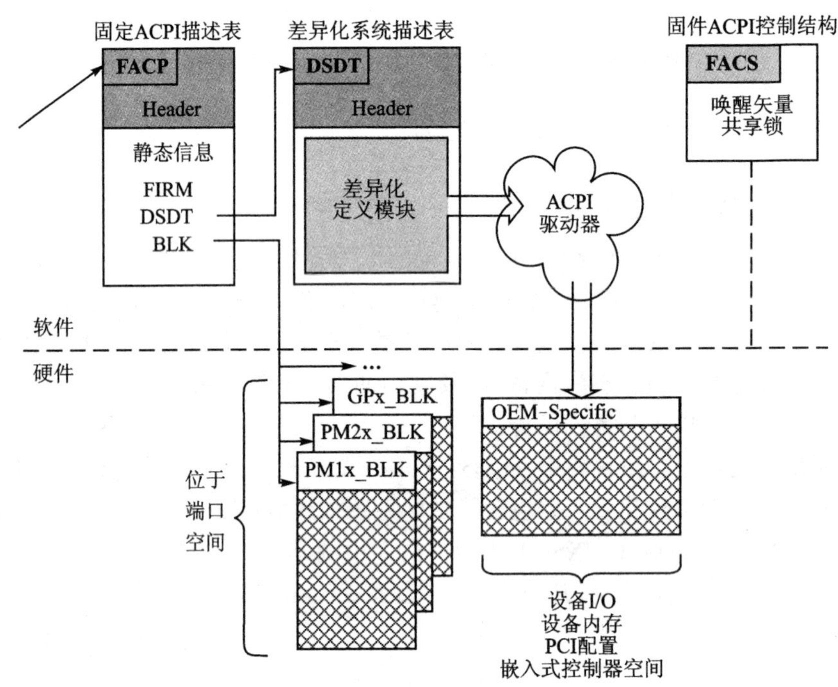

图8-99　描述表结构示意图

当OSPM定位此结构时,它会找RSDT或者XSDT的物理地址。RSDT以签名“RSDT”开头,而XSDT以签名“XSDT”开头。这两个表会包含至少一个其他表的物理指针。一旦找到,OSPM会跟随指向另外一个表的物理指针并根据检查每一个表是否具有已知签名。基于签名,OSPM可以在描述表中解释特定规格的数据。

定义块(Definition Block)以数据对象的形式包含有关平台硬件实施细节的信息,它可以定义新的系统属性或者基于先前的定义。这些数据对象以“ACPI命名空间(Namespace)”的分层(树结构)实体组合,代表了平台的硬件配置。对于所有定义块,系统维护一个用于引用对象的层次结构命名空间。如图8-100所示,所有定义块均加载到同一名称空间中——这就意味着OEM必须注意避免任何命名冲突。只有定义块的卸载操作才能从名称空间中删除名称,因此尝试加载定义块的名称冲突被认为是致命的。名称空间的内容仅在加载或卸载操作时更改。

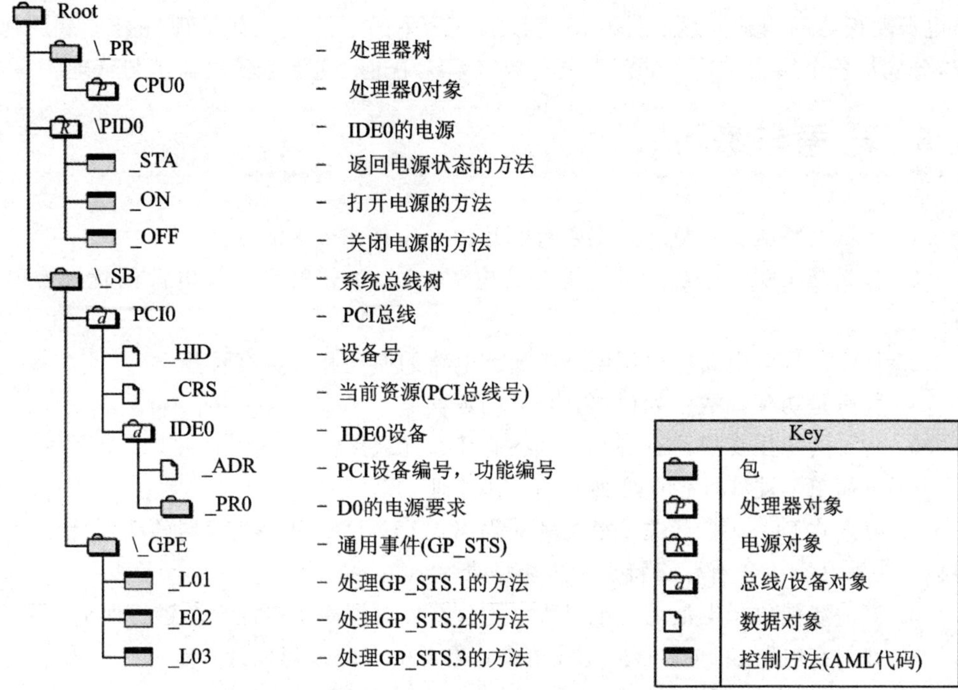

图 8 - 100　ACPI 命名空间示例

数据对象采用 AML 编码并由 AML 解释器进行解释。AML 解释器的动态数据对象评估功能包括对程序评估、访问地址空间以及计算和逻辑评估，从而确定最终结果。动态名称空间对象称为“控制方法”。OSPM 把整个定义块当成一个逻辑单元进行“加载”或“卸载”。

定义块使硬件平台实现的各种变化都可以描述到与 ACPI 兼容的 OS，同时将变化限制在合理范围内。定义块使得可以通过使用一些定义明确的对象名称来表达简单的平台实现。从理论上讲，可以通过在 I / O 空间中进行构建，从而在定义块中定义类似于 PCI 配置空间的访问方法，但这不是定义块规范的目标。定义块的强大之处在于它能够以多种方式将这些操作粘合在一起，从而为 OSPM 提供功能。

由于篇幅有限，ACPI 软件接口规格的具体定义可以参考 ACPI 的具体规范，在此不一一赘述。

8.5　本章小结

本章主要讲述了高速数字系统中的电源基础知识，涵盖了从市电交流输入到板级 VRM 的每个电源设计和验证环节，介绍了各种线性变换器以及开关变换器的工作原理和种类，并介绍了锂离子电池的保护和充电技术。基于电源基础知识，介绍了如何进行电源变换器的设计，特别是 x86 CPU 的电源设计，同时详细介绍了如何进行电源变换器的测试。最后针对高速数字系统中的电源监控和管理进行了重点阐述，分别从各个层次讲述了如何在高速数字系统中进行电源系统的监控与管理。

8.6 思考与练习

1. 什么是整流？整流电路主要有哪几种？各有什么优缺点？

2. 什么是 LDO 电源？什么是开关电源？LDO 电源和开关电源的优缺点有哪些？

3. 什么是滤波电路？电源电路中滤波电路的原理和种类有哪些？

4. 什么是功率因数？如何提升功率因数？

5. 常见的稳压变换器有哪几种？各有什么优缺点？

6. 试简单描述线性稳压变换器的工作原理。

7. 隔离式 DC-DC 开关变换器和非隔离式 DC-DC 开关变换器的区别是什么？可以分为哪几类？各有什么特点和应用场景？

8. 试简述锂离子电池的充电过程。为什么要对锂离子电池充电进行保护？

9. 如何在电路和 PCB 布局布线上进行电源的电磁兼容设计？

10. 试简述电源变换器测试的主要项目以及主要目的。

11. 什么是 EFUSE？EFUSE 的特点有哪些？

12. 什么是 FUSE？FUSE 的特点有哪些？EFUSE 和 FUSE 的区别是什么？

13. 系统如何进行电源监控和管理？电源监控和管理包括哪些方面？如何进行电源时序和状态管理？

14. 试简述 PMBus 总线的特点以及应用场景。如何进行 PMBus 总线设计？

15. 试简述 SVID 总线的特点以及应用场景。如何进行 SVID 总线设计？

16. 什么是 ACPI？ACPI 的主要内容包括哪些方面？

17. ACPI 如何进行电源管理和性能管理？

18. 试描述 ACPI 硬件接口电源开关的作用以及工作原理。

19. ACPI 软件接口的特点有哪些？试讲述 ACPI 软件接口工作原理。

附录 A

Verilog HDL 关键字表

A				
always	and	assign	automatic	
B				
begin	buf	buffif0	bufif1	
C				
case	casex	casez	cell	cmos
config				
D				
deassign disable	default	defparam	design	
E				
edge	else	end	endcase	endconfig
endfunction	endgenerate	endmodule	endprimitive event	endspecify
endtable	endtask			
F				
for	force	forever	fork	function
G				
generate	genvar			
H				
highz0	highz1			
I				
if	ifnone	incdif	include	initial
inout	input	instance	integer	
J				
join				

续表

L				
large	liblist	library	localparam	
M				
macromodule	medium	module		
N				
nand	negedge	nmos	nor	noshowcancelled
not	notif0	notif1		
O				
or	output			
P				
parameter	pmos	posedge	primitive	pull0
pull1	pulldown	pullup	pulsestyle_onevent	pulsestyle_onedetect
R				
rcmos	real	realtime	reg	release
repeat	rnmos	rpmos	rtran	rtranif0
rtranif1				
S				
scalared	sowcancelled	signed	small	specify
specparam	strong0	strong1	supply0	supply1
T				
table	task	time	tran	tranif0
tranif1	tri	tri0	tri1	triand
trior	trireg			
U				
unsigned	use			
V				
vectored				
W				
wait	wand	weak0	weak1	while
wore	wor			
X				
xnor	xor			

附录 B

8b/10b 编码表

<table>
<tr><td colspan="8">5b/6b 编码表</td></tr>
<tr><td colspan="2">输入</td><td>RD=−1</td><td>RD=+1</td><td colspan="2">输入</td><td>RD=−1</td><td>RD=+1</td></tr>
<tr><td>D00</td><td>00000</td><td>100111</td><td>011000</td><td>D16</td><td>10000</td><td>011011</td><td>100100</td></tr>
<tr><td>D01</td><td>00001</td><td>011101</td><td>100010</td><td>D17</td><td>10001</td><td colspan="2">100011</td></tr>
<tr><td>D02</td><td>00010</td><td>101101</td><td>010010</td><td>D18</td><td>10010</td><td colspan="2">010011</td></tr>
<tr><td>D03</td><td>00011</td><td colspan="2">110001</td><td>D19</td><td>10011</td><td colspan="2">110010</td></tr>
<tr><td>D04</td><td>00100</td><td>110101</td><td>001010</td><td>D20</td><td>10100</td><td colspan="2">001011</td></tr>
<tr><td>D05</td><td>00101</td><td colspan="2">101001</td><td>D21</td><td>10101</td><td colspan="2">101010</td></tr>
<tr><td>D06</td><td>00110</td><td colspan="2">011001</td><td>D22</td><td>10110</td><td colspan="2">011010</td></tr>
<tr><td>D07</td><td>00111</td><td>111000</td><td>000111</td><td>D23</td><td>10111</td><td>111010</td><td>000101</td></tr>
<tr><td>D08</td><td>01000</td><td>111001</td><td>000110</td><td>D24</td><td>11000</td><td>111010</td><td>000101</td></tr>
<tr><td>D09</td><td>01001</td><td colspan="2">100101</td><td>D25</td><td>11001</td><td>110011</td><td>001100</td></tr>
<tr><td>D10</td><td>01010</td><td colspan="2">010101</td><td>D26</td><td>11010</td><td colspan="2">100110</td></tr>
<tr><td>D11</td><td>01011</td><td colspan="2">110100</td><td>D27</td><td>11011</td><td colspan="2">010110</td></tr>
<tr><td>D12</td><td>01100</td><td colspan="2">001101</td><td>D28</td><td>11100</td><td colspan="2">001110</td></tr>
<tr><td>D13</td><td>01101</td><td colspan="2">101100</td><td>D29</td><td>11101</td><td>101110</td><td>010001</td></tr>
<tr><td>D14</td><td>01110</td><td colspan="2">011100</td><td>D30</td><td>11110</td><td>011110</td><td>100001</td></tr>
<tr><td>D15</td><td>01111</td><td>010111</td><td>101000</td><td>D31</td><td>11111</td><td>101011</td><td>010100</td></tr>
<tr><td></td><td></td><td></td><td></td><td>K28</td><td>11100</td><td>001111</td><td>110000</td></tr>
<tr><td colspan="8">3b/4b 编码表</td></tr>
<tr><td>Dx. 0</td><td>000</td><td>1011</td><td>0100</td><td>Kx. 0</td><td>000</td><td>1011</td><td>0100</td></tr>
<tr><td>Dx. 1</td><td>001</td><td colspan="2">1001</td><td>Kx. 1</td><td>001</td><td>0110</td><td>1001</td></tr>
<tr><td>Dx. 2</td><td>010</td><td colspan="2">0101</td><td>Kx. 2</td><td>010</td><td>1010</td><td>0101</td></tr>
<tr><td>Dx. 3</td><td>011</td><td>1100</td><td>0011</td><td>Kx. 3</td><td>011</td><td>1100</td><td>0011</td></tr>
</table>

续表

Dx. 4	100	1101	0010	Kx. 4	100	1101	0010
Dx. 5	101	1010		Kx. 5	101	0101	1010
Dx. 6	110	0110		Kx. 6	110	1001	0110
Dx. P7	111	1110	0001				
Dx. A7	111	0111	1000	Kx. 7	111	0111	1000
控制字符编码							
K28. 0	00011100	0011110100	1100001011	K28. 7	11111100	0011111000	1100000111
K28. 1	00111100	0011111001	1100000110	K23. 7	11110111	1110101000	0001010111
K28. 2	01011100	0011110101	1100001010	K27. 7	11111011	1101101000	0010010111
K28. 3	01111100	0011110011	1100001100	K29. 7	11111101	1011101000	0100010111
K28. 4	10011100	0011110010	1100001101	K30. 7	11111110	0111101000	1000010111
K28. 5	10111100	0011111010	1100000101	K28. 7	11111100	0011111000	1100000111
K28. 6	11011100	0011110110	1100001001	K23. 7	11110111	1110101000	0001010111

参考文献

[1] 康华光,邹寿彬,秦臻. 电子技术基础数字部分[M]. 5 版. 北京:高等教育出版社,2006.

[2] 康华光,陈大钦,张林. 电子技术基础模拟部分[M]. 6 版. 北京:高等教育出版,2013.

[3] 于争. 信号完整性 SI 揭秘——于博士 Si 设计手记[M]. 北京:机械工业出版社,2019.

[4] Howard Johnson,Martin Graham. High-Speed Signal Propagation:Advanced Black Magic[M]. Upper Saddle River:Prsentice Hall PTR,2011.

[5] Eric Bogatin. Signal and Power Integrity——Simplified[M]. 3rd ed. New York:Pearson,2018.

[6] Edward B Magrab,Balakumar Balachandran,Keith E Herold,et al. MATLAB 原理与工程应用[M]. 2 版. 高会生,李新叶,胡智奇,等译. 北京:电子工业出版社,2006.

[7] Stephen H Hall,Howard L Heck. Advanced Signal Integrity For High-Speed Digital Designs[M]. New York:John Wiley & Sons. Inc., 2009.

[8] Mike Peng Li. Jitter, Noise, and Signal Integrity at High-Speed[M]. Upper Saddle River:Prentice Hall PTR, 2007.

[9] JEDEC SOLID STATE TECHNOLOGY ASSOCIATI/ON. JESD79-4B. JEDEC Standard DDR4 SDRAM[EB/OL]. (2021-07-01)[2022-06-13]. https://www.jedec.org/standards-documents/docs/jesd79-4a.

[10] 唐朔飞. 计算机组成原理[M]. 2 版. 北京:高等教育出版社,2008.

[11] Diode. AN359-P:Pericom PCIe ReDriver/Repeater Compatibility in a GEN3 Channel[J/OL]. (2014-03-31)[2022-09-23]. Rev. 6. https://www.diodes.com/assets/App-Note-Files/AN359-P.pdf.

[12] Intel. AN 835:PAM4 Signaling Fundamentals[J/OL]. (2019-03-12)[2022-06-25]. https://www.intel.com/content/www/us/en/docs/programmable/683852/current/introduction.html.

[13] PCI-SIG. PCI Express Base Specification Revision 4.0 Version 1.0 [EB/OL].

(2019-07-23)[2022-07-21]. https://pcisig. com/pci-express-base-specification-revision-50-version-10-change-bar-versions.

[14] TI. DS160PR410 Quad-Channel PCI-Express Gen-4 Linear Redriver [J/OL]. (2019-11-02)[2022-05-23]. https://www. ti. com/product/DS160PR410.

[15] TI. DS250DF230 25-Gbps Multi-Rate 2-Channel Retimer [J/OL]. (2021-07-01)[2022-05-23]. https://www. ti. com/product/DS250DF230.

[16] Intel . Intel Low Pin Count (LPC) Interface Specification[EB/OL]. (2002-08-01) [2022-07-21]. REV. 1. 1. https://www. intel. com/content/dam/www/program/design/us/en/documents/low-pin-count-interface-specification. pdf.

[17] Broadcom. LSISAS6160 SAS Switch User Guide[J/OL]. (2015-04-21)[2022-7-16]. REV. 2. https://docs. broadcom. com/doc/12353323.

[18] PCI-SIG. PCI Local Bus Specification Revision 3. 0[EB/OL]. (2004-02-03) [2022-09-21]. https://pcisig. com/specifications/conventional/conventional_pci_23.

[19] TI. SNLA335: Selection Guide for TI 25G and 28G Retimers and Redrivers [J/OL]. (2019-09-01) [2021-12-25]. https://www. ti. com/lit/an/snla335a/snla335a. pdf? ts=1604316270703.

[20] Lattice. TN1176: LatticeECP3 SERDES/PCS Usage Guide[J/OL]. (2014-08-01) [2022-04-05]. REV 2. 8. https://www. latticesemi. com/zh-CN/Support/AnswerDatabase/3/5/~/media/F78AF690B9A24D9886FA6BA546B200FB. ashx.

[21] Lattice. TN1261: ECP5 and ECP5-5GSERDES/PCS Usage Guide [J/OL]. (2022-09-10) [2022-09-28]. REV 1. 1. https://www. latticesemi. com/-/media/LatticeSemi/Documents/ApplicationNotes/EH/FPGA-TN-02206-1-6-ECP5-and-ECP5-5G-SerDes-PCS-Usage-Guide. ashx? document_id=50463.

[22] Hewlett-Packard, Intel, Microsoft, NEC, ST-Ericsson, Texas Instruments. Universal Serial Bus 3. 0 Specification (including errata and ECNs through May 1, 2011)[EB/OL]. (2008-11-12)[2022-05-23]. REV1. 0. https://www. hw. cz/files/usb_3_0_11132008-final. pdf.

[23] TI. SCLA015B: System Considerations For Using Bus-hold Circuits To Avoid Floating Inputs[J/OL]. (2018-09-21)[2022-04-13]. https://www. ti. com/lit/an/scla015b/scla015b. pdf.

[24] Intel. Intel Cyclone 10 GX 器件数据手册[J/OL]. (2018-04-14)[2022-09-13]. https://www. intel. cn/content/www/cn/zh/docs/programmable/683828/current/ device-datasheet. html.

[25] Intel. Intel Cyclone 10 GX Core Fabric and General Purpose IOS Handbook [J/OL]. (2022-09-26)[2022-09-30]. https://www. intel. com/content/dam/

www/programmable/us/en/pdfs/literature/hb/cyclone-10/c10gx-51003. pdf.

[26] AVX. THE EFFECTS OF ESR AND ESL IN DIGITAL DECOUPLING APPLICATI/ONS[J/OL]. (1998-10-01)[2022-04-13]. https://www. kyocera-avx. com/docs/techinfo/DecouplingLowInductance/esr_esl. pdf.

[27] AVX. LICA (LOW INDUCTANCE CAPACITOR ARRAY) FLIP-CHIP APPLICATI/ON NOTES[J/OL]. (2020-11-16)[2022-06-14]. https://en. sekorm. com/doc/159561. html.

[28] AVX. Land Grid Array (LGA) Low Inductance Capacitor Advantages in Military and Aerospace Applications[J/OL]. (2017-09-08)[2021-12-21]. https://www. kyocera-avx. com/news/land-grid-array-lga-low-inductance-capacitor-advantages-in-military-and-aerospace-applications/.

[29] AVX. LOW INDUCTANCE CAPACITORS FOR DIGITAL CIRCUITS [J/OL]. (2017-09-08)[2021-12-21]. https://www. kyocera-avx. com/news/low-inductance-capacitors-for-digital-circuits.

[30] AVX. Introduction to Choosing MLC Capacitors For Bypass/Decoupling Applications[J/OL]. (2017-09-08)[2021-12-21]. https://www. kyocera-avx. com/news/introduction-to-choosing-mlc-capacitors-for-bypass-decoupling-applications/.

[31] AVX. PARASITIC INDUCTANCE OF MULTILAYER CERAMIC CAPACITORS [J/OL]. (2017-09-08)[2021-12-21]. https://en. sekorm. com/doc/159723. html.

[32] Microchip. AC373: Source-Synchronous Clock Designs: Timing Constraints and 459Analysis[J/OL]. (2011-08-11)[2022-08-23]. https://www. microchip. com/en-us/search? searchQuery = Source-Synchronous% 20Clock% 20Designs% 20Timing% 20Constraints% 20and% 20Analysis&category = ALL&fq=start%3D0%26rows%3D10.

[33] Intel. CK410B Clock Synthesizer/Driver Specification [J/OL]. (2006-02-27)[2022-07-02]. REV 1. 0. https://www2. renesas. cn/us/en/products/clocks-timing/application-specific-clocks/processor-clocks/processor-clock-generators/932s421-ck410b-synthesizer.

[34] Intel. CK505 Clock Synthesizer Specification [J/OL]. (2011-05-19)[2022-06-02]. REV 1. 0. https://www2. renesas. cn/us/en/document/dst/9lpr501-datasheet? language=en&r=7508.

[35] Renesas. AN-82: CLOCK DISTRIBUTI/ON SIMPLIFIED WITH IDT GUARANTEED SKEW CLOCK DRIVERS[J/OL]. (2019-05-19)[2022-06-02]. https://www. idt. com/us/zh/document/apn/82-clock-distribution-guaranteed-skew.

[36] Renesas. AN-150：CLOCK AND SIGNAL DISTRIBUTI/ON USING FCT CLOCK BUFFERS[J/OL].（2013-10-22）[2022-02-24]. https://www.idt.com/us/zh/document/apn/150-clock-and-signal-distribution.

[37] Lattice. DS1010：ispClock 5300S Family In-System Programmable，Zero-Delay Universal Fan-Out Buffer，Single-Ended[J/OL].（2007-09-02）[2021-08-19]. https://pdf.ic37.com/LATTICE/ISPCLOCK5300S_datasheet_4987947.

[38] Ian Collins. 锁相环（PLL）基本原理[J/OL].（2009-08-06）[2022-04-13]. https://www.analog.com/cn/analog-dialogue/articles/phase-locked-loop-pll-fundamentals.html.

[39] Lattice. Timing Closure[J/OL].（2011-12-01）[2022-04-13]. https://www.latticesemi.com/view_document? document_id=45588.

[40] Lattice. TN1178：LatticeECP3 sysCLOCK PLL/DLL Design and Usage Guide [J/OL].（2014-02-11）[2022-05-16]. https://www.latticesemi.com/zh-CN/Support/AnswerDatabase/2/3/7/～/media/0D8697CE10B1477D945AF56EA5DC7F0D.ashx.

[41] Xilinx. UG612：Timing Closure User Guide[J/OL].（2012-10-16）[2022-03-24]. REV. 14. 3. https://www.xilinx.com/support/documentation/sw_manuals/xilinx14_7/ug612.pdf.

[42] Xilinx. Xapp132：Using the Virtex Delay-Locked Loop [J/OL].（2006-01-04）[2022-03-24]. REV. 2. 8. https://www.xilinx.com/support/documentation/application_notes/xapp132.pdf.

[43] Xilinx. Xapp462：Using Digital Clock Managers (DCMs) in Spartan-3 FPGAs [J/OL].（2006-01-04）[2022-03-24]. REV. 1. 1. https://www.xilinx.com/support/documentation/application_notes/xapp462.pdf.

[44] Ralph Morrison. Grounding and Shielding：Circuits and Interference[M]. 6th ed. New York：Wiley-IEEE Press，2016.

[45] Ming Dou Ker，Tung Yang Chen，Tai Ho Wang，et al. On-Chip ESD Protection Design by Using Polysilicon Diodes in CMOS Process[J]. IEEE JOURNAL OF SOLID-STATE CIRCUITS，2001，36(4)：676-686.

[46] ST. TA0325：ESD protection with ultra-low capacitance for high bandwidth applications[J/OL].（2006-01-09）[2022-07-14]. https://www.st.com/resource/en/technical _ article/cd00076146-esd-protection-with-ultralow-capacitance-for-high-bandwidth-applications-stmicroelectronics.pdf.

[47] Renesas. AN879：Low-Power HCSL vs. Traditional HCSL[J/OL].（2015-04-02）[2022-07-15]. REV. B. https://www.idt.com/us/zh/document/apn/879-low-power-hcsl-vs-traditional-hcsl.

[48] TI. 2N7001T Single-Bit Dual-Supply Buffered Voltage Signal Converter[J/

OL]. (2018-05-01)[2022-07-15]. https://www. ti. com/lit/ds/symlink/2n7001t. pdf? ts = 1604389221370&ref _ url = https% 253A% 252F% 252Fwww. google. com%252F.

[49] TI. LSF0204x 4-Bits Bidirectional Multi-Voltage Level Translator for Open-Drain and Push-Pull Application[J/OL]. (2014-07-01)[2022-07-16]. https://www. ti. com/lit/ds/symlink/lsf0204d. pdf? ts = 1604389335598&ref_url = https%253A%252F%252Fwww. google. com%252F.

[50] TI. SN74AXC1T45-Q1 Automotive Qualified Single-Bit Dual-Supply Bus Transceiver with Configurable Voltage Translation, Tri-State Outputs[J/OL]. (2020-02-11)[2022-07-16]. https://www. ti. com/lit/ds/sces901c/sces901c. pdf? ts=1604389416101&ref_url=https%253A%252F%252Fwww. google. com%252F.

[51] TI. SN74LV1T34 Single Power Supply Single Buffer GATE CMOS Logic Level Shifter[J/OL]. (2013-11-01)[2022-07-17]. https://www. ti. com/lit/ds/symlink/sn74lv1t34. pdf? ts = 1604329016535&ref_url = https% 253A% 252F%252Fwww. google. com%252F.

[52] TI. TXS0102-Q1 2-Bit Bidirectional Voltage-Level Translator for Open-Drain and Push-Pull Applications[J/OL]. (2014-05-01)[2022-07-17]. https://www. ti. com/lit/ds/symlink/txs0102-q1. pdf? ts=1604389563286&ref_url=https%253A%252F%252Fwww. google. com%252F.

[53] Conal Watterson. AN-1177: LVDS and M-LVDS Circuit Implementation Guide[J/OL]. (2014-05-01)[2022-07-18]. https://www. analog. com/media/en/technical-documentation/application-notes/AN-1177. pdf.

[54] TI. Introduction to M-LVDS (TIA/EIA-899)[J/OL]. (2013-01-21)[2022-08-21]. REV. A. https://www. ti. com/lit/pdf/slla108? keyMatch = INTRODUCTION%20TO%20M-LVDS%20TIA/EIA-899.

[55] Intel. Electrical Characterization Design and Methodologies Guide[J/OL]. (2018-05-21)[2022-09-12]. REV. 0. 5. https://www. intel. com/content/dam/www/public/us/en/documents/guides/electrical-character-design-meth-guide-337658-rev001. pdf.

[56] Microchip. AC263: Simultaneous Switching Noise and Signal Integrity[J/OL]. (2018-02-03)[2022-09-14]. REV. 3. 0. https://www. microsemi. com/document-portal/doc _ view/130042-ac263-simultaneous-switching-noise-and-signal-integrity-app-note.

[57] Intel. Device-Specific Power Delivery Network (PDN) Tool 2. 0 User Guide [J/OL]. (2021-08-24)[2022-09-17]. https://www. intel. com/content/dam/

www/programmable/us/en/pdfs/literature/ug/ug_dev_specific_pdn_20. pdf.

[58] Xilinx. UltraScale Architecture PCB Design User Guide[J/OL]. (2022-07-27)[2022-09-18]. https://www. xilinx. com/support/documentation/user _ guides/ug583-ultrascale-pcb-design. pdf.

[59] TI. TPS53679 Dual-Channel (6-Phase + 1-Phase) D-CAP + TM Step-Down Multiphase Controller with Non-Volatile Memory and PMBus Interface for VR13 Server VCORE[J/OL]. (2017-07-17)[2022-09-18]. https://www. ti. com/lit/ds/symlink/tps53679. pdf? ts = 1604395293044&ref _ url = https%253A%252F%252Fwww. google. com%252F.

[60] Maxim. Integrated Protection IC on 12V Bus with an Integrated MOSFET, Lossless Current Sensing, and PMBus Interface [J/OL]. (2022-06-18)[2022-09-20]. https://datasheets. maximintegrated. com/en/ds/MAX16545B-MAX 16545C. pdf.

[61] UEFI Forum. Advanced Configuration and Power Interface (ACPI) Specification Version 6. 3[EB/OL]. (2019-01-18)[2022-09-20]. https://uefi. org/sites/default/files/resources/ACPI_6_3_final_Jan30. pdf.

[62] TI. ADC128D818 12-Bit, 8-Channel, ADC System Monitor With Temperature Sensor, Internal-External Reference, and I2C Interface[J/OL]. (2015-08-08)[2022-09-20]. https://www. ti. com/lit/ds/symlink/adc128d818. pdf? ts = 1604395940979&ref _ url = https% 253A% 252F% 252Fwww. google. com%252F.

[63] Kevin Parmenter. PMbus in System Applications[J/OL]. (2018-05-01)[2022-09-20]. https://pmbus. org/Assets/Present/APEC2018_PMBus_in_System_Applications_KParmenter_Excelsys. pdf.

[64] Intel. Server Telemetry: Insight into platform power & performance with Intel Node Manager and PMBus standard[J/OL]. (2008-05-01)[2022-09-20]. https://www. intel. cn/content/dam/doc/white-paper/cloud-computing-intelligent-power-node-mgr-paper. pdf.

[65] ST. Hybrid controller (4+1) for AMD SVID and PVID processors[J/OL]. (2008-09-01)[2022-09-20]. REV. 3. https://www. st. com/resource/en/datasheet/cd00162276. pdf.

[66] MPS. MP5022A 16V, 12A, 3 mΩ RDS_ON Hot-Swap Protection Device With Current Monitoring[J/OL]. (2019-09-27)[2022-09-24]. REV. 1. 02. https://www. monolithicpower. com/en/documentview/productdocument/index/version/2/document_type/Datasheet/lang/en/sku/MP5022A/document_id/1682/.

[67] PowerSIG. PMBus Power System Management Protocol Application Note AN001 [J/OL]. (2016-01-07)[2022-09-26]. REV. 1. 01. https://470q2hhkn9g15l4bc2btball-

wpengine. netdna-ssl. com/ wp-content/uploads/2018/07/PMBus _ AN001 _ Rev _ 1 _ 0_1_20160107. pdf.

[68] Intel. Serial VID (SVID) Protocol Specification[EB/OL]. (2019-01-27)[2022-09-26]. REV. 1. 92. https://designintools. intel. com/SVID_Decoder_Protocol_Checker_p/stlgrn129. htm.

[69] Intel. Intel Quick Path Interconnect, CPU Rx PCIe * 3. 0, and DMI2 Recommended Validation Procedure for Romley, Brickland and Grantley Platforms User's Reference Guide[J/OL]. (2012-03-21)[2022-09-24]. REV. 1. 3. https://www. intel. com/content/www/us/en/io/quickpath-technology/quickpath-technology-general. html.

[70] Michael Berktold, Tian Tian. CPU Monitoring With DTS/PECI[J/OL]. (2010-09-07)[2022-09-28]. https://www. scribd. com/document/424289339/CPU-Monitoring-With-DTS-PECI-Intel-Corporation-2010.

[71] Lattice. HDL Coding Guidelines[J/OL]. (2012-11-07)[2022-09-28]. http://www. latticesemi. com/～/media/LatticeSemi/Documents/UserManuals/EI/HDLcodin gguidelines. PDF? document_id=48203.

[72] Lattice. Timing Closure[J/OL]. (2013-04-21)[2022-05-12]. http://www. latticesemi. com/～/media/LatticeSemi/Documents/UserManuals/RZ/Timing_Closure_Document. pdf? document_id=45588.

[73] Douglas Brooks. Signal Integrity Issues and Printed Circuit Board Design [M]. Upper Saddle Rive:Prentice Hill PTR,2003.

[74] 杨华中,罗嵘,汪蕙. 电子电路的计算机辅助分析与设计方法[M]. 2 版. 北京:清华大学出版社,2008.

[75] 张占松,蔡宣三. 开关电源的原理与设计[M]. 北京:电子工业出版社,2004.

[76] Pressman A,Billings K,Morey T. Switching Power Supply Design[M]. 3rd ed. New York:McGraw-Hill,2009.

[77] Wakerly J F. Digital Design: Principles and Practices[M]. 4th. New York: Pearson,2014.

[78] STEPHEN H HALL,HOWARD L HECK. ADVANCED SIGNAL INTEGRITY FOR HIGH-SPEED DIGITAL DESIGNS[M]. New York: A JOHN WILEY & SONS, INC. , PUBLICATI/ON,2009.

[79] 郭利文,邓月明. CPLD/FPGA 设计与应用高级教程[M]. 北京:北京航空航天大学出版社,2011.

[80] 郑君里,应启珩,杨为理. 信号与系统[M]. 3 版. 北京:高等教育出版社,2011.

[81] 郭利文,邓月明. CPLD/FPGA 设计与应用基础教程——从 Verilog HDL 到 SystemVerilog[M]. 北京:北京航空航天大学出版社,2019.

[82] 郭利文,邓月明,莫晓山. FPGA/CPLD 的管脚设置对信号完整性的影响分析研究[J]. 现代电子技术:2015,38(17):61-64.

[83] BHASKER J. Verilog HDL 入门[M]. 3 版. 夏宇闻,甘伟. 译. 北京:北京航空航天大学出版社,2017.

[84] 长谷川彰. 开关稳压电源的设计与应用[M]. 何希才,译. 北京:科学出版社,2006.

[85] Ron Lenk. 实用开关电源设计[M]. 2 版. 王正仕,张军明. 译. 北京:人民邮电出版社,2006.